新曲綫 New Curves | 用心雕刻每一本......
http://site.douban.com/110283/
http://weibo.com/nccpub

用心字里行间　雕刻名著经典

青少年心理学

（第 11 版）

［美］约翰·桑特洛克　著

寇　彧　等译

人民邮电出版社

北　京

图书在版编目（CIP）数据

青少年心理学 /（美）桑特洛克（Santrock, J. W.）著；寇彧 等译 .
—北京：人民邮电出版社，2013.7（2023.10 重印）
ISBN 978-7-115-31871-8

I. ①青… II. ①桑… ②寇… III. ①青少年心理学 IV. ① B844.2

中国版本图书馆 CIP 数据核字（2013）第 103678 号

John W. Santrock
Adolescence
ISBN 978-0-07-313372-8

青少年心理学

◆ 著 ［美］约翰・桑特洛克
译 寇 彧 等
策 划 刘 力 陆 瑜
责任编辑 刘丽丽
装帧设计 陶建胜

◆ 人民邮电出版社出版发行 北京市丰台区成寿寺路 11 号
邮编 100164 电子邮件 315@ptpress.com.cn
网址 http://www.ptpress.com.cn
电话（编辑部）010-84931398 （市场部）010-84937152
三河市少明印务有限公司印刷
新华书店经销

◆ 开本：710 × 1000 1 /16
印张：38.5
字数：707 千字 2013 年 7 月第 1 版 2023 年 10 月第 10 次印刷
著作权合同登记号 图字：01-2009-6954

定价：88.00 元

本书如有印装质量问题，请与本社联系 电话：(010) 84937152

内容提要

《青少年心理学》一直是青少年发展领域内的品牌教科书，自出版以来不断再版，其英文版已更新至第14版。

本书是《青少年心理学》（第11版）最新的中译本，共15章，分别从生理、认知、自我、情感、人格、性别、性、道德、价值观、健康等重要方面系统地介绍了青少年这一群体的发展特点。凸显了青少年发展过程中的优势特点，指出了影响青少年发展的社会环境因素，以及发展过程中易出现的问题，并就问题提出了相应的对策，具有很强的实践价值。

本书内容丰富、科学、严谨，适合心理学和教育学专业的教师、学生、研究者以及关注青少年成长的家长阅读。

特别鸣谢

因出版需要，《青少年心理学》自第6印起对书中部分图片进行了更换，特此说明。在此，感谢泉州一中东海校区的徐佳琳老师、张璐老师和毛宇辰同学，感谢山东大学的翟继强老师，感谢编辑部的同事及其家人，感谢我的好朋友岳盈盈、洪慧芳和我的家人，谢谢你们踊跃提供图片。正是你们和孩子们的奉献，为这本书增添了更多的东方色彩。

作者简介

约翰·桑特洛克于1973年取得明尼苏达大学的博士学位。他在进入得克萨斯州达拉斯大学的心理系之前，曾经在查尔斯顿大学和乔治亚大学执教。他是《发展心理学》和《儿童发展》编委会的成员。他关于父亲监护的研究被广泛引用，并被用于专家证人证言中以便促进监护纠纷处理中的灵活性和选择的多样性。桑特洛克授权McGraw-Hill出版的书籍还有《儿童发展》（第11版）、《终身发展》（第10版）、《儿童》（第9版）、《心理学》（第7版）、《教育心理学》（第2版）。

多年以来，桑特洛克一直作为职业网球教练而投身于职业网球运动。他与妻子玛丽·乔已结婚35年，玛丽是一位房产经纪人。他有两个女儿——特瑞西和詹妮弗。特瑞西就读于美国杜克大学的金融系，詹妮弗是美敦力公司的销售专员。他的外孙女乔丹年方14岁，外孙艾利克斯刚刚一岁。特瑞西最近参加了纽约市万人马拉松比赛，詹妮弗在女子职业网球赛中排在前100名。在过去的十年中，约翰一直在画一些表现主义的艺术作品。

约翰·桑特洛克自1981年以来一直在给得克萨斯州达拉斯大学的本科生上“青少年心理学”，同时也会教授一些其他的本科生课程。

译者序

青少年阶段常被看作是从童年到成年的转折时期。在这个时期，生理的、认知的、社会情绪的巨变都在个体身上发生着，因此，青少年阶段也被心理学界认为是人生发展中的关键时期。

说到发展，不可避免地要涉及到阶段、过程和转折。人的一生，通常被划分为童年期、青少年期、成年期三个大阶段。童年期指10~11岁之前的时期，成年期指20岁之后的时期，这两个阶段之间，即12岁左右至20岁左右的时期就是青少年阶段。从时间跨度看，青少年阶段相对而言是最短的，但它却扮演着人生发展的重要角色。原因是构成人生发展的重要过程（生理的、认知的、社会情绪的）在这个阶段的变化最为剧烈，并且青少年阶段既包括个体从童年向青少年的转折，又包括从青少年向成年的转折。生理过程说的是个体自然的生理变化，在青少年阶段发生荷尔蒙的巨变，即生理过程的变化；认知过程是个体思维和智力的变化过程，青少年阶段的典型认知变化是形成抽象性和逻辑性的思辨能力；社会情绪过程是指个体的情绪、人格、与他人的关系以及社会背景等的变化过程，青少年阶段表现的摆脱父母约束、过分自信、对同伴的依赖等都属于社会情绪的发展过程。从童年期到青少年期的转折是由于生理的逐渐成熟导致的，随着青春期的到来，个体的生理发育迅速，身体变化急剧，因而青少年在适应这些突如其来的巨变中，就相继上演着诸多成长的故事，充满喜怒和哀乐，欢欣与烦恼；从青少年期向成年期的转折则不单单是年龄或生理的成熟能够决定的，原因是文化经验在其中起着更关键的作用，例如，从目前全世界的范围来看，青少年在推迟着进入成年期的时间，这很大程度上是因为信息社会要求他们必须获得比其父辈更多的教育，因此，形成更有效的技能，成为合格社会成员的历程就变得更漫长了，在这样的漫长转折中，同样会不断上演着诸多成长的故事，同样充满喜怒和哀乐，欢欣与烦恼。

当然，青少年的发展，除了受到来自遗传密码的生理因素制约外，也离不开其成长环境的影响。环境的影响因素涵盖了个体的生理环境，例如营养、医疗、药品和意外事件，以及个体的社会环境，例如家庭、同伴、学校、社区、媒体和文化的一切因素。其实，遗传因素和环境因素对个体发展的影响是交织在一起的，在个体由童年期向青少年期发展的转折中，一方面受到荷尔蒙的影响，另一方面也受到社会文化对个体的角色期望的影响；同样，在个体由青少年期向成年期发展的转折中，虽然社会文化的要求起着重要作用，但个体生理成熟的影响也不能忽略。

《青少年心理学》这部著作为我们讲述了青少年发展中的成长故事。全书十五章可以分为四个部分，第一部分是青少年发展的理论，包括导论、青少年发展的科学、青春期和生理基础；第二部分是青少年发展的主体内容，包括认知的发展、自我同一性及情绪和人格的发展、性别及性意识的发展、道德及价值观的发展；第三部分是青少年发展的环境，包括家庭、同伴、学校和工作职业、文化；第四部分是青少年发展的问题，包括发展中的主要问题，以及健康、压力和应对。

《青少年心理学》的作者约翰·桑特洛克于1973年在明尼苏达大学获得博士学位，他不仅从事多年的发展心理学及儿童心理学教学和科研工作，而且也是《发展心理学》期刊和《儿童发展》期刊的编委，所以，他对教材的编写和研究成果的报告拥有丰富的经验。《青少年心理学》就是一本在青少年发展领域拥有既权威又全面的材料，同时写作风趣诙谐的好书。因而，这本书长期被当作美国各高校的发展心理学教材。阅读这本书的过程，可以说是一种享受，它引人入胜地帮助青少年一层层地揭开自己的神秘面纱，去洞察自己的内心世界；它也娓娓道来地引导着家长和教师去回顾自己的成长，理解自己儿女或学生的种种令人费解的行为；它更是循循善诱地帮助学生去学习研究个体成长的过程，特别是学习研究青少年阶段成长的过程。

《青少年心理学》这本书有三个突出特点。一是虽然立足于西方社会，但全书贯穿了全球化的观点。作者利用文化比较的方法，力图给读者展现出多元文化的视角，使读者能够透过美国社会来了解全世界青少年的发展过程，以及全球化给青少年发展带来的巨大影响。二是每章都以青少年的发展镜像开始，这样做可以使将讨论的青少年发展的问题具体形象地展现在读者面前，并能唤起读者对自己成长历程的回忆与幻想，因而有助于加深理解青少年的发展。三是各章的目标清晰明确，可以让读者在开始阅读之前就了解学习任务，并且在学习过程中不断得到强化。因此，总的说来，这是一本非常适合心理学专业的学生阅读的好书，也是一本有助于发展心理学教学的好的教师参考书，还是一本对想了解自身发展的青少年，以及想了解孩子发展的家长、教师大有裨益的好书。

这本书是由我和我的一些学生一起翻译，最后由我审校定稿的。参加这本书翻译的是:寇彧（第1章）、黄慧（第2章）、黎洁（第3章）、伍俊辉（第4章）、徐薇（第5章）、李琬予（第6章）、田启瑞（第7章）、张兰鸽（第8章）、何莞婷（第9章）、刘静丽（第10、13章）、于媛芳（第11章）、张庆鹏（第12章）、金庆华（第14章）、刘潇肖（第15章）。我们在翻译这本书的过程中都感到受益匪浅，感到这本书对我们的学习、生活态度和理解自身的成长产生了良好的影响。今天，我非常高兴能有机会将这本好书介绍给广大读者，希望更多的人从中获益。

寇 彧

2013年4月10日于北京

前　言

相比于其他书籍，有更多的学生会从本书中了解青少年发展。自从《青少年心理学》一书第 1 版问世以来，该领域已经发生了巨大的变化和转变。然而，那些作为青少年发展基础的基本主题和内容却从未改变。

第 11 版中的主要变化

第 11 版中的主要变化包括：(1) 增加了新的一章“健康、压力和应对”，(2) 增加了最新的研究。

关于新的一章

近年来，青少年健康这一主题已经变成一个主要的研究领域，这是因为青少年期日益被认为是发展中的关键时期。青少年期养成的提升健康或有损健康的行为方式都会根深蒂固。为了反映社会对青少年健康的关注，我专门增加了新的一章，即第 15 章“健康、压力和应对”。在先前的版本中，第 3 章“青春期和生理基础”（介绍了健康、运动和睡眠）和第 14 章“青少年的问题”（介绍饮食障碍）中讨论到相关话题。在本版中，我将这些内容单独列出来构成第 15 章，并增加了压力和应对这两个重要的主题。

增加的新研究

首先，青少年发展领域有坚实的研究基础。我们很幸运，越来越多的研究者开始研究青少年发展，这使得我们可以更好地理解青少年的发展过程。

当代研究的引用 《青少年心理学》的第 11 版吸纳了大量的新研究，包括 1200 多篇 21 世纪的论文，其中多数是 2003 年至 2006 年的研究。你在本书的每一章中都会发现很多新研究。

专家顾问 有关青少年发展的研究领域已经变得日益庞大和复杂，任何一个人都不可能精通该领域的所有方面。为此，我咨询了青少年发展方面不同领域内的知名专家。他们就我每一章中增加的新研究提供了详细的建议。专家名单如下：

Emillie Phillips Smith，宾夕法尼亚大学，全书中关于文化和多样性的内容。

Lorah Dorn，辛辛那提大学，第 3 章：青春期和生理基础。

Dan Keating，多伦多大学，第 4 章：认知发展。

Nancy Galambos，阿尔伯塔大学，第 6 章：性别。

Lisa Diamond，犹他大学，第 7 章：性。

Lawrence Walker，不列颠哥伦比亚大学，第 8 章：道德发展、价值观与宗教。

Bonnie Leadbeater，维多利亚大学，第 9 章：家庭。

Kathryn Wentzel，马里兰大学，第 10 章：同伴。

Melanie Zimmer-Gembeck，格里菲斯大学，第 12 章：成就、工作和职业。

Reed Larson，伊利诺伊大学，第 13 章：文化。

Charles Irwin，加州大学旧金山分校，第 15 章：健康、压力和应对。

各章内容的变化

本书每一章的内容都有很大的变动，以下是各章内容的主要变化：

第 1 章
导　论

- 为了使本章尽量简短，我删除了第 10 版中的最后一部分内容（“理解青少年：最重要的是什么？”），简化了有关青少年发展历史的内容。
- 更新和拓展了关于成人初显期的内容，包括成人初显期的环境变化（Arnett, 2004）。
- 增加了彼德·本森及其同事的观点（Peter Benson, 2004），他们认为美国的青年政策过分强调了青少年发展中的缺陷而忽视了发展优势。
- 为成人初显期的自我探索提供了在线自我评价工具：我具备成人初显期的特征吗？

第 2 章
青少年发展的科学

- 更新了新的研究 / 引用。
- 应评论者和使用者的要求，删除了“明智地使用研究信息”最后一节。

第 3 章
青春期和生理基础

- 将关于青少年健康的内容移到了第 15 章“健康、压力和应对”，并增加了更多有关健康的资料。
- 根据专家顾问劳拉·德荣（Lorah Dron's，2004）的建议，更新了有关青春期决定因素的评论。
- 增加了关于青春期男孩的睾丸激素水平与其性欲望和性活动水平之间联系的评论。（Cameron，2004）
- 讨论了茱莉亚·格拉贝（Julia Graber ，2004）新近做的有关女孩早熟和晚熟的纵向研究。

- 增加了关于杏仁核与前额叶的图表（图 3.12）。
- 重新讨论了斯滕伯格的观点（Steinberg，2004，2005）：快乐寻求行为（与边缘系统相关）的出现和自我管理（前额叶皮层）能力发展的不协调会导致青少年的冒险行为。
- 重写并更新了有关 DNA 和协作基因的内容（Gottlieb，Wahlsten，& Lickliter，2006）。
- 更新了一些内容，如“人类基因组计划”重新估计了人类基因的数目，约在 20000~25000 之间（Interna- tional Human Genome Sequencing Consortium，2004）。
- 重新讨论了妊娠期呕吐是进化中的适应性行为（Schmitt & Pilcher，2004）。
- 涵盖了新近就品行问题所做的双生子研究（Scourfield & others，2004）。

第 4 章
认知发展

- 应评论者和读者的要求，我减少和删除了对某些内容的讨论，如维果斯基的理论、内隐人格理论。
- 新增了描述能力的发展性变化和信息加工速度的知识（Frye，2004；Kuhn & Franklin，2006）。
- 新增了对执行功能的介绍。
- 新增了有关推理，包括归纳推理和演绎推理方面的内容（Kuhn & Franklin，2006）。
- 新增了对“专家”的介绍。
- 更新了有关决策的知识（Dahl，2004）。
- 拓展和更新了关于批判性思维的讨论（Gong，2005；Winn，2004）。
- 增加了有关头脑风暴的新研究，并指出：由于群体中存在社会倦怠现象，与头脑风暴相比，许多个体在独处时能想出更多创造性的方法（Rickards & deCock，2003）。
- 更新了对元认知的讨论（Kuhn & Franklin，2006）。

第 5 章
自我、同一性、情绪和人格

- 讨论了关于自我意识的纵向研究（Rankin & others，2004）。
- 新增了对当前关注热点的描述，即现在的很多大学生在成长过程中受到了太多空洞的称赞，以致于他们形成了膨胀的自尊（Graham，2005；Stipek，2005）。
- 增加了新内容："自尊与学业成功和主动性有关吗"（Baumeister，2003）
- 增加了新内容："自尊：感知与现实"，关注高自尊是否合理。
- 拓展和更新了有关自尊在青少年问题中所扮角色的内容，包括新近关于自尊与暴力思维、自尊与饮食障碍之间关系的研究（Harter，2006；Harter&McCarley，2004；McCarley & Harter，2004）。
- 新增了一项关于"对可能自我的干预有可能提升在学校里的投入程度"的研究（Oyserman，Terry，& Bybec，2002；Oyserman & Fryberg，2004）。
- 重新组织了"同一性与社会情境"这部分内容，结合了关于家庭、文化、种族和性别的资料。
- 讨论了新近关于母亲和朋友在同一性发展中所起作用的研究（Reis &Youniss，2004）。
- 增加了关于种族同一性与自尊之间关系的研究（Bracy，Bamaca，& Umana-Taylor，2004；Lee，2005；Umana-Taylor，2004）。
- 少数种族青少年的同一性整合了大量原国籍和文化的背景（Fuligni，Witkow，& Garcia，2005）。
- 更新了关于情绪发展的内容，包括重新定义情绪和纳入关于早期青少年情绪管理的研究（Gumora & Arsenio，2002）。
- 介绍了将大五人格与逃学联系起来的研究（Lounsbury & others，2004）。
- 增加了新近的一些研究结论：气质特点与环境的拟合度最有可能调节消极环境的影响（Rothbart & Bates，2006）。

第 6 章 性 别

- 增加了有关单一性别教育方式的讨论（Ruble，Martin，& Berenbaum，2006；Warrington & Younger，2003）。
- 更新了有关视觉空间技能之性别差异的研究（Blakemore，Berenbaum，& Liben，2005）。
- 新增了有关性别和情绪管理的内容（Ruble，Martin，& Berenbaum，2006）。
- 新增了有关性别和亲社会行为的内容（Eisenberg，Fabes，& Spinrad，2006；Eisenberg & Morris，2004）。
- 增加了关于现代性别歧视观念的新近研究（Swim，Mallett，& Stangor，2004）。
- 增加了新近关于女性在电视广告中的刻板形象的研究（Ganahi，Prinsen，& Netzley，2003）。
- 新增了一部分内容，介绍在性别相似性和性别差异方面存在的争议，以及引起争议的原因，为此我引用一项新近的元分析研究（Hyde，2005）。
- 增加了关于性别角色分化和学校自我效能的新近研究（Choi，2004）。
- 增加了一些新近研究，介绍美国拉丁裔女性和男性青少年在性别社会化方面的差异（Raffaelli & Ontai，2004）。
- 批判了坦恩关于两性在沟通交流方面存在差异的观点（Edwards & Hamilton，2004），一些新近的研究表明，两性在讨论他们之间出现的问题时相似性大于差异性（MacGeorge & others，2004）。一项元分析研究指出了情景对性别差异的影响（Leaper & Smith，2004）。
- 整章中用“性别化行为”取代“性别行为”。

第7章
性

- 重新组织了“探索青少年的性”这部分内容，新增了关于性态度和性行为的内容。
- 增加了一些新近研究，这些研究表明观看涉及外显性行为的电视节目与15~17岁时的主动性交行为有关（Collins & others，2004）。
- 新增了托尔曼（Deborah Tolman’s）的观点，他指出性方面的双重标准依然限制了青少年女孩的性快感。
- 修正和更新了大量关于性少数群体的内容，包括用短语“同性之间的吸引”取代了术语“同性恋者”；识别男同性恋或女同性恋；根据专家丽萨·戴蒙德（Lisa Diamond）的建议，对“性少数青年”部分进行了重新命名（2004）。
- 增加了关于研究中在解释自我报告的自慰数据时遇到困难的内容（Diamond，2004）。
- 更新了描述青少年期性传播疾病的图表（Weinstock，Berman，& Cates，2004）。
- 更新了描述青少年怀孕率持续下降的图表（Centers for Disease Control and Prevention，2003）。
- 增加了对艾滋病在撒哈拉沙漠以南的非洲地区的蔓延情况的内容（Bankole & others，2004）。
- 新增了对性少数青年的同伴关系的介绍（Diamond & Lucas，2004）。
- 在一些新近研究的基础上，讨论了来自不同种族群体的早熟女孩的首次性交（Cavanaugh，2004）。
- 增加了对一项新近进行的纵向研究的介绍，该研究考察了1991年到2001年间美国15~17岁青少年首次性交行为和避孕工具使用的变化。（Santelli & others，2004a）
- 讨论了新近关于青少年早期的心理社会危机因素与首次性交之间关系的一项研究。(Santelli & others，2004b)
- 增加了新近一项考察青少年的优势资源对青少年期性冒险行为的潜在保护作用的研究（Vesely & others，2004）

- 增加了一篇研究综述，比较了开设节欲项目和强调避孕知识学习项目的有效性（Bennett & Assefi，2005）。

第 8 章
道德发展、价值观和宗教

- 在道德人格部分增加了一些新近的热点问题，包括道德认同、道德品格、道德榜样（Blasi，2005；Lapsley，2005；Lapsley & Narvaez，2005，2006；Walker & Hennig，2004）。
- 增加了新材料，对道德与习俗问题和个人问题做出了区分 (Smetana，2005；Turiel，2006）。
- 进一步讨论了父母的教养方式与儿童和青少年的道德发展之间的相关（Eisenberg & Valiente，2002）。
- 对新近一项考察道德推理、利他、宗教定向和同一性整合之间关系的研究进行了讨论（MacClean，Walker，& Matsuba，2004）。
- 新增了一项在全美范围内考察大一学生价值观的研究（Sax & others，2004）。
- 增加了新近关于青少年知觉到他们应该拥有的最重要价值观的研究（Steen，Kachorek，& Peterson，2004）。
- 更新了对服务性学习的描述（Benson & others，2006），包括青少年志愿者的特点（Eisenberg & Morris，2004）以及参与社区服务的益处（Metz & Youniss，2005）。
- 重新讨论了最近关于大学生宗教观的研究（Sax & others，2004）。
- 新增了一项研究，该研究发现宗教发展与公众参与行为和参加课外活动正相关（Kerestes，Youniss，& Metz，2004）。
- 拓展了关于青少年宗教信仰的讨论，以及宗教信仰与健康和问题行为的低发生率之间的关系（Dowling & others，2004；King & Furrow，2004）。

第 9 章
家 庭

- 对本章进行了大量改编，缩减了其内容。
- 新增了一个部分，介绍父母教养风格的种族差异，包括鲁斯（Ruth Chao's，2005）对亚裔美国家庭的研究。
- 介绍了早熟 / 晚熟对青少年与父母之间冲突的影响 (Collins & Steinberg，2006)。
- 新增了关于收养的内容 (Brozinsky & Pinderhughes，2002)。
- 讨论了新近关于父母教养方式与孩子在专制情境下（以色列的军事服务）的适应的研究（Mayseless，Scharf，& Scholt，2003）。
- 增加了一项纵向研究，该研究考察了父母的无效教养、兄弟姐妹之间的冲突与反社会行为和同伴关系不良之间的关系（Bank，Burraston，& Snyder，2004）。
- 描述了新近关于种族和家庭成员之间相互依赖的研究（Tseng，2004）。
- 纳入了关于成人初显期的父母关系的研究（Smetana，Metzger，& Campione-Barr，2004）。
- 更新了关于兄弟姐妹关系的研究（Bank，Burraston，& Snyder，2004 ; Brody，2004）。
- 讨论了新近关于青少年期的自我照料与发展结果的研究（Coley，Morris，& Hernandez，2004）。
- 描述了新近关于依恋和离婚的研究（Brockmeyer，Treboux，& Crowell，2005）。

第 10 章
同 伴

- 新增了一项纵向研究，该研究对青少年早期的亲子关系、其后卷入危险同伴关系以及青少年晚期表现出的问题行为进行了追踪研究（Goldstein & others，2005）。
- 拓展了有关同伴地位的内容，包含了对一般儿童的描述。
- 描述了新近的一项纵向研究，它考察了哪些因素影响青少年在同伴中的受欢迎程度（Allen & others，2005）。

- 讨论了为什么关于年长青少年的同伴地位的研究很少（Wentzel，2004）。
- 增加了一项针对拒绝同伴的儿童所进行的干预研究（DeRosier & Marcus，2005）。
- 描述了新近一项考察高攻击性男孩的情绪问题的研究（Orobio de Castro & others，2005）。
- 讨论了考察青少年期友谊重要性的两项新研究（Wentzel，Barry，& Caldwell，2004；Witkow & others，2005）。
- 增加了一些新资料，探讨了拒绝同伴的攻击性男孩日后出现社会适应问题和可能出现反社会行为的原因（Coie，2004）。
- 增加了对基于名声的团体在青少年晚期越来越重要的讨论（Collins & Steinberg，2006）。
- 增加了关于青少年期女孩的友谊嫉妒问题的新研究（Parker & others，2004）。
- 拓展了关于友谊中的性别和亲密度的讨论（Collins & Steinberg，2006；Ruble，Martin，& Berenbaum，2006）。
- 拓展了关于性少数群体青少年的关系顺序的介绍（Savin-Williams & Diamond，2004）。
- 描述了关于青少年期约会和低社交焦虑之间关系的研究（La Greca & Harrison，2005）。
- 描述了新近关于青少年约会及其适应的研究（Furman & others，2005）。
- 新增了近期关于混合同伴群体在青少年早期浪漫关系中作用的研究（Connolly & others，2004）。
- 通过大量的编辑、删除了少数陈旧的资料，精简了本章的篇幅。

第 11 章
学　校

- 增加了一节新内容讨论义务教育问题，纳入了关于“一个孩子也不能少”的新资料（Goldberg，2005；Houston，2005；Lewis，2005）。
- 回顾了有效降低辍学率的项目（Lehr & others，2003）。

- 在本章后面有关中学教育的部分重新组织并讨论了《转折点 2000》中提出的建议。
- 增加了新近关于高中生的低期望的研究（Indiana University High School Survey of Student Engagement，2004）。
- 更新了关于学校辍学率的数据，包括辍学率的性别差异，这一差异在拉丁裔和非裔美国青少年中尤为显著。
- 新增了关于“我一个梦想基金会”的内容（2005）。
- 对有关欺负的内容进行了大量更新，包括介绍了三个欺负干预项目（Frey & others，2005；Plog，Epstein，& Porter，2004）。
- 通过编辑和删除陈旧的资料使本章内容大为缩减。删除了对美国教育历史背景的介绍，增加了有关教育的当代取向和义务教育概念的内容。
- 新增了“家庭管理”这部分内容，包括新近关于日常安排、成就期望与非裔美国青少年的学校成就之间联系的考察（Taylor & Lopez，2005）。
- 增加了新近的一项研究，它考察了移民家庭青年接受高等教育的情况（Fuligni & Witkow，2004）。
- 拓展了关于刺激性药物如何对多动症儿童起作用的解释（Reeves & Schweitzer，2004，Todd & others，2004）。
- 提供了介绍霍夫曼及其同事观点的材料，他们认为完全融合会导致走向极端。

第 12 章
成就、工作和职业

- 大量更新和增加了关于内部动机和外部动机的解释（Reeve，2006，Wigfield & others，2005）。
- 增加了一项新研究，它考察了 3~8 年级学生的内部动机 / 外部动机与其学业成就的关系（Lepper，Corpus，& Iyengar，2005）。
- 专门增加了一部分内容来讨论内部动机（Wigfield & others，2006）。
- 增加了新内容“认知参与和自我责任心”（Blumenfeld & others，2006）。

- 增加了关于内部动机和外部动机的新结论。内部动机和外部动机通常是作为对立的两极而竞争，但在现实生活中，它们可同时起作用（Wigfield & others，2006）。
- 大量更新了有关期望的内容，包括讨论期望和价值作用的新材料（National Research Council，2004，Wigfield & others，2006）。
- 新增了关于时间管理的内容，包括设定优先顺序、制定和监控时间计划。
- 新增了关于拖延的内容，包括拖延的特点、原因以及克服拖延的策略。
- 重新组织了关于成就的内容，将焦虑加入其中，重新命名为“阻碍成就的因素”。该部分还包括拖延和通过避免失败来保护自我价值的内容。
- 新增了有关辅导的内容。
- 讨论了一项纵向研究，它考察高中时的工作压力与成年初期的发展情况之间的关系（Mortimer & Staff，2004）。
- 拓展了对低收入环境下的青年的职业发展的讨论（Chaves & others，2004）。

第13章
文 化

- 应读者和评论者的要求，本章将有关社会经济地位的内容移到了关于种族的内容的前面。
- 拓展了有关贫穷的内容，包括贫穷如何影响青少年的生活环境（Evans，2004）。
- 增加了新近的一项研究“低收入家庭中父母的教育期望与青少年的受教育情况”（Schoon，Parsons，& Sacker，2004）。
- 描述了新近关于移民和青少年家庭责任的研究（Fuligni & Sacker，2004）。
- 讨论了新近一项关于减少电视暴力对儿童影响的干预（Rosenkoetter & others，2004）。
- 更新了不同种族群体家庭中使用互联网的数据（Rideout，Roberts，& Foehr，2005），以及关于电脑使用与非裔美国儿童的高学业成就之间关系的研究（Judge，2005）。

- 增加了一项新研究，它考察了早熟/晚熟女孩对观看有关性内容的节目的兴趣（Broun，Halpern，& L'Engle，2005）。
- 新增了一部分内容“电视与成就”，就过渡看电视会导致低成就提供了三种解释（Comstock & Scharrer，2006）。
- 通过大量的编辑，精简了本章的篇幅。

第14章
青少年的问题

- 更新了青少年滥用物质的种类，包括：酒精、烟、咖啡因、类固醇以及其他物质（Johnston & others，2005）。
- 介绍美国青少年使用处方类止痛药（如维柯定、奥斯康定）的急剧增长情况，引用了新近的一些全国性调查（Johnston & others，2005；Partnership for a Drug-Free America，2005；Sung & others，2005）。
- 描述了一项纵向研究，该研究从8岁开始对个体进行追踪，直至其42岁。研究发现青少年开始饮酒的年龄越小，他们越可能在中年时酗酒（Pitkanen，Lyyra，& Pulkkinen，2005）。
- 引用了一项关于美国兄弟会和姐妹会酗酒情况的新研究（McCabe & others，2005）。
- 修正和更新了有关学校吸烟干预项目能否有效减少青少年吸烟的争论（Sussman & others，2005；Wiehe & others，2005）。
- 讨论了联邦药物管理委员会（2004）新近对抗抑郁药物使用与青少年自杀意念增加之间关系的评论。
- 描述了新近的一项研究，它考察拉丁裔青少年的亲子关系与其外化问题之间的联系（Loukas & Prelav，2004）。
- 新近一项研究表明，父母的管束和监控与青少年较少使用物质相关（Fletcher，Steinberg，& Williams-Wheeler，2004）。
- 新近一些研究考察了同伴犯罪与个体参与犯罪之间的关系（Heinze，Toro，&

Urberg，2004；Laird & others，2005）。

- 讨论了新近一项关于父亲不在身边与青年入狱之间联系的研究（Harper & McLanahan，2004）。
- 对“青年的暴力行为”这部分内容进行了大改动，增加了对团伙的介绍，引用了有关学校暴力的新研究（Brener & others，2005；Lauber，Marshall，& Meyers，2005；Molina，Dulmas，& Sowers，2005）。
- 引用了新近一项研究，它考察青少年非法使用药物与自杀意念和自杀企图增加之间的关系（Hallfors & others，2004）。
- 引用了一些新研究，它们发现自杀意念的高峰年龄是15岁，家庭中的自杀意念对青少年的自杀意念和自杀企图有重要影响（Cerel & Roberts，2005；Rueter & Kwon，2005）。
- 新近一项研究表明，过度的自我批评、无助感与自杀行为的增加有关（Cox，Enns，& Clara，2004）。

第15章
健康、压力和应对

- 本章是新增章，在以前版本的基础上增加了大量关于健康的知识。
- 压力和应对为新增内容。
- 冒险行为为新增内容（Dahl，2004；Steinberg，2004，2005）。
- 成人初显期的健康为新增内容（Rathunde & Csikszentmihalyi，2006；Sakamaki & others，2005）。
- 更新了有关青少年所使用的健康服务的内容（Cohall & others，2004）。
- 更新和增加了有关超重带来消极结果的内容（Munter & others，2004；Schwimmer，Burwinkle，& Varni，2003）。
- 回顾了有效帮助超重青少年减轻体重的干预计划（Fowler-Brown & Kahwati，2004）。
- 讨论了有关看电视会导致青少年女孩和男孩超重的研究（Fleming-Moran &

Thiagarajah，2005）。

- 介绍了最近一项研究，某种特定的身体训练课程可有效帮助青少年避免心血管发病并保持身体健康（Jammer & others，2004）。
- 讨论了女性运动员的三症候群（Birch，2005；Stafford，2005）。
- 新增了关于身体对压力的反应以及压力来源的资料。
- 新增了有关应对的信息，包括何为应对、聚焦于问题的应对、聚焦于情绪的应对、积极思维、支持、情境和多元应对策略（Folkman & Moskowitz，2004）。
- 新增插页“青少年的视角：所有人都处在压力中。”
- 新增插页“与青少年发展有关的职业：路易斯·瓦格斯。”

应　用

我们认为，不仅要为学生呈现儿童发展的科学依据，也要提供有关概念的应用实例，让学生感觉到青少年发展领域与自身息息相关。整本书中都非常关注健康和幸福感、父母教养方式和教育方法。

对于书中所介绍的有关儿童发展的职业，教育者和学生都给出了积极反馈。第 11 版延续了这一特色，介绍了青少年发展领域内的职业，每一个插页中所介绍的个体的职业与每章中所讲的内容相关。大部分插页还提供了人们工作时的照片。

此外，第 1 章后面的附录概括了“青少年发展有关的职业”，这些职业涉及各个不同领域，包括教育 / 研究、临床 / 咨询、医学 / 护理 / 运动，以及家庭 / 人际关系等。

多样性

多样性是青少年发展的另一个关键特点。我尽量在每一章中都探索多样性。《青少年心理学》的第 11 版中专门有一章内容来探索文化和多样性。同时我还将文化和多样性整合到了其他 14 章内容中。

写作和组织

本书的每个句子、每个段落、每个部分以及每一章都经过了细心的考究，并对内容进行了适当的修正或重写。因此本版书中所呈现的材料更加清晰，更有组织性。

感 谢

我非常感谢 McGraw-Hill 公司给予我的支持和指导。Mike Sugarman 是一位非常了不起的编辑，他做出了很多明智的决策，对 11 版的写作提供了有价值的建议。高级项目编辑 Judith Kromm 在协调和管理本书的编辑和生产上做出了突出贡献。非常感谢编务统筹 Kate Russilo 的热情和能力。市场经理 Melissa Caughlin 也提供了很多创造性的建议。我还要特别感谢负责心理学科的全国销售专员 Marcie Mealia 的归来。对于她的热情和学识，我已经仰慕很久了。

感谢第 11 版的每一位评论者，正是因为他们的建议才使本书变得更好。

简要目录

目　录

第1章 导论

无序是青少年期的年龄特征。

——Jean Erskine Stewart

20 世纪美国作家

青少年发展的镜像

杰弗里·达默和爱丽丝·沃克的青少年阶段

杰弗里·达默度过了一个艰难的童年期和青少年期。他的父母在离婚前不停地争吵打架，母亲有情绪问题，对达默年幼的弟弟非常溺爱。达默感到父亲也很忽视自己，他在 8 岁那年曾遭另一个男孩的性侮辱。但是，大多数在童年期和青少年期有痛苦经历的人都没有像达默那样成为连环杀手。1978 年，达默用杠铃杀害了第一个受害者，然后在被逮捕之前又继续杀害其他 16 个人，最后他因被控杀害了 15 条人命而进监狱。

杰弗里·达默

然而，就在达默第一起杀人案发生的 10 年前，爱丽丝·沃克正在密西西比与种族偏见抗争着。她后来因为名著《紫色》而获得普利策奖。沃克是乔治亚州一户小佃农家的第 8 个孩子，她深知贫穷意味着什么。尽管伯爵们反对，但她仍不断努力，最终她赢得了小说家的称号。沃克所描写的人都是一些一无所有，但经过自己的不断努力而最终赢得胜利的人，就像她一样。

爱丽丝·沃克

是什么使得这两个青少年在充满希望和前途的年龄里，一个去实施了残忍的暴力犯罪，而另一个则将贫穷和痛苦变成了文学上丰富的收获？我们该如何解释一个青少年能从灾难（例如失去最亲爱的人）中得以恢复，而另一个青少年则被生活中的小事弄得一团糟？为什么有的青少年如同旋风一样，在学校能获得学业成功，能被很多朋友喜爱，充满了活力；但另一些青少年则像局外人一样，完全就是生活的观众呢？如果你曾对这些问题感到好奇，想知道青少年成长的历程，那么就带着这些问题来阅读本书吧。

预 览

《青少年心理学》第 11 版，是了解青少年发展本质和特点的窗口。青少年通过阅读本书，不仅可以更好地了解自己，也可以更好地了解同学、朋友以及其他同龄人。在第 1 章中，你将了解这个领域的历史，以及当今美国和世界各地青少年的特点，你将了解到青少年的成长方式。

历史的观点

不同的历史时期对青少年的描述是怎样的？关于青少年的科学研究是从什么时候开始的？

早期的历史

古希腊时期，哲学家柏拉图和亚里士多德对青年人的本质做过阐述。按照柏拉图（公元前 4 世纪）的观点，儿童期没有理性思维，但青少年已经初显其理性思维了。柏拉图认为，儿童的主要活动应该是运动和音乐，而青少年的主要活动则应该是科学和数学。

亚里士多德（公元前 4 世纪）认为，青少年期最重要的任务是培养选择能力，他们成熟的标志就是能够做出自我决定。亚里士多德所强调的青少年自我决定能力的发展不同于当代的一些观点，后者把独立性、自我同一性、职业发展看做青少年期发展的重要课题。亚里士多德也认识到了青少年的自我中心的特点，他曾说过，青少年总是认为自己无所不知，而且对此坚信无疑。

在中世纪，儿童和青少年被看做微型成年人，于是被施以严格的训练。在 18 世纪，法国哲学家卢梭提出了一个更富有启发性的青少年期的观点，认为儿童和青少年完全不同于成人。和柏拉图一样，卢梭也认为理性思维形成于青少年期。他指出，在 12~15 岁个体的教育中，尤其应该鼓励其好奇心。从 15~20 岁，个体情绪日益成熟，对自己的关注发生变化，开始转向对他人的关注。因此，卢梭坚信发展是分阶段的。但是，他的观点是思辨性的，直到 20 世纪初，关于青少年期的科学研究才真正开始。

20 世纪

19 世纪末和 20 世纪初才出现了我们今天叫作“青少年期”的概念。在 1890 年至 1920 年间，一些心理学家、城市改革者、教育家、青年工作者以及咨询师开始形成有关青少年期的概念。在那个时候，年轻人，特别是男孩子被越来越多地认为是顺从的和脆弱的——而这些品质在早期被认为只与青少年女性相关。霍尔关于青少年期的著作在 1904 年问世（下一节将详述），它在重构有关青少年期的论述中扮演着主要的角色。霍尔在他的书中写道，尽管许多青少年表面看起来是顺从的，但他们内心却经历着相当程度的躁动。

正当教育家、咨询师以及心理学家开始制定青少年应遵守的行为规范时，霍尔的观点对这些规范产生了实质性的影响。结果，在 1900 年至 1920 年间，成人一直试图把服从和顺从强加于青少年。这类服从涉及鼓励学生信奉学校精神、忠诚以及崇拜运动健将等。在下一节中，我们将介绍霍尔的思想，以及其他两种在 20 世纪同样具有影响力的观点。

霍尔的暴风骤雨观

历史学家们将霍尔（G. Stanley Hall，1844~1924）看作关于青少年期的科学研究之父。1904 年，霍尔出版了他的两卷本著作《青少年期》。

G. Stanley Hall，关于青少年期的科学研究之父

霍尔受著名的进化论学家达尔文的影响很大，他把达尔文的思想运用到青少年发展的研究中。霍尔假设，所有的发展都源于由基因决定的生理因素的控制，他认为环境因素对于发展只起到了微弱的作用，特别是在婴儿期和儿童期。然而，霍尔承认环境对青少年期发展的作用要大于对早期发展的作用。至少，在青少年期，霍尔相信，就像我们今天所认为的，遗传与环境共同决定着个体的发展。

按照霍尔（1904）的观点，青少年期指的是 12~23 岁这个年龄段，期间发生了巨变。“暴风骤雨观”（storm-and-stress view）就是霍尔关于青少年期的描述，他认为青少年期是一个伴随着冲突和情绪波动的躁动阶段。暴风骤雨是霍尔借用德国作家对狂飙运动（Sturm und Drang）[1] 的描述，例如，歌德和席勒

1 Sturm und Drang：（德），狂飙运动，指 18 世纪 70~80 年代德国浪漫主义文学运动。——译者注

所写的小说就充满了理想主义和激情。霍尔认为德国作家的主题与青少年的心理发展是一样的。在他看来，青少年的思想、情感和行为都处于狂妄自大与谦卑、目标坚定与诱惑、幸福快乐与悲哀的摇摆之中。一个青少年，在某一时刻可能以龌龊的样子出现在同伴面前，而在另一刻又是一副友好的表情；可能刚刚还郁郁寡欢，几秒钟后就又和同伴欢闹起来。

霍尔是青少年期研究领域的巨匠，他开始用理论的、系统的、探索的方法来研究青少年问题，他的研究超越了传统的思辨和哲学研究。毫无疑问，我们确实应该将青少年期的科学研究之父授予霍尔。

玛格丽特·米德关于青少年期的社会文化观

人类学家玛格丽特·米德（Mead，1928）在萨摩亚岛南海岸对青少年进行了研究。她认为对青少年期产生最本质影响的因素并不是霍尔所说的生物因素，而是社会文化因素。在个体由童年到成年的过渡期，文化对其产生缓慢而渐进的影响，这也是萨摩亚岛的青少年在这一时期被对待的方式。她发现，很少有暴风骤雨伴随着这里的青少年的成长。米德对萨摩亚青少年的观察，揭示出这些青少年的生活是相对平静、远离骚动的。米德指出，萨摩亚文化允许青少年观察性交及婴儿出生的过程，鼓励他们把死亡看做自然现象，让他们做重要的工作，积极投入异性交往，并清楚地知道他们成年后的角色。所有这些都将有助于他们经历一个相对没有压力的青少年期。然而，在美国文化下，儿童被认为完全不同于成人，所以青少年期与成年期的经历也就不同，青少年期体验到更大的压力。

人类学家玛格丽特·米德（左）与一位萨摩亚青少年女孩在一起。米德发现萨摩亚人的青少年期压力较小，虽然她的研究最近遭到批评。米德关于青少年期的观点怎样与霍尔的观点相对立？

经历了半个多世纪之后，米德对萨摩亚人的研究结果被认为是有偏见的、有错误倾向的（Freeman，1983）。当今的批评家们宣称，萨摩亚人的青少年期要比米德所说的承受了更多的压力，萨摩亚青少年中的少年犯就如同西方的少年犯一样。尽管对于米德的发现充满了争论，但也仍有一些学者支持米德的观点（Holmes，1987）。

创造者观

正如霍尔所说，青少年期的发展的确具有生物基础；但是这一发展同时也依赖于社会文化的根基，就像米德所说的那样。确实，社会历史条件对青少年期概念的形成有很大影响。按照青少年期科学研究之父霍尔的观点，创造者观（inventionist view）认为，青少年期是社会历史的产物。在这一青少年期观点中，特别重要的是20世纪初的社会历史形态。当时，刚刚制定了法令，强调和保证青年人更值得信赖，并鼓励他们积极投身已经改善的经济活动中。这些社会历史形态还包括当时学徒年限的下降；工业革命期间的机械化程度上升，对劳动力的技能要求也相应提升了，并且必须对劳动力进行专业化分工；工作场所与家庭的分离；学生按年龄分班上学；城市化；青年人群体组织的出现，比如青年基督教协会[1]和男童子军；以及霍尔的有关著述。

学校、工作以及经济都是创造者对青少年期所持观点的重要内容（Elder，1975；Fasick，1994；Lapsley，Enright，& Serlin，1985）。一些学者认为，青少年期的概念主要是公民义务教育运动的副产品。以这个观点来看，中等教育的功能就是要向青年人传授智力技能。但是，另一些学者认为，中等教育的基本目标是在经济领域中对青年人进行分配，使之在权威结构中发挥自己的螺丝钉作用（Lapsley，Enright，& Serlin，1985）。按照这个观点，美国就依照儿童法为青少年期的青年人确立了一定的地位。通过形成有关青年人的特别法令，成人限制了他们的选择，鼓励青年人更值得信赖，并使青年人积极投身易于管理的工作环境。

如今历史学家将1890年至1920年间称作“青少年期的时代”。在这个时期，立法者制定了大量关于青年人权利的法令。事实上，美国各个州都通过了一些关于青年人的法律，例如青年人必须接受中等教育，将他们排除在就业人群之外。许多这样的法律都包括了强制性条文。

立法产生了两个明显的结果：青年人的受雇佣率下降，而入学率上升。从1910年到1930年，10~15岁的青少年被有偿雇佣的比例下降了75%；另外，在1900年到1930年间，高中毕业生的数量有了实质性的提高，1930年的毕业生数量大致是1900年的600%。

对最古老的发展心理学期刊《遗传心理学杂志》[2]进行的内容分析，为历史在青少年期这个概念的形成中所扮演的角色提供了进一步的证据（Enright & others，1987）。19世纪90年代和20世纪30年代的大萧条时期，以及两次世界大战时期，这四个历史阶

---

1 YMCA：青年基督教协会（Young Men’s Christian Association）。——译者注

2 Journal of Genetic Psychology（以前是 Pedagogical Seminary）。——译者注

段期间对青年人能力的评价完全不同。在大萧条时期，学者们的大量著述是讲述青年人的不成熟和教育需求；相反，在世界大战时期，学者们不认为青年人不成熟，反而强调其应征入伍以及参加工作的重要性。让我们来详细地分析青少年期这个概念在20世纪时代变迁中的变化。

20世纪的进一步变化

到了1950年，我们所指的青少年期的发展阶段已经与其年龄建立了联系。青少年的发展不仅意味着生理的变化和社会同一性的建立，而且也意味着在法律上获得认可，每一个州都对16岁或18岁到20岁的青年人制定了特别法令。获得高等教育（得到好工作的关键）已经是20世纪50年代许多青少年的愿望，就像商业化的电视节目里所呈现的那样，拥有一个好婚姻、美满家庭、享有安逸的生活都是青少年的追求。

尽管青少年对获得高等教育的追求持续到了20世纪60年代，但许多非裔美国青少年不仅被高等教育拒之门外，而且连中等教育都难以接受到。种族冲突经常以暴乱和静坐的形式出现，原本正值上大学年龄的青少年是这些运动的主力。

在60年代末和70年代初政治抗议达到高峰，成千上万的青少年以暴力反应来抗议美国不道德地介入越南战争。到了70年代中期，青少年的极端抗议随着美国撤出越南而开始减弱。他们更关注通过高学业成就、上大学、职业培训以谋求更高的发展。对物质利益的关注再一次开始主导青少年的行为动机，对社会制度的理想化挑战开始衰减。

20世纪70年代，妇女运动也改变了对青少年期的描述和研究。早些年间，对青少年期的描述更多是针对男性青少年，很少关注女性青少年。

今天的女性青少年所持有的家庭与职业的双重目标，是19世纪90年代和20世纪初时的女性青少年所难以想象的。许多年来，大多数女性和少数族群被排除在青少年发展的研究领域之外。但是，仍有许多执着的女性克服了重重偏见，获得了博士学位。其中一位先驱就是利塔·霍林沃斯（Leta Hollingworth），她做了许多有关青少年发展以及心理发展迟滞儿童和天才儿童的研究。非裔美国心理学家先驱，包括肯尼斯·克拉克和玛米·克拉克（Kenneth Clark & Mamie Clark），研究了非裔美国儿童的自尊（Clark & Clark，1939）。1932年，乔治·桑切斯（George Sanchez）发表了关于儿童和青少年智力测验中的文化偏见的文章。

至此，我们已经描述了青少年期概念发展的重要社会历史环境，我们也评价了在不同的历史阶段社会如何看待青少年的问题。下面将揭示为什么我们需要谨慎对待不同历史时期青少年的概念。

有关青少年的刻板印象

在心理学的发展史中，女性一直遭受忽视。在青少年期的研究领域中，一位曾遭忽视的女性是利塔·霍林沃斯。她首先采用“天才”这个术语描述那些在智力测验中得分非常高的青年人（Hollingworth，1914）。她也是她那个时代中批评那些鼓吹男性比女性更优越观点的重要人物（Hollingworth，1914）。例如，她做了大量的研究反驳一些说法，即认为女性的月经周期使得女性成绩下降。

刻板印象（stereotype）指的是人们关于某一类人的普遍的印象或观念。任何一种刻板印象都承载着某个特定群体的一个典型成员的形象。我们生活在复杂的世界中，刻板印象是简化这种复杂性的一条途径。我们常常会简单地给一个群体贴上标签，例如，我们认为青年人都是乱交的，于是，当我们说起这个群体时，我们就不会详细地分析这个群体中的每个人了。人们一旦形成了某种刻板印象，即使面临完全矛盾的证据，也很难舍弃它。

人们对青少年的刻板印象是非常多样的，例如：“青少年都想有份工作，但当他们真的获得工作时，他们又不想干活了。”“他们都很懒。”“他们会为性而着迷。”“他们吸毒，每个人都如此。”“今天的孩子们已经没有我们这一代人的道德信条了。”“当今青少年的问题是，他们太容易就拥有了一切。”“他们是一群以自我为中心的自作聪明的人。”

的确如此，在20世纪的大多数时间里，青少年都被描述为不正常的和越轨的，很少被认为是正常人。霍尔对青少年的印象就是暴风骤雨，媒体也把青少年描述为叛逆的、冲突的、赶时髦的、违法的和自我中心的——20世纪50年代，青少年的代名词就是毫无缘由的反叛者；而60年代，其代名词是寄生虫。到了80年代，由于对青少年压力和冲突的印象，他们的代名词变成了“十六只蜡烛”和“早餐俱乐部”[1]。90年代时，青少年的代名词是“街区男孩”[2]。近期对地方电视新闻报道的分析发现，频

---

1 sixteen candles（十六只蜡烛）是Fall Out Boy（离队男孩）乐队演唱的一首歌曲，该乐队是以芝加哥为基地的美国流行庞克（pop punk）乐队，到世界各地巡回演出，影响颇大，主音歌手Patrick Vaughn Stump、吉他手Joseph Mark Trohman、低音手Peter Lewis Kingston Wentz。《早餐俱乐部》（Breakfast club）是一部反映美国青少年校园生活的电影，导演：约翰·休斯，主演：艾米利奥·艾斯特维兹、安东尼·迈克尔·豪尔、莫利·林沃德。——译者注

2 《街区男孩》（boyz N the Hood），是一部反暴力的影片，也以反映青少年生活为主题。——译者注

频出现的主题是青少年卷入犯罪、意外事故、暴力事件等，这类报道约占青少年报道的一半（46%）。最令人沮丧的是，当给出有关青少年积极行为的证据时——很多青少年参与社区服务，许多成年人依然不承认这些事实或者认为这些只是例外（Gilliam & Bales，2001；Youniss & Ruth，2002）。

有关青少年的刻板印象如此广泛，以至于青少年期的研究者 Joseph Adelson（1979）创造了一个术语：**青少年概化缺陷**（adolescent generalization gap），指仅仅基于青少年群体中某些有限的、明显的信息而对青少年进行的概括。

对青少年期的积极看法

有关青少年的消极刻板印象是过分的（Benson & others，2006；Collins & Steinberg，2006；Perkin & Borden，2003；Stepp，2000）。在跨文化研究中，丹尼尔·奥夫尔（Daniel Offer）及其同事（1998）发现，并无证据支持这些消极的观念。研究者评定了世界各地青少年的自我形象，包括美国、澳大利亚、孟加拉国、匈牙利、以色列、意大利、日本、中国台湾、土耳其和前西德，发现至少 73% 的青少年拥有积极的自我形象，青少年对于自己的未来是自信和乐观的。

虽然有一些例外，但作为一个群体，青少年在多数时间里是快乐和享受生活的，认为自己具有自我控制能力，重视工作与学习。他们在性方面也很自信，对家人有着积极的情感，并且认为自己有能力应对生活中的压力——完全不同于对青少年期的暴风骤雨的描述。

青少年总是被赋予消极刻板印象吗？请解释。

过去和现在

20 世纪的多数时间里，在美国和其他西方国家文化下，青少年期一直被认为是人终生发展中的一个问题阶段，类似于霍尔（1904）的“暴风骤雨期”描述。但是，正如前面描述的研究所揭示的，大多数青少年并不像公众刻板印象中那样令人困扰和充满麻烦。

世纪的交替促使我们反思那些观点所揭示的景象与其本来面目是否一致。在心理学领域，包括青少年发展这个分支领域，心理学家已经对20世纪的研究发现进行了审视，认为很多研究结果过于消极（Larson，2000；Santrock，2005；Seligman & Csikszentmihalyi，2000；Snyder & Lopez，2002）。心理学已成了一门极度冷酷的科学，人们常常被看成一个被动的牺牲品。因此，当代的心理学家呼吁要聚焦人类体验的积极方面，强调充满希望、乐观、积极的个人品质、创造性以及正向的群体和公民价值观，比如责任感、教养、礼貌和宽容（Benson & others，2006；Flanagan，2004；Flay，2003；Hunter & Csikszentmihalyi，2003；Lerner，Jacobs，& Wertlieb，2003；Perkins & Borden，2003；Rich，2003；Youniss & Silbereisen，2003）。

青少年的视角

想被看成有用的人

多少年来，青少年都被看成一个难题，而又没有人真正想去解决这个难题。当青少年想挑战权威时，人们会威胁他们，或对他们表现出敌意，挑战权威也常常被认为是有失礼貌的。很多时候，青少年都不被看作有用之人，也不被看作引领未来的有思想的人。成年人有权教导年轻的一代，告知他们世界是什么样的，但也应该允许他们感到他们也有发言权。

——Zula，16岁

Brooklyn，New York

代际观念和观念误区

成人对青少年的认识源于个人经验与媒体描述的结合，它们都没有客观描述典型的青少年发展（Feldman，& Elliott，1990）。一些认为青少年不好的观念先入为主地进入成人的短时记忆。成人经常把今天的青少年看得比他们当年更麻烦、更没礼貌、更自我中心、更盲目自信和更冒险。

然而，在品位和处事方式上，每一代的青少年似乎都是更激进的、更令人心力交瘁的和与其父辈不同的——他们的所闻所见、所行所思、所喜欢的音乐、所选择的发型和服装都不同。把青少年尝试新的自我同一性的热情与偶尔对待父母和社会标准时带有的敌意行为混为一谈是极大的错误，付诸行动和尝试各种边界行为都是青少年接受父辈价值观的方法，而非拒绝。

有些情况下，人们担忧年轻的一代将会成为什么样的人，等年轻的一代长大成人后，他们又会开始担心更年轻的一代。

——Roger Allen

当代美国作家

今日美国青少年

现在，大家对有关青少年的历史观点有了一个较好的认识，那么，根据我们头脑中的这一知识，当代美国青少年的状况如何呢？

美国青少年的现状

对于美国青少年来说，当代既是最好的时候，也是最坏的时候。他们拥有更长的生命和更奢侈的享受——电视机、计算机、卫星和太空旅游，这在一个世纪之前是不可想象的。然而，来自成人世界的各种诱惑和危险，过早和频繁地袭击着他们，以至于他们在认知和情绪上都还未做好准备来有效地应对。

每一个稳定的社会都一代一代传承着其价值观。今天，美国青少年所面临的价值观问题特别引人注目。仅仅是半个世纪之前，美国三分之二的家庭都是由一个养家糊口的父亲、居家料理的母亲以及他们所教养的儿童和青少年所组成。但是，今天青少年所居住的环境是不稳定的，在许多方面都与几十年前的青少年不同。高离婚率、高少女怀孕率以及越来越多的家庭迁移等都导致了不稳定。美国青少年吸毒的比率也是全世界工业化国家中最高的。

所以，成长并不容易。在很多方面，今日青少年面临的发展任务与 50 年前的青少年没有什么不同。对大多数青少年来说，青少年期不是反叛、危机、病态和越轨的时期，而是评价、决策、承诺和发现自己在现实世界中的位置的一个时期。

我们的讨论强调了一个关于青少年的重要观点：他们并不是一个同质的群体（Cohen & others，2003；Wigfield & others，2006）。虽然多数青少年顺利过渡到了成人期，但也有相当多的青少年没有达到此目标。社会经济、种族、文化、性别、年龄以及生活方式对每一个青少年的发展轨道都有着不同的影响（Spencer，2006）。

社会背景

研究者对社会背景怎样影响青少年的发展有着特殊的兴趣（Bronfenbrenner，2000，2004；Bronfenbrenner & Morris，2006；Compas，2004；Leventhal & Brooks-Gunn，2004）。**背景**（contexts）指的是发展的环境，环境通常受到历史、经济、社会、文化因素的影响。要想理解背景对于青少年的发展有多么重要，可以考虑一下研究者的这样一项工作，即试图揭示当今青少年在种族问题上，是否比一二十年前的青少年更宽容。如

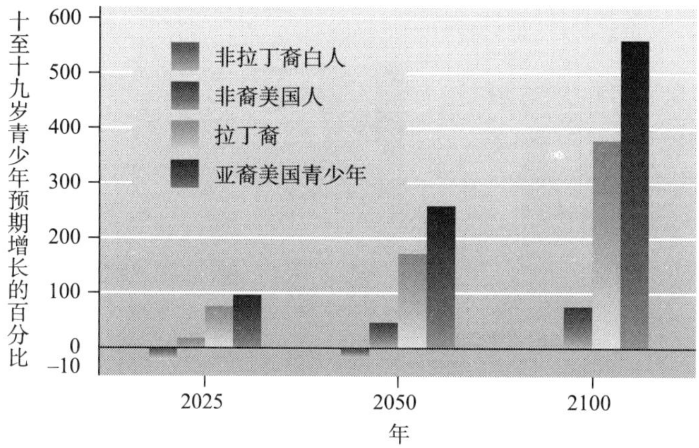

图 1.1
2025~2100 年间，10~19 岁青少年预期增长的百分比。预计到 2050 年，10~19 岁的非拉丁裔白人青少年所占的百分比是下降的。与此相反，亚裔美国青少年（2050 年为 233%，2100 年为 530%）和拉丁裔美国青少年（2050 年为 175%，2100 年为 371%）所占百分比会急剧上升。

果不考虑那些种族关系方面的历史的、经济的、社会的和文化的内容，青少年的种族宽容度是不可能得到全面评价的。每一个青少年的发展都发生在相应的文化背景中，这些背景包括家庭、同伴、学校、教堂、邻居、社区、地域和国家，每一种都带有文化的烙印（Cole，2006；McLoyd，2000；Park & Buriel，2006；Shweder & others，2006）。

美国青少年的文化背景，随着拉丁美洲国家和亚洲国家青少年移民的不断增多而变化着（Diaz，Pelletier，& Provenzo，2006）。

图 1.1 显示出预计到 2100 年，美国白人、非拉丁裔、拉丁裔、非裔美国人以及亚裔美国人预期增长的百分数。值得注意的是，亚裔美国人是增长最快的种族群体，到 2100 年，青少年增长率超过了 600%，拉丁裔青少年会增长约 400%。图 1.2 显示的是 2000 年不同种族群体中的青少年的实际人数以及 2100 年的预期数量。另外，值得注意的是，到了 2100 年，拉丁裔青少年的人数有望超过非拉丁裔和白人美国青少年的人数。

这些变化着的社会背景在本书中将得到特别关注，从第 9~13 章都是有关背景的讨论，分别讨论家庭、同伴、学校、工作和文化。正如我们下面将要看到的，一些专家认为，美国的社会政策应该更强调改善青少年的生活背景。

社会政策与青少年发展

社会政策（social policy）是政府制定的、用来影响公民福利的行动方针。从目前来说，许多青少年发展的研究者都试图设计一些研究，使其结果能够对社会政策的制定产生广泛而有效的引导（Benson & others，2004，2006；Ferber，2002；Pittman & Diversi，2003；Pittman & others，2003；Wertlieb，Jacobs，& Lerner，2003）。

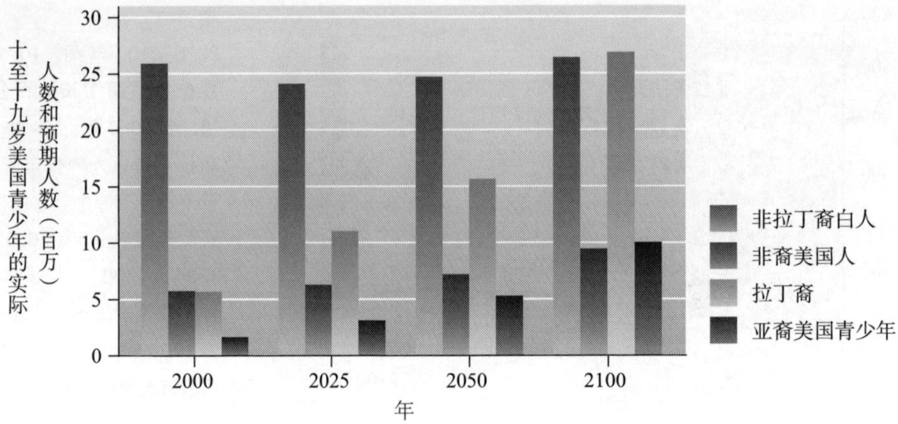

图 1.2

2000~2100 年间，10~19 岁的美国青少年的实际人数和预期人数。在 2000 年，美国有 2 500 万 10~19 岁的非拉丁裔白人青少年，少数民族的人数相对较少。但是，从 2025~2100 年，拉丁裔和亚裔美国青少年的人数发生了急剧的增长，预期到了 2100 年，拉丁裔青少年的人数将超过非拉丁裔白人青少年的人数，亚裔美国青少年的人数也将超过非裔美国青少年的人数。

玛丽安·赖特·爱德曼（Marian Wright Edelman，儿童防卫基金主席）一直在不懈地倡导儿童的权利。爱德曼（1997）感到最棘手的是，从社会忽视方面的指标来看，美国在对待儿童和青少年的问题上远远落后于其他工业化国家。爱德曼认为，教育和养育一代代儿童和青少年是社会最重要的职能，我们需要更严肃地对待这个问题。她指出，尽管我们会听到当今的政治家关于“家庭价值观”的许多言论，但当考察国家的家庭政策时，我们发现它们实际上并不能反映政治家的言语。我们需要更好地关注家庭健康系统，更安全的学校和街坊邻里关系，更好的父母教育，以及更好的家庭支持研究计划。

彼德·本森及其同事（Benson & others，2004，2006）指出，美国关于青少年的政策是支离破碎的，它太过于关注青少年的消极发展缺陷，特别是健康方面的危机行为，比如吸毒和青少年犯罪，而缺乏以积极方式来强调发展的潜能。按照本森及其同事（2004，p.783）的观点，强调青少年发展潜能的社会政策“采纳更多的健康观点，特别强调健康条件的设置，而且把健康的概念扩展到了技能、亲社会行为，以及在职业、教育、生活中的胜任力等方面。这个观点已经超越了根除风险的范畴，而是强调幸福感的提升。”在他们看来，美国需要的是一项发展性的、全面的青年人政策，这项政策应该强调把“家庭、邻里、学校、青年人组织、工作场所、集会等作为干预的出发点。把学校转变为更具有发展性的、丰富多彩的情境，在多种社会机构间建立联系，启动社区范围的主动性，把周围环境中的机构组织到一起来，形成一个强调发展和潜能的机构，为一些有特色的校外项目扩充资金。”以上都是这一政策的反映（Benson & others，2004，p.798）。

与此同时，美国青少年一直受到政府的忽视，老一代人却从社会政策中获利不少。**代际之间的不公平**（generational inequity）造成年长的成人获得了大量的社会资源配置，例如社会保险、医疗保障等，而这一切都是由年轻的一代来负担，因此，是否应该由年轻人为老年人支付这些费用的问题浮现出来。老年人享受着政府和社会提供的养老金、健康关怀、食品补助、住房补贴、税收减免以及其他的福利，这些都是年轻人无法享受的。当为老年人提供更多服务形成一种趋势的时候，生活在贫穷中的儿童和青少年的比例就会增多。青少年尤其不被政府所重视。

伯尼斯·诺嘉顿（Bernice Neugarten，1988）认为这个问题不应该被看做代际之间的不公平，其根本问题在于国家的经济和社会政策的不足。她主张应该形成一种对所有年龄段的人都提供支持的共识，非常重要的一点是，要记住儿童总有一天会变老，会需要他们的孩子来支持。如果没有社会保障体系，许多已经成年的孩子就不得不赡养他们年迈的父母，这就必然要减少他们用在自己孩子身上的资源（Schaie，2000）。

与青少年发展有关的职业

彼德·本森

Search Institute 研究所所长

自 1985 年起，彼德·本森一直担任明尼阿波利斯市 Search Institute 研究所的所长。这个研究所是一个独立的非营利组织，它的使命是促进青少年的幸福感。研究所开展应用科学研究，为改善青少年生活的许多方面提供信息，为社区提供支持，并培训和指导人们与青年人一起工作。

彼德从奥古斯都大学获得心理学学士学位，从耶鲁大学获得宗教心理学硕士学位，从丹佛大学获得社会心理学博士学位。他领导的研究所有 80 名研究员，他在很多地方进行关于青年人的演讲，并为大量的社区和组织提供有关青少年问题的咨询。

在彼德的领导下，研究所开展了许多研究（例如家庭支持和好学校），预防青少年的发展问题，促进青少年从青少年期成功地过渡到成年期。我们将在第 14 章“青少年的问题”中进一步讨论这些内容。

彼德·本森在与青少年交谈

青少年的幸福感应该是美国人关心的首要问题之一（Benson & others，2004，2006；Pittman & Diversi，2003；Pittman，Yohalem，& Irby，2003；Pittman & others，2003）。青年人的未来就是全社会的未来，如果青少年没有发挥出他们的潜能，就不能为社会做出应有的贡献；他们没有在社会中找到适合自己的位置，就不能为社会创造财富，那么，我们的未来就会受到影响。

全球化的观点

本书中所介绍的青少年期，在很大程度上是依据西方学者的研究和著作，特别是欧洲和北美的研究成果。事实上一些专家指出，青少年期被典型地“欧洲化”了（Nsamenang，2002）。其他人也注意到，交通和通信技术的进步已经影响到全球青年人的文化，世界各地的青少年可能会着同样的服装，留同样的发型，听同样的音乐，甚至说同样的俚语（Schlegel，2000），但是青少年中的文化差异并没有消失（Larson & Wilson，2004）。

请大家考虑下面一些与各地青少年期有关的差异（Brown & Larson，2002）：

- 三分之二的印度青少年接受父母为他们选择的婚姻伴侣（Verma & Saraswathi，2002）。
- 在菲律宾，许多女性青少年会牺牲自己的未来，移居到城市里去赚钱，然后把赚来的钱寄回家。
- 肯尼亚和其他一些地方的街头青年要学会在高度紧张的环境中生存。有些被父母遗弃的青少年，可能会犯罪或通过卖淫来满足自己的经济需求。
- 在中东地区，许多青少年被禁止与异性接触，哪怕是在学校里也不行（Booth，2002）。
- 美国青年比其父辈们结婚要晚，但俄罗斯的青年人却更早结婚，以便享有合法的性活动权利（Stetsenko，2002）。因此，由于文化背景的不同，青少年期会有完全不同的经验（Larson & Wilson，2004）。

快速的全球化变化正在改变着青少年期的经历，这种变化为青少年的健康和幸福感提供了新的机会和挑战。从全世界范围来看，青少年的经历会因为他们的性别、家庭、学校、同伴等的不同而不同（Brown & Larson，2002；Larson & Wilson，2004）。但是，很多国家依然保留了一些相同的青少年传统。布拉德·布朗和兰迪·拉森（Brown & Larson，2002）对世界各地青少年的变化和传统进行了总结：

健康和幸福感。青少年的健康和幸福感在一些地区得到了改善，但在另一些地区却没有。总的来说，世界各地的青少年死于流行病和营养不良的人数比过去更少了（Call

& others，2002；世界卫生组织，2002）。但是，一些危及青少年健康的行为（特别是违法使用毒品和不加保护的性行为）正在迅速增长（Blum & Nelson-Mmari，2004）。在撒哈拉许多国家的青少年中，艾滋病毒携带者的人数也在急剧增长（世界卫生组织，2002）。

性别。从世界范围看，男女青少年的体验仍旧十分不同（Brown & Larson，2002；Larson & Wilson，2004）。在有些国家，比如日本、菲律宾和西方国家，男性青少年比女性青少年有更多的受教育机会。许多国家的女性青少年不能像男性青少年那样自由地追求自己的职业和自己喜欢的休闲活动。在性的表现上也存在普遍的性别差异，特别是在印度、南亚、拉丁美洲和阿拉伯国家，女性青少年的性活动要比男性受到更多限制。但是，这些性别差异正在随着时间的推移而缩小。在一些国家中，女性的受教育和职业机会正在扩大。在世界的一些地方，对女性青少年性活动的过度控制也正在减弱。

家庭。在一些国家中，青少年成长于人员关系亲密、联系密切的大家庭中，这种亲戚网络“提供着相互联系的网络，强化着传统的生活方式”（Brown & Larson，2002，p.6）。例如，在阿拉伯国家，“青少年被教会了严格行事和忠诚”（p.6）。但在西方国家比如美国，大多数青少年成长于离婚家庭或再婚家庭中，西方国家的家庭教养已经失去了昔日的权威。

这些趋势正在世界各地的许多国家中形成，“包括更多的家庭迁移，移民到城市地区，家庭成员在较远的城市或国家工作，家庭规模的缩小，大家庭的减少，以及母亲就业机会的增多”（Brown & Larson，2002，p.7）。不幸的是，许多变化减弱了家庭为青少

亚洲的印度青少年在婚礼上

里约热内卢的街头青年人

年提供时间和资源的能力。

学校。一般来说，发展中国家的青少年的入学人数正在增加。然而，还有一些地方的学校，尤其是非洲、南亚、拉丁美洲，仍然不能为所有的青少年提供教育。的确，最近几年里，接受中等教育或高等教育的拉丁美洲青少年人数已经下降了（Welti，2002）。而且，许多学校并不能为青少年提供步入成年后获得成功所需要的技能。

同伴。一些文化认为，同伴在青少年期的作用要比其他人的作用更大（Brown，2004；Brown & Larson，2002）。在许多西方国家，同伴在青少年的生活中都非常重要，在某些情形下，甚至担负着本应由父母担负的责任。在南美的街头青少年中，同伴网络起着代理家庭的作用，他们能为处于危险和压力情境中的青少年提供支持。在世界的另一些地区，例如阿拉伯国家，同伴的作用受到限制，尤其对于女孩（Booth，2002）。

总的来说，青少年的生活是变化与传统的结合。研究者发现了不同国家青少年经验的相似性和差异性（Larson & Wilson，2004），在第 13 章“文化”中，我们将进一步讨论这些跨文化的比较。

发展的本质

在某些方面，每个人的发展与其他人没有什么不同；但在另一些方面，人与人之间却有很大不同。大多数时候，我们的注意力都集中于个体的独特性上，但是从事发展研究的研究者们为我们勾画出了人类发展的某些共同特征和独特性。作为人类，我们走过了一些共同的历程。我们中的每一个人——无论是张三，还是李四，无论是你，还是我，都是在 1 岁左右开始走路，在 2 岁左右开始说话，在幼儿时期喜欢玩游戏，而在青少年期变得更独立。

当我们说到个体发展的时候，到底意味着什么？**发展**（development）就是变化的图式，从胎儿期开始，贯穿生命全程。发展在多数情况下指的是成长，虽然也包括衰退（就像死亡和趋于死亡）。发展的图式很复杂，因为它是多个不同过程的结果。

过程和阶段

人类发展是由生理过程、认知过程、社会情绪过程所决定的，我们经常分阶段来描述发展。

生理的、认知的、社会情绪的过程

生理过程（biological processes）包括个体自然的生理变化。从父母那里继承的基因、大脑的发展、身高和体重的增长、运动技能的进步以及青春期荷尔蒙的变化等，都是生理过程的反映。我们将在第 3 章进一步讨论这些生理过程。

认知过程（cognitive processes）指的是个体思维和智力的变化。记住一首诗歌、解决一道数学题，以及想象成为一位电影明星会是什么样子等都是对认知过程的反映。第 4 章将详细讨论认知过程。

社会情绪过程（socioemotional processes）指的是个体的情绪、个性、与他人的关系以及社会背景等的变化。与父母顶嘴、攻击同伴、自信、为参加某个社会活动（比如高年级青少年的舞会）而欣喜、性别角色定向等反映了社会情绪过程的作用。第 5~13 章将集中讨论青少年发展中的社会情绪过程。

生理的、认知的、社会情绪的过程总是杂乱地交织在一起。社会情绪过程塑造了认知过程，认知过程又促进或限制着社会情绪过程，生理过程也影响着认知过程。在阅读本书时，你虽然会在不同章节中了解到这些内容，但你应该记住，你正在学习了解的是一个完整的人的发展，这个人具有相互依存着的思想和躯体（见图 1.3）。

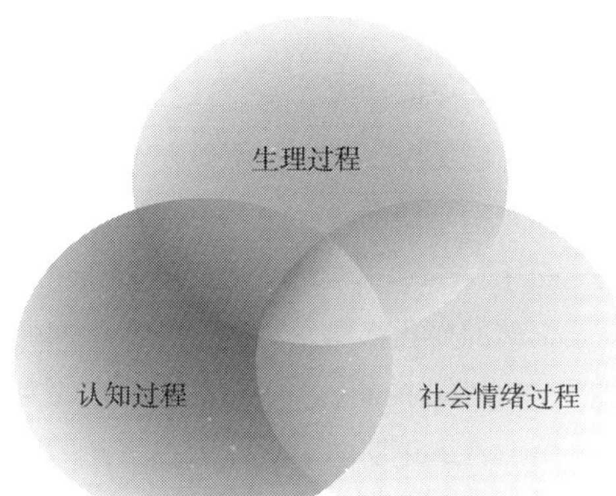

图 1.3
发展变化是生理过程、认知过程、社会情绪过程的结果。这些过程交互作用，共同影响个体的发展。

发展的阶段

人的发展通常被描述为不同的几个阶段，我们接下来要介绍童年期、青少年期、成年期。我们会给出每个阶段的大概年龄范围，帮助大家理解各个阶段从何时开始，到何时结束。

童年期 童年期包括胎儿期、婴儿期以及童年早期、中期和晚期。

胎儿期（prenatal period）指从受精卵形成到出生的一段时期，大约 9 个月。这是个体成长变化巨大的阶段，从一个单体细胞到一个具有大脑和行为潜能的有机体。

婴儿期（infancy）是个体从出生到大约 18 个月或 24 个月的发展阶段。婴儿期是极端依赖成人的阶段。许多心理活动，比如语言、符号思维、感知运动的协调、社会性学习、亲子关系等都是从这个阶段开始的。

童年早期（early childhood）是个体从婴儿期结束到 5、6 岁的发展阶段，有时也被称为学前期。在这个阶段里，年幼的孩子学习变得更自立，并能自己照顾自己。他们为上学做准备（比如听从指导、认字等），花大量时间与同伴玩耍。上小学通常是童年早期的结束。

童年中期和晚期（middle and late childhood）指大约 6~10 岁或 11 岁这个发展阶段，该阶段有时也被称为学龄期。儿童在此阶段掌握了基本的阅读技能、书写技能、算术技能，他们正式地接触世界及其文化。学业成就和自我控制能力的提高是此时儿童发展的中心课题。

青少年期 正如我们的发展时间表所表明的，个体进入青少年期之前，他的成长和经验就已发生了可观的变化。无论是女孩还是男孩，在进入青少年期的时候都不是一块白板，他们不是仅带着决定他们思想、情感和行为的遗传密码，而是遗传与童年的经验、青少年的经验共同决定着青少年的发展轨迹。当你阅读本书时，要时刻牢记童年期的发展与青少年期的发展是连续的。

要想定义青少年期，不但要考虑年龄因素，还要考虑社会历史因素。请大家回忆我们对于青少年期的各种颇具创造性的观点的讨论。牢记社会历史背景，我们会把**青少年期**（adolescence）看成是从童年期到成年期的转折期，在这个时期，生理的、认知的、社会情绪的变化都在发生着。青少年期的重要任务是为成年期做准备。的确如此，任何一种文化的未来都以这一准备是否有效为转移（Larson & others，2002）。

虽然青少年期的年龄范围在不同的文化和历史环境下会有很大变化，但在美国和今天的大多数文化下，青少年期都是从大约 12 或 13 岁开始到 18 或 22 岁结束。青少年期的生理变化、认知变化、社会情绪变化，既包括性功能的发展，也包括抽象思维发展及独立性的形成。

发展学家越来越倾向于把青少年期描述为早期阶段和晚期阶段。**青少年早期**（early adolescence）粗略地对应于初中和高中低年级，大多数青春期的变化都发生在此阶段。**青少年晚期**（late adolescence）大概指人生第二个十年中的后半段。职业兴趣、约会、自我同一性探索等在此时要比青少年早期更为明显。研究者经常会特别强调他们的结果是针对整个青少年期，还是仅针对青少年早期或晚期。

过去，人们一般认为青少年期是进入成年世界的一个单一的过程。目前的研究则强调界定该阶段的过渡和事件的多样性及其发展时序（Larson & others，2002；Sarigiani & Petersen，2000）。举个例子，青春期和学校事件可被看做是进入青少年期的关键转折

信号；完成学校的学业和获得第一份全职工作是个体走出青少年期，进入成年期的关键转折信号。

今天，发展学家并不认为个体的变化到青少年期就终止了（Baltes，2000；Demick & Andreoletti，2003；Overton，2003；Santrock，2006）。记住，发展是终生的。青少年期只是生命历程的一部分，它不是一个孤立的发展阶段。尽管青少年期具有独特性，但是青少年期发生的所有变化都与童年期以及成年期的发展和经验有着某种联系。图 1.4 总结了人生发展的各阶段及其大致年龄范围。

成年期 像童年期和青少年期一样，成年期也不是一个单一的阶段。发展学家经常把成年期描述为三个阶段：成年早期、中期和晚期。**成年早期**（early adulthood）通常开始于十几岁后期或二十几岁早期，一直持续到 30 岁左右。这是一个获得人格和经济独立的时期，并且是职业发展得以强化的时期。

成年中期（middle adulthood）大约从 35~45 岁时开始，在大约 55~65 岁之间结束。这个阶段对青少年的生活也特别重要，因为他们的父母多半处于或将进入该成年阶段。在成年中期，人们开始致力于向下一代传递价值观，而且开始反思生活的意义，关心个人的身体。在第 9 章，我们将介绍青少年与父母的成熟对亲子关系的贡献。

最后，人类生命的节奏和意义进入了最后的阶段——**成年晚期**（late adulthood），这个阶段大约从 60 或 70 岁开始，一直持续到死亡。这是一个适应退休和收入减少以及体力和健康日渐衰退的阶段。回顾一生并适应变化着的社会角色也是成年晚期的特征，当然，这个阶段的责任也减少了，有了更多自由。

图 1.4

发展的过程和阶段。生命发展阶段的演变受到生理、认知、社会情绪变化过程的交互影响。

发展的转折

发展的转折通常指人生命历程的重要连接点。这样的转折包括从胎儿期到出生和婴儿期的转折，从婴儿期到童年早期的转折，以及从童年早期到童年中期和晚期的转折。我们认为，人生中有两个转折是非常重要的，即从童年期到青少年期的转折和从青少年期到成年期的转折。下面我们将详细讨论这两个转折。

从童年期到青少年期

从童年期到青少年期的转折涉及大量的生理变化、认知变化和社会情绪变化。生理变化指伴随着青春期的到来，身体开始快速发育，荷尔蒙发生变化，性开始成熟。在青少年早期，大脑的变化使个体能够进行更高级的思考。也是在这个阶段，青少年开始熬夜和睡懒觉。

从童年期向青少年期的转折包括生理变化、认知变化、社会情绪变化。这些变化都有哪些特点？

在从童年期到青少年期的转折中，所发生的认知变化是指抽象思维、理想主义思维和逻辑思维能力的提高。当这些转折发生的时候，青少年开始以一种更加自我的方式思考，经常感到自己身处众人关注的舞台上，是独一无二的，而且无懈可击。随着这些变化，父母会更多地让青少年自己做决策。

在社会情绪变化方面，青少年开始要求独立、与父母发生冲突，以及想更多地与同伴在一起。与朋友的谈话变得更为亲密，同时也更加自我表露。随着孩子进入青少年期，他们就会升入新的学校，新学校比低年级时的学校更大，有更广泛的社会交往，学业成就变成了更为严肃的任务，学业方面的挑战也增加了。同时，在这段时期，性成熟也使青少年对浪漫关系产生了极大的兴趣。年轻的青少年们也会经历比孩童时期更大的情绪起伏。

总之，从童年期到青少年期的转折非常复杂且是多方面的，包括个体生命中许多不同方面的变化。要想成功地度过这个转折，既需要相当的适应过程，也需要成人的体贴和同情理解。

从青少年期到成年期

另一个重要的转折发生在从青少年期到成年期的过渡中（Gutman，2002；Jozefowicz，2002；Montgomery & Cote，2003；Raymore，Barber & Eccles，2001）。据说，青少年期始于生理变化，终结于文化。也就是说，从童年期到青少年期的转折是从青春期的成熟开始的，而从青少年期向成年期的转折是由文化标准和经验决定的。从世界范围来看，青年人越来越多地延迟其步入成年期的时间，这在很大程度上是因为现在的信息社会要求他们获得比其父辈更多的教育（Mortimer & Larson，2002）。因此，从青少年期向成年期的转折就变得更漫长了，他们需要形成更有效的技能，从而成为一个合格的社会成员。

个体是突然进入成年期的吗？这不可能。社会学家肯尼斯·凯尼斯顿（Kenneth Kenniston，1979）提出，从青少年期到成年期的转折至少需要 2~8 年的时间，甚至更长。凯尼斯顿用**青年人**（youth）这个术语描述处于从青少年期向成年期转折中的个体，这是一个经济和人格都带有暂时性特点的阶段。面对复杂的、要求特殊职业准备的工作环境，许多个体选择把更多的时间花在技术性的研究所、大学或专业学校中。在这个转折中，他们的收入常常较低，而且是零星的，因此，他们会频繁地变更居住地。婚姻和家庭也因此而被延迟了。

成人初显期

近来，从青少年期到成年期的转折被称为**成人初显期**（emerging adulthood）（Arnett，2000，2004）。像青年人一样，成人初显期的年龄大约是 18~25 岁左右。试验和探索是成人初显期的主要特征。在成人初显期的发展中，许多个体还在探索他们的职业生涯，探索他们的自我同一性，探索他们究竟喜欢哪种生活方式（例如独身、同居还是结婚）。

很难确定一个个体何时变成了成年人。人们广泛认可步入成年期的标志是个体获得了相对稳定的全职工作，这通常发生在个体结束了学校生活之后——有些人是结束高中生活之后，有些人是结束大学生活之后，还有一些人是结束研究生生活或专业学习生活之后（Graber & Brooks-Gunn，1996）。然而，另一些指标却并不清晰。经济独立被认为是成人身份的一个标志，但这是一件漫长而持久的事情。越来越多的大学毕业生又重新回来与父母一起生活，以寻求他们在经济领域的立足之地。大约有 40% 的个体，在从少年晚期到 20 岁左右这段时间里，至少有一次回到父母家中生活（Goldscheider & Goldscheider，1999）。

自己承担责任和独自做出决策也是成年期的指标。的确，一项研究发现，青少年认为自己承担责任和独立做出决策是步入成年期的标志（Scheer & Unger，1994）。在另一项研究中，70% 多的大学生认为，作为一个成年人意味着必须对自己的行动结果负责，决定自己的信仰和价值观，并且与父母建立平等的关系（Arnett，1995）。

个体成长为成年人的年龄是特定的吗？一项研究测查了成人初显期的个体对自己是否是一个成年人的认知（Arnett，2000）。大多数 18~25 岁的人的反应既不是“肯定”，也不是“否定”，而是“在某些方面肯定”，或“在某些方面否定”（见图 1.5）。在这项研究中，多数人认为他们 30 岁左右才步入了成年期。因此，成人初显期的个体会把自己看成是处于这样一个阶段——既不是青少年期，也不是羽翼丰满的成年期。但在

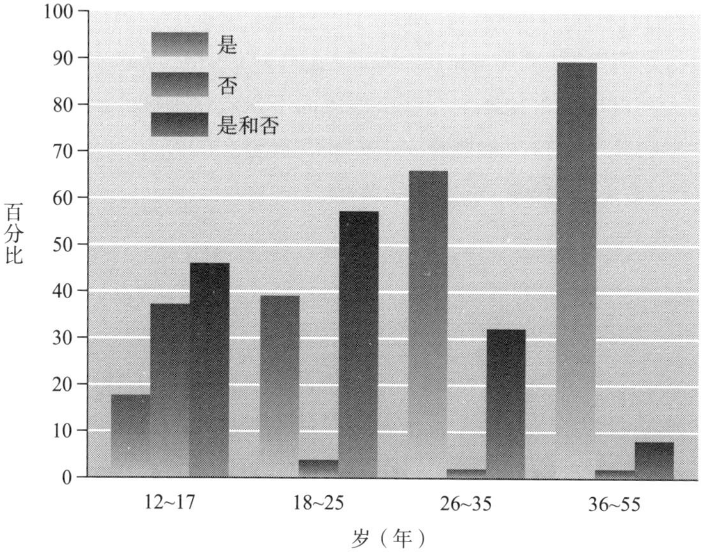

图 1.5

对成年状态的自我知觉。在一项研究中，研究者询问参与者“你感到自己已经步入成年期了吗？”并要求参与者做出“是”“否”“在某些方面是”“在某些方面不是”的选择（Arnett，2000）。如图所示，多数成人初显期的参与者（18~25 岁）选择“在某些方面是”或“在某些方面不是”。

另一项研究中，21 岁的个体认为他们在 18~19 岁的时候就已经步入了成年期（Scheer，1996）。在该项研究中，无论是社会地位因素（经济地位和受教育程度）还是认知因素（有责任感和独立决策），都被当作步入成年期的标志。显然，步入成年期不仅仅是达到某个生理年龄（Cohen & others，2003）。

经过少年晚期到 20 岁左右这段时间之后，个体就步入了成年期。步入成年期后，他们必须担负起自己的责任，成为有能力独立做出决策的人，并且获得经济独立，不再依赖父母（Arnett，2000，2004）。

我们上面所说的确定成年人地位的那些指标，主要是针对工业社会中的个体而言，特别是美国的个体（Nelson，Badger，& Wu，2004）。相对于美国来说，在发展中国家，结婚常常是步入成年的重要标志，且那里的人结婚也比美国人早（Arnett，2000，2004；Divis & Divis，1989）。因此，一些发展学家主张，“成人初显期”这个术语更适用于西方国家，例如美国和欧洲国家以及诸如日本这样的亚洲国家，不太适用于发展中国家（Arnett，2004）。

成人初显期的特点是什么？

一个国家内部的文化也会导致成人初显

期的差异。例如在美国，“摩门教教徒结婚较早，而且一结婚就要生孩子，因此，他们在承担成人角色之前的成人初显期比较短”（Arnett，2004，p.22）。更进一步说，在有些国家，比如中国和印度，成人初显期更可能发生在城市地区而不是农村地区，因为这些国家城市地区的年轻人“结婚较晚，要孩子也较晚，他们能获得更多的教育，也拥有更广泛的职业选择和娱乐选择”（Arnett，2004，p.23）。

有关发展的问题

发展源于天性（遗传），还是源于教养（环境）？发展是一个连续的（或渐进的）过程，还是一个不连续的（或阶段性的）过程？发展是由早期经验决定的，还是由后期经验决定的？这些是青少年发展研究中的三个重要问题。

天性和教养

天性和教养之争（nature-nurture issue）是指发展主要受天性影响还是受教养影响的争论。天性指的是有机体的生理遗传特性，教养指的是环境经验。“天性”论者宣称对发展影响最大的是生物遗传，“教养”论者主张环境经验是最重要的影响因素。

按照天性论的主张，人的发展就像向日葵的成长过程一样，遵循事先固定好的顺序，除非这个顺序被不利的环境因素打乱。虽然环境的范围可以非常广阔，但天性论认为基因图规定着成长和发展的共性。我们先学会行走，然后学会说话，先学会说一个字，再学会说两个字，婴儿期的成长速度非常快，童年早期就会慢一些，在青春期会经历性荷尔蒙的剧烈变化，在青少年晚期和成年早期达到生理发展的高峰，然后生理机能开始逐渐下降。天性论者承认极端的环境因素会制约发展——比如心理荒芜或强烈的敌意，但是，他们坚信基本的成长趋势还是由人的基因决定的。

与此相反，另一些心理学家强调教养或者环境经验在发展中的重要性。经验涵盖了从个体的生理环境（营养、医疗、药品和意外事件）到个体的社会环境（家庭、同伴、学校、社区、媒体和文化）等一切因素。

某些从事青少年发展的研究者认为，从历史来看，人们过于强调青春期的生理变化对青少年心理发展的决定性（Montemayor & Flannery，1991）。他们承认生理变化是从童年期到青少年期转折的重要方面，这对世界范围内任何一种文化下的人和任何灵长类物种来说都如此。但是，他们也相信，社会背景（教养）同样对青少年的心理发展起着重要的作用，而这种重要作用直到最近也没有受到足够的重视（Powell，2006；Selman

& Dray，2006）。

连续性和阶段性

请想一下自己的发展过程。你是渐渐地成为今天这个样子，就像是一粒橡树的种子缓慢地长成一棵巨大的橡树那样，还是发生了突然的、不连续的成长，就像是从毛毛虫到蝴蝶那样的质变呢（见图1.6）？**连续性和阶段性之争**（continuity-discontinuity issue）主要集中于发展的过程是逐渐累积的（连续性），还是可被分为不同阶段的（阶段性）。在很大程度上，强调经验导致个体发展的发展学家认为发展是一个渐进的、连续的过程，强调天性导致发展的发展学家认为发展是由一系列不同阶段构成的。

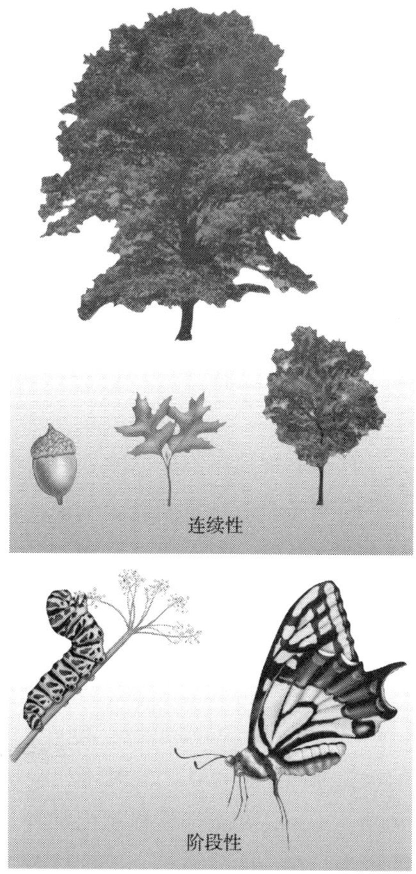

图 1.6
发展的连续性和阶段性。人类的发展是如同一粒种子逐渐长成一棵巨大的橡树呢，还是更像一只毛毛虫突然变成一只蝴蝶呢？

根据连续论，儿童说的第一句话，看起来是一件突发的、不连续的事件，但实际上是日积月累的练习和发展的结果。与此类似，青春期看起来也是突发的、不连续的，但实际上是多年来逐渐变化的过程。

根据阶段论，每一个个体都会经历一系列发展阶段，而每一个阶段的发展都是质变，不是量变。比如，在一颗橡树从一粒种子成长为一棵大树的过程中，它越来越像橡树，这种发展是连续的。一只毛毛虫变成蝴蝶的过程，则不是变得越来越像毛毛虫，而是变成了完全不同的有机体——这种发展就是不连续的。例如，儿童从不具备对整个世界的抽象思维能力到具备这种能力，这是质的、不连续的发展变化，绝不是量的、连续的变化。

早期和晚期经验

另一个争论是有关**早期经验－晚期经验之争**（early-later experience issue），其焦点在于早期经验（尤其是童年早期的经验）和晚期经验，哪个对发展起着关键作用

（Baltes，Lindenberger，& Staudinger，2006；Caspi，2006）。也就是说，如果婴儿或年幼的孩子成长于消极的、紧张的环境中，那么，他们青少年期所经历的积极经验能克服这些早期经验的影响吗？或者说，因为婴儿的早期经验是最早经历的，它们会成为个体成长中的原型经验，在个体成长中起着关键的作用，所以童年晚期或青少年期的积极环境因素根本就无法克服呢？

早期－晚期经验之争也由来已久，发展学家们一直没有停止对它们的争论。一些人认为，除非婴儿在出生后第一年得到了温暖的、亲切的照顾，否则他的发展不可能是理想的（Bowlby，1989；Sroufe，2001）。柏拉图坚信，如果婴儿得到很好的训练，就能成为田径高手。19 世纪英国的牧师在礼拜日布道时告诫家长，对待婴儿的方式将决定孩子未来的性格。对早期经验重要性的强调基于这样的信念：每个人的生命都有完整的轨迹，任何心理品质都能追溯到它的根源。

晚期经验论与早期经验学说的观点相对立，它认为，与其说经过婴儿期的变化之后就形成了人的永久性形态，还不如说人的发展具有连续性，就如同大河波浪的层层涟漪的逐渐消退。晚期经验派主张儿童和青少年在整个发展中都是可塑造的，晚期的敏感性照顾和早期的敏感性照顾同样重要。大量强调终生发展而不是仅强调儿童发展的发展学家认为，人们对发展中的后期经验太不重视了（Baltes，1987，2000；Baltes & Lindenberger & Staudinger，2006；Elder & Shanahan，2006）。他们接受早期经验是发展的重要原因，但也认为它并不比晚期经验更重要。杰罗姆·卡根（Jerome Kagan，1992，2000）指出，儿童即使显示出某种与遗传相关的气质品质，人们仍然有能力来改变他们的行为。在他的研究中，大约三分之一的儿童在 2 岁时具有害羞和恐惧的遗传气质，但这些气质特征通常不会持续到 4 岁时（Kagan & Snidman，1991）。

西方文化下的人，特别是那些追随弗洛伊德观点的人认为，发展中的重要经验是生命最初 5 年中儿童与其父母的关系，他们倾向于支持早期经验比晚期经验更重要的观点（Chan，1963）。与此相对，有更多的人不同意这个观点。例如，许多亚洲国家的人认为，6~7 岁以后的经验要比早期经验对发展的作用更大。这一观点源于由来已久的东方文化信念，该想法认为，儿童某些重要的推理能力在童年中期才得以发展。

对发展问题的评价

在我们进一步分析有关发展的三个重要问题——天性与教养、连续性与阶段性、早期经验与后期经验——的时候，重要的是应该认识到多数发展学家都承认，对这些问题采取极端的立场并不是明智之举。发展并不全是天性的结果，也不全是教养的结果；既不全是连续过程，也不全是阶段过程；既不全由早期经验决定，也不全由后期经验决定。天性和教养、连续性和阶段性、早期经验和后期经验都在影响着人类生命全程的发展。例如，在分析天性与教养问题时，对发展起关键作用的是二者的交互作用，而不是某一单一因素（Coll，Bearer，& Lerner，2004；Gottlieb，Wahlsten，& Lickliter，2006）。个体的认知发展是遗传因素与环境因素交互作用的结果，并不是遗传或环境因素独自起作用的结果。我们在第 3 章将更详尽地阐述遗传与环境的交互作用。

虽然许多发展学家在我们所讨论的发展问题上并未采取极端的立场，但这样的一致性并不说明关于上述某个因素在发展中的重要作用的激烈争论就停息了（Caspi，2006；Kagan & Fox，2006；Sroufe & others，2005）。这些争论在有关女性青少年和男性青少年的行为中仍在继续，女孩的数学成绩不佳是因为其“女性”天性，还是因为社会存在有利于“男性”的偏见？再想一想，如果一个青少年在孩童时代经历了贫穷、父母忽视和不良的学校教育，那么他在青少年期生活在良好的环境中能克服他早期发展中所经历的“缺陷”吗？发展学家对这些问题的回答反映了他们在天性与教养、连续性与阶段性、早期经验与后期经验等问题上的立场。这些答案也会影响关于青少年的公共政策，影响我们每一个人如何走完自己的人生全程。

附录

与青少年发展有关的职业

有些人对自己将来的职业规划已经胸有成竹，但有些人还不能确定自己所主修的专业，也不能确定自己将要走什么样的职业道路。每个人都想找到自己喜欢又回报丰厚的工作。青少年发展领域提供了异常宽广的职业选择范围，这些职业能带给人极大的满足感。

如果你决定从事青少年发展领域内的职业，那么哪一种具体的职业适合你呢？其实非常多。大学教授主要讲授有关青少年发展、教育、家庭发展、医学等课程。初中和高中老师则要给青少年传授知识、理解力和技能。咨询师、临床心理学家、外科医生会帮助青少年有效应对那些出现在青少年期的挑战。还有大量专家与青少年的家人一起，力图改善青少年的发展。

选择任何一种这样的职业，你都可以指导青年人改善他们的生活质量，并能帮助其他人更好地理解青年人，甚至改进该领域的知识状况。当你做这些事情的时候，你会拥有快乐的时光。虽然获得高学位对于青少年发展的某些领域不是完全必要的，但获得更高的学位通常能使你获得更多机会（以及提高收入）。许多青少年发展领域的职业收入都相当不错，例如在美国，心理学家的收入处于中等水平以上。

如果你正在考虑青少年发展领域的职业，那么你应该经历下面的过程，试着多花一些时间接触不同年龄阶段的青少年。观察他们的行为，与他们交谈了解其生活。思考你是否真的愿意毕生都致力于这项与青年人有关的工作。

另一件值得做的事情是与从事青少年工作的人交谈。例如，假如你有兴趣成为一名学校咨询师，那就应该给学校咨询师打电话，向他们请教，约定时间与他们讨论咨询师的职业道路和工作，并事先准备好想要问的问题，如果愿意的话，你也可以记笔记。

在你还是一名大学生的时候就从事一些自己感兴趣的工作是有利的。很多大学都会给发展专业的学生提供一些实习和工作机会。在某些情形下，这些机会可以提供学分或报酬；而在另一些情形下，这些机会完全是自愿的活动。要充分地利用这些机会，它们能给你提供许多有价值的经验，帮助你决定这个职业是否适合你，它们也可以帮助你进入研究生院学习，如果你有这个愿望的话。

下面，我们将描述三个领域的职业：教育/研究领域、临床/咨询/医疗领域、家

庭 / 关系领域。这些并不是青少年发展领域中仅有的职业选择，但它们能为你提供一些有用的职业机会和信息，帮助你探索职业生涯。在描述这些职业时，我们强调的是该职业所要求的教育程度、培训的性质以及工作内容。

教育 / 研究领域

教育和研究领域提供了非常广阔的与青少年相关的职业机会。其范围大到既可以是大学教授，也可以是中学教师，还可以是学校的咨询师。

大学教授

很多课题项目和大学中的学院都开设青少年发展的课程，例如心理学、教育学、儿童与家庭研究、社会工作和医学等。这些课程既在研究型的大学开设，提供发展领域的硕士或博士学位，也在学制为四年、不提供更高学位的本科教育学院开设，甚至还在社区学校开设。大学教授的工作包括给不同程度的学生（本科生、研究生）授课；在某个特定领域从事研究；指导学生和 / 或研究团队；服务于大学委员会等。有些大学教师不必做研究，而是更多地从事教学工作。在大学里有硕士或博士研究项目的教授主要从事研究工作。

在大学的青少年发展领域从教，几乎总是要求拥有博士或硕士学位。获得博士学位，通常要花费 4~6 年的时间来从事研究工作，硕士学位大约需要 2 年时间来从事研究工作。其培训包括修学研究生课程，学习做研究，参加学术会议并发表学术成果。许多研究生还作为教授的教学或研究助手，这种师徒关系有助于学生培养教学和研究技能。

如果你有兴趣成为一位大学教授，你就应该与指导教师约好，更多地了解他的职业或工作是什么样子的。

研究者

大多数情况下，从事研究工作的人需要有青少年发展领域的硕士或博士学位。他们也许在大学里从事某个研究项目，也许在诸如美国国家心理健康研究所之类的政府机构工作，或者在私人企业里工作。全职研究人员一般要产生创新性的研究思想，制定研究计划，然后通过收集数据、分析数据、解释数据来进行研究。有些研究者在实验室花费大量的时间，有的则在实验室以外的学校、医院及其他地方花费大量时间。研究者通常都想在科学杂志上发表其研究成果，他们经常与其他研究者合作，并在学术会议上介绍自己的研究成果，也可以在学术会议上了解他人的研究成果。

中学教师

中学教师一般要讲授一两门课程，备课、举行考试、评分、监控学生的发展、召开家长会、参加服务性的工作坊等。成为一名中学教师至少要拥有本科学位，其培训包括修学大量课程，主修教育，还要完成某些有专门指导的教学实践。

特殊儿童教育（特殊教育的教师）

特殊教育的教师致力于有缺陷儿童或天才儿童的教育。他们或许从事学习障碍儿童的教育、ADHD（注意缺陷多动障碍）儿童的教育、心理发展迟滞儿童的教育，或者生理缺陷（例如脑瘫）儿童的教育。有些工作是在正常课堂之外进行的，有些工作是在课堂中进行的。从事特殊教育工作的教师要与正常教学的教师以及儿童的父母紧密联系，以便设计出针对每一个学生的最佳教育方案。成为一名特殊教育的教师至少要拥有本科学位，修学大多数教育类的课程，专注于缺陷或天才儿童的课程。特殊教育的教师通常在得到本科学位之后还会继续接受教育，很多人获得了特殊教育方面的硕士学位。

家庭和消费者科学领域内的教育者

家庭和消费者科学领域内的教育者也许专门从事早期儿童教育，或者在营养搭配、人际关系、人类的性活动、家庭教养和人类发展等方面给予初中学生和高中学生一些指导。全美有数以百计的大学针对家庭和消费者科学提供了 2~4 年的学位课程。这些学位课程计划通常包括实习要求，为了获得教师资格还需要接受额外的教育。一些家庭和消费者科学领域教育者也会到研究生院接受进一步的培训，为在大学里从事教学和研究做准备。

教育心理学工作者

许多教育心理学工作者在大学里教学，也从事学习、动机、课堂管理和评价等方面的研究工作。这些教师还培训学生进入教育心理学领域、学校心理学领域和教学领域，很多教育心理学工作者拥有教育学博士学位，这通常需要 4~6 年的研究生学习。

学校心理学工作者

学校心理学家致力于改善中小学生的心理和智力状况。他们在学校管辖区内的研究中心或者在一所或更多的学校工作，进行心理测验，访谈学生及其父母，向教师咨询并为学生及其家庭提供咨询服务。学校心理学工作者通常拥有学校心理学领域的硕士或博士学位。在读研究生期间，他们要修有关咨询、评价、学习的课程，以及教育学和心理学领域内的其他课程。

临床 / 咨询 / 医学

在临床、咨询、医学领域有很多与青少年相关的工作，从临床心理学工作者、青少年戒毒咨询师到青少年医学专家。

临床心理学工作者

临床心理学工作者试图帮助人们解决心理问题。他们在很多不同的环境下工作，例如大学、诊室、医学院、私人诊室。很多临床心理学工作者从事心理治疗工作，另一些从事心理评价工作，还有一些从事研究工作。

临床心理学工作者必须获得临床和研究方面的博士学位，或者获得临床方面的心理学博士学位。获得这些学位通常需要 5~7 年的时间，需要修学一些临床心理学的课程，在有资质的机构里实习 1 年，接受指导。大多数情况下，这些人必须通过职业资格考试，然后才能去实践，才能称自己为临床心理学工作者。

精神病医师

像临床心理学家一样，精神病医师也是青少年领域内的专家。他们可以作为教师或研究者在医学院工作，可以在诊所和私人诊疗室工作。与临床心理学家不同的是，精神病医师有权为来访者开精神药物。精神病医师首先必须获得医学学位，然后才能开始精神病学方面的住院医生实习，他们大约需要 4 年的时间来完成医学院的学习，而要成为精神病学的住院医生又需要 3~4 年的时间。

精神病学护理

精神病学护理的工作与精神病医师的工作紧密相连，都是要改善青少年的心理健康。这个职业要求在一个合格的护理机构接受 2~5 年的教育。精神病学护理专业的学生要修习生理学、护理学和心理学的课程，并要在精神病学环境中接受有指导的临床训练。成为一个青少年护理方面的临床专家，必须获得硕士学位或护理方面的更高培训。

咨询心理学工作者

咨询心理学工作者要接受许多与临床心理学家一样的训练，并在同样的环境下工作。他们可能从事心理治疗、教学、研究等工作，但他们通常不接待心理严重异常的个体，比如精神分裂症患者。咨询心理学工作者必须要有硕士或博士学位，还要拥有从业执照。咨询方面的硕士学位可以使你获得职业咨询师的资格。

学校咨询师

学校咨询师要帮助学生认识自己的能力和兴趣，然后指导他们规划学业、探索职业。高中的咨询师要指导学生选择专业，达到大学的录取要求，参加入学考试、申请经济资助以及获得职业或技术培训。学校咨询师也要帮助学生应对适应问题，与学生进行个别交流，以小组的形式开展工作，或者以班为单位开展工作。他们在尝试帮助学生解决某些问题时，经常要咨询学生家长、教师以及学校管理者。学校咨询师一般需要拥有咨询专业的硕士学位。

职业咨询师

职业咨询师要帮助个体发现自己的职业兴趣，指导他们申请某个工作。职业咨询师可能在私人企业或大学工作，他们通常与个体交谈，帮他们认定某种适合自己能力和感兴趣的工作。有时候，职业咨询师也帮助个体设计职业履历表，或者通过模拟面试来帮助他们准备某次职业面试。职业咨询师也会创造和促成招聘会这样的机会，帮助个体找工作。

社会工作者

社会工作者经常帮助人们处理他们的社会问题和经济问题。他们可能调查、评估并尝试矫正所报告的虐待、忽视、危急、家庭争端等案例。如果必要的话，他们会干预家庭事务，为个体或家庭提供咨询和相关服务。他们经常为市、州或国家级的公共资金资助的机构提供服务，但是他们在某些私人场所（例如药物戒断和家庭咨询）工作的机会越来越多。某些情况下，社会工作者只从事某种专门的工作，例如家庭关怀的社会工作者经常为家庭中的儿童、青少年或老年人提供支持服务。社会工作者至少要有社会工作学院的本科文凭，修习过社会学和心理学的大量课程，某些社会工作者也有硕士或博士学位。

药物咨询师

药物咨询师为有药物滥用问题的个体提供咨询，可以是以个体咨询，也可以是小组形式的咨询。他们可以在私人诊室里工作，也可以在州或联邦机构中工作，还可以在公司或医院里工作。一些人专门从事青少年工作。药物咨询师至少要有肄业证书或者资格证书。许多人都有物质滥用咨询方面的本科文凭，另一些人还拥有硕士或博士学位。在很多州，药物咨询师必须通过资格认定程序来获得从业执照。

健康心理学工作者

健康心理学工作者从事许多不同的健康护理工作，例如医生、护士、临床心理学工作者、心理医师和社会工作者，他们致力于改善青少年的健康。他们或者做研究，或者进行临床评价，或者从事治疗。许多健康心理学工作者通过研究和临床干预促进健康，减少疾病风险，以此来进行预防工作。大约一半以上的健康心理学工作者提供临床服务。健康心理学工作者的工作情境有基本护理、住院治疗护理，妇女健康、药物治疗、吸烟戒断等专业护理。

健康心理学工作者一般要有心理学博士学位。有些人接受了临床心理学训练，这些是他们研究生学业的一部分。另一些人在非健康心理学领域获得了博士学位，然后又在健康心理学领域从事博士后工作。博士后通常需要 2 年的时间来完成研究学习。在临床心理学、咨询心理学、社会心理学和实验心理学方面有很多博士项目都可以授予健康心理学的学位。

青少年医学专家

青少年医学专家要对青少年中常见的医学问题和行为问题进行评价，比如成长失调

（青春期延迟）、痤疮、饮食障碍、物质滥用、抑郁、焦虑、性疾病、避孕和怀孕以及性认同方面的问题。他们可以在私人诊室工作，也可以在医疗诊所、医院或医学院工作。作为一名医生，可以开处方药，也可以为青少年及其父母提供咨询服务，以便促进青少年的健康。许多青少年医学专家也在医学院教学，并从事青少年健康和疾病的研究。

青少年医学专家必须完成医学院的学习，然后在他们的专业领域接受进一步的训练，至少要 3 年或更长的时间，他们必须获得儿科或内科的资格证书。

家庭 / 关系

青少年通常能从为全家提供的帮助中获益，而婚姻和家庭治疗正是一种为青少年及其家庭服务的职业。

婚姻和家庭治疗师

许多有心理问题的人都能从为家庭和婚姻关系提供的咨询中获益。婚姻和家庭治疗师能够提供婚姻治疗，为那些没有结婚的人提供情侣治疗，也能为家庭中的两个或更多成员进行家庭治疗。

婚姻和家庭治疗师必须拥有硕士或博士学位。他们接受的训练与临床心理学工作者的类似，但是主要集中于婚姻和家庭关系方面。在许多州，这方面的专家必须通过一些认证程序才能从事婚姻和家庭治疗。

第2章 青少年发展的科学

科学改善日常思维。

——阿尔伯特·爱因斯坦

20 世纪德裔美籍物理学家

青少年发展的镜像

埃里克森和皮亚杰的青年时期

埃里克森和皮亚杰是两位重要的发展心理学家，我们稍后会在本章中介绍他们的观点。我们先分析一下他们青年时期的经历，并研究这些经历如何影响他们创立的理论。

艾里克·埃里克森（Erik Homberger Erikson，1902~1994）出生于德国的法兰克福，父母是丹麦人。在他出生之前，其父母就离婚了，母亲离开丹麦迁居德国。3 岁时，艾里克生病了，母亲带他去看儿科医生——赫姆伯格，后来，母亲与赫姆伯格相爱并结婚，从此，艾里克的名字中也被冠以继父的姓氏。

艾里克在 6~10 岁期间上小学，11~18 岁期间上中学。在校期间，他并未学习像生物和化学之类的自然科学课程，而是学习了艺术和多种语言。艾里克的求学经历反映出他对常规教育的厌恶。18 岁时，艾里克没有继续上大学，而是开始环游欧洲，并将其经历记录在日记上。游历一年后，他回到德国进入艺术学校继续学习，但是后来因为种种不满而换了一所学校。

让·皮亚杰（Jean Piaget，1896~1980）生于瑞士纳沙泰尔。其父亲是一名学者，从小教他系统地思考问题。其母亲精力非常旺盛，他说母亲有神经官能症频繁发作的倾向。父亲对母亲很冷淡。

22 岁时，皮亚杰到苏黎世大学的心理学实验室工作。在那里，他受到了首个智力测验编写者阿尔弗雷德·比内的启发。25 岁时，凭借其积累的各种学科的知识，让发现了哲学、心理学和生物学之间的联系。

埃里克森和皮亚杰的这些生活经历都说明，个人经历会影响其理论的发展。埃里克森的游历和寻找自我的经历对其同一性发展理论具有重要意义；而皮亚杰的学校教育以及他与父母之间的知性讨论，则有助于他创立关于认知发展的理论。

预 览

一些人认为青少年发展并不是像物理、化学、生物一样的科学。研究青春期变化、父母与青少年关系和青少年思维的学科，可以与研究地球引力作用机制和化合物分子组成的学科等同吗？答案是肯定的，因为科学并非根据研究什么来定义的，而是取决于怎样研究。不论你研究的是光合作用，或是土星、卫星，还是青少年发展，这些都不重要，重要的是你的研究方法。在本章中，我们将介绍几个重要的发展理论，了解怎样进行研究，并探讨研究中伦理问题和偏见所引发的挑战。

青少年发展的理论

所有的科学知识都来源于严格的、系统的调查研究方法。科学方法实质上是一个包含了四个步骤的过程：

1. 把要研究的过程或者问题概念化。
2. 收集研究信息（数据）。
3. 分析数据。
4. 得出结论。

第 1 步，当研究者明确阐述将要研究的问题时，他经常依据一种理论并形成假设。**理论**（theory）是相互关联且条理分明的一系列概念，有助于解释观察到的现象和进行预测。**假设**（hypotheses）是特定的预想或预测，这些预想可以通过一定的方法来验证其准确性。例如，某个关于教学指导的理论可能会预测并解释为什么持续的支持、指导和具体经验会改变来自贫困环境的青少年的生活，该理论可能关注青少年有没有机会模仿指导者的行为和策略，或者强调个体关注的影响，而这些都可能是贫困青少年的生活中所缺乏的。

理论的多样化使理解青少年发展变成了一项具有挑战性的事情（Lerner，2006；Lerner，Theokas，& Bobeck，2005；Thomas，2005）。当你刚认为一种理论提供了正确的解释时，突然出现的另一种理论会让你重新思考先前的结论。但是，不必因此而感到沮丧，因为青少年发展是一个多面而复杂的课题，现在还没有任何一种理论可以解释它所有的方面。每种理论都对青少年发展的研究做出了重要贡献。虽然理论家有时会在青少年发展研究的某一方面产生分歧，但是他们的大部分思想是互补的而非矛盾的，所有的这些理论让我们看到了青少年发展研究的整个轮廓及其丰富的内涵。

在本节中，我们将简要地探讨关于人的发展的四大理论取向：精神分析理论、认知理论、行为与社会认知理论、生态系统理论。在第 1 章里，我们阐述了青少年发展的三个过程：生理的发展、认知的发展、社会情绪的发展，本节中介绍的理论取向反映了这些过程。在弗洛伊德的精神分析理论中，生理发展过程占有重要地位；在皮亚杰的认知发展理论、维果斯基的社会文化认知理论、信息加工理论和社会认知理论中，认知发展过程占有重要地位；在弗洛伊德和埃里克森的精神分析理论以及维果斯基的社会文化认知理论、行为和社会认知理论以及生态系统理论中，社会情绪发展过程占有重要地位。在后面的章节中，你可以从不同的角度，更加深入地认识这些理论和发展的过程。

精神分析理论

精神分析理论（psychoanalytic theories）认为，人的发展基本上是一个无意识的过程，也就是说，它是意识之外的，并带有浓厚的情绪色彩。精神分析理论家认为行为仅仅是表面特征，为了真正地认识发展，我们必须分析行为的象征意义，以及心智的深层运作机制（Bornstein，2003）。精神分析理论家还强调，个体与父母在一起的早期经验会决定其发展情况，该观点在弗洛伊德的精神分析理论中占有突出地位。

弗洛伊德的理论

弗洛伊德（1856~1939）是一名专攻精神病学的医师，他在精神病临床工作的基础上创立了精神分析理论。弗洛伊德的一生几乎都在维也纳度过，晚年为了逃避纳粹反犹太主义的迫害而迁居伦敦。

弗洛伊德是精神分析理论的创建者

人格结构　弗洛伊德（1917）将人格分为三部分：本我、自我和超我。本我由原始欲望，即个体积聚的超自然能量组成。弗洛伊德认为，本我全部是无意识的，与现实没有任何联系。当儿童体验到现实的需求和约束时，处理现实需求的新的人格结构——自我便产生了。自我被称为人格的“执行部门”，因为它遵循现实原则。

本我和自我都没有道德观，它们不考虑对错的问题。超我是人格中的道德分支，它考虑对错问题，相当于我们平时说的“良心”。也许你会意识到，本我和超我都会使自我的日子很难过。你的自我可能说“我只会在必要时进行性活动，并确保采取适当的预防措施，因为我不想因为生孩子而影响事业发展。”你的超我也在工作：“进行性活动让我有罪恶感。”

弗洛伊德将人格比喻为冰山，大部分人格存在于我们的意识水平之下，就像冰山的绝大部分在水平面之下一样。

弗洛伊德认为，青少年的生活充满了紧张不安和冲突。为了缓解紧张不安，青少年将他们的冲突埋藏在无意识思想里。弗洛伊德认为，了解隐藏在行为背后的无意识力量后，即使是琐碎的行为也具有重要意义。痉挛、涂鸦、玩笑、微笑，每一种行为都暴露了无意识的冲突。例如，17 岁的芭芭拉在亲吻并拥抱汤姆时说，“哦，杰夫，我非常爱你。”汤姆勃然大怒，气愤地说：“你为什么叫我杰夫，我以为你早就忘了他。我们需要谈谈！”你也许还记得因失言而暴露出自己的无意识动机的事例吧？

防御机制 自我通过*防御机制*来调节现实需求与本我愿望以及超我约束之间的冲突。自我会利用这些无意识地扭曲现实的方法，来避免三种人格结构的不同需求所导致的冲突和焦虑。当自我意识到本我的需求可能会产生危害时，焦虑的增加使自我处于警戒状态，并利用防御机制来解决这些冲突。

根据弗洛伊德的理论，*压抑*是最有力且普遍的防御机制。它把不被接受的本我冲动推入无意识中。压抑是其他所有防御机制的基础，因为所有防御机制的目的都是为了压抑具有威胁性的冲动，并将其排除在意识之外。弗洛伊德认为，儿童早期经历的大部分内容都充满了性的色彩，会给人带来巨大威胁和压力，不能在意识层面得到很好处理，所以就被压抑了。

安娜·弗洛伊德是西格蒙德·弗洛伊德的女儿。她的观点与其父亲的观点有何不同?

但是，英国精神分析学家彼得·布洛斯（Peter Blos, 1989）、弗洛伊德的女儿安娜·弗洛伊德（Anna Freud, 1966）等却认为，防御机制有助于了解青少年发展。布洛斯认为青春期的压抑实际上根本不是防御性的，而是青春期应有的、正常的、不可避免的、普遍存在的现象。对于青少年来说压抑的本质因人而异，它可能涉及顺从、洁癖，或者退行到儿童期的某种典型消极行为。

安娜·弗洛伊德（1966）指出，防御机制是了解青少年适应的关键。她认为青少年问题的根本不在于本我或者本能力量，而在于青少年过去生活中的“爱的对象”。她认为，对“爱的对象”（通常是父母）的依恋形成于婴儿期，在童年期处于缓和或者抑制状态。在青少年期，

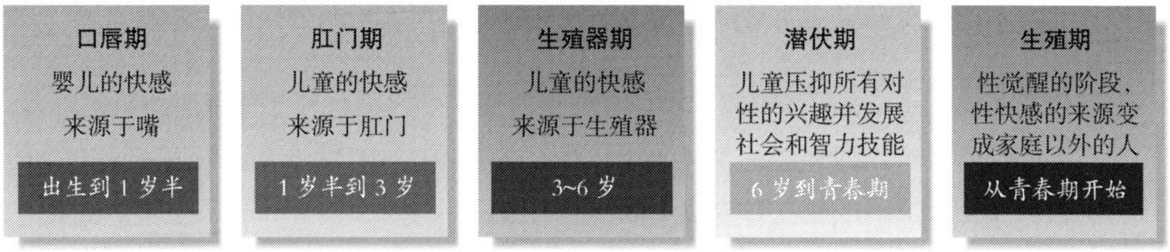

图 2.1
弗洛伊德的性心理发展阶段

这些强烈欲望再度觉醒，或者会变得更糟糕，可能会与新的强烈欲望结合起来。

请记住，防御机制是无意识的，青少年并未意识到自己在利用它们保护本我和减少焦虑。如果他们只是暂时且适当地利用防御机制，那么防御机制不一定就是不健康的。但是，防御机制不应该支配一个人的行为并妨碍其面对现实。

性心理发展阶段 通过倾听、调查和分析病人，弗洛伊德确信病人的问题是由早期生活经历导致的。经过理论化，他认为人要经历五个性心理发展阶段，在每个发展阶段，人会从身体的不同部位获得最大的快感（见图 2.1）：

- **口唇期**（oral stage）。0~18 个月，*口唇期*是性心理发展的第一阶段，该时期婴儿的快感来自于嘴。咀嚼、吮吸和咬都是快感的主要来源，这些动作会减少婴儿的焦虑。
- **肛门期**（anal stage）。1.5 岁 ~3 岁，*肛门期*是性心理发展的第二阶段，儿童的最大快感来源于肛门及其排泄功能。弗洛伊德认为练习使用肛门肌肉会降低焦虑。
- **生殖器期**（phallic stage）。3~6 岁，*生殖器期*是性心理发展的第三阶段，其名称来源于拉丁文 phallus，意为“阴茎”。在生殖器期，快感来源于生殖器，因为儿童发现抚摸性器官会感到愉悦。

弗洛伊德认为，生殖器期对人格发展具有非常重要的影响，因为俄狄浦斯情结在此阶段出现。该名称源于希腊神话，俄狄浦斯是底比斯王（Thebes）之子，他无意中杀了自己的父亲，娶了自己的母亲。在弗洛伊德的理论中，俄狄浦斯情节是儿童代替同性父母得到异性父母钟爱的强烈愿望。弗洛伊德的俄狄浦斯情结已经受到某些精神分析学家和作家的批评。

俄狄浦斯情结是怎样解决的呢？大约 5~6 岁时，儿童意识到同性父母可能会因为他们的乱伦愿望而惩罚他们。为了减少恐惧与愿望之间的冲突，儿童认同并努力模仿同性父母。如果不能解决冲突，弗洛伊德认为个体可能会停滞在生殖器崇拜的阶段。

- **潜伏期**（latency stage）。大约 6 岁一直到青春期，潜伏期是性心理发展的第四阶段，儿童压抑所有对性的兴趣并发展社会和智力技能。这些行为有利于儿童把大部分能量引向安全的情感区域，并帮助儿童忘记生殖器期的压力性冲突。
- **生殖期**（genital stage）。开始于青春期，是性心理发展的第五阶段，也是最后一个阶段。生殖期是性觉醒的阶段，性快感的来源变成家庭以外的人。弗洛伊德认为与父母间未解决的冲突在青春期重新出现。当这些冲突解决了，个体便会发展出成熟的爱情关系，并成为像成人那样的独立个体。

对弗洛伊德理论的修正

很多精神分析理论家对弗洛伊德的理论做了重大修改（Bornstein，2003；Luborsky，2000）。与弗洛伊德相比，很多现代精神分析学家更强调文化经验而不是性本能对发展的决定作用。无意识仍然占有主导地位，但是大部分现代精神分析学家认为意识在弗洛伊德的冰山中占得比例更大。女权主义者也批评了弗洛伊德的理论（见图 2.2）。接下来，我们将介绍一位重要的弗洛伊德理论的修正者的理论——艾里克·埃里克森的观点。

艾里克·埃里克森的理论

艾里克·埃里克森（Erik Erikson，1902~1994）认可弗洛伊德所做的贡献，但是认为他错误地判断了人的发展的某些重要方面。与弗洛伊德的性心理发展阶段相比，埃里克森（1950，1968）主张人的发展是由一系列社会心理发展的阶段组成。

对于人类行为的原始动机，弗洛伊德认为是性，而埃里克森则认为是社会性，社会性反映了想被他人接受的愿望。埃里克森强调发展变化是贯穿一生的，而弗洛伊德认为一个人的基本人格是由生命中前 5 年的生活决定的。根据**埃里克森的理论**（Erikson's theory），人的一生经过八个发展阶段（见图 2.3），每个阶段的独特发展任务对应着个体必须面对的危机。这些危机不是灾难，而是一个契机，是一个人变脆弱或者潜力增加的转折点。个体的危机解决得越圆满，其发展也会越健全（Hopkins，2000）。

信任对不信任（trust versus mistrust）是埃里克森提出的社会心理发展的第一个阶段，指人生的第一年。信任感的建立依赖于身体的舒适、最低程度的恐惧感和对未来的理解。婴儿期建立的信任，为个体以后对世界的美好预期并认为它是适宜生活的地方奠定了基础。

霍尼（Karen Horney）

南希·霍多罗夫（Nancy Chodorow）

图 2.2

女权主义对弗洛伊德理论的批评。精神分析学家霍尼（Karen Horney，1967）是首位批评弗洛伊德理论的女权主义者。她树立了具有积极的女性品质和自我评价意识的女性典范，批判了弗洛伊德理论以男性为主导的社会和文化标准。时至今日，对精神分析理论中性别偏见的批评仍然存在。例如，南希·霍多罗夫（Nancy Chodorow，1978，1989）认为，根据同他人的关系和联系来进行自我定义的女性比男性多。她对精神分析理论所做的女权主义修正，同样强调女性的情绪，正如很多男性在建立自我和他人的关系时会利用这种否认防御机制。

自主对羞耻和怀疑（autonomy versus shame and doubt）是埃里克森提出的社会心理发展的第二个阶段，从婴儿后期到学步期（1~3 岁）。婴儿从照料者那里获得信任感之后，开始发现自己的行为是由自己支配的。紧接着，婴儿开始宣告其独立性或者自主性意识。如果这时的他们被管束太多或者处罚太严厉的话，他们就可能会形成羞耻感或者怀疑心。

主动对内疚（initiative versus guilt）是埃里克森提出的社会心理发展的第三个阶段，发生在学前期。学前儿童接触到的社会越来越广阔，他们遇到的挑战比婴儿期更多，他们需要通过主动的、有目的的行动来应对这些挑战。在这个阶段，幼儿被要求对自己的身体、行为、玩具和宠物负责任，他们发展出的责任感会增加他们的自主性，但是，缺乏责任感的儿童可能会发展出令人不安的内疚感并过于焦虑。埃里克森对该阶段的看法是乐观的，他相信大部分内疚感会很快被成就感所抵消。

勤奋对自卑（industry versus inferiority）是埃里克森提出的社会心理发展的第四个

埃里克森提出的发展阶段	相应的发展时期
整合 对 绝望	成年晚期（60 岁以后）
繁衍 对 停滞	中年期（40~60 岁）
亲密 对 孤独	成年早期（20~40 岁）
自我同一性 对 同一性混乱	青少年期（10~20 岁）
勤奋 对 自卑	童年中期和晚期（小学阶段，6 岁到青春期）
主动 对 内疚	童年早期（学前阶段，3~5 岁）
自主 对 羞耻和怀疑	婴儿期（1~3 岁）
信任 对 不信任	婴儿期（0~1 岁）

图 2.3
埃里克森的毕生发展阶段

阶段，大约发生在小学阶段。儿童的自主性给他们带来了很多新体验，在童年末期，当他们进入中学时，会把精力用在掌握知识和智力技能上。儿童早期想象力丰富，是一生中学习热情最高的时期。小学时期的危机是自卑感的发展，即缺乏成就感和感到没有生产能力。埃里克森认为，老师对儿童的勤奋感负有主要责任。老师们应该“温和而坚定地要求儿童形成这样的观念，一个人可以通过学习来完成某件事，如果只是空想则永远也不会达到目的”（Erikson，1968，p.127）。

自我同一性对同一性混乱（identity versus identity confusion）是埃里克森提出的社会心理发展的第五个阶段，发生在青少年期。在这个阶段，个体试图发现自己是谁，自己的人生目标是什么。青少年面临新的角色和社会地位，例如职业化的人和浪漫的人。父母要允许他们探索很多不同的角色，也要允许他们探索某一特定角色的不同扮演方式。如果青少年以一种健康的方式探索角色，并且沿着积极的道路发展，便会形成积极的自我同一性。如果自我同一性是由父母强加的，或者青少年并未充分地探索多个角色，或者并未确定积极的未来道路，那么同一性将会是混乱的。

亲密对孤独（intimacy versus isolation）是埃里克森提出的社会心理发展的第六个阶段，发生在成年早期。在这个时期，个体面临的发展任务是与他人形成亲密关系。埃里克森将亲密描述为寻找自我而又失去自我的过程。如果年轻成人与另一个个体形成了健康的友谊并建立了亲密的关系，便会获得亲密感，否则，便会产生孤独感。

繁衍对停滞（generativity versus stagnation）是埃里克森提出的社会心理发展的第七个阶段，发生在人的中年期。这个时期的主要任务是帮助年轻一代形成并度过有意义的生活，埃里克森称之为繁衍任务，对于下一代没有帮助的感觉被称为停滞感。

整合对绝望（integrity versus despair）是埃里克森提出的社会心理发展的第八个阶段，发生在成年晚期，老年人回顾并评价其一生的所作所为。老年人如果在之前的大部分或所有的发展阶段，通过多种不同的途径形成了积极观点，则回忆往昔时便会发现这一生过得很完满，就会有一种满足感，由此而获得完整感。老年人如果没有解决好之前发展阶段的任务，那么在回忆往昔时便可能会产生怀疑或者沮丧感，即埃里克森所说的绝望感。

埃里克森并不认为顺利解决某一阶段的危机就一定是积极有益的，有时面对一个阶段的阴暗面是不可避免的，例如，你不可能在任何环境下都相信任何人。但无论如何，对于最理想的人生来说，积极地解决阶段性危机要比消极地解决更加重要（Hopkins, 2000）。

对精神分析理论的评价

精神分析理论的贡献包括以下几个方面：

- 强调早期经验对发展的重要作用。
- 强调家庭关系是发展的核心。
- 强调人格是发展变化的。
- 强调心理不全是意识层面的，心理的无意识层面也具有重要意义。
- 强调在成人期和童年时期，人都会发生变化（埃里克森）。

以下是对精神分析理论的批评：

- 精神分析理论的主要概念很难用科学的方法加以验证。
- 大部分用来支持精神分析理论的数据来自个体对过去，经常是遥远的过去的重构，其真实性不明确。
- 过分强调性是发展的基础（特别是在弗洛伊德的理

艾里克·埃里克森和他的画家妻子琼。埃里克森提出的理论是 20 世纪最伟大的发展理论之一。

论中）。

- 过分强调无意识心理对发展的影响。
- 精神分析理论对人的看法太消极（特别是弗洛伊德）。

认知理论

精神分析理论强调青少年的无意识思维的重要性，认知理论却强调意识思维的重要性。有三个非常重要的认知理论，它们分别是皮亚杰的认知发展理论、维果斯基的社会文化认知理论和信息加工理论。

皮亚杰的认知发展理论

著名的瑞士心理学家皮亚杰（Jean Piaget，1896~1980）创立了认知发展这一重要理论。**皮亚杰的理论**（Piaget's theory）认为，个体在经历认知发展的四个阶段的过程中，一直在积极构建对世界的认识。组织和顺应这两个过程是对世界的认知构建的基础。我们通过*组织*自己的经验来感知世界，例如，我们会区分重要的观点和不太重要的观点，或者我们会把一个观点与另外一个观点联系起来。我们也会*改变*自己的思想来接纳新观点，因为更多的信息可以让我们更好地理解问题。

皮亚杰（1954）认为，人对世界的理解会经历四个发展阶段（见图 2.4），与年龄相关的每个阶段都分别对应着独特的思维方式。在皮亚杰的理论中，正是理解世界的方式的不同，使得一个阶段比另一个更高级，仅仅知道*更多的*信息并不会让一个人的思维变得更高级。因而，皮亚杰认为，儿童认知发展的一个阶段与另一个阶段之间有*质*的区别。

皮亚杰的四个认知发展阶段是什么？*感觉运动阶段*是第一个阶段，从出生到 2 岁。在这个阶段，婴儿通过将感觉体验（例如视觉和听觉）和身体、肌肉的动作连接起来，构建了对世界的认识，所以叫做感觉运动阶段。在该阶段的初期，新生儿表现出的行为基本上都是反射模式，而在该阶段的末期，2 岁大的儿童已发展出了复杂的感知觉模式并开始运用原始的符号。

*前运算阶段*是第二个认知发展阶段，大约是 2~7 岁。在这个阶段，儿童开始用语言、图像和图画来描绘世界，符号化思维超越了感觉信息和身体动作的简单联结。然而，皮亚杰认为，虽然学前儿童可以用符号描绘世界，但是他们仍然缺少*运算*的能力。运算是皮亚杰的术语，指内化的思维活动，它可以使儿童用思想代替之前用身体进行的活动。

*具体运算阶段*是第三个认知发展阶段，大约是 7~11 岁。在这个阶段，当推理被应

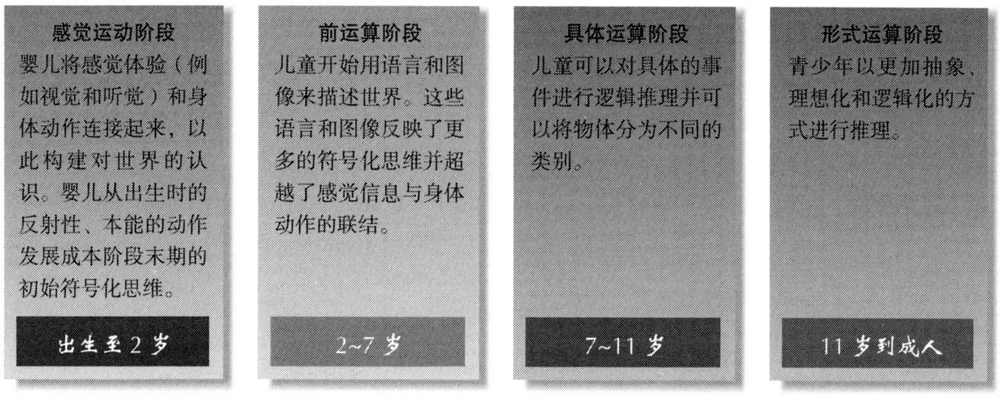

图 2.4
皮亚杰的四个认知发展阶段

用于特殊或者具体的例子时，儿童的运算和逻辑推理便代替了直觉思维。具体运算者不能设想出解方程式的必要步骤，这对于该发展阶段的儿童来说还太抽象了。

形式运算阶段是第四个认知发展阶段，大约 11~15 岁。在这个阶段，个体超越了具体经验并可以进行抽象思维和逻辑性更强的思维。当思维的抽象性更强时，青少年便建立起理想环境的图景。他们可能会想象理想的父母是什么样的，并把他们的父母与这个理想标准进行比较。他们开始考虑未来的可能性，并因他们可能成为的人而兴奋。在解决问题方面，具备形式运算能力的人可以进行系统思考，先提出一个事情为什么以某种形式发生的假设，之后用演绎法检验这些假设。我们将在第 4 章“认知发展”中详细介绍皮亚杰的理论。

维果斯基的社会文化认知理论

俄国发展心理学家维果斯基（Lev Vygotsky，1896~1934）与皮亚杰生于同年，但去世较早，时年仅 37 岁。维果斯基也认为个体是在积极构建他们对世界的认识。然而，他比皮亚杰更强调社会互动和文化的作用。实际上，直到 20 世纪 60 年代，皮亚杰和维果斯基的观点才被美国学者知晓。在过去的几十年里，美国心理学家和教育学家对维果斯基（1962）的观点表现出越来越浓厚的兴趣。

维果斯基的理论（Vygotsky's theory）强调文化和社会互动引导认知发展，它是一种社会文化认知理论。维果斯基认为，发展是与社会和文化活动密不可分的（John-Steiner & Mahn，2003）。他认为记忆、注意和推理的发展都涉及如何学习和利用某些社会发明，

让・皮亚杰，著名的瑞士发展心理学家，他改变了我们对儿童思维发展的认识。皮亚杰理论的重要观点是什么？

例如语言、数学体系和记忆策略。在某一种文化中，人们可能是在计算机的帮助下学习计算；在另一种文化中，人们可能就是用自己的手指或者珠子来计算。

维果斯基的理论大大激发了学者的兴趣，尤其是关于知识是合作性的这一观点（John-Steiner & Mahn，2003；Kozulin，2000；Rogoff，2001）。该观点认为，知识不是从个体内部产生的，而是在文化中通过与他人和诸如书本等客体间的互动而构建的。这样一来，根据维果斯基的观点，知识可以通过在合作活动中与他人的互动而得到最大程度的提升。他认为，与拥有更多技能的成人或同辈进行社会互动，对于提升认知发展是不可缺少的（Rowe & Wertsch，2004）。通过这种互动，技能较少的成员能够学习并使用工具，以帮助自己适应和成功。

维果斯基建立了独特而有影响力的认知发展理论，在第 4 章“认知发展”中我们将更深入地探讨维果斯基的贡献。

信息加工理论

信息加工理论（information-processing theory）强调个体操纵、监控信息并筹划信息的过程。该理论的核心是记忆和思维过程。信息加工理论认为，青少年加工信息的能力逐渐变强，这使得他们可以获得越来越复杂的知识和技能（Feldman，2003；Munakata，2006；Siegler，2001，2006；Siegler & Alibali，2005）。与皮亚杰的认知发展理论不同，信息加工理论并不把发展描述成阶段性的。

虽然很多因素刺激了信息加工理论的发展，但是计算机的出现对这一理论的发展所起的作用是其他因素无法比拟的，计算机的出现标志着机器可以进行逻辑运算了。心理学家想知道，由计算机进行的逻辑运算对人类的思维机制是否能有所启发。为了解释认知或者思维与大脑之间的联系，他们把计算机与大脑做类比，把人类的大脑比作计算机的硬件，把认知比作它的软件。虽然硬件和软件对大脑和认知活动来说并不是完美的比喻，但这种比喻有助于我们把思维看做是积极的信息加工系统。

罗伯特・西格勒（Robert Siegler，1998）是第一位信息加工理论专家，他认为思维是信息加工的过程，个体的思考即是他们感知、编码、存储和提取信息的过程。西格勒特别强调学习优秀的信息加工策略，并认为它是发展的一个重要方面。例如，成为一个更好的读者可能涉及学会提炼阅读材料的主旨。我们将在第 4 章“认知发展”中，更深入地探讨信息加工理论。

现在，人们对维果斯基关于儿童发展的社会文化认知理论的兴趣非常浓厚。

对认知理论的评价

认知理论的贡献包括：

- 认知理论提出了积极的发展观点，强调意识思维。
- 认知理论（特别是皮亚杰和维果斯基的理论）强调对知识的积极建构。
- 皮亚杰和维果斯基的理论强调测查思维发展变化的重要性。
- 信息加工理论提供了对认知过程的细节性描述。

对认知理论的批评包括：

- 认知发展并不像皮亚杰理论所说的那样是阶段性的。
- 认知理论对认知发展过程中的个体差异的重视不够。
- 信息加工理论对认知发展变化未提供充分的描述。
- 精神分析论者认为认知理论不够重视无意识。

行为主义和社会认知理论

17 岁的汤姆与 16 岁的安相处得很好，两个人都很热情友善，并且喜欢在一起。精神分析理论家会说他们热情友善的个性源于与父母长期稳定的关系，特别是童年时期的关系。这些理论家还会说这对情侣间的相互吸引是无意识的，他俩并未意识到生物遗传和童年经历已经对其青少年时期的行为产生了影响。

行为学家和社会认知理论家会对汤姆和安进行观察并做出非常不同的解释。这些理论家会考察汤姆和安的经历，特别是最近的经历，据此来解释他们相互吸引的原因。他们可能这样解释汤姆和安的行为，汤姆对安的行为是在给予奖励，安对汤姆的行为也具有奖励性，而不是将他们的相互吸引归因于无意识思想、俄狄浦斯情结、发展阶段或者

青少年的视角

记忆的蜘蛛网

我想人们的记忆经验就应该与人分享，特别是与亲密的朋友或者家人分享。如果不与他人分享记忆经验，它们就只会在脑中，并且还会变得像蜘蛛网一样混乱不堪。如果你有一段美好的圣诞节记忆，但却没有人跟你分享它，那么这段记忆有何存在的价值呢？

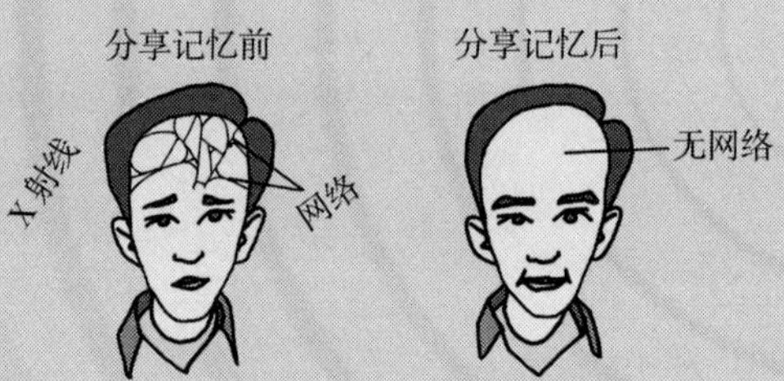

七年级学生，西部中学，
伊普西兰蒂，密歇根

防御机制。行为主义和社会认知理论强调环境经历和可被观察的行为，对理解青少年发展具有重要作用。社会认知理论家同样强调个人或者认知因素在发展中的作用。

斯金纳的行为主义

行为主义强调对可观察的行为反应及决定行为的环境因素进行科学的研究。斯金纳（B. F. Skinner，1904~1990）提出的行为主义理论认为，心理、意识或无意识都不是解释行为和发展所必需的。他认为，发展就是行为。例如，对山姆的观察发现，他的行为特点是害羞的、成就定向的、关心他人的。那么，为什么山姆的行为具有这些特点呢？斯金纳（1938）的理论是这样解释的，山姆所处的环境中的奖励和惩罚将他塑造成了一个害羞、成就定向、关心他人的人。山姆通过与家庭成员、朋友、老师和其他人的互动已经习得了他所展示出的这种行为方式。

由于行为主义者认为发展是习得的，并经常会根据环境经验的改变而改变，所以可以得出这样的结论，改变经验就可以改变发展（Adams，2000；Staats，2003）。对于行为主义者来说，害羞行为是可以被变成开朗行为的，攻击性行为也可以被塑造成温顺的行为，而无精打采、百无聊赖的行为当然也可以被改变成充满热情的和富有情趣的行为。

社会认知理论

一些心理学家认为行为主义者的某些观点基本上是正确的，例如人格是通过学习形成的，并深受环境因素的影响。但他们认为斯金纳的观点太极端，比如他强调个体的人格特性或认知因素对于人们理解发展并不重要（Epstein，2003）。**社会认知理论**（social cognitive theory）认为，行为、环境和人 / 认知因素对于理解发展都具有重要作用。

班杜拉（Albert Bandura，1986，1997，2000，2001，2004）和米歇尔（Walter Mischel，1973，1995，2004）是当代社会认知理论的创建者，社会认知理论最初被米歇尔（1973）称为认知社会学习理论。如图 2.5 所示，班杜拉认为，行为、环境和人 / 认知因素，比如信念、计划和思维，会发生交互影响。所以，班杜拉认为，环境可以决定一个人的行为（这与斯金纳的观点一致），但还有更多其他因素需要考虑。一个人也可以通过行为去改变环境。人 / 认知因素可以影响一个人的行为，反之行为也可以影响人 / 认知因素。人 / 认知因素包含自我效能（认为自己可以控制情形并产生积极结果的信念）、计划和思维技能。我们将在第 12 章“成就、职业和工作”中更加详细地介绍自我效能。

班杜拉认为，观察学习是学习的重要方面。通过观察学习，我们形成关于他人行为的看法，并且我们自己也很可能做出这样的行为（Zimmerman & Schunk，2002）。例如，一个小男孩可能观察到父亲的勃然发怒和与他人的攻击性冲突，这样当他与同伴交往时就可能具有更多的攻击性，表现出与其父亲相同的行为。

班杜拉（上图）和米歇尔都是当代社会认知理论的创立者。

同斯金纳的行为主义学派一样，社会认知理论在发展研究中也强调实证研究。该流派侧重于那些可以解释发展的过程，即哪些社会情绪和认知因素决定了我们成为何种人。

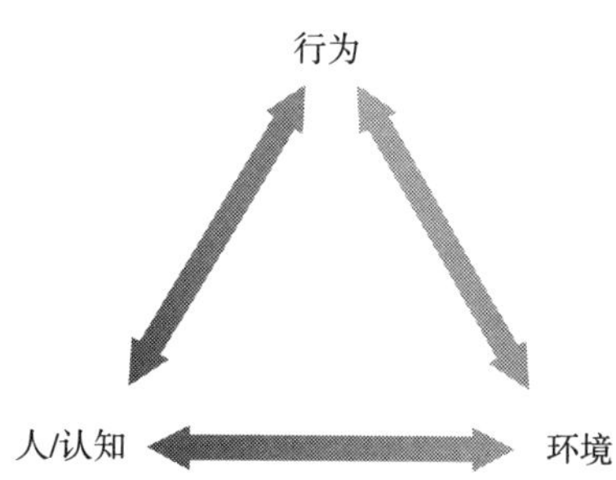

图 2.5

班杜拉的社会认知理论。班杜拉的社会认知理论强调行为、环境和人 / 认知因素的交互作用。

对行为主义和社会认知理论的评价

以下是行为主义和社会认知理论做出的贡献：

- 强调科学研究的重要性。
- 强调环境对行为的决定作用。
- 强调观察学习的重要性（班杜拉）。

- 强调人和认知因素的重要性（社会认知理论）。

以下是对行为主义和社会认知理论的批评：

- 忽视认知的作用（斯金纳）。
- 过于强调环境的决定作用。
- 对发展变化重视不够。
- 忽视人类的自发性和创造性。

生态系统理论

另外一个强调环境对发展影响的理论流派是布朗芬布伦纳（Urie Bronfenbrenner，1917~）的**生态系统理论**（ecological contextual theory），该理论正日益受到重视。这个理论认为存在五个环境系统，从个体与之直接交往的社会机构到以宏观范畴为基础的文化。布朗芬布伦纳生态系统理论中的五个环境系统分别是微系统、中层系统、外层系统、宏观系统、历时系统（Bronfenbrenner，1986，1995，2000，2004；Bronfenbrenner & Morris，1998，2006）（见图 2.6）。

- *微系统*即青少年的具体生活情境。这些情境包括青少年的家庭、同伴、学校和街坊邻里。在微系统中，青少年与社会主体发生着最直接的相互作用，例如与父母、同伴及老师的直接交往。在这些情境中，青少年不仅仅是被动的经验接受者，同时他们也是经验的构建者。
- *中层系统*涉及两个或者更多微系统之间的联系。比如家庭经验和学校经验之间的关系，学校经验和教堂经验之间的关系，家庭经验和同伴经验之间的关系。举个例子，被父母拒绝的儿童和青少年可能很难与老师形成积极的关系。
- *外层系统*指那些会影响青少年经验，但青少年在其中并不起主动作用的社会环境。例如母亲的工作经历会影响她与丈夫和孩子的关系。她可能获得了一个需要经常出差的晋升机会，这可能会增加她与丈夫的婚姻冲突，并改变她与处于青少年期的孩子之间的关系。市政府是另一个外层系统的例子，因为它关系到为青少年和儿童建造的公园、娱乐中心和图书馆设施的质量。
- *宏观系统*即青少年生活的文化背景。*文化*指的是行为模式、信念和其他所有由一群人代代传承的产物。*跨文化研究*——将一种文化与另一种或者更多的其他文化相比——为发展的普遍性提供了信息。

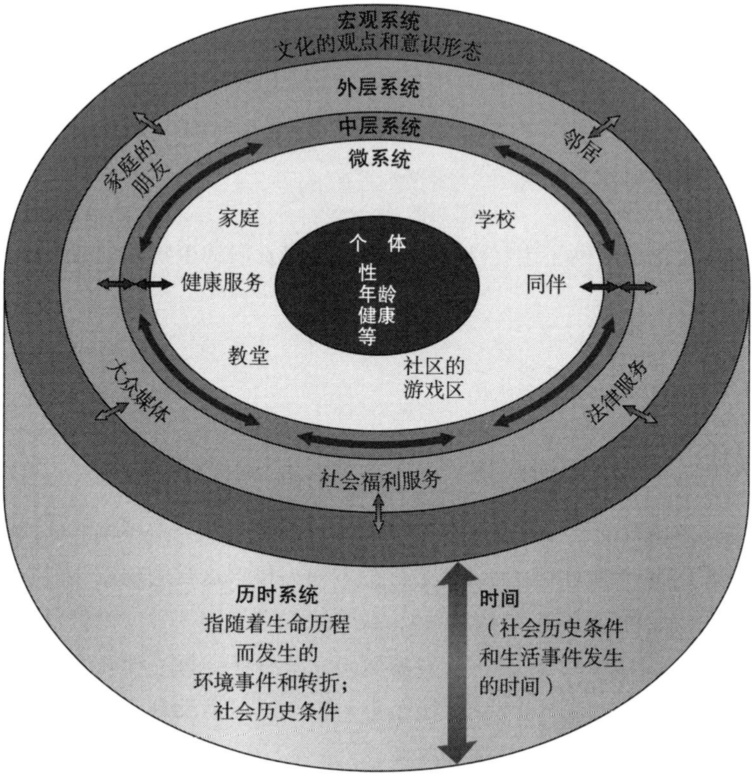

图 2.6

布朗芬布伦纳提出的关于发展的生态系统理论。布朗芬布伦纳的生态系统理论包含 5 个环境系统：微系统，中层系统，外层系统，宏观系统，历时系统

- *历时系统*指随着生命历程而发生的环境事件和转折，就如同社会历史情形一样。例如，在研究离异家庭的儿童时，研究者发现，离异后的第一年是负面作用最大的时期。而且，离异对儿子比对女儿的负面影响更大（Hetherington，1993）。离异两年之后，家庭互动变得混乱减少且趋于稳定。与 20~30 年前相比，现代的社会文化也更多地鼓励青少年女孩追求事业。

布朗芬布伦纳（1995；Bronfenbrenner & Morris，1998，2006）曾将生物的影响也纳入他的理论中，这现在被称为生物生态学理论（bioecological theory）。然而，生态的、环境的背景仍是其理论的主导（Ceci，2000）。

生态系统理论的贡献包括：

- 系统地探查了环境系统中的宏观和微观方面。
- 关注环境设置之间的联系（中层系统）。
- 考虑社会历史对发展的影响（历时系统）。

对生态系统理论的批评包括：

- 即使最近几年已经吸纳了生物性的影响，但是对发展的生物基础的关注程度还是不够。
- 对认知过程的关注太少。

折中的理论取向

持**折中主义理论取向**（eclectic theoretical orientation）的人并不偏好任何一种理论取向，而是选择利用每种理论中他们认为最好的方面。根据这样的观点，在本章所介绍的理论中，没有任何一种理论是绝对可靠的，或者说没有任何一种理论可以对非常复杂的青少年发展做出完整解释。每一种理论都对理解青少年发展做出了重要贡献，但是没有一种理论提供了完整的描述和解释。

布朗芬布伦纳提出了生态系统理论，该理论越来越受到重视，它关注儿童生活环境的微观和宏观两个方面。

因此，本节毫无偏见地展现了关于青少年发展的四大主要理论流派，以便于你了解青少年发展的研究领域现实状况，不同的理论家得出了不同的结论。本章中未谈到的其他关于青少年发展的理论会穿插在本书中讨论青少年发展的其他部分。例如，第 5 章探讨了人本主义学派，该学派强调青少年的自我发展；第 12 章讨论了归因理论，聚焦于青少年了解自己和他人行为原因的动机。

很多“局部的”理论或者简单模型在发展的特殊领域也起着引导研究的作用（Kuhn，1998；Kuhn & Franklin，2006）。例如，在第 9 章“家庭”中，你会读到关于父母与青少年关系的前沿理论。在第 11 章“学校”中，你将读到一些可以提升青少年教育质量的模型。通过整本书，你将了解到很多有关青少年特定方面发展的局部理论。总之，宏观理论和微观方法使我们对青少年的发展历程有了更完整的认识。

青少年发展的研究

总的来说，青少年发展的研究是为了检验假设，这些假设来自于前面介绍的理论。通过研究，理论可以被修正以反映新的数据，有时甚至还会形成新的理论。那么，都有哪些类型的青少年发展研究呢？如果研究者想研究不同年龄的儿童和青少年，他们会采用什么样的研究设计？这是我们接下来将讨论的问题。

研究类型

这部分将介绍收集青少年发展数据的主要方法。为了收集数据，有三种基本类型的研究：描述性研究、相关研究和实验研究，每种研究都有各自的优缺点。

描述性研究

描述性研究（descriptive research）是为了观察和记录行为。例如，心理学家可能会观察青少年之间互相关心或者表现出敌意的程度。仅仅通过描述性研究不能证明现象产生的原因，但是它可以揭示青少年发展的重要信息（Gall，Gall & Borg，2005）。描述性研究方法包括：观察法、调查法和访谈法、标准化测验、经验抽样法、生理学测量和个案研究。

观察法　科学的观察需要观察者具备一些重要的技能（McMillan & Schumacher，2006；McMillan & Wergin，2002）。除非经过训练并定期实践这些技能，否则我们可能不知道应该注意什么，应该记住哪些见闻，或者甚至没有意识到我们所关注的东西是一直在变化的。更重要的是，我们可能不能有效地沟通我们的观察结果。

为了使观察更有效，我们必须进行系统的观察（Kantowitz，Roediger，& Elmes，2005）。我们需要知道观察对象、观察时间和观察地点以及观察方法，可以用纸、录音磁带或者录像带来记录观察结果。

在决定观察地点时，有两种选择：实验室或者日常生活场景。当我们系统科学地观察时，我们可能需要控制某些可以影响行为但不是我们需要关注的因素（Best & Kahn，2006；Crano & Brewer，2002；Hoyle & Judd，2002）。因此，有些关于青少年发展的研究会在**实验室**（laboratory）里进行，

真相是通过消除错误这一痛苦的过程而得来的。

——阿瑟·科南·道尔
20 世纪英国物理学家和侦探小说家

一系列的控制措施消除了“现实世界”中会出现的很多复杂因素。

由班杜拉（1965）做的一项实验发现，如果儿童看到成人攻击他人后得到奖赏，则他们随后的行为会表现出更多的攻击性。在成人和儿童都不知道的情况下，班杜拉在实验室里进行了这项研究。他控制了儿童目击攻击行为的时间、儿童观察到的攻击行为的数量、攻击行为的形式。如果班杜拉在儿童的家里进行实验，或者实验过程中出现熟悉的人，例如父母、兄弟姐妹或者儿童的朋友，那么他对研究的控制和对研究结果的信心就会打折扣。

实验室研究也存在一些缺点（Rosnow & Rosenthal，2005）。首先，在进行研究时，研究者很难做到让参与者不知道自己正在被研究；第二，实验室的环境不是自然环境，所以它不能让参与者表现得自然；第三个缺点是，愿意来实验室参与研究的人不一定能代表普通大众。

对大学环境不熟悉或者持有“科学很神秘”观点的人，可能会由于害怕那种环境而不同意参加实验。这样一来，青少年发展的某些方面就不可能在实验室中进行测查。有些压力类型的实验室研究甚至可能是不道德的。

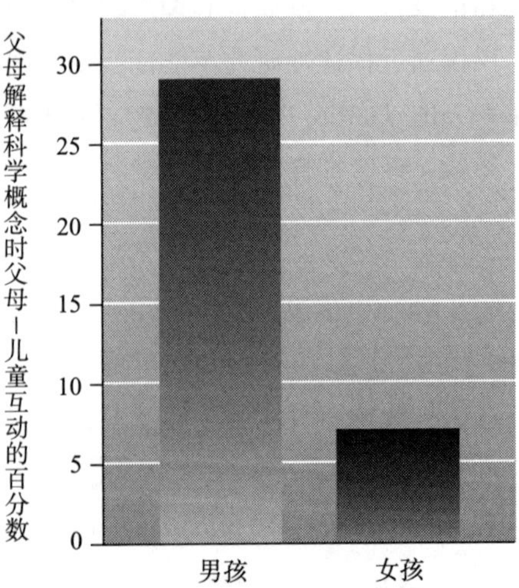

图 2.7
科技馆中父母向儿子和女儿解释科学原理。 在儿童科技馆里进行的自然观察研究中，父母向男孩解释科学原理的几率是对女孩解释的 3 倍（Crowley et al.，2001）。不论父母中的一方单独与孩子在一起，还是父母双方都在场，都会出现性别偏见，其中父亲向儿子和女儿解释科学原理时表现出的性别偏见最显著。

另外一种方法是**自然观察法**（naturalistic observation），即在日常生活中观察行为，而不对环境条件进行操纵或者控制。研究者在家里、学校、体育场、购物商场或者其他青少年常去的地方进行自然观察（Wiersma，Jurs，2005）。

在一项研究中，研究者利用自然观察法在儿童科技馆里研究亲子互动（Crowley et al.，2001）。他们发现父母与男孩进行解释性谈话的几率是与女孩谈话的 3 倍，这表明存在性别偏见，即父母在科学上更多地给男生以鼓励（见图 2.7）。另外一个在科技馆中进行的研究表明，与未完成高中学业的墨西哥裔美国父母相比，完成高中学业的父母会对自己的孩子进行更多的解释（Tenenbaum et al.，2002）。

调查和访谈 有时候获得青少年相关信息的最佳和最快的方法是直接询问他们有关的问题。一种方法是直接访谈他们。当调查者需要从

很多人身上获得信息时，就会用另一种特别有用的方法，即调查法。调查有时候被称作是问卷，它包含一系列标准化的问题，用来获取参与者对某一特定问题的观点和看法（Babbie，2005）。一个好的调查，其问题是简单的且没有偏见，能让回答者做出明确的回答（Gallup，1987；Tourangeau，2004）。

一些调查和访谈是非结构性的，可以自由作答。例如对这样一个问题："你认为怎样改善青少年的学校环境？"，每个参与调查的人都有不同的答案。另外一些问题更具结构性，也更具体。例如，在一个关于如何提高美国学校教育质量的全国民意调查中，成人被问到"在以下四个选项中，你认为哪个对提高社会公立学校教育质量最有帮助：每个教室都有一个能干且有能力的老师；家长可以自由选择私立学校、教会学校、公立学校；严格的学术标准；取消自动升级制度"（Rose & Gallup，2000）。一半以上的被调查者认为提升学校教育质量最有效的方法是每个教室都有一个有资质的能干的老师。

进行调查和访谈时，参与者倾向于用社会赞许或者社会接受的方式作答，而不是说出他们真正的感受和想法（Best & kahn，2006）。例如，在一项关于风险行为的调查中，一些青少年可能回答他们不会吸毒或者性交，而实际上他们都做过。

标准化测验　**标准化测验**（standardized tests）的实施和评分都有统一的程序，这样便可以将一个人的表现与其他个体进行比较（Aiken，2003；Cohen & Swerdlik，2002）。标准化测验的分数经常用百分位数来表述（Gregory，2004）。假设你在高中时期的 SAT 测验中位于第 92 个百分位数，这代表着在参与该测验的一大群人里面，有 92% 的人比你的分数低。

心理学中广泛应用的一个标准化测验是斯坦福 - 比奈智力测验，在第 4 章"认知发展"中将介绍该测验。应用最广泛的人格测验是明尼苏达多项人格测验（MMPI）（Butcher，2000）。MMPI-A（A 代表成人）是 MMPI 的延伸，在临床和研究中可用来评估青少年的人格（Butcher 等人，1992），该测验包含几个 MMPI 中没有的、专门针对成人的量表，例如，孤独量表、问题行为量表、低抱负量表、学校问题量表、不成熟量表、酗酒 / 吸毒倾向以及酗酒 / 吸毒量表（Holmbeck & Shapera，1999）。MMPI-A 还包含一些用来检测青少年是否真实作答或者以社会赞许的方式作答的效度量表（Baer et al.，1997）。在第 5 章"自我、同一性、情绪和人格"中，我们将介绍评估自我价值和自尊的方法，而这两者正是人格的核心方面。

标准化测验的主要优点是可以提供群体中关于个体差异的信息。它存在的问题是，在非测验环境中，标准化测验有时不能预测行为。还有一个问题是，测验的假设基础是青少年的行为是持久而稳定的，但是，人格和智力这两个标准化测验的主要测试对象却会随环境而变化。例如，某青少年在校心理医生办公室接受某个标准化智力测验时表现

对青少年进行调查或者访谈时，需要使用哪些策略？

得很差，但是在家里做这个测验时得分却高得多，这就可能是因为在家时他的焦虑程度较低。

对于种族群体成员，这种指责尤为合理。基于智力测验分数，他们中的有些人被错误地划分为智能发育迟缓（Valencia & Suzuki，2001）。另外，跨文化心理学家注意到，很多在西方文化下编制出的心理测验可能在其他文化中并不适用（Cole，2006；Shweder et al.，2006）。生活在这些文化中的人们所具备的生活经验，使得他们对测验问题的理解和反应方式，与该测验在标准化时所使用群体有很大不同。

经验抽样 在使用**经验抽样法**（experience sampling method，ESM）时，要先发给研究参与者一个电子寻呼机，之后，研究者会随时“呼叫”他们。当参与者被呼叫时，他们要向研究者报告当时的各方面情况，包括他们当时在哪里，正在做什么，与谁在一起，感觉如何等。

有一些研究会用 ESM 来确定青少年最常去的场所、他们与父母和同伴在一起的时间、他们的情绪类型等。拉森和理查德（Reed Larson & Maryse Richards，1994）用这种方法发现，在上千次的情绪报告中，青少年体验到的情绪比其父母体验到的更极端，也更短暂易变。例如，当呼叫青少年时，他们报告感到“很高兴”的几率是父母的 5 倍，感到“很不高兴”的几率是父母的 3 倍（见图 2.8）。

生理学测量 在研究青少年发展时，研究者越来越多地采用生理学的方法，其中一种生理学方法是评估青少年血液中激素的含量。随着青春期的到来，血液中腺体分泌物增

加，血液中激素含量也因此增加。为了确定这些激素变化，研究者从自愿参加研究的青少年身上抽取血液样本（Susman，1997；Susman，Dorn，& Schiefelbein，2003）。

青少年的身体结构也是生理学评估的焦点，研究者对青春期发展过程中身体内脂肪含量的增加也有特殊的研究兴趣。

几年前，关注青少年大脑活动的研究几乎还没有，但是神经成像技术的发展引发了一阵研究风潮（Thompson et al.，2000）。其中一些研究所采用的技术就是**磁共振成像**（MRI），它是利用电磁波来构造人的大脑组织和生化活动的影像（Bauer，Bowers，& Leritz，2003）。我们将在第 3 章“青春期、健康和生物基础”中更详细地介绍这些生理学方法。

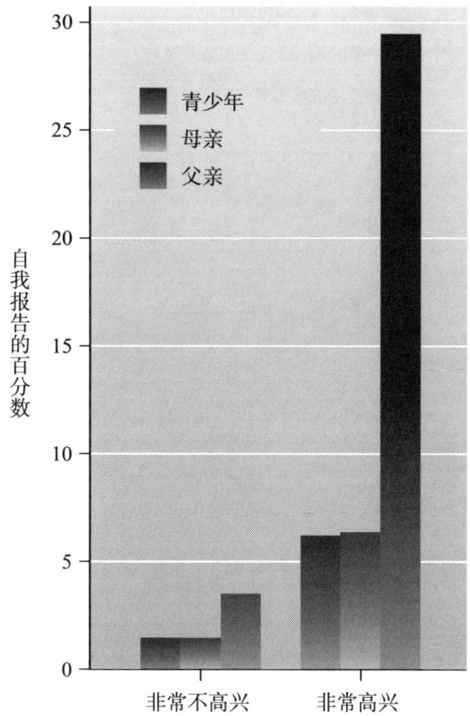

图 2.8

用经验抽样法研究青少年、母亲和父亲各自对极端情绪的自我报告。在拉森和理查德（1994）的研究中，研究者采用经验抽样法，在任意时间呼叫青少年和其母亲、父亲。研究者发现，青少年比其父母更倾向于报告极端情绪。

个案研究　**个案研究**（case study）是对个体的深入研究。精神健康方面的专业人员主要采用个案研究方法。由于实际的或者道德的原因，个人生活中有些独特的经历并不能在其他人身上重演和测量（Dattilio，2001；Fraenkel & Wallen，2005）。个案研究提供了有关一个人的恐惧、希望、幻想、创伤性经历、教养经历、家庭关系、健康或者其它有助于心理学家理解个体思想和行为的信息（Beins，2004）。

迈克尔的个案研究证明了大脑发育的灵活性和复原力。迈克尔 7 岁时出现了不可控制的癫痫症状，大约一天发作 400 次。医生说唯一的解决方法是切除导致癫痫发作的大脑左半球。术后，虽然迈克尔恢复得很慢，但是最终他的右半球开始重新组织并接管了原本左半球的功能，例如说话。图 2.9 是迈克尔的神经显像，它形象地说明了迈克尔大脑功能的重组。个案的经历生动深入地描绘了个人生活，但是我们在将其普遍化时必须谨慎小心，每个个案研究的主体都是独一无二的，因为他具有别人没有的基因组成和生活经历。另外，个案研究还存在信度问题，进行个案研究的心理学家很少确认别的心理学家是否认可他们的观察。

相关研究 **相关研究**（correlation research）的目的是描述两个或多个事件或特性之间关系的强弱。两个事件之间的相关（有关或者联系）越强，我们根据一件事来预测另一件事的有效性就越大（Whitley，2002）。例如，如果研究者发现低情感卷入、纵容的养育方式与青少年缺乏自制力有关，那么低情感卷入、纵容的养育方式就可能是造成青少年低自制力的原因之一。相关研究是一种分析数据的重要方法，也是科学研究方法中的第三步。

然而，这种方法也有需要注意的地方。相关并不意味着因果。刚才提到的相关关系并不意味着纵容的教养方式就一定会导致青少年自制力低。可以这样解释，但是也可以解释为青少年自制力的缺乏导致父母绝望地放弃对他们的约束。还可以解释为其他潜在的因素，例如遗传或者贫困造成了纵容教养方式与低自制力之间的相关。图 2.10 阐释了这些可能的解释。在整本书中，你将读到很多相关研究。记住当两件事或者两种特性仅仅存在相关关系时，我们很容易把它们看做是因果关系。

研究者用统计分析中的**相关系数**来描述两个变量的相关程度。相关系数的范围是 +1.00 ~ −1.00。负相关系数表示负相关。例如，研究者经常发现纵容教养方式和青少年自制力之间有负相关的关系。相反，他们经常发现父母管教青少年与青少年的自制力之间正相关。不论是正相关还是负相关，相关系数越高，则两个变量之间的联系越强。相关系数 −0.40 比相关系数 −0.20 表示的相关度要

(a)

(b)

图 2.9
大脑半球的可塑性（a）14 岁时的迈克尔（b）迈克尔的右半球（图左侧）开始接管大脑完整时（图右侧）原本由左半球相应区域行使的语言功能。然而，右半球不如左半球效率高，更多的区域被用来加工言语。

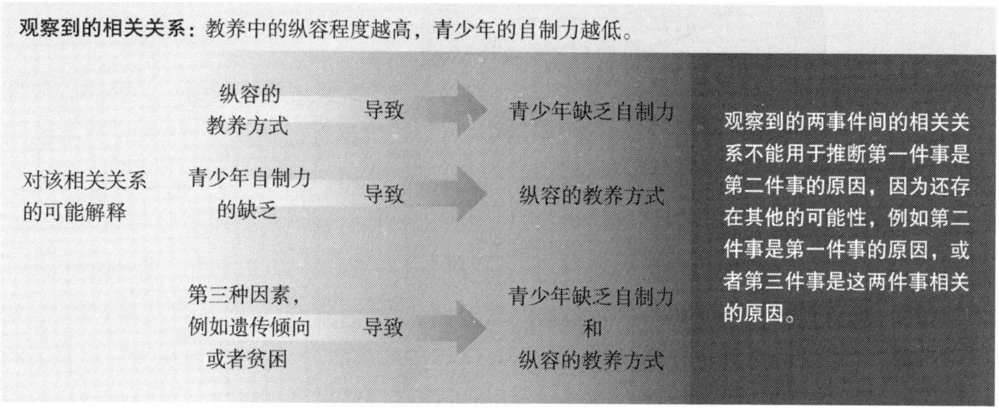

图 2.10
相关数据的可能解释

强，因为在决定相关强度时，不考虑相关是正向的还是负向的。相关系数为 0 表示变量之间没有相关。

实验研究

与相关研究不同，**实验研究**（experimental research）可以使我们确定行为的原因。我们通过实验来确定原因，实验是精心规范的程序，在实验过程中操纵一个或更多个我们认为会影响研究行为的因素，同时保持所有其他因素恒定。如果在操纵选定变量后，所研究的行为发生了变化，我们便可以认定是该因素导致了变化。“原因”是被操纵的因素或者事件，“结果”是操纵导致行为发生的变化。实验研究是确立因果关系唯一可靠的方法。因为相关研究不涉及操纵因素，所以并不是确立因果关系的可靠方法（Leary，2004；Martin，2004）。

自变量和因变量 所有的实验至少包含一个自变量和一个因变量。**自变量**（independent variables）是被操纵的因素，自变量表示该变量可以独立于其他因素单独被操纵。例如，假设我们想设计一个实验来确定同伴辅导对青少年成绩的影响，在该例子中，同伴辅导的总量和类型就可以作为自变量。

因变量（dependent variables）是被测量的因素，可以随着对自变量的操纵而变化。因变量表示该变量取决于自变量被操纵后的情况。在同伴辅导的研究中，青少年的成绩即是因变量，我们可以通过很多方式对它进行评估，如可以是全国性的标准化成就测验

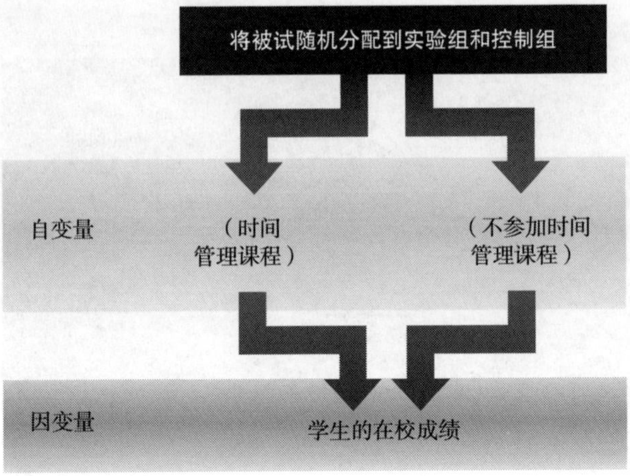

图 2.11
随机分配和实验设计

的分数。

实验组和控制组 实验中，研究者通过给予一个或多个实验组和控制组不同的处理来操纵自变量，实验组要接受操纵处理。除了操纵因素外，控制组的其他因素与实验组的其他因素都相同。控制组作为基线与实验组的效果进行比较。在同伴辅导研究中，我们需要一组接受同伴辅导的青少年（实验组）和一组不接受辅导的青少年（控制组）。

实验研究的一个重要原则是**随机分配**，将参与者随机分配到实验组和控制组（Christensen，2004）。这个原则降低了因实验处理之前存在的组间差异而影响实验结果的可能性（Mertler & Charles，2005）。在同伴辅导研究中，随机分配会大大降低两组人在年龄、家庭背景、智力、人格或者健康等方面存在差异的可能性。

总之，为了研究同伴辅导和青少年成就之间的关系，我们将参与者随机分成两组。一组（实验组）给予同伴辅导，另一组（控制组）不给予辅导，实验组和控制组接受的不同处理是自变量。在同伴辅导之后，青少年将接受全国性标准化成就测验（因变量）。图 2.11 展示的是将实验法用于研究不同问题：例如时间管理课程是否可以提高青少年的成绩。

研究的时间跨度

发展心理学家特别关心调查研究的时间跨度（Hartmann & Pelzel，2005），关注年龄和其他变量之间关系的研究很常见。研究者有两种选择：可以比较不同年龄的个体，或者通过追踪参与者的成长来研究同一个体。

横断研究 **横断研究**（cross-sectional research）是对处在同一时期的人进行研究。例如，研究者可能研究 10~15 岁和 20 岁青少年的自尊。在横断研究中，研究者会在同一时间测评所有参与者的自尊。

横断研究的主要优势是研究者不需要等待参与者长大，它很节省时间，但也有缺点。它不能提供有关个体变化的信息，也不能提供关于个性稳定的信息。横断研究掩盖了发展速度的加快和减慢、生长和发展的高峰和低谷。例如，对自尊的横断研究可能会揭示发展的平均水平，但是不会显示每个儿童的生活满意度随年龄的起伏，也不会显示自尊水平高或低的儿童成长为青少年后，其自尊水平是否仍然保持原样。

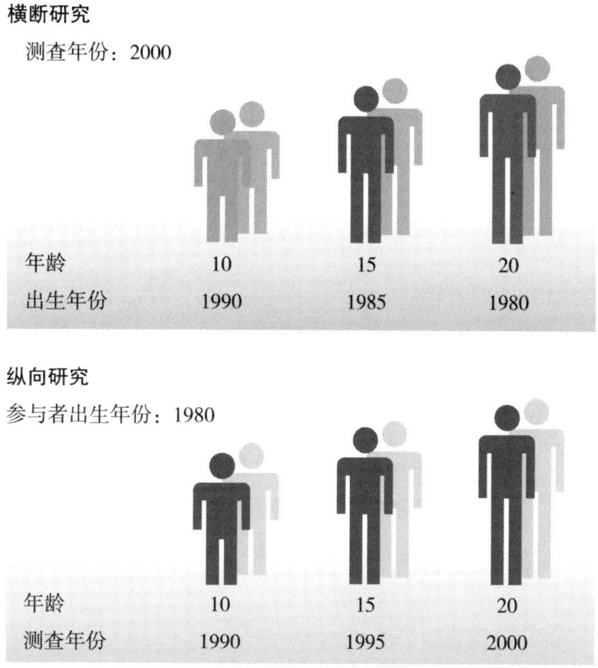

图 2.12
横断研究和纵向研究的对比

纵向研究　**纵向研究**（longitudinal research）是在一段时间内，通常是几年或更长时间内，研究同一群体。在自尊的纵向研究中，研究者可能测量一群 10 岁儿童的自尊，之后当他们长到 15 岁和 20 岁时，再次测量他们的自尊。图 2.12 是横断研究和纵向研究的比较。

虽然纵向研究提供了关于一些重要问题的丰富信息，比如发展的稳定性和变化性以及早期经历对以后发展的重要作用，但是也存在问题（Raudenbush，2001）。纵向研究费钱费时。研究持续的时间越长，参与者流失就会越多（参与者搬家、生病、对研究失去兴趣等等）。参与者可能使结果发生偏差，因为留下来继续参与研究的人与中途退出的人可能是不同的。在长期的纵向研究中留下来的这些个体，其强迫性和一致性倾向可能更强。例如，他们的生活可能更稳定。

青少年发展的研究领域

青少年领域的知识很大程度上依靠于广泛、充足的研究基础。20 世纪 70 年代晚期，我撰写第 1 版《青少年》时，只有少数学者在研究青少年发展。那时的研究者主要研究成人和儿童，而不是青少年。在过去的二十年里，特别是过去的十年里，青少年的研究基础已经产生了巨大变化，关于儿童和成人之间的发展阶段的争论和问题激发了越来越多的研究。研究期刊数量的增长，以及不同学科致力于促进青少年科学知识增长的学者日益增多，都反映了青少年发展研究的进展（Lerner & Steinberg，2004）。

为什么直到最近研究者才开始重视青少年？因为 20 世纪的大部分时间里，他们都认为儿童经验、特别是儿童早期经验非常重要，而之后的经验，比如青少年期的经验便被认为对发展几乎没有影响（Bruer，1999）。但是 20 世纪 80 年代初，发展心理学家对“早期经验”学说发起了严峻挑战，认为后期经验比通常认为的要更重要（Brim & Kagan，1980）。从儿童到成人发生的巨大变化也导致了人们对青少年越来越感兴趣（Dornbusch，Petersen，& Hetherington，1991）。

青少年研究的主要展现渠道是期刊和学术会议上的论文。不论你以后是在青少年发展领域、心理学领域还是相关的科学领域发展，通过期刊来学习都对你有好处。身为学生，在写学期论文时，你也许需要查找期刊中的原创研究。作为家长、老师或者护士，你也许需要查阅期刊来获得相关信息，以帮助理解青少年，提高与青少年相关的工作的效率。作为一个有好奇心的人，在听到或者读到引起你兴趣的事后，你也许会查找期刊上的有关信息。

一份发表学术性和理论性信息的期刊通常限于某一特定领域，像物理、数学、社会学，或者是我们感兴趣的青少年领域。这些领域中的学者将大部分研究都发表在期刊上，期刊实质上是各个学科的信息资源中心。在心理学和青少年领域，大部分期刊中的文章是原创性研究报告。很多期刊也包含综述性文章，它是关于某一特定主题的不同研究的概述，例如青少年抑郁、青春期的依恋或者青少年的决策。

期刊文章通常是作者为期刊所关注领域的其他专家而写的，比如，地质学、人类学或者我们关注的青少年。期刊文章通常包含该学科的专业术语和专有名词，对于非专业人员来说不容易理解。你们中的大多数都已学过一门或多门心理学课程，你将会在青少年发展这门课中学到青少年发展领域的大量知识，这会提高你理解该领域的期刊文章的能力。

发表有关青少年信息的期刊越来越多，有些是专门针对青少年的，有些也包含人生其他发展阶段的信息。专门针对青少年的期刊包括《青少年研究》（Journal of Research on Adolescence）、《早期青少年研究》（Journal of Early Adolescence）、《青年与青少年研究》（Journal of Youth and Adolescence）、《青少年》（Adolescence）、《青少年健康》（Journal of Adolescence Health）。包含青少年研究也包含其他年龄阶段的期刊有《儿童发展》（Child Development）、《发展心理学》（Developmental Psychology）、《人类发展》（Human Development）。同样，一些不关注发展的期刊也包含关于青少年的文章，例如，

学术期刊实际上是各个学科的信息资源中心。发表有关青少年发展信息的学术期刊日益增长，上面介绍的是其中一部分。用于展示原创性研究结果的学术期刊，其主要组成部分有哪些？

《教育心理学》(Journal of Educational Psychology)、《性别角色》(Sex Roles)、《婚姻与家庭》(Journal of Marriage and Family)、《咨询和临床心理学》(Consulting and Clinical Psychology)。

很多期刊对投稿的文章很挑剔。每份期刊都有由专家组成的编辑委员会对投稿的文章进行评估。每篇投稿都经过一名或几名专家严格审核，他们根据以下因素来决定文章发表与否：对该领域的贡献、理论可靠、方法完美以及文字流畅。最有威望的一些期刊对投稿文章的拒绝率达到 80%~90%，因为那些文章没有达到它们的标准。

在哪里能找到期刊？你所在的学院或者大学的图书馆里可能会有一本或更多刚才列举的期刊，一些公共图书馆也可能有这些期刊。我建议你至少找一本包含青少年内容的期刊。

为了帮助你熟悉期刊，我们来看一下大部分期刊都遵循的格式。它们一般按照这样的顺序组织：摘要、引言、方法、结果、讨论和参考文献。

摘要是出现在文章开头的简要总结。摘要让读者很快地判断这篇文章是否是自己的兴趣所在，是否想读全文。引言，顾名思义，它介绍了所研究的问题。引言包括对同主题相关研究的简要回顾，理论联系，还有一个或多个将要验证的假设。

方法部分包括对研究中的参与者、所用方法、所遵循程序的简要描述。方法部分应该足够清楚详尽，使其他研究者读了之后可以重复研究。结果部分是对所收集数据的分析报告。大多数情况下，结果部分包括让非专业人员难以理解的统计分析。讨论部分呈现了作者得出的结论、推论和解释。该部分会声明在引言中出现的假设是否被支持，研究的局限性和对未来研究的建议。参考文献部分是期刊文章的最后一部分，它是每篇文章引用资料的清单。参考文献一般是寻找与你感兴趣的主题相关的其他文章的好资源。

直面研究挑战

青少年发展研究的科学基础有利于减少研究者的偏见和增加研究结果的客观性。但是，仍然存在一些敏感问题和挑战。一是确保研究在符合伦理规范的情况下进行；此外，要意识到并且努力克服研究者深藏的个人偏见。

开展符合伦理的研究

伦理是理解青少年发展科学的一个重要问题（Sherrod et al.，2004）。当你作为参与者或参与者参与研究时，研究伦理会影响到你个人。这时，你需要知道作为参与者的权利和研究者为确保这些权利所负有的责任。忽视参与者的平安健康可能会改变参与者的一生。

如果你成为青少年发展领域的研究者，你需要对伦理有更深层次的理解。你也有可能不会成为青少年发展研究者，但是你可能会在本课程或别的课程中做一项或多项研究。即使是聪明负责的学生也经常考虑不到参与其实验的参与者的权利。一个学生可能认为，“每周我都花几个小时在收容所里帮助精神发育迟滞的青少年，在我的研究中，我可以利用收容所里的青少年来研究一种特别的治疗方法是否能提高他们对日常工作的记忆。”然而，没得到正式的许可，即使是最善意的、最有益的、考虑最周密的研究，也仍然会危害参与者的权利。

现在的学院和大学设有检查委员会，专门评估机构内研究的伦理原则。在研究开始之前，研究提议必须通过伦理委员会的严格审查。

另外，美国心理学会（APA）为其会员建立了伦理规范。APA 的伦理规范引导心理学家保护参与者以免其受到精神和肉体的伤害，并维持参与者的最大兴趣（Rosnow, 1995）。APA 特别强调以下 4 点：

- **知情同意**（informed consent）。必须征得所有参与者的（7 岁或者更大）同意才能进行研究。如果参与者年龄太小，必须征得其父母或者监护人的同意。知情同意的意思是，告知参与者（以及 / 或者其父母或者法定监护人），他们参加研究后会发生什么以及可能遇到的危险。例如，如果想研究离异家庭的冲突对青少年自尊的影响，研究者必须告知参与者，在某种程度上，讨论家庭经历可能会改善家庭关系，但是有时也可能引起不必要的压力。在知情同意之后，参与者有权利随时退出研究。
- **保密**（confidentiality）。研究者负责保证所有从参与者身上获得的数据绝对机密，如果条件允许，所有数据全部匿名。
- **事后解释**（debriefing）。研究完成之后，应该告知参与者研究目的和研究方法。大多数情况下，实验者在实验开始时也会告知参与者大体的研究目的，但是要确保避免引导参与者以研究者所期待的方式行事。如果事前告知研究可能会影响研究结果，研究者至少应该在研究结束之后向参与者解释研究情况。
- **欺骗**（deception）。这是引起心理学家广泛争议的伦理性问题（Hoyle & Judd, 2002；Whitley, 2002）。在某些情况下，事前告诉参与者真实的研究目的会改变参与者的行为，会使研究所获得的数据变得无效。在所有的欺骗情形下，研究者必须确保欺骗行为不会伤害参与者，而且要在研究完成后尽快告诉参与者全部的研究本质（事后解释）。如果想了解欺骗在研究中的角色和它可能引起的伦理问题，请观看《探索发现》节目关于“服从权威”的部分。

减少偏见

在对任何特殊群体的人没有偏见和偏好的情况下，青少年发展研究才最有用。我们特别关注的是性别偏见和文化或者种族偏见。

性别偏见

社会中仍然存有性别偏见。对女性和男性能力先入为主的偏见，阻碍了个体追求自己的兴趣和发挥潜能。但是性别偏见在青少年发展领域并没有显著影响（Etaugh &

Bridges，2001；Koch，2003；Sheields & Eyssell，2001）。例如，研究者经常从均为男性参与者的研究中得出关于女性观点和行为的结论。

当发现性别差异时，有时会被不适当地夸大（Denmark et al.，1988；Hyde，2005；Ruble，Martin，& Berenbaum，2006）。例如，研究者报告，74% 的男生具有高成就期望，而只有 67% 的女生具有高成就期望，接着就开始讨论这些细小的差异。实际上，这可能是相当小的差异，也许在重复研究中，这种差异会消失，或者研究本身可能有方法上的问题，因此不能做出这样确凿的解释。

文化和种族偏见

在研究者与性别偏见作斗争时，也需要树立一个观念，即研究对象的组成达到业已存在的种族多样性（Chun，Organista，& Marin，2003；Granham，1992）。美国大部分研究都忽视了少数种族群体成员（非裔美国人、拉丁美洲人、亚裔美国人和美国土著人），他们仅仅被看做是对标准或者平均水平的偏离。因为他们的分数经常与集中趋势（例如反应参与者群体平均水平的平均数）不能很好地吻合，少数群体成员的数据被看做是混淆

与青少年发展有关的职业

帕姆·里德，教育和发展心理学家

在还是个孩子的时候，帕姆·里德喜欢玩化学器具。在大学里，帕姆的专业是化学，并且想成为医生。然而，当她的一些朋友选修心理学课程时，她也决定去上这门课。她对人们是怎样思考、行动和发展的非常着迷，为此她转到了心理学专业。之后，帕姆获得了心理学博士学位（美国心理学会，2003，p.16）。

多年来，帕姆一直是密歇根大学的教育学和心理学教授，也是女性和性别研究所的科学工作者。她关注儿童和青少年，特别是非裔美国女孩是如何发展社会技能的（Reid & Zalk，2001）。2004 年，帕姆成为芝加哥罗斯福大学的教务处长和常务副院长。

帕姆·里德（后排中间）和她在密歇根大学所带的研究生

看这两张照片，一张是白人男性的照片，另一张照片里的人是来自不同群体的女性和男性，也包括一些白人。思考一个心理学课题，比如教养方式、爱或者文化价值观。如果你正在进行该课题的研究，研究结果是否会因为研究中选取的参与者是左边图片的人或者是右边图片中的人而不同？

因子和“噪音”。因此，研究者故意将他们从选取的样本中排除（Ryan-Finn，Cauce，& Grove，1995）。考虑到青少年研究中排除少数种族参与者的时间很长，我们可以得出结论，儿童的真实生活可能比以往研究数据所揭示的更加多样化（Atkinson，2004；Ponterotto et al.，2001；Stevenson，1995）。

研究者对种族群体同样有过度概括化的倾向（Banks，2006；Cushner，2006；Trimble，1989）。**种族表象**（ethnic gloss）以一种表面方式利用种族标签，例如非洲裔美国人、拉丁美洲人，它将一个种族的人描述得比实际上更加相似。例如，研究者可能这样描述研究样本：“参与者为 20 个拉丁美洲人和 20 个英裔美国人。”对拉丁美洲人更完整的描述应该是：“20 个拉丁美洲人是来自洛杉矶西南部低收入区域的墨西哥裔美国人。其中 12 个来自主要讲西班牙语的家庭，8 个来自主要讲英语的家庭。10 个生于美国，10 个生于墨西哥。10 个将自己描述为墨西哥裔美国人，5 个说自己是墨西哥人，3 个是美国人，2 个是住在美国的墨西哥人，1 个是拉丁美洲人。”种族表象会使研究者获得的样本无法代表群体的多样性，这会导致过度概括化和刻板印象。

第3章 青春期和生理基础

青春年华，可把彩虹作衣，敢上九天揽月。

——爱默生，

19 世纪美国诗人、散文作家

青少年发展的镜像

青春期的奥秘与奇特之处

我非常困惑，我想知道我到底是异常的还是正常的。我的身体刚开始变化，但是看上去确实不像我的许多朋友那样。我在很多地方看上去仍然还像个小孩。我最好的朋友刚 13 岁，但他看上去却像是十六七岁。体育课的时候，我在更衣室里面会感到很紧张，因为当我进去淋浴时，我害怕有人会取笑我，我还没有像他们那样开始发育。

——罗伯特，12 岁

我不喜欢我的乳房，它们太小了，看上去很可笑。我担心如果它们不发育得更大些，男孩们会不喜欢我。

——安吉，13 岁

我再也不能忍受我的样子了，我长了满脸的粉刺，头发毫无光泽、又细又干，而且总是乱飘。我的鼻子太大，嘴太小，腿太短，左手上还有四个瘊子，让人感到恶心，连我自己都这么觉得。我的身体简直就是一个灾难。

——安，14 岁

我个子很矮，这让我无法容忍。我爸爸有 183cm 高，而我的身高只有 163cm。我已经 14 岁了，但看上去却像个小孩，我经常被嘲笑，特别是被其他男生戏弄。我的个子这么矮，以致于打篮球时总是最后一个被挑选。女孩们似乎对我也不感兴趣，因为她们中大部分人都比我个子高。

——吉姆，14 岁

上述是四个青少年关于青春期变化的描述，这些描述强调了：在经历儿童中期和晚期一些平稳发展之后，青少年的身体会出现急剧变化。青少年开始对自己的身体敏感起来。

预 览

青春期的变化常常困扰着青少年。尽管这些变化会带来疑惑、恐惧和焦虑，但是绝大多数青少年最终能战胜它们。在这一章，我们将揭示青春期变化的奥秘，从身体发育的突变和性成熟到青春期的心理变化。我们也将讨论与青少年生理发育相关的其他主题，包括大脑的发育，以及在青少年发展过程中进化、遗传和环境的影响。

青春期

青春期与青少年期有所不同。对于几乎每一个人来说，青春期都比青少年期先结束。青春期时常被认为是青少年期开始的最重要的标志。**青春期**（puberty）是伴随着快速的生理成熟（包括荷尔蒙和身体的变化）的一段时期，青春期主要发生在青少年早期。

青春期的决定因素

尽管我们不能确确地知道是什么引发了青春期，但大量复杂的因素可能都与此有关。青春期伴随着内分泌系统、体重、体内脂肪和瘦蛋白的变化，但是我们并不知道这些变化到底是青春期的原因还是青春期的结果（Dorn，2004）。正如下文将要讨论的，遗传在青春期阶段是一个重要的因素。

摘自《企鹅梦与荒诞离奇的故事》（Berkeley Breathed）。

遗　传

青春期并不是环境所造成的突发事件。青春期出现的时间被设定在每一个人的基因中（Adair，2001）。青春期不会发生在 2 或 3 岁，也不会出现在二十几岁。将来，分子遗传学研究也许可以鉴别与青春期开始及其进程相联系的特定基因。对于大多数人来说，青春期一般发生在 9~16 岁之间，环境因素能够影响青春期的起始与持续时间，我们将在下面讨论这些内容。

荷尔蒙

隐藏在男孩们第一根胡须和女孩们渐渐变宽的髋部背后的是大量的**荷尔蒙**（hormones）的分泌，这是一种由内分泌腺分泌的强有力的化学物质，它通过血液被运送到身体各处。在男性与女性身体内分别有两种不同的高浓度荷尔蒙：**雄性激素**（androgens）是男性荷尔蒙的主要类型，**雌性激素**（estrogens）是女性荷尔蒙的主要类型。请注意，尽管不同的荷尔蒙在其中某一性别身上发挥的作用更强，但是它们在男性与女性体内是同时产生的。

睾丸酮是在男性青春期发育过程中起重要作用的一种雄性激素。在整个青春期，日益上升的睾丸酮水平与男孩的许多生理变化有关，这些生理变化包括外生殖器的发育、身高的增长和变声（Hiort，2002）。青春期男孩们的睾丸酮水平也与其性欲和性活动有关（Cameron，2004）。雌二醇是在女性青春期发育过程中起重要作用的一种雌性激素。雌二醇水平的上升，会导致个体乳房的发育、子宫的发育以及骨骼的变化。关于影响青春期女孩性欲和性活动的荷尔蒙的研究，不如对男孩荷尔蒙的研究那么清楚（Cameron，2004）。在青春期，男孩和女孩都经历了这两种荷尔蒙的增加。一项研究发现，处于青春期的男孩的睾丸酮水平增加了 18 倍，而女孩只增加了 2 倍；雌二醇在女孩体内增加了 8 倍，而在男孩体内只增加了 2 倍（Nottelman & others，1987）（见图 3.1）。

内分泌系统

在青春期阶段，内分泌系统的作用包括下丘脑、脑垂体和生殖腺（性腺）的相互作用（见图 3.2）。下丘脑是位于脑部较高位置的一个结构，它控制饮食和性。脑垂体是一种控制生长、调节其他腺体的内分泌腺。生殖腺是性腺，即男性的睾丸与女性的卵巢。内分泌腺是怎样运作的呢？脑垂体通过促性腺素（刺激性腺的荷尔蒙）传递信号到睾丸或者卵巢来制造荷尔蒙。然后，通过与下丘脑的相互作用，脑垂体测查荷尔蒙是否达到

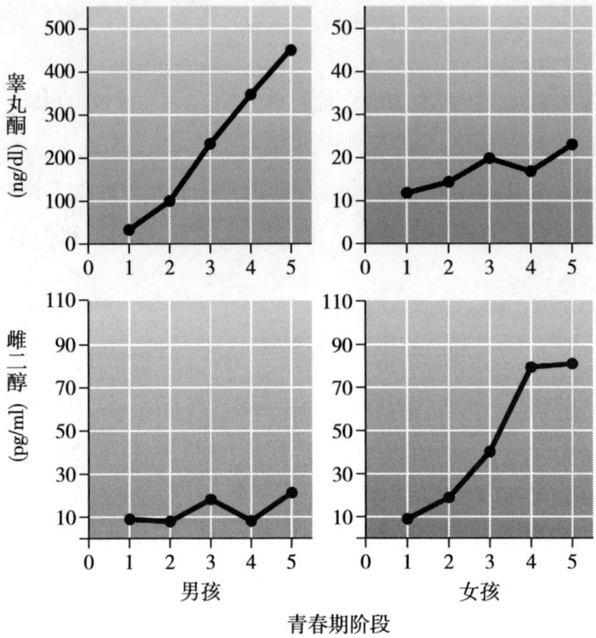

图 3.1

不同性别的个体在不同青春期阶段上的睾丸酮和雌二醇水平。这五个阶段是从青春期的初始阶段（阶段 1）到最高级的阶段（阶段 5）。注意男孩睾丸酮的显著增加和女孩雌二醇的显著增加。

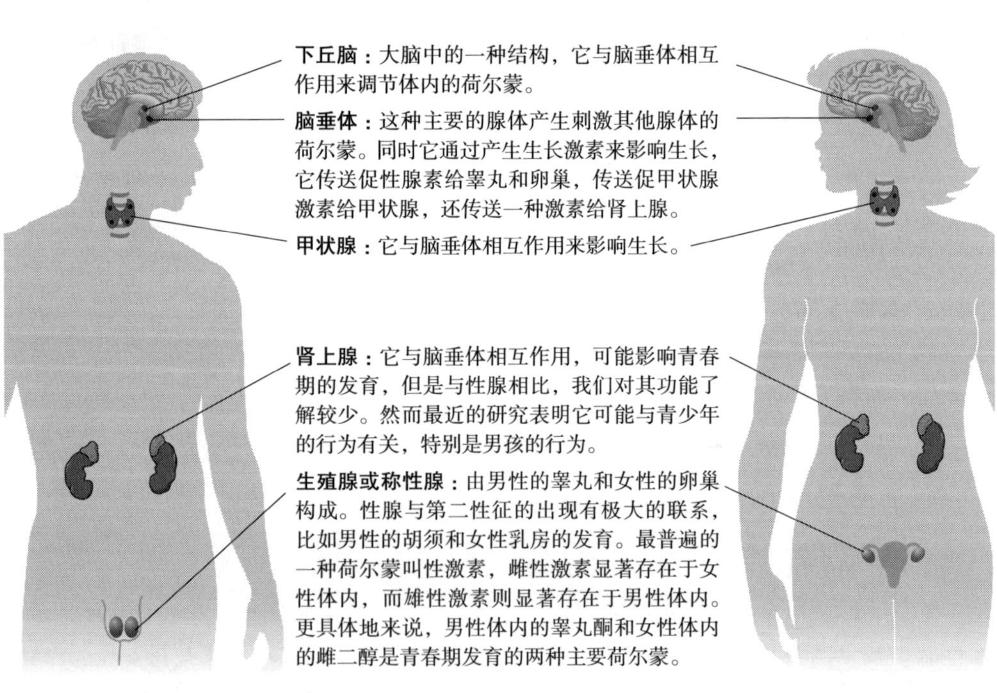

图 3.2

与青春期变化相关的主要内分泌腺

最佳水平，并借助额外的促性腺素分泌来维持这种最佳水平（Cameron，2004）。

性荷尔蒙的水平由脑垂体分泌的两种荷尔蒙调节，一种是 FSH（促卵泡激素），另一种是 LH（促黄体生成激素）。FSH 刺激女性卵泡的发育和男性精子的产生。LH 调节雌性激素的分泌、女性卵子的发育和男性睾丸酮的产生（Hyde & Delamater，2005；Welt & other，2003）。另外，下丘脑分泌一种叫做 GnRH（促性腺激素释放激素）的物质（Lanes，Soros & Jakubowicz，2004；Tauber & others，2003）。

这些荷尔蒙由一种*负反馈系统*所调节。如果性荷尔蒙的水平上升得太高，下丘脑和脑垂体就会减少对生殖腺的刺激，以此减少性荷尔蒙的产生。如果性荷尔蒙的水平降得太低，下丘脑和脑垂体就会增加它们的性荷尔蒙。

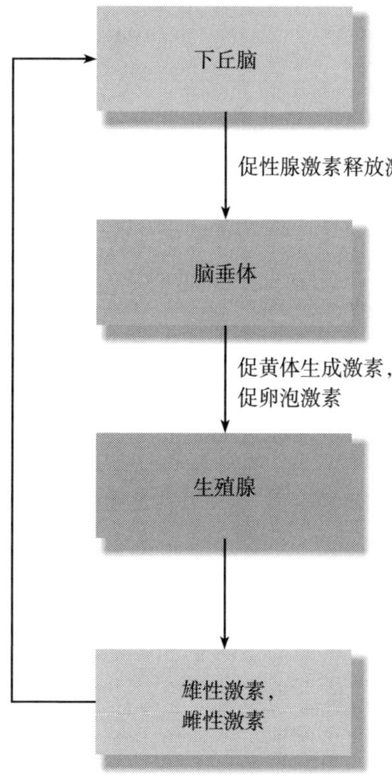

图 3.3
性荷尔蒙的反馈系统

图 3.3 表明了这种反馈系统是怎样运作的。对于男性，脑垂体产生 LH 刺激睾丸产生睾丸酮。当睾丸酮的水平上升得太高，下丘脑就会减少 GnRH 的产生，以此来减少脑垂体产生 LH。当睾丸酮的水平下降时，下丘脑就会产生更多的 GnRH，然后上述循环又开始了。负反馈系统在女性的体内也是以同样的方式运作的，只是在女性体内，LH 和 GnRH 调节卵巢和雌性激素的产生。

在内分泌系统中，这个负反馈系统可以比喻成恒温器和火炉。如果房间里变冷了，恒温器就会给火炉发信号使其打开，火炉的运作会使得房间暖和起来，房间越来越暖和会触发恒温器关闭火炉。房间的温度又逐渐开始下降，恒温器又向炉子发信号使其打开，就这样一直重复这个循环。这一类系统被叫做*负反馈回路*，因为温度的上升能够关闭火炉，而温度的降低能打开火炉。

童年期的性荷尔蒙水平很低，但在青春期会提高。就像恒温器在儿童期被设定在华氏 50 度，而在青春期被设定在华氏 80 度。在较高的设定上，生殖腺必须产生更多的性荷尔蒙，这就是青春期中所发生的。

男孩们和女孩们经历的青春期生长发育有哪些不同？

生长激素 我们已经知道，脑垂体释放促性腺素来刺激睾丸和卵巢。此外，通过与下丘脑的相互作用，脑垂体也能分泌荷尔蒙来促进生长和骨骼的发育，这种作用是直接的，或者是通过与位于颈部的甲状腺相互作用而产生的（见图 3.2）。

在青春期早期，生长素只在夜间分泌，在随后的阶段中，白天也会分泌生长素，只是白天的分泌水平通常比较低（Susman，Dorn，& Schiefelbein，2003）。皮质醇是由肾上腺皮质分泌的一种荷尔蒙，它同睾丸酮和雌性激素一样能影响生长发育（Guercio & others，2003）。

肾上腺功能初现与性腺功能初现 青春期的两个阶段通过荷尔蒙的变化相连，这就是肾上腺功能初现与性腺功能初现（Susman，Dorn，& Schiefelbein，2003；Susman & Rogol，2004）。肾上腺功能初现包括肾上腺中荷尔蒙的变化，肾上腺位于肾的上部。这些变化在大约 6~9 岁时就会发生，比普遍认为的青春期开始的时间要早。在肾上腺功能初现期间，肾上腺分泌肾上腺雄激素，并且持续贯穿整个青春期（Auchus & Rainey，2004）。

性腺功能初现在肾上腺功能初现的两年后出现，此时正好是大部分人所认为的青春期（(Archibald，Graber，& Brooks-Gunn，2003)，它包括性成熟和生殖成熟。在美国，非拉丁裔白人女孩的该阶段开始于大约 9~10 岁，非洲裔美国女孩开始于 8~9 岁（Grumbach & Styne，1992；Herman-Giddens，Kaplowitz，& Wasserman，2004）。对于男孩，性腺功能初现开始于大概 10~11 岁。在这个阶段的中晚期，女孩的**月经初潮**（menarche），即第一次月经发生了。在这个阶段的早期至中期，男孩的**遗精**（spermarche），即第一次射精发生了。

体重、体脂肪和瘦蛋白

一些研究认为，儿童在青春期前必须达到一个临界体重，特别是月经初潮发生时（Weise，Eisenhofer，& Merke，2002）。一项最近的研究发现，较重的体重与发生月经初潮密切相关（Anderson，Dallal，& Must，2003）。一些研究甚至提出了这样的观点，106 ± 3 磅的体重会诱发月经初潮和青春期生长突增的结束（Friesch，1984）。然而，关于这个特定的体重目标并没有完善的记载（Susman，2001）。

其他一些科学家假设，月经初潮的来临受到与整个体重相关的体脂肪比例的影响。他们认为，要出现月经初潮，至少有 17% 的体重由体脂肪组成。同上述的体重目标一样，这一比例也没有得到一致地证实。然而，厌食导致体重剧减的青少年和参与一些特定运动（如体操和游泳）的女性可能不来月经（Fujii & Demura，2003；Phillips，2003）。对于男孩，营养不良可能会使青春期延期（Susman，Dorn，and Schiefelbein，2003）。

荷尔蒙瘦蛋白可以预兆青春期的开始与进程（Apter & Hermanson，2002；Misra & others，2004；Susman & Rogol，2004）。瘦蛋白的浓度（它在女孩体内比男孩高）与女孩体内脂肪和男孩体内雄性激素的含量有关（Roemmich & others，1999）。因此，瘦蛋白的增加可能表明已经为生殖和妊娠做了足够的储备（Kiess & others，1999）。然而，瘦蛋白水平的变化与青少年行为的关系还没有得到研究。

我们可以看出，青春期的决定因素包括遗传和荷尔蒙。接下来，我们将注意力转移到表现青春期特征的生长突增上。

生长突增

在整个童年期，生长速度都比较缓慢，而青春期带来了自婴儿期以来的最快速的生长。图 3.4 显示了伴随着青春期发生的生长突增，与男孩相比，女孩大约早两年开始出现这一现象。女孩生长突增开始的平均年龄是 9 岁，而男孩是 11 岁。女孩的青春期变化的高峰出现在 11 岁半的时候，男孩的出现在 13 岁半的时候。在生长突增期间，女孩每年长高大约 9cm，男孩每年长高大约 10cm。

那些在青少年期之前比同伴矮或高的男孩和女孩们，在青少年期可能会仍继续保持

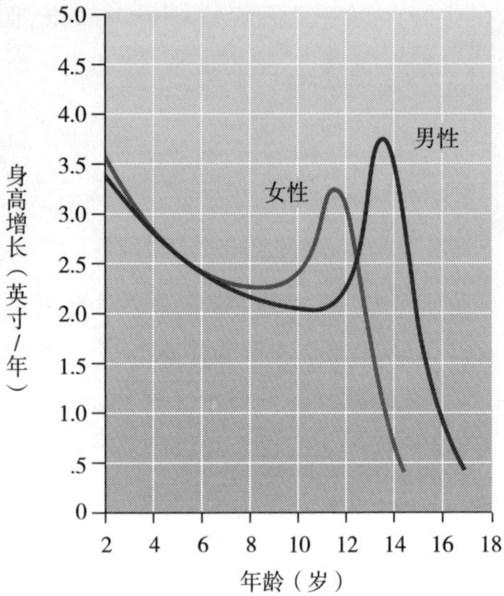

图 3.4
青春期的生长突增。平均来看，女孩出现生长突增高峰的时间（11 岁半）比男孩（13 岁半）早两年。

这样的势头。在青少年初期，女孩趋向于和同年龄的男孩一样高，或者更高些；但是到中学结束时，大部分男孩已经追上来了，或者在许多情形下男孩已经在高度上超过了女孩。尽管在小学时的身高能很好地预测青少年晚期的身高，但是多达 30% 的人在青少年后期的身高与小学时的身高没有关系。

青少年体重增长的速度几乎与他们身高增长的速度有着相同的发育时间表，体重的显著增加与青春期开始时身高的增长趋势一致（Susman & Rogol，2004）。成人体重的 50% 是在青少年期获得的（Rogol，Roemmich，& Clark，1998）。在体重增长的高峰时期，女孩大约在 12 岁时平均每年增长 8kg（大约是其身高增长高峰之后的 6 个月）。男孩获得高峰体重的时间与其获得高峰身高的时间同步，大概在 13~14 岁时，每年增长 9kg 左右。在青少年早期，女孩可能比男孩重，但是与身高上的增长情形一样，大约从 14 岁开始，男孩开始在体重上超过女孩。

除了体重和身高的增长，青春期也带来了髋部和肩部宽度的变化。女孩体验到髋部宽度的突然变化，而男孩经历了肩部宽度的增加。对于女孩来说，髋部宽度的增加与雌性激素的增加相联系；对于男孩来说，肩部宽度的增加与雄性激素的增加有关（Susman & Rogol，2004）。

最后，在生长突增的后期，男孩腿长度的增加比女孩更多些。在许多情形下，男孩的面部结构变得更加有棱角，而女孩的面部结构更加圆润柔软。

性成熟

回想你的青春期，在你身体内发生的显著变化中，哪一个是最先发生的？研究表明，男性青春期特征是按照以下顺序发展的：阴茎增长和睾丸增大、直阴毛出现、轻微的嗓音变化、第一次射精（遗精——通常通过手淫和梦遗产生）、卷曲阴毛出现、最明显的发育开始、腋毛生长、更多可觉察的嗓音变化以及面部毛发的生长。男孩性成熟最显著的三个标志是阴茎变长、睾丸发育和面部毛发的生长。伴随身高突增，这些性征发育的范围和年龄如图 3.5 所示，图 3.6 说明了青春期男性性发育的典型发展过程。

那么女性生理的变化是怎样的顺序呢？首先是乳房变大和阴毛的出现，然后是腋毛的出现。伴随着这些变化的发生，女性在身高上有所增长，髋部比其肩部更宽些。第一次月经（月经初潮）在青春期中发生得相当晚。一开始，在最早的几年中月经周期可能很不规律，并不是每个周期都排卵。一般来说，直到月经周期开始两年以后女性才能生育。与青春期的男性相比，女性没有嗓音的变化。到青春期结束为止，女性的乳房已经变得非常丰满了。女性青春期变化的最显著

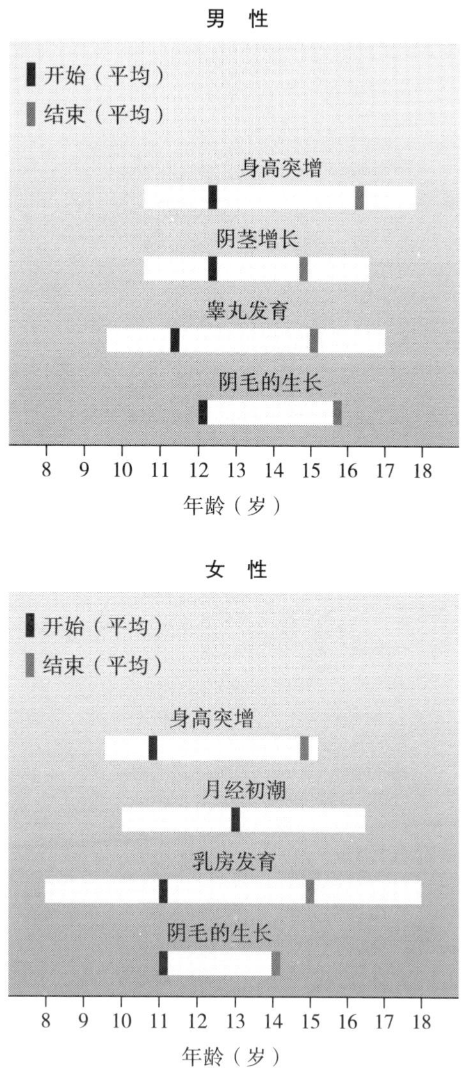

图 3.5
男性和女性性征发育的一般范围和平均年龄

男性的性发育

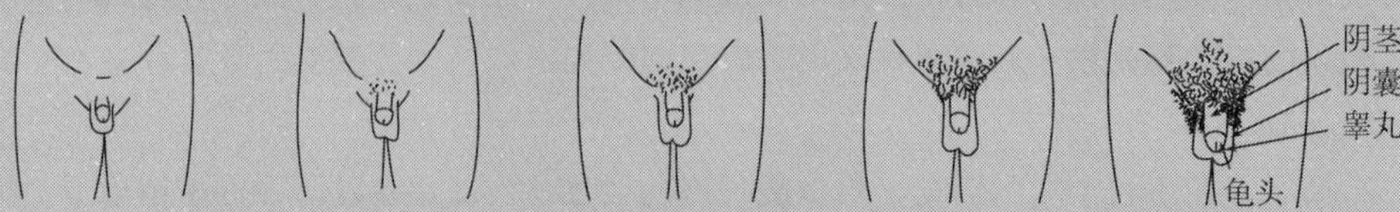

1. 没有阴毛。大部分孩子的睾丸、阴囊和阴茎的大小和形状差不多。
2. 阴茎的底部开始出现少量软的、长的、浅色的毛，这些毛可能是直的，或者有点卷曲。睾丸和阴囊变大了，阴囊的皮变化了。阴囊包住睾丸，下垂了一些。阴茎只略微有点发育。
3. 阴毛颜色开始变深，阴毛也变得更粗、更加卷曲。它已经薄薄地展开，覆盖了稍微大一些的区域。阴茎在长度上有所增长。睾丸和阴囊发育了，比阶段 2 下垂得更低。
4. 阴毛颜色如成人般变暗，阴毛更卷曲、更粗。然而，阴毛覆盖的区域没有成年男性那么大，还没有延伸至大腿。阴茎发育得更大更宽，龟头（阴茎的头部）变得更大。阴囊变得更暗更大，因为睾丸变得更大。
5. 阴毛延伸至大腿，就像成年男性的一样。阴茎、阴囊和睾丸的大小和形状也与成年男性的一样。

女性的性发育

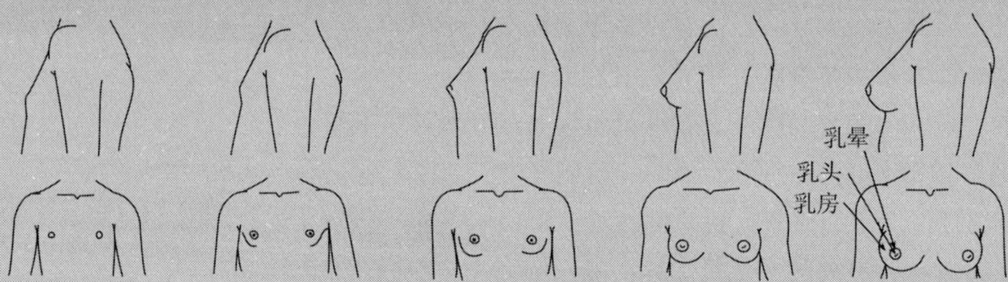

1. 乳头稍稍隆起，乳房的其他部分仍然是平的。
2. 乳房蕾状期。乳头比第一阶段更加隆起些，乳房还是小小的山丘状，乳晕比阶段 1 大些。
3. 乳晕和乳房都比阶段 2 大些，乳晕还没有从乳房突起。
4. 乳晕和乳头成小山状在乳房的上方竖立起来。（注意：这对于一些女孩来说根本不会发生，一些人直接从阶段 3 发育至阶段 5，不经历阶段 4。）
5. 成熟成人阶段。乳房完全发育，只有乳头突出来，乳晕退回到乳房的一般形状。

图 3.6

男性与女性性发育的五个青春期阶段

的两个方面是阴毛的生长与乳房的发育。图 3.5 显示了这两个最显著的女性性征发育的范围和年龄，也提供了关于月经初潮和身高增长的信息。图 3.6 说明了青春期女性性发育的典型发展过程。

要注意的是，青春期的开始和进程中存在广泛的个体差异。对于男孩来说，青春期的开始可能早至 10 岁或者晚至 13 岁半，其结束可能早至 13 岁或者晚至 17 岁结束。青春期的年龄范围如此宽泛，期间两个生理年龄相同的男孩可能各自经历着完全不同的青春期序列，也许其中一个的青春期结束之后另一个的才刚刚开始。对于女孩来说，月经初潮的年龄范围更广，在 9~15 岁之间。

青春期的长期趋势

想象一个初学走路的孩子表现出青春期的所有特征——一个 3 岁的小女孩乳房完全发育，或者一个稍大的男孩有一副深沉的男人嗓音。如果青春期到来的年龄以 20 世纪以来这样的速率继续提前的话，那么上述情况就将是我们在 2250 年会看到的。然而，我们不可能看到一个初学走路的孩子表现出青春期的特征，因为基因决定了青春期何时到来。

长期趋势是指随着时间的流逝人们所看到的发展形态，特别是横跨代际的趋势。举例说，在 19 世纪 40 年代的挪威，月经初潮发生于 17 岁，而现在月经初潮发生在 13 岁左右（de Munich Keizer & Mul，2001；Peterson，1979）。在美国，儿童的生理成熟比欧洲提前一年，现在女孩的月经初潮发生在 12 岁半，而一个世纪前女孩的月经初潮发生在 14 岁以后（见图 3.7）。越来越多的美国女孩在 8、9 岁的时候就开始了青春期（Herman-Giddens，Kaplowitz，& Wasserman，2004）。

在 20 世纪，青春期开始得较早可能归因于健康和营养条件的改善。肥胖症的增多可能也与之有关。举例来说，一项最近的研究发现，女孩性发育越成熟，她们的体重就越重（Kaplowitz & others，2001）。关于青少年期的肥胖症，我们将会在本章后面和第 14 章“青少年的问题”中更多地讲解。

到目前为止，我们主要关注了青春期的生理方面。下面我们将了解到，青春期的心理发展也同样重要。

心理方面

许多心理变化伴随着青少年的青春期发育（Sarigiani & Petersen，2000；Susman &

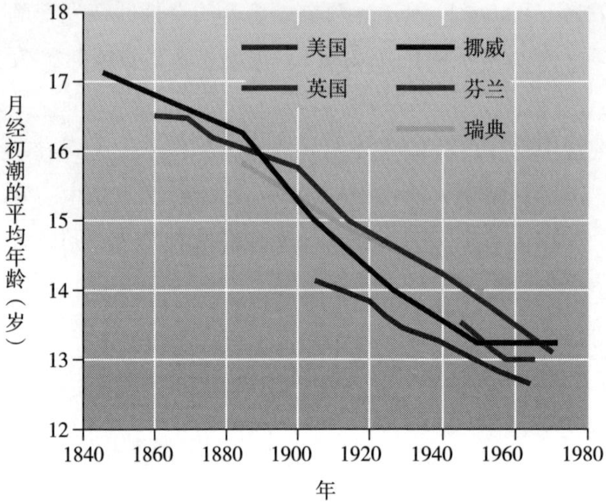

图 3.7

1845~1969 年期间，北欧部分国家和美国女孩月经初潮的平均年龄。注意在五个国家中，女孩的月经初潮年龄陡降。最近，女孩月经初潮的年龄已经趋于平稳。

Rogol，2004）。尝试回忆你刚进入青春期的时候，不仅你觉得自己与以前不同了，你的父母和同伴也开始用不一样的方式对待你。可能你为自己身体的变化而骄傲，尽管它使你困惑；可能你的父母感到他们不能再与你坐在床上一起看电视，或者亲吻你道晚安了。

与对女性青春期转变的研究相比，关于男性青春期转变的研究较少，这可能是因为男性转变的时机难以测查。梦遗是（男性青春期转变的）一个重要的标志，然而几乎没有关于该课题的研究（Susman & others，1995）。

青少年的视角

金发碧眼的女性和高大威猛的男性

当专栏作家钱鲍伯·格林在芝加哥与青少年进行在线聊天，试图找出青少年之间的聊天内容的时候，他发现男孩和女孩互报姓名后问的都是对方的身体情况。聊天者的理想主义色彩是很明显的。这些女孩子形容自己有着长长的金发，高 165cm，重 50kg。大部分的男孩都说他们有着棕色的头发，高 182cm，重 77kg。

身体意象

对男孩和女孩来说，青春期心理的一个方面是确定的，即青少年几乎无时无刻不在关注着自己的身体（McCabe & Ricciardelli，2003，2004）。在青春期，青少年发展了他们对自己身体的个人意象。可能你每天都会在镜子里观察自己，有时甚至一次观察长达一个小时，你只是为了发现自己变化着的身体是否有任何不同。对于个人身体意象的关注贯穿整个青少年期，但是在青春期特别强烈。

青少年对于自己身体的感觉具有明显的性别差异。一般来说，与男孩相比，处于青春期的女孩对自己的身体较少感到满意，并且有较消极的身体意象（Brook-Gunn & Paikoff，1997；Henderson & Zivian，1995；Phillips，2003）。伴随青春期发生的变化，女孩通常对她们的身体更加不满意，这可能是因为她们的身体脂肪在增加。相反，当男孩进入青春期的时候，他们变得对自己的身体更加满意，这可能是因为他们的肌肉量在增加（Phillips，2003；Seiffge-Krenke，1998）。

时下，青少年期女孩的最主要动机是想变得更瘦。事实上，许多青少年期女孩都认为自己不够瘦，这种观念常被当今的“瘦就等于美”的媒体报道所强化。关于这个话题我们将会在第 15 章中详细讲解，在“健康、压力和心理应对”这一部分我们将会讨论进食障碍。

荷尔蒙与行为

荷尔蒙的浓度与青少年的行为有联系吗？荷尔蒙被认为至少在一定程度上可以解释青少年为什么会有着消极且多变的情绪（Archibald，Graber，& Brooks-Gunn，2003；Dorn，Williams，& Ryan，2002）。研究者发现，在男孩中，较高的雄性激素与暴力和问题行为有关（Van Goozen & others，1998）。在一项实验研究中，以雄性激素和雌性

青少年强烈关注自己变化着的身体，发展出了对自己的身体意象。为什么处于青少年期的男孩比女孩有更为积极的身体意象呢？

激素的剂量来衡量那些青春期延缓的男孩和女孩（Finkelstein & others，1997；Liben & others，2002；Susman & others，1998）。结果发现，在男孩中，只有当睾丸酮处于中间剂量时，他们攻击同伴和成人的行为才明显增加。相反，在女孩中，雌性激素处于中低剂量时，她们对同伴和成人的攻击行为最为明显。也有一些迹象表明，雌性激素水平的增加与女孩的抑郁有关（Angold，Costello，& Worthman，1999）。进一步说，肾上腺雄激素水平高与女孩的消极情感有关（Suaman & Rogol，2004）。一项最近的研究发现，肾上腺雄性激素水平较高的早熟女孩要比其他女孩有更强的情绪唤醒和抑郁（Graber，Brooks-Gunn，& Warren，in press）。另一项研究揭示，早熟和晚熟的女孩都可能处于有损健康的危险行为中（McCabe & Ricciardelli，2004）。

在任何事件中，仅仅依据荷尔蒙因素并不能解释青少年的行为（Ge & Brody，2002；Rowe & others，2004；Susman & Rogol，2004；Susman，Schiefelbein，& Heaton，2002）。举例来说，一项研究发现，关于年轻的青少年女孩的抑郁和愤怒，社会因素所能解释的变异是荷尔蒙因素解释变异的 2~4 倍（Brook-Gunn & Warren，1989）。另一项研究发现，青少年男孩和女孩的睾丸酮水平与危险行为或抑郁之间几乎没有直接关系（Booth & others，2003）。相反，它们与危险行为的联系建立在父母与青少年关系的质量上。当亲子关系的质量降低时，与睾丸酮相连的危险行为和抑郁的症状就会增加。因此，荷尔蒙并不会单独起作用，荷尔蒙的功能受到许多环境因素的影响，这些因素包括父母与青少年之间的关系。压力、进食方式、性活动和抑郁也能够刺激或压抑荷尔蒙系统的不同方面（Archibald，Graber，& Braooks-Gunn，2003）。

月经初潮和月经周期

在绝大多数关于青少年期的历史记录中，青春期的开始和月经初潮都被认为是“主要事件”（Erikson，1968；Freud，1917/1958；Hall，1904）。基本上，月经初潮这样的事件和青春期的变化产生了一个不一样的身体，引起了个人自我概念的大转变，这可能会导致同一性危机。直到最近，实证研究才开始关注理解女性青少年对月经初潮和月经周期的适应（Brooks-Gunn，Graber，& Paikoff，1994；El-Khouri & Mellner，2004；Yeung，So-kum Tang，& Lee，2005）。

对 639 个女孩开展的一项研究揭示了她们对月经初潮的各种反应（Brooks-Gunn & Ruble1982）。大部分女孩的反应比较温和，她们形容自己的第一个周期有点令人难受、有点意外或者有点兴奋。在这个研究中，120 个 5~6 年级的女孩接受了电话访问，研究者获得了有关她们月经初潮体验的详细信息。大部分人的回答是积极的，认为月经初潮是她们成熟的一个标志。其他的积极报告表明，女孩们认为现在可以怀孕了，她们将体验一些能使自己更像成年女性的事情，也使她们更像自己的朋友。最频繁的消极报告是，女孩们认为必须随身携带一些必需的和脏乱的东西。少数女孩报告说有生理不适、行为受限制和情绪的变化。

研究者询问了一些有关女孩月经初潮的问题，比如她们在多大程度上与他人交流自己的月经初潮，为月经初潮做了哪些准备，以及月经初潮与早熟、晚熟的关系等。实际上，几乎所有的女孩在月经初潮时会立即告诉母亲，但是大多数人并没有告诉母亲之外的其他人，只有五分之一的女孩告诉了朋友。然而，两到三个周期之后，大多数女孩会将此事告诉她们的女性朋友。没有为月经到来做好准备的女孩，比那些做好准备的女孩报告了更多的消极情绪。此外，与正常或晚熟的女孩相比，早熟的女孩有更多的消极反应。总的来说，月经初潮起初会引起混乱，特别是对没有做好准备的女孩和早熟的女孩来说。但是一些早期的理论家也指出，月经初潮不会引起混乱的、不一致的反应。

对许多女孩来说，月经初潮会准时到来，但是对于某些女孩，它或许来得更早或更晚。接下来，我们将研究早熟和晚熟对男孩和女孩的影响。

早熟和晚熟

一些个体早早地进入了青春期，另一些则稍晚些，还有一些人准时进入青春期。当青少年比其同伴成熟得较早或较晚的时候，他们会认为自己不一样吗？ 20 世纪中期在伯克利市开展的一项纵向研究发现，与晚熟的男孩相比，早熟的男孩认为自己更加积极，并且能更好地与同伴相处（Jones，1965）。对于早熟的女孩来说，结果与男孩相似，但是并没有这么明显。然而，晚熟的男孩到 30 岁时对其进行的研究表明，他们比早熟男孩发展出了更为强烈的同一性感觉（Peskin，1967）。晚熟的男孩可能有更多的时间来探索各种选择，他们可能将注意焦点放在职业发展和所获成就如何使自己的生活更美好上，而早熟的男孩则将注意重点放在了体格形态上。

更多新近的研究证实，至少在青少年期，早熟的男孩比晚熟的男孩更具优势（Petersen，1987）。罗伯特·史密斯等（Roberta Simmons & Dale Blyth，1987）在密尔沃基和威斯康辛州对 450 多个青少年进行了长达 5 年的研究，从六年级开始持续到十年级。他们对这些学生进行访谈，获得了他们的成就测验得分和年级平均分。研究者按照是否已来月经以及月经初潮的年龄，把女孩分成早、中、晚成熟的小组，而身高增长的高峰则被用来对男孩进行相应的分组。

密尔沃基的研究获得了更多关于女孩的错综复杂的发现（Simmons & Blyth，1987）。

与晚熟的女孩相比，早发育的女孩在学校有更多的问题，但她们更加独立，在男孩中更受欢迎。另外，对成熟的测量时机也是一个影响因素，在六年级时，早熟的女孩比晚熟的女孩对自己的身体意象更为满意，但是到了十年级，晚熟的女孩对自己的身体意象更为满意（见图 3.8）。这是为什么呢？因为在青少年晚期，早熟的女孩可能更矮、更胖，而晚熟的女孩则更高、更瘦。在青少年晚期，晚熟女孩的身体意象更接近于美国现有的女性审美观，即高而瘦。

最近几年中，越来越多的研究者发现，早熟会增加女孩在一些问题上的易感性（Brooks-Gunn & Paikoff，1993；McCabe & Ricciardelli，2003；Sarigiani & Petersen，2000；Stattin & Magnusson，1990；Waylen & Wolke，2004）。早熟女孩更有可能吸烟、饮酒、抑郁、有进食障碍、更早要求从父母那里独立，并拥有稍年长的朋友，她们的身体可能引发男性的反应，这将导致较早的约会和性体验。在一项研究中发现，成人后，早熟女孩只获得了较低的教育程度和职业成就（Stattin

与青少年发展有关的职业

安妮·彼得森，研究人员和管理者

作为致力于青少年发展的研究人员和管理者，安妮·彼得森的工作非常杰出。安妮获得了芝加哥大学数学和统计学专业的学士、硕士和博士学位。获得博士学位后，她的第一份工作是作为助理研究员参与统计方面的咨询，就是在这项工作中，她接触到了青少年发展领域，这成为她今后的工作重点。

安妮从芝加哥大学转到了宾夕法尼亚州立大学，在那里她成了一名青少年发展的主要研究人员。她的研究重点是青春期和性。安妮还担任许多行政职务。在 20 世纪 90 年代中期，安妮负责国家科学基金会的工作，并且从 1996 年以来担任美国凯洛格基金会的高级项目副总裁。

安妮说，她之所以要进入青少年发展这个领域并担任凯洛格基金会的职务，是因为她想要弄清楚人们的特点，特别是弄清楚青年人的特点。在凯洛格基金会这个职位上，安妮负责所有的关于青少年的基金项目和服务。她的目标是弄清楚全美国乃至全世界的青年人的特点，她认为青少年太被忽视了。

安妮·彼得森在与青少年交流

& Magusson，1990）。最近的一项研究指出，相对于晚熟女孩，早熟女孩有更高的精神障碍的发生率（Graber & others，2004）。显然，由于她们社会性和认知的不成熟，加上较早的生理发育，早熟女孩很容易被诱惑而出现问题行为，但她们并没有意识到这些可能对其发展过程造成长期影响。

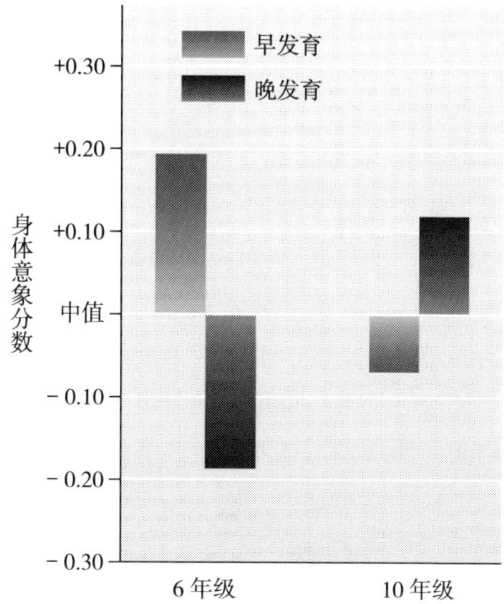

图 3.8
在青少年早期和晚期，早熟和晚熟青少年女孩对身体形象的知觉

青春期的影响是否被夸大了

一些研究者开始质疑青春期的影响是否如先前所认为的那么大，青春期的影响被夸大了吗？青春期对一些青少年的影响的确比对另一些青少年更大，对一些行为的影响也比对另一些行为更大。身体意象、约会的兴趣和性活动很明显地受到青春期变化的影响。一项研究发现，与晚熟的孩子相比，早熟的男孩与女孩有更多的性活动和违法行为（Flannery，Rowe，& Gulley，1993）。然而，如果我们观察人一生的发展和调适，那么，青春期及其变化带来的影响并不比绝大多数人所经历的一般事件所产生的影响更显著。对于一些年幼的青少年来说，通往青春期的道路是充满暴风雨的，但是对大多数人来说并非如此。人一生中的每一个阶段都存在压力，青春期也一样。当新的挑战出现时，绝大多数青少年成功地经受住了这些压力。青少年的发展除了受生物因素影响以外，认知的、社会的或环境的影响也具有塑造作用（Sarigiani & Petersen，2000；Susman & Rogol，2004）。单独将生物变化视作青少年期的显著影响源是不明智的。

在发展过程中，尽管极端的早熟和晚熟可能是危险因素，但是我们也看到早熟和晚熟的影响并没有这么大。不是所有的早熟者都会约会、吸烟和饮酒，也不是所有的晚熟者都会在处理同伴关系上存在问题。在一些情况下，年级的影响比成熟时间对青少年的影响更大（Petersen & Crockett，1985），因为青少年的社交世界是由年级而不是生理发育决定的，所以也无须对这一发现感到奇怪。然而，这并不意味着成熟的年龄对发展没有影响。我们需要在更大的框架内，即生理、认知和社会情感相互作用的背景下评估青春期的影响（Brooks-Gunn，1992；Sarigiani & Pertersen，2000）。

青春期的特定时间表和保健

怎样来确定早熟或晚熟对健康问题是否构成威胁呢？青少年发育过早或过晚，比如，若男孩到16岁还没有生长突增、女孩到15岁还没有月经初潮的话，他们可能就需要寻求内科医生的帮助了。但是在正常范围内，早熟和晚熟的男孩和女孩是不用去看内科医生的。即使如此，这些男孩和女孩可能会有关于自己是否正常的疑惑或担心，除非接受内科医生、咨询师或者其他保健员的帮助。对一般青春期事件的通常次序和特定时间表的简短讨论，可以消除许多太早成熟或太晚成熟的青少年的疑虑。

保健员可能也想和父母讨论青少年发育的时间问题。关于同伴压力方面的信息是有用的，特别是与早熟女孩约会以及表现出类似成人行为的同伴的压力。对于身处青春期的男孩和女孩来说，进入中学和从初中到高中的转变可能是更大的压力（Brooks-Gunn，1988）。

如果青春期发育来的非常晚，内科医生可能会建议荷尔蒙治疗。这个方法可能有用，也可能没用（Carroll & others，2004；Fenichel，2004；Lee，2003；Leschek & others，2004）。在一项关于男孩青春期延迟的研究中，经过荷尔蒙治疗，若干男孩长高了，约会的兴趣增加了并改善了与同伴的关系，但对其他男孩的帮助则很少，或者没有帮助（Lewis，Money，& Bobrow，1977）。

总的来说，绝大多数早熟和晚熟的人设法经受住了青春期的挑战和压力。对于那些没能经受住压力的人，他们通过与敏感的、知识渊博的保健员或父母的讨论，也能提高其在青少年时期的应对能力（Phillip，2003）。

大　脑

到目前为止，还没有多少关于大脑在青春期期间的发展变化的研究，这一实验领域尚处在初级阶段，但越来越多的相关研究已经开始进行（Walker，2002）。科学家们现在普遍认为，青少年的大脑与幼儿的大脑不同，而且青少年的大脑仍处在发育之中（Keating，2004）。

神经元

神经元（neurons），也称为神经细胞，是神经系统的基本单位。一个神经元由三个基本部分组成:细胞体、树突和轴突（见图 3.9）。树突是神经元接受信息的部位，而轴突负责将信息从细胞体传递到另一个神经元。轴突的表面覆盖一种叫髓鞘的绝缘物质，它能帮助加快神经冲动在轴突上的传递。

有趣的是，研究者发现，在青少年阶段，细胞体和树突并没有太大的变化，而轴突则在不断发育（Pfefferbaum & others 1994；Rajapakse & others 1996），这种发育主要体现在髓鞘的不断增加（Giedd，1998）。研究人员还发现,即使到了成年阶段,树突仍然会继续发育,而进一步的研究显示，青少年阶段的发育速度可能比成年阶段要快（Coleman，1986）。

除了树突的扩展和轴突被髓鞘包裹之外，大脑发育的另一个重要方面是被称为突触发生，在这一过程中，神经元之间联系显著增加（Ramey & Ramey，2000）。突触是神经元之间的间隙，不同神经元的轴突和树突在这里相联系。突触发生开始于婴儿期，并且一直持续到整个青少年阶段。

研究发现，形成的突触连结总数是实际正常运作的突触数的两倍之多（Huttenlocher & others 1991；Huttenlocher & Dabholkar，1997）。被使用的突触将得到加强并存活下来，而那些没被使用的突触连结则将被其他途径取代或者最终消失。用神经科学的术语来说,这叫做“修剪”。图 3.10 清楚地表明了视觉皮层、听觉皮层和前额皮层中突触的这种增长和“修剪”，这些区域都是实现学习、记忆和推理等高级认知功能的关键区域。

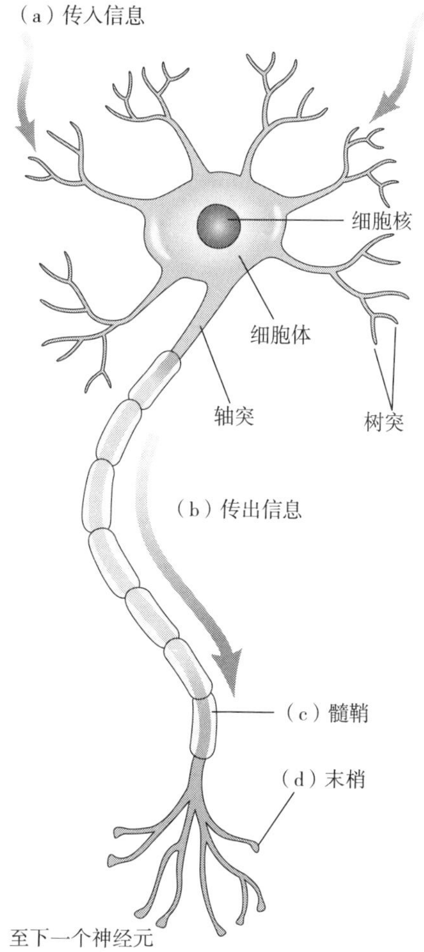

图 3.9
神经元。（a）细胞体的树突从其它神经元、肌肉和腺体接受信息。（b）轴突负责向其他细胞传出信息。（c）髓鞘包裹着几乎所有的轴突并加速信息的传递。（d）轴突的末端分支成为末梢。

在图 3.10 中，突触随着时间进程而增长和修剪，这在脑的不同区域略有不同。在视觉皮层中，突触过度增加的高峰出现在出生后的第四个月，随后逐渐下降，一直持续到学龄前的中后期为止（Huttenlocher & Dabholkar，1997）。在听觉和前额皮层中，突触的

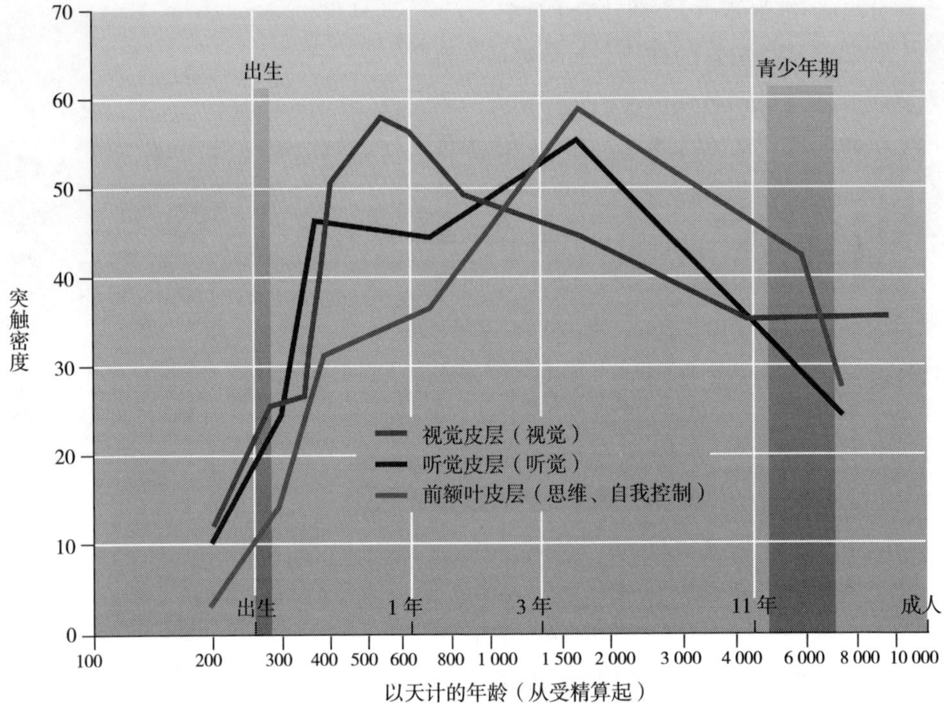

图 3.10

人脑从婴儿期至成年期的突触密度。如图所示，大脑的三个区域（视觉皮层、听觉皮层和前额叶皮层）的突触密度从急剧增加到不断下降。突触密度被认为是神经元之间连结程度的指标。

情况和视觉皮层类似，只是有些延后，它们主要负责听觉和语言功能。在前额叶皮层（负责高级思维和自我调整能力的形成）中，这个高峰出现在 1 岁左右。还不到青春期的中期和晚期，这个区域的突触密度就已经达到了成年人的水平。

是什么决定了突触“繁盛”和“衰亡”的时间和过程呢？遗传和经验都具有一定的影响力（Greenough，2000；Greenough & Black，1992）。例如，一个孩子获得的视觉或者听觉刺激的量会加速或延缓这一进程。

在青春期的开始阶段，*神经递质*的水平发生了改变。神经递质是一种使信号穿过突触间隙，从一个神经元传递到另一个神经元的化学物质。举个例子来说，神经递质多巴胺在前额叶皮质和边缘系统中都会增加（Lewis，1997），多巴胺的增加会增大使用成瘾性药物的危险性（Spears，2000），多巴胺的增加也会导致精神分裂症发病的增加，精神分裂症是青少年期最能导致精神错乱的疾病之一（Walker，2002）。

大脑的结构

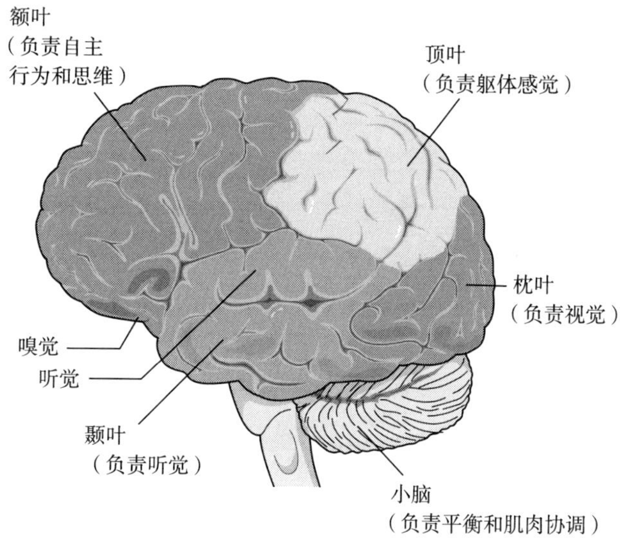

图 3.11
脑的四个叶。图示为大脑四个叶的位置：额叶、枕叶、颞叶、顶叶。

神经元并非只是孤立地存在于脑中。它们在脑中以精密的方式相连，形成了多种多样的结构。在大脑的不同结构中，对青少年发展的研究主要集中在大脑的高级结构**大脑皮层**的四个区域上（见图 3.11）：**枕叶**，参与视觉功能的形成；**颞叶**，负责听觉；**顶叶**，负责躯体各种感觉功能的形成；**额叶**，负责推理功能和人格的形成。

直到最近科学家才开始研究青少年期大脑的发育过程，这其中的主要原因是缺乏适宜的技术。不过现在已经出现了一些能对脑部进行精确扫描的仪器，从而使得我们能够更好地探测青少年时期大脑所产生的变化，比如核磁共振成像仪（MRI）的出现（Giedd，2004；Nelson，Thomas. & de Hann，2006；Sowell & others，2002）。核磁共振成像是将人置于一个特殊的磁场中，用无线电射频照射人脑，形成脑组织及其生化活性的电脑图像。

最近，科学家利用核磁共振发现，儿童和青少年的大脑在 3~15 岁间发生了非常重要的解剖学变化（Thompson & others，2000）。在 4 年内，通过对同一批个体的大脑的反复扫描，他们确定了这种快速的、爆发式的增长。大脑的一些区域在短短一年时间内扩大了一倍，随之而来的是大量失去作用的细胞被迅速清除，而且大脑仍在继续自我重组。实验发现，在 3~15 岁之间，大脑的总体大小并没有发生改变，但大脑的内部结构发生了改变。

研究发现，大脑爆发式增长的部位会随着时间发生改变。在 3~6 岁期间，增长最快的是额叶，这是大脑中负责组织和规划新行为并且维持注意力的部位。从 6 岁开始到整个青春期，最快的增长则发生在颞叶和顶叶，尤其是这两个区域中负责语言和空间关系的部位。

在另外一项研究中，研究人员试图通过核磁共振探寻青少年（10~18 岁）和成年人（20~40 岁）在处理情感信息的过程中脑部活动是否存在不同（Baird & others，1999）。在这项研究中，研究者要求参与者在接受核磁共振检查的同时看一些有恐怖表情的人

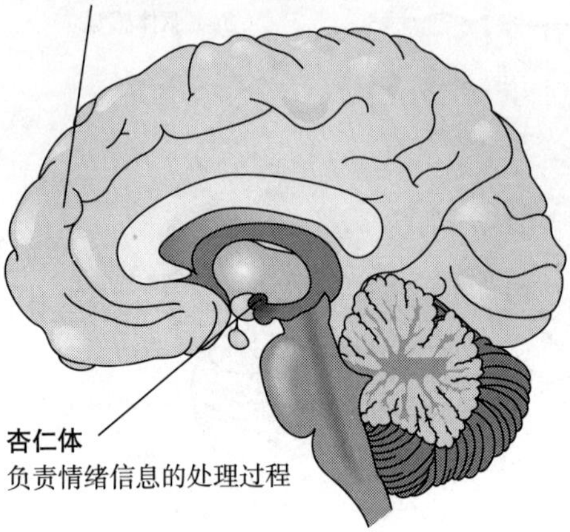

图 3.12
青少年的大脑在发育过程中的变化。杏仁体（负责处理情感信息）比前额叶（负责决策和其他一些高级认知功能）成熟的更早。大脑的这些发育变化对青少年的行为有哪些影响呢？

脸。青少年（尤其是年纪较小者）在处理这些情感信息时，脑部杏仁体的活动要远强于额叶的活动（见图 3.12），在成年人中则出现了与此相反的情况。杏仁体主要负责处理与情绪有关的信息，而额叶负责高级推理与思维过程。研究人员据此认为，青少年更倾向于用非理性的反应来应对情绪性刺激，而成年人则多使用理性、合理的方式来回应这种刺激。他们还认为，这种不同与大脑额叶在青年到成年期间的增长有关。大脑在处理情绪性刺激时的活动会发展变化，但这一发现仍然需要更多的实验来证明（Dahl，2001；De Bellis ea al.，2001；Spear，2000，2004）。其他科研人员已经发现，在青少年阶段，边缘系统中负责情绪功能的海马回和杏仁体的体积也在不断增大（Giedd & others，1999；Sowell & Jernigan，1998）。

身处研究前沿的查尔斯·纳尔逊（2003；Nelson，Thomas，& de Haan，2006）指出，虽然青少年已经有了一定的情感控制能力，但是他们的前额叶皮层还没有充分发育到能使他们控制这些情感的程度，这就好像他们的大脑中缺少了一道阻碍情绪之河的大坝一样。或者也可以这样来解释青少年情感和认知的发展："一个技术不熟练的司机过早地发动了一台具备涡轮增压发动机的汽车，他的认知能力不足以控制这样强烈的情感和刺激"（Dahl，2004，p.18）。

劳伦斯·斯腾伯格（2004）强调，边缘系统中负责奖励和愉悦的区域，也对青少年难以自控的行为负有一定的责任。原因是，边缘系统在青春期发生的改变会导致青少年寻求新异性，需要更高水平的刺激来体验乐趣（Spear，2000，2004）。而发育相对缓慢的前额叶皮层（继续发育至成年）使得青少年缺乏足够的认知能力来有效地控制这种享乐行为。这种发育上的脱节，可能就是青少年出现冒险行为和其他一些问题的原因。斯腾伯格（2004，p. 56）推断，有一些可行的策略也许可以限制青少年的这种行为，"不成熟的判断可能产生负面的效果……因此，与旨在使青少年更聪明、少冲动、目光不短浅的策略相比，那些诸如增加香烟的价格、更谨慎地实施相关法律来管理酒精的出售、扩大心理健康和避孕服务的准入、提高驾驶年龄之类的策略，可能会更有效地限制青少年吸烟、药物滥用、自杀、怀孕和交通死亡事故。有些东西需要时间来发展，成熟的判断可能是其中之一。"

经验和可塑性

科学家特别感兴趣的是，环境因素在多大程度上影响人脑发育，他们同样也想知道人的大脑在儿童期、青少年期和成年期的发育过程中能有多大的可塑性。

贫瘠与丰富的环境

直到20世纪中期，科学家一直认为大脑的发育几乎完全由遗传因素所决定。马克·罗森茨韦克（1969）对人的早期经验是否对脑的发育有影响十分感兴趣，他做了一项经典实验。实验中，他随机分配了一些老鼠和其他动物，让它们在不同的环境中成长。其中一些生长在具有一定刺激因素的环境中，这些因素有旋转的轮子、向上攀登的台阶、可向下按的杠杆和可操作的玩具等。相反，另外一些则生长在普通的笼子，或者孤独的贫瘠环境里。实验结果令人震惊，与生长在“贫瘠”环境中的动物的大脑相比，那些生长在“丰富”环境里的动物的大脑更大，神经元间的连结更多，神经化学物质的活性也更强。选取在多种不同环境中长大的年长动物来做此类实验，也能得到相同的结果，但其结果不如年幼动物身上那样明显。

研究人员也发现，生长在压抑的、缺少刺激的环境中的儿童，其大脑活动更为压抑。如图3.13所示，一个在罗马尼亚孤儿院长大的孩子，其大脑活性与正常儿童相比更低。

青少年期能生成新的脑细胞吗

直到20世纪末期，科学家一直认为在儿童期之后大脑就不再生成新细胞（神经细胞）了（Gould & others，1999；Kempermann，Wiskott，& Gage，2004；Lie & others，2004）。然而研究人员最近发现，人类在整个生命过程中都有新的脑细胞在生成。而且有证据表明，运动和丰富的经验可以促使新的脑细胞产生（Churchill & others，2002；Holmes & others2004；Will & others，2004）。

青少年的大脑受损后能恢复吗

在青少年期甚至是成年晚期，大脑都有一种非常显著的自我修复能力（Anderton，2002；Martino，2004；Spessot，Plessen，& Peterson，2004）。在第2章中，我们知道罗宾的左半球由于大脑癫痫的发作而被切除。这时人脑的可塑性就变得明显了，其大脑右半球通过自我重组开发了诸如语言之类的功能，可以代替左半球的功能（Slomine &

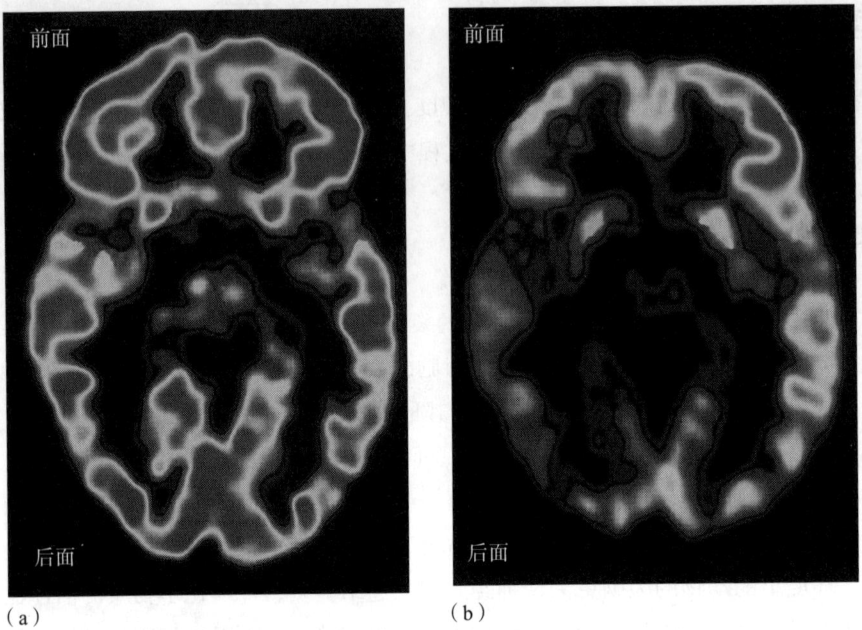

图 3.13

早期剥夺与大脑的活性。这两张图是应用 PET（正电子发射层扫描技术，这是一种通过探测体内放射性分布来分析血流和机体代谢活动的技术）得到的大脑图片。(a) 一个正常儿童 (b) 一个自从出生就受到剥夺、生活在罗马尼亚孤儿院中的儿童。在 PET 图中，大脑活性的高低分别用红色、黄色、绿色、蓝色和黑色来表示）。从图中可以看出，正常儿童的 PET 中，红色和黄色的扫描区域要远大于被剥夺的罗马尼亚孤儿。

others，2002）。

由于在青少年期保持着相当的可塑性，大脑损伤发生的越早，成功恢复的可能性就越高（Bhutta & Anand，2002）。在一项研究中，研究者调查了 68 位年龄在 7~15 岁的儿童，结果发现，他们的大脑发生损伤的时间越晚，执行某些语言和认知任务的效果就越差（Slomine & others，2002）。

脑的发育与教育

许多观点认为，小学和中学的教育应该以大脑的发育为基础。一些记者甚至认为，教育工作者应从神经学家那儿寻求答案以更好地教育儿童和青少年。不幸的是，这些大胆的观点充其量只是个推测，它们与目前神经学家对脑的了解程度相去甚远（Breuar，

1999）。我们也没有必要刻意去找一些逻辑能力超强的“左脑人”和有创造力的“右脑人”来证明神经科学与教育的关联被夸大了（Sousa，1995）。

关于神经学之于教育有一个普遍性的误用，即有关关键期或敏感期的观点（它们只是生物学意义上的机会）。在这个时期内，学习变得更简单、更有效、更容易获得，但是，并没有神经学证据证明这一观念（Breur，1999）。一位重要的神经科学家甚至告诉教育者，虽然儿童在早期渴望得到大量的信息，但是在染色体结构稳定之后，学习才最可能发生，那是在儿童 10 岁之后（Goldman-Rakic，1996）。

需要注意的是，我们现在对青少年大脑的发育情况还知之甚少。在接下来的几十年中，我们可能对青少年大脑的发育有更多的研究发现。

进化、遗传与环境

青少年阶段的大脑所拥有的容量和复杂程度是在漫长的进化过程中形成的。让我们来探究关于青少年发展的进化观点，并证明遗传和环境是怎样相互作用来影响青少年发展的。

进化的观点

从进化时间上看，人类是地球上相对较新的物种。如果我们将广阔的时间想象成年历，那么人类只是在 12 月份的最后时刻才来到地球（Sagan，1977）。当我们最早的祖先离开森林，在草原中生活，最后在开阔的平原上形成了狩猎社会时，他们的思想和行为改变了。这样的进化是怎样发生的呢？

自然选择和适应性行为

一个物种中适应得最好的个体存活下来并得到繁殖，这样的进化过程就是自然选择。为了了解自然选择，让我们回到 19 世纪中期，英国博物学家查尔斯·达尔文环游世界时，观察了许多在不同地域栖息的动物的习性。在他开创性的著作《物种起源》（Origin of Species，1859）中，达尔文写道，绝大多数物种的繁殖速率会导致种群数量的巨大增加，然而现实却是种群数量保持基本稳定。他这样解释这种现象：因为在每一代的新生儿中都存在激烈的食物、水和资源的竞争，必然会使许多年幼的新生儿不能存活。达尔文相信，那些存活下来并繁殖、将基因传递给下一代的个体，它们可能在很多方面比其他个体更优秀。换句话说，存活者比未存活者能更好地适应世界（Johnson，2006；Mader，2004，2006）。达尔文推断，经过许多代的进化，那些具有存活所需特征的生物，将会在种群中占有越来越大的比例，这样逐渐会产生物种的改良。如果环境条件改变，自然选择就会偏爱其他特征，就会将进化过程推向另一个不同的方向。

为了了解进化对行为的作用，我们需要了解适应性行为的概念（Krogh，2005；Lewis & others，2004）。在心理学的进化概念中，适应性行为指的是一种行为的改进，它促进天然栖息地上的生物存活（Cosmides & others，2003）。所有的生物为了生存必须适应特定的地域、气候、食物资源和生活方式。在人类中，依恋能确保婴儿与照料者的亲密关系，使婴儿得到喂养和保护，并且避免危险。这一行为特征促进了存活，就像鹰爪能够帮助老鹰捕食以保证其存活一样。

进化心理学

尽管在1859年达尔文通过自然选择这一概念阐释了进化理论，但是他的观点只是在最近才被用于解释行为。**进化心理学**（evolutionary psychology）在解释行为时强调适应、繁殖和“适者生存”的重要性。因为进化偏爱那些在特定的环境中适应得最好而存活下来并繁殖的生物，所以进化心理学关注那些使个体生存或死亡的条件。依据这个观点，自然选择的过程所倾向的行为是那些能够增加繁殖成功率且能够将基因传递给下一代的行为（Bjorklund & Pellegrini，2002；Cosmides & others，2003；Crawford & Salmon，2004；Mckee，Poirier，& McGraw，2005；Rose & Mueller，2006）。

戴维·巴斯（1995，1999，2000，2004；Larsen & Buss，2002）关于进化心理学的观点使很多人对进化论如何解释人类行为产生了浓厚兴趣。巴斯认为，就像进化塑造我们的身体特征（比如体形和身高）一样，它也同样影响我们的决策、攻击行为、恐惧和交配模式。

进化发展心理学

进化心理学的许多想法并没有关注发展。最近，有一种兴趣慢慢冒出来，它将进化心理学的概念应用于人类发展中所发生的变化。下面是进化发展心理学家提出的一些观点（Bjorklund & Pellegrini，2002，pp.336-340）。

- 因为人类需要时间来让大脑发育，学习复杂的人类社交技能，所以“少年”时期得以延长。与其他哺乳动物相比，人类要用更多的时间来达到生殖上的成熟（见图

3.14)。在这段时间内，他们形成了一个较大的大脑，获得了掌握人类社会复杂性所需要的经验。

- “童年阶段的许多功能是对成年期的准备，它们在进化的进程中被选择”(p.337)。举例来说，儿童通过游戏学习到很多东西，这能够帮助他们像成人一样适应生活。从学龄前阶段开始，所有文化下的男孩参与的游戏都比女孩的游戏包含更多打斗内容。打斗游戏可能是在为男性成人之后的争斗和狩猎做准备。与男孩相比，女孩参与的游戏包含更多对父母的模仿，比如照顾洋娃娃，而更少包含身体上的优势。根据进化心理学家的说法，这是一种发展趋势，是在为女性作为下一代的主要照料者做准备。

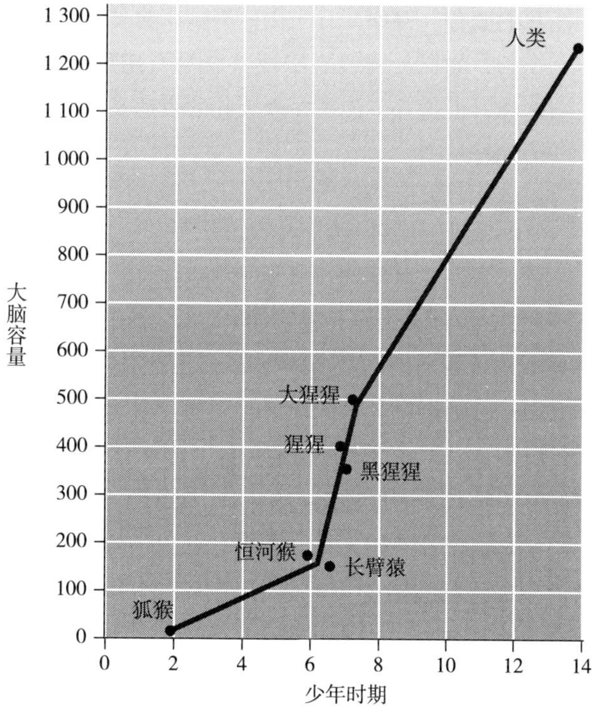

图 3.14

各种灵长类和人类的大脑容量与少年时期持续的时间相关

- 儿童期的一些特征只是适应发展中的特定时期，而不是为成年期做准备。比如，游戏的某些作用并不是在为成年期做准备，而是为了帮助儿童适应当前的环境，也可能是为了了解目前的环境。
- 许多进化而来的心理机制具有领域特殊性。也就是说，它们仅适用于个人心理构成中的特定方面。根据进化心理学的观点，正是信息处理的领域特殊性使得我们的祖先得以进化，因为祖先必须处理那些反复出现的问题。这种信息处理由一组专门的模块组成，比如身体知识的模块、数学知识的模块和语言的模块。在第 4 章“认知发展”中，我们将研究“智力是一种一般能力，还是由许多特殊能力组成的”。
- 进化而来的机制并不总是适应当今的社会。一些适合史前祖先的行为在今天并不能很好地为我们服务。例如，食物稀缺的环境可能导致祖先们在得到食物的时候狼吞虎咽，并渴望分食高热量的食物，而这已经导致了如今的肥胖症。
- 进化行为不必适应当今社会。一些适合史前祖先的行为在今天可能并不能很好地为我们服务。譬如，对于史前男性，身体上的优势和攻击性是生存所必需的，但是在今天，它已变得没有必要甚至没有用处。在进化的意义上，该特征可能是自然的选择，但这并不代表在今天它的表达是必然的或者在道德上是可接受的。

评估进化心理学

第 2 章已经陈述过阿尔伯特・班杜拉（1998）的社会认知理论，他抱怨了心理学的"生物学化"。班杜拉承认进化对人类适应和变化的影响。然而，他否定将社会行为看做生物进化的产物，他称之为"单方面的进化论"。班杜拉认为，进化的压力鼓励生物适应性，即鼓励人类使用工具，通过工具去操作、改变甚至创造新的环境条件。经过一段时间后，人类日益复杂的环境革新产生了新的压力，而新压力促使大脑系统模块化，以此来支持意识、思想和语言。

换句话说，进化为我们提供了身体结构和生物潜力，而不是行为指令。我们能够运用进化而来的高级能力创造不同的文化——攻击性的或温和的、平等的或独裁的。据美国科学家史蒂芬・古尔德（1981）推断，在大多数领域，人类这种生物是允许文化多样性的，但班杜拉指出，社会变革的步调则更加强化了生物所允许的多样性。

遗传过程

每一个物种都有一种将其特征代代传递的机制，这一机制可以用遗传学的原理来解释（Brooker，2005；Lewis，2005，2007）。我们中的每个人都携带一个遗传自父母的"遗传密码"，它是一个人类特有的密码。因为它携带了人的密码，所以一个受精卵不会生长成白鹭、老鹰或者大象。

我们中每个人的生命都从一个重约百万分之二十盎司的细胞开始！这个微小的物质存有我们的整个基因密码，它能统筹从单个细胞到由万亿细胞构成的人的发育，每一个都是原始基因密码的完美复制。那个密码是由我们的基因所携带的，那么基因是什么，它们又在做着些什么呢？

DNA 和协作基因

每一个人的细胞核都包含着**染色体**（chromosomes），染色体是丝状结构，包含脱氧核糖核酸（即 DNA）这种特殊物质。**DNA** 是一种包含基因信息的复杂的分子，它呈双螺旋状，像是螺旋梯。遗传信息的单位**基因**（genes）是由 DNA 组成的短的片段，如

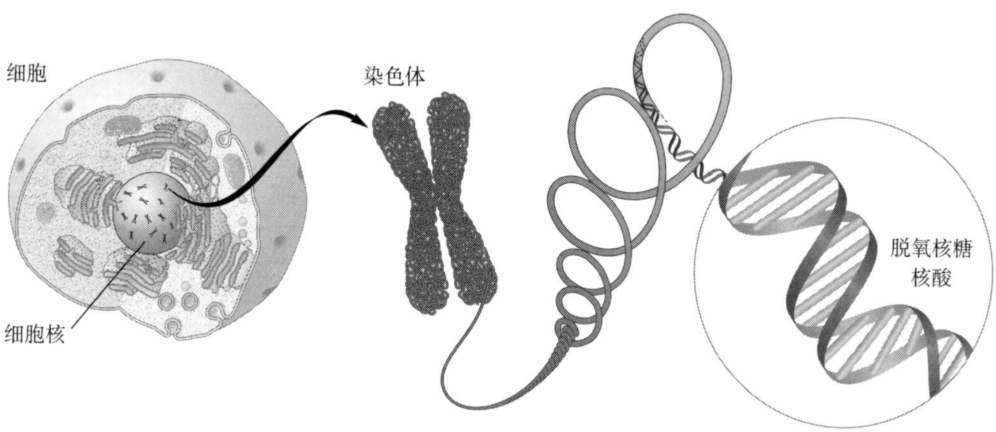

图 3.15

细胞、细胞核、染色体和 DNA。（左边）身体包含万亿个细胞，这些细胞是生命最基本的结构单位。每一个细胞包含一个中心组织，即细胞核。（中间）染色体和基因位于细胞核中，染色体由链状的结构构成，线状结构由 DNA 分子组成。（右边）基因是包含遗传密码的 DNA 片段，DNA 的结构是双螺旋链。

图 3.15 所示。它们指导细胞自我复制和表达蛋白质。之后，蛋白质作为细胞的原材料，发挥调节作用，指导身体进程（Hartwell & others，2004；Klug，Cummings，& Spencer，2006）。

每一个基因都有自己的功能和位置，它们处在特定染色体的特定位置上。现在，人们有很大的热情去发现与某些功能相关的基因的特定位置（Benfey，2005；Lewin，2006；Plomin，2003）。当人类基因组计划和塞莱拉公司完成了人类基因组草图后（即创造人类有机体的完整说明书），我们就已经完成了重要的一步（U.S. Department of Energy，2001）。

人类基因组计划的一个惊人之处在于，其中一份报告指出，人类只有约 30 000 个基因（U.S. Department of Energy，2001）。最近，这一结果得到了修正，人类基因的数目在 20 000~25 000 之间（International Human Genome Sequencing Consortium，2004）。科学家本以为人类有多达 100 000 个基因或者更多，并认为每一个基因产生一个蛋白质。事实上，人类拥有的蛋白质比基因多，所以蛋白质与基因之间不存在一对一的对应关系（Commoner，2002；Moore，2001）。DNA 的每一个片段并非自动被转换成一个蛋白质。发展心理学家大卫·摩尔在其新书《依赖性基因》中强调，基因并不是独立起作用的。

DNA 与其他信息源一起决定我们的特征，它不是一个独立的发展信息。这一联合从多个方面进行。DNA 的小片段通过细胞结构组合、配对、相连接，这个结构对周围

环境很敏感，即它受周围正在发生的事情的影响。一个基因是否被“开启”并表达蛋白质也是合作的内容。基因的活动（基因表达）受到它们所在环境的影响（Gottlieb，2002，2004）。举例来说，血液循环系统中的荷尔蒙进入细胞，在那里它们能够将基因“开启”和“关闭”。荷尔蒙的流动受到环境的影响，比如光、昼长、营养和行为。无数的研究表明，发生在细胞和身体之外的事件以及细胞内部的事件，都能够刺激或者抑制基因的表达（Gottlieb，Wahlsten，& Lickliter，1998，2006；Mauro & others，1994；Rusak & others，1990）。

简而言之，一个单一的基因很少是蛋白质遗传信息的来源，更加不是遗传性状的来源（Gottlieb，2002，2004；Moore，2001）。人类基因组包含许多协作基因，而不是一群独立的基因。

基因型和表现型

没有一个人拥有其基因结构能够实现的所有特征。一个人的基因遗传，即实际的遗传物质叫做**基因型**（genotype）。不是所有的遗传物质都可以表现为可观察和可测量的特征。在可观察和可测量的特征中，个人基因型表达的方式被称为**表现型**（phenotype）。表现型包括躯体性状，比如身高、体重、眼睛的颜色和肤色，也包括心理特征，比如智力、创造力、人格和社会倾向。

每一种基因型能够表现出多种表现型（Gummings，2006；Starr，2006）。想象一下，我们能够识别使一个青少年内向或外向的所有基因。那么，我们能够通过对这些基因的了解来预言一个特定的人是内向还是外向吗？答案是否定的，因为即使我们的遗传型是合适的，但是内向和外向是由生活经验塑造的特征。举例来说，一位家长可能将一个内向的孩子推向社会环境，鼓励孩子变得更加合群；或者这位家长可能支持孩子单独玩耍。

遗传 – 环境的交互作用

到目前为止，我们已经描述了基因以及它们是怎样运作的，其中有一个主题很明确：遗传和环境交互作用共同影响着个体的发育（Gottlied，Wahlsten，& Lickkliter，2006；Hartwell，& others，2004；Kagan & Fox，2006）。无论我们正在研究基因怎样产生蛋白质，还是它们对于一个人长多高有多大的影响，我们最后都要讨论遗传 – 环境的交互作用。然而，我们有可能将遗传的影响从环境影响中分离出来，从而讨论两者对个体发展差异的独立作用吗？当遗传和环境交互作用时，遗传是如何影响环境的？环境又是如何影响遗传的呢？

行为遗传学

行为遗传学（behavior genetics）这一研究领域试图发现在人类特质和发展中，遗传和环境如何影响个体差异（Maxson，2003；Rodgers & Bard，2003）。回忆你认识的所有人，你可能会发现他们的内向或外向水平有所不同。行为遗传学所要做的是，指出什么导致了这些不同，即人们的不同在多大程度上是因为基因、环境或者两者的共同作用。

为了研究遗传对行为的影响，行为遗传学家经常使用双胞胎或者领养情境来进行研究。最常见的**双生子研究**（twin study）是将同卵双生子的行为相似性与异卵双生子相比较。同卵双生子（被称为单卵双生子）由一个受精卵发育而来，这个受精卵分裂成两个基因相同的复制品，它们分别发育成人。异卵双生子（被称为双卵双生子）由单独的卵子和单独的精子发育而来，这使得他们与普通的兄弟姐妹相比并没有更多的相似之处。尽管异卵双生子共享一个子宫，但是他们并不比非双胞胎的兄弟或者姐妹更相像，他们的性别也可能不同。

通过比较成组的同卵和异卵双生子，行为遗传学家得出了最基本的共识，即同卵双生子一般比异卵双生子更相像（Jacob & others，2001；Kuo & others，2004）。在一项双生子研究中，研究者比较了芬兰的 7000 对同卵和异卵双生子的外向性与神经质（心理不稳定性）（Rose & others，1988）。在这两种人格特质上，同卵双生子比异卵双生子更加相似，这表明了遗传在两种特质上的重要作用。然而，某些问题使双生子研究的解释变得复杂，例如，可能同卵双生子的环境比异卵双生子的环境更为相似。与异卵双生子相比，成人可能更强调同卵双生子的相似性，而且同卵双生子可能认为自己是“一对儿”，更多地在一起玩耍。如果是这样的话，与结果相比，我们在同卵

遗传和环境最可怕的地方在于它们都是由我们的父母提供的。

——一位出版人笔记

双生子研究的本质是什么？

双生子身上可观察到的相似可能更多地受到了环境的影响。

在一项**收养研究**（adoption study）中，研究者试图去发现，被领养孩子的行为和心理特征是更像为他们提供家庭环境的养父母，还是更像为他们提供遗传素质的亲生父母（Abrahamson，Baker，& Caspi，2002；Wadsworth & others，2003）。这项收养研究还比较了领养的兄弟姐妹和亲生的兄弟姐妹。

遗传 – 环境的相关

研究者解释双生子研究和收养研究的结果时所遇到的困难，反映了遗传和环境相互作用的复杂性。其中一些就是遗传 – 环境的相关，即个体基因影响他们所经历的环境类型。从某种意义上讲，个体“继承”了与其遗传倾向相关或相联的环境（Plomin & McGuffin，2002）。行为遗传学家桑德拉·斯卡尔（1993）描述了遗传与环境相关的三种方式（见图 3.16）。

- **被动的基因型 – 环境相关**（passive genotype-environment correlations）此相关是因为与孩子基因相关的亲生父母为他们的孩子提供了一种抚养环境。举例来说，父母可能拥有一种遗传素质——比较聪明且阅读能力强。因为他们能很好地阅读且喜欢阅读，所以就会提供给孩子书籍。从而可能的结果就是，继承了其遗传素质的孩子，成为了熟练的阅读者。
- **唤起的基因型 – 环境相关**（evocative genotype-environment correlations）此相关是因为由基因所塑造的特征引发了特定类型的物质环境和社会环境。举例来说，活泼、爱笑的孩子比被动、安静的孩子接触到更多社会刺激。与不善于合作、不专心的青少年相比，合作的、专心的青少年能够从周围的成人那儿得到更愉悦的、更富有指导性的回应。拥有运动天赋的青年人通常被鼓励参加学校的活动，因此这些青少年倾向于参加运动队的选拔，并且持续参加与体育运动相关的活动。
- **主动的（寻找契合点）基因型 – 环境相关**［active（niche-picking）genotype-environment correlations］当孩子挑选那些他们认为合适的、有刺激性的环境时，这种相关便发生了。寻找契合点是指寻找与个人能力相匹配的环境。青少年从周围的

遗传－环境的相关	描　述	例　子
被动的	孩子从父母那儿继承遗传倾向，同时父母也为孩子提供了与其遗传倾向相匹配的环境。	有音乐天赋的父母经常拥有有音乐天赋的孩子，而且他们很可能为孩子提供一个充满音乐刺激的环境。
唤起的	孩子的遗传倾向引发了环境中支持特殊品质的刺激，因此基因引发了环境的支持。	一个快乐的、外向的孩子易诱发别人的微笑和友好反应。
主动的（寻找契合点）	孩子在环境中主动选择反映他们兴趣和才能的“契合点”，从而与他们的基因型相匹配。	图书馆、运动场和乐器商店是环境契合点的例子。如果孩子们有读书的兴趣、运动的才能或者音乐天赋，他们可能会选择这些环境契合点。

图 3.16
探索遗传－环境的相关

环境中选择某些方面来做出反应、学习或者忽视。他们对于环境的主动选择与其特殊的基因型有关。譬如，有魅力的青少年倾向于选择有魅力的同伴；拥有音乐天赋的青少年可能会选择有音乐的环境，在那里他们能够成功地表现自己的技能。

斯卡尔认为，当孩子从婴儿长成青少年的时候，这三种基因型－环境相关的相对重要性也会随之而改变。在婴儿期，孩子所经历的很多环境都是成人提供的，因此，与年长的孩子和青少年相比，婴儿和幼儿的生活中被动的基因型－环境的相关更加普遍。年长的孩子和青少年能够超越家庭的影响来扩展自己的经历，并且在更大程度上创造自己的环境。

评论家指出，遗传－环境相关的概念，过分强调了遗传对发展的影响（Gottlieb，2002）。遗传－环境相关的观点，强调遗传决定孩子所经历的环境类型。接下来，我们将检验这样一种观点，即强调兄弟姐妹间非共享环境的重要性，以及遗传作为他们发展中的重要影响因素的观点。

共享与非共享环境经验

行为遗传学家认为，分析遗传－环境的交互作用中环境作用的另一个方法是：思考青少年与同一个家庭中的其他青少年的共享经验，以及他们的非共享经验（Feinberg &

Hetherington，2001；Plomin，Asbury，& Dunn，2001）。

共享环境经验（shared environmental experiences）指的是兄弟姐妹共同的经验，比如其父母的个性或者智力、家庭的社会经济地位以及邻里。相对而言，**非共享环境经验**（nonshared environmental experiences）指的是一个青少年独一无二的经验，包括在家里和外面的经验，这些都没有与某一个兄弟姐妹所共享。甚至在家中的经验也可以是"非共享环境"的一部分。举例来说，父母经常与每一个孩子进行不同的交流，并且每个孩子与父母的交流也不同（Hetherington，Reiss & others，2000）。兄弟姐妹们通常属于不同的同伴群体，有不同的朋友，在学校里也有不同的老师。

行为遗传学家罗伯特·普洛民（Robert Plomin，1993）发现，共同抚养或者共享环境只能解释青少年个性或者兴趣变异的一小部分。换句话说，即使两个青少年与父母生活在同一个屋檐下，他们的个性也经常是很不同的。而且，行为遗传学家指出，遗传对兄弟姐妹非共享环境的影响通过我们之前所描述的遗传－环境的相关方式进行（Plomin & others，2001）。举例来说，一位遗传了运动基因的青少年，可能会有更多的时间处在与运动相关的环境中；而一位遗传了音乐天赋的青少年，则更有可能会花时间待在与音乐相关的环境中。

渐成说

遗传－环境相关的观点强调遗传如何引导个体拥有各种环境经验。然而，之前我们描述过 DNA 是协作的，它们并非单独起作用，而是以一种与环境相互作用的方式来决定个体的特质。与基因协作的概念一致，**渐成说**（epigenetic view）的观点也强调发展是遗传与环境持续双向互动的结果（Gottlieb，1998，2002，2004；Gottlieb，Wahlsten，& Lickliter，2006）。图 3.17 比较了遗传－环境相关说和渐成说。

遗传－环境相关的结论

遗传与环境共同起作用，或者说它们通过协作来塑造个人的智力、气质、身高、体重、打棒球的能力、阅读的能力等等（Gottlieb，2002，2004；Gottlieb，Wahlsten，& Lickliter，1998，2006）。如果一个有魅力的、受欢迎的、聪明的女孩被选举成为她所在高中的高年级主席，那么她的成功应归功于遗传还是环境呢？当然，答案是两者皆有。

遗传和环境的相对作用不是相加的。也就是说，我们不能说多少多少百分比的天性或者多少多少百分比的经验使得我们成为了今天这个样子，也不能精确地说基因的完全表达只在受精或出生时发生一次，我们带着我们遗传而来的资产来到这个世界上，还需要看它能将我们带到多远。在人的一生中，基因会在许多不同环境下产生蛋白质，也可能不产生这些蛋白质，这取决于环境是贫乏的还是丰富的。

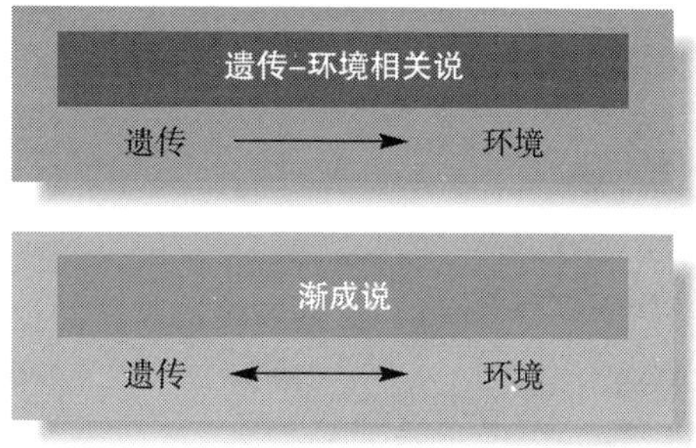

图 3.17
遗传 – 环境相关说与渐成说的比较

新出现的观点认为，许多复杂行为可能有一些遗传成分，这些遗传成分使人们倾向于进入某种特殊的发展轨道（Plomin & others，2001）。然而，发展实际上需要的更多，它需要一个环境。这个环境是复杂的，就像我们继承的基因组合（Coll，Bearer，& Lerner，2004；Overton，2004；Sternberg & Grigorenko，2001）。环境影响包括“养育”相关的东西（比如父母的教养方式、家庭动力系统、学校教育和邻里环境），以及生物学上的意外（比如病毒、分娩时的并发症和细胞中的生物事件）（Greenough，1997，1999；Greenough & others，2001）。

请设想有一簇基因与青少年的暴力有关（这个例子是假设的，因为我们不知道是否有这样一种相关）。携带这一基因组合的一个青少年，很可能拥有爱他的父母，他的饮食既规律又营养，有很多的书籍和一些能干的老师。当然，这个青少年也可能有粗心的父母，生活在一个每天发生枪击和犯罪的街区并缺乏学校教育。上述所有环境，哪个会使这个携带该基因组的青少年产生反映其生物基础的犯罪行为?

当朱迪思·哈里斯（1998）出版《教养的假设》时，引发了一场争论。在这本引发争议的书中，作者争辩说，父母的所作所为，例如对孩子大声嚷嚷、拥抱他们、读书给他们听、忽视他们等，都不会导致儿童和青少年行为之间的差异。哈里斯认为，这些不会影响他们如何发展。她争辩说，在儿童和青少年的发展中，基因和同伴远远比父母更重要。

基因和同伴确实重要，但是，哈里斯对同伴影响的叙述并没有考虑到同伴环境和发展轨道的复杂性（Hartup，1999）。另外，哈里斯认为父母影响与孩子成长无关，这一观点也是错误的。举例来说，在童年早期，父母在儿童的同伴选择上起着重要作用，并间接影响儿童发展（Baumrind，1999）。建立在许多研究基础上的大量关于儿童抚养的文章都强调，父母在儿童和青少年的发展中具有重要作用（Bradley & Corwyn，2004；Collins & others，2000，2001；Collins & Laursen，2004；Collins & Steinberg，2006；Maccoby，2002；Parke，2004）。我们将在整本书中都讨论父母的重要作用。

第4章 认知发展

青春的遐想是多么悠长。

—亨利·沃兹沃思·朗费罗[1]

19 世纪，美国诗人

青少年发展的镜像

处于发展中的青少年思维

我对大女儿特蕾西最生动的记忆是，她 12 岁的时候，我陪同两个女儿（小女儿詹尼弗当时才 10 岁）去看一场网球赛。午饭时，我们走进一家餐馆，特蕾西突然冲进洗手间并闩上了门。我和詹尼弗面面相觑，不知道发生了什么事。五分钟后，特蕾西出来了，她看起来很平静。我问她刚才怎么了，她回答道："一缕头发乱了，这儿所有的人都在看我！"

想想另一个青少年——玛格丽特。16 岁的她在与一位同性朋友谈话时说："你听说了吗？凯瑟琳怀孕了。你认为那样的事会发生在我身上吗？永远不会。"

还有 13 岁的亚当，他这样描述自己："没有人理解我，尤其是我的父母。他们不了解我现在的感受，他们从来都没有经历过我所经受的痛苦。"

诸如特蕾西、玛格丽特以及亚当的言论都反映了青少年期的自我中心思维。说到"思维"，我们通常会根据数学、英语或者解答智力题之类的学校考核项目来考量它，但是我们关于社会环境的思维也很重要。本章接下来的内容将进一步探究青少年的社会性思维。

---

1 朗费罗，H. W.（Henry Wadsworth Longfellow，1807~1882）19 世纪美国最伟大的浪漫主义诗人之一。1807 年 2 月 27 日出生于缅因州波特兰城一个律师家庭。1822 年进入博多因学院，与霍桑是同班同学。毕业后去过法国、西班牙、意大利和德国等地，研究这些国家的语言和文学。1836 年开始在哈佛大学讲授语言学、文学长达十八年，致力于介绍欧洲文化和浪漫主义作家的作品，成为新英格兰文化中心剑桥文学界和社交界的重要人物。——译者注

预 览

当我们思考青少年期时，我们经常关注青春期的生理变化或社会情绪变化，比如追求独立的动机、亲子关系、同伴关系以及药物滥用和青少年犯罪等问题。此外，当发展学家研究认知过程时，他们主要关注婴儿和儿童，而不是青少年。然而，本章中我们将看到，青少年也经历着一些令人印象深刻的认知变化。首先，我们将学习三种不同的观点：认知发展观、信息加工观和心理测量观。本章以探究社会认知结束，包括青春期出现的自我中心主义。

认知发展观

当你正值少年时，你的思维能力和现在一样好吗？你能解决有难度的抽象问题并对复杂问题进行逻辑推理吗？或者说这些能力在你高中时有所改善吗？你能描述一下，从哪些方面来看，你现在的思维水平比高中时更高吗？

在第 2 章“青少年发展的科学”中，我们简要检验了让 · 皮亚杰（Jean Piaget）的认知发展理论，皮亚杰对儿童期和青少年期所发生的思维变化很感兴趣。在这一部分，我们将进一步探究他关于青少年认知的观点，以及越来越受欢迎的维果斯基（Lev Vygotsky）的社会文化认知理论。

我们生来就具有学习的能力。

——让 · 雅克 · 卢梭[1]

生于瑞士的法国哲学家，18 世纪

1 卢梭（Jean-Jacques Rousseau，让·雅各·卢梭，1712.6.28~1778.7.2）是法国著名启蒙思想家、哲学家、教育家、文学家，是 18 世纪法国大革命的思想先驱，启蒙运动最卓越的代表人物之一。他是《百科全书》的撰稿人之一，主要著作有《论人类不平等的起源和基础》、《社会契约论》、《爱弥儿》、《新爱洛伊丝》、《忏悔录》等。——译者注

皮亚杰的理论

皮亚杰认为，一些重要的认知过程对认知变化起着决定作用，我们就从描述这些认知过程开始来阐述皮亚杰的理论。然后，我们转向他提出的认知阶段，尤其是具体运算思维和形式运算思维阶段。

认知过程

皮亚杰的理论是最著名的、受到最广泛讨论的青少年认知发展理论。该理论认为，青少年之所以受动机驱使去理解他们的世界，是因为这具有生物适应的意义。青少年主动建构他们的认知世界，信息并非仅仅从环境中涌入他们的心理世界。为了理解世界，青少年组织他们的经验，区分重要概念和次重要概念，并将各种概念联系起来。同时，他们还改变思维使之包含新概念，因为额外的信息深化了他们的理解。

青少年在主动建构认知世界的过程中使用了图式。**图式**（schema）是一种心理概念或框架，用于组织和解释信息。皮亚杰对儿童和青少年如何使用图式来组织和理解当前经验尤其感兴趣。

他发现儿童和青少年通过两个过程来使用和改变他们的图式：同化和顺应（Piaget, 1952）。**同化**（assimilation）是将新信息纳入到已有的知识中去，在同化过程中，图式并没有改变。**顺应**（accommodation）是改变已有图式来适应新信息，在顺应过程中，图式发生了改变。

例如，假定一个 16 岁的女孩想要学习如何使用电脑。父母在她生日时为她买了一台电脑，虽然她从未使用过电脑，但通过经验和观察，她意识到需要按下开关把电脑打开，然后把只读光盘插入狭槽中。这些行为适合已有的图式（是同化过程）。但是当她敲了几个键后，发现犯了一些错误。很快，她意识到需要朋友或老师的帮助来学习如何使用电脑，这种方法上的调整表明她意识到了需要改变原有的图式（顺应过程）。

皮亚杰所强调的另一个过程是**平衡**（equilibration），它指的是思维由一种状态向另一种状态的转变。青少年在尝试理解世界时，有时会经历认知冲突或不平衡感，最终他们会解决冲突并达到思维的平衡。皮亚杰认为个体在认知平衡和不平衡的状态之间来回波动。例如，如果儿童相信，当液体被倒进一个形状不同的容器后，液体的量增加了，那么她就可能想知道"额外的"液体是从哪儿来的，或者第二个容器中是否真地有更多的液体。随着儿童的思维向更高级的阶段发展，她最终会解决这些难题。在日常生活中，儿童经常会遇到此类认知不一致的现象。

认知发展阶段

皮亚杰认为个体经历了四个认知发展阶段：感知运动阶段、前运算阶段、具体运算阶段和形式运算阶段（见图 4.1），每个与年龄相关的阶段都包含着独特的思维方式。正是这种理解世界的不同方式使得一个阶段比另一个阶段更高级，仅仅知道更多的信息并不能使青少年的思维变得更高级。因此，在皮亚杰的理论中，个体的认知在不同阶段发生了质的变化。

感知运动和前运算思维 从出生到两岁，儿童处于**感知运动阶段**（sensorimotor stage），这是皮亚杰理论中的第一个阶段。在该阶段，婴儿通过协调感觉经验（如视觉和听觉）与身体动作来构建对世界的理解，因此称之为感知运动阶段。在感知运动阶段初期，新生儿只有一些反射模式在起作用。而到末期时，两岁儿童已经拥有了复杂的感知运动模式，并开始操作原始符号。

2~7 岁儿童处于**前运算阶段**（preoperational stage），这是皮亚杰理论中的第二个阶段。在该阶段，儿童开始使用词、表象和图画来表征世界，符号思维超越了感觉信息和身体动作的简单联系。

具体运算思维 7~11 岁的儿童处于**具体运算阶段**（concrete operational stage），这是皮亚杰理论中的第三个阶段。逻辑推理代替直觉思维，但只能够将推理应用到特定的或具体的实例中。在皮亚杰看来，具体运算思维涉及运算，它是一种心理动作，使得个体在施加身体动作之前先进行心理操作。

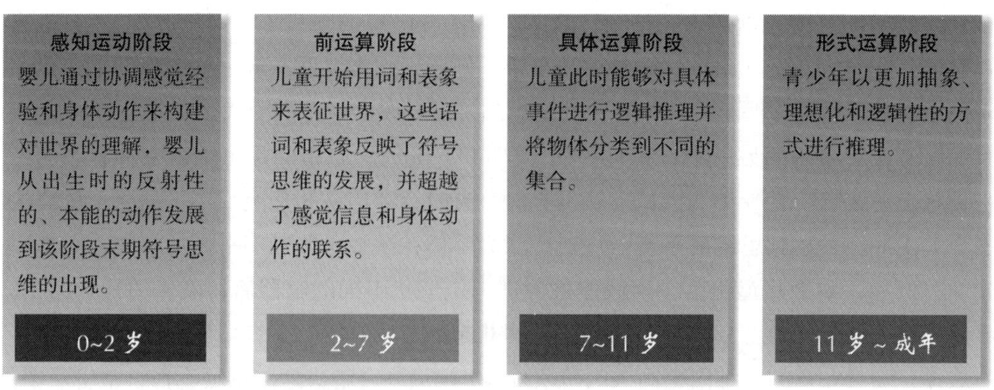

图 4.1
皮亚杰的认知发展阶段

皮亚杰的最著名的任务是，向儿童呈现两个相同的烧杯，杯内各装有等量的液体（见图 4.2a）。当问及儿童这些烧杯内是否有等量液体时，他们往往给出肯定的回答。然后，将其中一个烧杯中的液体倒入第三个烧杯中（这个烧杯比前两个更高、更细）（见图 4.2b）。之后，问儿童又高又细的烧杯中的液体是否与原来的一个烧杯中的液体等量。处于具体运算思维阶段的儿童会给予肯定回答，并还会为自己的回答找出适当的理由。处于前运算思维阶段的儿童（通常为 7 岁以下儿童）则经常给出否定回答，并且通过烧杯的不同高度或宽度来为其答案找理由。这个例子表明了具体运算阶段的儿童的去中心化特点，以及他们兼顾几个不同特征（如高度和宽度）的能力，他们不是只关注物体的单一特性（如高度）。具体运算阶段的儿童还能够进行可逆的心理操作。例如，他们可以在心理上将液体从一个烧杯转移到另一个烧杯中，并得出结论说，即使烧杯的高度和宽度不同，液体的体积也是相同的。

皮亚杰使用守恒（conservation）一词来指代这一现象，即：在物体或物质外形改

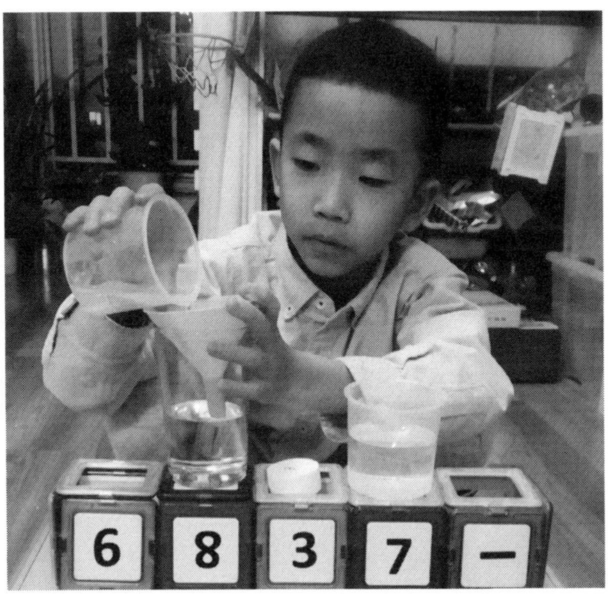

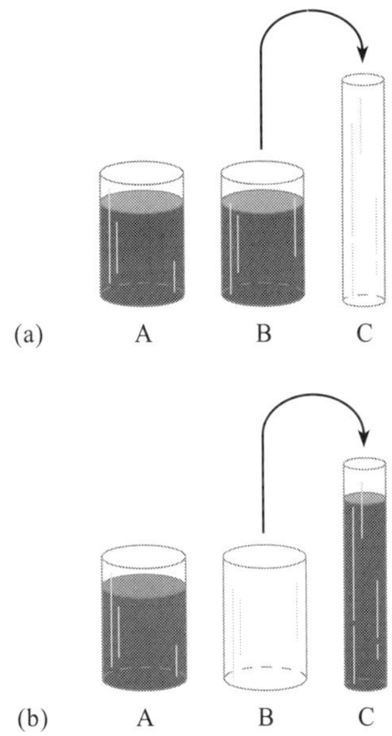

图 4.2

皮亚杰的守恒任务。烧杯实验是皮亚杰学派的经典实验，目的是确定儿童是否能够进行运算思维，即他们能够在心理上进行转换，表现出对物质的守恒。（a）向儿童呈现两个相同的烧杯，然后实验者将液体从 B 倒入 C，其中 C 比 A 和 B 更高而且更细。（b）现在询问儿童这些烧杯（A 和 C）里是否有等量的液体。前运算阶段的儿童通常给出否定回答。当要求儿童指出哪个烧杯里有更多的液体时，前运算阶段的儿童指向那个更高更细的烧杯。

"赐予我出色的抽象推理能力、人际技能、文化视角、语言理解和奇妙的社会互动潜能吧。"

变时，个体仍有能力认识到其长度、数量、质量、面积、重量和体积并没有发生改变。

具体运算思维的另一个特征是分类（classification），或类包含推理。进行分类的儿童能够系统地将物体归入不同层次的类别或亚类别中。

虽然具体运算思维比前运算思维更高级，但它也有其局限性。逻辑推理代替直觉思维，但这些原则只能够被应用到特定的、具体的实例中。例如，处于具体运算阶段的儿童想象不出解答一个代数方程所必需的步骤，因为这是与具体世界毫无关联的抽象思维。

形式运算思维 **形式运算阶段**（formal operational stage）是皮亚杰认知发展阶段理论中的第四个阶段，也是最后一个阶段。皮亚杰认为该阶段出现于 11~15 岁。青少年的思维发展展示了新的认知和社会视角。皮亚杰所认为的青少年期出现的形式运算思维有哪些特征呢？最重要的是，形式运算思维比具体运算思维更为抽象，青少年不再只局限于将实际的、具体的经验作为思维的参照，他们可以虚构想象情境（纯粹假设的可能性事件或极为抽象的命题），并试图对其进行逻辑推理。

青少年形式运算思维的抽象性在其口头问题解决能力中表现明显。具体运算思维者需要看到具体的 A、B、C 三个元素才能做出逻辑推理，例如，如果 A>B 且 B>C，那么 A>C，而形式运算思维者仅通过口头表征就能解决这个问题。

另一个能显示青少年思维抽象性的是，他们越来越倾向于思考思维本身。如一个青少年如此谈论："我开始考虑为什么我在思考我是谁，然后我又开始考虑为什么我在思考为什么我在思考我是谁。"这个陈述听起来很抽象，但确实是这样，它表明青少年更关注思维及其抽象性。在本章的后面部分，我们将回到对思维的思考这个话题上，即元认知（metacognition）。

除了具有抽象性，形式运算思维还充满理想主义和可能性。尽管儿童频繁地以具体的方式思考什么是真实的和有限的，但青少年开始涉猎对理想特征（他们要求自己和他人应该具有的特质）的推测。这些想法经常导致青少年依照这些理想标准来比较自己和他人。在青少年期，个体的思维经常指向未来的可能性。青少年常常对这些新发现的理想标准感到不耐烦，并对采用众多理想中的哪一种感到困惑。

青少年进行假设推理并评价理想与现实的能力，会促使他们进行论证吗？比如说这次抗议会关系到更好的种族关系。还有什么其他因素会促进青少年的假设—演绎推理和理想主义思维的能力呢？在这个早期阶段，幻想的火花可能会淹没现实，从而使知觉到的世界太过主观化和理想化。同化是这个亚阶段的主导过程。

青少年的思维更加抽象和理想化，同时他们的思维也更加具有逻辑性。青少年开始更像一个科学家一样进行推理，设计解决问题的方法并系统地检验这些方法。皮亚杰赋予这种类型的问题解决一个令人印象深刻的名字：**假设—演绎推理**（hypothetical-deductive reasoning），它指的是形成关于如何解决问题（如代数方程）的假设或最佳猜测的能力。形成假设之后，形式运算思维者就会系统地演绎或推断解决问题的最佳路径。相比之下，儿童则更有可能通过尝试错误来解决问题。

假设—演绎推理的一个例子是人们熟悉的游戏"二十问"。向个体呈现一套彩色图片，共 42 张。这些图片被分成六行，每行七张，排列成一个矩形。个体向实验者提问，而实验者只能回答"是"或"否"，然后个体来决定实验者心中所想的是哪张图片（即哪张是"正确"的）。游戏的目标在于使个体通过尽可能少的提问来选择正确的图片。

那些验证演绎假设的青少年会形成一个计划，并检验一系列假设，这些假设在很大程度上能够缩小选择范围。最有效的计划是"分半"策略（问题：图片是排列在右半部分吗？回答：不是。问题：好，那么图片是在上半部分吗？等等）。高效的分半策略只需七个或七个以下问题就能保证找到答案。相比之下，处于具体运算思维阶段的个体则可能会持续询问先前那些已经询问过的问题或涉及已被排除了的某些可能性。例如，在提问过正确的图片是否在第一行，并被否定后，具体运算思维阶段的个体接下来可能还会问是不是 x，而 x 正是在第一行。

因此，形式运算思维阶段的个体能使用经过慎重选择的问题和检验来验证其假设。而具体运算思维阶段的个体通常并不能理解假设和适当的检验之间的关系，而是顽固地坚持已被否定的观念。

皮亚杰认为形式运算思维是对青少年思维的最好的描述，但形式运算思维并不是一个单一的发展阶段，并非所有的青少年都已发展了成熟的形式运算思维。相反，一些发展学家认为，形式运算思维包括两个亚阶段（Broughton，1983）：

- 早期形式运算思维。青少年新获得的以假设方式进行思考的能力可以产生无限的可能性，其思维不会受到限制。
- 晚期形式运算思维。青少年在根据经验检验推理时，重建了智力平衡。通过顺应，青少年开始适应所经历的不平衡。晚期形式运算思维可能到青少年中期才出现。

此观点认为，同化是早期形式运算思维的特征，顺应是晚期形式运算思维的特征（Lapsley，1990）。

皮亚杰（1952）在其早期著作中指出，个体在青少年早期（从大约 11~15 岁）就完成了形式运算思维的形成与巩固。后来，皮亚杰（1972）修正了其观点，指出直到青少年晚期（从大约 15~20 岁）人们才能完全达到形式运算思维水平。

然而，他的理论并不能充分解释青少年认知发展的个体差异，而在许多调查研究中已经证实存在个体差异（Kuhn & Franklin，2006；Neimark，1982；Overton & Byrnes，1991）。一些少年已达到形式运算阶段，而另一些则没有。例如，一篇关于形式运算思维的综述显示，只有大约 1/3 的八年级学生获得了形式运算思维（Strahan，1983）。还有一些调查发现，青少年期的形式运算思维随年龄的增长而发展，而另一些调查则没有发现这一现象。其实，许多大学生和成人也没有采用形式运算来思维。调查还发现，17%~67% 的大学生处于形式运算思维水平（Elkind，1961；Tomlinson-Keasey，1972）。

在许多青少年开始进行形式运算思维的时候，另一些青少年还在巩固他们的具体运算思维，他们对这种思维的使用比在童年期更为频繁。到了青少年晚期，更多的年轻人开始巩固他们的形式运算思维，使之更为一贯地得到使用。而且形式运算思维的内容通常也会有变化，正如童年期的具体运算思维一样。一个 14 岁的青少年，在分析代数方程时可能在形式运算水平上进行推理，但是在解决口头问题或推理人际关系时，则并不一定这么做。

> 无论在何种情况下考虑青少年的认知，认识到他们表现出的巨大差异都是重要的。
>
> ——DANIEL KEATING
> 多伦多大学

青少年在其拥有丰富经验和知识的领域内，更有可能使用形式运算思维。儿童和青少年通过各种运动、游戏、爱好和学科（如数学、英语和自然科学）中的广泛经验和实践活动，逐渐构建了精细化的知识。不同领域中专长的发展会使高水平的、看似成熟的思维变成可能。在有些情况下，形式运算思维的复杂推理可能是起作用的。然而，在另外一些情况下，思维在很大程度上可能是基于知识的积累，这些知识使得更为自动化的、基于记忆的过程发挥作用。一些发展学家怀疑知识的获得是否能够解释所有的认知发展。但是，大多数人争论说，具体运算思维、形式运算思维以及通过经验获得专长，所有这一切之中的认知变化对于理解青少年的认知世界有重要作用。

对皮亚杰理论的评价

皮亚杰的主要贡献是什么？他的理论经受住时间的考验了吗？在这一部分中，我们将探讨皮亚杰的贡献以及对其研究的批判。

贡献 皮亚杰一直是发展心理学领域中的巨人。我们把当今的认知发展领域以及一系列具有持久影响力和吸引力的精辟概念（同化、顺应、守恒以及假设 – 演绎推理等）都归功于他，当前把儿童视为主动的、建构的思维者的视角也应归功于皮亚杰（Vidal，2000）。

在观察儿童方面皮亚杰是个天才。他的仔细观察成就了他独到的发现。他发现了儿童如何作用于并适应其世界的新方法。皮亚杰向我们展示了认知发展中需要探寻的一些重要信息，例如，从前运算向具体运算思维的转变。他还指出，儿童需要使其经验适合其图式或认知结构，但同时也要使其图式适应经验。他还揭示出，如果构建的情境允许儿童逐渐向更高一级水平发展，认知改变就可能会发生。一个概念不会突然地完全显现，而是通过一系列逐渐理解的过程来得到发展（Haith & Benson，1998），这一信念也应归功于皮亚杰。

坐在长椅上的皮亚杰是观察儿童的天才。通过对儿童进行仔细观察和访谈，皮亚杰构建了他的儿童认知发展理论。关于皮亚杰理论的贡献和批判，你还知道哪些？

批评 皮亚杰的理论也受到了质疑（Keating，2004；Kuhn & Franklin，2006）。人们对发展的时间、皮亚杰所提出的四个阶段、推理中训练的作用以及文化对认知发展领域的影响都存在疑问。让我们依次来思考这些批评。

就发展的时间而言，已经有人发现，其些认知能力的出现比皮亚杰所认为的还要早。例如，客体永久性的某些方面在婴儿期就已出现，比皮亚杰认为的要早。甚至两岁的婴儿已经在有些情境下就去自我中心化了。当他们意识到另外一个人看不见客体时，他们就会探寻这个人是否被蒙上了眼睛或在从不同的方位观察。相似地，数量守恒早在 3 岁时就已经表现出来，而皮亚杰认为直到 7 岁数量守恒才会出现。事实上，年幼儿童并不像皮亚杰所认为的那样均处于前运算阶段。其他认知能力出现的时间则可能比皮亚杰指出的要晚。许多青少年仍然进行具体运算思维或者刚刚开始掌握形式运算。甚至许多成人也未达到形式运算思维阶段。总而言之，最近的理论修订突出了婴儿和年幼儿童的认知能力以及青少年和成人的认知局限（Flavell，Miller，& Miller，2002；Wertsch，2000）。

对皮亚杰理论的另一个批评涉及他所提出的阶段。皮亚杰构想出每个发展阶段具有单一思维水平。因此，他认为发展具有同步性，处在一个发展阶段上，各个不同方面的发展应该是同时的。然而，有些具体运算的概念并不同时出现。例如，儿童并不是在学习交互分类的同时也学习了守恒。因此，大多数当代的发展学家认为，儿童的认知发展并不像皮亚杰所想的那样具有阶段性（Brainard，2002；Kuhn，2000；Kuhn & Franklin，2006）。

另一个有争议的话题是训练儿童使其能够在更高水平上进行推理是否有用。对于处在某个认知阶段（如前运算阶段）的儿童，我们可以通过训练使他们达到更高的认知阶段（如具体运算阶段）。这一事实向皮亚杰理论提出了挑战。皮亚杰认为，除非儿童处于两个阶段之间的过渡点，否则此类训练就是肤浅的、无效的（Gelman & Willian，1998）。

最后，文化对发展的影响比皮亚杰所预见的还要大。例如，个体获得守恒技能的年龄在某种程度上与文化提供相关教育实践的程度有关（Cole，1997；2006）。在许多发展中国家，儿童受教育的机会有限，因而不常出现形式运算思维。很快你就会读到维果斯基的认知发展理论，与皮亚杰理论相比，该理论认为文化发挥着更为主导的作用。

一批认知发展学家认为皮亚杰理论需要修正。这些**新皮亚杰学派**（neo-Piagetians）的人更强调儿童如何使用注意、记忆和认知策略来加工信息，并对认知改变有更精确的解释。他们尤其认为，要想对儿童和青少年的思维有更精确的洞察力，就必须更多地了解他们所使用的策略、他们加工信息的速度和自动化程度，了解信息加工中所涉及的特定认知任务并将认知问题细分为更小、更精确的步骤。

新皮亚杰理论的主要支持者是加拿大的发展心理学家凯斯（Robbie Case，1992，1998，2000）。凯斯接受皮亚杰的四个认知发展阶段，但他认为需要对每个阶段内发生的改变作更为精确的描述。他认为儿童和青少年正在发展的更为有效的信息加工能力与他们的大脑发育和记忆发展水平有关。凯斯尤其提到，工作记忆（类似于短时记忆的记忆工作平台）中保持信息的能力和更有效地操作工作记忆的能力，对于理解认知发展都很重要。

成年期的认知改变

正如我们之前所指出的，按照皮亚杰所说，成人和青少年使用相同类型的推理，青少年和成人的思维在质上是一样的。皮亚杰也承认，成人的知识在量上比青少年更多。那么，成人思维的哪些方面会比青少年更高级呢？

现实主义和实用主义思维 一些发展学家提出，随着成年早期的个体开始参加工作，他们的思维方式确实发生了改变。一种观点认为，由于面临工作所带来的现实束缚，他们的理想主义会不断减弱（Labouvie-Vief，1986）。

沃纳·夏埃（K. Warner Schaie，1977）提出了思维中的一个相关改变。他得出结论，成年人不大可能超出形式运算阶段所特有的有效的科学思维方法。然而，夏埃认为，成人在智力的使用方面确实超过了青少年。例如，在追求工作成功的过程中，成年早期的个体经常由获取知识转变为应用知识。

反省式和相对性思维 威廉·佩里（Willian Perry，1970；1999）也描述了成年早期所发生的认知改变。他说，青少年经常以绝对化的观点来看待世界——对 / 错、我们 / 他们或好 / 坏。随着青少年逐渐进入成人期，他们开始意识到他人的各种观点和多重视角，逐渐摆脱了这种绝对化思维。因此，在佩里的观点中，青少年期的绝对论者、二元化思维被成人期的反思式和相对性思维所代替。其他发展学家也认为，反思式思维是成人早期认知改变的一个重要指标（Fischer & Pruyne，2003）。

存在第五个阶段，后形式阶段吗？ 一些理论家汇集了各种关于成人思维的描述并提出，成年早期进入了认知发展的一个新的质性阶段，即后形式思维（Sinnott，2003）。**后形式思维**（postformal thought）是：

- 反思式的、相对性的和情境性的。随着成年早期的个体开始忙于解决问题，他们可能会深入思考工作、政治、关系以及其他生活领域的许多方面（Labouvie-Vief，1996）。他们发现解决工作（和老板或同事）问题的最佳方式可能并非解决家庭问题（与一个浪漫的伴侣）的最佳方式。因此。后形式思维主张，对一个问题的正确回答需要反思式思维，并且在不同的情境中可能会有所变化。
- 暂时的。许多成年早期的个体也开始对真理越来越怀疑，并且不愿意将一个答案当做问题的最终结果。因此，他们会把探索真理看做一个正在进行的、永不停止的过程。

- 现实主义的。成年早期的个体能够理解思维不可能总是抽象的，在许多例子中它肯定是现实主义和实用主义的。
- 情感开放的和主观的。许多成年早期的个体承认情感和主观因素会影响思维（Kitchener & King，1981；Kramer，Kahlbaugh，& Goldston，1992）。例如，作为成年早期的个体，他们理解一个人在冷静状态下的思维比在生气时更清晰。

能够证明认知发展的第五个阶段—后形式阶段的证据有多强的说服力呢？研究者已经发现，成年早期的个体比青少年更有可能进行这种后形式思维（Commons & Richards，2003；Commons & others，1989）。但是评论家指出，还需要研究来证明后形式思维的确是一个在质上比形式运算思维更高级的阶段。

维果斯基的理论

维果斯基（Lev Vygotsky，1962）的理论在第 2 章“青少年发展的科学”中已经介绍过，该理论使人们对“知识是情境性的、协作性的”这一观点产生了浓厚兴趣（Greeno，Collins，& Resnick，1996；John-Steiner & Mahn，2003；Pontercorvo，2004；Rogoff，1998，2003）。也就是说，知识遍布于人及其环境中，包括客体、人造产品、工具、书本以及人们所生活的社区。这种分布表明，人的认识能力可以通过与他人的合作和互动得到最好的提升（Glassman，2001；Kozulin，2000；Tudge & Scrimsher，2002）。

维果斯基最重要的概念之一是**最近发展区**（zone of proximal development，ZPD），它指的是有些知识个体独自难以掌握，但在成人和更有能力的同伴群体的指导和帮助下，就能够被掌握。因此，最近发展区的下限是青少年独立解决问题的水平。上限是在有能力的教导者的帮助下青少年所能达到的思维水平（见图 4.3）。维果斯基之所以强调最近发展区是因为他强调社会影响对认知发展具有重要性。

在维果斯基的研究中，正规学校教育只是决定青少年发展的众多文化动因中的一个因素（Keating，1990；Rowe & Wertsch，2004；Tudge，2004；Tudge & Scrimsher，2002）。父母、同伴群体、社区以及技术取向也会影响青少年的思维。例如，父母和同伴群体对一个人智力水平的看法影响青少年获取知识的动机，而教师和社区中其他成人的态度也对此有影响。

对维果斯基理论的评价

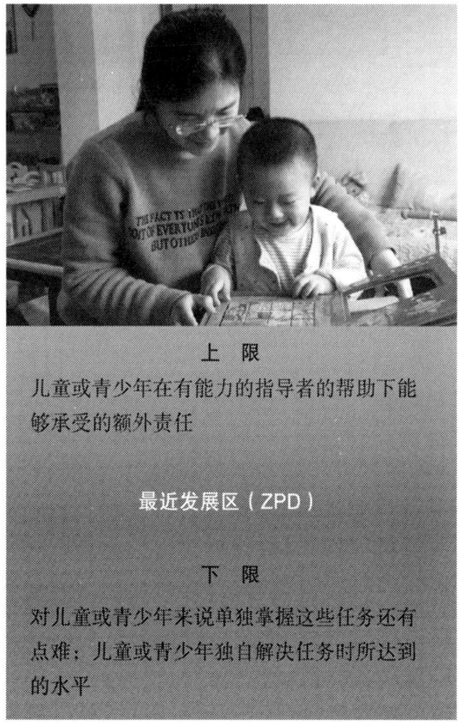

图 4.3
维果斯基的最近发展区（ZPD）。维果斯基的最近发展区有一个下限和一个上限。让儿童或青少年独自完成属于最近发展区内的任务还有点难度，他们需要成人或更有能力的人的帮助。当儿童和青少年得到言语指导和演示时，他们会在其已有的心理结构中组织信息并最终独自表现出这种能力或完成任务。

虽然维果斯基和皮亚杰的理论几乎是在同一时间提出的，但大多数世人得知维果斯基理论的时间却要晚于得知皮亚杰理论的时间，因此维果斯基的理论还没有得到彻底的评价。维果斯基关于社会文化对儿童发展具有重要影响的观点与现行的“评估学习中的情境因素很重要”的观点相符合（Kozulin，2000）。

尽管两种理论都属于建构主义学派，维果斯基的理论属于**社会建构主义取向**（social constructivist approach），它强调学习的社会情境和通过社会互动来建构知识。皮亚杰的理论强调个体的发展，维果斯基的理论强调合作、社会互动和社会文化活动（Rogoff，1998，2003）。对皮亚杰而言，认知发展的终点是形式运算思维；而对维果斯基而言，根据某种特定文化中所重视的技能的不同，认知发展的终点会有所不同。对皮亚杰而言，儿童通过转换、组织和重组先前的知识来建构知识；而对维果斯基而言，儿童通过社会互动来建构知识（Hogan & Tudge，1999；Tudge，2004）。皮亚杰的理论对于教学的启示在于，儿童在探索世界和发现知识时需要得到支持。维果斯基的理论对于教学的主要启示在于，学生需要大量的机会与教师和能力更强的同伴群体一起学习（Scrimsher & Tudge，2003）。

在皮亚杰和维果斯基的理论中，教师起着辅助者和指导者的作用，而不是学习的主管和塑造者。图 4.4 比较了维果斯基和皮亚杰的理论。

对于维果斯基的理论，也有一些批评。一些评论家说他对合作和指导的强调存在潜在的缺陷。例如，在有些情况下辅助者可能被认为太有用处了，如有的父母会变得太过专制和控制。另外，一些青少年在自己本可以独立完成某事时，也可能会变得懒散而期待得到帮助。

	维果斯基	皮亚杰
社会文化情境	非常强调	几乎不强调
建构主义	社会建构主义者	认知建构主义者
阶段	没有提出发展的一般阶段	非常强调阶段（感知运动、前运算、具体运算和形式运算阶段）
主要过程	最近发展区、语言、对话、文化工具	图式、同化、顺应、运算、守恒、分类、假设-演绎推理
语言的作用	主要作用，语言在塑造思维上发挥强有力的作用	语言的作用很微小，认知指引语言
与教育有关的观点	教育起核心作用，它帮助儿童学习文化工具	教育只是完善儿童已出现的认知技能
教育的意义	教师是一个辅助者和指导者，而不是主管；为儿童安排与教师以及能力更强的同伴群体共同学习的机会	教师是一个辅助者和指导者，而不是主管；为儿童提供探索世界和发现知识的支持。

图 4.4
维果斯基的理论与皮亚杰理论的对比

信息加工观

在第 2 章的“青少年发展的科学”中，我们简要描述了信息加工观。我们知道，信息加工过程包括：信息如何进入青少年的记忆、如何被存储以及青少年如何提取信息来思考和解决问题。

信息加工既是思考青少年发展的一个框架，也是发展的一个方面。作为一个框架，信息加工观的观点涉及青少年的大脑如何工作以及怎样最好地研究这一过程（Kuhn & Franklin，2006；Logan，2000；Munkata，2006；Siegler，2006）。作为发展的一个方面，随着儿童开始由青少年转变为成人，其信息加工也会发生改变（Keil，2006；Kuhn & Franklin，2006）。例如，注意和记忆的一些改变在本质上就是个体信息加工方式的改变（Alexander，2006；Mayer，2003）。在探索信息加工的过程时，我们会讨论注意和记忆的发展变化，也会讨论执行机能中所涉及的更高级的认知过程。下面，首先让我们来研究一下信息加工观的一些基本特征。

认知资源

信息加工的发展变化可能受加工能力和加工速度的影响（Frye，2004），这两种特性通常被称作*认知资源*，它对于记忆和问题解决具有重要影响。在青少年期，“个体不断提高其有意识控制和有目的选择的能力，不断提高其管理和分配认知资源的潜能”（Kuhn & Franklin，2006）。

生理的成熟与社会经验都有助于认知资源的增长。试想一下，你用母语加工信息比用第二语言快得多。我们在第 3 章中所描述的大脑变化为认知资源的增加提供了生物学基础。在大脑结构（如额叶的变化）和神经元水平（如神经元联结的旺盛与断开）上都发生了重要的生理变化（Nelson，Thomas，& de Haan，2006）。另外，正如我们将在第 5 章中所讨论的，髓鞘化（髓鞘包裹轴突的过程）增加了电冲动在大脑中传导的速度，在儿童期和青少年期髓鞘化一直在持续。

大多数信息加工心理学家主张，加工容量增加也会改善信息加工过程（Case，2000；Halford，2004）。例如，随着儿童信息加工容量的增加，他们可能会同时记住一个话题或问题的几个维度，而更幼小的儿童则倾向于只注意问题的一个维度。

加工速度的作用是什么？青少年的信息加工速度往往影响着他们能够利用此信息做什么。如果一个青少年试图心算他在杂货店所买物品的总费用，他需要在还没有忘记各物品的单价之前计算出总额。青少年的信息加工速度与他们的思维能力相关联（Bjorklund，2005；Demetrious & others，2002）。例如，青少年清楚地表达一系列词语的速度影响他们能够储存和记忆的词语的数量。一般来说，快速加工与在认知任务中的较好表现有关。然而，有效的策略可以补偿较慢的加工速度。

研究者已经设计出一些方法来评估加工速度。例如，可以通过*反应时任务*来评估。反应时任务要求个体一看到刺激（比如光）就按一个按钮，或者要求个体将字母或数字与电脑屏幕上的符号进行匹配。

充足的证据表明，完成此类任务的速度从整个儿童期到青少年期有很大的改善（Kail，1988，2000；Stigler，Nusbaum，& Chalip，1988）。加工速度在青少年期得到继续改善。想想你还是一个青少年时，你加工一个简单的算术问题的速度比在孩提时快多少。在一项研究中，10 岁儿童在诸如反应时、字母匹配、心理旋转和抽象匹配等任务上的信息加工速度比成年早期的个体大约慢 1.8 倍（Hale，1990）。12 岁的少年比成年早期的个体大约慢 1.5 倍，但 15 岁的青少年在这些任务上的信息加工速度和成年早期的个体一样快。

变化的机制

罗伯特·席格勒（Robert Siegler，1998）描述了信息加工观的三个主要特征。第一个是强调思维是一种信息加工。席格勒认为，当青少年感知、编码、表征和储存外界信息时，他们在进行思维活动。他认为，思维是高度灵活的，它允许个体去适应和调整环境中的许多变化、任务需求以及目标（Siegler & Alibali，2005）。然而，人类不寻常的思维能力确实有一些局限性，个体在一个时间点只能注意有限的信息量，而且受加工速度的限制。

信息加工观的第二个特征是强调变化机制。在这点上，席格勒认为四种机制（编码、自动化、策略建构和类化）共同作用引起儿童和青少年认知技能的改变。

*编码*是信息进入记忆的过程。解决问题的关键在于编码相关信息并忽视无关信息。

*自动化*指的是只需很少努力或无需努力就能加工信息的能力。随着年龄的增长和经验的增加，信息加工变得越来越自动化，这使得儿童和青少年能够觉察在其他情况下可能会错过的观点和事件之间的联系。一个 12 岁的少年不需要太多意识努力就能算出一连串乘法的得数；一个 16 岁的少年拿起报纸迅速浏览一下娱乐版就能获悉一部电影上映的地点和时间。与儿童相比，青少年在这两种情况下的信息加工更具自动化而且只需要很少的努力。

在本章的前面，我们已经描述了凯斯（Robbie Case）的新皮亚杰学派的观点。凯斯的观点强调了青少年与儿童相比其信息加工方式的改变，包括自动化。在凯斯（1992，1998，2000）看来，由于自动化、信息加工容量的增加以及对很多内容更为熟悉，青少年拥有更多可用的认知资源。这些信息加工的进步减轻了认知系统的负担，使得青少年能够同时记住一个话题或问题的几个维度。相比之下，儿童更倾向于只注意一个话题的一个维度。

让我们来研究一下席格勒所提出的第三个和第四个变化机制：策略建构和类化。*策略建构*是发现一种新的信息加工程序。席格勒认为，为了解决一个问题，青少年需要编

青少年的视角

我们想的比成年人所认为的还要多

“我认为成年人并不理解今天的孩子能够想到多少。我们不会从表面价值来看待事物，我们想要知道事物为什么会是这样及其背后的原因。我们希望世界更美好，而且我们一直都在思考如何去实现它。当我们成人后，我们会让世界变得更美好。”

——杰森，15 岁
达拉斯，德克萨斯州

码与这个问题有关的主要信息，然后寻找途径将该信息与先前的有关信息相协调。为了从一个新构建的策略中充分获益，青少年还需将其类化或将其应用于其他问题。

信息加工观的第三个特征是强调自我矫正。和皮亚杰的理论一样，当代信息加工观的倡导者主张青少年在发展过程中扮演着主动的角色（Kuhn & Franklin，2006）。他们使用所学的知识和策略调整自己的反应以适应于新的学习情境（Pressley & Hilden，2006），青少年正是通过这种方式从先前的知识和策略中构建更为复杂的反应。

注意和记忆

虽然研究者已经做了大量关于儿童和成人信息加工的研究，信息加工观对于理解青少年的认知还是很重要的，它关于注意和记忆过程的观点尤为重要。

注　意

儿童和青少年总能听到别人对他们说“注意”。只是，什么是注意呢？注意是心理努力的指向和集中，注意既具有选择性也具有转换性。例如，当青少年参加考试时，他们必须能够排除其他刺激，同时将心理努力集中到特定刺激（试题）上。注意的这一重要方面被称作选择性。当青少年缺乏选择性注意时，他们在忽视无关信息上就有困难。例如，如果一个少年正在学习，而电视机正发出刺耳的声音，该少年可能无法集中注意。

注意不仅是选择性的，它还是能够转换的。如果老师要求学生注意一个特定问题并且他们确实这么做了，则表明他们能够将心理努力的焦点由一个刺激转换到另一个刺激。如果一个少年在学习时电话响了，这个少年可能会将注意由学习转向电话。但是，外部刺激未必会导致注意的转换。在任何时候，青少年都可以随心所欲地将注意由一个话题转向另一个话题。他们可能会考虑上次去看戏的情形，然后将思维转换到一场即将到来的音乐独奏会等等。

一项研究发现，12 岁少年在两项任务中分配注意的能力显著好于 8 岁孩子，且只稍稍逊色于 20 岁的青年（Manis，Keating，& Morrison，1980）。青少年可能比儿童拥有更多可用的资源，或者他们更有能力分配资源。

记　忆

青少年的生活几乎每时每刻都与记忆有关。青少年所走的每一步、他们的每一个思想以及所说的每一个单词都有记忆的参与。记忆指的是信息随着时间的保持，它对于精

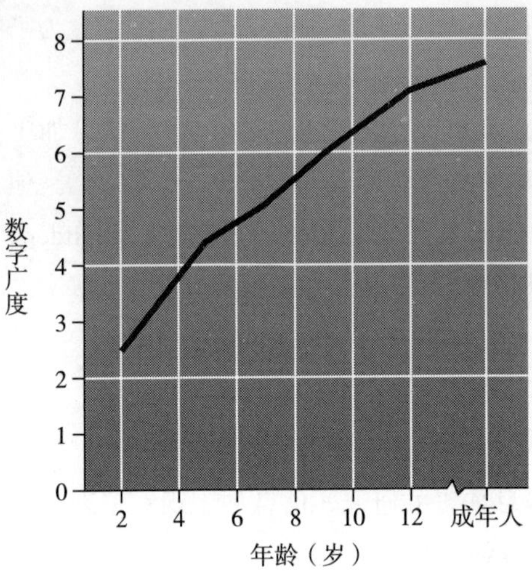

图 4.5

记忆广度的发展变化。在一项研究中，记忆广度从两岁时的 3 个数字增加到了 7 岁时的 5 个数字（Dempster，1981）。到 12 岁时，记忆广度又平均增加了 1.5 个数字。

神生活和信息加工是重要的。为了成功地学习和推理，青少年需要保持信息并在需要时将之提取出来。青少年的学习涉及三个重要的记忆系统，即短时记忆、工作记忆和长时记忆。

短时记忆 短时记忆是一个容量有限的记忆系统。在短时记忆中，信息如果得不到复述，则仅可以保持 30 秒的时间，如果得到复述则可以保持更长的时间。评定短时记忆的常见方式是呈现一系列需要记忆的项目，这种方法通常被称作记忆广度任务。如果你参加过智力测验，你可能曾被要求记住一连串数字或单词。测验中，你只是听到一小串以极快速度呈现的（例如，每个一秒钟）刺激（通常是数字），然后要求你复述这些数字。通过使用记忆广度任务，研究者已经发现，短时记忆的容量在儿童早期大量增加，且在儿童晚期和青少年期会继续增加，但此时增加的速度较缓慢。例如，一项研究发现，记忆广度在 7~13 岁之间增加了 1.5 个数字（Dempster，1981）（见图 4.5）。但是，请记住，记忆广度存在个体差异，这也是使用智力测验和各种能力倾向测验的原因之一。

如何在问题解决中使用短时记忆呢？在一系列实验中，罗伯特·斯滕伯格和他的同事（Robert Sternberg，1977；Sternberg & Nigro，1980；Sternberg & Rifkin，1979）尝试通过向三年级、六年级、九年级学生和大学生呈现需要解决的类比任务来回答这个问题。年龄小的（三年级和六年级）和年龄大的（九年级和大学生）学生之间存在显著差异。年龄大的学生更有可能通过信息加工的方式来解决类比任务，相比之下，儿童经常在尚未完全考虑解决问题所必需的步骤之前就停止了他们的信息加工。斯滕伯格认为，儿童的信息加工之所以不完整是因为他们的短时记忆超负荷了。解决诸如类比这样的问题，需要个体不断地比较新编码的信息和之前编码过的信息。斯滕伯格主张，青少年可能有更多的短时记忆存储空间，这导致在类比问题中出现较少的错误。

除了更多的存储空间，还有其他因素可以说明青少年在记忆广度任务和解决类比问题中表现更好吗？虽然可能存在一些其他因素，但信息加工心理学家认为，信息加工的速度和效率很重要，尤其是识别信息的速度。

工作记忆 短时记忆就像一间被动的存储室，它有许多架子来存储信息，直到信息被转移到长时记忆中。工作记忆是一种心理“工作站”，当个体做决定、解决问题以及理解书面语和口语时，他们就在那儿操纵和收集信息（Baddeley，1992，2000）（见图 4.6）。与短时记忆相比，许多心理学家更喜欢用工作记忆来描述记忆是如何运作的。在对信息的加工方面，工作记忆比短时记忆更为主动和强大（Swanson，2005）。

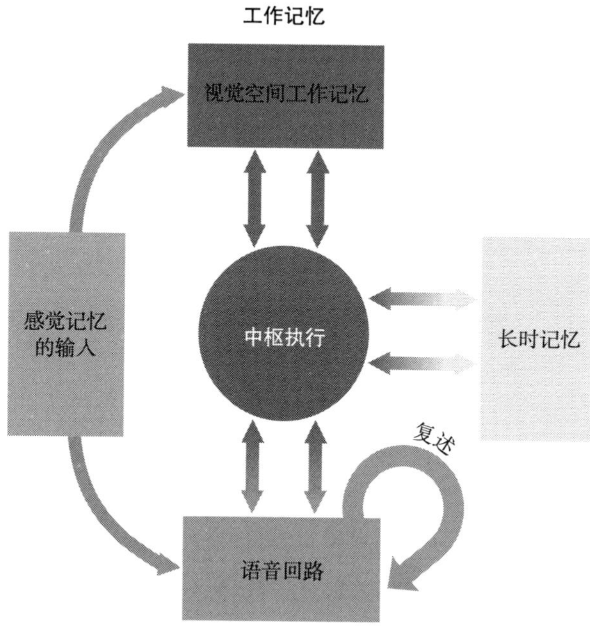

图 4.6
工作记忆。
在巴德利的工作记忆模型中，工作记忆就像一个心理工作站，在那里进行着大量的信息加工。工作记忆包括三个主要成分：语音回路和视觉空间工作记忆起辅助作用，帮助中枢执行发挥作用。感觉记忆的输入进入到语音回路和视觉空间工作记忆，在语音回路中，语言信息得以储存和复述，而视觉和空间信息（包括表象）存储在视觉空间记忆中。工作记忆是一个容量有限的系统，信息在那里只储存很短时间。工作记忆与长时记忆相互作用，它使用长时记忆中的信息来发挥作用，并将信息转移到长时记忆中以便储存更长时间。

在一项研究中，研究者分别考查了 6~57 岁的个体在言语和视觉空间工作记忆任务上的表现（Swanson，1999）。这两种言语任务分别是听觉数字序列（记住插入短句子中的数字信息的能力，比如“现在假定有人想去艾尔姆街道 8651 号的超市”）和语义联想（将单词组织到抽象范畴中的能力）（Swanson，1999，p. 988）。在语义联想任务中，向参与者呈现一连串单词（如衬衫、锯子、短裤、锤子、鞋和钉子），然后要求他们记住这些单词是如何排在一起的。这两种视觉空间任务涉及地图 / 方向和一个视觉矩阵。在地图 / 方向任务中，向参与者呈现一条街道的地图，上面标示着一辆自行车（儿童 / 少年）或汽车（成人）将要环绕城市的路线。简要地看完地图后，要求参与者在一张空白地图上重新画一张路线图。在视觉矩阵任务中，参与者要学习一张显示一系列点的矩阵。看 5 秒钟的矩阵，之后他们回答有关点的位置的问题。

图 4.7
工作记忆的发展变化。
注意，这里所显示的分数是每个年龄组的平均值，而年龄也代表平均年龄。分数越高表明工作记忆的成绩越好。

	任务			
	言语任务		视觉空间任务	
	语义联想	数字/句子	地图/方向	视觉矩阵
年龄 8	1.33	1.75	3.13	1.67
10	1.70	2.34	3.60	2.06
13	1.86	2.94	4.09	2.51
16	2.24	2.98	3.92	2.68
24	2.60	3.71	4.64	3.47
最佳工作记忆成绩	3.02 (45岁)	3.97 (35岁)	4.90 (35岁)	3.47 (24岁)

如图 4.7 所示，不管是什么任务，在 8~24 岁期间工作记忆大幅度增强。因此，青少年期可能是改善工作记忆的一个重要的发展时期。注意，工作记忆在个体向成年期转变的过程中乃至以后的日子里还会继续改善。

长时记忆 长时记忆是一个相对永久的记忆系统，它能够长期存储大量的信息。长时记忆在儿童期中后期显著增强并且在青少年期可能继续改善，尽管这一发现还没有得到研究者详细说明。关于长时记忆，我们已知的是它涉及学习和记忆信息时的学习活动（Pressley & Schneider，1997；Siegler & Alibali，2005）。大多数学习活动属于策略范畴，是学习者有意识控制的活动。有许多这类活动，但最重要的活动之一是组织，即分组或将项目归到不同范畴去。关于策略我们稍后还有更多的介绍。

执行功能

注意和记忆都是信息加工中的一些重要方面，但是其他方面也很重要。一旦青少年注意到信息并保持它，他们就可以使用该信息来进行许多更高级的认知活动，比如决策、推理、批判性思维、创造性思维以及元认知。这些更高级的、复杂的认知过程通常被称作执行功能。在本章先前所描述的认知机能模型中，艾伦·巴德利（Alan Baddeley，1998，2002）认识到了这些更高级的认知过程的重要性，事实上，他在自己的模型中将其称作中枢执行。

越来越多的人认为执行功能在青少年期逐渐增强（Kuhn，2005，in press；Kuhn &

Franlin，2006），这种执行功能“根据任务需要担当监督和管理认知资源的角色。因此，认知发展和学习本身变得更为有效……这一执行（功能）的出现和加强，被认为是生命的第二个十年中唯一最重要的和连续的智力发展”（Kuhn & Franklin，2006）。执行功能在青少年期增强的一个例子是，它在决定如何分配注意中发挥着作用。让我们通过关注决策来开始考查执行功能。

决　策

青少年期是提高决策能力的时期：选择哪些朋友？和哪个人约会？该不该有性行为、买不买汽车、上不上大学等等（Byrnes，1998，2003，2005；Galotti & Kozberg，1996；Jacobs & Klaczynski，2005；Klaczynski，2005，in press；Parker & Fischhoff，2002；Reyna & others，2005）。青少年的决策能力如何？在有些综述中指出，年长的青少年比年幼的青少年更有能力，而年幼的青少年比儿童更有能力（Keating，1990）。与儿童相比，青少年更有可能做出不同的选择，他们能从不同的视角考查一个情境，能预测到决策的结果并考虑信息来源的可靠性。

有项研究指出，年长的青少年比年幼的青少年更擅长做决策（Lewis，1981）。研究者分别向八年级、十年级和十二年级的学生呈现涉及医疗程序选择的两难困境。研究发现，年龄最大的学生最有可能自发地提到种种风险，向一位专家咨询并预测将来的后果。例如，当问及是否要进行整容手术时，一个十二年级的学生说需要考察情境的不同方面，考虑整容对个体未来的影响，尤其是对个体与他人关系的影响。相比之下，一个八年级的学生给出的回答更具局限性，他只谈论了手术是否会影响约会、所需的金钱以及是否会被同伴嘲笑。

总之，青年通常比少年能做出更好的决策，而少年又会做出比儿童更好的决策。在决策过程中管理情绪的能力、记住先前决策及其结果的能力，以及在那些结果的基础上调整随后决策的能力，这一切似乎均随着年龄的增长不断改善，至少在成年早期是如此（Klaczynsnski，Byrnes，& Jacobs，2001）。

然而，青年的决策技能远非完美，成年人亦是如此（Jacobs & Klaczynski，2002；Keating，2004；Klaczynski，1997，2005，in press；Klaczynski，Byrnes，& Jacobs，2001）。事实上，一些研究者已经发现，青少年和成人的决策技能并没有差异（Quadrel，Fischoff，& Davis，1993）。另外，研究者还发现，青少年的决策与一些人格特征有关。例如，冲动和寻求感官刺激的青少年通常不是非常有效的决策者（Byrnes，1998）。

有能力做决策并不能保证一个人在日常生活中做到有效决策，因为在日常生活中，经验通常会起作用（Jacobs & Klaczynski，2005；Jacobs & Potenza，1990；Keating，1990，2004）。例如，驾驶员训练课程能够提高青少年的认知和运动技能，使其达到或者有时甚至超过成人的水平。然而，驾驶员训练在降低青少年的交通事故率上却无效（Potvin，Champagne，& Laberge-Nadeau，1988）。一类重要的研究项目就是研究青少年在实际情境中的决策方式（Fantino & Stolarz-Fantino，2005）。

与情绪激动时相比，大多数人在镇定时能做出更好的决策，对于青少年来说尤其如此。回忆一下我们在第3章中所讨论的大脑的发展，青少年容易情绪激动。因此，对于同一个青少年而言，当他镇定时会做出明智的决策，但在情绪激动时他可能会做出不明智的决策（Dahl，2004）。那么此刻，我们可以说青少年的情绪尤其可以左右其决策能力。

青少年需要更多的机会来实践和讨论现实决策（Jones，Rasmussen，& Moffitt，1997）。现实中，许多关于性、药物以及冒险驾车之类事情的决策都是在紧张气氛中做出的，这些紧张气氛包括时间限制和情感卷入。在这种情况下改善青少年决策的一种策略是，为他们提供更多的机会来参加角色扮演和群体解决问题的活动。

另一个策略是，父母要让青少年适当地参与决策。在一项以900多名青少年及其父母为亚样本的研究中，当青少年感觉他们能够控制发生在自己身上的事、并且认为他们的投入会对决策的结果产生影响时，他们更有可能参与家庭决策（Liprie，1993）。

推　理

推理是一种逻辑思维，它使用归纳和演绎来得出结论，我们先来关注一下归纳推理。

归纳推理 **归纳推理**（inductive reasoning）指的是由具体到一般的推理。也就是说，它根据对一个范畴内部分成员的观察结果来得出关于其全体成员的结论（形成概念）（Markman & Gentner，2001）。例如，在英语课上，一位学生只读了Emily Dickinson的几首诗却被要求概括出Dickinson诗的一般特点，此时就需要进行归纳推理。当一个学生被问及数学课上的一个概念是否可以应用到其他情境中时，诸如商业或科学，也需要进行归纳推理。关于青少年发展的研究也是归纳性的，因为它只研究参与者的一个样本，通过这个样本得出关于总体的结论。科学家很少只通过一项研究来得出关于一个话题的结论，相反，他们需要针对同一个话题做大量的研究以使结论更可信。

事实上，归纳推理的一个重要方面是重复观察。这样关于相似经验的信息就会积累，直到能够发现一个重复的模式并得出更为精确的结论。为了研究归纳推理，研究者会根据两件同时发生的事件来考察归纳推理是否合理（Kuhn，Kacz，& Dean，2004）。因为这些事件发生在同一时空中，其中一件事经常被认定导致了另一件事，虽然可能存在其他因素。例如，一位父亲或母亲可能得出结论说，“哈里对我女儿造成坏的影响，在遇到他之前莎朗是不喝酒的。”这个男孩可能是原因,但这一事件的发生也可能是一种巧合。当然，如果还有重复的证据（例如，每个和哈里约会的女孩都存在饮酒问题），那么这个论点就更有说服力了。

试想，一个青少年看到了一条黑色的蛇，然后得出结论说“所有的蛇都是黑色的”。他的表妹给他发了封邮件，谈论她最近买的一条宠物蛇，而这个青少年认为那条蛇肯定是黑色的。显然，这个青少年并没有观察世界上所有的蛇，事实上他只看到了一条蛇，只看到了世界上所有蛇中的一个小样本。当然，如果他看到另一条灰色的蛇或一条白色的蛇，他就会改变自己的想法。归纳推理从来都不会得到最终确定的结论，只是代表了更多或更少的可能性。但归纳可以提供否定性的结论，例如，看到一条黄色的蛇就能证明“所有蛇都是黑色的”这一论断是错误的。

青少年有多擅长归纳推理呢？在从单一事件中概括出结论时，仅从犯错角度来看，青少年比儿童做得好，但还不如成年早期的个体（Kuhn & Franklin，2006）。

演绎推理　与归纳推理相比，**演绎推理**（deductive reasoning）是由一般到具体的推理，图 4.8 直观地呈现了归纳和演绎推理之间的差异。

当你解谜题时，你是在进行演绎推理。当你学习一个普遍规则然后理解它是如何应用到某些情境而不是其他情境时，你在进行演绎推理（Kuhn & Franklin，2006）。当心理学家使用理论和直觉来进行预测，然后通过更深入的观察来评估这些预测时，也是演绎推理在起作用。

如果原始规则或假设是正确的，那么演绎推理总是可靠的，而随之得出的直接结论在逻辑上也是成立的。例如，如果你知道狗吠而猫喵喵叫这个普遍规则（并且如果这些规则总是正确的），那么你就可以根据发出的特定声音来正确地推断出邻居家的那只长相奇怪的宠物是狗还是猫。当心理学家根据理论提出一个假设时，他们也是在使用演绎推理，因为这个假设是根据一般理论所做出的具体的、逻辑的延伸。如果理论是正确的，假设也会被证明是正确的。

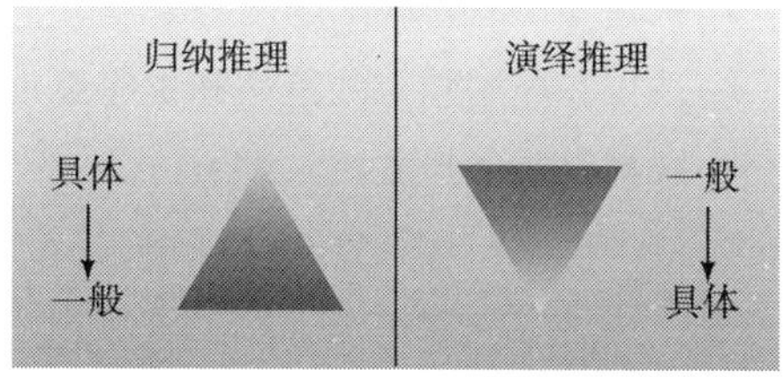

图 4.8

归纳推理与演绎推理。左边的金字塔（头朝上）代表归纳推理，由具体到一般，右边的金字塔或三角形（头朝下）代表演绎推理，由一般到具体。

演绎推理的许多方面已经被研究过，包括知识和推理发生冲突的情况。在青少年期，即使要进行推理的前提是错误的，个体的演绎推理能力也会不断增强。考虑下面这个演绎推理问题：

所有的篮球运动员都是摩托车驾驶员。

所有的摩托车驾驶员都是女性。

假定上面的两项陈述都是正确的，那么下面的陈述是正确的还是错误的？

所有的篮球运动员都是女性。

儿童很少会认为此类结论是由前提得出来的合理推论。从青少年早期一直到成年早期，当已有知识和推理相冲突时，个体得出精确结论的能力会得到改善。也就是说，能够“独立于前提的真实情形进行推理”（Kuhn & Franklin，2006）。

批判性思维

做出有效的决定和进行逻辑推理都与批判性思维密切联系，批判性思维是当今教育和心理学中的流行词（Black，2004；Brooks，2001；Halonen，1995；Van Gelder，2005）。**批判性思维**（critical thinking）是反省式和富有成效的思维，是要评估证据的思维。在一项关于五年级、八年级和十一年级学生的研究中发现，批判性思维随着年龄的增长而增强，但只有 43% 的十一年级的学生具备批判性思维能力（Klaczynsnski & Narashimham，1998）。许多青少年在其推理中表现出了自我服务偏差。

青少年期是批判性思维发展的一个重要过渡期（Keating，1990），在该时期内，认知能力方面的一些改变可以引起批判性思维的改善：

- 信息加工的速度、自动化和容量均会增加，所有这些都解放了认知资源，可以用来处理其他任务。
- 多个领域中知识的积累。
- 构建知识间新联结的能力增强。
- 获得和应用知识的策略和程序更丰富，并能自发地使用它们，比如计划、考虑其他选择以及认知监控。

虽然青少年期是批判性思维技能发展的一个重要时期，但如果个体在儿童期没有获得扎实的基本技能（如文字和数学技能），那么，批判性思维就不大可能在青少年期发展成熟。对于那些缺乏这些基本技能的青少年来说，青少年思维的潜在收益似乎是不大可能的。

最近，学校对教授批判性思维相当感兴趣。认知心理学家斯滕伯格（Robert J.

Sternberg，1985）认为，大多数教授批判性思维技能的学校课程都是有缺陷的。他认为学校太过于关注形式推理任务，而对日常生活中所需要的批判性思维技能缺乏关注。

斯滕伯格认为，青少年在日常生活中需要的批判性思维技能主要有这些：认识到问题的存在，更明确地界定问题，处理没有唯一正确答案或没有明确解答标准的问题（比如选择一个值得做的职业），就与个人有关的问题做决定（比如决定做一个有风险的手术），获取信息，在团体中思考以及想出解决长远问题的长期办法。

鼓励学生进行批判性思维的一种方式是向他们呈现有争议的话题或文章，这些话题或文章涉及一个问题的两个方面以供讨论。一些教师羞于让学生参加这类批判性思维的辩论或讨论，因为它是不“礼貌”或“友好”的（Winn，2004）。然而，只有当学生遇到冲突性的论点和辩论时，他们的批判性思维才会得到提升。这些冲突性的论点和辩论，可以激励他们更深入地探究一个话题并尝试解决问题（Gong，2005；Van Gelder，2005）。在这些情况下，如果老师不表明他们自己的观点，学生往往会受益，因为这样会使学生更自由地探索问题的不同方面和话题的多元视角。

与青少年发展有关的职业

劳拉·比克福特，中学教师

劳拉·比克福特在为 9 到 12 年级的学生教授英语和新闻，而且她还是加利福利亚州奥哈伊的诺德霍夫中学英语教研室的主任。

劳拉认为鼓励学生思考是很重要的，她说过：“教书就是教学生如何思考。”她认为教师需要鼓励学生提出各自的问题、进行讨论、参加激发智慧的谈话，教师需要展示这些活动的价值。劳拉说，她也会鼓励学生使用元认知策略（知道自己知道）。例如，在特定的课题完成后，她会要求学生评论自己的学习。她还要求学生写读书笔记，这样他们就能够注意到自己的思维过程。

劳拉·比克福特正在与学生一起写论文。

让学生批判性地思维并非易事（Black，2004；Case，2005；Lauer，2005）。许多学

生在进班级时都有被动学习的历史，他们之前一直被鼓励记住问题的正确答案，而不是运用智力以更复杂的方式进行思考。通过要求学生关注论点、问题而不是只背诵事实，教师可以促进儿童的批判性思维能力的发展。

创造性思维

创造力（creativity）是以新颖的方式思考问题并发现独特解决方式的能力。因此，我们即将要讨论的智力和创造力不是一回事。吉尔福特（J. P. Guilford，1967）起先是通过比较**聚合思维**（convergent thinking）（只产生一个正确答案，常规智力测验所要求的那种思维的特点）和**发散思维**（divergent thinking）（产生同一问题的许多种答案，更具有创造力的特性）来作此区分的。例如，常规智力测验的一个典型项目是"60个一角银币可以换多少两角五分的辅币？"这个问题只有一个正确答案。相比之下，下列问题有许多可能的答案："当你听到独自一人坐在黑屋子里这个短语时，你头脑中出现了什么图像？"或者"你能想出曲别针的一些独特用途吗？"

智力和创造力是否有关联？虽然大多数有创造力的青少年都是相当聪明的，但是这个观点的反面未必是正确的(Lubart,2003)。许多高智商的青少年并不是非常具有创造力。

教育的一个重要目标就是帮助青少年变得更具创造力（Csikszentmihalyi，2000；Runco，2004；Winner，2006），以下是达成这一目标的一些有效策略：

- *让青少年参与头脑风暴并提出尽可能多的想法。*头脑风暴法是一种技术，在该技术中，团体中的个人被鼓励提出创造性的想法，大家讨论每个人的想法并把自己所想到的东西都说出来。然而，我们意识到有些青少年单独工作时更具有创造力。事实上，最近的一篇关于头脑风暴的综述得出结论：对于许多个体来说，单独工作比在团体中工作能够产生更多的观点和更好的想法（Rickards & deCock，2003）。原因之一在于，在团体中，一些个体在其他个体从事创造性思维时在磨洋工。不过，头脑风暴可能也有好处，比如培养团队精神，这也促进了其使用。
- *将青少年引入能够激发创造力的环境中去。*一些环境能够培养创造力而另一些环境则会阻碍创造力的发展（Nakamura & Csikszentmihalyi，2002；Sternberg，Grigorenko，& Singer，2004）。那些鼓励青少年发展创造力的人通常会依赖于他们天生的好奇心，提供练习和活动激励青少年寻求富有洞察力的解决方法，而不是问许多只有固定答案的问题。成年人也可以通过将青少年带到重视创造力的场所来鼓励他们发展其创造力。
- *不要过分控制。*特蕾莎·阿玛贝尔（Teresa Amabile，1993）指出，确切地告诉个体如何做事会使他们觉得任何独创性都是一个错误，任何探索都是在浪费时间。与命令青少年参加他们应该参加的活动相比，让青少年选择自己的兴趣并支持他们的爱好则不大可能破坏他们天生的好奇心。

当你问"这是什么"的时候，你到底是什么意思？它们是年幼心灵自发和自由的表达，没有被描述性或图画表征所束缚。

Copyright © 2000 Sidney Harris. Reprinted with permission.

- 激励内部动机。过分使用象征性奖赏或金钱奖赏会削弱青少年从创造性活动中得到的内在快乐，从而阻碍创造力的发展。青少年的创造性动机在于工作本身产生的满足，为奖赏和形式化的评价而进行的竞争通常会削弱内部动机和创造力（Amabile & Hennesey，1992）。
- 介绍有创造力的人给青少年认识。想一想在你的社区里最具创造力的人。教师可以邀请这些人到课堂上来，请他们介绍一下是什么使他们变得更具有创造力，或者演示一下他们的创造才能。作家、诗人、音乐家、科学家以及许多其他的人，都可以将他们的道具和作品带到班上来，使课堂成为一个激发学生创造力的场所。

专　家

最近，心理学家越来越对一个特定知识领域的专家和新手感兴趣（Keating，2004）。专家是新手（刚开始学习某个领域的人）的对立面。确切地说，专家在哪些方面表现更好呢？与新手相比，专家在以下方面的表现更好一些（National Research Council，1999）：

- 探测信息的特征和有意义的形式
- 积累更多的内容性知识，并在理解的基础上将它们组织起来
- 毫不费力地提取知识中最重要的方面

在儿童和青少年擅长的领域，他们的记忆尤其好。事实上，他们的记忆超出了那些在该内容领域还是新手的成人的记忆，这一点在一项有关 10 岁象棋专家的研究中有记载（Chi，1978）。这些儿童都是优秀的象棋手，但在其他领域他们并不是非常聪明。对

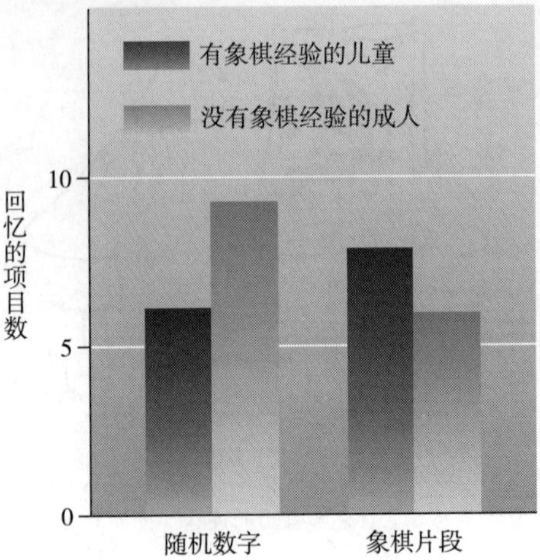

图 4.9
数字记忆和象棋片段的记忆

于大多数 10 岁儿童来说，其数字记忆广度比成人要小。但是，当向他们呈现象棋盘时，他们记住象棋布局的能力却比还是象棋新手的成人要好（见图 4.9）。

与新手相比，专家的知识是围绕着重要观念或概念组织起来的（National Research Council，1999）。这表明，专家对知识的理解比新手更深入。一个特定领域的专家通常比新手拥有更多关于该领域的精确信息网络，他们记忆中的信息有更多的节点、更多的相互联系以及更好的层级组织。

是什么决定了一个人是否能成为专家呢？动机和练习可以使人达到专家的状态吗？或者说，专家需要有一些天赋吗？

一种观点认为，要想成为专家，一种特殊种类的练习——有意练习是必需的。对个体而言，有意练习涉及难度适宜的练习，它提供正确的反馈，并允许有复述的机会（Ericsson，1996）。在一项关于音乐学院的小提琴手的研究中，按照儿童接受有意训练的程度来区分出新手和专家（Ericsson，Krampe，& Tesch-Römer，1993）。顶尖的小提琴手 18 岁之前进行有意练习的时间平均为 7500 小时，好的小提琴手只有 5300 小时。许多个体放弃了成为一名专家的机会，因为他们不愿意多年来一直付出努力，从事大量的有意练习。

这种大量的有意练习需要相当强的动机。那些没有动机进行长时间练习的学生，不大可能成为特定领域的专家。因此，抱怨工作的各个方面、缺乏坚持性、不能坚持进行大量练习解决数学问题的学生，是不会成为数学专家的。然而，要成为一位专家，通常也需要天赋（Bloom，1985；Shiffrin，1996；Sternberg & Ben-Zeev，2001）。许多个体尝试过成为伟大的音乐家和运动员，但都是在获得中等成绩后放弃了努力。不过，像贝多芬这样的音乐家和泰格·伍兹这样的运动员，如果没有强动机并进行大量的有意练习，也不会在其各自领域中有所专长，单有天赋并不能成为一位专家。

元认知和自我调节学习

我们已经讨论了青少年加工信息的一些重要方式，在这一部分中，我们将探讨他们如何监控其信息加工过程并调节他们的学习策略。

什么是元认知？ 在本章前面讨论皮亚杰理论时，我们了解到青少年开始对其思维进行思考，认知心理学家称这种思维为**元认知**（metacognition），即关于认知的认知，“知道自己知道”（Flavell，1999；Flavell，Miller，& Miller，2002；Kuhn，2005，in press；McCormick，2003；Pressley & Hilden，2006）。一些研究青少年的专家主张，青少年认知发展中最重要的进步就是思考自己思维的能力（Kuhn & Franklin，2006）。

已经有人通过教给学生元认知技能来帮助他们解决数学问题（Cardelle-Elawar，1992）。有老师在 30 节数学口算课程中，每天都指导成绩差的学生，使其认识到他们为什么不知道某些单词的意思、缺乏解决问题所需要的所有信息、不知道如何将一个问题细分为具体的步骤、或者不知道如何实施运算。在这些课程结束之后，那些接受过元认知训练的学生，其数学成绩以及对待数学的态度都有好转。

策略和自我调节 在米歇尔·普莱斯利（Michael Pressley，1983，2003；McCormick & Pressley，1997；Pressley & Roehrig，2002；Pressley & Hilden，2006；Pressley & others，2003）看来，教育的关键在于帮助学生学习丰富的问题解决策略。好的思维者惯常使用策略和有效的计划来解决问题，他们也知道什么时候、在什么地方该使用策略（即他们有着关于策略的元认知知识）。对策略使用的时间和地点的理解往往源于学习者对学习情境的监控，普莱斯利认为这种技能是可以教授的。当给予学生新策略的指导时，他们通常能独自应用那些策略。

学习如何有效地使用策略通常需要时间和教师的引导与支持（Pressley & Hilden，2006）。通过练习，学生将会更快、更有效地实施策略，“练习”意味着反复使用有效策略直到它成为自动化过程。为了有效实施策略，学习者必须将它们保持在长时记忆中，而大量的练习能使提取成为可能。

自我调节学习 **自我调节学习**（Self-regulatory learning）指的是一个人为了达成目标、而对自己的思维、情感和行为进行自我引导和自我监控。那些目标可能是学习上的（提高阅读理解能力、成为一个更老练的写作者、学习如何运用乘法、询问相关的问题），也可能是社会情绪性的（控制自己的愤怒、更好地与同龄人相处）。自我调节的学习者的一些特征是什么呢？自我调节的学习者（Winne，1995，1997；Winne & Perry，2000）能做到以下几点：

- 设定目标拓展其知识面和维持动机

- 意识到他们的情绪并按照一定的策略来管理情绪
- 定期监控目标完成的进程
- 根据其进步的步调微调或修改策略
- 评估所出现的障碍并作出必需的适应性改变

研究者已经发现，大多数高成就的学生都是自我调节的学习者（Paris & Paris，2001；Pressley，1995；Pressley & others，2003；Rudolph & others，2001；Schunk，2004；Schunk & Zimmerman，2003；Zimmerman，2000，2002）。例如，与低成就的学生相比，高成就的学生设定更为具体的学习目标、使用更多的学习策略、更多地监控自己的学习并且更为系统地评估目标完成的进程（Schunk & Ertmer，2000）。

心理测量 / 智力观

到现在为止，我们已经讨论过两种青少年的认知观（认知发展观和信息加工观），它们均没有强调智力的个体差异，而**心理测量 / 智力观**（psychometric / intelligence view）则强调个体智力差异的重要性，该观点的许多倡导者赞成智力测验。智力领域内一个日益引起大家重视的问题是证实智力的真正组成成分（Embretson & McCollam，2000）。

20 世纪的英国小说家赫胥黎（Aldous Huxley）指出，儿童有着非凡的好奇心和智力。当他使用智力这个词时，他指的是什么呢？智力是我们最宝贵的财富之一，但即使最聪明的人也不能够就什么是智力达成一致意见。智力不像身高、体重和年龄那样可以被直接测量。你不能够窥视一个学生的大脑并观察存在于其中的智力，我们只能通过研究大脑所产生的智能行为来间接地评价一个人的智力。一般来说，心理学家依靠编制好的智力测验来评估学生的智力（Aiken，2003；Kaufman，2000a）。

一些专家认为智力包括言语能力和问题解决技能，其他人则把智力描述为适应并从日常生活经验中学习的能力。

总结以上观点，我们可以对**智力**（intelligence）下一个相当传统的定义，即问题解决能力、以及适应日常生活并从日常经验中学习的能力。但是，即使这个宽泛的定义也不能让所有人都满意。我们很快就会看到，一些理论家提出，音乐天赋也应该被认为是智力的一部分。基于维果斯基的理论，智力定义也应包含一些在更有能力的个体的帮助下使用一种文化中的工具的能力。由于智力是如此抽象而又宽泛的概念，它有许多不同的定义也就不足为奇了。

智力测验

斯滕伯格（Robert J. Sternberg）回想过自己儿时对智力测验的恐惧。他说，当接受这类测验时，他简直吓呆了。即使已经成年，每当他回想起六年级时和五年级学生一起参加智力测验的情形，他也会因为这个耻辱而感到痛苦。斯滕伯格最终克服了对智力测验的焦虑，他不仅开始在智力测验上表现得更好，而且在 13 岁时编制了他自己的智力测验，并开始用它来评估同学的智力，直到校长发现并责骂了他。斯滕伯格变得对智力如此感兴趣以至于他将此项研究作为其毕生追求之一。在本章的后面，我们将讨论他的智力理论。但是，现在让我们首先来回顾一下第一个有效的智力测验。

比奈测验

1904 年，法国教育部要求心理学家比奈（Alfred Binet）设计一种方法来确定哪些学生不会从标准学校教育中受益。比奈和他的学生西蒙开发出了一种满足该要求的智力测验，该测验包括 30 个项目，既测验了参与者根据要求触摸自己的鼻子或耳朵的能力，也测定了参与者根据记忆画出设计并定义抽象概念的能力。

相比于先前测定智力所做出的努力，比奈测验简直就是一个巨大的进步。比奈强调说，智力的核心包括复杂的认知过程，如记忆、表象、理解和判断等。另外，他认为，发展的观点对于理解智力是非常重要的。他提出，儿童的智力随年龄而增长。因此，他测验了潜在的项目并确定了一般儿童可以正确回答这些项目的年龄。由此，比奈发展了**心理年龄**（mental age，MA）的概念，该概念指的是：与他人相比，个体的心理发展水平。对于智力中等的儿童来说，其心理年龄（MA）与其生理年龄（CA）相符，生理年龄指的是从出生开始计算的年龄。一个聪明儿童的心理年龄要显著高于其生理年龄，而一个愚笨儿童的心理年龄会显著低于其生理年龄。

比奈测验已经被修订过很多次，包括对智力的理解以及智力测验的新进展。很多修订版都是推孟（Lewis Terman）完成的，他制订了广泛的常模并为测验中的每个问题提供了详细而清晰的指导语。推孟还应用了斯滕（William Stern）提出的一个概念。1812 年，斯滕创造了**智商**（intelligent quotient，IQ）这个术语，它指的是个体的心理年龄与生理年龄之比再乘以 100 所得的分数：

$$IQ=MA/CA \times 100$$

根据比奈测验所测量的结果，如果一个青少年的心理年龄与他的生理年龄相同，那么这个青少年的智商将会是 100。而如果心理年龄高于生理年龄，那么智商就会高于 100。如果心理年龄低于生理年龄，智商就低于 100。虽然这种计分制已经不再使用，但智商这个术语仍然被用来指代在一个标准智力测验中所得的分数。

1985 年，该测验得到修订，即现在的斯坦福 – 比奈测验（测验是在斯坦福大学修订的），用以分析个体在四个内容领域的反应：言语推理、数量推理、抽象 / 视觉推理以及短时记忆。测验最终会得到一个总的合成分数。今天，我们通过将测验参与者的表现与同龄的其他人进行比较来计分，平均分数设为 100。

现在的斯坦福 – 比奈测验施测于 2~18 岁的个体，它包括各种各样的项目，一些项目需要言语反应而另一些则需要非言语反应（Kamphaus & Kroncke，2004）。例如，一个正常的 6 岁儿童应该能够完成定义至少六个单词（例如，橙子和邮票）的言语任务，并能完成走迷宫这样的非言语任务。具有平均智力水平的成年人，也应该能够界定像不成比例和尊重这样的词语，并能解释一条谚语，以及区分"比较闲散"和"懒惰"这两个概念。

多年来，比奈测验施测过数以千计的儿童、青少年以及不同年龄的成人。通过将测验施测于从美国不同地区随机选择的大量个体，研究者已经发现智商分数近似正态分布（见图 4.10）。**正态分布**（normal distribution）是一个对称的、钟形的曲线，其中大多数个案都落在中间范围，极少的分数出现在极端范围。斯坦福 – 比奈测验仍然是使用最广泛的个体智力测验之一。

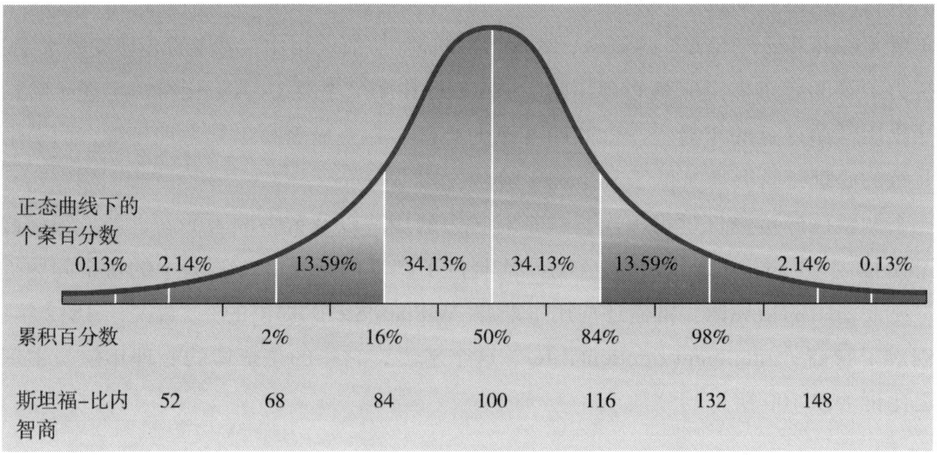

图 4.10

正态曲线和斯坦福 – 比奈智商分数。智商分数的分布近似正态曲线，总体中的大多数个体处于分数的中间范围，即 84 和 116 之间。注意：极高和极低的分数是很少的，只有 1/50 的个体具有高于 132 或低于 68 的智商。

韦克斯勒量表

除了斯坦福－比奈测验，另外一个使用最广泛的智力测验是韦克斯勒量表，该量表由韦克斯勒（David Wechsler）编制。1939 年，韦克斯勒编制了他的第一个量表，它是专为成年人而设计的（Wechsler，1939）。我们现在用的是第三版韦克斯勒成人智力量表（WAIS-III），还有第 4 版的韦克斯勒儿童智力量表（WISC- Ⅳ）和第 3 版的韦克斯勒学前及小学儿童智力量表（WPPSI-III），这两个儿童智力量表的适用年龄分别是 6~16 岁和 4~6.5 岁。

韦克斯勒量表不仅提供智商的总分，还可分别提供六个言语测量和五个非言语测量上的得分。这就可使施测者能够将言语智商和非言语智商区别开来，并且能够很快发现个体在某些领域低于、等于还是高于平均水平（Kaufman，2000b；Zhu & others，2004）。韦克斯勒量表中含有许多非言语项目，这使得该量表对言语和非言语智力而言更具有代表性。比奈测验也包括一些非言语项目，但没有韦克斯勒量表中的多。图 4.11 显示了两个韦克斯勒量表的分量表。

言语分量表

相似性

个体必须进行逻辑和抽象思维，回答许多关于事物之间相似性的问题。

例如：“一小时和一个星期看起来有何相似性”？

操作分量表

积木设计

个体必须组合一套彩色的积木，使之与主考者所呈现的设计相匹配。

视觉运动协调、知觉组织和空间视觉能力得到评价。

例如：“使用左边的四块积木拼成右边的模型。”

图 4.11

韦克斯勒成人智力量表 –III 的分量表样例。记住，韦克斯勒量表包括 11 个分量表，即 6 个言语量表和 5 个非言语量表，此处给出了其中的两个分量表。

智力测验的使用和误用

心理测验是工具，像所有的工具一样，它们的有效性取决于使用者的知识、技能和诚实性。一个锤子可以用来建造漂亮的橱柜，也可以用作攻击的武器。正如锤子一样，心理测验既可以用于正当目的，也会被误用。

智力测验对于学业和工作成功的预测具有实际应用价值（Brody，2000）。例如，一般智力测验上的得分与学校成绩以及成就测验成绩都有很高的相关。不仅在接受测验时如此，多年后还是如此（Brody，2000）。在六年级时测得的智商与个体最终受教育的年限有 0.60 的相关。

智力测验与工作业绩存在中等程度的相关（Lubinski，2000）。在一般智力测验上得分更高的个体倾向于找到薪水更高、更体面的工作（Wagner，1997）。然而，由于大多数工作中的成功是动机、教育以及其他因素共同作用的结果，一般智力测验只能预测大约四分之一的工作成就变异（Wagner & Sternberg，1986）。另外，智商与成就之间的相关会随着人们工作时间的延长而降低，这可能是因为，随着工作经验的积累他们在工作上就会表现得越好（Hunt，1995）。

尽管智商与学业成绩和职业成功之间有联系，但是我们要记住的是，许多其他因素也会导致学业和工作上的成功，这些因素包括成就动机、生理和心理健康以及社会技能（Sternberg，2003）。

许多智力测验所提供的单一数字很容易导致对个体的错误预期（Rosenthal，2000），以智商分数为基础而作出的一概而论很常见。例如，设想一下，秋后开学的当天你正在教师休息室里休息。你提到了一个学生琼斯，而另一位教师说琼斯去年在她的班上，她认为琼斯是一个名副其实的低能儿，他的智商只有 78。你下意识地记住了这条信息，它可能会使你认为琼斯并不聪明，花很多时间教他是没用的。在这种情况下，智商分数就被误用了，而且会成为自我实现预言（Rosenthal & Jacobsen，1968）。

智力测验能够帮助教师将那些在数学或阅读等学科领域内水平相当的学生分在一组，这样就可以教给他们相同的概念。但是，当使用测验分数将儿童划分到诸如“超常的”、“中等的”或“低下的”这些不同等级中时需要特别慎重。定期评价是必要的。智力测验测量当前的成绩，而成熟引起的改变和丰富的经验可能都会提升儿童的智力，这就表明他应该转移到更高水平的小组。

即使智力测验有其局限性，但它们仍属于心理学中应用最广泛的工具之一。为了能有效地发挥其作用，应该将它与个体的其他信息相结合。例如，仅仅一个智力测验不能决定一个儿童或青少年是接受特殊教育，还是将他安置在天才班。个体的发展史、医疗背景、在校成绩、社交能力以及家庭经历都应该被考虑进去。

尽管智力测验有其局限性，但当谨慎地使用时，它们可以提供有价值的信息。除了这些测验并没有更多的选择。对个体只做出一些主观判断，只会重新引入设计智力测验时本想要消除的偏见。

多元智力

用单一的分数来描述人们在智力测验上的表现，这一做法表明智力是一种一般能力，一种单一的特质。韦克斯勒量表提供了多种智力分数，还有总体分数。人们是否有一种综合能力来决定他们在所有这些测验中的表现？或者智力是几种不同能力联合的标签？常规智力测验能够测量到所有被认为是智力成分的要素吗？对于这些问题的答案心理学家存在意见分歧。

韦克斯勒并不是第一个将智力分解成多种能力的心理学家，也不是最后一个，许多当代心理学家继续探究智力的具体成分。一些心理学家在将智力概念化时并不依赖于传统的智力测验。让我们来看一下关于智力的其他几个关键概念，首先提及的是韦克斯勒的前辈斯皮尔曼（Charles Spearman）。

因素法

在韦克斯勒将智力划分为一般能力和特殊能力之前的一段时间，斯皮尔曼提出智力有两个因素，即智力的*两因素理论*，斯皮尔曼理论指出，个体既有一般智力（他称之为*g 因素*），也有许多特殊能力（他称之为*s 因素*）。斯皮尔曼认为，这两种因素解释了一个人在智力测验上的表现。斯皮尔曼通过将*因素分析*技术应用于智力测验而发展了他的理论。因素分析是一种统计程序，它通过计算测验分数之间的相关来辨别潜在的因素群或因素。

瑟斯顿（L. L. Thurstone，1938）也使用因素分析法分析了许多智力测验，但是他总结出，这些测验只测量了许多特殊因素，而不是一般智力。多因素理论，即瑟斯顿理论认为，智力由七种基本心理能力组成，它们是言语理解能力、数字能力、语词流畅性、空间视觉能力、联想记忆能力、推理能力和知觉速度。

加德纳的多元智力理论

在尝试阐明智力的本质时，斯皮尔曼和瑟斯顿都依赖于传统的智力测验。相比之下，加德纳（Howard Gardner）认为这些测验都太狭隘了。想象一下，某人可能具有杰出的音乐天赋但不擅长数学或英语，著名作曲家贝多芬就是这样一个人。你会说贝多芬“不聪明”吗？当然不会！

在加德纳看来，人们具有多元智力，而智力测验只测量了其中的一小部分，这些智力彼此之间相互独立。加德纳根据特定种类的脑损伤后某些认知能力以不同方式幸存等信息，来证明多元智力的存在。他也提到了天才儿童和一些在某个特殊领域有着非同寻常能力的智力落后儿童或孤独症儿童。

加德纳（1983，1993，2001，2002，2006）提出了八种智力，以下描述了这八种智力并且列举了能反映某种智力特点的职业（Campbell，Campbell，& Dickinson，2004）：

- 言语技能：以语词来思维并使用语言来表达含义的能力。典型职业为：作家、记者、演说者
- 数学技能：进行数学运算的能力。典型职业为：科学家、工程师、会计
- 空间技能：进行三维思考的能力。典型职业为：建筑师、艺术家、海员
- 身体运动技能：操纵物体且身体动作灵活。典型职业为：外科医生、工匠、舞蹈家、运动员
- 音乐技能：对音调、旋律、节奏以及音调特别敏感。典型职业为：作曲家、音乐家和敏感的倾听者
- 人际技能：理解他人并与他人有效互动的能力。典型职业为：成功的教师、心理健康专家
- 自知技能：理解自身的能力。典型职业为：神学家、心理学家
- 自然主义者技能：观察自然模式并理解自然和人造系统的能力。典型职业为：农民、植物学家、生态学家、观光者

加德纳认为，每个人都具有以上所有的智力，但是程度不同。因此，我们喜欢以不同的方式学习和加工信息。当人们能够将他们的优势智力应用于特定任务中时，他们就能够更好地学习。

加德纳认为，这八种智力都会因脑损伤而受到破坏。每种智力都涉及独特的认知技能，而且每种智力在有天赋的人以及心理发育迟滞和孤独症（一种心理障碍，其特征为缺乏社会互动和兴趣）个体身上都会以夸张的形式表现出来。霍夫曼（Dustin Hoffman）在电影《雨人》中描绘了一个患有孤独症的个体，他具有非同寻常的计算能力，他通过记住所有玩过的纸牌帮助弟弟在拉斯维加斯赌城赢了一把。

斯滕伯格的三元理论

像加德纳一样，斯滕伯格（Robert J. Sternberg，1986，1999，2002，2003）认为，传统的智力测验未能测量智力的一些重要维度。斯滕伯格提出有三种主要类型的智力：分析智力、创造智力和实践智力。为了理解分析智力、创造智力和实践智力的内涵，让我们来看一些相关的例子，它们反映了构成斯滕伯格**三元智力理论**（triarchic theory of intelligence）的三种智力：

- 试想一下勒蒂莎，她在诸如斯坦福－比奈测验这样的传统智力测验上的得分很高，而且是一位有名的分析思维者。斯滕伯格称勒蒂莎的分析思维和抽象推理为*分析智力*。这与传统上所称的智力以及智力测验所普遍评价的智力最为接近。在斯滕伯格的分析智力观中，分析智力的基本单元是*成分*，它也是信息加工的基本单元。斯滕伯格所认为的成分包括：获取或储存信息的能力；保持或提取信息的能力；转换信息的能力；计划、决策以及解决问题的能力；将思维转变为行动的能力。
- 托德并没有得到最好的测验分数，但是他却具有洞察力和创造性。托德所擅长的思维类型被斯滕伯格称作*创造智力*。在斯滕伯格看来，像托德这样具有创造性的人有能力快速解决新问题，但是他们也会学习如何自动化地解决熟悉的问题，因此，他们的大脑可以自由地解决其他需要洞察力和创造性的问题。
- 最后，试想一下伊曼纽尔，他在传统智力测验上的得分很低，但是却能够快速理解现实生活中的问题。他很容易就能掌握关于世界如何运转的知识。伊曼纽尔的“实战经验”和实际知道如何做的知识表明他具有斯滕伯格所谓的*实践智力*。实践智力包括摆脱困难的能力和与人相处的技巧。斯滕伯格将实践智力描述为关于如何在这个世界上生活的所有重要信息，而这些是学校里没有教过的。

“你很聪明，但你缺少实战经验。”

斯滕伯格（1997）认为，具有不同三元智力模式的学生在学校中的表现也不一样。有很强的分析能力的学生倾向于在常规学校中占优势，他们通常擅长于那些教师讲解并进行客观性测验的课程。他们经常被认为是聪明的学生，能够取得好成绩，在传统智力测验和SAT中表现得很好，而且会被具有竞争力的大学录取。

具有高创造智力的学生通常不是班上的尖子生。创造性的学生可能不会按照教师期待的方式去完成任务，他们给出的是独特的答案，这样他们可能会被训斥或记名。

像具有高创造智力的学生一样，实践智力很高的学生通常并不能很好地达到学校的要求。然而，这些学生在教室外常常会表现很好。他们的社交技能和常识可能会使他们成为成功的管理者、企业家或政客，尽管其学习成绩并不非常出众。

斯滕伯格（1999）认为，很少有任务是纯粹分析的、创造性的或实践的，大多数任务需要将这些技能结合起来。例如，当学生写一份读书报告时，他们可能会：（1）分析这本书的主题；（2）形成一些关于这本书如何才能写得更好的观点，以及（3）思考这本书的主题如何应用到人们的生活中。斯滕伯格主张学校教育应该给予学生机会来运用这三种智力。

情绪智力

加德纳和斯滕伯格的理论都包括一种或更多的与社交智力相关的智力。在加德纳的理论中，这些范畴就是人际智力和自知智力；在斯滕伯格的理论中则是实践智力。另外一个强调人际间、人际内以及实践方面的智力的理论称作**情绪智力**（emotional intelligence），戈尔曼（Daniel Goleman，1995）通过《情绪智力》一书普及了这个概念。情绪智力的概念最初是由彼得·沙洛维和约翰·梅尔（1990）提出来的。他们将情绪智力定义为精确并适应性地知觉和表达情绪的能力（例如观点采择）、理解情绪和情绪性知识的能力（例如理解情绪在友谊和婚姻中扮演的角色）、使用情感来辅助思维的能力（例如处于积极情绪，与创造性思维有联系）以及管理自身以及他人情绪的能力（例如能够控制自己的愤怒）。

最近，梅尔－沙洛维－库素情绪智力测验（Mayer-Salovey-Caruso，MSCEIT）被开发出来，用来测量刚刚描述过的情绪智力的四个方面：知觉情绪、理解情绪、促进思维和管理情绪（Mayer，Salovey，& Caruso，2002）。该测验由141个项目组成，可以施测于17岁以及17岁以上的人，施测时间需要30~45分钟。因为MSCEIT自2001年才可用，所以还没有多少研究来检验其预测结果（Salovey & Pizarro，2003）。最近一项使用MSCEIT的研究发现，那些情绪智力更高的青年人吸烟或喝酒的可能性都更小（Trinidad & Johnson，2002）。

人有一种智力还是许多种智力？

图 4.12 列出了对斯滕伯格、加德纳以及梅尔 / 沙洛维 / 戈尔曼观点的比较。注意，加德纳的观点中包含多种其他观点没有提到的智力。斯滕伯格在强调创造性智力上是独一无二的。这些多元智力理论提供了许多信息，它们激发我们更广泛地思考人的智力和能力的组成，而且它们激发了教育者发展出不同项目，在不同领域培育学生。

斯腾伯格	加德纳	梅尔/沙洛维/戈尔曼
分析智力	言语技能 数学技能	
创造智力	空间技能 运动技能 音乐技能	
实践智力	人际技能 自知技能	情绪智力
	自然主义技能	

图 4.12
斯腾伯格、加德纳和梅尔 / 沙洛维 / 戈尔曼观点的比较

多元智力理论也受到了很多批评。许多人争论说，支持这些理论的研究基础还没有建立，一些评论家尤其认为加德纳的分类似乎太武断。例如，如果音乐技能代表一种智力，我们为什么不提及象棋智力、职业拳击手智力等等？

许多心理学家仍然支持斯皮尔曼的 *g*（一般智力）概念。例如，一位研究智力的专家布罗迪（Nathan Brody，2000）主张，在一种智力任务上表现优秀的人可能会在其他智力任务上也表现优秀。因此，能够很好地记住一连串数字的个体，也可能擅于解决言语问题和空间布局问题。这种一般智力包括抽象推理或思维、获取知识的能力以及问题解决能力（Brody，2000；Carroll，1993）。

主张存在一般智力的专家中有人认为，个体也具有特殊智力（Brody，2000）。在一项研究中，约翰 · 卡罗尔（John Carroll，1993）对智力进行了广泛性的考查，他总结说，所有的智力都是相互关联的，这支持了一般智力的概念，但是也有许多特殊智力。有些特殊智力（如空间能力和机械能力）在大多数学校的课程中都没有充分反映出来。

智力中的争议和文化 / 种族比较

我们已经了解到，智力是一个模糊的概念，有许多关于它的相互对立的定义、测验和理论。因此，对智力概念的理解充满争议也就不足为奇了。在有些情况下，这些争论涉及不同群体智力的比较，比如不同文化或种族群体的人。

遗传和环境的影响

在智力研究中，最热门的领域是智力在多大程度上受遗传和环境的影响（Petrill，2003）。我们在第3章中指出，将这些影响分离开来非常困难，但那并没有阻碍心理学家们尝试去分离它们。

遗传 遗传对智力的影响有多大？遗传力这个概念尝试将遗传和环境的影响分离开来。**遗传力**（heritability）是总体中归因于遗传的部分变异，遗传力指数是通过使用相关技术计算出来的。因此，最高程度的遗传力是1.00，相关大于等于0.70就表明遗传的影响很大。由美国心理学联合会召集的、由一批受人尊敬的研究者组成的一个委员会得出结论说，到青少年晚期，智力的遗传力大约为0.75，这反映了遗传的巨大影响（Neisser & others，1996）。

关于遗传力，需要记住的一点是：它针对一个特定的群体（总体），*而不是个体*（Okagaki，2000）。研究者试图使用遗传力这个概念来描述人们为什么不一样，但对于为什么某个单一个体（比如你自己）具有特定的智力，遗传力无法给出解释；而对于群体间差异，它也不能够解释什么。

遗传力指数有一些缺陷（Dickens & Flynn，2001）。它只是与纳入其分析中的数据和从中得出的阐释一样。这些数据实际上都是由传统智力测验中得来的，而一些专家认为这些传统的智力测验并非总是智力的最好指标（Gardner，2002；Sternberg，2002）。另外，遗传力指数假定我们可以将遗传和环境因素区分开，每一部分都会产生独特的影响。正如我们在第2章中讨论的，基因和环境总是共同起作用。基因总是存在于环境中，而环境塑造了基因的活动。另外，大多数关于遗传和环境的研究并未涉及有巨大差异的环境。因此，许多遗传研究表明环境对智力的影响相当微弱，这也就不足为奇了（Fraser，1995）。

环境 环境影响智力的最强有力的证据之一是，在世界范围内智力测验分数的迅速提高（Flynn，1999）。智力分数提高得如此迅速，以至于大多数在世纪之交时被认为是具有平均智力水平的人，在今天会被认为是智力低于平均水平（Howard，2001）（见图4.13）。如果今天的一个有代表性的样本参加1932年所使用的斯坦福－比内测验，大约四分之一的人将会被界定为具有超常智力，而这个称号通常只会给予总体中不到3%的人。因为智力分数的提高发生在相对短的时间内，所以不可能是遗传的作用，而更可能是由于世界人口中更大比例的人群所接受的教育水平的提高，或者是诸如人们所面临的信息爆炸等其他环境因素。在短时间内发生的世界范围内的智力测验分数的提高被称作Flynn

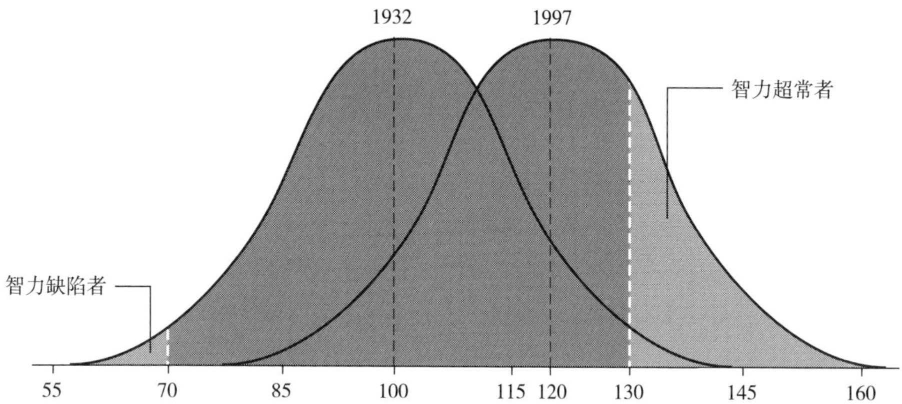

图 4.13

1932~1997 年智力分数的提高。据斯坦福 – 比内智力测验所测，美国儿童似乎正变得更加聪明。1932 年一个群体的测量分数分布呈倒 U 型曲线，其中一半人在 100 分以下一半人在 100 分以上。研究表明：如果今天的儿童再参加相同的测验，将有一半人在 1932 年量表上的得分超过 120，很少有人的得分会归入左边“智力缺陷者”这一端，大约有四分之一的人会被归为“智力超常”范围。

效应，以其发现者 James Flynn 来命名。

记住，环境的影响是复杂的（Neisser & others，1996；Sternberg，2003）。例如，具备所有“优势”的人长大后并不一定成功。来自富有家庭的儿童和青少年可能更容易进入优秀的学校、获得书籍、旅游和家教，但是他们可能认为这些机会是理所当然的，从而并不能够激发出学习动机和成就动机。同样，“贫穷”或“不利”并不就是等于“命中注定”。

文化和种族比较

群体间智力的比较可以从文化和种族群体两方面着手。

跨文化比较　文化在描述什么是聪明时会有所不同（Benson，2003）。西方文化中的人倾向于从推理和思维技能方面看待智力，而东方文化中的人则将智力看做团体成员成功扮演社会角色的一种方式（Nisbett，2003）。一项研究发现，中国台湾人所持有的智力概念强调理解他人并与他人相处，包括什么时候该表现和什么时候不该表现自己的聪明才智（Yang & Sternberg，1997）。

自20世纪70年代起，罗伯特·舍佩尼（Robert Serpell，1974，1982，2000）就开始研究非洲农村的智力概念。他发现，在非洲农村，尤其是在西方教育并不普遍的地方，人们通常模糊了聪明和有社交能力之间的区别。例如，在赞比亚的农村地区，智力这个概念包含聪明和有责任心。

测验中的文化偏见 许多早期的智力测验都有文化偏见，对来自城市的人有利而对农村环境中的人不利，对中等社会经济地位的人有利而对低等社会经济地位的人不利，对白人有利而对非裔美国人不利（Miller-Jones，1989；Neil，2004；Provenzo，2002；Watras，2002）。例如，早期测验中有这样的问题：如果你在街上发现一个3岁小孩，你应该怎么做？正确答案是“报警”。但是那些来自将警察看做对手的市内家庭的孩子不大可能选择这个答案。相似地，如果附近没有警察机构的话，农村地区的孩子也不大可能选择这个答案。很明显，这类问题并不能测量特定环境所需的知识，或者在市内邻里间或美国乡村变得“聪明”所必需的知识（Scarr，1984）。另外，那些不会说英语或英语说得不标准的少数种族群体的成员，在理解用标准英语表达的问题时处于不利地位（Gibbs & Huang，1989；Riccio，Rodriguez，& Valle，2005）。

研究者已经编制出了**文化公平测验**（culture-fair test），即没有文化偏见的智力测验。他们已经编制出了两种文化公平测验。第一种包括来自所有社会经济地位和种族背景的人都熟悉的问题。例如，儿童可能被问及鸟和狗有何不同，其前提假定是所有儿童都对狗和鸟很熟悉。第二种文化公平测验不包含言语问题。图4.14显示了瑞文渐进推理测验中的一个例题。即使是像瑞文推理测验这样的测验，它们在设计上是文化公平的，但受教育水平高的人比受教育水平低的人的得分还是要更高（Greenfield，2003）。

为什么编制文化公平测验如此困难？大多数测验倾向于反映主流文化所认可的重要内容（Aiken，2003；Greenfield & others，2003；Hambleton，Merenda，& Spielberger，2004）。如果测验具有时间限制，那么对不关注时间的群体来说存在偏见。如果语言不同，那么相同的单词对于不同的语言群体可能会有不同的含义（Merenda，2004；Ortiz & Lella，2005；Sireci，2004）。甚至图画也会产生偏见，因为一些文化具有较少的绘画和摄影经验（Anastasi & Urbina，1996）。在同一种文化中，不同的群体会有不同的态度、价值观和动机，而这可能会影响他们在智力测验上的表现。对于没有见过砖房的儿童来说，那些问及为什么建筑物应该用砖块来建造的项目是有偏见的。关于铁路、火炉、季节、城市之间的距离等问题，对于那些较少经历这些情境的群体来说也可能是有偏见的。

种族比较 在美国，来自非裔美国家庭和拉丁美洲家庭的儿童，在标准智力测验上的得

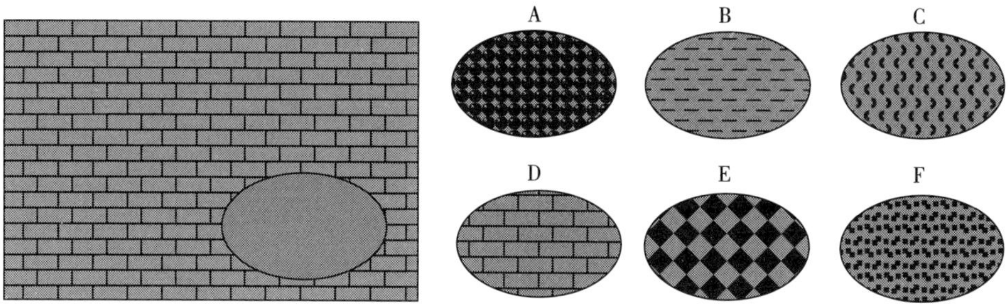

图 4.14

瑞文渐进推理测验的样题。向个体呈现一个符号矩阵，比如该图中左边的矩阵，然后要求个体从一组符号中选出合适的缺失符号将矩阵补充完整。

分比白人家庭的儿童要低。一般来说，非裔美国学龄儿童在标准智力测验上的得分比美国白人学龄儿童低 10~15 分（Brody，2000；Lynn，1996）。然而，这些都是平均分数。大约有 15%~25% 的非裔美国学龄儿童比半数的白人学龄儿童得分更高，而且许多白人比大多数非裔美国人得分更低。原因在于，非裔美国人和白人的分数分布出现了部分重叠。

理查德·伯恩斯坦和查尔斯·莫瑞（Richard Herrnstein & Charles Murray），写过一本书《钟形曲线：美国社会生活中的智力和等级结构》（1994），随后引发了一场论战。前面提过，倒 U 型曲线是正态分布的形状，它代表了根据一些共同特征，比如体重、对衣服的品味或者智商来对大多数人分类的结果。伯恩斯坦和莫瑞注意到，只根据一个人的智商无法对个体进行预测。智商和工作成功之间的弱相关只有在应用到大群体中时才具有预测价值。但是伯恩斯坦和莫瑞认为，在大群体内，智商对人类社会的普遍影响变得很明显。这两位作者认为，美国正在生成一个巨大的下层阶级，这个下层阶级的认知能力无法与大多数雇主将来的需求相匹配。他们认为，这个非裔美国人占很大比例的下层阶级可能注定会有福利依赖、贫穷或犯罪的缺点。

许多重要的评论都是针对倒 U 型曲线的。非裔美国人在智力测验上的平均分低于白人，但是，正如我们已经讨论过的，许多专家对于智力测验能够精确测量一个人智力的能力提出了严肃的质疑。

随着非裔美国人获取社会、经济和教育机会的增多，非裔美国人与白人在标准智力测验上的差距开始变小（Ogbu & Stern，2001；Onwuegbuzi & Daley，2001）。这个差距在大学中尤其小，与小学和中学时相比，非裔美国人和白人学生在大学经历了更为相似的环境（Myerson & others，1998）。另外，与低社会经济地位的儿童相比，当处于不利地位的非裔美国儿童被具有优势的中等社会经济地位的家庭收养时，他们在智力测验中的得分更类似于中等社会经济地位儿童的平均分（Scarr & Weinberg，1983）。

智力测验成绩的一个潜在影响是*刻板印象威胁*，即个人行为可能会强化人们对其所在群体的消极刻板印象。例如，当非裔美国人参加智力测验时，他们可能会体验到黑人"在智力上是低等的"这类固有刻板印象的焦虑。在一项研究中，将GRE中的言语部分分别对斯坦福大学的非裔美国学生和白人学生进行个别施测（Steele & Aronson，1995），每一个种族群体中的一半学生被告知研究者对评价他们的智力感兴趣，而另一半则被告知研究者正在尝试开发一种测验，但这个测验可能并不可靠和有效（因此，它并不意味着任何与其智力有关的东西）。白人学生在两种条件下做得同样好。然而，非裔美国学生在认为测验是评价其智力时表现得更差；当他们认为测验才刚刚处于开发阶段而且可能并不可靠和无效时，他们的表现和白人学生一样好。

其他研究已经证实了刻板印象威胁的存在。如果非裔美国学生认为他们在接受评价，则他们在标准测验中就会表现得更差。如果他们相信测验是没有价值的，他们就会和白人学生表现得一样好（Aronson，2002；Aronson & others，1999；Aronson，Fried，& Good，2002）。然而，一些评论家认为，用刻板印象威胁来解释测验差距夸大了其作用（Sackett，2003）。

社会认知

*社会认知*指的是个体对其所处的社会环境形成概念化和做出推理的过程。这种社会环境包括他们观察并与之互动的人、他们与那些人之间的关系、他们加入的团体以及他们对自己及他人的推理方式。最近，人们突然对社会认知特别感兴趣（Flavell，Miller，& Miller，2002；Lapsley & Narváez，2004），我们的讨论将集中于自我中心主义、观点采择和本书其他部分对社会认知的阐述。

青少年的自我中心主义

青少年的自我中心主义（adolescent egocentrism）指的是青少年高涨的自我意识，它通常反映在青少年认为其他人也和自己一样对自己感兴趣，以及认为自己是独特的和不可战胜的。戴维·埃尔金德（1976）认为，青少年的自我中心主义可以细分为两种社会思维——假想观众和个人寓言。

*假想观众*涉及获取注意的行为，即青少年表现出被人注意、被人观看或像是在“舞台上”等自我中心主义特点。一个青春期的男孩可能会认为其他人和自己一样，也会注意到他的一缕头发乱了。一个青春期的女孩认为自己走进教室时，所有的眼睛都在注意她的面色。青少年，尤其是在青春期的早期阶段，感觉他们就像站在舞台上一样，并相信他们自己是舞台上的主角，其他人都是观众。

什么是青少年的自我中心主义?

在埃尔金德看来，*个人寓言*是指青少年认为个人是独特的和不可战胜的这一自我中心主义特点。青少年的个人独特感使得他们感到没有人能够理解他们真正的感受。例如，一个青春期的女孩认为母亲不可能感受到她所受的伤害，因为男朋友和她分手了。为了保持个人独特感，青少年可能会设计一个关于自己的、充满幻想的故事，沉浸在一个远离现实的世界里。个人寓言在青少年的日记里频繁地出现。

青少年也会经常表现出一种不可战胜感，他们会认为虽然其他人容易遭遇悲剧，诸如一次严重的车祸，但这些事是不会发生在自己身上的。一些发展学家认为，自我中心主义所产生的独特感和不可战胜感是青少年做出一些看似轻率的行为的原因。这些行为包括赛车、毒品使用、自杀以及在性交时不使用安全套（Dolcini & others，1989）。例如，一项研究发现，具有高自我中心主义倾向的十一年级和十二年级女生，更有可能认为在没有使用避孕套的情况下发生性关系也不会怀孕，而那些自我中心主义倾向较低的青少年则不大可能这样认为（Arnett，1990）。

观点采择

研究者发现，青少年自我中心主义的发展过程可能会涉及*观点采择*的改变，开始采纳他人的观点并理解他人的思想和感情（Lapsley & Murphy，1985）。观点采择和青少年自我中心主义之间可能具有某种联系，因为观点采择的发展导致青少年能够真切地关心他人在想什么。

观点采择能够提升青少年的自我理解，而且它还能够提升他们在同龄群体中的地位和他们的友谊质量（Selman & Adalbjarnardottir，2000；Selman & Schultz，1999）。例如，在一项调查中，三年级和八年级最受欢迎的儿童具有很强的观点采择能力（Kurdek & Krile，1982）。那些观点采择能力强的青少年更擅于理解同伴的需要，因此，他们可能会更有效地与同伴交流。此外，在一项研究中，社会观点协调能力对因搬家而改变居住地的青少年的友谊形成具有重要影响（Vernberg & others，1994）。

自我与其他个体之间的关系是复杂的。大多数专业的发展理论家认为，自我与他人之间关系的发展变化是由自我中心主义到关注他人，但是，因为不同水平的观点采择出现的年龄存在重叠，这就使得清晰地划分观点采择阶段变得很困难。

本书其他章节涉及的社会认知

研究者对社会认知的兴趣已经产生，而且这种取向已经渗透到青少年发展研究的许多方面。第 5 章是有关自我和同一性的内容，我们探索了社会认知在理解自我和同一性中的作用。第 8 章是关于道德发展的评价，我们将大量的篇幅用于讨论柯尔伯格（Kohlberg）的理论上，他的理论是青少年社会认知研究的一个突出方面。另外，第 9 章是关于家庭的讨论，青少年新出现的认知能力与其亲子冲突和教养策略的关系受到了评价。此外，在第 10 章对同伴关系的描述中，我们突出了同伴关系中社会性知识和社会信息加工的重要性。

在本章中，我们已经考查了青少年的认知发展，下一章我们将探索青少年期的自我和同一性的发展。你将会了解到本章中所描述的认知发展为青少年期自我和同一性的发展奠定了基础。

第5章 自我、同一性、情绪和人格

“你是谁？”毛毛虫问。爱丽丝害羞地说：“我…眼下还很难说，先生…至少今天起床时，我还知道我是谁，但从那时起，我已经变了好几回了。”

——Lewis Carrol

19 世纪英国作家

青少年发展的镜像

一个 15 岁女孩的自我描述

青少年是如何描述自己的？你 15 岁的时候会怎样描述自己呢？你会觉得自己有什么特点呢？下面是一个 15 岁女孩对自己的描述：

“我是个什么样的人呢？这个问题很复杂！我敏感、友好、外向、受人欢迎、宽容，尽管我也可能很害羞、局促不安，甚至有时是可憎的。可憎！我希望自己永远是友好和宽容的，那正是我想成为的人。如果我不是那样，我会感到失望。我有责任感，甚至偶尔还比较用功；但另一方面，我又是个偷懒的人，因为，如果你太勤奋，你就不会受欢迎。在学校里，我通常不会很勤奋。我是个快乐的人，特别是和朋友们在一起的时候，有时候甚至有点吵闹。在家里，在父母身边的时候，我有点焦虑，因为他们希望我所有科目都得 A。这不公平！我担心该怎么才能得到更好的分数，但这样又会在朋友面前感到丢脸。所以，我在家里常常会压力过大，或者爱挖苦人，因为爸妈常常挑我的刺。但我真不明白我怎么能变的这么快？我的意思是，我怎么能在这一分钟开开心心，下一分又忧虑万分，接下来还会挖苦人？哪一个是真的我呢？有时候我觉得自己很假，尤其是和男孩在一起的时候。比方说，我认为某个男生可能有兴趣约我出去，我就会试着表现得很特别，像麦当娜那样。我会表现得轻浮又爱玩乐。所有人，我是说其他所有人就会像看个怪人一样看着我。我有时会局促不安，觉得尴尬。然后，我又会变得极端内向，我不知道我到底是谁！我只是试着给别人留下深刻印象，还是为了别的什么呢？但是无论如何，我并不是非常在乎他们的想法，其实是我不想在乎。我只想知道我的密友会怎么看，和他们在一起的时候，我可以是真实的自己。和父母在一起的时候，我就不可能是真实的自己，他们不理解我。他们怎么会知道一个十几岁的人是什么感受呢？他们仍然像对待小孩那样对待我。至少在学校里，人们更会像对待成人那样来对待我。但这也令人困惑，我是说，小孩和成人，我是哪个呢？这很恐怖，因为我根本不知道我长大后想成为什么样的人。我的意思是，我有很多想法。我和我的朋友雪莉谈起长大以后要不要当空姐，或是教师，或是护士、兽医，或者妈妈、女演员。我知道我不想当女招待或者秘书。但你怎么去做这些决定呢？我真的不知道。我的意思是，我想了很多，但还没下决心。有时候我真希望能不受自己影响。”

（Harter，1990b，pp.352–353）

预 览

这段话表明自我理解、同一性探索和情绪变化都是青少年发展的标志。青少年远比儿童更想要知道他们是谁、自身的一切以及未来生活的方向会怎样。在本章中，我们首先会探索自我和同一性，它们通常被认为是青少年人格发展的核心。然后，我们会将注意力转向青少年的情绪发展，最后考察青少年的人格特质和气质。

自 我

青少年具有一种强烈的探索意识，他们想知道自己是谁、是什么使得他们与众不同。看看下面这个男孩对自己的描述："男性、聪明、运动员、政治上的自由派、外向、有同情心。"他因为自己的独特而感到满意，"别人都跟我不一样，我有155cm，73kg，我住在郊区，打算考州立大学。我想成为体育新闻记者，我还是造独木舟的高手。不上学的时候，我会写一些关于体育明星的小故事，希望有一天能发表。"不管这些是真实的还是想象出来的，青少年发展中的自我感和独特感都是他们生活的动力。我们对自我的探索将从青少年对自我的理解开始，继而转向他们的自尊和自我概念。

自我理解

在青少年期，尽管个体会变得更加内省，但自我理解并不是完全在内心进行的，而是一个社会认知建构过程（Bergman，2004；Bosma & Kunnen，2001；Harre，2004；Harter，2006；Tesser，Fleeson，& Suls，2000）。即青少年发展中的认知能力与他们的社会文化经验交互作用，从而影响他们的自我理解。这些都是我们在本节将要讨论的问题：什么是自我理解？青少年自我理解中的一些重要内容是什么？

什么是自我理解

自我理解（self-understanding）是青少年对自我的认知表征，是青少年自我概念中的实质内容。举例来说，一个12岁的男孩知道自己是个学生、足球队员、家庭的一员、电玩迷；一个14岁的女孩知道自己是个啦啦队长、学生会成员、电影爱好者、摇滚乐迷。这些都是自我理解的内容。青少年的自我理解部分基于他们的多种角色和成员类别，这些角色和类别确定了他们是谁（Harter，1990a；2006）。尽管自我理解是个人同一性的理性基础，但它并不能完全代表个人的同一性。

青少年自我理解的各个方面

青少年自我理解的发展是复杂的，涉及了自我的诸多方面（Harter，1998，1999，2006），让我们来看看青少年的自我理解与儿童的自我理解有什么区别。

抽象和理想主义　回忆一下我们在第 2 章和第 4 章关于皮亚杰认知发展理论的讨论，许多青少年开始以更为抽象和理想主义的方式来思考问题。当要求青少年描述自己的时候，他们与儿童相比更容易使用抽象和理想主义的词语。我们来看 14 岁的劳拉对自己的抽象描述："我是一个人，我优柔寡断，我不知道自己是谁。"再看她对自己的理想化描述："我天生敏感，真的很关心他人的感受。我想我是一个漂亮的人。"并不是所有青少年都以理想化的方式来描述自己，但大多数青少年能区分真实自我和理想自我。

分化　随着时间的推移，青少年的自我理解会日益分化（Harter，2006）。在描述自己的时候，青少年与儿童相比更可能提到情境或环境的变化（Harter，Waters，& Whitesell，1996）。举个例子，一个 15 岁的女孩可能会用一组与家庭有关的特征以及另一组与同伴和朋友相关的特征来描述自己，而且还可能会采用另外一组特征来描述其恋爱关系。总体来说，青少年与儿童相比更容易认识到他们拥有很多不同的自我，每个自我在特定的角色或情境中也会有一定程度的变化。

变化的自我　考虑到青春期自我的矛盾性，自我在不同时间和不同情境下会变化也就不足为奇了（Harter，1990a；Harter & Whitesell，2002）。例如本章开篇提到的那个 15 岁的女孩，她说不能理解自己怎么可以在一个时刻感到开心，下一个时刻又变得焦虑，之后又很快变得爱挖苦人。一位研究者将青少年变化的自我称为是"气压计式的自我"（Rosenberg，1979）。大多数情况下，青少年的自我处于不稳定状态，直到青少年晚期或成年早期，他们才能建构出更为统一的自我理论。在本章其他部分我们会进一步讨论青少年的情绪波动。

> 当代的自我观点强调在不同关系情境间多重自我表征的建构。
>
> ——苏姗·哈特，当代心理学家，丹佛大学

自我内部的矛盾　随着青少年开始将自我概念区分成不同关系情境下的不同角色，他们感觉到这些分化的自我之间存在潜在的矛盾。在一项研究中，哈特（Susan Harter，1986）让

7 年级、9 年级和 11 年级的学生描述自己。她发现，从 7 年级到 9 年级，学生在自我描述中提到的矛盾（喜怒无常和善解人意，丑陋和有吸引力，无趣和好奇，关心他人和不关心他人，内省和爱玩）有显著增加。尽管自我描述中提到的矛盾在 11 年级学生中有显著下降，但其数量仍然超过了 7 年级学生。青少年在努力构建关于自我的一般性理论的时候，正在形成的认知能力使他们能够意识到不同自我之间的不一致性（Harter & Monsour，1992）。

现实自我与理想自我，真实自我与虚假自我 青少年正在形成构建理想自我的能力，这种能力有时候令他们感到困惑。尽管他们能够意识到现实自我和理想自我之间存在差距，这表明青少年在认知上有所进步，但人本主义理论家卡尔·罗杰斯（Carl Rogers，1950）认为，两者间的巨大差距是适应不良的标志。一个人的现实自我和理想自我（他想成为的样子）之间差距太大，会产生失败感和自我批评，甚至引发抑郁。

有些理论家认为现实自我和理想自我之间的巨大差距是适应不良的表现，其他理论家则不这么认为，尤其在青少年阶段这种差距未必就是适应不良。有一种观点认为，理想自我或者想象自我的一个重要内容是有关**可能自我**（possible self）：个体未来可能会成为什么人，他们想成为什么人，害怕成为什么人（Cota-Robles，Neiss，& Hunt，2000；Dunkel & Kerpelman，2004；Markus & Nurius，1986）。因此，青少年的可能自我不仅包括他们希望成为的样子，也包括他们担心成为的样子（Martin，1997）。从这种观点来看，青少年身上同时存在希望成为的理想自我和害怕成为的理想自我是有利于心理健康的，因为它们平衡了青少年的观点和动机。也就是说，未来积极自我的特点（进入好大学、被人赞赏、职业成功）可以引导青少年的积极行为，而未来消极自我的特点（失业、孤独、没进入好大学）可以明确青少年要避免的行为。

青少年能否区分出真实自我和虚假自我呢？一项研究探索了这个问题（Harter & Lee，1989）。结果发现，青少年最有可能在同班同学面前或者在浪漫关系和约会的情境下表现出虚假自我，面对亲密朋友他们最不可能表现出虚假自我。青少年可能是为了给别人留下好印象而表现虚假自我，也可能是为了尝试新的行为和角色而这么做。他们可能感觉到其他人不理解他们的真实自我，或者别人迫使他们以虚假的方式行事。有些青少年报告说，他们不喜欢自己虚假自我的行为，但也有青少年说这并不让他们感到困扰。哈特、斯托克、鲁宾逊（Harter，Stocker，& Robinson，1996）发现，那些认为能够得到家庭支持的青少年，更能体验到自我的真实状态。

社会比较 一些发展心理学家认为，青少年与儿童相比更可能使用社会比较来评价自身（Ruble & others，1980）。然而，在整个青少年期，青少年越来越不愿意承认自己出于此

在青春期，个体的自我意识是如何变化的？

目的进行社会比较，因为他们将社会比较视为不可取的社交方式，即他们认为承认自己的社会比较动机会危及自己的受欢迎度。

依赖社会比较的信息可能会使青少年感觉混乱，因为他们有很多可用的参照群体。青少年应该拿自己和一般的同学相比，还是与同性别的朋友相比、与受欢迎的青少年相比、与相貌好的青少年相比，还是和运动能力好的青少年相比呢？同时考虑所有这些社会比较群体会使青少年感到困惑。

自我意识 青少年相比儿童更容易意识到其自我理解的过程，并且专注于自我理解（Harter, 2006）。尽管青少年变得更加自省，但他们并不总是在社交隔离中发展自我理解。青少年会向朋友寻求支持和自我澄清，将朋友的看法纳入他们新的自我定义中。正如一个自我发展的研究者所评论的，青少年的朋友通常是反应性自我评价的主要来源，而反应性自我评价正是青少年紧张注视的那面社会镜子（Rosenberg，1979）。一项纵向研究发现，从 13 岁到 18 岁青少年对其公开的自我意识（包括自我中他人可见的方面，如外貌、行为和言谈）一直都相当强，并在 13~16 岁之间保持大致稳定，之后略微下降（Rankin & others，2004）。女孩要比男孩更在意公开的自我意识。在 13~18 岁期间，私下的自我意识（包含自我中不可见的部分，如思想、情绪和态度）也会增强。

自我保护 青少年为了更好地理解自己会产生一种混淆感和冲突感，这种感觉经常伴随着一种保护自我的需要。在这种想要保护自己的尝试中，青少年倾向于否认自己的消极特征。举例来说，哈特在有关自我理解的研究中发现，青少年更可能将一些积极的自我

描述（诸如有吸引力、爱玩乐、敏感、感情丰富和有好奇心）视为自我的中心和重要方面，而把一些消极的自我描述（诸如丑陋、平庸、抑郁、自私和紧张）视为自我的外围和次要方面（Harter，1986）。这种趋势与青少年以理想主义方式描述自我的趋势是一致的。

无意识自我 在青少年期，自我理解包括更多对自我的再认识，其中不仅包括意识的成分，也包括无意识的成分。然而，这种认识直到青少年晚期才有可能发生（Selman，1980）。也就是说，年龄较大的青少年更可能相信他们的某些心理经验超出自己的意识或控制。

自我整合 在青少年晚期和成人初显期，自我理解变得更加整合，自我的不同部分更系统化地结合在一起。年龄较大的青少年会尝试构建一个关于自我的一般性理论，形成一种整合的同一感，他们也可能会发现自己早期的自我描述存在一些不一致。

因为青少年创造了多重自我概念，整合这些不同的自我概念就变得有些困难。在青少年感到有必要将自我区分成多重角色时，形式运算思维的出现又促使他们进行整合，发展一个一致的、连贯的自我理论。最初，其萌芽的形式运算技能代表了一种倾向，使得青少年可以发现自我在不同角色之间的不一致性。只有到较晚的时候，这些技能才能提供足够的认知能力，使其可以整合那些明显的矛盾。正如在本章开篇中节选的例子，那个 15 岁的女孩疑惑自己怎么能如此迅速地从开心到抑郁再到爱挖苦人。“哪一个是真实的我？”她会问自己。研究者已经发现，14~15 岁的青少年不仅能够发现不同角色之间（比如与父母、朋友和浪漫伴侣一起时）的不一致之处，他们也较那些年龄较小（11~12 岁）和较大（17~18 岁）的青少年更容易因为这些矛盾而感到困扰（Damon & Hart，1988）。

自我理解和社会情境 我们已经看到，青少年的自我理解会根据不同的关系和社会角色而表现出差异。研究者已经发现，当青少年和母亲、父亲、密友、浪漫伴侣或同伴在一起的时候，他们对自我的描述是不同的。当他们把自己描述成学生、运动员或雇员的时候，也会表现出差异。同样，青少年可能会根据自身的种族和文化背景以及个体经验来创造不同的自我（Lalonde & Chandler，2004）。

多种族背景的青少年的多重自我反映了他们在家族、同伴、学校和社区的多重世界中游走的经历（Cooper & other，2002）。对非裔、华裔、菲裔、拉丁裔、欧裔、日裔、越南裔美国青少年以及日本青少年的研究表明，随着这些年轻人从一种文化迁移到另一种文化，他们可能会遇到与语言、种族、性别、移民和贫穷有关的障碍。然而，在每个不同的世界里，他们都能够找到资源——在各种机构中、他人身上或者自身。那些对在不同的世界之间迁移感到困难的青少年，可能会与自己的学校、家庭或同伴变得疏远起来。然而，能够有效地游走于不同世界的青少年，则可能会发展出二元文化或多元文化的自我，并且成为他人的“文化经纪人”。

黑兹尔·马库斯及其同事（Hazel Markus & Kitayama，1994；Markus，Mullally，& Kitayama，1999）认为，搞清楚多重自我是如何通过参与文化实践而产生的具有重要意义。他们主张，所有的自我都有文化特殊性，是随着个体适应自己的文化环境而产生的。在北美情境下（特别是在中产阶层情境中），文化促进并维持着个体的个性。北美人在描述自己的时候，通常不仅仅描绘现在的自己，也会提到对未来自我的想法，他们常常表现出需要稳定的、一致的多重自我。在日本，人们通常根据与他人的关系来描述多重自我（Dedikdes & Brewer，2001）。对很多日本人来说，自我提升同样是这些多重自我的重要方面。马库斯和她的同事认识到，文化群体以多样性为特征，他们总结出，应该在文化背景中理解个体多重自我中的主导方面。

戴芙娜·欧瑟曼及其同事（Daphna Oyserman & others，2002）最近开发了一个干预项目，以促进学生在学业方面的可能自我的发展。这个项目可能会使青少年感到与学校关系更紧密，从而更投入学校活动。参与者是低收入市区的非裔美国男孩和女孩，都是中学毕业班的学生。大约三分之一的学生接受了干预项目的训练，其他学生作为控制组成员。干预活动以小组形式进行，每周放学后进行一次，每次的时间是 90 分钟，一共持续了 9 周。小组干预的领导者是经过研究者培训的大学生。研究者分别在基线水平和学年末（春天）比较了干预组和非干预组的青少年。这个名为“从学校到工作”的干预项目关注一些诸如在学校里获得成功所需的技巧、对未来做时间规划、为来年做规划、解决日常问题以及工作和职业这类话题。结果，到学年末时，那些接受过干预训练的学生“报告与学校的联系更紧密了，更关注学业成功了，他们的可能自我也更为平衡了，他们会为达成可能的自我而采用更多策略，提高了出勤率。那些男孩在学校的问题行为也开始减少”（Oyserman，Terry，& Bybee，2002，P. 313）。最近，有关记录显示，在该干预项目实施整两年之后，参与干预项目的青少年的学业表现有所改善（Oyserman & Fryberg，2004）。

至此，我们已经讨论了自我理解的很多方面。然而，自我不仅包括自我理解，同时也包括自尊和自我概念。也就是说，青少年不仅试图去定义和描述自我的特性（自我理解），他们同样也会去评价这些特性（自我概念和自尊）。

自尊和自我概念

什么是自尊和自我概念？如何测量它们？对青少年来说，是否一些领域的自尊要比其他领域更加重要？亲子关系和同伴关系如何影响青少年的自尊？青少年低自尊的后果是什么？如何提升他们的自尊？

什么是自尊和自我概念

自尊（self-esteem），也被称为自我价值和自我形象，是对自我的整体性评价。举例来说，一个青少年可能感知到他不仅仅是一个人，而且是一个好人。当然，不是所有的青少年都对自己有一个积极的自我形象。**自我概念**（self-concept）指的是对自我的某些特殊方面的评价。青少年会在很多方面（学习、运动、外貌等）做出自我评价。总体来说，自尊指的是整体的自我评价，自我概念指的是对自己特定方面的评价。

研究者并不总在自尊和自我概念之间做出明确的区分，有时候会交替使用这两个术语或不给出精确的定义（Dusek & McIntyre，2003；Harter，2006）。在你继续阅读以下对自尊和自我概念的讨论时，将自尊作为整体自我评价，自我概念作为特殊方面的自我评价有助于你澄清概念。

测量自尊和自我概念

测量自尊和自我概念并不总是容易的，尤其是在评价青少年时（Dusek & McIntyre，2003；Owens，Stryker，& Goodman，2001；Wylie，1979）。很多年以来，这类测量主要是为儿童或成人设计的，很少关注到青少年。后来，苏姗·哈特（Susan Harter，1989）开发了专门针对青少年的测量工具：青少年自我知觉剖面图。它评估 8 个领域：学业胜任力、运动胜任力、社交接纳度、外貌、行为举止、亲密友谊、浪漫吸引力和工作胜任力，再加上整体自我价值感。该青少年量表中的三个技能领域（工作胜任力、浪漫吸引力和亲密友谊）是独特的，在研究者为儿童开发的量表中不含有这些项目。

一些测量专家主张，在测量自尊的时候应该综合采用多种方法。除了自我报告，由他人来评价青少年的自尊和在多种情境下观察青少年的行为，可以为自尊提供更为完整和更为准确的描述。可以让同伴、老师、家长甚至不认识的人来评价青少年的自尊。青少年的面部表情和他们感到庆幸或不幸的程度同样是他们如何看待自己的良好指标。举例来说，有的青少年很少微笑或很少表现出开心，这就揭示了其自尊的某些方面。一项使用行为观察来测量自尊的研究表明，一些积极行为和一些消极行为是青少年自尊的线索（见图 5.1）（Savin-Williams & Demo，1983）。通过使用多种方法（比如自我报告和行为观察）以及从多种来源（比如青少年本人、父母、朋友和老师）获得信息，研究者

积极指标

1. 向别人发出指示和命令
2. 使用适合情境的语音语调
3. 表达意见
4. 参加社交活动的时候和别人坐在一起
5. 在团队里合作完成任务
6. 对别人说话或听人说话时直面对方
7. 交谈时保持眼神交流
8. 友好地发起与别人的接触
9. 使自己与别人之间保持舒适的距离
10. 讲话之前较少犹豫，说话流畅

消极指标

1. 通过嘲笑、叫外号或搬弄是非来贬低他人
2. 使用戏剧化或不符合情境的手势
3. 发起不恰当的身体接触或避免身体接触
4. 为失败找借口
5. 过分吹嘘成就、技能和外貌
6. 在言语上贬低自己，自我贬损
7. 大声地、粗鲁地或教条式地说话

图 5.1
自尊的行为指标

就有可能构建出一幅关于青少年自尊的更为精确的图像。

自尊：感知与现实

自尊有时可反映不总是与现实一致的感知（Baumeister & Others，2003）。比如说，一个青少年的自尊可能表明了他对自己是否聪明或有吸引力的感知，但这种感知不一定是准确的。因此，高自尊可能是指一个人对自己的价值、自己的成功和成就的准确感知，但它也有可能表明自大、浮夸和相对他人毫无理由的优越感。同样地，低自尊既可能反映一个人对自己弱点的准确感知，也可能表明一种歪曲甚至病态的不安全感和自卑感。

青少年期的自尊会变化吗

关于青少年期自尊的变化程度和青少年的自尊是否存在性别差异的问题，现在仍存在争议（Harter，2006）。尽管越来越多的研究发现，自尊在青少年早期会下降，且女孩比男孩下降得更多，但批评家认为，在得出肯定的结论之前应该再做更多的研究。他们指出，自尊即使真地出现了发展性变化和性别差异，这种变化和差异通常也是很小的（Harter，2002；Kling & others，1999）。

研究者发现，当儿童从小学升入初中或高中的时候，自尊通常会下降（Hawkins & Berndt，1985；Simmons & Blyth，1987；Twenge & Campbell，2001）。实际上，在一些生活转折点发生之时和之后，个体的自尊通常都会下降。这种自尊的下降可能会发生在从初中到高中的转变中，也有可能发生在从高中到大学的转变中。

在整个生命周期中，自尊确实会有波动。最近的一项横断研究评估了一个庞大且多样化的样本的自尊情况，该样本有 326 641 个参与者，年龄从 9 岁到 90 岁（Robins & others，2002），约有三分之二的参与者来自美国。要求参与者用 5 点评分来回答“我有高自尊”这个题目，其中 1 表示“强烈同意”，5 表示“强烈不同意”。结果发现，自尊在青少年期下降，在二十多岁的时候上升，三十多岁的时候保持稳定，五六十岁时上升，到七八十岁的时候下降（见图 5.2）。在大多数年龄段，男性报告的自尊都要高于女性。举例来说，最近的一项研究发现女性青少年比男性青少年的自尊更低，而且她们较低的自尊与更差的健康适应相联系（Raty & othes，2005）。

一些研究者认为，尽管在青少年期自尊可能有所下降，但这种下降实际上非常微弱，并不像媒体上报道的那么明显（Harter，2002；Kling & others，1999）。在图 5.2 中，我们同样可以注意到，尽管青少年期女孩的自尊有所下降，她们自尊的平均值（3.3）仍然要略微高于量表的中间值（3.0）。

最近根据“家庭健康研究”项目中的数据进行的一项分析发现，从 12~17 岁，女性青少年的自尊是下降的（Baldwin & Hoffman，2002），相反地，从 12~14 岁，男性青少年的自尊是上升的，从 14~16 岁是下降的，之后又开始上升。然而要记住，在一些研究者看来，自尊的发展性变化和性别差异通常是很小的（Harter，2002，2006；Kling & others，1999）。在这项研究中，青少年期自尊的波动与生活事件和家庭凝聚力有关（Baldwin & Hoffman，2002）。

对青少年早期女性自尊下降的一种解释是，在青春期变化中女孩比男孩有更为消极的身体意象（Harter，2006）。另一种解释认为，青少年期的女孩对社会关系有着更为强烈的兴趣，而社会对这种兴趣缺乏奖赏。

青少年的自尊是否可能受时代作用所影响？（时代作用是指出生时代或者代际效应，而非实际年龄的效应。）最近一项针对 20 世纪 60 年代到 90 年代间的研究进行的分析发现，90 年代大学生的自尊要高于 60 年代的大学生（Twenge & Campbell，2001）。对这种自尊提升的解释包括自尊运动的发展和学校里对自尊的积极鼓励。

现在有一种担忧，今天有太多的大学生在成长过程中不断地接受到空洞的赞赏，其后果是他们都有一种膨胀的自尊（Graham，2005；Stipek，2005）。太多时候他们表现平平甚至较差却得到了表扬。现在进入大学，他们在处理竞争和批评时可能会有困难。有

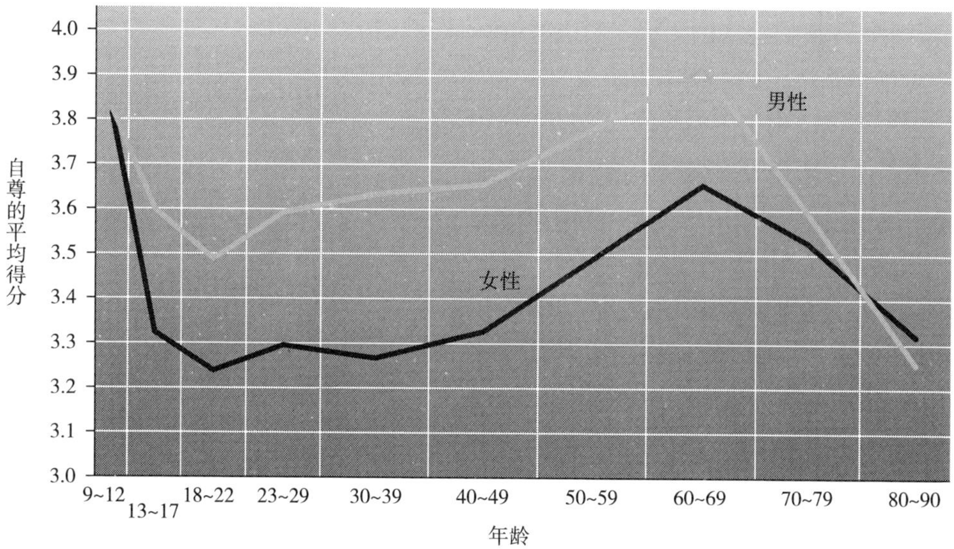

图 5.2
整个生命周期的自尊。一项大型研究要求超过 30 万的人在 5 点量表上评价他们有高自尊的程度，5 是“强烈同意”，1 是“强烈不同意”。自尊在青少年期和成人晚期都有下降。在整个生命周期中，女性的自尊都低于男性。

一本书（《愚化我们的孩子：为什么美国儿童对自己感觉良好却不能读、写和做加法？》Sykes，1995）形象地抓住了这个主题，可能很多美国儿童的学习问题至少部分来源于不合理的表扬，这种不合理的表扬的初衷是为了提升他们的自尊。

自尊与学业成功和主动性有关吗

学业表现和自尊仅有中度相关，而且这些相关也不能表明较高的自尊就会导致更好的学业表现（Baumeister & others，2003）。提升学生自尊的努力并不总能导致学业表现的提升（Davis & Brember，1999；Hansford & Hattie，1982）。

自尊较高的青少年更具主动性，但主动性可能会产生积极或消极的结果（Baumeister & others，2003）。高自尊青少年会同时倾向于做出亲社会行为和反社会行为。

相比于其他领域，是否有一些领域与自尊的联系更紧密

在青少年期，身体外貌是自尊的一个尤其重要的促成因素（Harter，2006）。举例来说，

领 域	哈特的美国样本	其他国家
身体外貌	0.65	0.62
学业胜任力	0.48	0.41
社交接纳度	0.46	0.40
行为举止	0.45	0.45
运动胜任力	0.33	0.30

图 5.3
整体自尊与不同领域的相关。注意：图中所示相关是根据多项研究的结果算出的平均相关。参与评估的其他国家有英国、爱尔兰、澳大利亚、加拿大、德国、意大利、希腊、荷兰和日本。从第 2 章我们知道，相关系数的范围是 –1.00 到 +1.00，所以身体外貌与整体自尊的相关（0.65 和 0.62）是较高的。

在哈特的研究中，整体自尊与身体外貌的相关最强，在美国和其他国家都发现了这种关联（Fox & others，1994；Harter，1999；Maeda，1999）（见图 5.3）。在另一项研究中，青少年对自己身体外貌的概念是其总体自尊的最强预测源（Lord & Eales，1994）。感知到的外貌与一般性自我价值的强关联并不仅局限于青少年期，而是存在于整个生命周期，从儿童早期到中年都如此（Harter，1999）。

社会情境与自尊

像家庭、同伴和学校这样的社会情境会对青少年自尊的发展起促进作用（Dusek & McIntyre，2003；Harter，2006；Turnage，2004）。最近的一项研究发现，随着家庭凝聚力的增加，青少年的自尊也会随时间而提升（Baldwin & Hoffman，2002）。在这项研究中，衡量家庭凝聚力的指标包括家庭成员聚在一起的时间、他们沟通的质量以及青少年参与家庭决策的程度。

另一项对自尊和亲子关系的研究用一个自尊量表对男孩施测，并对男孩及其母亲就家庭关系进行了访谈（Coopersmith，1967）。研究者基于这些测量发现，以下这些养育特点与男孩的高自尊相关：

- 情感表达
- 关心男孩的问题
- 家庭和谐
- 参与共同的家庭活动
- 当男孩需要的时候，可以给出能够胜任的、有组织的帮助
- 制定清晰公平的规则
- 遵守规则
- 在设定好的限制内给予男孩自由

请记住，由于这些研究结果是相关的，所以研究者不能说这些养育特点导致了儿童的高自尊。“情感表达”和“在设定好的限制内给予儿童自由”可能会促进儿童自尊的发展，但基于现有的研究数据，研究者依然必须说这两种养育特点与儿童的自尊是相关的，而不是它们导致儿童的自尊。

同伴评价在青少年期变得更为重要。在青少年期，同伴认可与自我价值的相关增强了（Harter，1990b）。然而，来自一般同伴群体（同学、组织内的同伴）的支持与自我价值的相关要比来自密友的支持与自我价值的相关更强（Harter，1999）。尽管同伴认可与自我价值相关，但父母认可在整个青少年期仍与青少年的自我价值相关，而且这种相关直到成人初显期才有所降低（Harter，1999）。

从小学进入初中一般伴随个体自尊的降低（Harter，2006）。研究者发现，自尊在小学的最后一年要比初中（尤其是升入初中的第一年）更高（Hawkins & Berndt，1985；Simmons & Blyth，1987）。在第 11 章“学校”中，我们还要继续讨论从小学到初中的转变。

低自尊的后果

对大多数青少年来说，低自尊带来的情绪不适只是暂时的；但对某些青少年来说，低自尊可能发展成其他问题（Usher & others，2000；Zimmerman，Copeland，& Shope，1997）。在抑郁、自杀、厌食症、犯罪和其他适应问题中都涉及低自尊（Fenzel，1994）。问题的严重性不仅取决于青少年低自尊的性质，同样也取决于其他条件。当低自尊与升学后的适应困难、有问题的家庭生活或其他压力事件混在一起的时候，青少年的问题可能会加剧。

哈特（Susan Harter，2006）最近描述了自尊以及其他因素是如何牵涉进青少年的杀人与进食障碍中的。最近的一项研究发现，高自恋、低同理心、伴随着低自尊的对拒绝的敏感，均与青少年的暴力思维有关（Harter & McCarley，2004）。在另一项研究中，陷入暴力思维的青少年表现出不稳定的自尊，有更多的行为问题，有过威胁到他们人格尊严的羞辱史（McCarley & Harter，2004）。

最近一项研究发现，认同某种文化价值观，比如认为有吸引力可以导致更高的自尊或让人更受欢迎，与对自己外貌更消极的感知、更低的自尊和更多的进食问题行为有关（Kiang & Harter，2004）。这项研究的参与者是大学生，但是有可能很多年龄较小的青少年也能意识到关于吸引力的主流文化标准。当他们自己不能达到这种文化标准的时候，他们的自尊就会受损。不能达到有吸引力的文化标准与低自尊结合在一起可能导致抑郁，甚至引发危及生命的自杀意念（Harter，2006）。

提升青少年的自尊

考虑到低自尊的潜在后果，成年人可以怎样帮助青少年提升自尊呢？有四种方式：（1）弄清导致低自尊的原因，以及对自我来说哪些能力有重要意义；（2）提供情感支持和社会赞许；（3）培养成就；（4）帮助青少年应对问题。

确认青少年自尊的来源，即哪些能力对自我有重要意义，对于提升自尊非常重要。自尊理论家和研究者哈特（Harter，1990b）指出，在20世纪60年代的自尊促进项目中，自尊本身成了目标，仅仅鼓励个体对自己感觉良好是无效的。哈特（1998）认为，要想显著提升青少年的自尊，必须在自尊的原因层面上进行干预。当青少年在对自我很重要的领域里表现良好的时候，他们会有最高的自尊。因此，应该鼓励青少年去认清并重视自己能胜任的领域。

以他人认可的形式表现出来的情感支持和社会赞许同样可以有力地影响青少年的自尊（Harter，1990b）。一些低自尊的年轻人来自冲突家庭或曾受到虐待和忽视的环境——在这些环境中是没有支持的。在一些情况下，他们可以获得其他的支持资源，比如非正式的老师、教练或另一个重要成人的鼓励，或者正式地参加如“大哥哥大姐姐”[1]这样的项目。尽管在青少年期同伴认可的重要性不断增加，但成人和同伴的支持都能对青少年的自尊产生重要的影响。最近一项研究发现，父母和同伴的支持都与青少年的一般自我价值感有关（Robinson，1995）。

成就同样可以提升青少年的自尊（Bednar，Wells，& Peterson，1995）。举例来说，直接教给青少年真正的技巧通常能导致其做出某些成就，因此能提升自尊。青少年发展出更高的自尊，是因为他们知道什么任务对达成目标是重要的，而且他们有过相应的经历或类似的行为。强调成就对提升自尊的重要作用与班杜拉（Albert Bandura，2000，2002）的社会认知概念*自我效能感*有很多相同之处，自我效能感指的是个体相信自己能够掌控一种情境并产生积极的结果。

当青少年面对一个问题并试着应对它而不是回避它的时候，自尊通常会提高（Lazarus，1991）。以现实、诚实、无防御性的态度面对问题能产生有利的自我评价，它能导致自我认可，继而提升自尊。对于回避行为来说则恰恰相反，以否认、欺骗和回避的态度对待已经是事实的事情，会引发不利的自我评价。

---

1 “大哥哥大姐姐”是美国的一个非营利组织，其目的是通过专业帮助使儿童发挥自己的潜能，指导者通过与青少年建立一对一的关系，来对他们产生重要的影响。——译者注

同一性

本章前面描述过，自我理解的一个重要特征是自我整合，或是将自我的不同方面拼合在一起，自我整合体现在同一性的发展之中。目前关于同一性发展的最全面也是最有争议性的理论是艾里克·埃里克森的理论。事实上，一些研究青少年的专家将埃里克森的思想视为关于青少年发展的唯一一个最有影响力的理论。第 2 章中我们介绍过埃里克森的理论，接下来我们将展开论述，从分析其同一性观点开始。

埃里克森的同一性观点

我是谁？我究竟是怎么回事？我将如何对待我的生活？我有何与众不同？我怎样才能独立并成功？这些在童年时期通常不会考虑，而到了青少年期则成为了普遍的、几乎是共有的问题。青少年不断寻求同一性问题的答案。埃里克森（Erik Erikson，1950，1968）第一个意识到这些问题对理解青少年发展具有无比重要的作用。今天，同一性被认为是青少年发展中的核心概念，这直接源于埃里克森大师级的思考与分析。

回顾埃里克森的同一性观点

埃里克森理论中的第五个发展阶段，**同一性对同一性混乱**（identity versus identity confusion）发生在青少年期。在这个时期，青少年要面对自己是谁、自己究竟是怎么回事，以及以后该何去何从的问题。他们面临很多新的角色，从职业上的角色到浪漫关系上的角色。作为同一性探索的一部分，青少年要经历**心理社会延缓期**（psychosocial moratorium），心理社会延缓期是埃里克森用以描述从儿童期的安全感到成人期的自主感之间这一间隔的术语。青少年在探索本文化中的同一性时，他们通常会尝试体验不同的角色。成功处理了这些冲突角色和身份的青少年会产生一种全新的自我感，它能给人以

埃里克森用以解释同一性发展性质的策略之一是分析名人的生活。其中一个名人是圣雄甘地（中），他是 20 世纪中期印度的精神领袖，埃里克森（1969）还撰写了《甘地的真理》一书。

活力，也是社会所接受的。但是，不能成功解决同一性危机的青少年要遭受埃里克森称之为“同一性混乱”的困扰。他们要么退缩，从同伴和家庭中孤立出来；要么沉迷于同伴的世界中，在人群中失去了自己的同一性。

埃里克森关于青少年同一性发展的观点体现了对青少年思想和情感的深刻洞见，读一两部他的原著是值得的，最好从入门书《同一性：青少年与危机》（1968）开始。其他论述同一性发展的作品还有《青年路德》（1962）和《甘地的真理》（1969），后者曾得过普利策奖。

人格和角色的试验

埃里克森同一性发展理论的两个核心成分是人格试验和角色试验。正如我们看到的，埃里克森认为青少年面对太多的选择，在他们成长期的某些时刻会进入一段心理社会延缓期（Hopkins，2000）。在这段延缓期和达到稳定的自我感之前，他们会尝试不同的角色和人格。他们可能在某个时刻是爱争论的，在下个时刻又变得合作。他们可能某天穿得很整洁，第二天又穿得很邋遢。他们可能在某一周喜欢一个特定的朋友，下一周又讨厌他。这种人格和角色的试验是青少年为了找到自己在世界上的位置所付出的努力。

青少年逐渐意识到，他们很快将要为自己和生活负责任，开始探索未来的生活将会是什么样子。习惯了孩子对自己言听计从的很多家长，可能会为青少年期孩子所出现的反讽、叛逆和情绪易变而感到困惑，甚至被激怒。但是，大人要给青少年时间和机会去探索不同的角色和人格，这是很重要的。反过来，大多数青少年最终会放弃不被喜欢的角色。

确实有数以百计的角色可供青少年去尝试，追求每一种角色的方法可能也同样多。埃里克森认为，到了青少年晚期，职业角色成为同一性发展的核心，尤其是在像美国这样高度科技化的社会里。有些青少年受过较好的训练，将来可以进入某些能给其提供较高自尊的工作团队，这样的青少年会在同一性发展的阶段中体验到最少的压力。有些青年可能会拒绝某些可提供高收入和传统意义上高社会地位的工作，而选择在一些可以让他们真正帮助到他人的工作，比如，可能是和平队[1]、心理健康诊所，或为低收入社区儿童开办的学校。一些青少年宁愿失业，也不愿意去做他们预期会让自己表现不好或感到自己无用的工作。对埃里克森来说，这样的选择反映了青少年渴望通过真实地面对自我

1　和平队是由美国政府发动的一个志愿项目，参加这个项目的志愿者是那些愿意被派遣到国外工作两年的美国公民。和平队的目标有三个：提供技术支持、帮助非美国人理解美国文化、帮助美国人民理解其他国家的文化。参与者为与教育、商业、信息教育、农业和环境有关的专家。——译者注

来获得有意义的同一性，而不是在一个社会中丧失自我。

根据埃里克森的理论，同一性是由许多碎片组成的自我画像：

- 一个人想要从事的职业和工作路径（职业 / 工作同一性）
- 一个人在政治上是保守派、自由派还是走中间道路（政治同一性）
- 一个人的精神信仰（宗教同一性）
- 一个人是单身、结婚、离婚还是同居（关系同一性）
- 一个人想要获得成就的动机程度，以及一个人的智力高低（成就、智力同一性）
- 一个人是异性恋、同性恋还是双性恋（性同一性）
- 一个人来自哪个地区、哪个国家以及他认同文化传统的强烈程度（文化 / 种族认同）
- 一个人喜欢做的事，包括运动、音乐和爱好（兴趣）
- 一个人的人格特征（内向或外向、紧张或平静、友好或敌意等等）（人格）
- 一个人的身体意象（身体同一性）

关于同一性的一些当代思想

有关同一性发展的现代观点认为，同一性的形成是一个漫长的过程，在很多时候，该过程相比埃里克森使用的“危机”这一术语更渐进且没那么大的变动（Baumeister，1991）。今天的理论家认为，同一性发展这个极度复杂的过程既不是从青少年期开始的，也不是在青少年期结束的（Marcia，1989）。它始于婴儿期，随着依恋的出现、自我感的发展和独立性的出现而开始发展。在老年期，它随着对自己生命的回顾和整合而结束。青少年期同一性的发展（尤其是青少年晚期）之所以重要，是因为身体、认知、社会情绪的发展第一次达到了某种程度，使得一个人可以区分和整合童年时期的身份和认同，构建一条通往成人的成熟可行的道路（Marcia & Carpendale，2004）。在青少年期解决了同一性危机，并不意味着同一性会在以后的生活中一直保持稳定。一个形成健康同一性的个体是灵活的和有适应能力的，对社会、人际关系和工作的变化持开放态度（Adams，Gulotta，& Montemayor，1992），这种开放性会使得同一性在个体的整个生命中出现多次重组。

正如研究者越来越多地用多重自我的方式来描述青少年的自我理解一样，现在也有一种用多重同一性的方式来描述同一性特征的趋势（Brooks-Gunn & Graber，1999）。尽管先于青少年期就有了儿童同一性，但“我是谁”这样的核心问题却常在青少年期才出现。在青少年期，同一性更突出地以寻求自主需要与联结需要之间的平衡为标志。

同一性的形成既不是简单地发生也不总是突然暴发。在最简单的含义上，同一性包括对一种职业、一种意识形态立场和一种性取向的承诺。将同一性的各个成分整合到一起可能是一个长期的、持久的过程，伴随着对各种角色的很多否定和肯定。同一性的发展是一点一滴形成的。青少年不是一次就能做出所有的决定，而是需要一次又一次地做出决定。尽管当时某些决定看上去可能微不足道（例如和谁约会、要不要性交、分手、吸毒，是去大学念书还是找工作，是学习还是娱乐，在政治上积极主动还是消极被动等），但是多年来，这些决定逐渐形成了“个体究竟是怎样”的核心。

同一性的四种状态

玛西亚（James Marcia，1980，1994）认为，埃里克森的同一性发展理论暗含了四种同一性状态，或者说是解决同一性危机的方式：同一性弥散、同一性早闭、同一性延缓和同一性获得。也就是说，玛西亚用青少年危机和承诺的程度来将个体划分到四种同一性状态中。他将术语**危机**（crisis）定义为同一性发展的一个时期，期间青少年在多个有意义的选项中进行选择（很多研究者使用探索这个术语）。至于**承诺**（commitment），他指的是一个人对自己以后要做的事所付出的个人投入。

让我们来仔细研究一下玛西亚的四种同一性状态：

- **同一性弥散**（identity diffusion）。玛西亚用这个术语描述还没有经历同一性危机（即还没有对多个有意义的选项进行过探索），也没有做出任何承诺的状态。处于这种状态的青少年，既没有选定自己的职业和意识形态，也常常对这种事情不感兴趣。
- **同一性早闭**（identity foreclosure）。玛西亚用这个术语描述那些已经做出了承诺但是并没有经历同一性危机的状态。这种状态多发生在父母将承诺传递给子女的情况，通常是父母以一种权威的方式将同一性灌输给子女。因此，处于这种状态的青少年没有足够的机会去自己探索不同的生活道路、意识形态和职业。
- **同一性延缓**（identity moratorium）。玛西亚用这个术语来描述正处于同一性危机中、尚未对同一性作出明确承诺的状态。
- **同一性获得**（identity achievement）。玛西亚用这个术语来描述已经经历了同一性危机并作出了承诺的状态。图 5.4 总结了玛西亚的四种同一性发展状态。

让我们看一些玛西亚的同一性状态的具体例子。如果一个 13 岁的青少年既没有开始以一种有意义的方式探索她的同一性，也没有作出同一性承诺，她就处于同一性弥散状态。一个 18 岁男孩的父母希望他成为一名医生，所以他计划在大学里主修医学预科，他事先并没有充分探索过其他可能的选择，他属于同一性早闭。19 岁的萨莎并不太确定以后想要什么样的生活，但最近她开始去学校咨询中心，希望能了解不同的职业，那么她处于同一性延缓状态。21 岁的马塞洛在大学里广泛探索了很多不同的职业选择，最终取得了科学教育的学位，并希望能到高中教学，他处于同一性获得状态。这些同一性状态的例子都集中在职业领域，但我们要记住整体同一性有很多维度。

		是否已经作出承诺了？	
		是	否
对涉及同一性问题的多个可能的选择进行过有意义的探索吗？	是	同一性获得	同一性延缓
	否	同一性早闭	同一性弥散

图 5.4
玛西亚的四种同一性状态

玛西亚的方法受到了一些研究者和理论家的尖锐批评（Blasi，1988；Bosma & Kunnen，2001；Cote & Levin，1988；Goosens，1995；Kroger，2003；Lapsley & Power，1988；Van Hoff，1999）。他们认为这种方法歪曲了埃里克森的危机和承诺的概念，并将它们琐碎化了。埃里克森强调青年人对文化观念和期许提出质疑，并对自己所在的社会发展持自主的态度。而在玛西亚的方法中，这些复杂质疑被降低到一个青年人仅仅是否想过某些问题并考虑过其他选择。类似地，在玛西亚的方法中，埃里克森的承诺失去了将自己投身于某种毕生事业的意义，而仅仅被解释成做出了一个坚定的决定。但尽管如此，其他研究者仍然相信玛西亚的方法对理解同一性做出了有价值的贡献（Archer，1989；Berzonsky & Adams，1999；Waterman，1989，1999）。

同一性的发展变化

在青少年早期，大多数青年人主要处于同一性弥散、早闭或延缓的状态中。在玛西亚看来，这些青少年的发展过程中至少有三个方面对同一性形成有重要作用：他们相信自己能得到父母的支持，必须建立起勤奋进取意识，也必须有能力对未来进行自我反思。

一些研究者认为，最重要的同一性变化出现在成人初显期，而不是在青少年期。例如，阿兰·沃特曼（Waterman，1985，1989，1992，1999）发现，从高中之前的几年到大学的最后几年，同一性获得的个体数量增加了，而同一性弥散的人数减少。大学高年级的学生要比大学新生和高中生更可能处于同一性获得的状态。另一方面，很多年龄较小的青少年处于同一性弥散状态。对于职业选择来说，这些发展性变化尤为如此。但是，从宗教信仰和政治意识形态方面来说，则很少有大学生能够达到同一性获得的状态，大多数大学生是早闭或者弥散的。因此，同一性发展的时间的确定可能取决于同一性所涉及的特定领域（Arehart & Smith，1990；Harter，1990b）。

研究表明，同一性固化（对成人初显期做出的同一性选择进行完善和巩固的过程）一直持续到成年早期，有可能到成年中期的早期阶段（Pals，1999）。一项研究结果发现，女性和男性从 27 岁到 36 岁继续表现出同一性的发展，主要变化体现在有更多的承诺上（Pulkkinen & Kokko，2000）。在这项研究中，成人更多地进入同一性获得和早闭状态，更少进入同一性延缓和弥散状态。此外，随着个体从成人早期进入成人中期，他们对自己的同一性会更加确定。举例来说，对史密斯大学女生进行的一项纵向研究发现，同一性确定感在从 30 多岁到 50 多岁这段时间内增加了（Stewart，Ostrove，& Helson，2001；Zucker，Ostrove，& Stewart，2000）。

一些研究者认为，个体发展出积极同一性的一种普遍模式是"MAMA"环路模式——延缓—获得—延缓—获得（Acher，1989）。在人的一生中，当个人的、家庭的和社会的变化要求一个人探索新选择和发展新承诺的时候，个体可能会重复这个循环（Francis，Fraser，& Marcia，1989）。事实上，玛西亚相信个体承诺的第一个同一性就是如此，它不是、也不应该期待它是最终的结果。

同一性与社会情境

社会情境会怎样影响青少年的同一性发展？家庭关系会影响同一性发展吗？文化与种族和同一性的发展有关系吗？不同性别的青少年的同一性发展有不同的特点吗？

家庭对同一性的影响

在青少年追寻同一性的过程中，家长是有影响力的人物。将同一性发展与教养方式联系在一起的研究发现，鼓励青少年参与家庭决策的民主型家长能促进青少年同一性的获得。反之，专制型父母控制青少年的行为，也不给他们表达意见的机会，这会致使同一性早闭。放任型家长极少给予青少年指导，允许青少年自己做决定，这种教养方式会致使同一性弥散（Enright & others，1980）。最近一项研究发现，母亲与青少年之间的不良沟通，以及青少年与朋友的持续冲突等都与更消极的同一性发展有关联（Reis &

Younissˌ 2004)。

除了家庭教养方式之外，研究者还考察了青少年的个性与交往在同一性发展中的作用。库珀及其同事（Cooper，Carlson，Cooper，& Hsu，1990；Cooper & Grotevant，1989；Grotevant & Cooper，1985，1998）认为，能同时促进青少年个性与交往发展的家庭氛围，对于青少年的同一性发展是重要的，他们这样定义个性和交往这两个术语：

- **个性**　有两个维度，其一是自我肯定，或者说是在与人沟通的时候有能力表达自己的观点；其二是区分能力，或者说能够使用沟通模式表达自己的与众不同。
- **交往状况**　同样也包含两个维度：相互性，即能意识到别人的观点并尊重别人的观点；可渗透性，即对他人的观点保持开放。

总的来说，库珀的研究结果表明，既鼓励青少年的个性发展（即鼓励他们发展自己的观点），又重视其交往发展，为他们提供一个探索社交世界的安全基地，能够促进青少年同一性的形成。然而，如果仅强调交往而削弱个性的话，青少年可能会走向同一性早闭；如果交往弱的话，青少年通常会表现为同一性弥散（Archer & Waterman，1994）。同样，文化环境不同，人们在如何表达个性和交往方面也有差异。譬如，在很多文化传统中，女儿和儿子不能向他们的父亲直接表达自己的意见，而必须通过第三方（Cooper & others，1993）。

豪斯及其同事（Hauser & Bowlds，1990；Hauser & others，1984）已经找出了家庭中哪些行为能够促进青少年同一性发展。家长如果经常表现促进行为（比如解释、接受和付出同理心），就会比经常表现限制行为（比如批评和贬损）更能促进青少年的同一性发展。总之，允许青少年质疑和表达与众不同的观点，并能提供支持和相互促进的家庭交往方式，可以培养健康的同一性发展模式（Harter，1990b）。

文化与种族同一性

埃里克森特别强调文化在同一性发展中的作用。他强调，全世界的少数种族群体在融入主流文化的同时都努力保持自己的文化同一性

“你知道我是谁吗？”

(Erikson，1968)。埃里克森认为，在历史上，这种在更大的文化中寻求同一性包容或排斥的努力，是出现宗教、帝国和革命的内在驱动力。

对于少数族群的个体来说，青春期通常是他们发展中的特殊时期(Quintana，2004；Spencer & Dornbusch，1990；Umana-Taylor & Fine，2004)。尽管儿童已经知道一些种族上和文化上的差异，但个体是在青春期才首次有意识地面对自己的种族。与儿童不同的是，青少年具有解释种族和文化信息、反思过去和预测未来的能力(Wong，1997)。那么，什么是种族认同，为什么它是同一性发展中的特殊部分呢？

定义和探索种族认同 琼·菲尼(Phinney，1996)将**种族认同**(ethnic identity)定义为自我的一个持续和基本的方面，它包含属于一个种族群体的感觉，以及与这种成员身份相关的态度和感受。因此对于来自少数种族群体的青少年来说，同一性形成的过程会有一个新加的维度：在两个或更多的认同来源中做出选择，是选择自己所在的种族群体还是选择主流或主导文化(Bryant & LaFromboise，2005；Phinney，2000，2003)。很多青少年发展出了*双文化同一性*，也就是说，他们在某些方面认同自己的种族群体，在另一些方面又认同主流文化(Kuperminc & others，2002；Phinney，2003；Sidhu，2000；Zarate，Bhimji，& Reese，2005)。

在每一代人中，同一性变化的指标是不同的(Phinney，2003)。例如，第一代移民很可能在之前已经有了稳定的同一性，因而不大可能改变太多，他们可能会也可能不会建立新的同一性。他们开始感觉自己“美国化”的程度似乎与是否学英语、是否在自身的种族群体之外发展社交网络，以及是否在新国家具有文化胜任力有关。第二代移民则更有可能认为他们是“美国人”，这可能是因为他们出生时就拥有了公民权。他们的种族认同可能与其种族语言和社交网络的保留有关。在第三代乃至以后的几代人中，这些问题变得更加复杂。与文化适应无关的历史因素、情境因素和政治因素也可能会影响这一代人保持自己种族认同的程度。对于非欧裔种族群体来说，种族主义和歧视也影响他们的种族认同。

研究者发现，种族认同随年龄增长而增加，而且更高水平的种族认同与更积极的态度相联系，这种积极态度不仅指向自己的种族群体，也同样指向其他种族群体的成员(Phinney，Ferguson，& Tate，1997)。少数群体中成员间的种族认同要强于主流群体中成员间的种族认同。研究者在一项调查中发现，少数种族大学生要比白种非拉丁裔大学生有更强的种族认同探索(Phinney & Alipuria，1990)。思考过并解决了关于自身种族问题的少数种族学生，比那

很多少数种族年轻人在构建自身同一性的时候必须横跨“多重世界”。

——CATHERINE COOPER
当代发展心理学家，加利福利亚大学－圣克鲁斯分校

些还没有这么做的少数种族学生有更高的自尊。另一项调查研究了洛杉矶亚裔、非裔、拉丁裔和白种非拉丁裔的十年级学生的种族认同发展（Phinney，1989），结果发现，在主流的白种非拉丁文化中，三种少数种族群体中的青少年需要处理自己的种族性。但是在某些场合，来自这三个少数种族群体的青少年对于什么是解决自己种族认同的重要问题却有着不同的认识。对于亚裔美国青少年来说，在学业上取得成功的压力以及对自己很难获得名校有限名额的担忧是主要问题。很多非裔美国女性青少年意识到美国白种人对于美的标准（尤其是头发和肤色）并不适用于她们；非裔美国男性青少年则关心可能的工作歧视，以及感到需要将自己区别于非裔美国男性青少年的消极社会形象。对于拉丁裔青少年来说，偏见是频繁出现的主题，拉丁文化遗产和主流文化的价值冲突也是如此。

研究者同样越来越多地发现，积极的种族认同与少数种族青少年的积极成果相联系（Fridrich & Flannery，1995；Lee，2005；Riekmann，Wadsworth，& Deyhle，2004；Umana-Taylor，2004；Yasui，Dorham，& Dishion，2004）。举例来说，最近一项研究表明，种族认同与更高的学校卷入度和更低的攻击性有关（Van Buren & Graham，2003）。最近的另一项研究暗示，在非裔、拉丁裔和亚裔美国青少年中，更强的种族认同与更高的自尊有关（Bracy，Bamaca，& Umana-Taylor，2004）。然而，另外一项以九年级学生为参与者的研究发现，青少年种族认同的强度比他们用来描述自己特定种族的标签能更好地预测其学业成功（Fuligni，Witkow，& Garcia，2005）。这项研究还发现，墨西哥裔和亚裔移民青少年最有可能将更多的原国籍和文化背景整合进他们的种族认同之中。

种族同一性发展的环境 少数种族青年人生活的环境会影响他们的同一性发展（Guéllar，Siles，& Bracamontes，2004；Hecht，Jackson，& Ribeau，2002；Newman，2005；Spencer & others，2001）。在美国，很多少数种族青年人生活在低社会经济地位的城市环境中，这种环境很难为积极的同一性发展提供支持。其中很多青少年生活贫困，受到毒品、帮派和犯罪活动的影响，常与退学或者失业的年轻人或成人交往。在这些环境中，针对他们的救援组织和项目可以为同一性发展做出重要贡献。

雪莉·希斯和米尔伯瑞·麦克劳林（Heath & McLaughlin，1993）研究了 60 个青年人组织，其中涉及 24 000 名青少年，历时 5 年多。他们发现这些组织尤其擅于帮助城市青少年建立种族自豪感。希斯和麦克劳林认为，很多城市青少年有太多自由支配的时间，但可以做的事情和可以去的地方却太少。城市青少年希望参与能培养他们并对他们的需要和兴趣做出积极回应的组织。能够理解青少年的恐惧、脆弱和孤独，同时也能将他们看成有能力、有价值、渴望拥有健康和有成就的人生的个体，这样的组织对于促进

青少年的视角

同一性探索

王小丫，16 岁："家长们并不理解，青少年需要知道自己是谁。这个过程意味着很多尝试，很多次心理变化，很多情绪和尴尬。像任何一位青少年一样，我正面临同一性危机。我还在试着搞清楚自己是一个华裔美国人，还是一个长着亚洲眼睛的美国人。"

王小丫

少数种族青少年的同一性发展能够起到积极作用。

性别与同一性

埃里克森对于同一性发展的经典报告反映了当时盛行的对两性的传统分工。埃里克森写道，男性主要指向职业和价值观的承诺，而女性主要指向婚姻和生育孩子。在 20 世纪 60 年代和 70 年代，研究者发现了支持这种同一性的性别差异的证据。举例来说，他们发现职业方面的问题对男性同一性更加重要，而归属方面的问题对女性同一性更加重要。然而在最近几十年间，随着女性发展起强烈的职业兴趣，这些性别差异已经开始消失了（Madison & Foster-Clark，1996；Waterman，1985）。

同一性与亲密感

埃里克森（1968）认为，个体应该在已经开始建立稳定和成功的同一性之后再发展亲密关系。**亲密感对孤独感**（intimacy versus isolation）是埃里克森提出的第六个发展阶段，这是个体在成年早期所经历的阶段。在这个时期，个体面临与他人建立起亲密关系的任务。埃里克森将亲密感描述为在另一个人身上发现自己、又失去自己的过程。如果年轻人与另一个个体形成健康的友谊和亲密的关系，就能获得亲密感；如果不能，则会导致孤独感。

在一项对 18~23 岁未婚大学生的研究中发现，不管是男性还是女性，通过同一性获得和工具性取向表达出来的强烈自我感是形成亲密关系的重要因素（Madison & Foster-

Clark，1996）。然而，男女在关系中表达的不安全和防御态度有差异，男性更加表面化，而女性更多依赖性。

无法与他人建立起有意义的关系会损害个体的人格，它可能导致个体否定、忽略或攻击使其遭受挫折的人。这种情况能够解释青少年那种肤浅甚至可怜地想将自己与一个领袖相融合的倾向。很多年轻人希望成为领导或者成人的学徒或弟子，这些领导或成人保护他们免受“外群体”的伤害。如果这种保护失败了，而且埃里克森认为它必然失败，个体迟早会退出庇护，自己去寻找失败的原因。这种自省有时候会导致痛苦的抑郁、孤独以及对他人的不信任，制约了年轻人主动采取行动的意愿。

情绪发展

定义情绪是困难的，因为要说清楚一个青少年的情绪状态并不容易。就我们的目的而言，我们将**情绪**（emotion）定义为：当一个人处于对他本身，尤其是对他的幸福感有重要意义的状态或互动情境中时产生的感觉或感情（Campos，2004；Campos，Frankel，& Camras，2004）。情绪以反映（或表达）个体所处的兴奋或不高兴状态的行为，或者反映（或表达）个体所体验到的互动情境的行为为特征（McBurnett & others，2005；Stevens & others，2005）。情绪同样可以是更具体的形式，表现为快乐、恐惧、愤怒等，这取决于一个交互情境如何影响一个人（譬如，一个交互情境可以是一种威胁、挫折、宽慰，是一种会被拒绝或意料之外的事物等）。而且情绪也可以因强度的不同而有所差异，举例来说，一个青少年可能只在特殊的情境下表现出强烈的愤怒。

情绪与我们之前讨论过的两个主要概念——自我和同一性是怎么联系在一起的呢？情绪与自尊的联系紧密。像悲伤这样的消极情绪与低自尊相联系，而像开心这样的积极情绪与高自尊相联系。一些心理学家主张，情绪是将我们的生活事件粘在一起的“胶水”（Haviland & others，1994）。诸如刚出现的性体验、约会和浪漫邂逅以及驾车这类事件中所涉及的情绪体验也会对青少年的同一性发展有影响（Rosenblum & Lewis，2003）。

事实上，青少年期的许多方面都涉及情绪，从青春期的激素波动到青少年的抑郁悲伤。在这个部分，我们将仔细考察青少年的情绪与其激素和个体经验的相关程度，我们同样会探索情绪胜任力在青少年期的意义，首先我们需要全面评述一下青少年情绪发展的概况。

青少年期的情绪

青少年期一直以来都被描述为是一段情绪混乱的时期（Hall，1904）。从极端的情况来说，这种观点过于刻板化，因为青少年并不总是处于一种“暴风骤雨”的状态。然而，青少年早期会更频繁地出现情绪高峰和情绪低谷（Rosenblum & Lewis，2003）。年幼的青少年可能在这一刻还处在世界的顶端，下一刻又跌落到忧郁谷底。在很多情况下，他们情绪的强度与引发这些情绪的事件似乎是不相称的（Steinberg & Levine）。年幼的青少年可能会常常生闷气，不知该如何充分地表达自己的感觉。他们可能会毫无理由地对父母或兄弟姐妹发脾气，将不愉快的感受投射到另一个人身上。

正如我们在第 2 章所看到的一样，兰迪·拉森和玛丽斯·理查兹（Larson & Richards, 1984）发现，青少年比其父母报告了更多的极端情绪以及更多转瞬即逝的情绪。例如，青少年报告“非常快乐”的可能性比其父母多 5 倍，报告“非常伤心”的可能性比其父母多 3 倍。这些发现支持了青少年情绪化和易变的说法（Rosenblum & Lewis，2003）。研究者还发现，从五年级到九年级，男孩和女孩体验到的“非常快乐”的状态都减少了 50%（Larson & Lampman-Petraitis，1989）。在这项研究中，青少年比青少年期前的孩子更可能报告处于轻度消极情绪状态。

重要的是，成人要意识到，情绪化是青春期早期的正常情况，大多数青少年最终会从这些情绪化时期脱离出来，成为有能力的成人。然而，对一些青少年来说，强烈的消极情绪可能反映了一些严重的问题。例如，在青少年期女孩的抑郁情绪变得更加频繁（Nolen-Hoeksema，2004）。我们会在第 14 章“青少年的问题”中更多地谈到青少年期的抑郁。

激素、经验与情绪

正如我们在第 3 章谈到的，在整个青春期，激素的水平会发生显著变化。青少年早期的情绪波动可能与该时期内激素水平的变化有关。随着青少年进入成年期，他们的情绪变得不再那么极端，这可能是因为随着时间推移，他们已经适应了自己的激素水平（Rosenblum & Lewis，2003）。

研究者发现，青春期的变化经常伴随着消极情绪的增加（Archibald，Graber，& Brooks-Gunn，2003；Brooks-Gunn，Graber，& Paikoff，1994；Dorn，Williamson，& Ryan，2002）。然而，大多数研究者断定激素的影响是小的，而且常常与其他因素，诸如压力、饮食方式、性行为和社会关系等联系在一起（Rosenblum & Lewis，2003；

Susman，Dorn，& Schiefelbein，2003；Susman & Rogol，2004）。确实，与激素水平的变化相比，环境体验可能对青少年的影响更大。回想一下在第 3 章提到的一项研究，对于青春期早期女孩的抑郁和愤怒来说，社会因素解释的变异是激素解释的变异的 2~4 倍（Brools-Gunn & Warren，1989）。

可能会引起青少年期情绪变化的压力事件包括升学、性体验和恋爱关系的开始。对很多男孩和女孩来说，进入到更少庇护、更少私人性而更强调成就的中学环境是有压力的。可以预期，新的环境会增加青少年的消极情绪。我们会在第 11 章进一步探讨升学对青少年的影响。此外，刚出现的性体验和浪漫关系中包含的脆弱和混乱也可能会激起青少年期的情绪变化。在一项研究中，真实或想象的性 / 浪漫关系会影响三分之一以上的 9~12 年级的学生的强烈情绪。我们将会在第 7 章和第 10 章更细致地考察性与浪漫关系。

总之，青少年期的情绪变化同时涉及激素变化和环境体验，也涉及年轻人管理自己情绪的能力（Saarni & others，2006）。在第 4 章中，我们学习了情绪智力概念，现在让我们看与之紧密相关的另一个概念：情绪胜任力。

情绪胜任力

在青少年期，个体更可能会意识到自己的情绪周期，如在愤怒之后感觉内疚。这种新的意识可能会提升他们应对自身情绪的能力。在向别人表达自己的情绪方面，青少年同样变得更有技巧性。比方说，他们开始意识到在社会关系中掩饰愤怒的重要性，他们也更可能意识到，以建设性的方式沟通情绪对于改善关系质量来说是重要的（Saarni，1999；Saarni & others，2006）。

尽管青少年认知能力和意识的提升使他们能更有效地应对压力和情绪波动，但也有很多青少年并不能有效地管理自己的情绪。因此他们可能会受到抑郁、愤怒和较差情绪管理的影响，这些影响反过来又可能会引发诸如学习困难、药物滥用、青少年犯罪或者饮食障碍等问题。例如，一项最近的研究说明了情绪管理和心境在学业成功中的重要性（Gumora & Arsenio，2002），即使控制了认知水平，那些声称在日常学习活动中体验到更多消极情绪的青少年的平均成绩也更低。

对青少年有重要意义的情绪胜任力包括以下方面（Saarni，1999）：

情绪胜任力	例子
意识到情绪表达对人际关系具有重要作用。	知道经常向朋友发怒会损害友谊。
通过减少消极情绪的强度及其持续时间等这样一些自我调节策略，适应性地应对消极情绪。	通过离开消极情境和使自己忙于可以用转移注意力的一些其他活动来减少愤怒。
理解内在情绪状态不一定与外在表情一致。随着青少年日益成熟，他们开始理解自己的情绪表达行为可能会影响别人，并且在表达自己的时候会考虑到这种理解。	意识到一个人可以感到愤怒，但他可以管理自己的情绪表达，从而使自己看上去不愤怒。
意识到自己的情绪状态，而不被其击溃。	能区分悲伤和焦虑，专注于应对这些情绪，而不是被情绪击溃。
觉察他人的情绪。	察觉到他人是悲伤的而不是害怕。

人格发展

本章到此为止，我们已经讨论过青少年期的自我发展、同一性发展和情绪发展。这些概念与人格有何关系？在很多观点看来，自我是人格的核心方面。在青少年期，通过自我理解，个体发展了一种整合的同一感。关于人格特征，同一性发展可以同时导致人格的稳定（获得同一性）和变化（探索新的同一性和对人格特质的矫正）（Roberts & Capsi，2003）。对个体人格特征和气质的描述通常涉及情绪，例如，我们可以按照情绪的稳定性 / 不稳定性和积极 / 消极情感来描述一个青少年。那么，青少年期的这些人格特质是怎么表现出来的？哪些人格特质最重要？

人格特质

寻找能概括人类特征的核心人格特质的努力由来已久（Caspi & Shiner，2006；Galambos & Costigan，2003）。近年来，研究者关注**人格的大五因素**（big five factors of personality）：开放性、责任性、外向性、宜人性和神经质（情绪稳定性）（见图 5.5）。

开放性（Openness）	责任性（Conscientiousness）	外向性（Extraversion）	宜人性（Agreeableness）	神经质（Neuroticism）
• 有想象力的或是现实的	• 有组织的或是无组织的	• 喜欢社交的或是害羞的	• 心软的或是无情的	• 冷静的或是紧张不安的
• 对变化感兴趣或是对常规感兴趣	• 细心的或是粗心的	• 开朗有趣的或是沉闷的	• 信任的或是怀疑的	• 安全的或是不安全的
• 独立或是依从	• 有纪律的或是随心所欲的	• 感情丰富的或是拘谨矜持的	• 助人的或是不合作的	• 满意的或是自怜的

图 5.5

大五人格因素。每一个高级特质又包含了几个次级特质与特征，我们可以用 OCEAN 这个首字母缩略词来记住大五人格因素（开放性、责任性等等）。

如果将这些特质名称的首字母拼起来，你能得到 OCEAN 这个词。

很多关于大五人格的研究采用成人参与者（Costa & McRae，1998；McRae & Costa，2003），然而越来越多涉及大五人格的研究开始关注青少年（Branje，van Lieshout，& van Aken，2004；McRae，Costa，& Martin，2005；Shiner，2005）。一项最近的研究发现，以开放性、责任心和情绪稳定性为特征的青少年逃学的可能性更小（Lounsbury & others，2004）。在另一项研究中，12~13 岁非裔美国男孩和非拉丁裔白人男孩的母亲评价了自己儿子的人格特征（John & others，1994）。研究者发现，她们的评定结果反映了大五因素，但也出现了另外两个用于描述男孩的因素：（1）易激惹性（“诉怨”、“感情很容易受到伤害”）；（2）积极活动（“有活力”、“身体活动频繁”）。研究者对于能代表青少年（还有儿童和成人）的核心人格特质并没有达成共识，其他研究中还提出了另外一些的人格特质，比如优秀 / 普通和邪恶 / 正派（Almagor，Tellegen & Waller，1995）。

青少年期的人格特质有多稳定？一些研究者发现，青少年期的人格不如成人时期稳定（Roberts & Caspi，2003）。研究者还发现，人格在 50 岁以后变得更加稳定（Roberts & DelVecchio，2000）。青少年期人格的最大变化可能与对新的同一性的探索有关（Roberts & Caspi，2003）。

尽管青少年期的人格要比成人期的人格有更多变化，但青少年期的人格仍具有一定的稳定性（Hair & Graziano，2003；Shiner，2005）。一项纵向研究分别在个体发展的三个时间点上测量了人格特征：初中、高中和 30~40 岁之间（Block，1993），研究发现，在这些时期内个体的人格特质既表现出稳定性也有变化。一些研究者得出结论说，攻击性、控制力、依赖性、社交性和羞涩倾向，在从童年中晚期到青少年期和成人期的发展过程中保持稳定（Capsi & Bem，1990）。

一项纵向研究考察了 18~26 岁之间人格的稳定性和变化（Roberts，Capsi & Moffitt，2001）。研究者使用多维人格问卷（Tellegen，1982）测量人格，结果发现稳定性要多于变化。从青少年期到成人期的人格改变反映出个体变得更成熟，随着长大成人，很多青少年变得更自控，更具有社交自信，也更少愤怒。

很多心理学家主张，不仅要从特质方面来看待人格，而且还要从情境和环境方面来看待人格（Mishel，1968，2004）。他们相信，单纯注重特质的取向忽视了环境因素，过于强调人格的稳定性，而忽略其变化。社会认知理论家米歇尔（Walter Mischel）首次提出了这种批评，他认为人格是依据情境而变的。因此，青少年在图书馆可能比在聚会上表现得更为安静。

今天，大多数心理学家主张交互作用论的观点，他们相信，要理解人格必须同时考虑到特质和情境（Block，2002；Mischel，2004；Mischel，Shoda，& Mendoza-Denton，2002；Roberts & Robins，2004）。让我们再考虑一下在图书馆或在聚会时的情境，并关注两个青少年：内向的简和外向者的桑德拉。简更可能喜欢待在图书馆里，而桑德拉更可能喜欢聚会。

气　质

人格研究主要关注成人，而气质研究则主要针对婴儿和儿童（Galambos & Costigan，2003）。**气质**（temperament）可以被定义为是一个人的行为风格和典型反应方式。很多心理学家认为，气质构成人格的基础（Galambos & Costigan，2003）。通过能力的提升和与环境的交互作用，气质在儿童期和青少年期演化或展开而构成一组人格（Caspi，1998；Putnam，Sanson，& Rothbart，2002）。

将一些大五人格因素与气质类别联系在一起的研究，认为气质与人格类型关联密切（Capsi，1998；Capsi & Shiner，2006）。举例来说，气质类型中的积极情绪性与外向性的人格特质相联系，消极情绪性对应于神经质（情绪稳定性），而努力自控与尽责性相联系（Putnam，Sanson，& Rothbart，2002）。

气质类型

像对待人格一样，研究者想要发现气质的核心维度是什么（Rothbart & Bates，2006）。精神病医生亚历山大·切斯和斯特拉·托马斯（Chess & Thomas，1977；Thomas &

Chess，1991）追踪一组婴儿直到其成人期，他们得出结论，气质有三种基本类型或聚类。

- **容易型儿童**（easy child）：这种类型的儿童一般处于积极心境中，较快确立日常活动规律，而且容易适应新体验；
- **困难型儿童**（difficult child）：这种类型的儿童对很多情境都做出消极回应，接受新环境较慢；
- **迟缓型儿童**（slow-to-warm child）：这种类型的儿童活动水平较低，稍微有点消极，表现出来的情绪强度较低。

之后又不断产生了新的气质分类（Rothbar & Putnam，2002；Wachs & Kohnstamm，2001）。玛丽·罗斯巴特和约翰·贝茨（Mary Rothbart & John Bates，1998）在对气质研究的回顾中总结道，最好的气质分类框架是对切斯和托马斯的容易型、困难型和迟缓型分类的修正。现在对气质的基本分类主要有：

- 积极情感和倾向：该类型与外向性 / 内向性的人格特质很相似。
- 消极情感性：容易陷入沮丧。具有消极情感气质的儿童可能烦躁不安，经常哭泣。消极情感与内向性和神经质（情绪不稳定性）的人格特质紧密相联。
- 努力自控（自我约束）：包含控制自身情绪的能力。自控水平高的青少年表现出控制自身激活水平的能力，并有缓和自身情绪的策略。相比之下，自控水平低的青少年表现出不能控制自己的激活水平，易受激惹，特别情绪化（Eisenberg & others，2002）。

发展性的联系与情境

从儿童期到成人期，气质是稳定的吗？年轻人是否会表现出与他们在婴儿期或年幼时期相同的行为风格和典型情绪反应？比方说，活动水平是气质的重要维度，那么儿童的活动水平与成人初显期和成人早期的人格有关吗？一项纵向研究发现，4 岁时有很高活动水平的儿童，在 23 岁时更有可能是开朗的，这反映了气质的连续性特征（Franze，1996）。然而，气质也可能会以其他方式发生变化。从青少年期到成人早期，大多数个体表现出更少的情绪波动，变得更有责任感，更少参与冒险行为，这又反映出气质的不连续性特征（Capsi，1998）。

个体在童年期的气质是否与青少年期和成人期的适应有关呢？以下是我们根据针对该问题所做的几项纵向研究得到的结果（Capsi，1998）。

一项采用切斯和托马斯的分类来测量气质的纵向研究发现，1 岁时的气质与 17 岁时的适应有关（Guerin & others，2003）。在婴儿时期为容易型气质的个体，到了青少年期晚期，其行为和智力表现更优异。在青少年期，容易型气质的个体比困难型气质的个体体验到更具激励性和凝聚力的家庭环境，与其父母也有更积极的关系。当个体具有困难的气质类型并且处在高冲突的家庭环境中时，可能就会产生更多的外显行为问题（品行问题、犯罪）。

对于童年期气质与成人期适应的关系，一项纵向研究发现，3~5 岁的儿童，如果其气质是容易型的，那么他们很有可能在成人早期适应良好（Chess & Thomas，1977）。相比之下，很多在 3~5 岁时是困难型气质的个体，他们在成人早期的适应情况就没有那么好了。有研究者发现，与其他男孩相比，在童年时期是困难型气质的男孩在成人阶段继续完成正规教育的可能性更小；在童年时期是困难型气质的女孩也要比其他女孩更有可能在成人阶段体验到婚姻冲突（Wachs，2000）。

总之，许多纵向研究都发现，儿童期的容易型气质与青少年期和成人期更好的发展与适应有关。当个体生活的环境有问题时，比如生活在高冲突的家庭环境中，困难型气质的长时效还会被加剧。

抑制性是另一种被广泛研究的气质特点。研究者发现，在儿童期有抑制气质的个体到了成人期更不可能变得坚定自信，体验到更少的社会支持，更可能会推迟步入稳定的职业轨道（Wachs，2000）。

气质的另外一个方面是情绪性和控制自身情绪的能力（Rothbart & Bates，2006）。在一项纵向研究中，3 岁时能很好控制自己的情绪并在压力面前能够恢复的儿童，很可能在成人时继续有效地处理自己的情绪（Block，1993）。相比之下，3 岁时情绪控制能力较弱且不是很有复员力的个体很可能在成人早期表现出类似的问题。

总之，这些研究揭示了儿童期气质的某些方面与成人早期的适应之间具有一定的连续性。然而要记住，儿童期气质与成人适应之间的这些联系只是基于少量的研究，还需要更多研究来证实这种联系。事实上，西奥多·沃克斯（Thodore Wachs，1994，2000）已经提出，儿童期气质与成人人格之间的联系，可能会随着个体所经历的干预环境而改变（见图 5.6）。

在个体的气质和个体必须应对的环境需求之间的匹配被称为**拟合度**（goodness of fit），它对青少年的适应很重要（Matheny & Philips，2001）。一般来说，努力自控、易管理性和宜人性这些气质特点会削弱不良环境的影响，而消极情绪性则会强化这种影响。

本章中，我们考察了自我、同一性、情绪和人格的很多方面。在我们对同一性和情绪的讨论中，我们评价了性别的作用，接下来的一章将专门讨论性别问题。

初始气质特征：抑制性

	儿童A	儿童B
	干预情境	
抚养者	抚养者（家长）是敏感的、接纳的，他们允许孩子自己设定步调。	抚养者使用不适当的“初级控制”，他们试图强迫孩子进入新环境。
物理环境	当儿童感到环境中的刺激过多时，他们可以退回到“刺激掩蔽”和“防御空间”中。	儿童不断遇到吵闹和混乱的环境，无法从刺激中逃脱。
同伴	同伴群体中存在其他有共同兴趣的抑制型儿童，所以儿童能感觉到被接纳。	同伴群体由活跃的外向者组成，所以抑制儿童感觉被排斥。
学校	学校是“人员配备不足的”，所以抑制型儿童更可能是耐受的并感到自己可以做出贡献。	学校是“人员配置过多的”，所以抑制型儿童更不可能被忍受，更可能感到被轻视。
	人格结果	
	成人后，个体更倾向于外向（开朗、爱社交），并且情绪稳定。	成人后，个体更倾向于内向，并有更多情绪问题。

图 5.6

童年期的气质、成人期的人格和干预情境。抚养者、物理环境、同伴和学校的不同可能会改变儿童期气质与成人期人格的关联。这里以抑制性为例。

第6章 性 别

成为一个纯粹的男人或女人往往并不好，一个人必须双性化。

——Virginia Woolf

20 世纪英国小说家

青少年发展的镜像

变化着的青少年的性别世界

"我们知道女孩似乎比男孩更敏感，尤其是在青少年阶段。虽然我们还不了解原因，但是对这种现象却有一些想法。当一个女孩到 12 岁左右的时候，生理开始成熟，好像天性使然让她对他人变得敏感，就好像妈妈对孩子那样，能体会到他人的感受，能给孩子以爱和支持。文化赋予了男孩不一样的东西。文化期望男孩子坚强，并且不轻易表露感情……。尽管如此，我们也不要认为女孩就不能果断坚强，男孩就不能体贴敏感。事实上，男孩也有丰富的情感体验，问题在于他们中的大多数人不懂得如何表达，或是害怕因表达情感而被取笑。"

——佐伊，13 岁（Zager & Rubenstein，2002，pp. 21–22）

"也许是因为女权主义观点和男女平等的观念，我想男孩们有时会陷入窘境吧。男孩可能会做一些我认为或他们自己觉得合理的事情，但他们却要为此付出代价。如果你对一个女孩不好，她认为你不在乎她；如果你对她很好，她又认为你过分强调她是个女性。女孩们总是不能理解男孩们的想法，男孩们也同样不能很好地理解女孩们的心意。"

——托比，17 岁（Pollack，1998，p. 164）

以上两个青少年对两性的看法反映了大多数青少年的困惑，即作为一个男性或女性该何表现自己。在青少年的社会情感发展中，没有哪个方面像性别一样发生了如此大的变化，而这些变化引发了上述对两性行为的困惑。

预 览

性别到底意味着什么？如果说“性”指的是作为一个男性或女性的生物方面，那么性别指的便是心理和社会文化这两个方面。在青少年的生活中，比起其他方面的发展，性别的发展更占据了其自我认同和社会关系的核心地位。性别角色是性别中特别值得注意的一个方面，它规定了作为一个男性或女性应该如何思考、应该有什么样的行为和感受等内容。例如，男性是否应该比女性更果敢，而女性是否应该比男性对他人的感受更敏感？

尽管个体早在儿童时期就开始有了性别意识，但青春期萌发和性成熟为性别增加了新的含义。这一章首先讨论影响性别的生理、社会和认知因素，然后区分性别刻板印象和实际的两性差异，并且测查青少年可以采纳哪些性别角色，最后探索青少年期典型的性别发展模式。

影响性别的生理、社会和认知因素

生理因素对**性别**（gender）的影响有多大呢？经验在多大程度上塑造了儿童和青少年的性别发展？认知因素确实会影响性别的发展吗？在下面的内容中我们将分别展开讨论。

影响性别的生理因素

很明显，青春期变化是影响青少年性别化行为的生理因素。弗洛伊德和埃里克森都相信，两性的身体特征会影响他们的行为。进化心理学家则从“适者生存”的角度强调性别角色。

青春期变化和性特征

青春期强化了青少年与性有关的性别态度和行为（Galambos，2004）。当身体中的荷尔蒙开始泛滥，女孩们就可能表现得更女人，而男孩们则表现得更男人。在与其他异性接触时，性别特征和性别化行为的高度结合将进一步激发男性和女性做出一些刻板印象中的行为。于是，当碰到心仪的约会对象时，女孩变得敏感多情、富有魅力且温柔可人，男孩变得果敢、骄傲且坚强，这种改变会让他们觉得自己的性别特征更明显。在本章的后面，我们将进一步评估有关青少年比儿童表现出更多性别刻板行为的假设。

男人注视着女人，
女人凝望着男人，
彼此好奇地观望着，
正如他们仅能做的那样。
——BRYAN PROCTER
19世纪英国诗人

很少有研究尝试将青春期性方面的变化和性别行为联系起来。然而，研究者发现，青春期的性行为与荷尔蒙的变化有关，至少对于男孩是这样的。罗伯特·尤迪（Robert Udry，1990）在一项研究中发现，雄性激素的增加与男孩性活动的增长有关。对于女孩来说，雄性激素水平和性行为也有一定关系，但是女孩的性活动更多地受其交的朋友类型的影响。在同一项研究中，尤迪研究了青春期荷尔蒙的增加是否与性别行为（比如变得柔情、富有魅力、果敢、愤世嫉俗等）有关，但是没有发现显著相关。

总之，青春期的变化会使青少年期出现男子气概与女性气质的“交锋”，并且这样的“交锋”多半涉及性的内容。

弗洛伊德和埃里克森——“解剖起主宰作用”

弗洛伊德和埃里克森都认为个体的生殖器影响到他的性别行为，所以解剖起主宰作用。弗洛伊德的基本假设之一是人类的行为直接与繁衍有关，从这个假设出发，他认为性别和性行为必然不是习得的，而是本能。1968年，埃里克森扩展了弗洛伊德的理论，认为两性的心理差异源于他们生理解剖上的不同。他认为，由于生殖器结构的原因，男性更具侵入性和攻击性，女性的包含性和被动性更强。批评“解剖起主宰作用”的人认为，个人的后天经验应该得到重视，这些批评认为，与弗洛伊德和埃里克森的观点相比，两性有更大的自由去选择自己的**性别角色**（gender role）。对此，埃里克森更正了自己的观点，认为当今社会的女性超越了生理遗传的限制，并改变了社会对男性入侵性特点的过度强调。

进化心理学和性别

我们在第3章描述了进化心理学取向，它强调人类进化中的适应需要会导致两性之间产生心理差异（Buss，1995，2000，2001，2004）。进化心理学家认为，在人类进化的过程中，两性需要在繁衍中扮演不同的角色，所以两性在最早的原始环境中所面临的压力不同。特别是，拥有多个性伴侣将使男性传递自身基因的可能性加大，所以自

这是男人做的事。

然选择往往偏好那些采用短期交配策略的男性。这些男性和其他男性竞争，进而获得更多的资源来接近女性。于是进化心理学家认为，男性在进化的过程中优先发展的素质是暴力、竞争和冒险能力。

相反，女性则通过为后代寻找有保障的资源来提升其对基因库的贡献，如果能得到一个愿意供养家庭的长期配偶可大大促进这一结果。所以，自然选择往往偏好这样的女性，她们致力于养育后代并选择了能提供资源和保护的男性。女性在进化中发展了选择那些成功的、有野心的且能提供资源的男性的偏好。

根据一些进化心理学家的说法，进化观点解释了性态度和性行为方面的关键性别差异。比如，一项研究表明，男性表示一生中性伙伴的理想数量是 18 个以上，而女性仅愿意有 4 个或 5 个性伴侣（Buss & Schmitt，1993）。另一项实验研究发现，75% 的男性（但没有女性会同意）会同意富有吸引力的陌生异性提出的性要求（Clark & Hatfield，1989）。

戴维 · 巴斯（David Buss，2001，2004）指出，这种性别差异的确如进化心理学所预测的一样。巴斯认为，对于进化中需要面临不同方面的适应问题，两性的心理是不同的；然而在其他方面，两性的心理则是相似的。

批评进化心理学的观点指出，以上假设只是基于对史前时期的推测，而不是证据；并且，在所有情况下，人们的行为选择并不仅局限于进化形成的适应性行为。另外，进化的观点对文化和个体差异因素考虑得太少（Unger & Crawford，2004）。

社会因素对性别的影响

许多社会心理学家并不认为应该将心理上的性别差异归因于生理特性，相反，他们认为大部分差异应归结为社会经验的结果。爱丽丝 · 伊格利（Alice Eagly，2000，2001）提出了**社会角色理论**（social role theory），该理论强调性别差异主要是因为两性角色有所不同。在大多数的文化中，相对于男性，女性拥有更少的权利和地位，控制更少的资源（Wood，2001）。与男性相比，女性做更多的家务，用在工作中的时间更少，得到的薪水更少，在组织高层中也更势单力薄。伊格利认为，因为女性在社会中适应了权力更少和地位更低的角色，所以她们表现出更多合作性和更少的主导性。所以，社会层次和劳动分工才是形成权力、进取心和养育方面的性别差异的重要原因（Eagly & Diekman，2003）。

父母的影响

家长也通过行动和榜样来影响孩子的性别发展（Maccoby，2003；McHale，Crouter，& Whiteman，2003）。在从儿童期到青少年期的过渡中，家长允许男孩更加独立（与女孩相比），并且因为担心女孩在性方面易受伤害，他们会采取更多的监控行为来确保其无事。家中有青春期女孩的家长表示，他们之间面临更多关于性、朋友选择、宵禁方面的剧烈冲突（相对于有青春期男孩的家庭而言）（Papini & Sebby，1988）。

家长对处于青春期的男孩和女孩有不同的成就期待，尤其是在像数学和科学这样的学科领域。比如，很多家长相信，数学对男孩的将来比对女孩的将来更重要，这些想法会影响到青少年对数学成绩的价值判断（Eccles，1987）。在本章后面，我们将对性别和成就做更多的介绍。

关于社会因素对性别的影响，社会认知理论是非常重要的（Bugental & Grusec，2006；Bussey & Bandura，1999）。**性别的社会认知理论**（social cognitive theory of gender）强调，儿童和青少年的性别发展受他们所观察和模仿的他人的性别化行为影响，受他们做出合适或不合适的性别化行为时所得到的奖惩后果的影响。在家庭、学校、邻里和媒体环境中，通过对父母、其他成人及自己同伴的观察，青少年可以看到大量与性别有关的榜样行为。父母则通过奖惩措施来教导女儿表现得女性化（凯伦，你穿那条裙子看起来好漂亮！），教导儿子表现得男性化（鲍比，你在游戏中看起来冲劲十足，好样的！）

兄弟姐妹

兄弟姐妹在性别社会化的过程中也起到某种作用（Galambos，2004）。一项历时两年的研究发现，在青少年早期，家中比较小的孩子在性别角色和休闲娱乐上会更像他们的哥哥或姐姐（McHale & other，2001）。比如，如果一个孩子有个玩男孩游戏的哥哥，那么两年后这个小孩将变得更男性化，并参与到更多男孩子的活动中去。相反，哥哥在这两年中则不会受影响，甚至越来越不像弟弟或妹妹。

同 伴

父母提供了性别化行为的第一个榜样，不久之后，同伴开始对性别化行为做出反应并成为榜样（Rubin，Bukowski，& Parker，2006）。在儿童中期和晚期，孩子们表现出对同性同伴的喜欢和想与之交往的偏好（Maccoby，1996，1998，2002）。在对小学的游乐场进行广泛的观察之后，两个研究者将之命名为“性别学校”。他们指出，在游乐场里，男孩相互传授男性化行为并彼此强化，女孩相互传授女性化行为并彼此强化（Luria & Herzog，1985）。

青少年大部分时间与同伴在一起。在青少年期，同伴的支持与反对对性别态度和行为的形成具有强有力的影响，孩子们依据与性别相关的品质接受或者拒绝他人，从而完成自己性别化行为的社会化。

学校和教师

值得一提的是，学校和教师对男孩和女孩的教育往往是有偏差的（Koch，2003）。那么，对男孩教育的偏差表现在哪些方面呢？以下几点值得思考（DeZolt & Hull，2001）：

- 许多班级推崇并强化的行为是服从、遵守规则、整洁和有秩序，但这些行为往往是女孩的特质而不是男孩的特质。
- 大部分教师是女性，尤其是小学教师。这种情况让男孩比女孩更难认同老师并将老师的行为作为榜样。
- 男孩出现学习问题的可能性比女孩更大。
- 男孩受到批评的可能性比女孩更大。
- 学校容易忽视的一点是，许多男孩很明显有学业问题，尤其在语言学习方面。
- 学校倾向于刻板地认为男孩的行为是有问题的。

那么，对女孩的教育偏差又表现在哪些方面呢？迈拉和戴维·塞德克（Myra & David Sadker，2003，2005）的观点如下：

- 在典型的课堂上，通常是女孩较为顺从，而男孩则更难控制。男孩会通过主动表现来获得更多关注，女孩则安静地等待自己的机会。教师们更可能批评和训斥男孩，或者送他们去学校管理者那里接受纪律处分。教育家们担心女孩的安静和服从是有代价的：她们的进取心会变得越来越弱。

在青少年期，性别和学校教育有何联系？

- 在很多课堂上，老师花更多的时间来关注男孩并与之互动，女孩则安静地做事或独自玩耍。大部分老师不是有意地偏爱男孩并花很多时间与他们相处，但这是教室里常见的现象。
- 当男孩遇到问题时，他们会比女孩得到更多指导和帮助。老师会留给男孩更多时间来回答问题，提供给他们更多有助于回答问题的线索，如果他们回答错了，还会得到更多的尝试机会。
- 男孩比女孩更容易考低分，甚至成为留级生，但是女孩对大学学业的成功却更没有信心。
- 入学时，男孩和女孩的自尊水平基本相同。但是到了中学，女孩的自尊水平要低于男孩。
- 小学时，在要求儿童写出自己长大后想做什么时，男孩所描述的职业选择比女孩的更多。

可见，在对男孩和女孩的教育方面，学校里的性别偏差是显而易见的（DeZolt & Hull，2001）。许多学校并没有意识到自身的性别偏差。这种态度深深扎根于一般主流文化并为其所倡导，减少这种偏差的一种重要策略是先意识到它的存在。

单一性别教育方式（same-sex education）会比双性别教育方式（co-ed education）更好吗？对于这个问题仍旧没有明确答案（Ruble，Martin，& Berenbaum，2006）。一些研究发现，单一性别教育方式有益于女孩的成就，而另一些研究则没有发现这一点。无论对女孩还是对男孩而言，单一性别教育都不会促进其成就（Mael，1998；Warrington & Younger，2003）。

大众传媒的影响

如前所述，青少年每天都在与父母、同伴和老师等人的接触中学习着性别角色，而大众传媒所传递的关于性别角色的信息也对青少年的性别发展有着重要影响（Comstock & Scharrer，2006；Galambos，2004）。

针对青少年的电视节目对性别的刻画是极其刻板的，尤其是对十几岁女孩的刻画（Beal，1994，Comstock & Scharrer，2006）。一项研究发现，十几岁的女孩往往被描绘为对成对约会、购物和外貌更感兴趣（Campbell，1988），她们很少表现出对学校或职业规划的兴趣。迷人的女孩通常被塑造成笨蛋，聪明的女孩则被塑造成缺乏吸引力。

另一个针对青少年的高度模式化的节目形式是音乐视频。青少年在 MTV 和电视秀上看到的节目是高度模式化的，它们主要针对男性观众。相对于黄金时段的节目而言，在音乐视频里面，女性表现的更具挑逗性，于是 MTV 被认为是青少年期男孩的“梦想世界”。这个世界充斥着远多于他们数量的激情美女，寻找并试图和他们发生关系，她们的回答总是意味着愿意，即使她们口头拒绝的时候（Jhally，1990）。

青少年早期也许是对关于性别角色的电视信息最敏感的时期。青少年开始越来越多地关注为成人设计的包含着性别适宜行为信息的节目，尤其是涉及异性恋关系的节目。在认知上，青少年比儿童更理想化，电视不失时机地推出可供青少年来认同和模仿的理想化角色，年轻、富有魅力又成功的形象总是能吸引眼球。

电视世界里的性别表现总是高度刻板的，并且清晰地传递着关于两性相对权力和重要性的信息（Calvert，1999；Comstock & Scharrer，2006）。在很多电视秀里，男人被刻画成比女人更富有权力。在音乐视频里面，男性更多地被描绘成富有攻击性、主导性、胜任性、自主性和主动性，然而女性更多被描绘成被动的形象。最近一个针对黄金时段商业节目的研究发现，除了涉及健康和美丽产品的商业节目之外，在其他商业节目中，女性的特点并没有被充分地表现出来（Ganahl，Prinsen，& Netzley，2003）。在该研究中，女性倾向于在商业广告中扮演支持男性的角色，研究者认为，这种性别刻板印象仍将继续代表当今电视的商业特点。

媒体影响着青春期孩子的自我身体意象，一些研究揭示了此方面的性别差异（Comstock & Scharrer，2006）。举例来说，一项对 10~17 岁孩子进行的研究发现，与男孩相比，女孩感觉媒体对其自我身体意象的影响更大（Polce-Lynch & other，2001）。然而另一项研究发现，青春期的孩子看越多的电视娱乐节目，其自我身体意象就越消极（Anderson & others，2001）。

认知对性别的影响

根据社会认知理论，性别通过观察、模仿、奖励和惩罚这些机制得以形成和发展。它认为，青少年和社会环境之间的互动是性别发展的关键。对于这种观点的批评是，它很少关注青少年自己的想法和见解，并且将孩子形成性别角色的过程看成一个被动过程（Martin，Ruble，& Szkrybalo，2002）。有两种认知理论强调了个体主动地建构其性别世界——认知发展理论和性别图式理论。

- **性别的认知发展理论**（cognitive developmental theory of gender）。性别类型化发生在

孩子们认为自己是男孩或女孩之后。一旦他们对自己是男性或女性形成稳定的认识，他们就开始对与该性别相一致的活动、物体和态度产生偏好。

- **性别图式理论**（gender schema theory）。性别类型化是随着个体形成基于自己文化标准的性别适宜行为或不适宜行为的图式而逐渐实现的。**图式**（schema）是一个认知结构，是一个引导个体知觉的网络。**性别图式**（gender schema）组织着代表两性世界的认知结构，个体受内部动机的激发去认识这个世界并做出与其发展图式相对应的行为。

MTV 和摇滚音乐节目中的女性总是性感而富有挑逗性。

性别的认知发展理论最初是由柯尔伯格（Lawrence Kohlberg，1966）提出的，该理论运用了我们在第 4 章所论述的皮亚杰的观点，认为性别发展取决于认知。柯尔伯格认为，随着孩子守恒和归类技能（皮亚杰所描述的）的发展，性别概念得以发展。此外，他们还渐渐认识到自身的性别是恒定的。于是，他们开始选择同性别的榜样来模仿。一个女孩可能会这样想：我是女孩，所以我想做女孩该做的事情，因此，做女孩该做的事情就得到奖赏或强化。

注意，这个观点强调的是性别定型行为发生在孩子形成性别守恒之后，性别守恒的意思是孩子开始认识到活动、衣着或发型也许会改变，但是性别会保持不变（Ruble，2000）。然而，研究者却发现，孩子们直到 6 或 7 岁才形成性别守恒。但在此之前，大多数小女孩就喜欢女孩的玩具、衣服和游戏，大多数男孩喜欢男孩玩具和游戏。因此，与柯尔伯格的描述相悖，性别类型化似乎并不依赖于性别守恒。

青少年期认知发展的改变会影响性别行为吗？形式运算的特点是抽象的、理想化的、符合逻辑特点的，它意味着青少年有能力去分析自己并决定他们想要的性别身份。青少年期是一个发展期，个体开始将注意集中在职业和人生的选择上面。随着认知技能的提高，青少年开始对基于性别的职业和人生的选择有更多意识。随着他们对自我同一性的探索——“我是谁？我到底是什么？我的生活将如何？”——他们开始对性别角色做出选择。回忆上一章中对性别和同一性的讨论。近年来，随着女性对职业产生越来越多的兴趣，性别上的差异越来越少。即使这样，青春期的女性仍旧比男性显示出更多对关系和情感联系的兴趣。总之，伴随着形式运算带来的改变和对自我同一性日益增长的兴趣，青少年开始重新审视和定义他们的性别态度和行为。

与认知发展理论不同，图式理论并不强调孩子们在形成性别守恒后才开始出现性别类型化。相反，它认为性别类型化形成于儿童可以依照社会认同的性别适宜行为进行编码和组织信息的时候（Martin & Dinella，2001；Martin & Halverson，1981）。儿童一点一点地收集着他们文化中的性别适宜行为和不适宜行为，形成能影响他们知觉世界和记忆的性别图式，并受驱动去做出符合这些图式的行为。于是，性别图式孕育了性别类型化。

举一个性别图式及其对青少年影响的生活实例。想象一个高中生怎样在众多选择中决定自己发展何种爱好，这个学生也许会考虑每种可能性所要付出的代价，这种行为是否可以在寒冷的天气进行、是否会影响学习等等。但是，他也可能从性别的角度考虑，问自己："这个爱好是属于哪种性别的？我的性别是？它和我的性别匹配么？如果匹配，那么我会做进一步考虑，如果不匹配，那么我会放弃它。"性别图式对这个决定的影响也许完全是无意识的。事实上，在很多日常事件中，我们的行为总是受到性别图式的无意识影响。

总之，认知因素影响着青少年作为女性或男性的思考和行为方式。在生理因素、社会因素和认知因素的影响下，儿童形成了自己的性别态度和行为。

性别刻板印象，两性的相似性与差异性

性别刻板印象的影响究竟有多广泛？男孩和女孩的差异究竟是什么？为什么在这个问题上的争议如此大？我们将在本节尝试回答以上问题，并将把性别化行为置于某一背景中进行思考。

性别刻板印象

性别刻板印象（gender stereotypes）是一种宽泛的说法，它反映了我们对男性和女性的普遍印象和看法。所有的刻板印象，无论其划分标准是什么（性别、种族或其它标准），都代表了该特殊社会群体中典型成员的特征。这样的概括对于我们了解和认识这个复杂的世界是有帮助的。我们每天面对的外界刺激千差万别，而当我们给一个人贴上一个标签（比如说*男性*或*女性*）后，我们审视这个人的时候就可以少费一些脑筋。可是，标签一旦被贴上去，再想揭下来可就难了，即使在遇到反例的时候。

许多刻板印象的界定宽泛但并不十分明确。想一下关于男性行为和女性行为的刻板印象，每种刻板印象都包含着不同的行为，比如男性会让人联想到球类比赛中的触地得分或满脸胡渣，女性则会让人想到玩布娃娃和涂抹着口红的嘴唇。刻板印象也会随着文化的不同而不同。在某个年代，肌肉发达可能是是男子气的象征，在另一段时期，男子气却可能与一种更为消瘦的身材联系在一起。那些被公认的反映某种刻板印象的行为，在不同的社会经济背景下也是不同的。比如说，与高社会经济地位的群体相比，低社会经济地位的群体更可能认为“粗野”是男性特征的一部分。

尽管对刻板印象行为的界定有很大变动，但对个体而言，这种标签则有着重大意义。如果一个男性被贴上“女性化”标签或一个女性被贴上“男性化”标签，那么他们的社会地位和在群体内被接受的程度都将受到明显的影响（Best，2001；Galliano，2003；Kite，2001）

那么，性别刻板印象有多普遍呢？根据一项对30个国家在校大学生的研究结果，它是无处不在的（Williams & Best，1982）。在不同的文化背景下，人们普遍认为男性处于主导地位、独立而富有攻击性、以成就目标为导向、坚韧；而女性则处于辅助性地位、亲和而低自尊、在别人痛苦时更愿意提供帮助。

在另一项调查中发现，与生活在欠发达国家的男女相比，生活在发达国家的男女感到他们之间更相似，即性别差异更小（Willam &Best，1989）。这个研究结果是有道理的，因为在发达国家生活的女性更可能上大学并被雇佣而获得报酬。于是，随着两性更加平等，性别刻板印象和两性之间实际行为的差异可能就会减小。该调查还发现，女性比男性更容易察觉到两性之间的相似性（Willam & Best，1989），信仰基督教的参与者比信仰伊斯兰教的参与者更容易察觉两性的相似性。

刻板印象经常起到负面作用，有时会产生偏见和歧视。**性别主义**（sexism）是基于性别而产生的偏见和歧视。打个比方，有人会说女性不能成为出色的律师，而男性不能胜任幼儿园老师，这些都是属于性别主义的观点。当一个化学系的教授对一名医科大学的预科女学生说“女人应该待在家里”时，这就是公然的性别歧视；还有一些不那么明显的行为，比如主管把一个成年女子看成一个小女孩（Matlin，2004）。曾有研究试图区分传统性别歧视和现代性别歧视（Swim & others，1995）。传统性别歧视基于传统性别角色的划分，认为应该区别对待男性和女性、女性不如男性有能力；现代性别歧视就像现代种族主义一样，否认歧视的存在，无视女性所提的要求，不支持有利于女性的政策（比如，教育和工作）。图6.1给出了测量传统和现代性别歧视的项目。一项最近的研究表明，支持现代性别歧视的个体不容易觉察到具有性别歧视意味的言语（Swim，Mallett，& Strangor，2004）。

传统的性别歧视观

女性普遍不如男性聪明。
女老板不如男老板让人感觉舒服。
鼓励男孩参加运动比鼓励女孩参加运动更重要。
就逻辑思维而言，女性不如男性。
父母都在上班，如果他们的孩子在学校生病了，学校应该打电话给妈妈而不是爸爸。

现代的性别歧视观

美国已经不存在歧视女性的问题。
女性很少会因为性别歧视而丧失好的工作机会。
在电视上很少看到歧视女性的镜头。
一般来讲，现在的家庭中男女平等。
当前社会，男女获得成就的机会是平等的。
很难理解为什么一些女性群体仍旧关注有关女性机会的社会限制。
很难理解美国的一些女性群体的愤怒。
在过去的几年中，政府和媒体对女性的待遇给予了很多关注，这比女性实际应得的还要多。
注意：上述内容分别反映了传统和现代意义上的性别歧视。为了理解上的方便，我们对原研究中的一些说法做了调整。

图 6.1
测量传统和现代性别歧视的项目

两性的相似性与差异性

性别刻板印象的背后，其真实情况到底如何？现在我们将考察两性之间的差异，请记住以下几点：

- 我们所说的性别差异是普遍而言的，适用于所有的男性或女性。
- 即使这种差异存在，对男性和女性而言，他们之间也有很多互相重叠的部分。
- 这种差异可能主要是由生物因素导致的，也可能主要是由社会文化因素导致的，或者二者皆有。

首先，我们将考察生理方面的差异，然后转向认知和社会情绪方面的差异。

生理方面的相似性与差异性

我们将用几页的篇幅来讨论男性和女性在生理上的差异。比如说，女性要比男性多出大约一倍的身体脂肪，主要集中在胸部和臀部，而男性的脂肪则最可能在腹部。平均来看，男性的身高比女性高 10% 左右。雄性激素（男性荷尔蒙）促进骨骼的生长，而雌性激素（女性荷尔蒙）则在青春期抑制这种生长。

两性的许多生理差异与健康紧密联系。人们普遍认为，女性比男性寿命长且更不容易得生理或者心理方面的疾病。女性对传染病的抵抗力更强，血管更有弹性。男性则有更高水平的压力荷尔蒙，这种激素会导致血液的迅速凝结和血压升高。

性别会影响大脑的结构和活动么？人类的大脑是非常相似的，不论是男性还是女性（Halpern，2001）。尽管如此，研究者们还是发现了一些不同之处（Goldstein & others，2001；Kimura，2000），结果如下：

- 男性下丘脑中涉及性行为的区域大于女性（Swaab & others，2001）。
- 女性的胼胝体（连接大脑两半球并起到沟通作用的组织）大于男性的胼胝体（Le Vay，1994）。
- 男性的顶叶中涉及视觉空间技能的区域大于女性（Frederikse & others，2000）。
- 女性大脑中涉及情感表达区域的活动快于男性（Gur & others，1995）。这种大脑结构上的相似性与差异性可以归结为进化和遗传的作用，以及社会经验的影响。

认知的相似性与差异性

很多年以前，麦科比和杰克林（Eleanor Maccoby & Carol Jacklin，1974）发现，男性有更好的数学和视觉空间能力（设计师设计建筑物的角度和维度所需要的技能），而女性则有更好的语言能力。接着，麦科比（1987）发现两性在言语上的差异实际上并不存在，但数学和视觉空间上的差异仍旧存在。今天，一些研究性别的专家认为两性在认知上的差异被夸大了（Janet Shibley Hyde，1993，2004；Hyde & Mezulis，2001）。例如，海德（Hyde）指出，在数学和视觉空间任务中，两性的分数分布有显著的重合（见图6.2）。然而，另外一些研究者发现，男性的视觉空间能力更高（Blakemore，Berenbaum，& Liben，2005；Ruble，Martin，& Berenbaum，2006）。尽管每年全美地理竞赛参赛者的男女比例差不多，但是能坚持到最后的前十名选手大多是男孩（Liben，1995）。

研究者在考察孩子们在学校或标准测验中的表现时发现，美国男孩和女孩在某些方面始终存在差异。美国教育部 2000 年做的一项全国性研究发现，男孩在数学和科学上

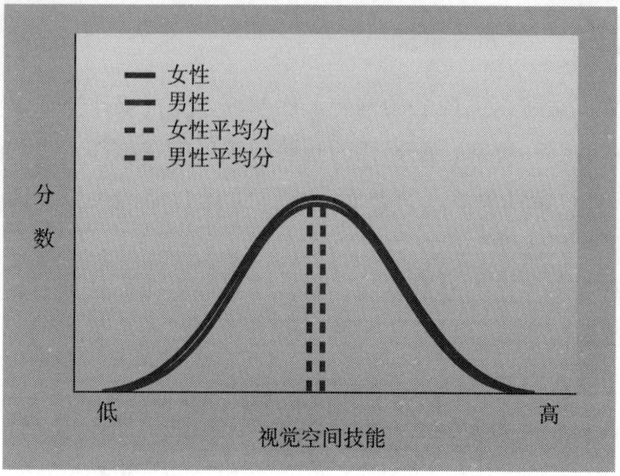

图 6.2
两性的视觉空间技能。注意，尽管男性在视觉空间技能上的平均得分高于女性，但是两性的分数几乎是完全重合的。不是所有男性的得分都高于女性，这种重合意味着，尽管男性平均分高一些，但还是有很多女性在这项技能上比大多数男性要强。

要比女孩稍好一些。但总体而言，女孩的成绩更好，她们在阅读上有显著的优势。另一项最近的全国性研究发现，四年级、八年级和十二年级的女孩比男孩的阅读成绩和写作技能更好，并且差距越来越大（Coley，2001）。男孩进特殊教育班或重修班的几率比女孩更大，女孩则更可能专注于学习材料，在课堂上注意力更集中，在学业上更努力且课堂参与性更高（DeZolt & Hull，2001）。

然而，需要注意的是，学校中的成就测验和标准测验分数反映的可能不单单是认知能力。比如，一些测验成绩也许会反映刻板印象威胁（见第 4 章）。在学校的表现也许一定程度上是为了服从性别角色，也可能反映了动机、自我控制或其他社会情绪的不同。

社会情绪的相似性和差异性

真的是“男人来自火星，女人来自金星么”？也许性别差异最引人注目的地方是两性之间的联系。对于所有可以想象到的社会情绪特点，研究者试图探究其中是否存在两性差异。下面，我们将讨论三个问题：攻击性、相互关系中的沟通、情绪和行为的自我调节。

攻击性 最稳定的性别差异之一是男孩的身体攻击性比女孩要强，这一差异在各种文化中都有体现，并且在儿童发展早期就出现了（White，2001）。在儿童被激惹的时候，身体攻击性的差异尤其明显。我们知道，男孩通常比女孩有更多的身体攻击行为。那么，对于言语攻击行为，例如大声叫嚷，男孩与女孩之间是否也会有差异？当对言语攻击行

为进行考察时，有的研究显示不存在性别差异，有的显示女孩有更多言语攻击（Eagly & Steffen，1986）。而且，女孩更可能采用关系攻击而不是身体攻击，比如，通过传播恶意谣言来让其他人讨厌某个孩子，或者不理睬惹自己生气的孩子（Crick，2005；Underwood，2003，2004）。然而，我们仍不清楚女孩是否比男孩更多卷入关系攻击（Underwood & other，2004）。

根据刻板印象，你知道2加2等于几，而我可以看懂墙上的文字。

相互关系中的沟通 社会语言学家黛博拉·坦嫩（Deborah Tannen，1990）区分了协商式谈话和报告式谈话。

- **协商式谈话**（rapport talk）是一种对话式的交流，是建立联系和协商关系的一种方式。女性比男性更喜欢关系指向的协商式谈话。
- **报告式谈话**（report talk）是提供信息的交流方式，公开演讲就是一个例子。男性通过这种方式占据舞台的中心，通过讲故事、讲笑话和授课等言语形式来传递信息。

坦嫩说男孩和女孩成长在两个不同的交流世界，父母、兄弟姐妹、同伴、老师和其他人与他们的谈话方式是截然不同的。他们的游戏方式也不同。男孩喜欢在等级鲜明的大团体中进行游戏，这个团体通常有一个领导告诉其他人做什么和如何做。男孩的游戏中有成功者和失败者，这通常是争论的焦点。男孩总是十分自负并争论谁是最棒的。相反，女孩更喜欢在小团体中玩或者就两个人玩，女孩世界的中心通常是一个最好的朋友。在女孩的友谊和同伴群体中盛行的是亲密感。女孩游戏的特点是经常轮换，并且大部分时间，女孩只是与同伴坐在一起聊天。与那些为了地位而奋斗的男孩相比，她们更重视能否被他人喜欢。

男孩是由什么做的？
青蛙和蜗牛，
还有小狗尾巴。
女孩是由什么做的？
糖和香料。
所有的一切都是美好的。
——J. O. HALLIWELL
19世纪的英国作家

像其他专家所说的一样（比如本章后面和第8章中提到的吉利根的观点），坦嫩总结道，在“道德发展、价值观和宗教”方面，女孩总是比男孩更倾向于关系取向，并且这种关系取向在我们的文化中应该被看做是一种重要技能。然而，有些研究者认为坦嫩的观点过于简单化，现实中两性的交流远比他所提到的复杂（Edwards & Hamilton，2004）。另外，一些研究者也发现了两性交流方式的相似之处。在一项研究中发现，两性在描述和回答涉及关系的问题时，他们的相似多于不同（MacGeorge，2004）。

近来，一项关于性别差异的元分析对坦嫩的观点做了进一步修正。研究发现，性别差异涉及健谈性（一般交流能力）、亲和性言语（用来建立和维持关系的言语，比如表示支持或进一步阐述他人之前的观点）和自我肯定言语（用来对他人产生影响力的言语，比如直接下论断或表示反对）（Leaper & Smith，2004）。元分析是一种综合很多不同研究结果的统计分析，这篇综述同样认为坦嫩夸大了两性在沟通方面的差异。性别差异确实存在，但并不是特别大。女孩只比男孩略微更健谈一些，会使用更多亲和性言语；男孩也只是略微倾向于更多使用自我肯定言语。也许这篇综述所传递的最重要的信息是沟通中的性别差异通常取决于以下背景信息：

- 团体大小。健谈性（女孩更胜任）的性别差异在大团体中更明显，而不是两个人的交流中。
- 与同伴还是成人交流。女孩比男孩更多地与成人交流，但是在与同伴交流时则没有显著的性别差异。
- 熟悉程度。自我肯定言语（男孩更多采用）的性别差异更多体现在与陌生人的交流中，而不是家人。
- 年龄。青少年在使用亲和性言语上的性别差异最大，也许这是因为青少年期的女孩对女性社会情感行为规范的兴趣日益增长。

亲社会行为 亲社会行为存在性别差异吗？女性认为自己更亲社会，善于移情，且比男性的亲社会行为更多（Eisenberg，Fabes，& Spinrad，2006；Eisenberg & Morris，2004）。例如，一项研究综述发现，在整个儿童期和青少年期，女性的亲社会行为都更多（Eisenberg & Fabes，1998）。友好和体贴行为的性别差异最大，其次是分享行为上的差异。

情绪及其管理 从小学开始，男孩们就倾向于隐藏自己的负面情绪，比如伤心；女孩则不大愿意表达出可能会伤害他人情感的情绪，比如失望（Eisenberg，Martin，& Fabes，1996）。从青少年早期开始，女孩认为她们经历了更多的伤心、羞耻和内疚，并且报告了更多强烈的情感体验；男孩则否认他们经历过这些情绪（Ruble，Martin，& Berenbaum，2006）。

调节和控制自己的情绪和行为是一种重要技能。通常，男孩表现出的自我控制比女孩更少（Eisenberg，Spinrad，& Smith，2004），这种低自我控制可能转化为行为问题。一项研究发现，儿童的低自我控制与高攻击行为、取笑他人、对挫折的过激反应、低合作和不能延迟满足等行为有关系（Block，1980）。

性别之争

关于性别差异的程度及其起因一直存在着争论。前面我们提到，进化心理学家（比如戴维·巴斯，2004）认为性别差异广泛存在，它们是由进化过程中两性所面临的不同适应问题所引起的。爱丽丝·伊格利（2001）也认为性别差异是广泛的，但她做出了不同的归因。她强调性别差异是由社会条件引起的，女性拥有的权利更少，控制的资源也更少。

相反，海德（Janet Shibley Hyde，1986，2005）认为性别差异被夸大了，像约翰·格雷（1992）的《男人来自火星，女人来自金星》和坦嫩（Deborah Tannen，1990）的《你不会理解》这样的书，无疑推动了这种夸大。海德指出，研究表明两性在大部分心理因素上是相似的。在最近的综述中，海德（Hyde，2005）对 44 项关于两性异同点的研究进行了元分析，结果发现，在大多数领域，性别差异都很小或者不存在，包括数学能力、沟通方式和攻击性。最大的性别差异表现在运动技能上（男性优势），然后是性活动（男性更多手淫，更可能进行没有承诺、随意的性行为）和身体攻击（男性比女性有更强的身体攻击倾向）。

海德最近的元分析综述并不能完全平息关于性别差异是否存在的争论，未来应该继续进行更深入的研究，为得出更准确的结论提供依据。

不同背景下的性别

在思考性别问题时，考虑行为的背景是很重要的（Galambos，2004；Matlin，2004），因为性别行为经常随背景的变化而改变。以帮助行为为例，男性更可能在可以胜任的前提下做出帮助行为（Eagly & Crowley，1986）。比如，男性比女性更可能帮助因汽车爆胎而停在路边的人，因为汽车问题是大部分男性觉得可以胜任的。相反，当背景转变为需要花时间来帮助一个孩子解决个人问题时，女性则比男性更愿意伸出援手，因为这种事的危险性小而

> 性别内的差异远多于两性之间的差异。
>
> ——艾薇·坎普顿 – 柏奈
>
> 英国小学家，
>
> 20 世纪

且女性善长养育方面的事情。在大部分文化背景下，女孩比男孩表现出更多照顾行为。然而，在一小部分文化下，两性都需要照顾年幼的兄弟姐妹，这时两性在养育领域的倾向是相似的（Whiting，1989）。

情绪方面的性别差异同样受背景的影响（Shields，1991），比如愤怒。当男性感觉受到挑战时，他们更可能对陌生人表现出愤怒的情绪，特别是当陌生人是男性时。而且，男性也更可能将愤怒转化为攻击性行为，尤其是当文化支持这种行为的时候（Tavris & Wade，1984）。

我们发现，特定情境下的性别行为的背景变异不仅出现在同种文化下，同样也出现在不同的文化之间（Nadien & Denmark，1999）。在许多文化中，传统的性别角色引导着两性的行为。比如在中国和伊朗，男性仍旧表现出支配行为方式，女性表现出从属的行为方式。在很多西方文化下，比如美国，性别化行为则更灵活一些。

性别角色的划分

在不久之前，人们广泛接受的观念是，男孩应该有男孩样，女孩应该有女孩样，男孩是青蛙和蜗牛做的，女孩是糖和香料等一些美好的东西所做的。下面，让我们来进一步探讨这种性别角色的划分。

男性化、女性化和双性化

在过去，一个适应良好的男孩往往应该是独立、富有攻击性和强大的，一个适应良好的女孩应该是依赖、顾家并对权力不感兴趣。社会认为男性特点是健康和积极的，女性特点则是不受欢迎的。

20 世纪 70 年代，由于两性都对这种刻板的角色划分所带来的负担感到不满，于是，对“男性化”和“女性化”的探索就开始了。人们开始不把男性化和女性化看成一个连续体（一边高另一边就低），而是认为个体可以同时表现出表达性特质和工具性特质。这种观点引出了**双性化**（androgyny）的概念，即在同一个体身上同时具备高男性化和高女性化特质（Bem，1977；Spence & Helmreich，1978）。如果一位男性具有双性化特质，那么他将同时具有进取心强（男性化）和善解人意（女性化）的特点；如果一位女性具有双性化特质，那么她将同时具有主导性（男性化）和关心他人（女性化）的特点。

针对双性化的测量有很多。应用最广的是贝姆的性别角色问卷（*Bem Sex-Role*

下面的题目来自贝姆的性别角色问卷。被试针对自己的情况，就 60 个特征在从 1（“从不”或“完全不对”）到 7（“总是”或“完全正确”）的 7 点量表上进行评分。

男性化的例子	女性化的例子
保持开放的信念	不讲脏话
有力的	情感丰富
乐意冒险	喜欢孩子
主导性的	善解人意
攻击性的	温柔

计分：男性化、女性化、双性化和未分化这四个分类按独立的维度计分。

图 6.3
贝姆的性别角色问卷

Inventory），这是最早倡导双性化观点的贝姆（Sandra Bem）于 1977 年编制的。图 6.3 列举了该量表中男性化和女性化的一些题目，该量表划分了四种不同的性别角色倾向：男性化、女性化、双性化和未分化（见图 6.4）。

- 双性化个体是指同时具有高度的女性特质（表达性）和男性特质（工具性）的个体。不需要用新的特征来描述双性化个体。
- 女性化个体是高女性化（表达性）、低男性化（工具性）特质的个体。
- 男性化个体是高工具性、低表达性特质的个体。
- 未分化的个体指在男性化和女性化特质上都得分低的个体。

根据贝姆的说法，具有双性化特质的个体比只具有女性化或男性化特质的个体更灵活，而且心理更健康；未分化的个体则是最差的。一项最近的研究发现，双性化与幸福感、低压力水平相关（Stake，2000）。另一项针对处于成人初显期的参与者进行的研究发现，与其它三种类型相比，双性化个体有更健康的习惯（例如使用安全带、很少吸烟）（Shifren，Furnham，& Bauserman，2003）。

女性化 \ 男性化	高	低
高	双性化	女性化
低	男性化	未分化

图 6.4
性别角色划分

背景、文化和性别角色

性别角色划分涉及对人格特质的划分（Woodhill & Samuels，2004），然而，对人格的思考应该从特质和背景两个角度出发，而不是单纯考虑人格特质。在亲密关系中，女性化或双性化是更理想的，因为亲密关系具有表达性的特点。然而，男性化或双性化在学术和工作中是更理想的，因为它们需要行动和进取心。例如，最近一项研究发现，与女性化和未分化个体相比，男性化和双性化个体更希望能够控制其学术努力的成果（Choi，2004）。

把性别置于背景中去考虑的原因有很多，最明显的是不同国家的文化早已为两性的行为做了一些预设（Gibbons，2000）。在美国和瑞士这样的现代化国家，越来越多的孩子和青少年被鼓励向双性化发展。在过去的30~40年里，接受传统性别角色的人开始减少。比如，近年来的美国，女大学生们纷纷放弃围裙进入职场。在1967年，超过40%的女大学生和超过60%的男大学生认同的观点是:“已婚女人最好在家中。”而在2003年，只有16%的女大学生和28%的男大学生认同这个观点（Sax & others，2003）。如图6.5所示，这些观念的巨大转变发生在20世纪60年代末70年代初。

但是现在，传统的性别角色仍旧在一些国家的文化中占主导地位。比如，在崇尚伊斯兰教的国家里，男人的职责是赚钱养家，女人的职责是照顾家庭和做家务（Dickershied & others，1988）。任何对这种传统角色的背离都将被严格否决。

在美国，青少年所在的文化背景将影响男孩和女孩的社会化过程。一项最近的研究

图 6.5
性别角色态度的变化。注意：数据显示了从1967年到2004年的大一学生对“已婚女性最好在家中”这一观点的认同情况。

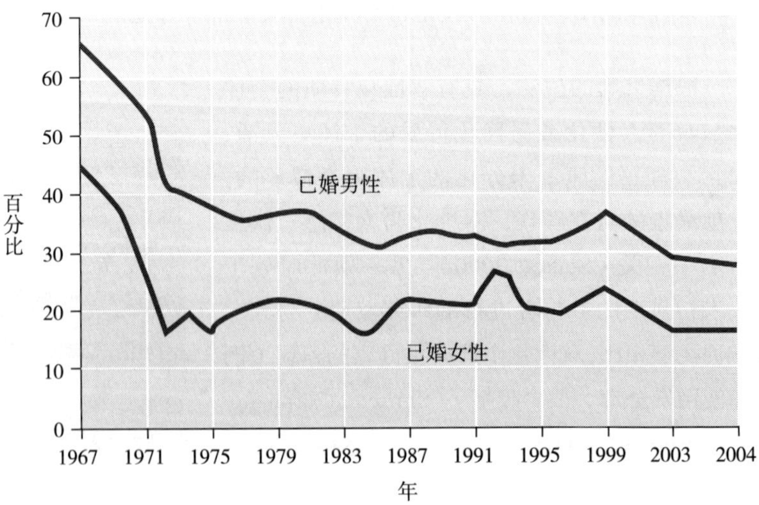

伊朗的青少年女孩。与美国青少年女孩相比，伊朗青少年女孩的社会化有何不同？

发现，拉丁美洲青少年中男孩和女孩的社会化过程不尽相同（Raffaelli & Ontai，2004）。女孩在很多方面都比男孩受到更多的限制，比如宵禁、和异性的交往、考驾照、找工作以及放学后的课外活动。

从世界范围来看，女孩接受教育的机会已得到改善，但是对女孩的教育仍旧落后于男孩。举例来说，2003 年联合国儿童基金会在世界范围内进行的研究表明，到 18 岁的时候，女孩平均比男孩少接受 4.4 年的教育。教育的缺失限制了她们未来的发展机会。女生的低入学率和低毕业率比较普遍，但也有例外，比如在西方国家、日本和菲律宾（Brown & Larson，2002）。而在大多数国家，男性有更多机会获得更好的培训和更高的学位（Fussell & Greene，2002）。

尽管存在性别不平等，但性别平等也在不断增加。比如，“在收入较高的日本和印度家庭中，父亲也开始承担照料孩子的工作。在世界的很多地方，女性的雇佣率和职业机会在攀升。一些国家已经开始放开对青春期女孩社会交往的限制，尤其是浪漫关系或性关系”（Brown & Larson，2002，p. 16）。

双性化和教育

应该或者说能够将双性化教给学生吗？一般而言，让女孩双性化比让男孩更容易，在中学之前进行双性化教育更容易。在一项研究中，研究者分别在幼儿园、5 年级和 9

年级开设了一门长达一年的与性别有关的课程（Guttentag & Bray，1976），从书本、讨论材料到课堂活动都从双性化的角度来进行设计。结果发现，5 年级学生的接受效果最好，9 年级最差。9 年级的孩子，尤其是男孩表现出了一种逆反效应，即在进行双性化教学之后，9 年级孩子的传统性别角色反而更强了。

尽管出现了这样复杂的结果，但双性化课程的倡导者仍相信，传统的性别特征塑造对儿童有不良影响，特别是会导致很多女孩不能得到公平的机会。反对者则认为双性化教育负载的价值观太多，并且忽视了社会中性别角色多样化的特点。

传统男性化特征和青少年男孩的问题行为

到目前为止，我们一直都在讨论，在美国和大多数其他文化背景下，男性角色是如何被置于瞩目位置上的。然而，传统男性特征是否存在某些负面因素呢？尤其是对青少年来说。越来越多的性别理论家和研究者相信负面因素是存在的（Levant，1999）。

威廉·帕列克（William Pollack，1999）在他《真正的男孩》一书中提出了“男孩时代的民族危机”，关注传统的男孩养育方式。他说尽管现在有很多关于“敏感男性”的说法，但它们实际上对他所谓的“男孩密码”的改变是微乎其微的。

帕列克解释说，这个密码告诉男孩，在成长过程中应该尽量少表露情感。他说，通常的情况是，男孩社会化的结果是不表露情感并表现出坚强的样子。男孩在不同的背景下学习男孩密码——在沙盘里、操场上、在教室里、在营地里、在住所中，而教他们的人有父母、同伴、老师和其他成人。和很多其他人一样，帕列克相信，如果男孩能表达自己的焦虑和不安，他们会从中受益，因此不应压抑这些情绪，而应该学习的是如何更好地控制攻击性。

研究者特别关注接受传统男性性别角色的青少年男孩，因为他们发现这往往与问题行为关系密切。约瑟夫·普莱克（Joseph Pleck，1995）认为，许多西方文化所定义的传统男性行为包括了很多不被社会认可却会证明青少年男性身份的行为。也就是说，在青少年男孩的文化里，如果他们有婚前性行为、喝酒、嗑药或参与违法活动，会使他们觉得自己更具有男子气概。

超越性别角色

某些批评双性化观点的人认为应该适可而止，他们认为对性别的讨论已经太多了，双性化并不像当初想象的那样能包治百病（Paludi，2002）。另一种选择是**超越性别角色**

（gender-role transcendence），该观点认为，当讨论个体的能力时应该以个人为基础去考虑，而不是从男性化、女性化和双性化的角度出发（Pleck，1983）。我们应该把自己看做人，而不是男性、女性或双性。父母应该教育自己的孩子成为有用的男孩或女孩，而不是男性、女性或双性。他们认为性别角色的划分太刻板了。

发展变化和关键期

青少年早期发生的哪些变化会影响性别角色？青少年早期是女性发展的关键期吗？

青少年早期和性别强化

在本章的开始，我们描述了青春期的变化与性别角色的关系。现在，我们先简单回顾先前有关性别角色的讨论，再对其做进一步的扩展。在青少年早期，个体的第二性征得到了发展。一些理论家和研究者提出，随着青春期的开始，男孩和女孩开始体验到强烈的与性别相关的期望。**性别强化假设**（gender intensification hypothesis）认为，男孩和女孩在心理和行为上的差异在青少年早期开始变得明显，这是因为此时遵从传统性别角色的社会化压力也在增强（Hill & Lynch，1983；Lynch，1991）。青春期对儿童社会化过程中的他人——父母、同伴和教师——来说也许是一个信号，即青少年开始向成人转变并且开始按照传统的两性角色来行动。一项研究发现，在青少年早期，两性对性别角色的态度越来越不同。用“关于女性的态度量表”可测量性别角色态度（Galambos & others，1985），该量表测量了青少年在多大程度上支持以性别为基础来划分角色。例如：“女孩是否应该和男孩有同样的自由”。其他研究者也报告了青少年早期性别强化的证据（Hill & Lynch，1983）。可是，不是所有的两性都在青春期表现出性别强化，家庭背景影响着性别强化的强度（Crouter，Manke，& McHale，1995）。此外，一些专家认为，性别强化假设的有效性仍有待于考察（Galambos，2004）。

随着青少年男孩和女孩的成长，他们倾向于更少地表现出刻板的性别化行为。一项对 8 年级和 11 年级学生的研究发现，与 8 年级学生相比，11 年级的男孩和女孩在男性特质和女性特质的表现上更相像（Karniol & others，1998）。如果不考虑性别，11 年级学生与 8 年级学生相比，表现出的男性化特点更少；11 年级女生与 8 年级女生相比，表现出的女性化特点更少；而 11 年级男生则比 8 年级男生表现出更多女性化特点。事实上，任何一个 8 年级男生都不可以被归到低男性化 / 高女性化的类别中。

性别强化假设认为，男孩与女孩在心理和行为上的差别在青少年早期增大是因为有一种需要遵从传统性别角色的社会化压力，青春期也许是开始按照父母、同伴和老师的要求进行社会化的信号。青少年开始成人化，因此开始按照传统的两性角色来行事。性别强化假设的效度仍有待于考察。

对女性来说，青少年早期是关键期吗

吉利根（Carol Gilligan）对6~18岁的女孩进行了大规模的访谈（Gilligan，1996；Gilligan，Brown，& Rogers，1990）。她和她的同事报告说，女孩一向都表现出丰富的人际关系知识，这源于她们与别人交往的经验。根据吉利根的说法，女孩对关系中的不同节奏和情绪很敏感。吉利根相信女孩具有与男孩不同的人生经验，用她的话来说即女孩拥有“不同的声音”。

吉利根还认为，在女孩的人生发展中青少年期是一个关键期。她说，在青少年早期（大概从11~12岁），女孩开始意识到在男性占主导地位的文化下，她们对亲密关系所具有的强烈兴趣并不被认为是有价值的，即使女人的照料倾向和利他主义倾向得到社会认可。吉利根说，这就造成了一个两难困境，女孩必须选择或者表现得很自私（如果她们变得独立并且自给自足）或者很无私（如果她们仍对他人保持敏感性）。当年轻的青少年女孩在这种两难困境下挣扎时，她们开始使“不同的声音”变得“沉默”，并且在提出自己的观点的时候，开始表现出更少自信和更多试探。这种沉默寡言通常会持续到成年期。一些研究者认为，女孩在青少年早期所经历的这种自我怀疑和自我矛盾会转化成抑郁和饮食障碍。

情景的差异影响着青少年期女孩“沉默”的程度（Ryan，2003）。在一项研究中，哈特及其同事（Harter，Waters，& Whitesell，1996）发现，女孩在公共场所（在学校里与老师和同学在一起时）较少“出音”，在私人关系（亲密的朋友和家人）中则不然。

然而，双性化的女孩无论在何种情景下都会发出较强的“声音”。他们发现，青少年女孩得到的信息如果是“女性应该被看到而不是被听到”，则她们的人生发展将要面临最大的风险。对于一个不仅缺少“声音”而且强调外表重要性的女性而言，其发展障碍是最大的。当这些女孩将精力都集中到外表上，耗费大量精力来迎合文化审美标准时，她们所面对的挑战是可怕的。

一些评论认为吉利根及其同事夸大了性别差异，发展学家麦科比认为，吉利根夸大了两性在亲密关系上的差异。其他持批评观点的人则否定了吉利根的研究策略，认为她很少使用男孩对照组，很少用统计分析方法。相反，吉利根对女孩进行了大规模的访谈，摘录女孩的叙述来支持自己的观点。批评者担心吉利根的发现强化了刻板印象——比如，女性代表着养育和牺牲——这可能会逐渐削弱女性对平等的追求。这些评论认为吉利根的“不同声音”也许应该叫做“牺牲者的声音”，他们认为，我们应该强调的是女性应该有更多的机会来获得更高的成就和自主权。

作为回应，像吉利根一样

与青少年发展有关的职业

卡罗尔·吉利根

教授，性别研究项目的负责人

吉利根在斯沃斯莫尔学院获得学士学位，在拉德克利夫大学获得临床心理学硕士学位，在哈佛大学获得社会心理学博士学位。她的教学生涯始于1967年，在哈佛大学与埃里克森教授一起从事发展心理学的教学。1997年，她成为哈佛大学性别研究的首席教授，现在是性别研究项目的负责人。

卡罗尔的工作扩展了对性别发展的理解。她的研究表明，倾听女孩内心的声音会让发展变得不同，尤其是在性别和道德主宰的世界里面。

卡罗尔的观点在其著作《不同的声音》(1982)出版后广为人知。在《在呐喊与沉默之间：女性与女孩，种族与关系》(与J. Mclean Taylor和A. Sullivan合著)(1996)一书中，她研究了出身于低收入家庭的女孩，研究了这些领域希望被听到和得到重视的抗争。她最近的工作包括哈佛大学关于女性心理和女孩发展的研究项目和一个加强女孩健康的干预项目。

卡罗尔·吉利根(右侧第2人)与接受她访谈的女孩在一起。

挑战传统观点的人认为，他们的工作提供了一个解放女性的途径，并且有助于改变这个一直以来歧视女性的社会。他们还认为，如果女性的行为方式被认可，那么女性就不用再表现得像个男人。这些挑战传统观点的人认为女性对关系的敏感是一笔宝贵的文化财富（Brown，Way，& Duff，1999）。

受吉利根和其他男女平等主义者想法的影响，一些学校开始将女性的声音纳入到学校的课程中去。比如，纽约州特洛伊的艾玛威拉德中学的整个课程设置上强调合作而不是竞争，鼓励女孩从自己的角度去分析和表达想法而不是服从或按旧框框行事。

不论你认同吉利根的联结主义观点，还是认同批评者的成就或自我决定观点，越来越多的证据表明，青少年期是女性心理发展的关键期。在第 5 章“自我、认同、情绪和人格”中，我们描述了近期做的一项全国范围内的大规模研究，该研究发现青少年期的男孩和女孩的自尊感都会降低，但是女孩降低的程度要远大于男孩（Robins & others，2002）。由美国大学女性协会（American Association of University Women，1992）开展的一项全国范围内的调查发现，在青少年期，女孩自尊感的下降比男孩更显著。另一项研究也发现，青少年期女孩的自尊会下降（Rosner & Rierdan，1994）。在八九岁时，60% 的女孩和 67% 的男孩自信且有进取心，自我感觉良好。然而，在未来的 8 年中，女孩的自尊下降了 31 个百分点——只有 29% 的中学女孩自我感觉良好。在同样的年龄段，男孩的自尊下降了 21 个百分点——大概 46% 的中学男孩有高自尊。这样，男孩和女孩就有 17 个百分点的差距。近期的另一项研究发现，中学女生的自尊要低于小学学生和大学女生（Frost & McKelvie，2004）。然而，需要记住的是，尽管我们在第 5 章中介绍了上述发现，但是一些心理学家仍然相信，青少年期自尊的性别差异相当小（Harter，2002，2006）。

在本章中，我们讨论了性别的很多方面，我们认为青少年期与童年期相比，性别特征对性别角色的影响作用更大。在第 7 章中，我们将会进一步探索青少年的性别特征。

第 7 章 性

当男孩和女孩开始长粉刺，变得叛逆而难以对付的时候，让我们听听他们的心声，我们就能洞察一个大多数人都曾经强烈感受过且终生难忘的秘密。这个秘密正是成为一个真正的男人或女人的过程。

——COLIN MCINNES，苏格兰当代作家

青少年发展的镜像

有关性的神秘和好奇

我猜想有人去吻一个女孩时，他会张开嘴巴把自己的舌头放进女孩的嘴里。这对我来说简直不可思议，我不能想象一个女孩怎么会喜欢那样。如果她的牙齿紧扣把你的舌头擦伤了怎么办呢？人在接吻时怎么呼吸呢？有时我真希望有一个哥哥，那样我就可以问问他这方面的事情了。

——弗兰克，12 岁

我不敢相信我的爱竟如此强烈！我上周才刚认识他，但是我知道这是真实的。他比以前那些喜欢我的男孩更成熟。大三的时候他就有了自己的汽车，昨天晚上他送我回家，我们是如此地激情澎湃，我想我们就快要发生性关系了，我确信我们下次出去的时候会发生的。这与我以往所受的教育完全背道而驰，但我爱得如此强烈，他让我感受到无尽的浪漫，我不理解，这怎么会是错的呢？

——艾米，15 岁

上周末肯和我外出野营，现在我确信我是个同性恋了。一直以来我都被其他伙伴所吸引，有时在学校的更衣室里都会觉得很尴尬。肯和我是很好的朋友，很多时候，我们一起摔跤或做其他的事情。我想他对我也有相同的感觉。现在，我知道了。就像他们所说的，我迟早都得把真相说出来，但这会给父母和我自己带来很大的压力。

——汤姆，15 岁

我很幸运，因为我的身材很好而且很受欢迎。从中学开始，我就开始交男朋友了，我知道该怎么保护自己。和男孩外出是很有意思的，大家可以亲密无间。唯一让人担心的是我和丹几周前发生了性关系，我想自己是不是怀孕了。他虽然用了避孕套，但它可能没起到作用，也可能只是我的经期晚了而已。不管怎么样，如果我有了孩子，我也能够应对。我阿姨结婚之前就怀上了表哥，而她成功地处理了这件事。

——克莱尔，16 岁

一个月前，我妈妈一个朋友的女儿 HIV 测试呈阳性。在此之前，妈妈和继父从来没有跟我谈论过性的话题，但是现在他们开始轮番教育我“不要发生婚前性行为”。拜托！尼克和我在一起已经一年半了。他们以为我们外出时在干什么呢，玩挑圆片游戏？另外，我亲生父亲离婚后就一直没有再婚和交女朋友，平常我从电影和电视中看到的都是未婚的人同居在一起，最坏的可能就是会心碎。我不认识妈妈朋友的女儿，她一定是和某个很混账的人在一起吧。至于我，我可是一直使用避孕套的。

——肖恩，17 岁

预 览

在青少年期，性成为青少年生活的一个主题。青少年期是性探索的时期，他们会将性观念融入到个体的同一性之中。在第 3 章，我们学习了性成熟的生物学基础，它包括生理变化发生的时间和相关激素的作用。本章主要关注青少年的性体验、性态度和性行为。我们首先概述青少年的性问题，接着讨论青少年性行为方面的一些话题，比如青少年怀孕、性传播疾病和强迫性行为。最后，我们将探讨青少年学习性知识的方式。

探索青少年的性

青少年无比好奇性的神秘。他们总是想知道自己是否有性吸引力，怎样才能表现得性感，以及自己未来的性生活会是什么样子。虽然在开始性的旅途时，总会经历成年人曾经体验过的脆弱与混乱，但是大部分青少年最终都能够获得性同一性。

青少年发展中的一个正常过程

大多数时候，我们听到的都是青少年的性引发的问题，比如青少年怀孕和性传播疾病。这确实需要引起极大的关注，但是我们也不能忽视这样一个事实：性是青少年发展中的一个正常方面（Nichols & Good，2004；Senanayake & Faulkner，2003）。

本书所强调的关于青少年的一个重要议题是人们对他们的消极刻板印象。在性方面，人们仍然对青少年持有消极刻板印象，认为青少年存在问题。虽然我们将会讨论青少年性行为的许多问题，但是我们要时刻谨记，大部分青少年拥有健康的性态度，而且他们的性行为并不会危害其成长（Crockett，Raffaelli，&Moilanen，2003）。

每个社会都会对青少年的性有所关注（Feldman，1999）。一些社会中，成年人会陪着青少年女孩，以保护她们免受男性的骚扰；另一些社会则提倡早婚；还有一些社会，比如在美国，允许青少年进行一些性尝试，即使人们对于性尝试的程度，还存在很大的争议。

> 性唤醒是青少年期出现的新现象，把它看做是青少年发展的正常过程是很重要的。
>
> ——雪莉·菲尔德曼，当代心理学家，斯坦福大学

前面 4 章介绍的内容可以帮助我们理解青少年的性态度和性行为。在第 3 章中，我们了解到青春期性变化的重要方面，包括性成熟、男性性激素和女性性激素的激增。

现代青少年的性成熟比前几代人更早，他们的约会和性行为也随之提前。

在第 4 章中，我们指出青少年有自我中心化的倾向，认为自己是独特且无懈可击的，这会促使他们进行性冒险。在情绪高涨的时刻，比如开始进行性尝试的时候，性冲动会削弱青少年做出合理决定的能力。

在第 5 章中，我们将性同一性看做个体同一性的一个重要维度（Russell & Truong，2002）。青少年性行为的本质是，它发生在两个人之间，涉及如何与他人发展亲密关系。

在第 6 章中，我们讨论了男性和女性在身体和生理上的差别。我们还了解到，根据性别强化的假设，青春期的变化会使得男孩更具有男子气概，而女孩更具有女性气质。另外，让大学生评估自己性欲望的强度时，男性比女性报告了更高的性欲望。因此，青少年的发展变化可以被看做无性儿童期和已经完全性成熟的成人期之间的一座桥梁。

本书在接下来的 4 章中也涉及了一些对于理解青少年的性来说很重要的内容。在第 9 章中，我们将会了解到，青少年与父母之间长期而激烈的冲突与青少年的性问题有关，因为冲突会导致青少年缺少父母的监督。而与父母的良好关系则有助于青少年延迟性行为、发生更少的性行为以及有更少的性伴侣（Miller，Benson & Galbraith，2001）。在本章接下来的讨论中，我们将会看到，实际上青少年很少从父母那里获得性教育，他们很少和父母讨论性话题。

在第 10 章中，我们将会了解到，同性别的兄弟姐妹、同伴和朋友之间是如何经常谈论性话题的（Caruthers & Ward，2002）。我们还会知晓，过早约会与许多青少年问题有关，但青少年的浪漫爱情却很重要（尤其是对女孩而言）。

在第 11 章中，我们将探讨学校在青少年的性发展中是如何扮演着越来越重要的角色。正如我们在本章后面部分将会看到的，如今的大多数父母都认识到，性教育是整个教育中一个重要方面。

在第 13 章中，我们将描述大量关于性的文化差异。在某些文化中，性是受到严重压抑的，另一些文化对性则有更加自由开放的标准。媒体经常以一种不现实的方式把性展现给青少年（Kim，2002），人们也逐渐开始关注青少年从网络上获取性资料的问题。

正如你所看到的，性几乎与本书中讨论的青少年发展的所有领域都有关系，现在让我们来看看美国青少年所接触到的性文化。

性文化

我们应当把青少年的性行为放在更为宽泛的美国性文化背景下考察（Crockett，Raffaelli，& Moilanen，2003；Wiseman，Sunday，& Becker，2005）。50 年前，性行为

在美国文化中性几乎随处可见，它被用在各种物品的宣传和销售中。在这种文化下，难道青少年对性充满好奇心，禁不住性尝试的诱惑还会令人感到惊讶吗？

只发生在已婚夫妇之间，但是现在，成人性行为已在离婚者、婚外伴侣等之间得到公开承认。未婚先孕的成年女性的数量也大幅度增加。成人世界有了更大的性自由，这一普遍趋势已经延伸到了未婚青少年之中。

许多美国人对性持有矛盾心理。广告制作商会利用性来售卖任何物品，从汽车到清洁剂。电影、电视节目、录像、流行音乐歌词、MTV 和网站都露骨地描绘着性（Collins，2005；Comstock & Scharrer，2006；Pettit，2003；Roberts，Henriksen，& Foehr，2004；Ward，2003；Ward，Hansbrough，& Walker，2005）。最近一项对 1762 名 12~17 岁青少年的研究发现，那些经常观看带有性色彩的电视节目的青少年，要比其他青少年更有可能在之后的 12 个月内发生性行为（Collins &others，2004）。在所有青少年中，观看带有性色彩的电视节目的前 10% 的青少年发生性行为的机率是后 10% 的青少年的两倍。不管这些节目是直接涉及性行为，还是仅仅谈论到性，这一结果都是成立的。

> 我们会有两次诞生，第一次是为生命，第二次是为生活；一次是作为人类，一次是作为男人或女人。
>
> ——让·雅克·卢梭
> 18 世纪瑞士籍法国哲学家
> 当代心理学家，斯坦福大学

在美国，性所引发的父母和青少年之间的紧张与压力通常要比在其他文化中更严重。在一项跨文化研究中，美国的父母和青少年之间关于性的冲突要比日本高很多，因为美国青少年参与更多性活动。另外，性行为也带有一定的社会意义，比如性对于男性而言意味着更高的地位（Rothbaum & others，2000）。

性同一性的发展

控制自己不断出现的性感觉和形成性同一性涉及多个方面（Brooks-Gunn & Paikoff, 1997；Graber & Brooks-Gunn，2002）。这一漫长的过程包括学会控制性方面的感觉，如性唤醒和性吸引、发展新的亲密关系以及学习如何控制性行为以避免不必要的后果。性同一性的发展不止包括性行为。性同一性是在生理因素、社会因素和文化因素的背景下形成的，大部分社会对于青少年的性行为都有制约。

一个青少年的性同一性既包括性取向（个体是被同性吸引还是被异性吸引），也包括性行为、性兴趣、性行为方式。一项对 470 名十年级到十二年级的澳大利亚青少年的研究发现，青少年的性态度和性行为有很大的差异（Buzwell & Rosenthal，1996）。一些青少年是处男或处女，没有性经验；一些青少年对性感到很焦虑，觉得他们的身体发育不全且没有吸引力；另外一些青少年对性并不怎么焦虑，也对探索不同的性选择很感兴趣；还有一些人觉得自己很有吸引力，他们有过性体验且相信自己掌控性行为的能力。

获取有关青少年性行为的信息

了解青少年的性态度和性行为并不总是一件容易的事。想一想，如果有人问你“你多久做一次爱”或者“你有几个性伴侣”，你会怎么回答呢？最有可能回答这些性调查问卷的人是那些持自由开明的性态度、参与文明性行为的人。人们通常不愿如实回答涉及个人隐私的问题，一些研究者也难以从那些直接拒绝与陌生人谈论性的人那里获得任何真实或不真实的答案。正因如此，性的研究也受到了制约（Halonen & Santrock，1999）。此外，当被问及性行为时，个体可能会如实回答，也可能会做出社会赞许性的回答。例如，一个九年级的男生可能会说他有过性体验，而实际上并没有，因为他担心别人发现他没有性经验。

研究者发展了一些方法来提高有关性的自我报告信息的效度。在一项研究中，每一个青少年都独自接受一个同性别访谈者的提问，访谈者的问题会越来越多地涉及性行为，直到青少年报告他没有参与此种性行为为止（Paikoff & others，1997）。用列清单做选择的方式容易造成高估或低估，也容易引起尴尬，相比之下，这种策略和方法可能更好。另一些研究者则通过录音向青少年提问，以减少他们面对访谈者报告性行为时的尴尬。

性态度和性行为

现在让我们探索一下青少年的性态度和性行为。我们首先探讨异性恋者的态度和行为，然后探讨性少数群体的态度和行为。

异性恋者的态度和行为

青少年性行为的发展历程是怎样的？20 世纪的异性恋者的态度与行为发生了多大的变化？青少年遵循怎样的性模式？一些青少年是否比其他青少年对性行为更不负责？我们将依次探讨这些问题。

发展的顺序和变化

性行为	第一次体验的大致年龄	
	男性	女性
接吻	13.9	15.0
法式接吻	14.6	15.5
触摸乳房	14.9	16.2
触摸阴茎	15.7	16.6
触摸阴道	15.4	16.4
性交	16.3	17.0
口交	16.9	17.8

图 7.1
第一次发生各种性行为的年龄

青少年性行为的发展历程是相当一致的。在一项研究中，研究者考察了 452 个 18~25 岁的青少年的性经历（Feldman，Turner，& Araujo，1999），结果发现他们有如下的性行为发展历程：先是接吻，然后是爱抚，最后是发生性关系。图 7.1 展示了男孩和女孩第一次进行各种性活动的大致年龄。值得注意的是，男性青少年所报告的各种性活动的发生时间要比女性青少年早大约一年。

如果你曾是 20 世纪 40 年代的一个大学生，那么与现在的大学生相比，你很可能会对性的许多方面都有不同的态度。一篇关于 20 世纪大学生性活动的综述揭示了两个重要趋势（Darling，Kallen，& VanDusen，1984）：首先，发生过性关系的青少年的比例急剧增加；其次，虽然男大学生报告发生过性关系的比例超过女大学生，但女大学生发生过性关系的比例增加得更快。

如今的青少年的性活动状况是怎样的呢？一项全美范围内的青少年调查发现，性交在青少年早期并不常见，但是在高中和大学则变得普遍起来（见图 7.2）（Alan Guttmacher Institute，1995，1998；Centers for Disease Control and Prevention，2000）。调查结果发现：

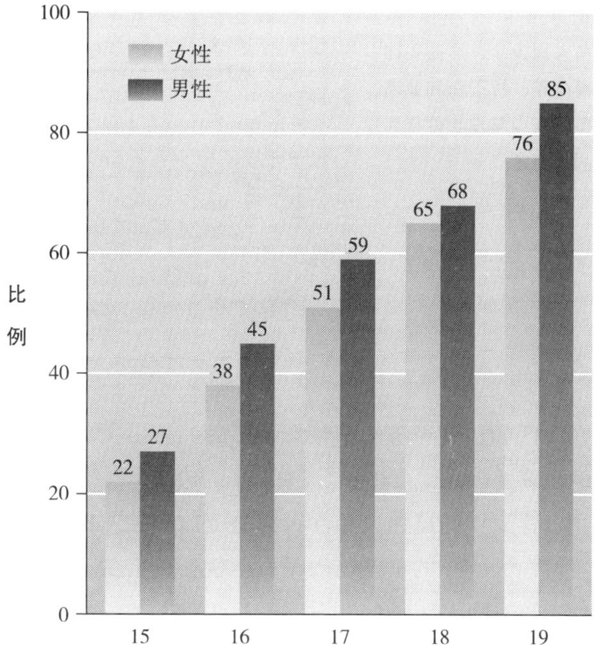

图 7.2
在不同年龄阶段报告已发生过性交行为的青少年的比例

- 在 15 岁的青少年中，10 个女孩中有 8 个是处女，10 个男孩中有 7 个是处男。
- 青少年发生性关系的比例随年龄而稳固上升，但是到 19 岁时，5 个人中还有 1 个人没有过性交经验。
- 大多数青少年的第一次性交发生在青春期中期或晚期，大约是他们结婚前 8 年左右；超过一半的 17 岁青少年已经有过性交经验。

研究者发现，现在的青少年会等到自己长大才与别人发生性关系（Sonenstein，2004）。一项对 30 000 多名 15~17 岁女孩的研究发现，她们发生性关系的比例由 1991 年的 51% 降到了 2001 年的 43%（Santelli & others，2004a）。非拉丁裔白人女孩的这一比例从 47% 降到了 41%，非裔美国女孩的这一比例从 75% 降到了 54%。而拉丁裔女孩的这一比例从 1991 年到 2001 年都保持在 45%。

大部分研究发现，男性青少年比女性青少年更可能报告自己发生过性关系并且性活动积极（Feldman，Turner，& Araujo，1999；Hays，1987）。男青少年比同龄的女青少年更可能把性交描述为一种愉悦的体验。对于什么时候可以发生怎样的性行为，非裔美国人比其他族群的人受到的限制更少，而亚裔美国人则更可能有一个相对严格的时间表（Feldman，Turner，& Araujo，1999）（见图 7.3）。

在青少年群体中，性活动积极的青少年所占的比例可能会因地点而变化，在市区这一比例更高。在巴尔的摩的一个地区，81% 的 14 岁男孩说他们已经有过性关系。其他

图 7.3
白人青少年、非裔美国青少年、拉丁裔和亚裔美国青少年发生性行为的时间表

性行为时间表	白人	非裔美国人	拉丁裔美国人	亚裔美国人
接吻	14.3	13.9	14.5	15.7
法式接吻	15.0	14.0	15.3	16.2
触摸乳房	15.6	14.5	15.5	16.9
触摸阴茎	16.1	15.0	16.2	17.8
触摸阴道	16.1	14.6	15.9	17.1
性交	16.9	15.5	16.5	18.0
口交	17.1	16.9	17.1	18.3

在市区和社会经济水平较低地区的调查也发现，这些地区较早发生性关系的青少年的比例很高（Clark，Zabin，& Hardy，1984）。

青少年的早熟也和性行为的提前有关。最近一项研究发现，非拉丁裔白人女孩和拉丁裔白人女孩的早熟与较早发生性行为有关（Cavanaugh，2004）。在这项研究中，早熟的女孩有更多年长的朋友，不过这种友谊的性质在不同种族内是不一样的。与晚熟的同龄人相比，早熟的非拉丁裔女孩更可能有年长的朋友，这些朋友更可能产生问题行为。而在早熟的拉丁裔女孩的交际圈中，年长的男性朋友的数量更多。

总之，绝大多数美国人在青少年末期都已发生过性交行为，男性、非裔美国人和市区青少年的性活动最为积极。虽然性交对于青少年的成熟来说是一种有意义的体验，但是很多青少年并没有处理性经验的情感准备，这一点在青少年早期尤为如此。一项研究表明，过早的性交行为往往与青少年出现适应问题相联系（Bingham & Crockett，1996）。

在不同国家和性别之间，青少年第一次性经历的年龄是有很大差异的。近期一项研究表明，到 17 岁为止，在马里已有第一次性经历的女性的比例是 72%，在美国是 47%，在坦桑尼亚是 45%（Singh & others，2000）。到 17 岁为止，在牙买加已有第一次性经历的男性的比例是 76%，在美国是 64%，在巴西是 63%。这项研究并未包括所有国家，并且人们也一致认为，在中国和日本这样的亚洲国家，青少年的第一次性经历要比美国青少年晚很多。

几乎在世界上的每个地区，15~19 岁的男孩和女孩的性活动模式都有很大的不同（Singh & others，2000）。有过性经历的该年龄段内的男性大部分是未婚，在发展中国家，有三分之二甚至更多有过性经历的该年龄段内的女性是已婚。然而，在美国和其他发达国家，诸如荷兰、瑞典和澳大利亚，绝大多数有过性经历的 15~19 岁的女性是未婚。

性脚本

> 多么奇妙，每个人体内仅拥有一半的生殖功能，因此他必须要花大量的时间和能量去寻找另一半。
>
> ——Francois Jacobs
> 20 世纪法国生物学家

青少年在探索性同一性时会受到性脚本的指导。**性脚本**（sexual scripts）是指个体如何以一种固定角色模式进行性活动。在个体进入青少年期时，男性和女性各自都通过社会化了解到要遵从不同的性脚本。当青少年按照各自的性同一性行事时，这些男性与女性之间的性脚本差异会引发一系列问题和困惑。女性会把性交和爱情联系起来（Michael & others，1994）。她们经常把自己的性行为合理化，告诉自己是被那一刻的激情给冲晕了。许多研究都发现，女孩比男孩更倾向于把爱情作为频繁性活动的主要原因（Hyde & DeLamater，2005）。女性认为自己性活动的其他原因还包括屈从于男性的压力、以性作为获得男朋友的赌注、好奇以及与爱和幸福无关的性欲望。

大多数青少年在性体验上都会意识到男人在性方面的优势，而这就需要女性来限制男性的性活动（Goodchilds & Zellman，1984）。在性交方面，男性青少年承受着很大的同伴压力。就如一个青少年所说的，“对于要不要上垒，我所感受到的来自同伴的压力很大。”我清晰地记得读高中时充斥于篮球更衣室里的污言秽语。在九年级期末时，我确信在 15 个人的篮球队中我是唯一的处男，但是我却不想向队友承认这一点。

在一项研究中，男孩报告说他们渴望与女孩发生性关系，并且会为此向女孩施加压力，不过他们声称并不会强迫女孩与之发生性关系（Crump & others，1996）。一项全美范围内的调查发现，12~18 岁的青少年认为以下几点通常是青少年发生性关系的原因（Kaiser Family Foundation，1996）：

- 男孩施压或女孩施压（61% 的女孩，23% 的男孩）。
- 他们以为自己已经准备好了（59% 的男孩，51% 的女孩）。
- 他们需要被爱（45% 的女孩，28% 的男孩）。
- 他们不想被人嘲笑自己依然是处子（43% 的男孩，38% 的女孩）。

近来托尔曼（Deborah Tolman，2002）访谈了许多女孩，询问她们的性行为。他惊讶地发现，不管是性体验还是口头上谈论性，女孩依然在很大程度上受到双重标准的限制，而男孩在性方面则有更自由的空间。在电影、杂志和音乐中，女孩经常被塑造成他人欲望的对象，而不是一个拥有自己性情感的人。

危机因素、青少年的优势资源和性问题

大多数青少年会在青少年期的某一个时间点变得性欲旺盛，但是对于许多青少年而言，在16岁之前发生性关系将面临各种性问题和其他问题。16岁之前发生性关系的青少年常常不能有效利用避孕品，这使其处于怀孕和染上性传播疾病的危险之中。最近一项研究发现，青少年的酗酒、吸毒和低学业成就问题与青少年早期发生性关系有关（Santelli & others，2004b）。

近期一项纵向研究发现，女孩在青少年早期的性卷入与她们的低自尊、高抑郁水平和高中时的低学业成就有关（Buhrmester，2001）。而对男孩来说，过早的性卷入则与更多的毒品滥用和高中时期的频繁性活动有关。

青少年性问题的危机因素涉及他们生活的环境，例如社会经济地位（SES）、家庭教养等（Huebner & Howell，2003；Swenson & Prelow，2005）。最近一篇综述认为，危险而（或）贫穷的邻里环境容易导致青少年早孕（Miller，Benson，& Galbraith，2001）。这篇文章同时还认为，某些父母教养因素能够减少青少年早孕的风险：父母与青少年之间的亲密情感和交往，父母对青少年活动的监督和管理，以及父母反对青少年期性关系或未采用保护措施的性交（Miller，Benson，& Galbraith，2001）。另一些研究发现，青少年和父母之间的回避型依恋风格也与青少年过早的性行为有关（Williams & Schmidt，2003）。而且，假如年长的兄弟姐妹有频繁的性行为，或者有年龄相仿的姐妹怀孕或做了妈妈，青少年早孕的风险就会加大（Miller，Benson，& Galbraith，2001）。

青少年的视角

是否进行性行为的艰难抉择

伊丽莎白是一个处于青春期的女孩，她正在考虑是否要与自己爱着的一个男孩发生性关系。她毫不怀疑自己是否爱那个男孩，她确实很爱他，但是却不知道同他发生性关系是对还是错。那个男孩想和她发生关系，但她知道父母肯定不同意。至于朋友们，他们当中有些人说可以，也有些人说不可以，所以伊丽莎白很困惑。经过一段日子的思考，她诚实地面对自己，承认自己并非那个男孩的最爱。这最终使她做出不与他发生性关系的决定。她意识到，如果他们分手了，她将会为发生过性关系而后悔。最终，伊丽莎白没有和他发生性关系。

伊丽莎白的思考表明她努力想要理解发生性关系正确与否。就她的情况而言，她诚实地面对自己，承认自己并非男友的最爱，这一点使其决定发生了重大变化。

另一个影响青少年性冒险行为的重要因素是自我管理——个体管理自己的情绪和行为的能力（Lombardo，2005）。一项纵向研究发现，12~13岁青少年的低水平的自我管理与他们四年后更高水平的性冒险行为有关（Raffaelli & Crockett，2003）。其他研究者也发现，低自我管理与高水平的性冒险行为存在相关（Kahn & others，2002）。

最近一项研究考察了青少年的优势资源对青少年期性冒险行为的潜在保护作用（Vesely & others，2004）。研究者对1253个市中心的非裔美国青少年（平均年龄15岁）和他们的父母进行了家庭访谈，发现与发生过性关系的青少年相比，那些未曾发生性关系的青少年更可能有父母之外的成人角色榜样和同伴角色榜样，更信仰宗教并对未来充满积极的预期。

性少数群体的态度和行为

从表面上来看，我们可能认为异性恋行为和性少数群体的行为模式有很大差别，可以很容易地加以区分。然而，事实上偏爱同性性伴侣还是异性性伴侣并非固定不变的，不是选择一次就会坚守一生。例如，一个人在青春期进行同性之间的尝试，但是到了成人期却不再参与同性性行为，这一现象是很普遍的，尤其是对男性而言。而另一些人的过程则刚好相反。

人们普遍认为，一个人要么是异性恋，要么是同性恋，这一观点直到20世纪中期才改变。不过，由于“同性恋”这一术语具有的负面历史含义，近来的一场运动要求不再使用“同性恋”一词。而且，近来的研究表明，使用“同性恋”一词来清晰明确地界定一种性取向过于简单化了。比如，很多个体报告他们有同性间的性吸引和性行为，但并未被认为是性少数群体——即通常所认为的女同性恋、男同性恋或者双性恋。**双性恋**（bisexual）是指同时被男性和女性吸引的人。现在的研究者已经转向比“同性恋”更具描述性和限制性的术语，诸如“对同性有性吸引的个体”，或者“参与同性性行为的个体”。

全美范围内的调查发现，在美国2.3%~2.7%的男性认为自己是男同性恋，1.1%~1.3%的女性认为自己是女同性恋（Alan Guttmacher Institute，1995；Michael &others，1994）。

性少数群体行为的原因

为什么某些人会被同性吸引而成为同性恋呢？对于这一问题的探讨已经相当之多，但是却还没有肯定的答案。异性恋者与性少数群体中的人在性唤醒时有着相似的生理反应，而且似乎可以由相同的触觉刺激引发性唤醒。研究者也没有发现异性恋者与性少数群体的人在态度、行为和适应方面存在差异（Bell，Weinberg，& Mammersmith，1981；Savin-Williams，1995）。在 20 世纪 70 年代，美国精神病协会和美国心理学协会都认为被同性吸引不是一种精神病，也不再把它归为精神障碍。

近来研究者探索了同性恋可能的生理基础（D'Augelli，2000；Herek，2000；Quinsey，2003；Swaab & others，2002）。在这一点上，我们将探讨关于同性性吸引的激素、大脑和双生子研究。激素水平上的研究结果存在不一致。事实上，如果给性少数群体中的男性注入雄性激素，他们的性取向并不会改变，对异性的性欲也几乎没有增加。个体发展中的关键期可能影响他的性取向。在女性怀孕后的两到五个月内，胎儿接触到女性激素则可能导致个体（不管男孩还是女孩）对男性感兴趣（Ellis & Ames，1987）。如果这一关键期假设得到证实，它将能够解释临床发现的结果，即个体的性取向虽然不是不可能改变的，但要改变起来也是很困难的（Meyer-Baklburg & others，1995）。

关于生理上的构造，认知神经科学家西蒙·列维（Simon LeVay，1991）发现，异性恋男性的下丘脑中控制性行为的一个微小区域是性少数群体男性的两倍大，而性少数群体男性的这个微小区域则和女异性恋者一样大。针对列维研究结果的批评指出，他研究中的许多性少数个体已感染了艾滋病，这可能已经改变了他们的大脑结构。

一项研究考察了双生子的性吸引情况（Whitman，Diamond，& Martin，1993）。一开始，研究者找到一组有一个双生同胞的性少数个体，然后考察了其双生同胞的性吸引情况。性少数个体的同卵双生同胞中，几乎有三分之二的人被同性所吸引，而异性恋个体的异卵双生同胞中，有不到三分之一的人被同性所吸引。由于同卵双生子在基因上比异卵双生子更相似，这项研究的作者认为，他们的结果支持了同性性吸引的生物学解释。然而，并非所有的同卵双生子都有同性性取向，因此环境因素肯定也在起作用。

虽然研究者认为基因可能会对某些个体的性吸引起作用，但是想要弄清楚其中的内部机制，我们还有很长的路要走（Diamond，2004）。大多数专家认为，任何一个单一因素都不可能单独引起同性间的性吸引，每一个因素的相对权重也可能因人而异。个体的性吸引最有可能是由基因、激素、认知和环境因素共同决定的（Mustanski，Chivers，& Bailey，2003；Strickland，1995）。事实上，没有人准确地知道什么使得个体被同性所吸引。科学家已经探索并否定了各种假设，对于什么因素不能引起同性间的性吸引有了一个比较清晰的图景。例如，由男同性恋或女同性恋父母抚养长大的孩子并非比异性恋父母抚养长大的孩子更可能成为同性恋（Paterson，2000，2002）。目前也没有研究证实曾经流行的一些理论，即男同性恋是因为母亲很强势或父亲很软弱而造成的，或者女同性恋是因为女孩选择了男性角色模式而造成的。

发展路径

绝大多数的男同性恋者和女同性恋者都曾在童年期因被同性吸引而经历过痛苦的挣扎。他们不与异性约会，直到青少年中晚期才逐渐接受了自己的同性恋身份（Diamond，2003；Savin-Williams & Diamond，2004）。许多性少数群体的青少年都遵循这样一种发展路径，但是也有例外。例如，有些青少年并没有关于同性吸引的记忆，但是在青少年晚期突然产生了同性吸引的感觉（Savin-Williams，2001a）。研究者还发现，大部分被同性吸引的青少年也在一定程度上被异性吸引（Garofalo & others，1999）。虽然一些被同性个体吸引的青少年会爱上吸引他们的对象，但是另一些青少年则宣称他们的同性吸引完全是身体上的吸引（Savin-Williams，2001a）。

总之，性少数青少年最初的性吸引模式多种多样，经常是双性吸引，而且对于同性个体可能仅仅是身体或情感上的吸引，并不会爱上他们（Diamond，2003）。我们将会在第10章“同伴”中对性少数青少年的浪漫关系和约会展开进一步的论述。

男同性恋或女同性恋的同一性和身份公开

认同自己的同性恋身份通常被称作“出柜”（Flowers & Buston，2001）。一项对男同性恋青少年的研究发现，他们中的大部分人自称在童年时觉得自己与别的男孩不同（Newman & Muzzonigro，1993）。他们第一次迷恋另一个男孩的平均年龄是12.7岁，意识到自己是同性恋的平均年龄是12.5岁。大多数男孩说，当他们第一次意识到自己是同性恋时，他们感到很困惑。大约一半的男孩报告他们刚开始都极力否认自己是同性恋。

为什么有些人是同性恋，有些人是异性恋？同性恋青少年如何向他们的家人公开自己的同性恋或双性恋身份？

基于实证研究，我们可以就青少年公开其同性恋身份得出以下结论（Savin-Williams，1998，2001a）：

- 青少年公开自己被同性吸引时，第一个被告知的通常不是父母。
- 青少年通常会先向母亲公开自己的同性恋身份，这很可能是因为青少年和父亲的关系更疏远。
- 母亲比父亲更可能知道他们的孩子（儿子或女儿）被同性吸引。
- 大约 50%~60% 的同性恋和双性恋青少年会把自己的身份告诉至少一个兄弟姐妹，但是兄弟姐妹仍然不是他们透露自己身份的第一个人。
- 性少数青少年可能会把自己的身份首先透露给一个朋友。

同伴关系

性少数群体青少年的同伴关系会与异性恋青少年不同吗？最近一项对 15~23 岁的青少年的研究发现，年少的性少数青少年比同龄异性恋青少年的交际圈更小（Diamond & Lucas，2004）。该研究还发现，年长的性少数青少年比同龄异性恋青少年更可能有超级亲密的朋友。不管年龄大小，性少数青少年都非常害怕失去朋友，他们对浪漫关系中的困难表现出过多的担心。

歧视和偏见

人们对被同性吸引的个体持有的非理性的负面情感被称为**同性恋憎恶**。在其极端形式中，同性恋憎恶会导致个体对他以为的同性恋者进行嘲弄、身体攻击甚至谋杀。更典型的同性恋憎恶形式是回避同性恋，对他们的生活方式持错误的观念（诸如相信大部分对儿童进行性骚扰的人都是同性恋的妄说），以及在住房供给、雇佣和其他生活领域中微妙或公开的歧视他们（Myers，2003）。

在过去的十年里，有更多的青少年已经把自己同性恋或双性恋的身份告诉了他们的父母。

——Richard Savin-Williams
当代心理学家，康奈尔大学

同性吸引污名对性少数群体的伤害之一是会导致他们的自我贬损（Patterson，2002；Savin-Williams & Diamond，2004；Savin-Williams & Rodriguez，1993）。自我贬损的一种普遍形式是**掩饰**，即隐藏一个人真正的社会身份。掩饰策略包括不表露同性吸引的信息。掩饰行为包括撒谎，向他人说“我是异性恋，异性深深地吸引着我。”这种对自我认知的防御在我们的社会已根深蒂固。由于缺乏足够的支持，又害怕污名，许多同性恋青少年都隐藏自己的身份，等到将来在一个更安全的时间（通常是上大学后）再公布真相。特别需要关注的一点是，同性恋青少年缺少父母、老师和咨询师的支持（Savin-Williams，2001a）。

最后，让我们再关注一下自杀危险和性取向之间的联系（Morrison & L'Heureux，2001；Rose & Rogers，2000）。在一项对 12000 名青少年进行的研究中，大约 15% 的同性恋青少年称他们尝试过自杀，而异性恋青少年中的这一比例只有 7%（Russell & Joyner，2001）。不过，研究同性恋青少年的领军人物威廉姆（Rich Savin-Williams，2001b）认为，尝试自杀的性少数青少年仅比异性恋青少年多一点点而已。在他看来，许多研究很可能高估了性少数青少年的自杀比例，因为它们只调查了最受自己身份困扰的青少年，这些青少年都参加了针对同性恋青少年的支持团体或保护机构。近来的一项研究发现，虽然性少数青少年会有更高的抑郁和焦虑，但是他们在感知压力、自尊或掌控感方面与异性恋青少年没有差异（Diamond & Lucas，2004）。

自　慰

不管青少年是异性恋还是同性恋，他们一定都会感受到不断增强的性唤起。对于许多不约会或者是有意识地选择不发生性关系的青少年，自慰是他们应对这种持续性唤醒的一种方法。

如前所述，异性之间从接吻、爱抚到发生性关系的这一连续发展体系概括了许多青少年的性经历。但有大量的青少年在这一连续发展体系之外，通过自慰或同性性行为获得性经验。大部分男孩在 12~13 岁会第一次遗精，自慰、与同性或异性的生殖器官接触、性梦是发生遗精的普遍情境。

自慰是许多青少年性宣泄的主要途径（Gates & Sonnenstein，2000）。虽然现在的青少年对自慰行为可能会感到尴尬或否认，但是他们已经不会像以前的青少年一样觉得内疚。在过去，自慰行为被指责为是从肿瘤到精神错乱等一切疾病的原因。现在，只有 15% 的青少年把自慰同污名联系在一起（Hyde & Delamater，2005）。

一项研究调查了大学生的自慰行为（Leitenberg，Detzer，& Srebnik，1993）。自称有过自慰行为的男生几乎是女生的两倍（81% vs 45%），而且在青少年早期和成人早期，男性自慰的频次是其同龄女性的三倍。但是个体在成人期的性生活质量与他们青少年期之前及（或）青少年早期时的自慰历史没有关系。

很难对现有的关于青少年自慰的大部分数据做出解释，因为这些数据都来自青少年的自我报告，而许多青少年可能不会如实报告。大多数研究青少年性行为的专家可能会一致认为，男孩比女孩有更多的自慰行为，但自慰对女孩来说更加污名化，因此她们实际的自慰行为可能要比自我报告的更多（Diamond，2004）。

避孕用品的使用

性行为虽然是繁衍后代所必需的健康行为，但是如果没有适当的安全保护，会存在相当大的危险（Zimmer-Gembeck，Doyle & Daneils，2001）。青少年会面临两种危险：意外怀孕和性传播疾病。如果采用了避孕措施，这两类风险都可以明显减少。

一个好消息是，青少年对于避孕用品的使用正在增加（Child Trends，2000；Santelli & others，2004a）。在 20 世纪 80 年代，女性青少年在第一次发生性关系时使用避孕用品的比例已从 48% 升高到 65%（Forrest & Singh，1990）。到 1995 年，第一次发生性关系时使用避孕用品的比例已达到 78%，其中三分之二的青少年使用过避孕套。最近一项分析发现，从 1991~2001 年，美国 15~17 岁的青少年用体外射精（性交中断）作为避孕策略的比例从 20% 降到了 13%，而使用避孕套的比例则从 40% 增长到了 51%（Santelli & others，2004a）。

许多性活动积极的青少年不使用避孕用品，尤其是在第一次发生性关系时，但是青少年对避孕用品的使用在增多。

一个性活跃的青少年如果不使用避孕用品，那么她在一年内有 90% 的可能性会怀孕（Alan Guttmacher Institute，1998）。女孩最经常使用的避孕方法是服用避孕丸（44%），其次是使用避孕套（38%）。大约 10% 的女孩使用注射避孕，4% 依靠体外射精，3% 依靠灌输药物避孕（Alan Guttmacher Institute，1998）。大约三分之一的女孩使用避孕套的同时也会服用避孕丸或实施体外射精。

虽然青少年对避孕用品的使用在增加，但是许多性活跃的青少年仍然不使用避孕用品，或者只是间歇性地使用（Alan Guttmacher Institute，2003a；Ford，Sohn & Lepkowski，2001）。性活跃的年幼青少年比年长青少年使用避孕措施的可能性更低。那些使用避孕措施的年幼青少年更可能使用避孕套或体外射精来避孕，而年长青少年则更可能服用避孕丸或使用子宫帽。一项研究发现，女性青少年比男性青少年更多地报告自己会改变性行为以使其更加安全（Rimberg & Lewis，1994）。

在反思青少年期避孕品的使用时，有一点很重要，那就是需要考虑到青少年生活的人际环境（Rimsza，2003）。例如，女孩在发生性关系时不使用避孕套的一个原因是因为她们不想失去伴侣。在女孩们眼里，怀孕或感染性传播疾病的风险不像失去伴侣那样有威胁。

由于性活动的形式不同，避孕对于青少年而言要比成人更加困难（Feldman，1999）。许多成人，尤其是已婚的成人，他们的性活动非常规律且能够预知，伴侣通常只有一个（或者相对较少）。然而青少年通常对性非常饥渴，其性活动往往是间歇性的、不可预料的（Creighton & Miller，2003）。因此，一些成人广泛使用的最有效的避孕方式（诸如避孕丸和宫内节育器）并不适用于青少年的性活动模式。已婚夫妻也经常会就避孕方式进行讨论并达成共识，而这种讨论在青少年伴侣之间和未婚年轻人之间几乎很少发生。这也就意味着青少年会更多地使用避孕套，但避孕套却并不完全可靠。不过，有一点好处就是，避孕套（与避孕丸和宫内节育器不同）能够防止性传播疾病。

什么因素会导致青少年不使用避孕品呢？青少年家庭的社会经济地位低是他们不能成功使用避孕用品的最有力的预测因素之一。年幼青少年比年长青少年更不可能使用避孕用品（Hofferth，1990）。不使用避孕品也与青少年伴侣之间缺乏稳定、真诚的恋爱关系有关（Chilman，1979）。担心气氛尴尬以及担心性乐趣减少，也会阻碍青少年使用避孕品。此外，那些应对能力较低、对未来缺少定向、高焦虑、社会适应力低和对避孕用品有消极态度的青少年，也不大可能使用避孕品。

另一方面，男性青少年对艾滋病的个人关注程度以及感知到伴侣希望使用避孕套会让他们坚持使用避孕套（Pleck，Sonenstein，& Ku，1991）。一些教育因素，包括艾滋病知识和避孕干预教育，也会促使男性青少年更坚持使用避孕套。

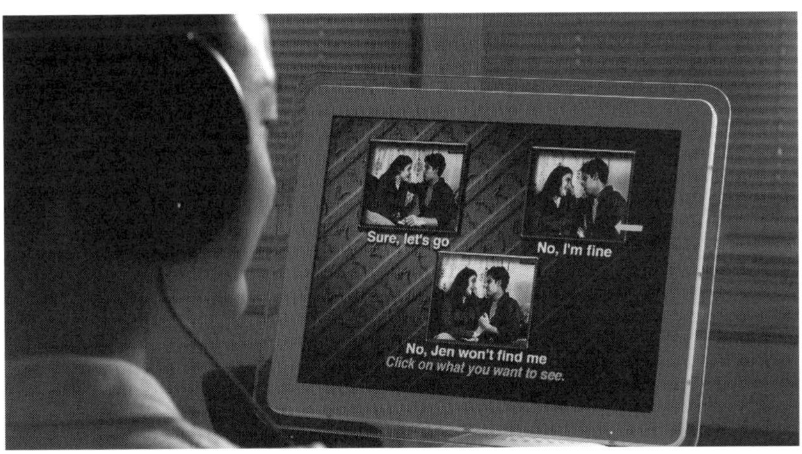

一个青少年在参加互动视频活动。该视频活动是由卡耐基梅隆大学社会和行为决策科学系的朱莉·唐斯和她的同事发明的，它能够帮助青少年评价自己在高危性行为情境下的反应和决定。

在过去20年里，虽然美国青少年对避孕套的使用已经有所增加，但是加拿大、英国、法国、瑞典和荷兰的青少年比美国青少年使用避孕套的比率更高（Child Trends，2000）。与其他发达国家的青少年相比，美国青少年更少使用像避孕丸这样的有效避孕品。

青少年的性问题

青少年的性问题包括青少年怀孕、性传播疾病、强制性行为和性骚扰。我们先来探讨青少年的怀孕问题，以及这一现象在美国乃至全世界范围内的普遍性。

青少年怀孕

安吉拉是一个15岁的女孩。她回忆道，"我已经怀孕三个月了，这足以把我的整个生活都毁掉。此前我已经对未来做了周密的计划，但是现在全都落空了。我找不到人来讨论我的问题，我不能告诉父母，他们是绝对不会理解的。"曾几何时，怀孕的青少年几乎被隐匿了起来，不被他人提及。她们只能回到家里等待做个未婚妈妈，她们唯一的选择是把婴儿送给别人抚养，或者不得不选择危险而不合法的流产手术。然而昨天的秘密已变成了今天的困境。我们的探讨将集中在青少年怀孕的发生率和性质、怀孕的后果、可能会涉及的认知因素、青少年的父母，以及减少青少年怀孕的方法。

青少年怀孕的发生率

怀孕的青少年女孩来自不同的种族和地区，但是她们面临同样的环境压力。对于许多成人而言，她们代表了美国社会基本结构中的缺陷。在美国有超过20万的女性在18岁前就有了小孩。像安吉拉一样，还有许多女孩在青少年早期或中期就怀孕了。一个来自洛杉矶的17岁女孩已经有了一个1岁的儿子，她说："我们本来就是孩子，现在又有了孩子。"

跨文化比较 在跨文化比较中，美国仍然是青少年怀孕和分娩比例最高的发达国家之一，虽然这一比例在20世纪90年代有了大幅度的下降（Alan Guttmacher Institute，2003b；Centers for Disease Control and Prevention，2003）。美国青少年的早孕比例同俄罗斯及一些诸如保加利亚这样的东欧国家相似，并且几乎是加拿大和英国的两倍，至少是法国、瑞典、德国和日本的四倍（见图7.4）。虽然美国青少年的性行为并不比法国、瑞典等国

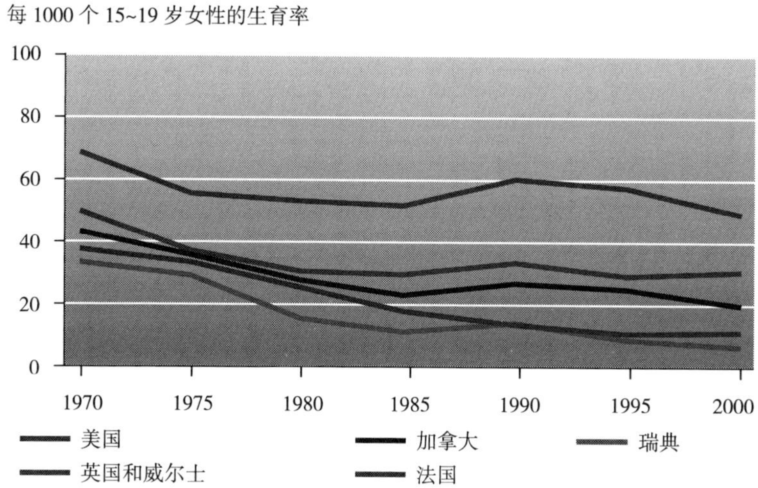

图 7.4
青少年怀孕率的跨文化比较

家的青少年更活跃，但是她们的怀孕比例却更高。

为什么美国青少年的怀孕比例如此之高呢？跨文化研究总结出了以下三点原因（Boonstra，2002，pp.9-10）：

- “分娩是成人的活动”。欧洲国家和加拿大人都一致认为分娩是属于成年人的行为，这时候“年轻人完成了他们的学业，找到了工作并且能够离开父母独立生存，拥有稳定的亲密关系……。而在美国，人们的这种意识并不强烈，不同群体和地域之间的态度也有很大不同。”
- “对性行为的清晰规范”。其他国家的成年人都支持青少年在事业有成之后再生育小孩，与此同时，他们一般也比美国成人更能接纳青少年的性行为。特别是法国和瑞典，他们将青少年之间的性示意看做是正常且积极的，但同时也期望青少年在一段互相承诺的关系中才发生性行为（事实上，美国青少年的恋爱关系更具有偶然性，持续时间也更短）。虽然美国与其他国家都期望年轻人在发生性行为时采取措施来保护自己和伴侣，防止怀孕和性传播疾病，但在欧洲这种倾向要强烈得多。与此相符的是……相对于美国来说，英国、法国、瑞典和加拿大大部分地区的学校都有性教育课程，为学生提供更多关于预防怀孕的知识。此外，在政府资助的宣传活动中，这些国家也更多地利用媒体工具来呼吁青少年对自己的性行为负责。
- “家庭援助计划的可用性。”在那些对青少年的性行为更为接纳的国家，青少年也更容易获得生殖健康服务。在加拿大、法国、英国和瑞典，避孕用品服务已经被纳入不同文化下青少年怀孕现象有怎样的差异?

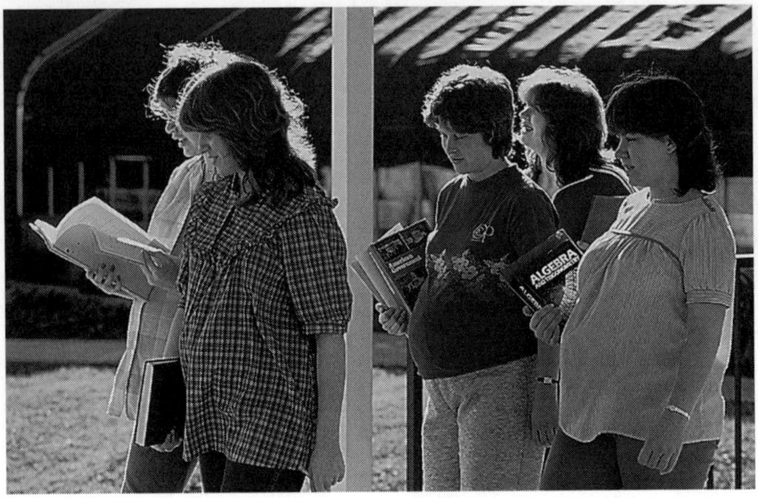

主要的健康服务类型中，并且对所有的青少年免费开放，或者只需要花费很少的钱。一般来说，这些国家的青少年知道在哪里能够获得这些信息和服务，也知道这些服务是保密且没有偏见的……在美国，人们对于青少年性关系的看法有更多的争论，青少年要想获得避孕品服务也就更加困难。许多美国青少年没有健康保险，也无法获得基本健康服务中的避孕品服务。

减少美国青少年的怀孕率 尽管与其他许多发达国家相比较，美国的情况更为糟糕，但是美国青少年的怀孕率呈现出了令人备受鼓舞的趋势（Alan Guttmacher Institute，2003b）。在 2002 年，青少年女孩的生育率降到了历史最低（Centers for Disease Control & Prevention，2003）。每 1000 个 15~19 岁的女孩中有 43 个生育孩子——这一数字是过去 120 年间最低的。从 1991 年以来，青少年女孩的生育比率已经降低了 30%，最小的青少年（10~14 岁）的生育比率降到了每 1000 人中只有 0.7 个人，仅是 1994 年所报告比率的一半。这一数字下降的原因包括越来越多的人开始使用避孕品，以及害怕染上性传播疾病，如艾滋病。

在 20 世纪 90 年代，15~17 岁的非裔美国女孩的怀孕率下降最多。在这一时期，美国青少年怀孕率下降的可能原因有：害怕感染性传播疾病，尤其是艾滋病，学校 / 社区的健康课程以及青少年对未来更美好的期望。拉丁裔青少年比非裔美国青少年和非拉丁裔白人青少年更可能怀孕（Child Trends，2001）。与非拉丁裔白人女孩相比，拉丁裔和非裔女孩在有了一个孩子之后，更可能有第二个孩子。

在过去的半个世纪，尽管青少年分娩在总体上有了急剧的下降，但是青少年未婚先育的比例同样也在急剧地增加，从1950年的13%增长到2000年的79%（见图7.5）。有两个因素可以解释这种趋势，首先，如今人们在青春期结婚已非常罕见（在美国，女性第一次结婚的平均年龄是26岁，男性是28岁）。其次，怀孕已经不再是结婚的理由。相比“奉子成婚”（如果一个男性让一个青少年女孩怀孕了，他就不得不娶她做新娘）的年代，现在很少有怀孕的青少年在婴儿出生之前就结婚。

青少年的视角

孩子有了孩子

下面是青少年和成年人关于青少年怀孕的一些评论。

太年轻就有了孩子，这对孩子或你自己来说都是不公平的。只有爱是不够的。当我有了自己的第一个孩子时，我16岁，未婚。我辍学了，在另一个州生下了孩子。我妈妈做好了婴儿被收养的安排。那时我在远离家的一间房子里独自一人痛苦着、哭泣着、焦虑着。我想到了死，然后为了能看一眼孩子我活了下来。当孩子出生时，我只是匆匆地看了他一眼。多年之后我遇到了他，他却不能够原谅我。

——霍普，一个成人对自己青春期的反思

提供一个环境可以让一个青少年随便提问，然后就会有更多的青少年想使用避孕套和节育药物。

——莎拉，17岁

我们应该质问的是“为什么这么多的父母如此疏忽？”而不是“为什么有这么的青少年怀孕？”

——苏珊，美国青少年

高中课程应该把养育婴儿的生活展现给青少年。体验、甚至模仿养育孩子的生活是最好的学习方法。

——拉塞尔，17岁便做了爸爸

流　产

如今，美国关于流产的争论依然很激烈，并且在未来一段时间内很可能会继续下去（Maradiegue，2003）。在美国各州和地区，想要流产的青少年会有不同的遭遇。2003年，有32个州限制了青少年流产。而住在纽约或加利福尼亚的城市青少年，他们的流产既不需要父母的同意，也能够得到公立或私立的流产服务，因而这些青少年要比在北达科他州或密西西比州的同龄人更容易享有流产服务。在后面这两个州，青少年流产需要父母双方都同意，且有些农村地区还不能提供流产服务。

在某些国家，最明显的是北欧国家，青少年寻求流产比在美国更加容易。在美国，有关流产和青少年性行为还存在着更严重的污名现象。在许多发展中国家，如尼日利亚，青少年流产要比在美国更加危险（Murphy，2003）。

在美国，流产人群中有19%是15~19岁的女孩，不到1%的人是15岁以下的女

图 7.5
1950~2000 年，已婚和未婚的 15~19 岁女孩的生育率

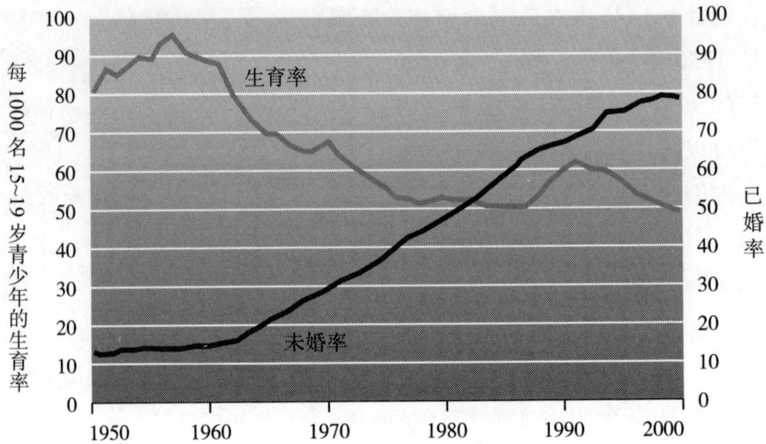

孩（Alan Guttmacher Institute，2003b）。青少年女孩比年长女性更可能把流产时间拖延到怀孕 15 周以后，而此时流产的医疗危险已经大大增加（Alan Guttmacher Institute，2003c）。

法律规定青少年女孩的流产需要经过父母的同意，这一点是有其合理性的，主要是基于以下原因：流产本身的高危险性、青少年不能够做出完全基于事实的选择以及父母介入的好处。最近一篇文章对这些原因进行了集中论述（Adler，Ozer & Tschann，2003）。

研究者发现，对于美国青少年女孩来说，如果在怀孕的头三个月内进行合法的流产，就不会有医学上的风险，尤其是与分娩的风险相比较而言（Centers for Disease Control and Prevention，1997）。至于心理危机，在一项针对 360 名女孩的研究中，研究者在她们寻求孕检时对其进行访谈，并在接下来的两年中评估了她们的状况（Zabin，Hirsch & Emerson，1989）。其中有一些人没有怀孕，一些人怀孕并生下了孩子，一些人怀孕但选择了流产。在这两年的时间里，那些流产女孩的焦虑程度有所下降，自尊有所上升，而且她们看起来和那些没有怀孕的女孩和生育过的女孩一样适应良好。她们比其他两类女孩更可能去上学或者读完高中，也不大可能再次怀孕。其他研究者也发现青少年的流产经历并不会对他们造成心理伤害（Pope，Adler & Tschann，2001；Quinton，Major & Richards，2001）。

制定关于青少年流产的限制性法规的第二个理由是，青少年不能做出完全基于事实的选择。正如我们在第 4 章中了解到的，一些研究者发现年长青少年比年幼青少年能更好地做出决策，而另一些研究者则发现青少年和成人在决策能力方面没有差异（Quadrel，

Fischoff & Davis，1993）。几项研究发现，对于流产问题，13岁的青少年在做决策时与成人没有差异（Ambuel & Rappaport，1992；Lewis，1980），但这些研究关注的是一般推理水平、对决策后果的感知以及在决策过程中所表现出来的思考方式。

限制青少年流产的法规有第三个理由，父母应该介入女儿的流产决策，并关心女儿。因此，一些有关父母介入的法规正尝试着去促进家庭内部的交流和家庭功能，然而并没有研究来验证这些法律是否奏效了。

不管研究结果怎样，反对人工流产和支持流产权的两派人士都坚信自己的主张是正确的（Hyde & DeLamater，2005）。双方冲突的基础涉及宗教信仰、政治主张和道德判断，并且这种冲突并不容易解决。

青少年怀孕的后果

美国青少年的高怀孕率所导致的后果已经引起高度关注（Kalil &Kunzite，2000；Lindbergh，2003；McNulty & Burnette，2004）。青少年怀孕会同时给婴儿和母亲带来健康方面的危险。少女妈妈们生育的婴儿体重更低，这是造成婴儿死亡的主要因素。婴儿也更容易出现大脑神经问题和童年期的疾病（Dryfoos，1990）。青少年做了妈妈以后，往往就辍学在家。虽然许多青少年妈妈会在将来重新开始学业生涯，但一般来说，她们的经济收入并不能和那些把生育推迟至二十岁之后的女性相比。一项纵向研究发现，相比于成年后第一次生育的女性，那些在青少年期就有了第一次生育的女性，其孩子的学业成绩更低，有更多的行为问题（Hofferth & Reid，2002）。

虽然美国青少年的高怀孕率带来的后果已经引起高度关注，但是对于青少年妈妈和她们的孩子而言，并不只是怀孕导致了这些负面结果（Brooks-Gunn & Paikoff，1997；Feldman，1999；Pittman，2000）。少女妈妈更可能来自社会经济地位较低的家庭（Fessler，2003；Hoffman，Foster & Furstenberg，1993），其中许多人在她们怀孕之前便不是好学生。不过，并不是每一个少女妈妈都过着贫穷和低成就的生活。因此，虽然青少年怀孕是一次高危事件，且不曾怀孕的青少年比怀孕的青少年总体上要优秀很多，但是某些少女妈妈也会在学业上表现得很好，会有一个美满的结果（Ahn，1994；Leadbeater & Way，2000）。

青少年怀孕的认知因素

青少年在认知上的变化意味着需要为他们提供性教育了（Lipsitz，1980）。随着青少年想象能力和抽象思维能力的发展，他们可能会沉浸于自己的理想世界，远离现实。他们可能认为自己无所不能、不可战胜，相信糟糕的事不会发生在他们身上，这也是我们在第 4 章中探讨过的青少年自我中心的特征。听一听这个 14 岁少年的话："嗨，那不会发生在我身上"，这就反映了青少年自我中心特征中喜欢将自己神化的一方面。

仅仅告诉青少年要使用避孕品是不够的，青少年对他们自己以及自身性行为的接纳也许才能让他们使用避孕品。这种接纳不仅需要情感上的成熟，还需要认知上的成熟。

大部分针对青少年怀孕及其干预的讨论都是基于以下假设：青少年能够预测他们行为的后果，能够权衡行为可能的结果；而假如他们进行了某种活动，比如性行为，他们也能够对未来将会发生的事情做出应对计划。也就是说，干预项目的基本前提是，青少年在认知上已经具备了以一种有计划的、有组织的和经过分析的方式解决问题的能力。然而，尽管 16 岁及以上的青少年有这种能力，但是这并不意味着他们会自觉运用该能力，尤其是在情感浓烈的情境中，比如已经被性唤醒或是遭遇伴侣压力的情境。

实际上，年少的青少年（10~15 岁）似乎是以一种去个性化的方式来体验性，这种方式充满了焦虑和拒绝。这种去个性化的性指向也就不大可能让他们做出预防性的行为。稍年长的青少年（15~17 岁）经常会把性关系浪漫化，而更年长的青少年（18~19 岁）对于性体验已经有了一定程度的现实感和未来指向，就如同他们对待职业和婚姻一样。

青少年父母

青少年父母在孩子出生前就会遇到问题。每 5 个怀孕的青少年女孩中，只有 1 个在非常重要的头三个月内会接受所有形式的产前护理。怀孕的青少年比 20~24 岁的妈妈更可能罹患贫血，并由于早熟而出现并发症。青少年怀孕的各种问题也会使她们生育低体重婴儿（体重低于 2.5kg 的婴儿）的正常风险加倍，低体重容易使婴儿出现生理和心理上的缺陷（Dryfoos，1990）。在一些个案中，婴儿的问题可能是因为贫穷而不是妈妈的年龄。

青少年妈妈的孩子即使没有出现医学上的疾病，也可能会在心理和社会层面遭遇各种困境（Brooks-Gunn & Chase-Landsdale，1995；Luster & others，1995）。与 20 多岁的妈妈的孩子相比，青少年妈妈的孩子在智力测验上的表现更差，也会有更多的行为问题（Silver，1988）。与年长的妈妈相比，青少年妈妈在养育方面的胜任力更低，对婴儿发展的期望也更加不现实（Osofsky，1990）。

目前为止，我们已经讨论了青少年妈妈的问题。尽管有一些青少年爸爸会介入到孩子的抚养当中，但是大部分没有这样做。一项研究发现，在有一个 3 岁孩子的青少年母亲中，只有四分之一的人说孩子的父亲和她们有亲密关系（Leadbeater，Way &

Raden，1994）。另一项研究发现，在过去二十年中，青少年爸爸对抚养孩子的投入大幅下降（Leadbeater，1994）。

与二十多岁做父亲的人相比，青少年父亲的收入更低、所受教育更少、养育的孩子也更多。这些困境的原因之一是，青少年父亲辍学从而使女朋友怀孕这一问题更复杂化（Resnick，Wattenberg & Brewer，1992）。一旦离开学校，青少年父亲就会直接从事一份低收入的工作。青少年父亲会对自己说：“你应该是一个好父亲，你力所能及的是找一份工作从而提供一定的支持。”但是这种目光短浅的做法忽视了这样一点，教育对职场的最终成功来说很重要。

许多青少年父亲对于怎样才能成为一个称职的父亲一无所知，他们也许是爱孩子的，但是却不知道如何表达爱。美国社会没能给他们提供指导和支持。专门为帮助青少年父亲而设计的项目相对来说仍然十分少，不过这些项目也在不断增加。21岁的特里，有一个17个月大的孩子，他自己也是青少年父母的孩子。在接受了旧金山青少年怀孕和养育计划的帮助后，他已成为那里的咨询

与青少年发展有关的职业

林恩·布兰肯西普

家庭和消费者科学教育者

林恩·布兰肯西普是家庭和消费者科学领域的教育者，她在这一领域获得了学士学位，毕业于亚利桑那州立大学。她已从事教学20多年，后14年是在图森高级专科学校教学（Tucson High Magnet School）

林恩·布兰肯西普荣获1999~2000年度图森教师教育者联合会年度奖和亚利桑那州立学会家庭和消费者科学分会1999年年度教师奖。

林恩特别喜欢教授给青少年生活技艺。她最喜爱的活动之一是让青少年学生照顾一个自动化的机器婴儿。这个机器婴儿像一个真正的婴儿那样会有各种需要。林恩说该活动对青少年学生有很大的影响，因为在活动期间青少年必须24小时照顾好婴儿。林恩还会在图森地区的几个儿童照料机构为青少年学生提供体验生活的工作经历，训练他们照看孩子。

林恩·布兰肯西普（中间）和她的学生，她们怀里抱着的是机器婴儿。

员。他说："我的父亲在青少年时就做了父亲，我的祖父也是，我知道我的儿子将不会重蹈覆辙"（Stengel，1985）。

减少青少年怀孕

要想为怀孕的青少年和年轻的妈妈们提供更多受教育和工作的机会，需要付出很多努力。青少年妈妈在养育孩子和规划未来方面也需要大量帮助（Klaw & Saunder，1994）。约翰·康格（John Conger，1988）对减少青少年怀孕的高发生率提出了以下四点建议：（1）加强对青少年的性教育和家庭援助，（2）让他们学会使用各种避孕方法，（3）指导他们选择人生方向，（4）社区的大量介入和支持。我们将依次讨论这几个方面。

与青少年发展阶段相适宜的家庭生活和教育对青少年来说是有益的（Weyman，2003），更多关于性教育的问题将在本章后面部分进行阐述。

除了与青少年发展相宜的家庭生活教育和性教育外，性活跃的青少年需要知道各种避孕方法（Paukku & others，2003）。这些往往可以通过青少年临床教学课所提供的全面而高质量的健康服务来达到。在20世纪80年代，青少年的怀孕率很高，明尼苏达州的圣保罗建立了国内最早一批的四个青少年临床医务室，它成功地使青少年首次怀孕的年比率从每1000人中的80人降到了29人（Schorr，1989）。这些临床医务室会讲授从免疫、身体锻炼到性病治疗的所有知识。重要的是，它们还会对避孕用品的使用提供建议，对节育提供指导（前提条件是父母亲已经同意青少年去这些临床医务室）。这些临床医务室的重要之处在于，那里有许多经过训练的、能够理解青少年群体特殊

图中人物并非一些青少年母亲，而是参加青少年推广计划（teen outreach program TOP）的孩子们，他们会参与社区志愿服务。图中的女孩正在一个为有缺陷的婴儿提供日常照料的机构做志愿者。研究者已经发现这种志愿者的经历能够降低青少年怀孕的比例。

需求和困惑的服务人员。

仅仅提供一些性教育、家庭援助和避孕用品的使用培训并不能够解决青少年早孕的危机，尤其是对那些高危青少年而言。青少年自己必须要有减少怀孕危险的动机。只有在他们展望未来，感到自己能够自立、有成功的机会时，这种动机才会产生。人们应该为青少年提供机会来提高他们的学业成绩和与工作相关的技能，同时也提供各种工作机会、人生规划指导和大量心理健康服务。

最后一点，预防青少年怀孕的最终成功需要社区的广泛介入和支持（Duckett，1997）。这种支持是其他发达国家成功预防青少年怀孕的主要原因，在这些国家，青少年的怀孕、流产、分娩比率都比美国要低，但是青少年性活动的水平与美国相似。在荷兰和其他欧洲国家，如瑞典，性并不会像美国社会那样带来神秘感和冲突。荷兰并没有官方指定的性教育计划，但是荷兰青少年仅需花费一小笔费用就能从政府资助的临床课程中咨询如何使用避孕用品。荷兰媒体在性教育方面也扮演了很重要的角色，它们经常广播节育、流产以及相关事宜。也许正因为如此，荷兰青少年在发生性关系时不可能不使用避孕用品。

一项减少青少年怀孕的策略被称为青少年推广计划（Teen Outreach Program，TOP）。该项目旨在让青少年参加社区志愿服务并展开讨论，从而使青少年在志愿服务中有所收获。在一项研究中，695 个 9~12 年级的青少年被随机分在青少年推广计划组和控制组（Allen & others，1997），并在项目开始时和九个月后项目结束时分别对他们进行评估。青少年推广计划组的怀孕比率显著地低于控制组，而且这些青少年学业失败和退学的几率也更低。

女孩公司（Girls，Inc.）也有四个旨在提高青少年女孩预防怀孕意愿的项目，直到她们足够成熟能就做妈妈做出负责任的决定（Roth & others，19980）。“一起成长”是为母亲和青少年开设的系列讲习班，包含五个持续两小时时长的讲习班；“想要有力量吗？”是一系列活动课，包括六个持续两小时时长的活动课，集中于培养 12~14 岁女孩的果断干练。对年长的女孩来说，“关注职责”提供了九个活动课，重点强调的是职业规划，也包括性行为、生殖、避孕知识。“健康桥梁”融合了健康和教育服务——女孩可以把这个项目当作俱乐部活动来参加。研究发现，与那些没有参加这些项目的女孩相比，参加了这些项目的女孩怀孕的可能性有明显的下降（Girls，Inc.，1991）。

目前为止，我们已经讨论了四种减少青少年怀孕的方法：性教育和家庭援助、学会使用避孕方法、人生选择和广泛的社区介入与支持。第五种方法是节欲，这对年幼青少年来说尤为重要。正如我们在前面曾提到的，节欲已逐渐被纳入青少年性教育的课程中（Darroch，Landry，& Singh，2000）。

性传播疾病

15 岁的苔米刚刚在健康课上听了一个专家讲座。当她走在学校过道上的时候，我们无意中听到她和她的一个女性朋友说："那是个令人反感的讲座。我不相信所有的性病都可以通过发生性关系而感染，我认为她更可能是想吓唬我们。她花了很长时间谈论艾滋病，而我听说正常人不会得这个病，是不是？据我所知，只有同性恋和吸毒者才会感染艾滋病。我还听说淋病和大部分其他性病都是可以治愈的，所以说呢，如果真感染了那种病又有什么大不了的呢？"苔米对性传播疾病的观点在青少年中是很普遍的——它们总是发生在别人身上，并且感染之后可以很容易被治愈，没有什么伤害。一个健康的年轻人听到有人说起性病会很反感，更不用说患上这些病。但是，苔米的观点却是错误的。发生性关系的青少年也有感染性病的危险。

性传播疾病（STIs）是指主要通过性关系传播的疾病。这种性关系不止局限在阴道性交，还包括口交和肛交。STIs 是一个逐渐升级的健康问题。在 2004 年，大约新增了 1900 万性病感染者，其中有 900 多万感染者的年龄在 15~24 岁（National Center for Chronic Disease Prevention and Health Promotion，2005；Weinstock，Berman & Cates，2004）。

青少年感染的性病中，有三种主要是由病毒感染引起的——艾滋病、生殖器疱疹、尖锐湿疣，还有三种主要是由细菌感染引起的——淋病、梅毒和衣原体感染。

艾滋病

在过去二十年中，任何一种性病对性行为的影响都没有艾滋病大，艾滋病引起了更多的公众恐慌。这里，我们会探讨艾滋病的本质和发生率，它是如何传播的、该疾病发展的阶段及其防治。

艾滋病（AIDS）是由人类免疫缺陷病毒（HIV）引起的一种性传播疾病，它会破坏身体的免疫系统。感染 HIV 后，个体很容易受到原本正常免疫系统能够抵御的病毒的侵害。

到 2003 年 12 月，在美国 13~24 岁的青少年中累积有 38490 个艾滋病患者（Centers for Disease Control and Prevention，2005）。还有一项估计认为，在美国 15~24 岁的青少年群体中大约每年会新增 15000 个 HIV 感染者（Weinstock，Berman，& Cates，2004）。

在全世界，撒哈拉以南的非洲是最受关注的艾滋病发病区，在那里艾滋病已是一种流行病（Alan Guttmacher Institute，2005；Amuyunzu-Myamongo & others，2005；Bankole & others，2004；UNICEF，2004）。在许多非洲国家，青少年女孩特别容易通过成年男子感染 HIV 病毒。这些国家的青少年女孩罹患艾滋病的人数大约是男孩的六倍。在肯尼亚，15~19 岁的青少年女孩中有 25% 的 HIV 呈阳性，而这个年龄段的男孩中这一比例只有 4%。在博茨瓦纳，超过 30% 的怀孕的青少年女孩感染了 HIV 病毒。在某些撒哈拉以南的国家，只有不到 20% 的女性和不到 40% 的 15~19 岁青少年女孩报告说，她们在最近一次发生性关系时使用了避孕套（Bankole & others，2004）。

并非只是撒哈拉以南的非洲，在世界的许多地方艾滋病都备受关注（Carey & Venable，2003；Obregon，2003；Singh & others，2004）。在美国，预防主要是面向那些艾滋病高危群体，这些群体包括吸毒者、患有其他性病的个体、年幼的男同性恋、低收入的个体、拉丁美洲人和非裔美国人（Centers for Disease Control and Prevention，2002）。近几年美国异性恋之间 HIV 病毒的传播也有所增加。

在美国，青少年艾滋病感染者和成人艾滋病感染者之间存在如下差异：

- 通过异性恋传播而感染艾滋的青少年的比例更高；
- 没有明显症状的青少年艾滋病个案的比例更高（但是到了成人期则会表现出症状）。
- 在青少年期，感染艾滋病的非裔美国人和拉丁美洲人比例更高。
- 在测试和告知青少年的伴侣和父母时，会涉及一系列特殊的道德原则和法律条文。
- 青少年比成人更难获得避孕用品，使用它们的可能性也更小。

专家称艾滋病只通过性接触、共用针头或输血（近年来已经有了严格控制）来传播（Kelly，2000）。在美国大约 90% 的艾滋病患者仍然是与男性发生了性关系的男性和静脉注射的吸毒者。肛交的危险更高，这种方式会导致肌肤的轻微撕裂，从而让血液和精液接触。近来，在女性艾滋病患者中，双性恋男性的性伴侣或静脉注射的吸毒者的比例增加已经引起关注（Centers for Disease Control and Prevention，2005）。这一趋势表明，有多个性伴侣的异性恋个体感染艾滋病的危险可能会升高。图 7.6 描绘了是否会感染艾滋病的危险行为和非危险行为。

如果只是询问性伴侣之前的性行为情况，当然不能保证你不会感染 AIDS 或其他性传播疾病。比如，在一项调查中，655 名大学生被问及有关撒谎和性行为的问题（Cochran & Mays，1990）。其中 422 名调查参与者回答说他们性活动活跃，34% 的男生和 10% 的女生承认，为了和伴侣发生性关系他们曾经撒过谎。有更高比例的参与者（47% 的男生和 60% 的女生）说他们曾经被可能的性伴侣欺骗过。当问及他们在哪些方面最可能撒谎时，超过 40% 的男生和女生都说会少报他们曾经的性伴侣人数。有 20% 的男生说他们会谎报自己 AIDS 血液检测的结果，但是只有 4% 的女生会这么做。

由于高危人群有可能一次感染多种性病，所以努力预防其中一种传染病有助于减艾滋病病毒的传播不像感冒或流感一样，它是通过与被感染的血液、精液或阴道分泌物相互交换来传播的。这往往发生在性交、共用吸毒针具的情况下，或者在出生之前或出生时就感染了病毒的婴儿身上。

以下途径并不会让你感染艾滋病：

在学校、工作场所、聚会、儿童照料中心、商场中，与周围人的日常接触。

在泳池游泳，即使泳池中的某个人携带艾滋病病毒。

蚊虫叮咬。

唾液、汗液、眼泪、大小便。

接吻。

衣物、打电话或便池座位。

用某人用过的杯子喝水或器具吃饭。

在汽车、火车或拥挤的电梯里有艾滋病病毒携带者或感染者。

献血和输血：

在献血中心献血将不会感染艾滋病。

输血感染艾滋病的危险已经被大大降低，而且献血者会得到应有的保护，献血还能够测试体内的 HIV 抗体。

危险的行为：

如果你有下列行为，你感染艾滋病病毒的机会将增加：

有多个性伴侣。

共用吸毒针头或注射器。

发生性关系时没有用安全套，不管是肛交、阴道性交还是口交。

与吸毒者发生阴道性交或口交。

与不认识的人或有多个性伴侣的人发生性关系。

与一个感染者发生不安全的性关系（未用避孕套）

安全的行为：

没有发生性关系。

发生没有体液交换的性关系（爱抚、拥抱、抚慰）。

与彼此信任且没有感染病毒的个体发生性关系。

发生性关系时采取适当保护措施。

不吸毒。

资料来源：*American Responds to AIDS. U. S.* Government educational pamphlet，1988.

图 7.6
认识艾滋病：危险行为与非危险行为

少其他疾病的发生。预防艾滋病的工作也能够预防青少年的怀孕和其他性问题。由于性传播疾病的高发生率，让青少年和成人了解这些疾病是很重要的（Johnston & others，2003）。

一项研究评估了 37 个儿童和青少年艾滋病预防项目（Janz & others，1996）。其中小组讨论、为高危险行为的人群服务、同伴和志愿者培训被评定为最有效的活动。注重开放交流和不断传播信息的小组讨论是青少年学习和分享艾滋病知识的好机会，而最好的服务项目是根据文化特征制定的、激发参与者积极参与的那些活动。人员彼此的熟悉和尊重，能够打破恐惧和不信任的屏障，确保合适的信息交流。对于不同的群体，工作人员也需要学会更有针对性。学龄儿童可能会被学分或薪金奖励所吸引。对注射吸毒的人来说，食物、住所和一个安全的聚集地可能会吸引他们来参加。对于工作的女性来说，孩子照料和与其他成人分享的机会可能会吸引她们。使用同伴教育者通常是有效的策略，作为角色榜样，同伴能为目标人群树立健康生活方式的榜样，同时通过行为改变强化并塑造群体规范。同伴教育者经常能成功地让青少年参与到艾滋病预防项目中来。

生殖器疱疹

生殖器疱疹（genital herpes）是由许多不同菌系的病毒引起的性传播疾病，其中一些病毒还会滋生出另外一些病毒，以及像唇疮疹、水痘和单核白血球增多症等非性传播疾病。感染后三到五天，会出现瘙痒和刺痛，紧接着会爆发剧烈的疼痛和水疱。疼痛会持续三周，以后每隔几周会发作一次，或者隔几年才发作一次。他人直接接触患者的疼痛处会感染病毒，病毒也可以通过非乳胶制避孕套和避孕海绵、避孕膏来传播。据估计，在美国大约有420万15~24岁的青少年感染生殖器疱疹（占这个年龄群体的11%）（Weinstock，Berman & Cates，2004）。另外，在15~24岁的青少年中，每年大约会新增60万生殖器疱疹感染者。

虽然阿昔洛韦之类的药物能够减轻疱疹症状，但是人们还没有找到治愈疱疹的方法（Barton，2005）。因此，生殖器疱疹患者在承受大量身体不适之外，还要承受严重的情绪压力。他们可能在性方面感到非常矛盾，或不愿有性行为，他们会对疾病的不可预测感到愤怒，害怕自己不能成功应对下一次的疼痛。出于以上原因，许多社区已经建立了疱疹受害者的支持团体。

尖锐湿疣

尖锐湿疣（genital warts）是由人类乳头瘤病毒（HPV）引起的，它很难被检测出来，症状也并非一直存在，但是它仍然具有传染性。患上尖锐湿疣的人通常会在生殖器或者肛门周围出现小、硬且没有疼痛感的肿结。在美国，大约有超过900万15~24岁的青少年感染了HPV，在这个年龄段，HPV感染是最常见的性传播疾病（Weinstock，Berman & Cates，2004）。治疗方法有使用直接作用于患处的药物、制冷杀菌、外科手术等。不幸的是，尽管尖锐湿疣能够被治愈，但它也会复发。在一些病例中，它还与子宫癌和生殖系统的其他癌变有关系。避孕套对于HPV感染有一定的预防作用。

现在我们转向另外三种由细菌引发的性传播疾病——淋病、梅毒、衣原体感染。

淋　病

淋病（gonorrhea）俗称“流白浊”，是由一种被称为淋球菌的细菌引起的，这种细菌在口腔、喉咙、阴道、子宫颈、尿道和肛门道上的湿润黏膜上繁殖很快。这种细菌通过感染者的黏膜和非感染者的黏膜相互接触而传播。虽然淋病的发生率已经下降，但是在15~24岁的青少年中，每年大约会新增40多万的病例（Weinstock，Berman & Cates，2004）。

淋病的早期症状更可能出现在男性身上，他们在小便时会有排出物并伴有烧灼感。对于女性而言，淋病的早期症状是轻微的，经常检测不出来，有时会有阴道发炎的症状。男性淋病的并发症包括前列腺、膀胱、肾脏问题和不育症。而女性淋病会引发盆腔黏连或盆腔炎性疾病（PID），这又可能导致不孕（Crooks & Bauer，2005）。淋病早期阶段通过使用青霉素或其他抗生素就能成功治愈。

梅　毒

梅毒（syphilis）是由*梅毒螺旋体*细菌引起的性传播疾病，这种细菌是螺旋体菌系中的一种。螺旋体要在温暖、湿润的环境中才能存活，它主要通过阴道性交、口交和肛门性交传播。已经感染梅毒的女性在怀孕四个月后会把梅毒传染给腹中的胎儿。如果在这之前她已经用青霉素治疗过，那么梅毒就不会传染给胎儿。在美国15~24岁的青少年中，每年大约新增8000个梅毒病例（Weinstock，Berman & Cates，2004）。

如果没有接受治疗，梅毒会经历四个阶段：初始阶段（出现下疳疼痛），次级阶段（出现一般性的皮疹），潜伏阶段（能够持续好几年的时间，没有明显的症状），三期阶段（可能出现心血管疾病、失明、麻痹症、皮肤溃疡、肝脏受损、心理问题）（Crooks & Bauer，2005）。在梅毒的早期阶段，青霉素是有效的治疗药物。

衣原体感染

衣原体感染（chlamydia）是最常见的性传播疾病之一，它是一种通过性行为传播的有机体，以*沙眼衣原体*来命名，这种衣原体会使男女两性的生殖器官都发生感染。相对于淋病和梅毒，很少人知道衣原体感染，但是它的发生率更高。每年大约有400万美国人罹患衣原体感染，10%的美国大学生患有衣原体感染。这种性病有很高的传染性，女性如果与衣原体感染的伴侣发生性行为，那么她患上衣原体感染的风险是70%，而男性的风险在25%~50%之间。在15~24岁的青少年中，衣原体感染的病例每年大约有100万（Weinstock，Berman & Cates，2004）。

许多女性患上衣原体感染后并没有出现什么症状。而一旦症状出现，就会出现月经失调、子宫疼痛、发高烧、恶心、呕吐和头疼。男性衣原体感染的症状可能是小便时会有排出物并有烧灼感。

由于很多女性患上衣原体感染后没有什么明显的症状表现，因此她们通常也不会进行治疗。如此一来，感染就会蔓延到高级生殖系统并引发盆腔炎性疾病（PID）。随后，输卵管组织会被破坏，导致不孕或宫外孕（输卵管内受孕），或者受精卵在子宫外着床。有四分之一患有 PID 的女性不能生育，PID 综合病征会使不孕的可能性增加一半。一些研究者认为，衣原体感染是女性不孕的重要原因，但它是可以预防的。

虽然在不发生性关系的情况下也会出现这些症状（因为不被归为性传播疾病），但是尿道或膀胱感染和阴道酵母菌感染（也被称作念珠菌炎）在性活动活跃、尤其是有激烈的"蜜月期"性经验的女性当中最普遍。这些感染都能够通过药物快速地治愈，但是它们的症状（尿急且在尿道感染区域有烧灼感，瘙痒、发炎、在酵母菌感染区白带异常）可能挺恐怖的，尤其是对青少年来说，毕竟他们对性本身已经感到很焦虑。我们之所以要提到上述疾病，是因为一种非性传播疾病可能会使一个青少年女孩去寻求医生、护士或家庭项目临床医务室的帮助，使她有机会接受性教育和避孕知识。

目前，我们已经详细讨论了青少年性行为涉及的问题：怀孕和性传播疾病。接下来，我们将探讨青少年性行为的其他问题：强制性行为和性骚扰。

强制性行为和性骚扰

大多数人会自由选择自己的性行为方式，但不幸的是，有一些人却会强制他人进行性行为。很多青少年女孩和年轻女性都报告说，她们认为自己并没有获得足够的性权利（East & Adams，2002）。这包括当她们不想发生性关系时就拒绝对方的权利，告诉性伴侣他过于粗鲁的权利，以及采取任何形式的节育措施的权利。最近的一项研究发现，在 904 个 14~26 岁的性活动活跃的女性中，大约 20% 的女性认为她们没有权利做出避孕的决定，无权告诉性伴侣她们不想在没有节育保障的情况下发生性关系，无权告知她们想让做爱与众不同或是对方太过粗鲁，也无权在任何时间要求伴侣停止抚摸，包括性交的那一刻（Rickert，Sanghvi & Wiemann，2002）。在该研究中，低学业成就和性经验缺乏与女性在性方面不够果断有关。

强制性行为

强奸（rape）是指强迫一个不同意发生性关系的人进行性交的行为。各州关于强奸的法律界定存在着差异。例如，在一些州，法律允许丈夫强迫妻子进行性活动。由于报告强奸事件的种种困难，强奸的真实发生率是很难确认的（Erlick Robinson，2003）。在大城市里，强奸似乎更频繁，据报告，每年每1万名12岁及以上的女性当中就有8个被强奸。在美国，几乎每年有20万起强奸案报道。虽然人们可能认为所有的强奸者都是男性，但是事实上只有95%的强奸案犯是男性。

为什么强奸在美国如此普遍？女权主义作家认为，这是由于社会化过程将男性教化得更具有性攻击倾向，他们认为女性地位低下，自己的快乐才是最重要的目的。研究者发现强奸者普遍具有以下特征：攻击能够增强他们的权力感或男子气概，他们对女性感到愤怒，他们想伤害他们的强奸对象。

约会强奸或熟人强奸（date or acquaintance rape）是近十年来才被承认的一种强奸形式，是指强奸者胁迫认识的人进行性活动。在高中和大学校园中，熟人强奸已是一个日益严重的问题（Christopher & Kisler，2004）。在一项针对校园性侵犯的研究中，研究者通过电话调查了4446名大二或大四的女大学生（Fisher，Cullen & Turner，2000）。在这项研究中，将近3%的女生说她们在本学年里要么遭受过强奸，要么经历过强奸未遂。大约10个人中有1个人在日常生活中遭受过强奸。未经同意的性接触也很普遍，大约超过三分之一的女大学生报告说她们经历过这类事件。如图7.7所示，在这项研究中，大部分女性（10个中有9个）认识对她们实施性侵害的人。大部分女性试图保护自己，但是她们却不愿意报警。性侵害与以下几个因素有关：居住在校园里、未婚、经常喝醉、

图 7.7
不同关系类型中，女大学生遭遇强奸和企图强奸的比例

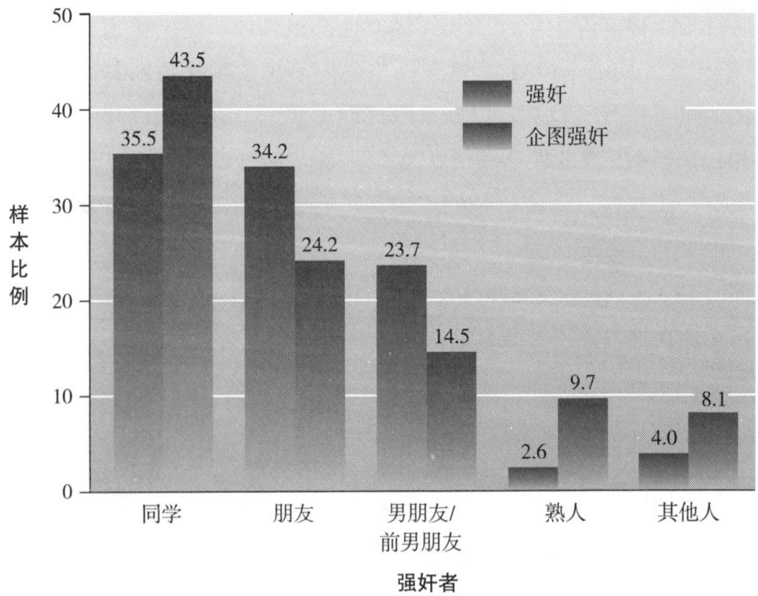

有过性侵害的历史。

在一项研究中，大约三分之二的性侵害事件发生在恋人之间（Flanagan，1996）。在另一项研究中，大约2000个九年级到十二年级的女生被问及她们遭受身体暴力和性暴力的情况（Silverman & others，2001），其中大约20%的女性报告说恋人对她们有过身体或性方面的侵犯。另外，身体侵犯和性侵犯通常和物质滥用有关。

对于受害者和她（他）身边亲近的人而言,强奸是一种带有心理创伤的经历（Frazier，2003；Thompson & others，2003）。强奸受害者开始时会感到震惊和麻木，其生活通常会失去规律。一些女性会通过哭泣和倾诉来表达她们的痛苦和悲伤，另一些人则有更多的内心挣扎。当受害者努力使她们的生活恢复正常时，她们可能会整月或整年承受抑郁、恐惧和焦虑。50%的强奸受害者会有性功能障碍，例如性欲减退和不能达到性高潮。许多强奸受害者改变了生活方式，搬到了一座新公寓或者是晚上拒绝外出。大约五分之一的强奸受害者有过自杀的尝试，这一比例是未遭受强奸的女性的八倍。

性侵害后，女性的恢复程度取决于她的应对能力和遭受侵害前的心理适应能力（Mein & others，2003）。父母、伴侣以及身边其他亲近的人提供的社会支持也是影响其恢复的重要因素。是否能获得专业咨询也是重要因素，有时这种专业咨询来自于强奸危机干预中心（Koss，1993）。许多强奸受害者会报警，并且如果强奸犯被捕，她们会协助警察起诉罪犯，经历了这些后她们会变得很勇敢。然而，那些动用法律程序的女性特别需要专业咨询师的支持来帮助她们度过打官司的煎熬。对于是否报警，应当允许每一名受害者自己做出决定。

虽然大部分强奸受害者都是女性，但是也会存在男性被强奸的情况。监狱中的犯人特别容易被强奸，通常一个异性恋犯人通过强奸一个同性来确立自己在监狱中的地位和权力。虽然女性强奸男性似乎是不可能的，但男性并非总是能够完全控制自己的勃起，目前已有女性强奸男性的个案报道（Sarrel & Masters，1982）。

性骚扰

女性遭遇的性骚扰有许多不同形式，从性歧视话语、私下身体接触（轻拍、抚摸身体）到公然的性要求和性侵犯（Duffy，Wareham & Walsh，2004；Kern & Alessi，2003）。每年有成千上万的女性在学校和工作场所遭受过这种性骚扰。在一项研究中，八年级到十一年级的女孩中有85%报告说她们经常遭遇性骚扰（American Association of University Women，1993）。令人惊讶的是，很大一部分（75%）男孩说他们经常遭遇性骚扰。性评论、性笑话、性的示意动作和表情是性骚扰的常见形式。学生还列举了其他令人反感的行为，从被当作性笑话的主角到被迫做与性有关的事。

美国教育部的民权办公室针对性骚扰公布了一本 40 页的政策指导手册，在指导手册中对交换式的性骚扰和敌意的性骚扰做了区分（Chmielewski，1997）：

- **交换式的性骚扰**（quid pro quo sexual harassment）是指学校雇员凭借教育决定权（比如给不给学分）来威胁学生屈从于令人厌恶的性行为。例如，老师因为学生接受其性举动而给了学生一个 A，或者因为学生的反抗而给她一个 F。
- **敌意的性骚扰**（hostile environment sexual harassment）是指学生被强迫进行令人讨厌的性行为。这种性行为比较长期、严重且范围较广，从而影响了学生接受教育。这种敌意环境通常是由一系列事件造成的，如连续不断的性挑逗。

交换式的性骚扰和敌意的性骚扰在工作场所和学校里都是不合法的，但是潜在的受害者常常无法清楚地报告自己的遭遇，他们也找不到一个可以投诉的调查机构。

性骚扰是一个人对另一个人行使权力和统治的一种形式，它会对受害者造成伤害性后果。假如骚扰者拥有相当的权力和威信，例如老师、雇主或其他成人，那么性骚扰会对学生造成特别大的伤害（Lee & others，1995）。社会应当对性骚扰行为持更严厉的态度（Firpo-Triplett，1997；Shrier，2003）。

性知识和性教育

由于性传播疾病的高发生率，我们需要关注青少年和成人是否拥有关于这些疾病的知识，以及是否拥有其他关于性活动的知识。美国人是如何获得性知识的？青少年获得性教育的来源有哪些？学校在性教育中扮演什么样的角色？

性知识

按照金赛性学研究所所长（Kinsey Institute for Sex，Gender，and Reproduction，1990）琼·瑞妮丝（June Reinisch）的观点，美国人关于汽车功能的知识要比他们关于身体中性功能的知识多得多。美国青少年和成人并没有被阻隔于性信息之外，如瑞妮丝所言，美国青少年往往被淹没在性信息当中，但是性信息不等于性知识。性信息很丰富，但其中许多信息是错误的。有些情况下，甚至是性教育老师也会表现出对性的无知。一个高中的性教育老师把“性敏感区”（erogenous zones）说成了“错误的区域”（erroneous zones），从而使得学生对“错误的性敏感区”感到很疑惑。

大多数青少年不知道女性月经周期的哪个阶段最可能使她们怀孕（Loewen & Leigh，1986；Zelnik & Kantner，1977）。在一项研究中，8000 多个学生中有 12% 认为避孕药能够在一定程度上预防艾滋病，23% 的人认为他们可以仅凭观察就能辨别出可能的性伴侣是否感染了 HIV 病毒（Hechinger，1992）。在一项针对 1500 多名 12~18 岁青少年的全美调查中，被调查者报告说他们已足够了解怀孕这件事，但是对于怎样获得和使用节育用品却知之甚少（Kaiser Family Foundation，1996）。

性知识的来源

当一个 14 岁的青少年被问及他从哪里学习性知识时，他回答说："在街上"。问他这是否是唯一的途径时，他说："我还会从《花花公子》和其他的性杂志上学到一些。"那学校呢？他说："没有，他们会讲卫生保健，但讲得不多，经常让你搞不懂。"当问到他的父母时，他回答："他们没有告诉过我任何事情。"

在预防青少年怀孕和性传播疾病中，父母是一个很重要的因素（Brocks & Jennings，1993；Jaccard，Dodge & Dittus，2002；Kirby & Miller，2002）。调查发现，青少年的性教育大约有 17% 来自母亲，只有 2% 来自父亲（Thornburg，1981）。很多青少年说他们难以轻松自由地和父母谈论与性有关的事，但那些可以开放而自由地与父母谈论性的青少年有活跃性行为的可能性更小。当女性青少年报告能与父母谈论性时，她们会增加对避孕品的使用（Fisher，1987）。

更多青少年与母亲谈论性话题，而不是父亲（Kirkman，Rosenthal & Feldman，2002）。男性和女性青少年都是如此，但女性青少年与母亲讨论性的频率会比男性同龄人更频繁（Feldman & Rosenthal，1999，2000；Lefkowitz & others，1999）。在一项研究中，研究者对青少年和母亲之间关于性问题的谈话进行了录像，结果发现，在谈话中，青少年女孩比男孩反应更积极，也更有热情（Lefkowitz & others，1999）。

艾滋病的蔓延让人逐渐意识到青少年期性教育的重要性。

在对中西部一所高中 1152 个学生的调查中，考察了学生从哪里学习各种性知识（Thornburg，1981）。与其他调查结果一样，最普遍的性知识来源依次是同伴、书本、母亲、学校和亲身经历。尽管人们一直认为学校是性教育的主体，但是青少年的性知识中只有 15% 来自学校教育。在一项研究中，大学生报告说他们从书本上获得的性知识比其他任何来源的性知识都更多（Andrew，Frevert & Schuchmann，1989）。

学校中的性教育

一项调查发现，93% 的美国人支持在高中开设性教育课程，84% 支持在中级 / 初级中学开设性教育课程（SIECUS，1999）。HIV 感染者和艾滋病患者以及其他性传播疾病的剧增是近年来美国人开始支持学校性教育的主要原因。这项调查还发现，10 个美国人中有 8 个多人认为，青少年应该了解如何预防不必要的怀孕和性病知识，同时也该学会节制自己的欲望。另外，80% 多的人并不认为这种性教育会助长青少年的性行为。

学校性教育的性质也在发生转变。一项研究考查了从 1988 年到 1999 年美国公立学校性教育的趋势（Darroch，Landy & Singh，2000）。调查的部分结果如下：

- 与 1988 年相比，1999 年的时候，学生开始接受性教育的年级更低，教育主题涉及 HIV 如何传播、性传播疾病、节欲、如何抵御性方面的同伴压力，以及正确使用避孕套的方法。
- 在 1999 年，23% 的中学性教育老师把节欲作为预防怀孕和性传播疾病的唯一方法来讲授，而在 1988 年这一比例只有 2%。1999 年，更多老师认为节欲是他们最想传授的重要知识（41% vs 25%）。
- 从 1988 年到 1999 年，主张讲授避孕、流产和性取向的老师的比例有急剧的下降。

总之，今天美国学校的性教育逐渐聚焦在节欲上，他们更少教授学生避孕、流产和性取向等各方面的综合知识（Alan Guttmacher Institute，2003a）。

在 1999 年的另一项研究中，研究者考查了 1789 名五年级和六年级的美国老师，询问他们所开展的性教育的特点（Landry，Singh & Darroch，2000），结果如下：

- 72% 的老师说，在他们的学校中，性教育要么只在五年级或六年级开展，要么在两个年级都开展。
- 超过 75% 的把性教育纳入了其教育体系之中的老师认为，性教育应该涵盖以下主题：青春期发育、HIV 和 AIDS 传播、酗酒和吸毒、如何坚持自己的决定。然而，也有很多五年级和六年级老师几乎不讲授性教育课程。据估计，大约有一半五至六年级的课堂会讲授以上主题。

- 超过一半的老师把节欲这一主题纳入了性教育课程。

目前，关于性教育的主要争论在于，学校应该只开设节欲项目，还是开设强调避孕知识的项目（Cabezon & others，2005）。一篇研究综述发现，某些只开设节欲项目和某些强调避孕知识的项目能有效地改变青少年的性行为（Bennett & Assefi，2005）。但是这一积极结果非常有限，大部分效果只能持续一小段时间。有批评者认为，强调避孕知识的项目会增加青少年的性活动，但是这篇综述却指出情况并非如此。在比较不同性教育项目时需要特别注意的是，调查样本的不同、干预措施的差异以及测量方法的不同都会使我们难以得出结论，即到底哪种课程最有效。

学校性教育课程本身可能并不能预防青少年的怀孕和性病。研究者发现，性教育课程确实增加了青少年的性知识，但是并非总是能改变他们的性行为。如果在接受性教育课程的同时也很容易获得避孕用品，那么青少年就更不可能怀孕（Wallis，1985）。这一想法最终使得性教育和怀孕干预变为一种与学校相关联的模式，而非以学校为基础的模式（Kirby & others，1993）。由巴的尔摩的一些公立学校和霍普金斯大学联合发起的一个课程项目中，在学校周边设立家庭计划诊所（Zabin，1986）。诊所会让一个护士和一个社工到学校里向学生讲解性知识和该诊所提供的服务。诊所每天还会为学生提供几小时的咨询服务。护士和社工也会在学生课后提供门诊服务。这些服务包括深入的咨询、看电影和提供家庭援助的知识。结果证明，这个项目非常有成效。参加了该项目的青少年首次发生性关系的时间比控制组的学生推迟了很多。28 个月后，在参与该项目的学校里，学生怀孕的比例下降了 30%，然而控制组学校却上升了 60%。该项目说明，预防青少年怀孕很重要的一点在于，将性知识传授和社会支持服务结合起来（Kenney，1987）。

然而，一些批评家指责与学校教育相结合的健康诊所会推动青少年的婚前性行为，并鼓励怀孕女孩选择流产。这些批评家认为，应该把更多精力放在如何促进青少年节制自己的性活动上。支持与学校教育相结合的健康诊所的人争辩说，性活动已经成为青少年期的正常行为，因此，干预应当集中在如何教会青少年对自己的性行为负责和如何使用避孕品上（Dryfoos，1995）。在一项研究中，一个叫做“安全提升”的活动在全校范围内讨论了预防怀孕和避孕套的使用，该活动在增加避孕套使用和减少性伴侣个数方面的作用很明显（Basen-Enquist & others，2001）。在另一项研究中，能够获得避孕套的高中生要比不能获得避孕套的高中生更可能接受避孕套使用的指导，而且他们报告的日常或最近发生的性行为也更少（Blake & others，2003）。在能够获得避孕套的学校，性活动活跃的青少年在最近的性活动中使用避孕套的可能性是其他学校青少年的两倍，不过他们使用其他避孕方法的可能性也更小。在大多数情况下，避孕套是从学校的护士或体操老师之类的工作人员那里获得的。

在美国，青少年容易受到媒体中的浪漫爱情和性描述的诱惑。父母鼓励男女生之间的接触，但是又不愿意公开讨论性；也不愿意为青少年提供避孕套之类的避孕用品；除了告诉他们节欲之外，也不能提供更好的避孕措施（Crockett，Raffaelli & Moilanen，2003）。

美国的性教育主要集中在性的各种危险和保护青少年女性免遭男性的侵害方面（Fine，1988），这与其他西方国家的对比是很明显的。例如，在性教育方面，瑞典国家委员会希望学生用获取到的性知识帮助他们体验性生活，并以此作为幸福和亲密情感的来源。瑞典青少年比美国青少年更早开始性活动，而且他们在电视上也接触到更多的性节目。然而，瑞典教育部门已经为每个孩子设计出一套课程，从 7 岁开始该课程便为孩子讲授生殖生理学的全部基础知识，到 10 岁或 12 岁时会为他们讲授各种避孕方式。不管讲授什么主题，老师都会根据情况灵活处理关于性的各种话题。该课程的理念是，让性对于青少年来说不再那么神秘，让他们真正地了解性，从而减少意外怀孕和性传播疾病。因此，尽管瑞典青少年开始性活动的时间相对较早，但是瑞典青少年的怀孕比例仍是全世界最低的国家之一。

第8章

道德发展、价值观与宗教

一个真诚帮助他人的人也是在帮助自己，这是生命的一种美丽补偿。

——Charles Dudley Warner

19 世纪美国散文家

青少年发展的镜像

一份中学报纸的道德规范

“佛瑞德是一名高中生，他想创办一份报纸来表达自己的心声。他想大声呼吁反对学校的一些规定，比如‘禁止同学们穿某种类型 T 恤’”。

创办校报的青少年将要面对怎样的道德困境？

当佛瑞德创办报纸时，他征得了校长的同意。校长要求佛瑞德发行每一期报纸之前，都要把所有的文章让他先过目，在得到他的允许后方可发行。在接下来的两周内，所有文章都得到了校长的同意，佛瑞德顺利发行了两期报纸。

但校长没有想到，佛瑞德的报纸会获得如此大的关注。学生们在报纸的鼓动下，开始抵制学校有关“T 恤”的规定及其他的一些校规。家长们被惹恼了，他们反对佛瑞德的观点。有家长给校长打电话，声称佛瑞德的报纸是不爱国的，学校应该阻止报纸的发行。结果，校长命令佛瑞德停止发行报纸，理由是佛瑞德的行为破坏了学校的正常运行。

以上关于佛瑞德及其报纸的故事引发了与青少年道德发展相关的一系列问题：

- 校长叫停报纸的发行是正确的吗？
- 当学校的利益受到威胁时，校长有权命令学生做什么吗？
- 在这种情形下，校长有说“No”的言论自由吗？
- 当校长叫停报纸的发行时，他是否妨碍了某个重要问题的充分讨论？
- 佛瑞德是忠于他的学校并爱国的吗？
- 叫停报纸的发行对培养学生批判性思维与判断力会造成什么样的影响呢？佛瑞德表达自己的观点时，是否以某种方式侵犯了他人的权利？（Rest，1986，pp.194–195）

预 览

本章介绍青少年道德发展、价值观与宗教。这些话题涉及区分对错，人们最看重什么，以及在与他人的交往过程中人们应该怎样做。首先，我们介绍了道德发展的三大传统领域道德认知、道德行为和道德情感，以及最近的新热点——道德人格。接着，我们探讨道德发展发生的情境，主要集中在家庭和学校情境。最后考察了青少年的价值观以及宗教与邪教对青少年发展的影响。

道德发展的领域

道德发展（moral development）包括对是非标准的认知、行为和情感。道德发展既涉及个人内部因素（个人的价值观和自我感知），又涉及人际间因素（关注人在与他人交往的过程中该怎么做）（Gibbs，2003；Walker & Pitts，1998）。个人内部因素调控着个体在不参与社交活动时的行为，而人际间因素调控着个体的社交活动，并对冲突作出仲裁。现在，让我们进一步探讨关于道德认知、道德情感与道德行为的一些基本观点吧。

首先，青少年是怎样推理或思考道德行为准则的？比如，我们可能会给青少年讲一个故事，该故事讲述某人在特定情境下是否作弊的冲突，例如学校的考试。让青少年回答主人公应该怎么做以及为什么应该这样做。前文关于佛瑞德的报纸事件中使用了同样的策略，关注青少年在论证其道德决策时所采用的推理。

第二，青少年在道德情境中的实际行动是怎样的？比如，关于作弊，我们应该观察青少年的作弊行为及导致作弊行为并使之持续的情境。可以让青少年参加一场考试，通过单向玻璃来观察他的行为表现，观察者应该记录青少年是否会拿出事先准备的小纸条，是否会偷看其他同学的答案等等。

第三，青少年对于道德事件的感受是怎样的？在作弊的例子中，青少年是否感到非常内疚从而去抵制诱惑？如果青少年已经作弊了，作弊后的内疚感能否使他们下次面临诱惑时不作弊？

接下来我们对道德发展的讨论集中在道德认知、道德行为和道德情感，以及道德人格这个新的方向上。尽管我们把道德发展分为道德认知、道德行为和道德情感，但是一定要记住，这三种成分常常交织在一起。比如，在我们关注个体的行为时，评价个体的行为意图（道德认知）仍然很重要。同样，情绪可能会歪曲道德推理。

道德认知

青少年是怎样思考是非标准的呢？皮亚杰和柯尔伯格就这个问题提出了自己的观点。

皮亚杰的理论与认知失衡理论

皮亚杰（1932）激发了人们对于儿童和青少年是怎样思考道德问题的兴趣。他对 4~12 岁的儿童进行了广泛观察和深入访谈，通过观察儿童玩弹珠游戏来了解儿童如何运用和思考游戏规则。他也会问儿童一些伦理方面的问题，如偷窃、说谎、惩罚与公正等。由此，皮亚杰得出儿童有两种不同的道德观，这主要取决于他们的发展成熟度：

- **他律道德**（heteronomous morality）这是皮亚杰道德发展理论中的第一个阶段，发生在 4~7 岁。儿童把公正与规则看做这个世界不可改变的属性，是不受人们控制的。
- **自律道德**（autonomous morality）这是皮亚杰道德发展理论中的第二个阶段，出现在年龄较大的儿童身上（大约 10 岁或 10 岁以上）。儿童能意识到规则和法律是由人制定的，因而，在评价一种行为时，应该同时考虑行动者的意图和行为的后果。7~10 岁的儿童处于两个阶段的转换中，他们身上会同时具有这两个阶段的特点。

处于他律阶段的儿童判断行为正确与否的依据是行为的后果，而不会考虑行为意图。例如，他律阶段的儿童会认为，偷吃曲奇饼时不小心打破了 12 只杯子比故意打破 1 只杯子更恶劣。道德自律阶段的儿童正好与此相反，他们认为行为意图是最重要的。他律阶段的儿童认为规则是无法改变的，是被权威世世代代传递下来的。当皮亚杰建议一群儿童采用新的弹珠游戏规则时，他们拒绝了。相反，年长的、自律阶段的儿童则能接受改变，并认为规则仅仅是为了方便起见而约定俗成的，如果大家都同意的话，规则是可以改变的。

按照皮亚杰的观点，处于他律阶段的儿童相信**内在的公正**（immanent justice），他们相信，如果违反了规则，就会马上受到惩罚。他们认为，违规会自动地与惩罚联系在一起。所以，年幼儿童犯错之后常常会担心地环顾四周，等待着不可避免的惩罚。内在的公正也意味着，如果某人遇上了不幸的事情，那肯定是因为这个人之前违规了。那些处于道德自律阶段的年长儿童则能意识到惩罚是一种社会调解，只有当相关联的人见证了恶行，惩罚才会产生。即使这样，惩罚也并不是不可避免的。

皮亚杰指出，随着儿童的发展，他们对社会问题的思考也变得越来越复杂了，尤其是对合作的可能性和合作条件的思考。皮亚杰认为，这一社会性的理解源于同伴关系中相互付出和回报。在同伴群体中，每个孩子都拥有相当的权力和地位，他们通过彼此协商来制定计划，尽管会存在分歧，但这是合理的，并最终会得到解决。而在亲子关系中，父母拥有权力，儿童没有权力，因此这种关系不利于促进道德推理。因为父母常常以一种权威的方式传递规则。

正如我们在前面几章中所讨论的那样，皮亚杰认为青少年是形式运算思维者。他们不再拘泥于即时的、具体的现象，而是更加逻辑的、抽象的和演绎的推理者。形式运算思维者经常把现实和理想进行比较，产生与事实相对立的命题，能够把遥远的过去和现在联系起来，理解自身在社会、历史、宇宙中的角色，能把自己的想法概念化并将心理建构作为客体来思考。比如，十一二岁的儿童会自发地把信仰、智力及信念等概念整合到他们自己的宗教同一性中。

受皮亚杰观点的启发,霍夫曼(Martin Hoffman,1980)提出了**认知失衡理论**(cognitive disequilibrium theory)。该理论认为青少年期是道德发展的一个重要阶段，特别是当个体从相对同质的小学进入相对异质的中学和大学环境时。在这种异质的环境中，他们已有的道德观念和他们在家庭、社区以外的经历发生冲突。在霍夫曼看来，青少年开始意识到他们的信念体系只是诸多观念中的一种，并且存在许多有关是非对错的争论。所以，青少年和成人初显期的个体会开始质疑他们以前的想法，并在这个过程中逐渐形成了自己的价值系统。

柯尔伯格的理论

最激进的一种道德发展观是由柯尔伯格（Lawrence Kohlberg，1958，1976，1986）提出的，他认为道德发展主要以道德推理为基础，可划分为一系列阶段。

柯尔伯格的阶段论 在对不同年龄的参与者进行了20年的深度访谈之后，柯尔伯格提出了自己的道德发展阶段理论。在访谈中，他会给参与者呈现一系列道德两难故事，以下就是柯尔伯格所提出的最著名的道德两难故事：

> 在欧洲，有一位女性身患一种特殊的癌症，生命危在旦夕。医生说有一种特效药能医治她的病。这种药是住在小镇上的一个药剂师近来刚发现的一种镭化物，这种药的成本本来就很高，而药剂师的要价竟然是成本的10倍。药剂师花200美元购买原材料，但一剂药的标价却是2000美元。这位女性的丈夫海因茨向所有认识的人借钱，但总共只凑到1000美元，这只是一剂药价钱的一半。他告诉药剂师，

妻子危在旦夕，求药剂师降价卖给他一剂药或允许他以后再付款。但是药剂师却回答说："不，这药是我发明的，我要用它来挣钱。" 海因茨绝望极了，为了救妻子，他在一天晚上破门而入偷取了这种药（Kohlberg，1969，p.379）。

劳伦斯·柯尔伯格

柯尔伯格设计了 11 个道德两难故事来研究道德认知的本质，这只是其中之一。读完故事后，参与者会被问及一系列道德两难问题：海因茨应该偷药吗？偷药是正确的还是错误的？为什么？为了挽救妻子的生命，在没有任何其他办法的情况下，偷药是作为丈夫应尽的义务吗？如果法律对药没有限价，药剂师有权漫天要价吗？为什么？

根据参与者对道德两难问题的回答，柯尔伯格提出了道德发展的三水平六阶段理论（每个水平包含两个阶段）。他认为理解道德发展的一个重要概念是**内化**（internalization），即行为从外控到受内部标准与原则控制的发展变化。随着儿童、青少年的发展，他们的道德认知会变得更加内化。下面我们就来深入探讨柯尔伯格道德发展的三水平理论（见图 8.1）。

水平一：前习俗推理　**前习俗推理**（preconventional reasoning）是柯尔伯格道德发展的最低水平。在此水平上，个体没有表现出内化的道德价值——道德推理被外在的奖惩所控制。该水平又分为他律道德阶段，以及个体主义、工具性目的和相互交换的阶段。

- *阶段 1：他律道德*是柯尔伯格理论的第一个阶段。在该阶段，道德思维常常被惩罚所牵制。如儿童和青少年常常会服从成人，因为成人告诉他们应该服从。
- *阶段 2：个体主义、工具性目的和相互交换*是柯尔伯格道德发展的第二个阶段。在该阶段，个体会追求他们自己的利益，但也允许他人这样做。因而，正确就意味着平等的交换。人们对别人友善是为了别人也对自己友善。

水平二：习俗推理　**习俗推理**（conventional reasoning）是柯尔伯格道德发展理论的第二个（中间）水平。在这个水平上，有一定程度的内化，个体遵循一定的标准（内部的），但这些标准是他人（如父母或社会的法律）制定的（外部的）。习俗推理水平由两个阶段组成：相互的、以人际和谐和人际期望为准则的阶段，以维护社会现有秩序为准则

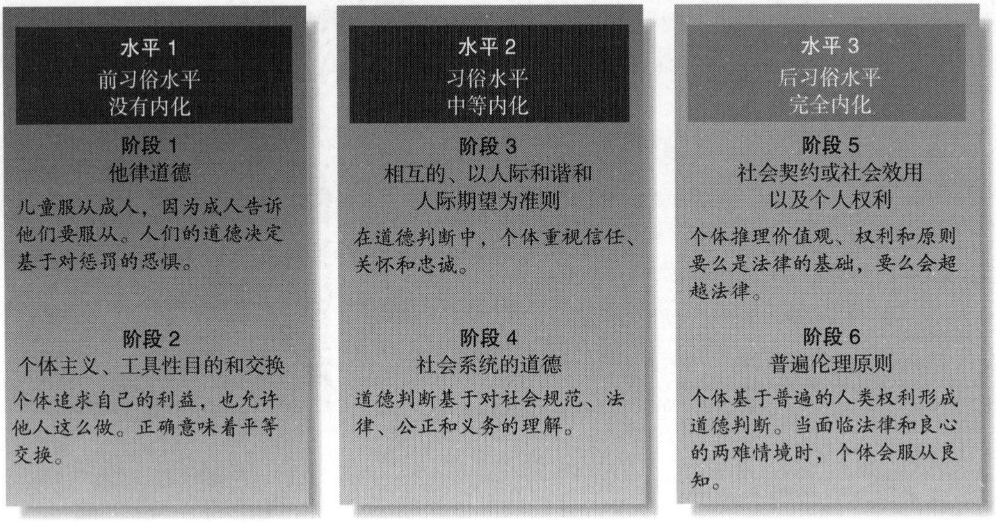

图 8.1
柯尔伯格道德发展的三个水平和六个阶段

的阶段。

- *阶段 3：相互的、以人际和谐和人际期望为准则*是柯尔伯格道德发展的第三个阶段。在这个阶段，个体把对他人的信任、关怀、忠诚作为道德判断的基础。这个阶段的儿童和青少年常常采用父母的道德标准，以寻求成为父母眼中的“好孩子”。
- *阶段 4：以维护社会现有秩序为准则*是柯尔伯格道德发展的第四个阶段。在这个阶段，道德判断以理解社会规则、法律、公正和义务为基础。例如，青少年会说社区的有效运转需要得到社区成员所遵守的法律的保护。

水平三：后习俗推理 **后习俗推理**（postconventional reasoning）是柯尔伯格道德发展理论的最高水平。在这个水平上，道德是完全内化的，不依赖于别人的标准。个体意识到其他的道德规则，探究其他的选择，然后根据自己的道德准则来做决定。后习俗道德水平由两个阶段组成：以社会契约或社会效用以及个人权利为准则的阶段，以普遍的伦理原则为判断标准的阶段。

- *阶段 5：以社会契约或社会效用以及个人权利为准则*是柯尔伯格道德发展的第五个阶段。在这个阶段，个体推断价值观、权利和原则要么是法律的基础，要么超越法律。个体根据法律保护基本的人类权利和价值观的程度来评估法律的效用并审视

阶段描述	支持海因茨偷药的道德推理样例	海因茨不该偷药的道德推理样例
前习俗推理		
阶段 1： 他律道德	海因茨不该让他的妻子死去，不然他会遭遇更大的麻烦。	海因茨可能被逮捕并坐牢。
阶段 2： 个体主义、工具性目的和交换	如果海因茨被抓了，他应该把药还回去，他们也许不会让他坐牢。	药剂师是一个商人，他需要赚钱。
习俗推理		
阶段 3： 相互的、以人际和谐和人际期望为准则	海因茨只是做了一个好丈夫该做的事情，这恰恰表现了他对妻子的挚爱。	如果妻子去世了，海因茨不该遭到指责，这是药剂师的错，药剂师是一个自私的小人。
阶段 4： 以维护社会现有秩序为准则	在这种情形下，从道义上来看海因茨偷药并没有错，因为法律的制定无法考虑一切特定情境或预期每一种情形。	海因茨应该遵守法律，因为法律是为了保障社会的高效和有序。
后习俗推理		
阶段 5： 以社会契约或社会效用以及个人权利为准则	海因茨偷药是合理的，因为一个人的生命危在旦夕，而这超越了药剂师对药物所拥有的任何权利。	遵守法律是重要的，因为如果个体在社会中共同生活，法律代表了普遍协议的必要构成。
阶段 6： 以普遍的伦理原则为判断标准	生命是神圣的，因为尊重个体是宇宙普遍的原则，这超越其他任何价值观。	海因茨需要决定是否要考虑那些和他妻子一样急需用药的人，他不该因自己对妻子的特殊感情就做出这样的行为，而应该考虑所有生命的价值。

图 8.2

处于柯尔伯格道德推理的不同阶段的个体在“海因茨与药剂师”故事中的反应

社会系统。

- 阶段 6：以普遍的伦理原则为判断标准是柯尔伯格道德发展的第六个阶段，而且是最高阶段。在这个阶段，个体基于普遍的人类权利形成了一套道德标准。当面临法律与良心的冲突时，个体会服从良知，即使这个决定可能会给自己带来风险。处于不同阶段的个体对前面所描述的“海因茨偷药”的道德两难会做出怎样的回答呢？图 8.2 提供了一些样例。

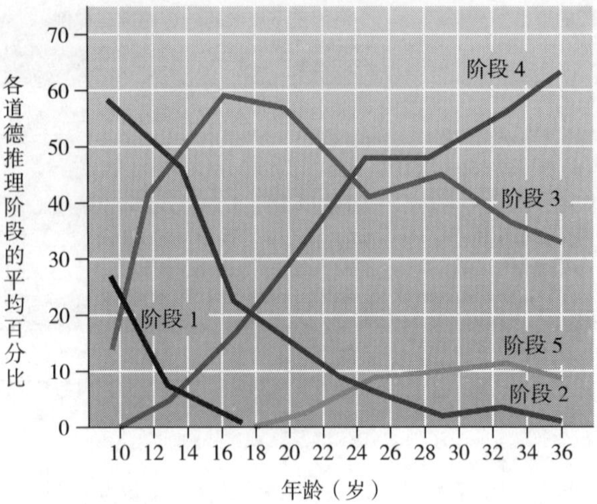

图 8.3

不同年龄个体在柯尔伯格提出的每个阶段上所占的百分比。在一项对 10~36 岁男性的追踪研究中发现，大多数 10 岁参与者的道德推理都处于阶段 2（Colby & others，1983），对于 16~18 岁的参与者，阶段 3 是最普遍的道德推理类型，直到 25 岁左右，阶段 4 才成为最普遍的类型。到了 20~22 岁，阶段 5 才出现，而且各年龄参与者中属于阶段 5 的人数比例都不超过 10%。在这项研究中，个体步入每个道德阶段的年龄晚于柯尔伯格所指出的年龄，而且阶段 6 一直未出现。

柯尔伯格认为，这些水平和阶段是按照先后顺序出现的，且与年龄相关：9 岁之前，大多数儿童对道德两难的推理处于前习俗水平。到了青少年前期，他们更多地进行习俗推理。大多数青少年的推理水平处于阶段 3，并带有阶段 2、阶段 4 的些许特点。到了成人早期，一小部分个体进行后习俗推理。一项长达 20 年的纵向研究发现，此时处于阶段 1 和阶段 2 的人数比例在减少（Colby & others，1983）（见图 8.3）；阶段 4 在 10 岁儿童的道德推理中根本没有出现，而在 36 岁成人的道德推理中达到了 62%。阶段 5 直到 20~22 岁才出现，而且只有不足 10% 的个体达到这一水平。所以，道德推理的阶段似乎晚于柯尔伯格所认为的，特别是最高阶段（阶段 6）是极其难以分辨的。最近，阶段 6 被从柯尔伯格道德判断分数手册中删除了，但是在理论上它仍被看做是柯尔伯格道德发展系统中的重要部分。一篇综述分析了来自世界上 27 种文化的 45 项研究后发现，前 4 个阶段具有跨文化的一致性，但阶段 5 和阶段 6 的文化差异性较大（Snarey，1987）。

在青少年晚期和成人早期的任何道德推理的变化似乎都是相对渐进的（Eisenberg & Morris，2004）。一项研究发现，当要求 16~19 岁、18~25 岁的个体回答真实生活中的道德两难问题，并采用柯尔伯格的道德阶段进行编码时，这两个年龄段的参与者在道德推理上没有显著差异（Walker & others，1995）。

影响柯尔伯格阶段的因素 柯尔伯格认为个体的道德定向随着认知发展的顺序而展开。随着儿童和青少年从一个道德阶段过渡到下一个，他们也建构了自己的道德认知，而不是被动地接受一种文化的道德准则（Brabeck，2000）。研究者探索了向更高道德阶段发展的影响因素，包括模仿、认知冲突、同伴关系和角色扮演等。

一些研究者试图通过向个体呈现榜样之间的辩论来促进个体的道德认知发展。这些辩论反映的道德认知阶段恰好比个体已经建立的道德水平高出一个阶段。这些研究是以平衡和冲突等认知发展概念为基础的（Walker & Taylor，1991）。通过呈现略超出个体认知水平的道德信息，就会使其产生一种不平衡，而这种不平衡可以激发个体重构自己的道德认知。不平衡和冲突的解决应该朝着能力提升的方向。在一项研究中，参与者确实更喜欢高于自己水平的阶段而非低于自己水平的阶段（Walker，deVries & Bichard，1984）。总之，可以通过一定的手段使道德认知向更高的水平发展，如榜样示范或与高于青少年水平的人讨论。

像皮亚杰一样，柯尔伯格认为同伴交往是社会刺激的关键部分，这种社会刺激挑战个体去改变他们的道德定向。成人总是把规则和条例强加给儿童，而在同伴交往中相互的给予与回报为儿童的角色转换提供了机会，并且同伴间的规则是民主地产生的（Rubin，Bukowski，& Parker，2006）。柯尔伯格强调，原则上，任何同伴群体的交往都能产生角色扮演的机会。研究者发现，当同伴之间进行有挑战性的、甚至中等冲突程度的对话时，他们的道德推理会向更高水平发展（Berkowitz & Gibbs，1983；Walker，Hennig，& Krettenauer，2000）。另一项研究发现，有许多的亲密朋友、被同伴接纳且被推为领导的个体，其道德推理水平也会更高（Schonert-Reichl，1999）。

柯尔伯格认为，特定类型的亲子关系也能促使儿童和青少年的道德推理向更高水平发展。特别是，那些允许或鼓励孩子与其探讨价值观问题的父母更能促进其子女道德认知的提高。不幸的是，许多父母没有系统地给孩子提供这种角色扮演的机会。然而，一项研究发现，如果父母与子女在讨论问题时，采用质疑与支持性的互动，那么儿童的道德发展也会得到促进（Walker & Taylor，1991）。近年来，父母在儿童道德发展中的作用越来越受重视（Eisenberg & Morris，2004）。

为什么柯尔伯格的理论对理解青少年的道德发展如此重要　柯尔伯格的理论本质上是描述性的，它提示出人们理解社会合作概念的过程呈渐进性。简而言之，它告诉我们，人们是如何试图理解诸如社会、规则、角色、机构和关系等的发展轨迹的。这些基础概念对青少年来说非常根本，因为意识形态在指导青少年生活和做出生活决策时是非常重要的。

对柯尔伯格的批判

柯尔伯格的道德发展理论也受到了批评（Eisenberg & Morris，2004；Gilligan，1982，1996；Lapsley，1996；Lapsley & Narvaez，2004，2006；Rest & others，1999；

Smetana & Turiel，2003；Turiel，2006；Walker，2005）。这些批评包括道德认知与道德行为之间的联系问题、研究的质量问题、对道德发展中的文化影响考虑不充分以及低估了关怀的视角等。

道德认知与道德行为 柯尔伯格的理论由于过分强调道德认知而对道德行为的关注不足受到批评。道德推理常常是不道德行为的避难所。在评论道德两难问题时，银行贪污犯、国家总统、宗教人物等都可能表现出最崇高的道德形象，但他们的行为却也可能是不道德的。没有人期望诈骗犯和小偷的道德推理能达到后习俗水平，因为即使他们可能知道什么是对的，什么是错的，但却仍然可能去做坏事。

在评估道德认知与道德行为之间关系的时候，要考虑合理化和其他防御的破坏力，这些防御机制使我们免除自责，其中包括以有利于自己的方式来解释情境，把责备指向权威、情境或受害者（Bandura，1991）。关于道德判断与行为之间的联系，其中一个是柯尔伯格的高阶段推理是抵制犯罪行为的缓冲器（Taylor & Walker，1997）。最近的一项研究也发现，道德推理与自我报告的利他相关（MacClean，Walker，& Matsuba，2004）。

鉴于 2001 年 9 月 11 日的恐怖袭击和至今仍在进行的反恐战争，探究这些可憎的行为是如何披上道德的外衣以及为什么如此危险是耐人寻味的。社会认知理论家班杜拉（Albert Bandura，1999，2002）指出，人们只有在把自己的行为合理化为道德行为后，才会做出伤害性的行动。在这个道德合理化的过程中，不道德的行为以有益于社会或道德目的为掩饰，被个体和社会所接受。历史上有很多这样的例子，那些罪人歪曲了神学，从而把自己的行为看成神的旨意。班杜拉指出，极端分子的暴行就是这样，他们打着反抗奴役的旗号，打着反抗暴虐和腐朽的旗号，打着自卫的旗号策划了所谓的圣战。

班杜拉是怎样描述恐怖分子合理化其行为方式的?

道德推理的评价 一些发展学家质疑柯尔伯格研究的质量，认为应该把更多的精力放在道德发展方式的评估上（Boyes，Giordano，& Galperyn，1993）。例如，雷斯特（James Rest，1986）指出，应该采用

其他的方法来收集道德思维的信息，而不应该仅仅依赖个体对假设的道德两难的推理这种单一的方法。雷斯特还认为，柯尔伯格的故事很难计分。为了解决这个问题，雷斯特提出了自己的道德发展测量方法，即限定问题测验（Defining Issues Test，DIT）。

故事主题	年级 7	9	12
	百分比		
饮酒	2	0	5
公民权利	0	6	7
毒品	7	10	5
人际关系	38	24	35
人身安全	22	8	3
性关系	2	20	10
抽烟	7	2	0
偷窃	9	2	0
工作	2	2	15
其他	1	26	20

图 8.4
青少年实际面临的道德两难

限定问题测验通过给参与者呈现一系列两难情境和一份与之有关的界定重要问题的清单，尝试测量出在某一特定情境下，哪些道德问题会被个体认为更关键。在“海因茨与药剂师”的两难故事中，个体可能会被问及法律是否应该得到维护或海因茨是否应该甘愿冒着被惩罚或当做盗贼被抓的危险去偷药。他们可能还会被要求列出保障人们交往的最重要的价值观念。个体会读到 5 个理由，而且要评价每一个理由对于自己做出应该或不应该的决定时的重要性，然后要列出自己认为最重要的四个理由。雷斯特认为，这种方法比柯尔伯格的方法能更有效、更可信地评价道德思维。

研究者还发现，柯尔伯格采用的假设道德两难故事与儿童和成人日常生活中面临的道德两难不符（Walker，deVries，& Trevethan，1987；Yussen，1977）。柯尔伯格的大部分故事聚焦在家庭与权威上。然而，当研究者让青少年写出他们自己的道德两难故事时，他们列出的两难故事范围更广泛，除了家庭与权威之外，还有朋友、熟人和其他问题（Yussen，1977）。研究者对青少年道德两难故事的内容进行了分析，如图 8.4 所示，在青少年的道德问题中没有什么比人际关系更重要的了。

一些道德发展研究者认为，让参与者回忆并讨论他们真实生活中面临的两难情境是一种有价值的方法（Walker，deVries，& Trevethan，1987）。这种策略不仅可以有效地评估个体的道德发展阶段，而且还可以得出青少年是怎样解释与他们相关的道德情境的。

文化与道德发展 对柯尔伯格观点的另一种批评是认为它具有文化偏见（Glassman，1997；Miller，1995；Shweder & others，2006；Wainryb，2005）。一篇综述对在 27 个国家开展的道德发展研究进行了分析，结果发现，道德推理比柯尔伯格所认为的更具文化特异性，而且在某些文化群体中，柯尔伯格的评分系统不能识别出高水平的道德推理（Snarey，1987）。例如，以色列人渴望共享平等与集体的幸福，印度人期盼所有生命形态的统一与神圣性，新几内亚人强调个体与社会的关系。但是，这些价值观却不能被柯

这个 14 岁的尼泊尔男孩被认为是六世活佛。一项对 20 个尼泊尔青少年僧侣的研究发现，在僧侣的道德观中，柯尔伯格理论的基本主题公正并不是最受关注的。同样，僧侣们对如何避免苦难和普度众生的关注也不被柯尔伯格的理论所重视。

尔伯格评分系统评为高水平的道德推理。在柯尔伯格的系统中，这些道德推理的例子不能被评定为最高水平的，因为它们不强调个体权利和公正等抽象原则。一项研究评定了尼泊尔的 20 个青少年僧侣的道德发展（Huebner & Garrod，1993）。公正的主题是柯尔伯格理论的一个基本主题，但在僧侣们的道德观中它并不是最重要的。僧侣们更关注如何避免苦难和普度众生，而这些却不被柯尔伯格的理论所关注。

根据道德发展理论家和研究者戴蒙（William Damon，1998）的观点，文化特异性的实践呈现出深刻的道德和宗教重要性，比如在印度，儿童的道德发展广泛集中在遵从习俗和约定上。相反，西方道德教义往往更重视抽象的原则，如公正与福利，而不是习俗或约定。和印度一样，许多第三世界国家的社会化训练会更多地根据文化中的传统道德准则和行为来对儿童进行培养。

关于文化与道德发展，施韦德（Richard Shweder，1991）认为存在三种伦理定向或世界观：（1）自主的伦理（在西方文化中占主宰）；（2）社会的伦理（在那些强调集体主义价值观和传统的文化中比较突出）；（3）神性的伦理（道德源于宗教信条的文化的特色）。

总之，尽管柯尔伯格的方法捕捉到的许多道德推理存在于世界各地的不同文化中，但是正如我们所看到的，一些特定文化下的重要道德概念却被遗漏或曲解了（Miller，2005；Shweder & others，2006；Walker，1996）。

性别与关怀视角 吉利根（Carol Gilligan，1982，1992，1996；Gillgan & others，2003）指出，柯尔伯格的道德发展理论不能充分反映相互关系和对他人的关怀。**公正视角**（justice perspective）是一种关注个体权利的道德视角，主张个体独立自主地做出各种道德决定。柯尔伯格的理论是公正视角取向的。相反，**关怀视角**（care perspective）则把人们置于与他人的相互联系中，并强调人际沟通、与他人的关系和关注他人的道德视角。吉利根

的理论是关怀视角取向的。按照吉利根的看法，柯尔伯格的理论大大淡化了关怀在道德发展中的作用。她认为这可能是因为柯尔伯格自身是男性且他的大多数研究以男性为参与者，同时他把男性的反应作为自己理论的原型。

在对 6~18 岁女孩进行了广泛的访谈后，吉利根和她的同事发现，女孩一致地从人际关系角度解释道德两难，并依据这些解释来倾听和关注他人（Gillgan，1992，1996）。根据吉利根的观点，女孩对关系中的不同规则更敏感，也常常可以追随情感的脚步。吉利根认为，当女孩步入青少年期时，她们的道德发展也到了一个关键的转折点。

一项元分析（一种整合许多不同研究结果的统计方法）质疑了吉利根关于道德判断存在性别差异的看法（Jaffe & Hyde，2000）。在这项研究中，整体来看，女性以关怀为基础的道德推理只比男性高一点，但这种性别差异在青少年期比在儿童期显著。当差异出现时，两难故事的性质能更好地解释差异（比如，男性和女性都倾向于使用关怀推理来处理人际困境，使用公正推理来处理社会困境）。

研究者发现，女性对人际冒犯报告了更多的内疚感，而且女性真实生活中的人际冲突也比男性多（Skoe & others，1996；Williams & Bybee，1994）。一项研究发现，在约会两难中少女比少男更多地使用关怀推理（Weisz & Black，2002）。这些发现表明，与男性相比，女性认为关怀定向的、关系性的道德两难更重要或更有道德意义（Wark & Krebs，1996）。近期的一项研究也支持了这一观点，该研究发现，与男性相比，女性认为亲社会两难问题更有意义（Wark & Krebs，2000）。

最近有人指出这样一种可能，即男性和女性在关怀和亲社会行为上的差异更多是性别角色分类的结果而非生理性别的作用。正如我们在第 6 章“性别”中所看到的，性别角色分类中的女性化维度更多的是以关系和与他人的联系来界定的。一项研究支持了这种可能性，该研究发现，女性化的性别角色分类与参与者的移情相关，而不是性别本身（Karniol & others，1998）。在一项对巴西青少年的研究中发现，女性化而非性别与亲社会行为相关（Eisenberg，Zhou，& Koller，2001）。另外，最近的一项研究要求大学生回答真实生活中道德两难的重要性，这些道德两难有关怀相关的、公正相关的或混合的（既有关怀相关又有公正相关）三种（Skoe & others，2002），同时考察了大学生的性别角色类型。结果发现，与男性和男性化的人相比，女性和女性化的人认为道德冲突更重要。在混合型的道德两难上，女性在关怀推理上得分高于男性，而男性在公正推理上的得分高于女性。不考虑性别或性别角色的情况下，与非关系两难相比，真实生活中的关系两难被认为更重要，且关系两难诱发了更多关怀推理。女性和高度女性化的人的移情关注要高于其他人，男性化者在个人忧伤上的得分较低，而双性化的个体报告的助人行为多于其他人。总之，研究者最近发现，性别角色类型与道德推理的联系强于生理性别与道德推理之间的联系。

社会习俗推理

一些理论家和研究者认为，区分道德推理与社会习俗推理是很重要的，他们认为柯尔伯格在这一点上做的不够充分（Smetana，2005；Smetana & Turiel，2003；Turiel，1998，2003，2006；Lapsley，1996）。**社会习俗推理**（social conventional reasoning）主要是对社会共识和约定的认知。与此相反，道德推理强调伦理问题。习俗规定用来控制不符合规则的行为和维持社会系统，习俗规定是任意的，受个体判断的制约。比如，使用叉子和勺子用餐是一个社会约定，在课堂上回答问题前要先举手也是一个社会约定。

与此相反，道德规则不是任意的，不是心血来潮的产物，也不是社会共识的产物。相反，道德规则是强制性的、被广泛接受的且在一定程度上是非个人的（Turiel，1998，2006）。所以，与说谎、欺骗、偷窃和人身伤害有关的规则都是道德规则，打破了这些规则就会违反独立于社会共识和习俗的伦理标准。总之，道德判断包含公正的概念，而社会习俗判断是社会组织的概念。

最近，人们对道德与习俗问题（受制于成人社会规则）和个人问题做出了区分（更可能受制于儿童或青少年的独立决策和个人自由）（Smetana，2005）。个人问题包括对身体、隐私、选择朋友和活动的控制。所以，一些活动属于个人领域，不受道德约束或社会习俗所制约。另外，有一些问题是多层面的，涉及不同领域，这取决于个体怎样解释它们及其相关因素。例如，性取向问题就是多层面的。

道德行为

我们知道，对柯尔伯格理论的一种批评就是它对道德认知与道德行为之间的关系关注不够。在对道德行为的探讨中，我们将关注以下问题：行为主义者认为影响青少年道德行为的基本过程是什么？社会认知理论家怎样看待青少年的道德发展？亲社会行为的本质是什么？

基本过程

行为主义观点强调青少年的道德行为。强化、惩罚和模仿已经被用来解释青少年怎样习得某种道德行为，为什么会习得某种道德行为以及为什么他们的行为会不同于其他人（Grusec，2005）。关于其他领域的社会行为的一般结论也同样适用于道德行为。当青少年的行为与法律和社会习俗相一致时，这种行为就会得到积极的强化，青少年就会更多地重复这种行为。当榜样做出道德行为时，青少年就更可能模仿他们的行为。当青少年因为不道德或不被接受的行为而受到惩罚时，这些行为就可能消除，但惩罚会给青少年带来负面的情绪问题，代价较高。

对于这些一般性的结论，我们需要附加一些限制条件。强化与惩罚的有效性依赖于人们在使用它们时的前后一致程度和运用的时机。榜样的有效性依赖于榜样的特点（权威性、温暖、独特性等），诸如象征性编码和想象力等认知过程都能提升榜样行为的作用。

在美国社会中，青少年会接触什么样的成人道德榜样呢？这些榜样的言行是否一致呢？青少年对成人的虚伪非常敏感。有证据表明，青少年认为许多成年人持有双重道德标准。成人的道德行为并不总是与其道德认知或道德态度相一致，一项研究通过呈现日常道德问题的详细场景调查了 24000 名成人在许多问题上的道德决策。以成人是否会买一台明知是偷来的电视机为例。尽管有 87% 的成人认为这种行为在道德上可能是错误的，但是仍有超过 20% 的成人表示他们会买这台电视机。如果他们知道自己不会被抓，大约 31% 的成人表示他们更可能会买这台电视。虽然道德认知是道德发展的一个重要维度，但是这些数据明显地在强调这样一个结论，成人的对错判断并不总是与他们在道德情境中的行为相一致。

除了强调环境的决定因素和道德认知与道德行为之间的分歧之外，行为主义者还强调道德行为具有情境依存性。这就是说，在不同的社会情境下，青少年不可能总是做出一致的道德行为（Eisenberg，2004）。在一项道德行为的经典调查中（这是曾经做过的最广泛的一项研究），哈茨霍恩和迈克·梅（Hartshorne & Mark May，1928~1930）观察了 11000 个儿童和青少年的道德反应，在家里、学校、社交场合和田径场观察这些儿童和青少年。如果给他们说谎、欺骗、偷窃的机会，他们有怎样的道德反应。研究者很难找到完全诚实或完全不诚实的儿童或青少年，道德行为呈现情境特异性。当青少年在朋友的压力下或被抓的几率较低时，他们更可能做出欺骗行为。其他的分析发现，某些青少年比其他人更多地说谎、欺骗、偷窃，这表明了某些青少年的道德行为的一致性要高于其他青少年（Burton，1984）。

道德发展的社会认知理论

道德发展的社会认知理论（social cognitive theory of moral development）强调道德能力与道德表现的区别（Mischel & Mischel，1975）。道德能力是指做出道德行为的能力，道德表现是指行为在特定情境中的展现。能力或习得主要是认知 - 感觉成熟的过程。能力包括青少年能做什么，他们知道什么，他们的技能，他们对道德规则及条例的认识，他们构建行为的认知能力。相比而言，青少年的道德表现或行为是由他们的动机和按照特定的道德方式行事所得到的回报决定的。

班杜拉（Albert Bandura，1991，2002）也认为，最好把道德发展看做社会因素与认知因素的结合，特别是那些涉及自我控制的方面。他提出在“发展道德自我的过程中，个体把是非标准作为自己的行动指南。在这个自我调节的过程中，人们监控自己的行为和行为发生的情境，判断它与道德标准的关系，通过行为带给他们的后果来调节自己的行为。他们表现出那些能给自己带来满足感和自我价值感的行为，他们不再表现出那些违反自己道德标准的行为，因为这些行为将会招致自我谴责。自我惩罚使得行为与内在标准保持一致”（Bandura，2002，p.102）。所以，在班杜拉看来，自我调节才是积极道德发展的关键，而非抽象的推理。

不必惊讶，社会认知理论家批评柯尔伯格过分强调抽象推理，而忽视了对道德行为以及情境决定因素的关注。然而，尽管柯尔伯格认为道德判断是道德行为的重要决定因子，但是他也和社会认知理论家一样，强调个体对情境的道德面与现实面的共同解释才产生了一个道德决定（Kohlberg & Candee，1979）。比如，柯尔伯格曾提到“道德范围以外的因素”，例如避免尴尬的需要，可能导致儿童不去做那些他们认为符合道德要求的事情。总之，柯尔伯格和社会认知理论家都认为，道德行为受复杂的因素的影响。

总体而言，关于道德认知与道德行为之间关系的研究发现是复杂的，虽然有一项对大学生的调查发现，在抵制诱惑的情境下，那些道德推理水平较高、高自我约束的大学生比那些道德推理水平较低、低自我约束的大学生更少地做出欺骗行为（Hess，Lonky，& Roodin，1985）。

道德行为既包括欺骗、说谎、偷窃等负面行为，也包括为他人着想、给予等正面行为。现在我们一起来探讨道德行为的积极方面——亲社会行为。

亲社会行为

许多亲社会行为包含**利他性**（altruism），即不考虑自身的利益来帮助他人的特性。利他贯穿于整个人类世界，是基督教、佛教、印度教、伊斯兰教、犹太教的指导原则。尽管青少年经常被描述为是自我中心的和自私的，然而，青少年的利他行为也非常多（Eisenberg & Morris，2004；Eisenberg & Wang，2003；Puka，2004）。我们可以在日常生活中看到这样的例子，从事重体力工作的青少年会每周为教堂捐上一美元，有一些青少年自发组织去洗车、卖烤面包、组织音乐会以筹集资金来帮助那些处于饥饿中的人们和智力落后的儿童，还有一些青少年收留并照顾受伤的小猫。心理学家如何解释这些利他行为呢？

最可能唤起青少年利他行为的情况是青少年对困境中的人产生了移情或同情，或者是助人者和受助者之间有亲密的关系（Clark & others，1987）。虽然关心他人和安慰失落者这样的事情甚至会发生在学前期，但是青少年期的亲社会行为比童年期更多（Eisenberg & Fabes，1998；Eisenberg，Fabes，& Spinrad，2006；Eisenberg & Morris，2004）。

青少年的亲社会行为存在性别差异吗？青少年女孩认为自己更加亲社会、更容易移情，她们通常也比男孩做出更多的亲社会行为（Eisenberg，2006；Eisenberg & Morris，2004）。比如，一项综述发现，从童年期到青少年期，女性做出了更多的亲社会行为（Eisenberg & Fabes，1998）。友好和体贴行为的性别差异最大，分享行为的性别差异较小。

宽恕（forgiveness）是亲社会行为的一个方面，它发生在被伤害者放弃对伤害者进行报复时。一项对四年级到大学生和成人的宽恕调查发现，迫于同伴压力，青少年最可能在是否愿意宽恕别人上摇摆不定（Enright，Santos & Al-Msbuk，1989）。

到目前为止，我们已经探讨了道德发展的三大领域中的两个：道德认知与道德行为，下面，我们来探讨第三个主要的领域：道德情感。

道德情感

明确阐述道德情感在道德发展中作用的论述有：精神分析理论、移情的本质和情绪在道德发展中的作用。

精神分析理论

正如我们在第 2 章所讨论的，弗洛伊德的精神分析理论把超我作为人格的三个主要结构之一（其他两个是本我与自我）。在弗洛伊德的经典精神分析理论中，个体的超我（人格的道德分支）在童年早期就开始形成了，即在儿童解决了俄狄浦斯冲突并以同性别父母取得同一性认知之后。按照弗洛伊德的观点，儿童解决俄狄浦斯冲突的一个原因是为了缓解失去父母之爱的恐惧和他们因不被接受的、对异性父母的性欲而遭到惩罚的恐惧感。为了减轻焦虑，避免惩罚，维持与父母的感情，儿童通过认同同性别父母来形成超我。在弗洛伊德看来，通过这种认同，儿童内化了父母的那些可反映社会禁忌的是非标准。同时，儿童把之前对同性别父母的敌意转向自身内部。这种转向内部的敌意随后以自我惩罚（无意识地）式的内疚出现。在精神分析关于道德发展的解释中，内疚的自我惩罚使儿童和青少年避免犯错。这就是说，儿童和青少年顺从社会标准来避免内疚。

在弗洛伊德看来，超我由两个重要的成分组成：自我理想和良心，这两个成分促进了儿童和青少年的道德情感的发展。**自我理想**（ego ideal）是超我的组成成分，涉及父母期望的理想标准，而**良心**（conscience）则是涉及不被父母所允许的行为的超我组成成分。当个体的行为符合道德标准时，个体的自我理想通过自豪感与个人价值感来回报个体。良心通过使个体感到内疚和无价值感来惩罚个体的不道德行为。通过这种方式，自我控制取代了父母控制。

埃里克森（1970）将道德发展划分为三个阶段：童年期的具体的道德学习、青少年期的理想关注、成人期的伦理巩固。按照埃里克森的观点，个体在青少年期寻求一种自我同一性。如果青少年在童年获得的道德、宗教信仰破灭了，他们很可能至少会暂时性地失去目标，感到生活很空虚。这会导致青少年去寻求理想来为自己的生活提供目标。为了使这种理想能被接受，理想必须既有现实根据，又要与青少年的逻辑推理能力相匹配。如果其他人也拥有这一理想，青少年会感到一种群体归属感。在埃里克森看来，青少年的理想是自我同一性的保护伞，因为它能提供给青少年一种目标感，帮助他们把现在与未来连接起来，并赋予行为意义。

移　情

积极情感，例如移情，有益于青少年的道德发展。**移情**（empathy）是指对他人情绪的感受并做出与之类似的情绪反应。尽管移情是一种情绪状态，但它常常含有认知成分——觉察他人内在心理状态的能力，或者我们前面称之为的观点采择能力。

大约在 10~12 岁，个体对处于不幸状态下的人产生了移情（Damon，1988）。儿童的关注点不再仅仅局限在他们直接观察到的情境中特定人的情绪。相反，10~12 岁的儿童能够把自己的关注点扩展到不幸境遇下人的一般问题——贫穷、残疾、流浪者等等。这种新出现的敏感性将促使年长儿童做出利他行为，之后会为青少年意识形态和政治观的发展染上人道主义的色彩。

尽管每个青少年都有移情能力，但是并非所有青少年都会移情，青少年移情行为的变化非常大。比如，在年长儿童和青少年中，移情的功能性障碍会引起个体的反社会行为。一些暴力犯罪的少年犯对受害者的痛苦没有感觉。一个 13 岁的男孩抢劫了许多成人，当问及他对一个盲人妇女所造成的伤害时，他说“关我什么事呢？我又不是她”（Damon，1988）。

当代的观点

我们可以看出，经典精神分析理论强调无意识内疚在道德发展中的作用，但其他理论（如戴蒙的理论）强调移情的作用。当今，许多发展学家认为，移情、同情、崇拜、自尊等积极情感与生气、暴怒、羞耻、内疚等消极情感都有利于青少年的道德发展（Damon，1988，1995；Eisenberg & Fabes，1998）。强烈地感受这些情绪后，青少年会在它们的影响下做出符合是非标准的行为。因他人违反道德标准而出现的移情、羞耻、内疚、焦虑等情绪在发展早期就会出现，并且贯穿于整个童年期和青少年期的发展变化中。这些情绪为青少年形成道德观提供了自然基础，它们既可以把青少年引向道德事件，也会激发他们积极地关注这类事件。然而，道德情绪并不是在真空中构建青少年的道德觉悟，仅仅有道德情绪也不足以孕育青少年的道德责任感。它们没有提供道德调节的“材料”，即规则、价值观和行为标准等，青少年需要理解并以此作为行为准则。道德情绪和青少年的认知与社会性发展交织在一起。

道德人格

目前为止，我们已经探讨了道德发展的三个重要维度：认知、行为和情感。最近，出现了对第四个维度的广泛兴趣：人格（Lapsley，2005；Lapsley & Narvaez，2006）。认知、行为、情感都可以融入个体的道德人格。多年以来，怀疑主义者认为，我们没有办法发现一组道德特质后，它可以构成道德人格的核心。许多怀疑论源自哈茨霍恩和迈克·梅（1928~1930）的经典研究和米歇尔（Walter Mischel，1968）的社会学习理论与研究，这些观点认为，当尝试预测个体的道德行为时，情境因素比特质因素更有效。米歇尔（2004）的系列研究与理论和班杜拉（2004）的社会认知理论强调“个人”因素的重要作用，同时仍然认可情境的变异。然而，直到最近，研究者才对道德人格是由什么组成的产生了兴趣。最近，道德人格的三个方面已经受到重视：道德认同、道德品质、道德榜样。

道德认同

关于人格在道德发展中的作用，最近的兴趣主要集中在对**道德认同**（moral identity）的研究上。当道德理念和承诺成为个体生活的中心时，个体便拥有了自己的道德认同（Blasi，1995，2005）。这种观点还认为，以违反道德承诺的方式行事，将置自我的诚信于危险的境地（Lapsley & Narvaez，2006）。

近来，布拉西（Augusto Blasi，2005）认为道德认同和义务感的发展主要受三种重要的美德所影响：（1）意志力（自我控制），（2）诚信和（3）道德愿望。意志力包含分析问题、设置目标、集中注意力、延迟满足、避免分心与抵制诱惑的策略和元认知技能。诚信是指个体对自己行为后果负责的责任感。道德愿望是指追求道德生活的动机和意图。在布拉西看来，"意志力和诚信只有和道德愿望联系起来才是真实有效的"（Lapsley & Narváez，2006）。

道德品质

布拉西（2005）和雷斯特两人的观点有许多共同之处，他们都认为道德品质在道德发展中的作用没有得到足够的关注。在雷斯特看来，道德品质包括信念、坚持性以及克服诱惑和挫折。如果个体缺乏道德品质，他们在压力或疲倦之下会萎缩，不能坚持到底，或者变得心烦意乱和一蹶不振，从而不能以道德的方式行事。道德品质的前提假设是个体已经有了自己的道德目标，而为达到这些目标会许诺与这些目标相吻合的承诺。和布拉西（2005）一样，雷斯特（1995）也认为动机（愿望）在道德发展中没有得到足够的重视。在雷斯特看来，道德动机包括把道德价值观优先置于其他个人价值观之上。

沃克等人（Lawrence Walker，2002；Walker & Pitts，1998）通过考查人们对道德优越感的概念来研究道德品质。在道德美德中，人们强调的是"诚实、真实、值得信赖、关心别人、有同情心、深思熟虑、体贴，其他的突出特质主要围绕可依赖、忠诚、有责任感"（Walker，2002，P.74）。在沃克看来，道德品质的这些方面为积极的社会关系和功能提供了基础。他也同意布拉西的观点，即诚实是道德发展的关键方面。

道德榜样

道德榜样（moral exemplars）是指那些值得他人去效仿的人。道德榜样会有理想的道德人格、道德认同、道德品质和反映道德优越及承诺的一系列美德。

一项研究考察了勇敢的、关心他人的和公正的三种道德榜样（Walker & Hennig，2004），三种类型的榜样表现了不同的人格侧面。勇敢的榜样是支配的、外向的，关心他人的榜样是喜欢照顾他人的、宜人的，公正的榜样有责任感并公开自己的体验。然而，也有许多特质是三类道德榜样共同的特点，研究者认为这些共同的特质可能反映了道德功能的核心，这个核心包括诚实与可信。

最近，另一项研究考察了一些年轻榜样人格，以确定什么因素塑造了他们的道德优越感（Matsuba & Walker，2004）。研究者要求各类社会组织（如 Big Brothers[1]，AIDS Society，Ronald MacDonald House[2]）的高层领导基于年轻人对本组织的卓越道德承诺，提名了 40 名年轻人作为道德榜样。研究者将他们与 40 名正在读大学的年轻人做了比较，两组人在年龄、受教育水平和其他变量上都互相匹配。所有参与者都做了人格测试和问卷，研究者还对他们的信念和推理进行了访谈。结果发现，那些道德榜样的宜人性更高，其信念和道德推理水平也更高，比其他参与者更早形成同一性，并且更愿意与人形成亲密关系（Matsuba & Walker，2004，p.413）。

道德发展的环境

在本章的前面，我们了解到皮亚杰和柯尔伯格都认为同伴关系是道德发展的重要情境，青少年在家庭和学校中的经历也是道德发展的重要背景。

父母的教养风格

皮亚杰和柯尔伯格都认为，在儿童的道德发展方面，父母并没有对其产生独特的、本质的影响。他们认为，父母有责任为儿童提供一般的角色扮演机会和认知冲突情境，但同伴在儿童道德发展中担任主要角色。已有研究者揭示了父母和同伴是如何影响儿童的道德成熟的（Walker，Hennig，& Krettenauer，2000；White & Matawie，2004）。一项研究发现，无论是在家庭情境中还是在同伴情境中，采用一般的苏格拉底式的提问，激发个体的观点并查看其是否达到理解，对促进儿童的道德成熟是非常有效的（Walker，Hennig，& Krettenauer，2000）。总体来说，青少年的高水平道德推理是与支持性的父母教养方式密切相关的，采取这种教养方式的父母鼓励青少年去质疑并拓展他们的道德推理（Eisenberg & Morris，2004）。下面，我们将主要探讨父母的教养训练及其在道德发

1　Big Brothers 是美国的一个真人秀电视节目。在该节目中，一群陌生人住进一间布满了摄像机和麦克风的屋子，他们的一举一动都将被记录下来。选手们在三个月后互相投票，决定去留。最终留下来的人将赢得大奖。——译者注

2　Ronald MacDonald House 儿童慈善基金会于 1984 年在美国成立，是世界上最大的非盈利性慈善团体之一。该基金会致力于筹办、发掘和支援能直接改善儿童福利的活动。目前已经在全球近 50 个国家和地区提供了总计超过 4 亿美金的资助，数以千万的家庭从中受益。——译者注

展中的作用，并总结出父母的教养训练与道德发展的一些结论。

父母的教养训练

弗洛伊德的精神分析理论认为，在儿童养育方面，父母如果训练儿童使之害怕惩罚和害怕失去父母的爱，就能促进儿童的道德发展。研究儿童养育技术与道德发展的儿童发展学家主要关注父母的教养技术。这些教养技术包括爱的收回、权威主张（体罚式管教）和诱导（Hoffman，1970）：

- **爱的收回**（love withdrawal）与精神分析强调的惩罚和恐惧失去父母的爱最接近。这种教养技术是指父母采取拒绝给予青少年关心和爱的方式来教育儿童，例如父母拒绝和孩子说话，表现得不喜欢这个孩子。
- **权威主张**（power assertion）是指父母采取试图控制儿童或资源的一种管教方式，如体罚、威胁或收回特权。
- **诱导**（induction）是指父母向儿童推理和解释其行为对他人影响的一种管教方式，如“别打他，他只是想要帮忙”、“你为什么对她大吼呢？她不是故意伤害你的感情的。”

道德发展理论家和研究者霍夫曼（Martin Hoffman，1970）认为，对于青少年任何管教都会引发一定的唤醒。爱的收回和权威主张可能激发很高的唤醒水平，但同时，爱的收回会带来很大的焦虑感，权威主张也会产生相当的敌意。诱导更可能在青少年中产生中等水平的唤醒，这种唤醒水平会使青少年接受父母提供的认知逻辑。当父母采用爱的收回或权威主张时，青少年可能产生过高的唤醒，即使父母同时也向青少年解释其行为对他人产生的后果，青少年也可能不接受它们。权威主张展现的是父母不能自我控制的形象——例如情绪失控的形象。因此，当青少年面临压力情境时，他们可能会模仿这种失去自我控制的榜样。然而，使用诱导的方法会使青少年的注意力集中在其行动对他人的影响上，而不是青少年自己的缺点上。因此，霍夫曼（1988）认为，父母应该运用诱导的方法来鼓励青少年的道德发展。关于教养技术的研究发现，虽然研究结果会随着道德发展水平和社会经济地位的不同而变化，但是与爱的收回或权威主张相比，诱导与道德发展的正相关更高。例如，诱导对青少年和年长儿童的作用就比对学前儿童的作用更大（Brody & Shaffer，1982），对中产阶层的儿童也比对低社会经济地位的儿童更起作用（Hoffman，1970）。总体上，年长的儿童和青少年相比年幼的儿童能更好地理解给出的原因，他们的观点采择能力也更高。一些理论家认为，中产阶层家庭的儿童相比低社会经济地位的儿童能更好地内化社会道德标准，其原因在于中产阶层的文化本身更奖励内化（Kohn，1977）。

培养有道德的儿童和青少年

父母的管教的确有利于促进儿童的道德发展，但是父母教养的其他方面也对儿童的道德发展起重要作用，比如，提供观点采择的机会、做出榜样性的道德行为和思想。最近的研究得到如下结论，一般而言，下列父母更容易培养出有道德的儿童（Eisenberg & Valiente，2002，p.134）：

- 温暖的、支持的，而不是惩罚的；
- 采用诱导式的教养方式；
- 给儿童提供学习他人观点与感受的机会；
- 让儿童参与家庭决策和思考道德决定的过程；
- 自己表现出榜样道德行为和认知方式，并让孩子有模仿的机会；
- 让儿童知晓什么样的行为是被人们期望的，以及人们期望这些行为的原因；
- 培养内在的而不是外在的道德感。

具有这些行为的父母更可能培养出关注和关心他人的儿童，并营造出积极的亲子关系。

学　校

学校是道德发展的重要环境。道德教育在教育界引起了激烈的争论，我们首先研究对道德教育所做的最早的一项分析，然后再讨论当代的道德教育观点。

隐性课程

60 多年前，教育家杜威（John Dewey，1933）认识到，即使没有具体的道德教育教程，学校也会通过一种隐性的课程向儿童提供道德教育。**隐性课程**（hidden curriculum）是指每个学校所传递的道德氛围。

道德氛围是由学校和班级的规定、教师和学校管理者的道德定向以及书本材料所营造的。教师可为道德行为或不道德行为树立榜样。班级的规定和在校的同伴关系传达着对作弊、说谎、偷窃和为他人着想的态度。通过学校的规定和管理条例，学校管理者为学校营造出一种价值体系。

品格教育

品格教育（character education）是一种直接的方法，它教给学生一套基本的道德素养，以阻止他们做出不道德及害人害己的行为。在品格教育拥护者看来，说谎、偷窃、欺骗行为是错误的，教育应该把这些观念教给学生（Halverson，2004；Lapsley & Narvaez，2006；Wales，2004；Williams & others，2003）。每个学校都应该有明确的道德规范，并且要清晰明了地传达给学生，任何违反道德规范的行为都应受到惩罚（Bennett，1993）。关于特定道德概念的教诲，如诚实，可以采用举例子、下定义、班级讨论和角色扮演的方式，也可以对学生的适宜行为给予奖励。

已有的一些品格教育运动有品格教育合作伙伴（Character Education Partnership）、品格教育网络（Character Education Network）、品格教育白杨宣言（the Aspen Declaration on Character Education）和"品格问题"的公开化运动（the publicity campaign "Character Counts"）等，旨在推进品格教育的书籍有贝内特（William Bennett，1993）的《美德书》和戴蒙（William Damon，1995）的《美好期望》。

沃克（Lawrence Walker，2002）认为，品格教育中应涉及有关价值的热烈讨论，而不是仅仅在教室墙板上贴上众多的道德标语。他强调儿童和青少年需要讨论并思考如何把美德融入他们自己的日常生活中，他还重视让青少年接触可以模仿的榜样以及参加社区服务的作用。

价值观澄清

价值观澄清（values clarification）是指帮助人们阐明什么对他们来说是重要的、什么是值得去做的，以及他们的生活目的是什么。这种方法鼓励学生认清他们自己的价值观并理解他人的价值观（William & others，2003）。价值澄清与品格教育的不同在于，它并不告诉学生什么样的价值观是正确的以及学生们该拥有什么样的价值观。

在价值观澄清练习中没有正确或错误的答案，价值观澄清的任务留给学生自己。价值观澄清的拥护者认为这才体现了价值自由。然而，批评者认为它的争议性内容违反了社会标准，而且因为价值观具有相对性，所以价值观澄清会破坏已有的价值观，无法突出正确行为与错误行为的不同。

认知性道德教育

认知性道德教育（cognitive moral education）是基于这样一种想法，即随着道德推理能力的发展，学生应该学会越来越看重诸如民主和公正这类概念。柯尔伯格的理论是许多认知性道德教育项目的基础。在一个典型项目中，中学生利用一个学期的课程去讨论一些道德问题，老师是课堂的促进者而非指导者。认知性道德教育旨在鼓励学生形成更高水平的概念，如合作、信任、责任与分享。在柯尔伯格职业生涯的最后时期，他意识到学校的道德氛围比他起初料想的更重要。例如，在一项研究中，基于柯尔伯格理论开展了为期一个学期的道德教育课，此课在三所民主型学校成功地推进了学生的道德思维，但是在三所专制型学校却没有达到这样的效果（Higgins，Power，& Kohlberg，1983）。

在整个道德教育部分，我们回顾了杜威的隐性课程的概念、品格教育、价值澄清和认知性道德发展。接下来，我们将探讨在教育中日益受到关注的服务性学习，特别是在中学阶段。

青少年的视角

想办法得到一个游戏场

12 岁的凯特琳·贝尔是新泽西镇最想拥有一个游戏场的孩子。她知道其他孩子也这么想，所以她组建了一个小组，想让大家一起想办法来为建游戏场而募集资金。他们把主意告诉了小镇的理事会，更多的年轻人加入了她们小组。他们通过挨家挨户推销蛋糕和三明治来募集资金。凯特琳说，“我们学会了在一个团队中工作，游戏场将会是人们野炊和结交新朋友的重要地方。如果不去尝试，就不会获得任何地方。”

凯特琳·贝尔（前排）和她的志愿者伙伴们

服务性学习

服务性学习（service learning）是一种促进社会责任感和服务社区的教育形式。在服务性学习中，青少年会参加一些活动，如助教、帮助老年人、在医院做义工、在儿童福利院帮忙或打扫干净一片空地出来玩等等。对青少年来说，服务性学习的一个重要目标就是让青少年变得不那么自我中心，有更强的助人动机（Benson & others，2006；Hart，

2005；Metz & Youniss，2005；Pritchard & Whitehead，2004；Waterman，1997）。

服务性学习让教育走进了社区（Flanagan，2004；Flanagan & Faison，2001；Levesque & Prosser，1996；Youniss，2002；Youniss & others，2003）。例如，一个 11 年级的学生为一名低收入家庭的孩子辅导阅读，这个孩子的阅读技能低于他们的年级水平。她说，直到辅导这个学生，她才知道有很多学生并没有她成长中的各种机遇。特别让她感到自豪的一刻是，一个被辅导的小女孩告诉她，“我想要和你一样学会阅读，那样当我长大了就可以上大学了”。因此，服务性学习的一个重要特征是它不仅有益于青少年，而且也有益于那些被帮助者。

“青少年志愿者通常有一些共同点，如外向、奉献精神、高度的自我理解能力”（Eisenberg & Morris，2004，p.174）。同样地，青少年女孩比青少年男孩更愿意参加服务性学习（Eisenberg & Morris，2004）。

研究者发现服务性学习以很多方式使青少年受益：

- 他们的学习成绩提高了，变得更加活跃积极了，有了更多的目标（Johnson & others，1998；Search Institute，1995；Serow，Ciech alski，& Daye，1990）；
- 他们的自尊得到了提高（Hamburg，1997；Johnson & others，1998）；
- 使他们更加相信自己与众不同（Search Institute，1995）；
- 他们变得不孤单了（Calabrese & Schumer，1986）；
- 他们逐渐开始反思社会的政治组织与道德秩序（Yates，1995）。

最近的数字显示，26% 的美国公立中学要求学生参加服务性学习（Metz & Youniss，2005）。最近的一项研究发现，一些 12 年级学生在参加了 40 个小时的社区服务的必修课后，他们的公民态度和行为得到了改进，此前这些学生没有参加过服务性学习项目（Metz & Youniss，2005）。服务性学习既有益于志愿者，也有益于受助者，所有这些都表明应该要求更多的学生参加这类项目。

价值观、宗教与邪教

当今青少年的价值观是什么？宗教在青少年生活中的影响有多强？为什么一些青少年加入了邪教？我们将依次讨论这些问题。

价值观

青少年有他们自己的一套价值观，价值观影响着他们的认知、情感和行为。**价值观**（values）是关于世间万物应该如何存在的一套信念和态度。它包括对我们来说重要的一些东西，我们通常把价值观和各种事物联系在一起：比如政治、宗教、金钱、性、教育、助人、家庭、朋友、职业、欺骗、自尊等等。价值观反映着本章前面所提及的道德的个人内部维度。

在过去的二十年间，青少年对自身的幸福越来越关注，但是对他人福祉的关注（特别是对弱势群体的关注）却有所下降（Sax & others，2004）。如图 8.5 所示，当今的大学新生与 20 年前的同龄人相比有更强的经济富足的动机，而形成有意义的生活哲学的动机则变弱了。与 20 世纪 70 年代相比，在 2004 年的调查中那些因想变的富足而上大学的学生占到了很高的比例（74%），而在 1974 年这一比例只有 50%。

然而，20 世纪 60 年代渐渐兴起的两种价值观念仍旧塑造着当今的许多青少年：自我实现与自我展现（Conger，1981，1988）。作为自我实现动机的一部分，许多青少年表现出对自己身体健康与幸福的强烈兴趣。较强的自我实现和自我展现是更受赞扬的目标，但是，如果自我实现和自我展现是青少年生活的唯一目标，也会带来自我损

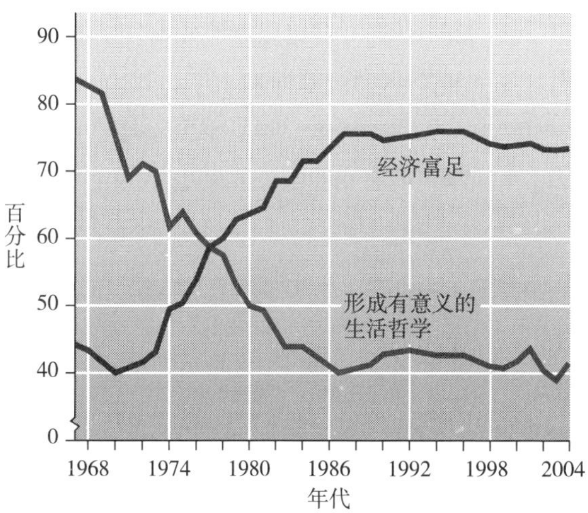

图 8.5

1968~2004 年间大学新生生活目标的变迁。在过去的三十年间，大学新生的生活目标发生了重要变化。当今的大学生中，认为经济富足是一个非常重要的生活目标的人数远远高于以往，而把有意义的生活哲学当成一个非常重要的生活目标的人数却远远低于以往。

害、孤独和异化的现象。青年人也需要形成相应的对他人福祉的责任感（Hart & others，2004）。在鼓励青少年发展自我实现兴趣的同时，鼓励他们形成对他人的强烈的义务感，这是美国 21 世纪初的重要任务。

然而，也有一些迹象表明，当今的大学生对社会的福祉有更强烈的兴趣。比如，在 1986~2004 年间，表示对参与社区行动项目有强烈兴趣的大学新生的比例有所上升（2004 年是 21.5%，而 1986 年是 18%），对促进种族间的相互理解有强烈兴趣的人数也有所上升（2004 年是 30%，而 1986 年是 27%）（Sax & others，2004）。为了成功地适应生活，寻求自我实现和对他人有强烈的责任感是很重要的。

对七个国家的青少年的研究发现，重视同情和社会责任的家庭价值观与青少年自身参与社区服务、为国家服务的承诺以及对弱势群体的移情等观念具有最紧密的联系（Flanagan，2004；Flanagan & Faison，2001；Flanagan，Gill，& Gallay，1998）。最近的一项分析发现，中学的公民教科书里更可能讨论个人的权利，而忽略了对社会责任感的讨论（Simmon & Avery）。因此，无论是家庭还是学校环境，对社会责任感的强调都能使青少年从中获益。

其他关于价值观的研究发现，那些更多参与小组活动的青少年报告了更高水平的社交信任、利他性、承诺作一个好公民，并认同移民应获得完整的社会权利（Flanagan & Faison，2001）。这项研究还发现，没有参加这些小组活动的青少年更可能赞同利己和物质主义的价值观。

最近的一项研究让 459 名来自 20 个不同班级的中学生参加焦点群体小组，讨论青年应该拥有的最重要的价值观。结果发现，学生特别认可“领导力、操作智力、智慧、好学、灵性、爱与被爱的能力”（Steen，Kachorek，& Peterson，2003，p.5）等人格特征。他们认为这些人格特征主要是后天习得的，是通过真实世界的生活经验形成的，不是通过说教形成的。

宗 教

对青少年而言，宗教问题是很重要的（Benson，2004；Dowling & others，2004；Furrow，King，& White，2004；King & Boyatzis，2004；Oser，Scarlett，& Bucher，2006）。一项调查发现，95% 的 13~18 岁的青少年信仰上帝或某个普世的神灵（Gallup & Bezilla，1992）。大约有四分之三的青少年表示他们会去做祈祷，大约一半的青少年在过去的一周里参加过宗教服务。大约有一半的青年认为年轻人了解宗教信念是非常重要的。

最近一项关于大学生的调查发现，大学生对上帝的信仰仍然非常热忱，但对宗教和灵性表现出了更为复杂的想法。在本章关于价值观的讨论中，我们描述了一项针对美国大学新生的全国性研究。该研究发现，在 2004 年，79% 的学生报告自己信仰上帝，69% 的学生报告自己会去做祈祷（Sax & others，2004）。然而，69% 的学生报告他们仍然在寻找生活的目的或意义，近 50% 的学生报告自己对目前的精神状态、宗教观点和生活感到不安。人们能经常听到大学生们自称他们是有精神信仰的，但却未必信仰宗教，或者他们并不认同某个特定的宗教派别。

宗教在青少年生活中的积极作用

研究者已经发现，宗教的很多方面都和青少年的正向发展结果相关联（King & Benson，2005；Oser，Scarlett，& Bucher，2006）。例如，最近一项对 9700 名青少年的研究发现，对那些来自低收入家庭的孩子来说，去教堂与更好的学习成绩相关（Regnerus，2001）。去教堂可能使学生受益，因为宗教团体鼓励社会接纳的行为，包括在学校表现出好的行为，

与青少年发展有关的职业

康斯坦斯·弗拉纳根

研究青年公民意识发展的教授

康斯坦斯（康妮）·弗拉纳根［Constance（Connie）Flanagan］是宾夕法尼亚州立大学农业科学院的一位研究青年公民意识发展的教授。她的研究关注青年对公正的看法，以及促进青年公民价值观、联系和技能的家庭、学校、社区因素（Flanagan，2002）。

康妮在杜肯大学取得了心理学学士学位，在爱荷华大学取得了教育学硕士学位，在密歇根大学取得了博士学位。她对推动美国社会的青少年政策有特殊的兴趣，并且是儿童发展委员会的联合主席。除了给本科生和研究生上课、做研究、在各种委员会任职外，康妮还是《Journal of Adolescent Research》和《Journal of Research on Adolescence》的编委，评审。她还在各种国内国际会议上发表自己的观点和研究。

康斯坦斯·弗拉纳根与青少年在一起。

还可能是因为教堂经常为学生提供正面的角色榜样。另一项新近的研究发现，青少年的宗教发展与公众参与行为和参加课外活动有正相关，而与酗酒、抽烟有负相关（Kerestes，Youniss，& Metz，2004）。

许多信教的青少年也内化了其所信仰的宗教中关于关心和关注他人的思想（Ream & Savin-Williams，2003）。比如，一项调查发现，有宗教信仰的青年参加社区服务活动的次数几乎是没有宗教信仰的青年的三倍（Youniss，McLellan，& Yates，1999）。

宗教常常是青少年所居住社区的一项资产（Ream & Savin-Williams，2003）。在一些情况下，宗教机构是市区里唯一致力于青少年工作的组织。对于市区青少年和其他青少年来说，宗教能够为其提供关于生活意义、目标和方向等问题的可能答案（Trulear，2000）。

发展变化

青少年期是宗教观念发展过程中的一个重要时刻（Oser，Scarlett，& Bucher，2006；Scarlett，2005；Walker & Reimer，2005）。即使父母已经向儿童灌输了一套宗教观念，但随着儿童认知能力的发展，他们也很可能会质疑自己的宗教观念到底是什么。

埃里克森的理论 在青少年期，特别是青少年后期和大学阶段，同一性的发展成为一个核心焦点（Erikson，1968）。青少年想知道下面这些问题的答案："我是谁？""生而为人的意义是什么？""我想过什么样的生活？"作为他们寻求同一性的一部分，青少年开始以更加复杂、更合逻辑的方式探索这些问题："为什么我生活在这个地球上？""真的有上帝或更高级的神灵吗？我只是相信那些从父母和教堂里听来的思想吗？""我的宗教观到底是什么？"最近的一项研究发现，大学生的同一性整合（即"个体的道德观念融入同一性的程度"）与内在宗教定向（即"个体参加宗教活动的动机"）和自我报告的利他相关（MacClean，Walker，& Matsuba，2004，p.429）。

> 宗教能够使人获得启示、产生敬畏与克制，它给人们以信念，悔恨的机会，它激发决心，点燃奉献精神。
>
> ——HENRY NEWMAN
> 19 世纪英国传教士、作家

皮亚杰的理论 让·皮亚杰的认知发展理论为理解儿童和青少年的宗教发展提供了理论背景。例如，一项研究发现，当问及儿童对一些宗教人物和圣经故事的理解时（Goldman，1964），儿童的回答可被分为三个阶段，它们与皮亚杰的理论非常接近。

第一阶段（从出生到 7、8 岁）——前运算阶段的直觉宗教认知——儿童的宗教认知是不系统的、片段的。儿童通常要么不能全面理解故事情节，要么不能顾及到所有的证据。比如，一个小孩对“为什么摩西不敢看上帝？”这个问题的回答是“因为上帝有一副滑稽的面孔！”

第二阶段（从 7、8 岁到 13、14 岁）——具体运算阶段的宗教认知——儿童关注人物和故事的特定细节。例如，对为什么摩西不敢看上帝这个问题，一个小孩回答说“因为上帝是一个火球，他认为上帝可能会烧伤他。”另一个小孩回答说“上帝是一道明亮的光，看它可能会使自己变瞎。”

第三阶段（从 14 岁到青少年期结束）——形式运算阶段的宗教认知——青少年表现出更抽象和假设性的宗教理解。比如，一个青少年说摩西不敢看上帝是因为“上帝是神圣的而尘世是罪恶的。”另一个青年说是因为“与上帝的无所不在和无所不能相比，摩西看起来就像一只蠕虫。”

其他研究者在儿童和青少年身上发现了相似的发展变化。比如，一项研究发现，17、18 岁的青少年在做宗教判断时，越来越多地评论自由、意义、希望等抽象概念（Oser & Gmünder，1991）。

随着儿童和青少年的发展，宗教思想和行为是怎样变化的？儿童和青少年的认知发展是怎样影响他们的宗教观念的？

福勒的理论　福勒（James Fowler，1981，1996；Fowler & Dell，2005）提出了一个宗教发展的理论，该理论关注个体发掘生活意义的动机，无论在有组织的宗教里或无组织的宗教里。福勒提出了与埃里克森、皮亚杰和柯尔伯格的发展理论都有关系的宗教发展六阶段论（Torney-Purta，1993）：

阶段 1：直觉－投射的信念（儿童早期）。婴儿学会信任他的照料者后（埃里克森的表述），他们对什么是好和坏就形成了自己的直觉表象。随着儿童进入皮亚杰的前运算阶段，他们的认知世界出现了许多新的可能性。幻想与现实被认为是一回事，对与错被看成自身的结果。儿童很容易相信天使与神灵。

阶段 2：神话－表层的信念（儿童中后期）。随着儿童进入皮亚杰的具体运算阶段，他们开始以更加有逻辑性、更加具体而不抽象的方式进行推理，他们眼中的世界更有秩序。学龄儿童以字面意思来解释宗教故事，把上帝看成像父母一样的惩恶扬善的形象。所谓的正确经常是指公平交换。

阶段 3：假定－习俗的信念（儿童向青少年的过渡期，青少年早期）。青少年开始形成形式运算认知（皮亚杰的最高阶段），他们开始把已经习得的宗教观念整合到一个统一的价值体系中。按照福勒的看法，虽然假定－习俗信念阶段比前两个阶段要更抽象，但是青少年仍然信奉他人的宗教信仰（就像在柯尔伯格道德的习俗水平一样），他们还没有充分考虑其他的宗教信仰。对他人行为对错的判断依赖于对关系造成的伤害或别人会怎么说。福勒认为大多数成人固着于这个阶段，不再向更高的宗教发展阶段前进。青少年的信念常常包含与上帝的一种私人关系，认为“上帝永远与我同在。”

阶段 4：个体－反思的信念（青少年期向成人期的过渡期，成人早期）。福勒认为，在这个阶段，青少年第一次能为自己的宗教信仰负责。常常是有过离家出走的经验后，青少年开始对他们的生活负责。年轻人现在开始意识到他们能够选择他们的生活，而且必须为适应某种特定的生活而努力。个体开始直面这些决定：“我应该先考虑自己呢，还是应该优先考虑别人呢？”“我成长的过程中，别人教给我的宗教信条是绝对的还是相对的？”福勒相信，形式运算思维与个体在大学时形成的对价值观和宗教信念的理性质疑对发展个体的反思信念是必不可少的。

阶段 5：统合的信念（成年中期）。福勒认为，只有一小部分成人达到了这个阶段，这个阶段的人对矛盾和反面观点都更加开放了。这种开放性源自人们对自身有限性和局限性的认识。福勒所列举的一个处于此阶段的女性表达了如下的复杂宗教认识：不管你称呼它为什么，是上帝、耶稣、宇宙、现实或爱都不要紧，它就在那里（Fowler, 1981, p.192）。

阶段 6：普世的信念（成年中期或后期）。福勒认为，宗教发展的最高阶段超越了具体的信念系统而与所有生灵有一种一体感，而且对于废除引起人们相互敌对的障碍有一种义务感。冲突不再被看成矛盾。福勒也声称极少人能达到这个难以捉摸的宗教发展的最高阶段。他认为莫罕达斯·甘地、马丁·路德·金和圣母特瑞萨这三个人达到了这个阶段。图 8.6 概括了福勒的理论，尽管福勒的理论受到了一些关注，但是还没有以此理论为基础的研究。

宗教灌输与父母教养方式

成人创办的宗教机构向儿童介绍一些宗教信念，进而确保儿童继承某种宗教传统。各个阶层都会利用星期日学校、教区教育、宗教传统的部落传承和父母在家里的教导来巩固这一目标。

这种灌输有作用吗？许多情况下是起作用的（Paloutzian，2000）。总体上，成人往往对他们的后代采用宗教教导。例如，25 岁时成为天主教徒的个体和由天主教徒抚养长大的个体很可能在他们的一生里一直信奉天主教。如果发生了信仰的改变或重生，最有可能是在青春期。

然而，考虑父母与青少年的亲子关系质量是非常重要的（Boyatizs，Dollahite，& Mark，2005；Ream & Savin-Williams，2003；Regnerus，Smith，Smith，2004）。与父母有良好关系的青少年或者与父母有安全依恋关系的青少年更可能接纳父母的宗教信仰。而当青少年和父母的关系中存在冲突或不安全依恋时，青少年可能会寻求不同于他们父母的宗教信仰（Streib，1999）。

青少年的宗教虔诚性和性活动

宗教影响青少年发展的领域之一是性活动。尽管传教的不稳定性和变化性使得推广宗教信条非常困难，但大多数宗教都不鼓励婚前性行为。因而，与对特定宗教的信仰相比，青少年参加宗教组织的程度对婚前性态度与行为有更重要的决定作用。经常参加宗教服务的青少年更可能听到有关禁欲的信息。青少年参加宗教组织后也更容易与对婚前性行为持节制态度的青少年成为朋友。

最近一项对 3356 名少女（平均年龄 16 岁）的全国性研究，主要考查了宗教虔诚性的四个方面：（1）参与宗教活动（“在过去的 12 个月里，你多长时间去参加一次宗教服务活动？”和“许多教堂，犹太教堂，其他一些做礼拜的地方都有面向青少年的特殊活动，比如青年团体，圣经班级，或合唱团。在过去的 12 个月里，你多久参加一次这类青年活动？”）；（2）个人保守性（“你所信仰宗教的经文是上帝的话语而且是完

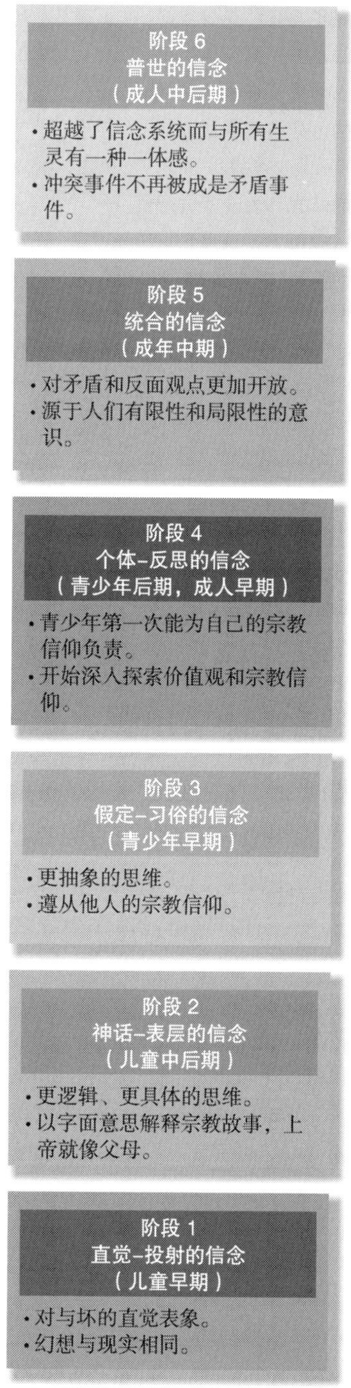

图 8.6
福勒的宗教发展阶段论

许多儿童和青少年都对宗教很感兴趣，成人创办了许多宗教机构（如马来西亚的这所穆斯林学校），用来向儿童和青少年介绍宗教信念，确保他们继承某种宗教传统。

全正确的，你同意吗？”和“你认为自己是一个重生的基督教徒吗？”）;（3）个体虔诚性（“你多久做一次礼拜？”和“宗教对你有多重要？”）;（4）宗教派别（Miller & Gur，2002，p.402）。这项研究发现，宗教的个体虔诚性与恋爱关系以外有较少的性伴侣有关。经常参加宗教活动与个体担心进行不安全的性活动而感染 HIV 或怀孕以及生育计划都有正相关。个人保守定向与不安全的性活动有关。另一项研究也发现了宗教和性活动之间的类似关系（Fehring & others，1998）。在大学生中，内疚、祈祷、组织宗教活动和宗教幸福感与他们较少的性活动有关。

正如我们所看到的，宗教在全世界范围内都有广泛的影响。接下来，我们将关注邪教，有时候也被称作边缘宗教。

邪　教

关于邪教的界定方式有很多，从“造成严重情感伤害的危险机构”到“边缘性的异常群体”再到“偏激的、通常是新兴的宗教运动”凡此种种。邪教已经被描绘为这个样子：它由神赐的领导者所掌控，形成了自己的理念，即在众多的信念和规定里，只有一条是唯一正确的。要求绝对的忠诚和服从，使用精神控制技术，在招募成员和与外界交流时运用骗术，剥削其成员（Galanter，1999，2000）。

邪教与教会、俱乐部、或匿名嗜酒者这类团体有什么不同呢？它们之间有很多不同，但非常重要的一点是它们的最终目标不同（Cialdini & Rhoad，1999）。已经兴起的宗教和利他运动关注外界，尝试改善成员和非成员的生活。邪教把力量消耗在内部而非外界，服务于自己的目的和领导者。宗教和利他运动中通常没有某个领导者的无礼专制，在招募成员时也不会有骗术，更没有强制性的影响手段，在个体加入时也不会用一个未经个体自愿选择的新身份来取代其原来的身份。

谁加入了邪教呢？大部分都是普通人。大约三分之二的邪教成员是来自普通家庭的心理健康的个体（Cialdini & Rhoad，1999），剩余的三分之一常常是有抑郁症状的人，许多抑郁与个人丧失有关，如一个家庭成员的死亡，一段失败的浪漫关系或职业问题。大约只有 5% 的邪教成员在加入邪教之前有严重的心理问题。邪教更喜欢那些聪慧的、能力突出的个体，这些人可以为“事业”贡献自己的金钱和才能，无论这项事业是什么。

时机可能是个体容易加入邪教的决定因素，而非性格。许多成为邪教成员的个体处在生活的转折期、他们刚搬到一座新城市、失业、辍学或由于与自身无关的原因而放弃传统的宗教。可能成为邪教成员的人大概会觉得他们的工作令人厌烦或压力很大，教育没有意义，社会生活也不如意，家人关系疏远或不和，朋友太忙没有时间和他们在一起，对政府也失去了信任。邪教承诺满足个体的绝大多数需要，让他的生活安全、健康、有人关心和可以预见。邪教领导者为追随者提供了简单或可以预见的获得幸福的道路。

在精神与物质问题上，一些邪教领导者都拥有高于其追随者的绝对权力（Richmond，2004；Saliba，1996）。这些领导者可能把自己描绘为从上帝那里获得了灵感，收到了特别的指示。一些邪教是以邪教领袖的文章为基础的，而领袖被认为是受到了神的启发或鼓舞，正如科学教会创立者、已故的 L.Ron Hubbard 所做的那样。

马歇尔・赫夫・阿普尔怀特（Marshall Herff Applewhite）是一个全能的邪教教主，他招募追随者加入“天堂之门”邪教，该邪教把新时代的神秘主义和科幻小说混在一起。1997 年，39 名邪教教徒集体自杀。他们用伏特加冲服了混有巴比妥酸盐的甜点，在吞食了致命的混合物后，他们都躺在了床上以求其灵魂能升到阿普尔怀特所说的“高于人类”的地方。他让追随者相信在海尔・博普彗星的流光中有一个 UFO（不明飞行物），而当彗星出现的时候也就是回家的时间了。

很明显，任何说服教徒自杀的邪教都是很危险的，但是邪教常常表现出其他的危险性，这些危险性在外界看来也许并不明显。津巴多（Philip Zimbardo，1997，p.14）指出，邪教的危险性在一定程度上有赖于“邪教的类型，它们是以不同的规模、目的和面目出现的。”据最近的统计，美国有 2500 多个邪教组织。“一些邪教是为了权力和金钱，他们需要成员交钱、免费劳动、乞讨、招募新会员。”一些邪教要求成员上交超额的金钱和财产，另一些则有无休止的劳动。“大多数邪教都要求成员断绝与以前的家庭和朋友的联系，从而完全依赖邪教来获得自我同一性”……许多邪教试图消灭个体的思想自由。邪教最残酷的虐待方式是“断绝个体与外界的联系。”

第9章 家　庭

对父母来说，仅仅理解孩子是不够的，他们还必须让孩子答应，取得理解他们的权力。

——Milton Saperstein

20 世纪美国作家

青少年发展的镜像

青少年心目中的父母

我和妈妈彼此都很依赖对方。不过即使我们分开，我想我也能过得很好。我知道妈妈对我的影响一直很大。她有时也会把我惹火，但我还是很喜欢她，并且很尊重她。我们会有争吵，而我也并不总是占上风，但她依然愿意认真倾听我的想法。

——艾米，16 岁

你开始从父母做主的阶段进入到想要变得更独立的阶段。最后，你会更加独立，你感到必须为自己更负责，否则你就无法在这个世界上过得很好。父母的支持还是很重要的，但在某些时刻，你必须对着镜子中的自己说："我能行"。

——约翰，18 岁

我和父母相处得并不好。他们想要强行规定我如何穿衣、和谁约会、学习多长时间、周末做什么以及煲多长时间的电话粥。他们对我的生活干涉太多了，为什么不让我自己做出决定呢？我已经成熟到足够去处理这些事情了。当他们对我所有事情都指手画脚的时候，我真的要疯了，我会对他们说很多不该说的话。他们真的不理解我。

——埃德，17 岁

父亲似乎从来没有时间和我在一起，他一门心思全在工作上。即使回到家里，他不是累得没法做其它事情，就是扑通一声坐下来看电视，不许我们打扰。他认为我学习不够用功，也不像他们那一代人那样有稳固的价值观。我们的关系很冷淡。事实上，我跟母亲在一起谈心的时间要更多。我想我也许应该比现在更用功学习，但我还是觉得他没有资格那样消极地评价我。我更喜欢妈妈，因为她比父亲要和善得多。

——汤姆，14 岁

我和父母之间也会有争吵和分歧，有时候我会非常生气。不过大多数时候，这些争吵像是激烈的辩论。我认为他们并非总是对的，所以我必须把自己的想法说出来。我们的大多数争吵都能够通过讨论而最终找到大家都接受的解决途径，当然并不是每一次都能解决，也有一些情况下问题得不到解决。不过，即使我们之间还有未解决的冲突，我仍然认为自己和父母相处得非常不错。

——安，16 岁

预 览

虽然每个家庭中的亲子关系会有很大不同，但研究者发现，大多数情况下亲子关系有两个特点：首先它是青少年发展过程的重要部分，其次它比我们所认为的要更加积极。本章把家庭看做青少年发展的环境来考察。我们将首先探索家庭的过程，然后讨论父母和青少年之间的关系，以及青少年与其兄弟姐妹之间的关系。接着我们将关注社会变迁中家庭环境的巨变。本章的最后将讨论有利于青少年及其家庭的社会政策。

家庭过程

研究者对于青少年所经历的家庭过程特别感兴趣，我们从考察家庭成员的互动开始探索这一过程。

交互社会化和作为系统的家庭

一直以来，父母与儿童或青少年之间的社会化历程都被认为是一个单向的过程：儿童与青少年是父母社会教化的产物，然而，正如我们接下来所要介绍的，如今的亲子互动被看做是一个交互的过程。

交互社会化

交互社会化（reciprocal socialization）是指父母教化儿童和青少年，但儿童和青少年反过来也在对父母进行社会化（Patterson & Fisher，2002）。以下两个例子可使你能够更好地理解交互社会化，第一种情境强调了在单亲家庭中父母对成长的影响（父母的影响），第二种情境展现了一个有天赋的滑冰少年所面临的两难困境（青少年的影响）。在第一种情境中，14 岁的罗伯特说：

“我从来没有见过父亲，他没有和我的母亲结婚，母亲不得不辍学以维持生计。也许父亲没有娶母亲反而更好，因为很明显他并不爱她……但没有父亲这件事有时候真让我感到很沮丧，尤其是在球赛之类的活动中，我看见我的许多朋友和他们的父亲在一起的时候。我的亲生父亲仍然住在附近，但他已经结婚了。我想他大概想忘掉我和母亲……很多时候我希望妈妈可以结婚，这样我至少会有一个继父，他可以和我谈心，和我一起做很多事情。”

在第二种情境中，先说话的是 13 岁的凯茜：

“妈，我的滑冰教练说我很有天赋，但是就要学大量课程和接受训练才能完全发挥天赋。”母亲回答说，“凯茜，我不知道。我们得等你爸爸下班回家后跟他商量。”当天晚上，凯茜的父亲告诉妻子，“你瞧，要是这样做的话，我就得找两份工作，或者你去工作，以我现在的能力要想满足她是不可能的。”

家庭作为一个系统

作为一个社会系统，家庭可以被看做一个由各种子系统组成的集合，这些子系统依据代际、性别和角色的划分来生成。家庭成员的劳动分工可以确立特定的子单元，而成员间的依恋关系又可以确定其它子单元。每个家庭成员都是这些子系统中的一员，有一些子系统是二元系统（由两个人组成），有些是多元系统（由两人以上组成）（Minuchin，2002）。父亲和孩子就是一个二元系统，母亲和父亲又是另一个二元系统；母亲、父亲和孩子组成了一个多元系统，而母亲和两个兄弟姐妹又组成了另一个多元系统。

图 9.1 所示的结构图强调了家庭成员和家庭子系统之间的这种交互影响（Belsky，1981）。如图中的箭头所示，婚姻关系、父母教养和青少年行为三者之间互相有直接和间接的影响。举例来说，父母对青少年的教养是直接的影响，而配偶关系则会调节其中一方对青少年的教养，这就是一种间接影响。比如，婚姻冲突可能会降低父母的教养效能，它对青少年行为产生了间接影响。

家庭成员之间的互动也会发生变化，这取决于谁在场。在一项研究中，研究者观察了 44 名青少年，他们分别只和父亲或母亲在一起（二元系统），或者双亲都在场（三角系统）（Gjerde，1986）。结果发现，父亲在场能够改善母子关系，但母亲在场却使得父子关系的质量下降。这可能是由于父亲通过约束孩子而减轻了母亲的压力，或者母亲的在场减少了本来就不多的父子间的互动。实际上，另一项研究发现，在两人情境下，男孩指向母亲的消极行为要比指向父亲的更多（Buhrmester & others，1992）。但是在父－母－孩子的三角情境中，父亲能够通过约束男孩的消极行为将母亲“拯救”出来。最近一项研究关注了中产阶级非裔美国家庭中的青少年，研究发现不管是母亲还是父亲，两人互动时他们与孩子的沟通都要比三人互动时更积极（Smetana，Abernethy，& Harris，2000）。

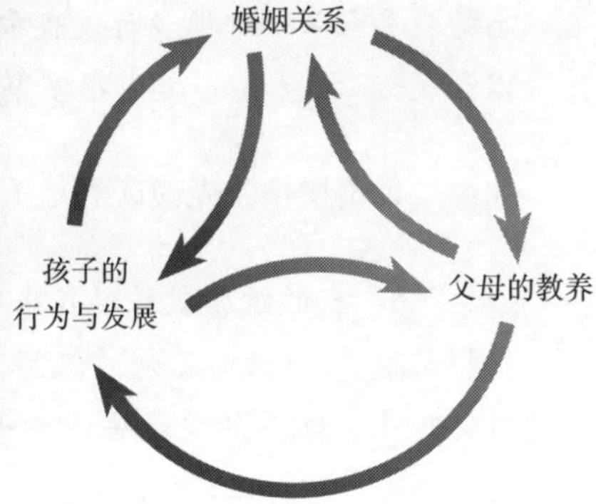

图 9.1
青少年与父母之间的互动：直接和间接效应

婚姻关系与父母教养方式

随着研究者对家庭的关注点扩展到亲子关系之外，越来越多的研究开始探讨婚姻关系与教养行为之间的关系。这些研究得出的较为一致的结果是，婚姻幸福的父母对待儿童和青少年更加敏感、反应及时、温暖和富有感情（Grych，2002）。研究者还发现，婚姻满意度通常也与良好的教养有关。婚姻关系对教养有重要的支持作用。父母报告的婚姻双方越亲密、沟通越好时，他们对待儿童和青少年时也就越慈爱（Grych，2002）。由此看来，婚姻干预还有一个重要的意外收获，即它能够改善教养行为，使儿童与青少年更加健康地发展。强调教养技能的那些干预计划或许也能够通过关注参与者的婚姻状况而获益。

关系的发展建构

发展心理学家越来越关注人们在成长过程中究竟如何建构关系（Collins & Madsen，2002）。家庭关系建立的过程一直是精神分析学家的兴趣所在。不过，现在的研究者对关系建构的解释却与经典精神分析理论不同，他们早已脱离了弗洛伊德那一套性心理发展阶段的术语，而且也认为这一过程并不仅仅局限于生命历程的前五年。如今的**发展性建构观**（developmental construction views）认为，随着个体的成长，他们不断地习得与他人相处的模式。这种观点主要包括两种不同的取向，一种取向强调整个生命历程中关系发展的连续性和稳定性，另一种取向则强调关系发展的不连续性和变化（Conger，

青少年的发展在多大程度上受早期亲子关系的影响?

Lorenz, & Wickrama, 2004；Scaramella & Conger, 2004)。

连续发展的观点

连续发展观（continuity view）强调在整个生命历程中，早期亲子关系对人们与他人建立的基本关系模式起着重要的作用。这些早期经验被带入个体随后的发展当中，影响其后来的所有关系（例如，同伴关系、朋友关系、师生关系和浪漫关系）(Bowlby, 1989；Sroufe, 2002；Sroufe & others, 2005)。这种观点的极端形式甚至认为，生命头一两年中形成的安全或不安全的亲子依恋关系，塑造并构成了个体社会关系的基本组成部分。关于安全依恋对青少年发展的重要性，我们将在后面关于自主性与依恋的讨论中呈现更多的内容。

同样，与父母的亲密关系在青少年的发展中也起着重要的作用，因为亲子关系作为原型或模板影响着个体所建立的新关系。显然，从儿童期到青少年期，这种亲密关系并非一成不变，而且任何一种关系的质量都在一定程度上取决于与之建立关系的特定对象。尽管个体的早期关系已得到发展，但是仍旧可以在之后的关系中看到其影子，无论是在与早期关系中的人交往时还是之后新关系的交往中（Gjerde, Block, & Block, 1991）。因此，青少年期亲子关系的特征不仅仅取决于青少年期亲子关系中发生的事件，儿童期所建立起来的亲子关系至少在一定程度上会影响青少年期的亲子关系。我们可以预期，儿童期的亲子关系也至少在一定程度上影响到青少年期的同伴关系、友谊和浪漫关系。

在艾伦·斯鲁夫（Alan Sroufe）及其同事的研究中，连续发展的观点得到了证据支持（Sroufe，2002；Sroufe，Egeland，& Carlson，1999；Sroufe & others，2005）。婴儿期所测得的依恋经历和早期照料与15年后青少年期的同伴关系胜任力有关。对青少年的访谈发现，婴儿期形成了安全依恋关系的青少年能够在野营时建立浪漫关系。对录像行为的评定也发现，有安全依恋经历的青少年的人际胜任力更高，在社交场合更自信，表现出更好的领导能力。另外，多数孩子身上都存在着“瀑布效应”，即早期的家庭关系能够为他们有效地参与到同伴世界提供必要的支持，而这反过来又为更广泛、更复杂的同伴关系建立了基础。

非连续发展的观点

非连续发展观（discontinuity view）强调关系会因时间的发展而变化和成长。随着人们逐渐长大，他们发展出许多不同类型的关系（例如亲子关系、同伴关系、师生关系和浪漫关系）。这些关系的结构是不同的，因此，在每一类新关系中，个体也将会遇到新的关系模式（Furman & Wehner，1997；Piaget，1932；Sullivan，1953）。举例来说，皮亚杰（1932）认为亲子关系与儿童间的同伴关系非常不同。亲子关系中父母往往对孩子拥有单方面的权力。而相反地，同伴关系中的成员通常是在一个更为平等的基础上相处的。由于亲子关系中父母拥有更多知识和权威，因此儿童必须去学习遵守父母制定的准则与规定。从这方面来说，当我们与权威人士（例如教师或专家）相处时，以及我们自己成为权威时（成为父母、老师或专家），我们就会运用这种亲子关系的模式去交往。

与此相反，同伴关系的结构与亲子关系的结构不同，因此就需要我们以一种不同的模式去和他人打交道。我们将来的浪漫关系、友谊以及工作伙伴关系也需要这种更平等的模式。由于同伴之间的学识和权力相对更为平等（是一种互惠而对称的关系），儿童需要学习这种建立在互相影响基础上的民主的交往方式。和同伴在一起使他们能够学着去形成和表达自己的观点，欣赏他人的观点，通过合作协商来解决分歧，以及发展一套双方都可接受的行为准则。同伴关系还遵循自愿原则（而不像家庭那样带有强迫性质），因此那些不能在这种对称的、相互的、平等互惠的关系模式中掌握技巧的儿童和青少年就很难被其同伴所接受。

虽然非连续发展观并不否认之前的关系（比如亲子关系）对后来关系的影响，但它强调的是，儿童和青少年遇到的每一类新关系（比如同伴关系、友谊关系、浪漫关系）都需要他们建立一套不同的、甚至是更为复杂的关系模式。除此之外，变化发展观还认为个体的每个发展阶段都对其建构关系图式有着独特的作用，毕生发展不仅仅取决于婴儿时的一段关键期或敏感期。

非连续发展观也从柯林斯及其同事的纵向研究中得到了支持（Collins，Hennighausen，& Sroufe，1998）。他们发现，儿童中期的友谊质量（通过观察儿童的合作行为而测得，例如轮流行动、分享、眼神交流、接触和这些行为的持续时间）与 16 岁约会时的安全感、自我表露和亲密感都有关。

成 熟

在 19~20 世纪享有盛名的美国作家马克・吐温曾经提到，他 14 岁时认为父亲是如此愚昧无知，以至于他无法忍受父亲待在身边。但是当马克 21 岁时，他却惊讶地发现父亲在过去七年里竟学到了那么多东西！马克・吐温的话表明，成熟是青少年期亲子关系的一个重要主题。青少年在从儿童期跨入成人期的过程中会发生变化，而他们的父母在各自的成人阶段也会改变（Grotevant，1998）。

青少年的变化

青少年的一系列变化会影响到亲子关系，这种变化包括：进入青春期、逻辑推理能力扩展理想化思维增加，违背家长的期望、学校生活的改变，发展同伴关系、友谊、浪漫关系和独立性。一些研究已表明，在青少年发育最快的时期，青少年与父母之间的冲突，尤其是母亲与儿子之间的冲突最为紧张（Steinberg，1988）。另外，过早成熟的青少年与父母也有更多的冲突（Collins & Steinberg，2006）。

在认知能力方面，青少年已经能够运用比儿童时期更具有逻辑性的方式来和父母辩论。在儿童期，父母也许只说“好，就这样了，按我说的去做”就可以过关，孩子只需服从就行。但是，随着青少年认知能力的日益提高，他们不大可能接受这样的说法并服从父母的安排，他们通常希望详细地了解究竟为什么自己要被管束。即使父母给出了看似合理的理由，他们也会抓住一些漏洞来诡辩一番。

除此之外，青少年日渐理想化的思维也影响到他们与父母的关系。他们会将父母与一个理想父母的形象作对比。由于和父母的真实互动中免不了出现消极沟通和缺点，因此在青少年心中，真实的父母比不上理想中的父母。另外，青少年的自我中心主义使得他们很关心别人对自己的看法，进而可能会对父母的言论过度反应。例如，一位母亲告诉正值青少年的女儿她需要新衣服，

在子女向青少年期转变的过程中，青少年和父母对彼此的期望极有可能会落空。

——W. ANDREW COLLINS

美国明尼苏达大学，当代心理学家

女儿可能回答说“什么？你觉得我没有品位吗？你觉得我很土，是吗？你才土！”假如同样的话说给早些年的孩子听，也许就不会有这样激烈的反应。

在青少年认知世界变化中，另一个与亲子关系有关的维度是父母和孩子对彼此的期待（Collins & Laursen，2004；Collins & Luebker，1994；Zimmer-Gembeck & Collins，2003）。青少年期之前的儿童通常都顺从而容易管理，进入青春期后，他们开始质疑父母的要求，希望父母对其要求作出合理解释（Maccoby，1984）。而父母可能将这种行为视作反对和对抗，因为这和孩子以往的顺从行为太不同了。面对这种不顺从的反应，父母通常更加严厉地强迫孩子屈服。在这种情况下，虽然青少年的行为在青春期已经发生了迅速的变化，但父母的期望却停滞不前，发展相对较慢。

青少年社会生活的哪些方面是促进亲子关系的呢？随着进入青少年期，个体的社会适应行为也有了新的含义。在我们的社会里，这些界定与学校的变化有关。从小学跨入初中或高中要求青少年去适应一个更大、更为陌生的环境，适应不同的老师。他们面临的学业要求也更多，因此他们必须更加积极主动，对自己更负责才能成功应对变化。相对于儿童，他们有更多时间和同伴在一起，发展出更为成熟的友谊关系。他们也开始更加强烈地要求独立。总之，父母们必须去适应青少年在学业、同伴关系和独立主张上的变化（Collins & Steinberg，2006）。

父母的变化

在父母身上所发生的变化，包括婚姻状况、经济负担、对职业生涯的重新评估、对时间的看法以及身体健康问题等都会影响亲子关系（Collins & Laursen，2004；MacDermad & Crouter，1995；Silverberg & Sternberg，1990）。一项纵向研究考察了将近7000对夫妇，结果发现，相对于子女处于儿童期或成人期，子女处于青少年期时，夫妻双方对婚姻关系更不满意（Benin，1997）。另外，子女处于青少年期时，父母也感受到更大的经济压力。此时，他们可能会重新评估自己的职业成就，判断自己是否已经实现了年轻时的抱负（Collins & Laursen，2004）。他们也会展望未来，思考自己还剩下多少时间去完成人生目标。与此同时，孩子们却对未来抱有无限的乐观，他们觉得自己有大把的时间去做他们想做的事情。另一方面，父母也开始对自身的健康、身体完整和性吸引力充满了担忧。即使他们的身体状况并未恶化，性吸引力也并未消退，许多人也仍然觉得自己在走下坡路。与此相反，这时候青少年的身体吸引力、力量和健康情况都开始达到顶峰。尽管孩子们和父母一样对身体表现出高度的关注，但孩子们的预期要更加积极一些。

上述我们所描述的、在青少年父母身上所发生的变化是成年中期发展的典型问题。

大多数父母这时候已经到了成年中期，或很快即将跨入这一阶段。然而，过去二十年间，美国人生儿育女的年龄已经发生了巨大的变化（Parke，2004；Parke & Buriel，1998）。有些人过早地为人父母，另一些人则比从前更晚。首先，在 20 世纪 80 年代，怀孕少女的数量大大增加。其次，把生育年龄推迟至三十甚至四十岁的妇女也在增加。我们已在第 7 章“性行为”中讨论了过早为人父母的青少年，下面我们集中讨论社会历史变化中的推迟生育问题。

> 一代人的生命是如此的短暂，但人类的生命却像运动员手中的火炬一样代代相传，生生不息。
>
> ——LUCRERIUS
>
> 公元前 1 世纪，罗马诗人

在青少年期就做父母和 15~30 年后做父母有很多的不同之处。推迟生育可以为自身的教育和职业发展留出更多空间，那些推迟生育的男性和女性通常都接受了很好的教育，并且有很好的职业发展。

婚姻关系也会随着生育年龄的不同而变化。一项研究比较了那些二十岁出头就生儿育女的夫妇和三十岁才生育的夫妇（Walter，1986），结果发现晚育的夫妻之间的关系更加平等，男性参与家务和照料孩子的时间也更多。

那么，在二十和四十岁才生育孩子的家庭中，亲子互动是否有不同呢？研究者发现，年长的父亲比年轻的父亲更为温和，与孩子交流更好，更多地鼓励孩子的成就，更少苛求孩子，对规则的执行更为灵活，也表现出更少的拒绝。不过，年长的父亲较少参与到需要肢体运动的活动中去（MacDonald，1987）。这些结果都表明，社会历史变化给许多家庭带来了不同的发展轨迹，这些发展轨迹涉及婚姻关系和亲子关系的变化。

青少年与父母的关系

我们已经了解到，随着孩子进入青春期后所发生的剧烈变化，他们与父母对彼此的期望经常会落空。许多父母都觉得他们的孩子变了，从一个乖顺的孩子变成了一个固执、会反对和抗拒父母制定的标准的人。而父母们也通常会给孩子强行施压，要求孩子遵守他们制定的标准。许多父母对待青少年的方式，就好像他们希望孩子在 10~15 分钟内就可以变为一个成熟的大人一样。但是从儿童成长为大人却是一个漫长的过程，期间充满着曲折。孩子们不会一下子就学会遵守成人的准则。那些能够意识到孩子需要很长时间才能“矫正”过来的父母，与那些要求孩子立刻遵守成人规范的父母相比，更能胜任和冷静地处理孩子在青少年期的转变。不过，还有另一些父母，他们不仅没有强行要求孩子遵守规范，而且还以一种纵容的态度放任孩子去做他们想做的事情。

在对亲子关系的讨论中，我们将会发现，无论是高压政策还是放任自流都不是明智的教养策略。接着，我们将讨论另一个误区：父母讨好孩子，这些父母可能认为几乎所有与孩子之间的冲突都是不好的。并且我们还将发现，在青少年期适度的亲子冲突不仅不可避免，还有可能对孩子的发展起到积极作用。

作为管理者的父母

青少年的视角

我们需要父母来指导

16 岁的克瑞斯腾森说："我很庆幸能够与父母开放地交流。当我有需要的时候，或仅仅想谈心的时候，他们都会在那儿支持我。我对父母的建议是：让你的孩子按照自己的步调成长，永远为他们敞开大门，这样当他们需要时便可给予支持。我们需要指导，父母也需要去帮助孩子，但不要过多。"

克瑞斯腾森

父母在青少年发展中扮演着重要角色，他们可以作为孩子面对机遇时的管理者、社会关系的监督者、人际交往的发起者和组织者（Parke & Buriel，1998，2006）。青少年期的一个重要发展任务是逐渐培养孩子的独立决策能力（Mortimer & Larson，2002）。为了帮助孩子发挥所有潜能，父母的重要作用是做一个有效的管理者，去寻找信息、接触沟通、帮助孩子形成决策以及给予指导（Youniss & Ruth，2002）。做好这样一个重要的管理角色能够帮助孩子避免犯错误，并能让孩子找到自己的方式去面对和处理大量的选择和决策（Furstenberg & others，1999）。

父母也可以在孩子与同伴、朋友和成人进行社会接触时做好一个管理者。从婴儿到青少年，母亲比父亲更有可能在抚养中承担这样的管理角色。在婴儿期，父母要管理的事情可能包括带孩子看医生，安排托管照料孩子；在儿童早期，可能包括决定孩子去哪里读小学；在儿童中期和晚期，可能包括教孩子自己洗澡，帮孩子搭配穿衣并教导他们不要弄脏衣服以及收拾玩具；在青少年期，可能包括参与家长会，继而督促孩子完成家庭作业等。

在抚养过程中，做好管理角色的一个很重要的方面是对青少年进行有效的监督，这在孩子进入青少年期之后显得尤为重要。监

督包括检查和指导他们如何选择社会环境、社会活动和朋友。正如我们在第 14 章“青少年的问题”中将会看到的那样，缺乏足够的父母监督是导致青少年犯罪的最为重要的因素（Patterson & Stouthamer-Loeber，1984）。

家庭教养方式

父母都希望孩子将来成为一个成熟的、可融入社会的人，然而他们却常常在为人父母的角色中感到挫败。长期以来，心理学家就致力于研究哪些因素可促进青少年发展出良好的社会技能。例如，在 20 世纪 30 年代，行为主义者华生就强烈主张父母不要对孩子太慈爱。早期的研究关注体罚与心理惩罚之间的差异，以及控制型教养和放纵型教养之间的区别。最近，研究者们在揭示良好教养因素方面有了更深入的进展。

其中，鲍姆林德（Diana Baumrind，1971，1991）的观点广为人知，她认为父母对待青少年既不能太过严厉，也不能不管不问。父母应当发展一套规则，同时也对孩子富含感情。她强调了四种与青少年社会行为的不同方面有关的教养方式，它们是专制型、权威型、冷漠型和放纵型：

- **专制型教养**（authoritarian parenting）是一种约束惩罚型的教养方式。父母要求孩子遵守指令，要求他们重视工作与努力。专制型父母对孩子有着严格的限制和控制，不允许有商量的余地。例如，一个专制型的父母可能会说：“你按照我说的去做，没得商量！”专制型教养方式与青少年的低人际胜任力有关。这种教养方式下的青少年往往会在社会比较中感到焦虑，他们很难积极主动起来，人际沟通能力也较弱。

- **权威型教养**（authoritative parenting）的父母鼓励孩子独立，但也会对他们的行为进行限制。他们允许孩子与自己进行广泛而平等的交流，对待孩子的方式温和而细心。例如，一个权威型的父亲可能会放松地把手搭在孩子肩上，说道："你知道你本不应该那样的。我们来聊聊，看看下一次你处理这种情况时如何做得更好"。权威型教养方式与青少年的高人际胜任力有关，这种教养方式下的青少年比较独立，能够对自己负责。
- **冷漠型教养**（neglectful parenting）的父母不介入也不关心青少年的生活。冷漠型的父母通常回答不出这样的问题："现在是晚上 10 点了，你知道孩子在哪里吗？"冷漠型教养方式也与青少年的低人际胜任力有关，这些青少年尤其缺乏自控能力。他们强烈地渴望父母来关心自己，但在这种教养方式下，他们却感觉到父母生活的其它方面要比他们重要得多。冷漠型教养的青少年社会胜任力不足，他们自控能力差，也不能做到独立。与冷漠型教养方式密切相关的一个概念是父母监督的缺失。最近的一项研究发现，父母监督与孩子较高的学习成绩、较少的性活动和抑郁程度较低都有关（Jacobson & Crockett，2000）。
- **放纵型教养**（indulgent parenting）的父母虽在青少年的生活当中投入较多，但却对孩子不加要求和管束。放纵型父母容许孩子做任何他们想做的，结果是孩子永远也学不会控制自己的行为，总是期望事情按照自己的意愿来发展。有些父母刻意以这种方式来抚养孩子，因为他们错误地认为热情地投入和不加限制的教养能够塑造一个有创造力的、自信的孩子。然而，放纵型教养也会导致青少年的社会胜任力很低，特别是自控能力缺乏。

我们上述关于教养方式的讨论是从接纳程度、反应敏感性、要求与控制这几个维度来探讨父母之间的差异。如图 9.2 所示，我们可以通过几个维度来描述这四种教养方式（专制型、权威型、冷漠型和放纵型）（Maccoby & Martin，1983）。

总体来说，研究者发现，权威型教养与发展过程中的积极方面有关（Steinberg & Silk，2002）。例如，最近一项对以色列男性青少年的研究发现，即使在一个专制型的环境当中——军队的基础训练，权威型教养家庭的青少年也比专制型教养家庭的青少年能更好地应对和适应环境（Mayseless，Scharf，& Sholt，2003）。

为什么权威型教养是最有效的方式呢？原因如下（Steinberg & Silk，2002）：

- 权威型的父母在控制孩子与鼓励自主之间能建立很好的平衡，这样就给了孩子机会去发展其独立性，同时也提供他们所需要的规范、限制和指导（Reuter & Conger，1995）。

- 权威型的父母更可能与孩子进行平等的言语交流，允许他们表达自己的观点（Kuczyniki & Lollis，2002）。这种类型的家庭讨论可能会帮助孩子理解社会关系，学习良好的社会交往所需的技能。
- 权威型父母的投入和给予孩子的温暖使得孩子更愿意接受父母的影响（Sim，2000）。

教养方式与种族

	接纳、敏感，以孩子为中心	拒绝、冷淡，以父母为中心
过分要求和控制	权威的、互惠的、双向交流程度高	专制的、独断专行的
不要求、低控制	放纵的	冷漠的、忽视的、冷淡的、不卷入的

图 9.2
四种教养方式

权威型教养方式在所有种族、所有社会经济地位人群以及所有家庭结构中都是有益的吗？虽然研究者发现有个别例外的模式，但权威型教养与青少年胜任力的关系已在大量对不同家庭的研究中得到了证实（Steinberg & Silk，2002）。

尽管如此，研究者也发现在某些种族群体中，专制型教养方式的某些方面与孩子行为的关系要比鲍姆林德所预期的更加积极。亚裔美国家庭通常会沿用亚洲传统育儿实践的某些经验。一些研究者会把这些经验方法描述为专制型教养。然而，Ruth Chao（2001，2005；Chao & Tseng，2002）认为，最好把许多亚裔美国人所使用的教养方式当作是一种训练，在此过程中父母关心孩子、卷入到孩子的生活当中，而不是一种严格的或专制型的控制。这样，Chao 所描述的教养方式训练就是建立在父母控制的基础上，但这种父母控制与专制型教养所体现的“压制式”控制完全不同。亚裔美国人的这种训练式教养的积极结果体现在孩子的高学业成就上（Stevenson & Zusho，2002）。

拉丁裔美国人的教养实践提倡一种植根于家庭的自我认同发展，要求孩子尊重与顺从（Harwood & others，2002）。就像非裔美国家庭那样，不同辈分与乡亲之间有更多生活在一起与互助的机会（Zinn & Wells，2000）。

研究者还发现，非裔美国父母比非拉丁裔的白人父母更可能使用体罚（Deater-Deckard & Dodge，1997）。不过，非拉丁裔白人家庭中的体罚与孩子的更多外显问题

（比如出格行为和高攻击行为）有关，而在非裔美国家庭中却无此相关。对此结果的一种可能解释是，非裔美国父母必须在危机的环境下执行规范，他们才更可能生存下来（Harrision-Hale，McLoyd，& Smedley，2004）。在这种情况下，要求孩子遵从父母权威也许是一种适应性的教养策略，它避免了孩子参与有可能给自己和他人带来严重后果的反社会行为。

关于教养方式的进一步思考

教养方式的概念也有一些不足之处。首先，它并未涉及交互社会化及其同步效应（Collins & Laursen，2004）。别忘了，青少年也会像父母教化他们一样对父母进行社会化。其次，许多父母使用多种教养策略，而不仅仅是一种，虽然其中某种策略可能占主导。尽管人们建议教养方式应该前后一致，但聪明的父母可能会觉察到不同方式结合的重要性，有时候应该对孩子更宽容，有时候应该更专制，还有些时候应该更民主。另外，也有一些批评认为教养方式的概念太宽泛，应该有更多研究来探索教养方式的不同成分，从而揭示各种成分的作用（Steinberg & Silk，2002；Vazsonyi，Hibbert，& Snider，2004）。例如，在预测青少年发展结果方面，父母监督是否比给予温暖更重要呢？

性别、教养与父母共同承担抚养

母亲在家庭中的角色是怎样的？父亲的角色又是怎样的？什么是共同承担抚养？共同承担抚养的效果如何？

母亲的角色

当你听到母亲这个词时，你想到了什么？假如你和大多数人一样，你可能会将之与一些积极的特质联系起来，例如温暖、无私、尽职尽责、隐忍（Matlin，1993）。大多数女性可能会认为，做母亲是快乐而满足的事情。但现实是，在我们的社会里，母亲所获得的声誉相对还比较低。当她们去努力赚钱、获取权力和成就的时候，一切并不那么顺利，母亲们很少获得她们应得的肯定。当孩子没有成功或出现问题时，人们通常倾向于把责任归咎于母亲一个人。心理学研究最重要的成果之一便是它发现行为是由多方面的因素所决定。青少年的发展也是如此，当他们的发展出现偏差时，母亲并非这些问题的唯一原因，然而人们却往往有这样的刻板偏见。

如今的现状是，尽管男性已经承担了稍微多一些的养育职责，但儿童和青少年教养的主要责任仍然落在母亲的肩上（Barnard & Solchany，2002；Brooks & Bornstein，1996）。在一项研究中，九年级和十二年级的青少年都表示，他们的母亲比父亲在教养中的投入更多（Sputa & Paulson，1995）。

总之，母亲的角色既能带来益处，也有其限制。即使大多数女性并不会将她们的全部投入到做母亲当中，但是对许多母亲来说，抚育孩子是她们生命中最有意义的经历之一。

父亲的角色

父亲的角色已经历了较大的变化（Day & Lamb，2004；Lamb，1997；Parke，2002，2004；Parke & others，2002）。在殖民时代的美国，父亲主要承担道德教育的责任。他们为孩子提供指导和灌输价值观，特别是宗教信仰。到了工业革命时期，父亲角色就改变了,他们需要承担起养家糊口的职责,这种角色一直持续到大萧条时期末。二战结束后，父亲们又有了另一个角色——性别角色的榜样。虽然养家糊口和道德指导对父亲来说也很重要,但他们更注重自己的男性角色,特别是要为儿子树立榜样。进入 20 世纪 70 年代，人们越来越感兴趣于做一个主动的、抚养和照料型的父亲。这样，父亲就不仅仅负责管教年长的孩子和为家庭提供经济基础。人们现在评价一个父亲也要看他是否主动地与孩子在一起、是否投入到孩子的照料中。

现在的父亲对儿童和青少年的投入到底有多少呢？一项针对五年级到十二年级青少年的纵向研究发现，父亲只花很少一部分时间和孩子在一起（Larson & others，1996）。研究还发现，父亲和孩子在一起的时间是母亲和孩子在一起时间的三分之一到四分之三（Biller，1993；Pleck，1997；Yeung & others，1999）。一项研究考察了超过 1700 名儿童（最大年龄为 12 岁）的家庭，发现相比于 20 世纪 90 年代早期同年龄段孩子的父亲，这些孩子的父亲花更多的时间和孩子在一起，但仍然要少于母亲和孩子在一起的时间（Yeung & others，1999）。尽管有些父亲特别称职，但还有一些父亲与其孩子之间仍然像陌生人一样，即使他们住在同一个房子里（Burton & Synder，1997；Day & Acock，2004）。

总之，尽管美国的父亲与孩子在一起的时间增加了，但还是少于母亲和孩子在一起的时间（Parke & Buriel，2006；Pleck & Masciadrelli，2004）。这种在抚养投入上的性别差异不仅存在于非拉丁裔白人父母中，对拉丁裔和非裔美国父母来说也是如此（Yeung & others，2001）。研究者还发现，其他国家的父亲（如澳大利亚、英国、法国和

> 很明显，大多数美国孩子与父亲在一起的时间太……少了。
>
> ——Gloria Steinem
>
> 20 世纪美国女权主义者和作家

日本）和孩子在一起的时间也少于母亲（Zuzanek，2000）。

一个关心人、平易近人和可靠的父亲能够给予孩子信任和自信，他们之间的互动明显有助于孩子的社会性发展（Carlson & McLanahan，2002；Jones，2006；Parke，2002）。在一项研究中，斯滕伯格和哈里斯（Frank Furstenberg & Kathleen Harris，1992）阐述了父亲的悉心照料是如何让孩子克服生活困境的。在低收入非裔美国家庭中，那些在青少年期与父亲有亲密依恋并对父亲有认同感的孩子，成年后找到稳定工作或进入大学的可能性是其他年轻人的两倍，而成为未婚父母的可能性要少 75%，进监狱的可能性少 80%，患抑郁的可能性也要少 50%。不过，遗憾的是，研究中只有 10% 的经济困难家庭的孩子在儿童期和青少年期与父亲有稳定、亲密的关系。另两项研究发现，比起父亲疏于照料或被父亲拒绝的学生，那些报告自己的父亲在其成长期悉心投入的大学生在人际和社会适应方面更好（Fish & Biller，1973；Reuter & Biller，1973）。另外一项研究发现，如果父亲有着积极情感，那么他的孩子就不太可能会抑郁（Duckett & Richards，1996）。

共同承担抚养：抚养中的搭档

过去二十年里，关于父母共同承担抚养的研究急剧增加。这些研究的主题是：父母间的不协调、其中一方对另一方的不停打压和轻视、缺乏合作与热情、其中一方的合作断层（不管是不合作还是过度投入），这些因素都会让儿童和青少年的发展处于危机之中（McHale & others，2002）。与此相反，父母彼此团结、合作和热情与孩子的亲社会行为和同伴关系胜任力有明显的联系。

当父母之间能够彼此合作、互相尊重、平等交流和照应彼此的需求时，就会培养孩子对男性和女性的积极态度（Biller，1993；Tamis-LeMonda & Cabrera，2002）。对有工作的父母来说，合作与共同承担抚养责任使得他们能更轻松地应对家庭环境的变化。一个支持妻子的丈夫会让妻子感到压力较小，也会让她对丈夫的情感更积极。

青少年与父母的冲突

人们普遍认为，青少年和父母之间有一条巨大的鸿沟，即所谓的代沟。也就是说，在青少年阶段，孩子的价值观和态度与父母那一代越来越不同。其实，大多数时候代沟的说法只是人们的刻板印象而已。例如，大多数青少年和其父母对于努力工作、成就和职业期望等事物的价值有着相似的看法（Gecas & Seff，1990）。他们的宗教和政治信仰也通常和父母相似。在我们关于青少年与父母冲突的讨论中，大家会了解到只有少数青少年（可能为 20%~25%）与父母之间的冲突水平较高，而大多数青少年和父母的冲突处于中等或较低的水平。

在青少年早期，孩子与父母的冲突不断增加。就大多数美国家庭来说，这些冲突有什么特点？

尽管如此，与儿童期的亲子冲突相比，青少年早期的亲子冲突已大大升级（Allison & Schultz，2004；Laursen & Collins，2004；Montemayor，1982；Weng & Montemayor，1997）。冲突增加的原因可能有多种，包括我们先前所讨论过的青少年和父母的成熟化问题：青春期的生理变化，因理想化和逻辑思维增强而导致的认知变化，主要反映在独立性、认同、期望落空等方面的社会性变化，以及父母在成年中期发生的生理、认知和社会性方面的变化。有研究者对一系列研究进行了分析，最后的结论是，从青少年早期到青少年晚期，青少年与父母的冲突实际上在减少（Laursen，Coy & Collins，1998）。

在青少年早期，虽然孩子们与父母的冲突确实增加，但并没有像 20 世纪初霍尔（G. Stanley Hall）所预测的那样狂风骤雨般地激烈（Collins & Steinberg，2006；Holmbeck，1996；Steinberg & Silk，2002）。相反，许多冲突都是关于日常生活琐事，诸如收拾房间、整齐着装、在几点之前回家、不能煲电话粥等等。这些冲突很少涉及像吸毒和犯罪这样的大事件。一项对中产阶级非裔美国家庭的研究表明，青少年与父母的冲突十分常见，但程度较低，且都是集中在日常生活事件上，如房间整洁、家务劳动、活动安排和家庭作业（Smetana & Gaines，1999）。几乎所有的冲突结果都是孩子向父母屈服，不过随着年龄增长，青少年的妥协也越来越少。

一项对各种社会关系冲突的研究发现，青少年报告他们和母亲之间有最多的分歧，比其他任何人都多，其次是与朋友、情侣、兄弟姐妹、父亲、其他成人以及同伴之间的分歧（Laursen，1995）。在另一项对 64 名高二学生进行的研究中，研究者在三周之内随机选择三个晚上到青少年家中进行访谈（Montemayor，1982）。研究者让青少年报告他们前一天的情况，包括他们与父母所发生的任何冲突。在这里，冲突被定义为“你嘲弄了父母或父母嘲弄了你；你和父母有不同的观点；你们其中一方对对方很生气；你和父母争吵或理论；或者你们其中一方打了对方”。在对这 64 名青少年进行追踪的 192 天期间，他们平均报告有68次冲突。这意味着青少年每天和父母有0.35次争吵，或者说每3天就有1次争吵。每次争吵的持续时间平均为11分钟。大多数冲突发生在青少年和母亲之间，这其中的绝大多数发生在母亲与女儿之间。

然而，也有一些青少年和父母的关系处于高水平的冲突当中。据估计，大约20%的家庭中父母和青少年之间会发生长期、紧张、反复而不健康的冲突（Montemayor，1982）。虽然这个数字只是代表了一小部分的青少年，但却表明有四到五百万美国家庭经历了严重的、高度紧张的亲子冲突。这样长期紧张的冲突状态也与青少年出现的一系列问题有关，例如离家出走、青少年犯罪、辍学率、怀孕和过早结婚、参与宗教迷信以及药物滥用（Brook & others，1990）。

虽然在一些情况下，上述问题可能是由于青少年与父母之间长期的紧张冲突造成的，但有时候这些问题也可能源于青少年期之前。儿童时期，只是因为孩子们的体格还比较弱小，父母能够压制孩子的反抗行为。但到了青少年期，身体和力量的增长使得孩子，尤其是男孩子，可以无视父母的权威甚至与之对抗。不过，一些心理学家认为冲突是青少年发展中的正常过程。

美国心理学家兰迪·拉森（Reed Larson，1999）花了6个月的时间在印度研究了中产阶级青少年及其家庭。他发现，在印度，青少年和父母之间几乎没有冲突，以鲍姆林德的分类标准来划分，很多家庭都可归入“专制型”一类。拉森同时还发现，印度青少年并没有经历与父母心理分离的过程，父母甚至为孩子选择婚姻伴侣。在日本的研究也发现，日本青少年与父母间的冲突要低于美国青少年（Rothbaum & others，2000）。

与青少年发展有关的职业

玛莎·陈

婚姻与家庭治疗师

玛莎·陈是美国加利福尼亚州帕罗奥图市青少年咨询服务中心的一名婚姻与家庭治疗师，她担任服务中心的项目主管已有十多年。

在玛莎所从事的工作中，她不仅为父母和青少年提供家庭问题咨询服务，为中学家长举办工作坊，还每月写专栏，其中的主题包括：“我是一个单身母亲，我怎样和儿子谈论性话题？”、“我的女儿想把头发染成紫色”以及“我儿子被欺负了。”

自主性与依恋

据说，我们只有两件永久遗产可以留给孩子：一是根基，二是翅膀。这句话反映了依恋与自主性对青少年成功适应社会的重要性。以往的发展心理学家对青少年期自主性的关注要远远多于对依恋的关注。不过，依恋对青少年健康发展的作用最近也引起了研究者的广泛兴趣，青少年及其父母都生活在一个同时需要自主性与依恋的和谐世界中。为了与研究兴趣的历史发展过程相呼应，我们先讨论青少年的自主性。

自主性

独立性增强是青少年期的典型现象，但一些父母却把它解读为孩子“造反了”。实际上，在多数情况下，青少年追求自主与他们对父母的感觉并无任何关系。健康家庭会针对青少年的独立性需求作出调整，以一种更加成人的方式对待青少年，并让他们参与到更多的家庭决策当中。不健康的家庭通常仍然固守父母权力和控制那一套，父母在孩子面前反而更多地摆出一副权威的姿态。

青少年的自主需要和责任感会让父母感到迷惑和冲突。他们开始感觉孩子跳出了自己的掌控。正如我们已经了解到的，这时候的父母迫切地希望对寻求独立和个人责任的孩子有更多控制。于是，双方产生了激烈的情感碰撞，一方对另一方直呼其名，威胁对方，以及做出任何可显示自己有掌控权的事情。父母们可能会感到沮丧，他们希望自己的孩子听从劝告，愿意花时间和家人在一起，能够长大懂事并去做正确的事情。是的，父母会想到孩子在适应青少年期变化时可能遭遇困难，然而，很少有父母会想象或预测的到青少年是多么想和同伴在一起，又是多么想证明自己能够为自己的成功或失败负责，而不是父母。

青少年自主的复杂性 自主性的定义比它看起来要复杂和微妙得多（Collins & Steinberg，2006；Zimmer-Gembeck & Collins，2003）。自主性这个词通常暗含着自我导向和独立的意思。然而它的含义到底是什么呢？它是一种能够让青少年保持不受父母影响的内部人格特质？还是一种自己做决定的能力？自主性是否表明青少年在所有生活领域，包括学校、经济方面、约会和同伴关系中的表现都一致呢？同伴和其他成人对青少年自主性的发展有怎样的影响？

自主性的一个尤为重要的方面便是**情感自主性**（emotional autonomy），即能够不再像孩子似的依赖父母。在情感自主性的发展过程中，青少年不断地对父母去理想化，将父母看成普通人而不仅仅是抚养者，他们变得不那么依赖父母的即时情感支持。

性别与文化 在青少年获得自主性的过程中有典型的性别差异，男孩往往被赋予更多的自主权。最近的一项研究发现，这种性别差异在传统性别角色取向的家庭中尤其明显

（Bumpas，Crouter，& McHale，2001）。

青少年何时获得自主性才是恰当的？不同的文化、不同的父母和青少年对此也有不同的期待。例如，白人父母比亚裔或拉丁裔美国父母更希望孩子早点独立，单身父母比已婚父母更希望孩子早点独立，而青少年也比其父母更希望自己早点获得自主性（Feldman & Rosenthal，1999）。

在一项研究中，美国青少年比日本青少年更早从父母那里寻求独立（Rothbaum & others，2000）。即使是在美国长大的亚裔青少年，他们通常也不像美国白人青少年那样早早地去寻求独立（Greenberger & Chu，1996）。许多日本人惊讶于美国人在孩子进入成人期后，让孩子贷款支付学费。这种做法在日本人看来会令人很不舒服，因为这暗示着家庭成员之间关系的疏离（Lebra，1994）。另外，进入成人期后，日本人也比美国人更少离家独自在外居住（Hendry，1999）。

自主性发展的转折点与进入大学 在自主性发展的过程中，许多青少年都会经历一个转折点，那就是离开家去上大学（Bleeker & others，2002；Silver & others，2002）。对于大多数人来说，从高中到大学需要发展出更强的独立性。一些人会患上思乡病，而对另一些人来说，享受没有父母在身边唠叨的生活是最美妙不过了。不过，对父母分居或离婚的孩子来说，离开却是特别痛苦的。这些家庭里的青少年容易发现自己已变成了父母和兄弟姐妹的安慰者、亲密知己甚至是照料者。一个大学新生说，“我感到自己对父母负有责任。也许我不应该这样，但我控制不住自己。对我而言，想要和他们分开、想要从别人的问题里逃脱出来以及去追求自己的个性独立都变得更加困难。”不过，对于其他学生来说，成为一个独立的大学新生并不总是让他们感到压力。18 岁的布朗谈到，“做一个大人是有点困难。我得学会自己平衡收支，自己订机票，自己洗衣服。也许最难的就是早上起床，再也没有妈妈在门外敲门叫醒我了。”

孩子上大学后，他们与父母的关系有怎样的变化？

一项研究考察了 130 位大学新生和 123 位大学高年级学生的心理分离和适应状况（Lapsley，Rice，& Shadid，1989）。正如研究者所预期的那样，与老生相比，新生对父母的心理依赖程度更高，社会和人际适应情况也更差。女生也比男生表现出更多对父母的心理依赖。另一项研究则发现，高中到大学的转折点之前，亲子关系的满意程度更低（Silver，1995）。

还有一项研究发现，与住在家里的大学生相比，住校的大学生报告与母亲更亲密，与父母冲突更少，也有更强的决策控制感和自主性（Holmbeck，Durbin，& Kung，1995）。

这个青少年从家里跑了出来。家里发生了什么事情导致他要离家出走？社会有没有方法可以更好地为他们服务？

离家出走的青少年 青少年为什么会离家出走？通常，离家出走的人在家里感到非常不快乐。在任何人看来，他们当中许多人离家的原因似乎都是合情合理的。出走时，他们通常不会透露有关自己去处的线索，他们只是消失了。

许多离家出走的案例来自于那些父母打孩子或对孩子进行性虐待的家庭（Chen & others，2004），孩子们的生命每日都处于危险之中。他们的父母可能是药物上瘾者，也可能是嗜酒者。在一些案例中，有些家庭贫穷到父母甚至都无法给孩子提供衣食。这些父母自己在情感或物质上的缺陷已经沉重到无法应对，从而也无法注意和了解孩子的需要。如此这般，孩子们只好到街上去碰运气，去寻找他们在家中无法得到的情感和物质回报。

但是离家出走者并非都来自于社会底层家庭。那些受到父母反对的少年情侣们也可能决定私奔，去过他们自己的生活。或者，一个中产阶级家庭的青少年也许已经看够了他那虚伪的父母——他们试图为他制定一种不切实际的高道德标准，自己却过着一套散漫的、虚伪的生活。有的青少年也许和经常争吵的父母生活在一起。所有这些都会让青少年觉得，他们离开家会更快乐。在一项研究中，与那些待在家里的青少年相比，流浪的青少年报告他们遭受了更多的父母虐待，更频繁地被父母斥骂，同时也感到更不被父母所爱（Wolfe，Toro，& MaCaskill，1999）。

离家出走通常是一个渐进的过程。一开始，青少年会减少待在家里的时间，花更多的时间待在街上或和同伴在一起。父母可能会告诉孩子他们很想见到他，希望去理解他，但离家的孩子却觉得他们在家里根本不被理解，觉得父母只关心他们自己。

离家出走的青少年也特别容易物质滥用（Slesnick & Prestopnick，2004）。一项全美范围的纵向研究发现，十四五岁离家出走与青少年的物质滥用和四年后的（十八、十九岁）酗酒问题有关（Windle，1989）。反复离家出走的人比出走一次的人更容易成为物质滥用者，反复出走和出走一次的人在四年后都更容易从学校辍学。

为了离家青少年的身心健康，社会必须为他们做些什么。最近几年，针对离家青少年的全国热线和临时庇护所已经建立起来。然而，现有的庇护所还是太少了，而且通常这些庇护所内也严重缺乏针对离家青少年的专业心理帮助。

结语 总而言之，面对青少年渴望自主，父母所做出的恰当反应，能够帮助青少年获得自主性和控制自己行为的能力。当孩子进入青少年期后，他并没有足够的知识使他能在所有生活中都作出适当或成熟的决定。面对孩子的自主性需求，聪明的父母应该学会在孩子能够自己作出合理决定的时候放弃掌控权，而在他们知识有限的领域仍然给予指导。慢慢地，青少年就能够增强独立做出成熟决定的能力。接下来，我们的讨论将会更详细地说明自主性发展与亲子关系有着多么重要的关联。

依恋及其与家人的交流

青少年并非简单地从受父母影响的阶段一下子就进入到自己做决定的阶段。在他们逐渐获得自主性的同时，和父母保持依恋关系对他们的心理健康是有帮助的。

安全依恋与不安全依恋 一些依恋理论家，如英国精神分析学家鲍尔比（John Bowlby，1989）和美国发展心理学家安斯沃斯（Mary Ainsworth，1979）都认为，婴儿期的安全依恋对个体人际胜任力的发展很重要。**安全型依恋**（secure attachment）的婴儿将照料者（通常是母亲）当作一个可以供他探索环境的安全基地。在理论上，安全依恋被认为是儿童后期、青少年期及成人期心理发展的重要基础。**不安全依恋**（insecure attachment）的婴儿，不是回避照料者，就是对照料者有相当程度的抵触或矛盾的情绪。在理论上，不安全依恋被认为与个体未来发展中的人际关系困难和问题有关。

过去十年间，发展心理学家开始探索安全依恋的功能及其相关概念，例如青少年期的个体和父母的相互关系（Allen，Hauser，& Borman-Spurrell，1996；Allen，Kuperminc，& Moore，2005；Allen & others，2003；Collins & Steinberg，2005；Easterbrooks & Biesecker，2002；Kobak，1999）。研究者认为，青少年与父母的安全依恋能够促进他们的人际胜任力和主观幸福感，例如自尊、情绪调适和身体健康等（Cooper，Shaver，& Collins，1998；Egeland & Carlson，2004；Hilburn-Cobb，2004）。在艾伦及其同事的研究中（Allen & others，1994），安全依恋的青少年有问题行为的可能性更低。最近一项研究发现，青少年对父母双方的安全依恋与他们的同伴关系和友谊质量之间呈正相关的关系（Lieberman，Doyle，& Markiewicz，1999）。

许多研究都采用成人依恋访谈（Adult Attachment Interview，AAI）来测量青少年的安全依恋和不安全依恋（George，Main，& Kaplan，1984），这种测量方法考察的是个体对重要依恋关系的回忆。根据参与者对 AAI 问题的反应，可以将他们分为安全自主型依恋（与婴儿期的安全依恋相对应）或以下三种不安全依恋类型中的一种：

- **冷漠 / 回避型依恋**（dismissing/avoidant attachment）的人否定依恋关系的重要性。这种依恋类型与婴儿早期时依恋需求遭到照料者的持续拒绝有关。冷漠 / 回避型依恋关系的一种可能结果是父母和青少年都互相疏远对方，从而使父母对孩子的影响作用显著降低。研究发现，冷漠 / 回避型依恋与青少年的暴力和攻击行为有关。
- **专注 / 矛盾型依恋**（preoccupied/ambivalent attachment）的青少年对依恋经历有过度的反应。在理论上讲，这主要是由于父母对青少年需求的满足时有时无，从而导致了青少年高度寻求依恋的行为，这种行为同时也混合着愤怒情绪。这种依恋类型的青少年与父母之间的冲突非常多，影响了他们的健康发展。
- **不确定的 / 混乱型依恋**（unresolved/disorganized attachment）的青少年有着非常高的恐惧情绪，这种恐惧可能是非定向性的。这可能来自于父母死亡或虐待之类的创伤经历。

发展性的转变 青少年期孩子的自主性及其与家庭的交流也发生了转变。兰迪·拉森及其同事的一项研究（1996）让 220 名 10~18 岁的中产阶级白人青少年随身带上无线传呼机，然后研究者随机呼叫他们，让他们报告与谁在一起、在做什么、他们感觉如何。结果发现，青少年与家人在一起的时间从 10 岁时的 35% 下降到 18 岁时的 14%，这表明随着年龄的增长，青少年的自主性也在增强。但是，与家人的交流随着年龄的增长而明显增多。青少年会更多地与家人谈论人际方面的话题，特别是女孩。当青少年的年龄渐长时，他们更多地认为自己在主导着谈话。另外，年龄大点的青少年报告他们在家庭互动中对其他人有更多的积极情感，而这在青少年早期是呈下降趋势的。另一项对大约 18.5 岁的非裔美国青少年的研究发现，与父亲相比，这些青少年与母亲有更亲密的关系（Smetana，Metzger，& Campione-Barr，2004）。不过，当父亲与孩子在一起的时间比较稳定时，他们与孩子的关系要更积极。

结语 以往关于青少年与父母关系的模型指出，随着青少年发展成熟，他们从父母身边离开，走向一个摆脱父母的自主世界。以往的模型同时还认为，在整个青少年期，青少年与父母之间都充满了紧张而有压力的冲突。然而，新模型强调，当青少年探索一个更加广阔和复杂的世界时，父母作为重要依恋对象、资源和支持系统有重要作用。新模型同时还强调，对大多数家庭来说，青少年和父母之间只有中等程度的冲突，双方之间的日常协商和小争议都是正常的，对青少年独立性和自我同一性的发展具有积极的功能

旧模型

自主、与父母分离；家庭环境与同伴世界是完全隔绝的

青少年期的冲突激烈且充满压力；在日常生活中，青少年与父母之间的关系如暴风雨，紧张不已

新模型

依恋与自主性并重；父母是青少年的重要支持系统和依恋对象，亲子关系与同伴关系之间有某些重要的联系

青少年与父母的冲突处于正常的中等水平，对发展起到积极的作用；青少年早期的冲突会更多一些，特别是在青春期发育的高峰阶段

图 9.3
关于青少年与父母关系的新旧模型对比

（见图 9.3）。

到目前为止，我们已经阐述了家庭过程的特点以及青少年和父母的关系。除了亲子关系之外，多数家庭中还有另一种关系——兄弟姐妹关系，这是我们接下来要讨论的。

兄弟姐妹关系

桑德拉正向她母亲描述她与姐姐的冲突：

> 那时我们刚看完球赛回到家。我坐在灯下的一把椅子上看书，萨莉（她姐姐）对我说，“起来，我之前坐在那儿的，我只是站起来去拿点喝的。”我说我不想起来，我也没看见椅子上写了她的名字。我很生气并推了她一把——她的饮料洒了她一身。然后她就变得非常生气，把我推到墙角，对我又打又抓，我好不容易才抓着她的头发。

这时候，萨莉走进房间，开始讲述她的故事版本。萨莉打断谈话，“妈妈，你总是偏袒她。”你对这种情况很熟悉是吧？兄弟姐妹之间有多少冲突？在我们一起探讨兄弟姐妹在社会性发展中的作用时，你会发现冲突是兄弟姐妹关系中的正常现象，不过兄弟姐妹在社会性发展中也会有许多其他的作用。

兄弟姐妹的作用

我们当中超过 80% 的人有至少一个兄弟姐妹，在青春期，兄弟姐妹关系的特点是什么？

超过 80% 的青少年至少有一个同胞手足——兄弟或姐妹。有兄弟姐妹的人很清楚，萨莉和桑德拉之间所经历的冲突是兄弟姐妹之间很常见的互动形式。不过，冲突也只是兄弟姐妹关系互动中的一种。青少年之间的兄弟姐妹关系还包括帮助、分享、传授、打架、玩耍，兄弟姐妹还可以作为彼此的情感支持者、竞争对手和交流对象（Zukow-Goldring，2002）。最近一项研究发现，青少年每周与兄弟姐妹在一起的时间平均为 10 个小时，其中 12% 的时间是一起从事建设性的活动（如艺术、音乐和兴趣爱好等创造性活动，体育，宗教活动以及游戏），25% 的时间从事非建设性的活动（看电视或出去闲逛）（Tucker，McHale，& Crouter，2003）。另一项研究也发现，积极的兄弟姐妹关系可以使青少年感受到情感支持和学业方面的支持（Seginer，1998）。

有时候，兄弟姐妹对青少年社会化的影响要大于父母（Teti，2001）。与父母相比，一个年龄相近的人（如兄弟姐妹）更能理解青少年遇到的问题，也能和他们更有效地沟通。在处理同伴关系、应对难缠的老师以及讨论禁忌话题（比如性话题）方面，兄弟姐妹对青少年社会化的影响要比父母大得多。新近的一项研究发现，不管是年幼还是年长的青少年，他们都把比自己年龄大的哥哥姐姐看成自己学业上和社会活动方面的重要支持（Tucker，McHale，& Crouter，2001）。

兄弟姐妹之间的高强度冲突也会妨碍青少年的发展，尤其是遇到父母教养无效时。一项纵向研究表明，在 10~12 岁时，父母教育不当（问题解决技能低下、监督能力弱、父母与青少年冲突）与兄弟姐妹冲突（攻击、打架、偷盗、欺骗）同时存在，能够预测 12~16 岁时的反社会行为和同伴关系不良（Bank，Burraston，& Snyder，2004）。

出生顺序

兄弟姐妹关系的研究者对于出生顺序特别感兴趣，他们想确定家庭中有着特定出生顺序的个体的特征。头胎出生的孩子通常被认为比其他兄弟姐妹更像成人，更能够给予帮助、更循规蹈矩、更加焦虑、自制力更强、攻击性也更少。父母对第一个孩子的高要大姐是弟妹们生命中的草坪[1]。

——Charles Schultz

20 世纪美国漫画家，漫画《花生》的作者，史努比的创始人

求和高标准使得他们比其他孩子更能获得学业和事业上的成就（Furman & Lanthier，2002）。举个例子来说，头胎孩子更常出现在名人录里和罗德学院学者榜上。不过，头胎孩子也要为他们的高成就承担相应的压力，这也是为什么他们也比其他人感到更多内疚、焦虑、难以应对压力情境和经常走入心理指导室的原因。

出生顺序也影响了兄弟姐妹之间的关系（Vandell，Minnett，& Santrock，1987）。年龄大的孩子无一例外地在兄弟姐妹中承担领导的角色。当父母给予年幼弟妹特殊待遇时，他们也报告有更多的憎恨情绪。

后出生的孩子会怎样呢？要描述后出生孩子的典型特征比较困难，因为这些孩子拥有不同的出生位置。例如，他们可能是两个孩子中第二个出生的男孩，也可能是四个孩子中第三个出生的女孩。在两个孩子的家庭里，后出生孩子的特点与大孩子的性别有关。例如，有姐姐的男孩比有哥哥的男孩更容易发展出“女性化”的兴趣。总体来说，后出生孩子的同伴关系要比第一个孩子更好。最后一个出生的孩子，即使他们已经长大成人，通常也会被家里人昵称为“宝贝”，但他们却有过度依赖他人的危险。中间出生的孩子更善于交际，通常在发生争执的时候扮演调解者（Sutton-Smith，1982）。

人们对独生子女的常用称呼是“被宠坏的小家伙”，他们有许多不讨人喜欢的特点，比如依赖心强、缺乏自控、自我中心等。不过，研究者却发现了独生子女更积极的一面，他们通常是成就取向的，与后出生的孩子和大家庭中出生的孩子相比，他们表现出更讨人喜爱的性格（Thomas，Coffman，Kipp，1993）。

到目前为止，我们对出生顺序的讨论表明，出生顺序可能是青少年行为的重要预测因素。不过，越来越多的家庭研究者认为，出生顺序的作用被夸大了。批评者指出，当考虑到所有影响青少年行为的因素时，出生顺序对行为的预测力十分有限。单就兄弟姐妹关系来说，不仅有出生顺序的差异，也有兄弟姐妹数量的差异、年龄差异、兄弟姐妹年龄差距的差异以及性别的差异。举例来说，最近一项研究发现，兄弟关系比姐妹关系或兄妹姐弟关系更消极（关心更少、亲密度更低、更少的冲突解决等）（Cole & Kerns，2001）。

---

1 Crabgrass is an undesirable type of plant in your lawn. No matter what you do to get rid of it, it keeps coming back. That quote means that having a big sister is not a good thing. No matter what you do, she's always around giving advice when it's not needed. 草坪中总是有杂草，无论你如何想方设法除去它，它总会顽固地又重新长出来。此处指拥有一个大姐并非好事，无论你做什么，她总是要给予忠告，而不管你是否需要。——译者注

再看看兄弟姐妹的气质。研究者发现，孩子本身的气质（“容易型”还是“困难型”）和父母的差别对待都会影响兄弟姐妹之间的相处（Brody，Stoneman，& Burke，1987）。“容易型”气质的兄弟姐妹在相对公平的氛围中相处得最好，而“困难型”的兄弟姐妹或者父母给予其中一个孩子特别优待的兄弟姐妹之间相处得最不好。

除了气质和父母的差别对待，在青少年生活中还有出生顺序之外的其他重要因素影响行为，包括遗传因素、父母在日常生活中表现出来的胜任与否的榜样行为、同伴因素、学校因素、社会经济地位因素、社会历史因素、文化因素等等。尽管出生顺序本身并非青少年行为的有力预测因素，但兄弟姐妹之间的关系和互动仍是青少年期家庭过程的重要方面（Conger & Bryant，2004）。

青少年的视角

与妹妹相处

“像其他兄弟姐妹一样，我和妹妹也会互相掐架。有时候我和她说话就像对着一块砖头一样！当她对我发脾气的时候，她最喜欢做的就是怒气冲冲地离开，‘嘭’地一声关上门。过一会儿，我就会开始冷静下来。当我冷静下来的时候，我意识到和自己的妹妹吵架是多么愚蠢。我会去找她并向她道歉。这样冷静一下并向对方道歉总比一直吵得不可开交要好得多。”

——辛西娅，11 岁

社会变迁中的家庭变化

如今的青少年生活在比以往更加多样化的家庭结构中（Hernandez，1997）。许多母亲花更少的时间和孩子在一起。5 岁以下的孩子，母亲参加工作的比例超过了一半；而 6~17 岁的孩子，母亲参加工作的比例则超过了三分之二。生长在单亲家庭的青少年的数量也十分惊人（Fine & Harvey，2005）。与几乎所有其他国家相比，美国单亲家庭的百分比是最高的（见图 9.4）。另外，到 18 岁时，大约四分之一的美国孩子将有继父或继母。

离婚家庭

20 世纪 60、70 年代，美国的离婚率急剧增加。不过自从进入 80 年代以来，这一趋势有所下降（Amato，2005）。世界上其他国家的离婚率数据也同样经历着显著的变

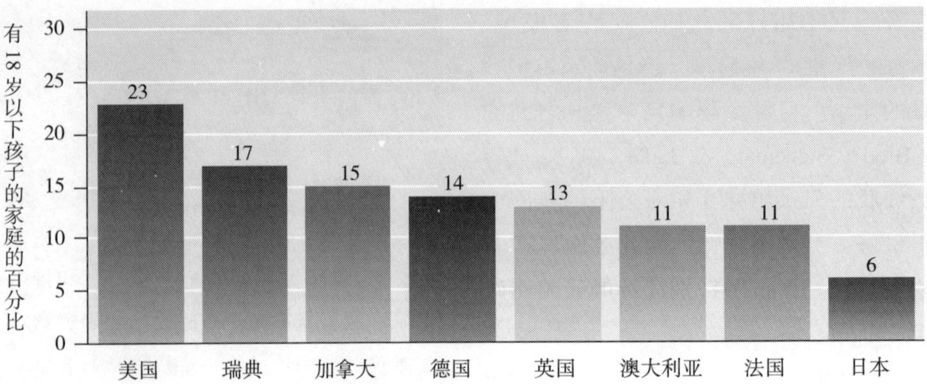

图 9.4
不同国家的单亲家庭

化。例如，日本就曾在 20 世纪 90 年代经历了离婚率的上升（健康教育与社会福利部门，2002）。不过，美国的离婚率仍然要高出日本许多，也远远高出大多数其他国家。据估计，40% 的婚生孩子将会经历父母离婚（Hetherington & Stanley-Hagan，2002）。

我们将通过讨论以下问题来分析有关离婚的后果：一个完整的、从未离过婚的家庭中的青少年是否比离婚家庭的青少年适应得更好？父母应该为了孩子而勉强在一起吗？离婚家庭中的抚养技能有多重要？对于离婚家庭中的青少年，什么因素容易使他们陷入危机之中？社会经济地位在离婚家庭中的青少年的生活中有什么作用？（Hetherington，2000；Hetherington & Kelly，2002；Hetherington & Stanley-Hagan，2002）。

离婚家庭中的青少年的适应问题

许多研究者一致认为，离婚家庭的儿童与青少年比非离婚家庭的儿童与青少年的适应状况更差（Harvey & Fine，2004；Hetherington & Stanley-Hagan，2002）（见图 9.5）。那些经历过多次离婚的孩子，其情况更糟糕。与非离婚家庭的青少年相比，离婚家庭的青少年有更多学业问题，更多外显行为问题（如出格行为和犯罪问题）和内化行为问题（如焦虑和抑郁），更低的社会责任感，更不能建立和维持良好的亲密关系，更容易辍学，更容易在年龄很小时就尝试性行为、尝试药物、与不良同伴在一起等，他们的自尊程度也更低（Conger & Chao，1996）。不过，尽管如此，有研究揭示出大部分离婚家庭的青少年并没有出现以上问题（Barber & Demo，2005；Emery，1999）。这项研究的重点在于强调大多数青少年还是能较好地应对父母离婚的。

父母应该为了孩子而勉强在一起吗

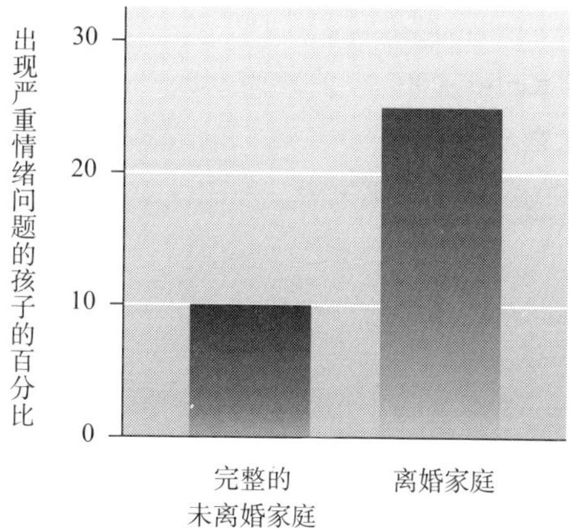

图 9.5

离婚与孩子的情绪问题。在赫瑟林顿的研究里，离婚家庭中的孩子有25%的人出现严重的情绪问题，相比之下，在完整的未离婚家庭中，这一数字只有10%。不过，请注意，在离婚家庭中仍然有大多数（75%）的孩子并未出现严重的情绪问题。

父母是否应该为了孩子而维持一段不快乐、充满冲突的婚姻呢？这是一个有关离婚的常见问题（Hetherington，2000）。假如一段不快乐、充满冲突的婚姻所带来的压力和混乱已经损害了孩子的健康，而离婚能够减少这种痛苦，那么离婚或许是有利的。然而，假如离婚使得可利用的资源减少、风险因素加大且导致不恰当的抚养方式，甚至使父母双方、父母与孩子及其兄弟姐妹之间的冲突持续增加的话，那么对孩子来说，最好的选择就是留在这段不快乐的婚姻中（Hetherington & Stanley-Hagan，2002）。这些都只是"假如"。对父母来说，不管是维持争吵不断的婚姻，还是选择离婚，都很难判断究竟会发生些什么。应当注意到，不管是在婚姻中还是离婚，婚姻冲突都会对孩子产生消极的影响（Cummings，Braungart-Rieker，& DuRocher-Schudlich，2003；Hetherington & Kelly，2002）。

家庭互动过程对离婚家庭有多重要

在离婚家庭中，家庭互动尤为重要（Wallerstein & Johnson-Reitz，2004）。假如离婚的父母之间关系融洽，对孩子采用民主型的教养方式，那么将会提高青少年的适应状况（Hetherington，2000；Hetherington & Stanley-Hagan，2002）。安全依恋关系也很重要。最近一项研究发现，儿童早期经历父母离婚与个体成年早期的不安全依恋有关（Brockmeyer，Treboux，& Crowell，2005）。许多研究者也发现，在离婚后的第一年父母的生活处于失衡状态，他们的抚养技能也跟着下降。但两年后他们能够重新获得调整，抚养技能也得到提高（Hetherington，1989）。大约有四分之一到三分之一的离婚家庭的青少年会与家人疏离，他们尽可能减少待在家的时

> 在当代美国，婚姻选择越来越多，越来越不稳定。儿童和青少年就要经历这些与父母婚姻变动有关的压力和适应方面的挑战。
>
> ——E. Mavis Hetherington
> 美国弗吉尼亚大学，
> 当代心理学家

间，尽可能减少和家人的互动。而只有 10% 的非离婚家庭的青少年会这样做(Hetherington & Kelly，2002)。在离婚家庭中，男孩比女孩更容易发生这种疏离现象。不过，假如在家庭之外有一个关心他们的成人，例如导师之类的人，那么孩子远离一个混乱而充满冲突的家庭环境不失为一种积极的解决办法。

离婚家庭的青少年面临哪些危机因素

容易让青少年陷入危机的因素包括离婚前的适应状况、人格与气质、发展阶段、性别和父母的监护。父母离婚后，青少年的适应状况要比父母离婚之前更差（Amato & Booth，1996）。父母对他们先前的问题行为进行控制能减少离婚家庭孩子与非离婚家庭孩子适应状况之间的差距（Cherlin & others，1991）。

人格与气质因素对离婚家庭青少年的适应情况也很重要。那些比较成熟和有责任感、行为问题较少、表现为容易型气质的青少年能更好地应对父母离婚。困难型气质的儿童和青少年通常无法应对父母的离婚（Hetherington & Stanley-Hagan，2002）。

儿童与青少年发展阶段的研究通常要考虑到父母离婚时孩子的年龄，以及对他们的适应状况进行评估的时间。在大多数研究中，这些因素都与父母离婚时间的长短混淆在一起。一些研究者发现，相比于年龄大的儿童，经历父母离婚的学龄前儿童产生长期问题的风险更大（Zill，Morrison，& Coiro，1993）。对此，研究者的解释集中在：年幼孩子难以客观地评估父母离婚的前因后果，对于可能被抛弃这件事会感到焦虑，为父母的离婚感到自责以及不能很好地利用家庭外的保护性资源。然而，即使父母离婚事件发生在孩子进入青少年期之前，孩子进入青少年期后仍然可能会出现适应问题或其适应问题会增加。

最近十年间，由父亲监护和双方共同监护的孩子数量在不断增加。与那些母亲监护的孩子相比，这些孩子的适应状况是怎样的呢？虽然并没有很多研究来探讨这一话题，但最近一篇对该领域的研究综述认为，共同监护下的儿童获益更多，因为这有助于促进孩子与父母双方的持续而积极的互动（Bauserman，2003）。一些研究发现，男孩在父亲监护下适应得更好，而女孩在母亲的监护下适应得更好。不过另一些研究却没有发现这样的结果。一项研究发现，父亲监护下的青少年的犯罪几率更高，研究者认为这是由于父亲的监督不力造成的（Buchanan，Maccoby，& Dornsbusch，1992）。

另一个与离婚家庭青少年适应有关的因素是家庭成员的变换（Kelly & Lamb，2003）。最近一项研究发现，假如离婚家庭的儿童与青少年经历了父母其中一人搬离家中，他们的适应状况更差（Braver，Ellman，& Fabricus，2003）。

社会经济地位对离婚家庭青少年的影响

一般来说，有监护权的母亲的收入要比离婚之前损失 25%~50%，相比之下，有监护权的父亲只会损失 10%（Emery，1999）。对离婚母亲来说，收入的下降通常导致她们工作负荷加重，工作稳定性下降，也使得她们不得不搬到不理想的生活环境中，并且周围学校的质量较差（Sayer，2005）。

重组家庭

尽管离婚率比以前任何时候都更高，但许多人离婚后还是会再结婚。结婚、生孩子、离婚、再婚，这要花费很多时间。因此，处于重组家庭中的小学生和中学生要比婴儿或学龄前儿童多得多。

最近几年，带着孩子再婚的父母也日渐增多。随着父母的再婚，大约一半离婚家庭的孩子在父母分开四年后会有一个继父。另外，再婚的离婚率要比第一次婚姻高出 10%（Cherlin & Furstenberg，1994）。

重组家庭的类型

重组家庭也有很多类型，一些类型划分是基于家庭结构，另一些是基于家庭关系。重组家庭有可能是因为某一方之前的伴侣去世，不过，大多数重组家庭都是因为离婚而非丧偶。

三种常见的重组家庭结构是（1）继父家庭，（2）继母家庭，以及（3）混合或更复杂的结构。在有继父的家庭中，母亲通常拥有孩子的监护权，再婚后将继父带入孩子的生活中。在有继母的家庭中，父亲通常拥有监护权，再婚后将继母带入孩子的生活中。而在混合或复杂重组家庭中，父母双方都将原来婚姻中的孩子带入新组合的家庭中。

研究者发现，孩子与监护者的（继父家庭中的母亲和继母家庭中的父亲）关系通常比与继父母更好（Santrock，Sitterle，& Warshak，1998）。不过，假如青少年与他们的继父关系很好，那么他们出现的问题就会更少（Flouri，2004；White & Gilbreth，2001）。而且，简单重组家庭（只有一个继父或继母）中的孩子通常要比复杂（混合）家庭里的孩子适应得更好（Anderson & others，1999）。

除了家庭结构上的区别（继父、继母或混合家庭），重组家庭内部也会发展出不同关系模式。在一项对 200 个重组家庭的研究中，詹姆斯・布雷及其同事（Bray，Berger，

& Boethel，1999；Bray & Kelly，1998）发现，随着时间流逝，重组家庭通常演变出三种关系类型：新式传统家庭、女权家庭和浪漫家庭。

- 新式传统家庭。两个大人都很想有个家，并且能够成功应对新的重组家庭所带来的挑战。三至五年之后，这些家庭就像一个完整的、从未离过婚的家庭一样，家庭成员之间的关系非常融洽。
- 女权家庭。在这种类型的重组家庭里，母亲拥有对孩子的监护权，她习惯于自己管理家庭。继父和她结婚并非因为他特别想做一个父亲。母亲自己掌管家庭，继父则有点像个旁观者，经常会忽略孩子或偶尔和孩子一起进行娱乐活动。这种类型的重组家庭也能够有效运作，除非母亲需要帮助的时候继父不去帮她。如果丈夫想要彻底投入到家庭中（通常在他们有了自己的孩子之后），而妻子又会觉得自己的领地被侵犯，这时重组家庭也会发生运作不良。
- 浪漫家庭。这一类家庭中的成人带着很高的、非常不切实际的期望进入到重组家庭中。他们希望尽快创建一个快乐的家庭，却总是不明白为什么情况不能立刻好转。这一类型的重组家庭最可能以离婚收场。

适应状况

与离婚家庭一样，重组家庭中的孩子也会比非离婚家庭的孩子出现更多的适应性问题（Hetherington，Bridges，& Insabella，1998；Hetherington & Kelly，2002）。重组家庭孩子出现的适应性问题和离婚家庭的孩子差不多：学业问题、外显行为和内隐行为问题、低自尊、过早的性行为以及犯罪等等（Anderson & others，1999）。对父母和孩子来说，适应一个重组家庭要比适应一个离婚家庭花费更长的时间。前者要五年甚至更长，而后者可以在两年内就重新调整过来（Anderson & others，1999）。造成重组家庭中适应困难的一个方面是由于**界限不清**（boundary ambiguity），即究竟谁是这个家庭的成员，谁不是，以及相应的责任和义务该由谁来履行等都不是很清楚。

再婚家庭组建之初，孩子最容易出现适应性问题（Ganong，Coleman，& Hans，2005；Hetherington & Clingempeel，1992）。布雷及其同事的研究（Bray，Berger，& Boethel，1999；Bray & Kelly，1998）发现，重组家庭通常意味着孩子必须搬家，包括更换学校和朋友。继父母也要花很长时间才能了解他们的继子或继女。新婚夫妇必须学习如何应对彼此的关系和共同抚养孩子。在布雷看来，重组一个家庭无异于两种文化的碰撞结合。

布雷及其同事还发现，在重组家庭之始通常出现下列问题：例如，继父母想要管束孩子的时候，却通常不起作用。许多专家建议，在重组家庭生活之初，最好是由孩子的亲生父母对孩子进行必要的约束和管教，继父母可以多花时间参与到孩子喜欢的一些活动之中，这样他们的关系能发展得最好。

新的重组家庭在应对意外时也会有困难。例如，丈夫和妻子可能都期待去度一个没有孩子在身边的周末。在最后时刻，孩子的另一位亲生父母却打电话说他周末不能带孩子了，这肯定会引发这对夫妻的愤怒情绪。然而不幸的是，两个人都可能会把沮丧情绪发泄到孩子身上。成功的重组家庭会有备选的计划，并能够很好地应对这种突发状况（Coleman，Ganong，& Fine，2004）。

重组家庭中的生活对青少年的发展有什么影响?

在年龄方面，研究者发现，当孩子处于青少年早期时，父母在重组家庭的过程中往往困难重重（Bray & Kelly，1998；Hetherington & Others，1999）。这可能是因为重组家庭的环境使得青少年的自我同一性、性行为和自主性问题更为突出。

至此，我们已经讨论了父母离婚和再婚时青少年社会生活所发生的变化，现在让我们把焦点转向青少年家庭变化的另一个方面——父母双方都在外工作的情形。

工作的父母

近年来，研究者对父母工作如何影响儿童与青少年发展的兴趣日渐浓厚（Crouter & McHale，2005；Gottfried，2005；Gottfried，Gottfried，& Bathurst，2002；Halpern & Murphy，2005；Hoffman，2000；Riggio & Desrochers，2005）。我们对父母工作的讨论主要集中于以下话题：工作的母亲对青少年发展的作用和“挂钥匙青少年”的适应状况。

工作的母亲

大多数关于父母工作对孩子影响的研究关注年幼儿童，很少有人关注青少年早期的孩子，即使这一时期有很多母亲选择回归全职工作。造成这一现象的部分原因是因为人们认为这时候的青少年已经能独立了。在一项研究中，研究者让 10~13 岁的孩子随身带着寻呼机，在一周的时间内，每隔一小时就发出随机信号，让他们收到信号后完成自我报告表格（Richards & Duckett，1994）。这项研究发现的最引人注目的结果是，母亲工作的青少年与其他青少年并无显著差异，他们每天的活动数量和质量也并无差异。其他研究者也得到了类似的结论（Lerner，Jacobson，& del Gaudio，1992）。作为研究母亲工作的领军人物，霍夫曼（Lois Hoffman，1989）认为，母亲外出工作已经是现代生活中的一个事实，这并非反常现象，只是对其他社会变化的自然反应。母亲工作也满足了家庭需要，这是传统家庭中全职母亲和主妇所不能带来的。母亲工作不仅能够满足父母自身的需要，在很多情况下，由于孩子即将承担成人角色，这可能也是最适合孩子社会化发展的家庭模式。对于男孩和女孩来说都是如此，女孩尤甚。双职工家庭中，父母所展现出来的多元化的技能和情商更符合成人的角色。如果父亲开始帮忙照顾孩子并让妻子也开始工作，那么他们的儿子以后也更可能和自己的妻子共同承担这些事情。传统劳动分工所延续下来的刻板性别角色已经不适应孩子在长大成人过程中的需要了。随着孩子日益长大，他们需要母亲放松对他们的看管，工作的母亲更容易做到这一点，因为她们还可以从工作中获得自尊和认同感。

自理的／挂钥匙的青少年

虽然母亲外出工作并不一定对青少年产生消极影响，但有些青少年是需要特别注意的——那就是所谓的“挂钥匙的青少年”。这些青少年一早就去学校，通常直到下午六、七点钟才能见到父母。之所以称他们为“挂钥匙的孩子”，是因为他们自己带着家里的钥匙，自己进家门，而这时候他们的父母都还在工作。许多“挂钥匙”的青少年每个上学周每天有 2~4 个小时无人看管，放暑假时每周就有五天是全天处于无人看管的状态。

最近一项对 819 名 10~14 岁孩子的研究发现，不管有没有人看管，缺乏家庭照料（out-of-home care）都与青少年犯罪、药物和酒精滥用和学业问题有关（Coley，Morris，& Hernandez，2004）。另一项研究对超过 1500 名“挂钥匙”青少年进行了访谈（Long & Long，1983）。研究者得出结论，这些孩子当中多半都有过“挂钥匙”生活带来的不愉快经历。一些孩子可能会成长过快，无法承受肩上所负担的责任。“挂钥匙”的孩子会如何度过他们的无人看管、没有限制和规范的闲暇时间呢？没有了父母的监管和限制，他们可能更容易惹上麻烦，可能去偷窃、破坏公物或欺负弟弟妹妹。在马里兰州的蒙哥马利县城，90% 的少年犯都是“挂钥匙”的孩子。琼·利普希茨（Joan Lipsitz，1983）在儿童青少年家庭特别委员会上作证时，就把放学后孩子缺乏大人监管视为一个大问题。利普希茨称之为“三点到六点的难题”，因为在这段时间里，他所负责的南卡罗来纳州青少年中心接待了最多的心理求助。另外，在 1987 年的一项全美民意调查中，教师们将“挂钥匙现象”评定为孩子在学校出现问题的最重要原因（Harris，1987）。

虽然“挂钥匙”的青少年容易出问题，但不要忘记不同的“挂钥匙”的孩子，其生活有很大差异，这和母亲工作的孩子是一样的。父母应该给予“挂钥匙”的孩子更多的特别关注，更有效地监督他们。“挂钥匙”的孩子在经历上的差异表明，父母监督和民主型教养可以帮助青少年更有效地应对“挂钥匙”的生活，这一点在帮助他们应对同伴压力的时候尤为重要（Galambos & Maggs，1991；Steinberg，1986）。关于“挂钥匙”的青少年在发展过程中面临多大危机至今尚无定论。一个积极的信号是，研究者已经开始对这些青少年的生活进行更细致、更精确的分析，努力确定“挂钥匙”生活的哪些方面对发展最为不利，哪些方面能够促进更好的适应。一项关注青少年放学后闲暇时间的研究发现，父母监管之外的同伴接触、邻里环境的不安全因素和低程度的父母监控与青少年的外显问题行为（如出格行为和犯罪）有关（Pettit & others，1999）。

收 养

收养是一种不通过生育而建立亲子关系的过程，涉及社会与法律问题。据估计，美国有 2.5% 的儿童是收养儿童。

在 20 世纪的后几十年，收养现象发生了巨大的变化，这些变化包括（Brodzinsky & Pinderhughes，2002，p.281）：

- 可供收养的健康的非拉丁裔白人婴儿越来越少。“随着在美国可供收养的健康的欧裔婴儿越来越少，许多希望收养孩子的父母不得不寻求其他选择。”这些选择包括跨种族收养（收养不同种族的孩子）和收养其他国家的孩子。目前，跨国收养的人数也越来越多，许多收养也超越了种族的界限。
- “还有另一些渴望收养孩子的父母，他们开始考虑收养那些其经历或性格特点在以往看来对收养不利的孩子（例如收养时年龄较大，少数民族的孩子，曾经被遗弃或虐待，患有医学上的慢性疾病，或者有身体或心理健康问题）。”
- 养父母的特点也在发生变化。直到 20 世纪末期二三十年间，大多数养父母还都处于社会的中上层，“已婚、不能生育、欧裔美国夫妇，他们通常 30 多岁或 40 多岁，没有任何残疾。按惯例收养机构会把不具有这些特点的父母剔除。然而，如今的收养政策和社会现实逐渐将不同类型的收养申请人尽可能地纳入收养名单中。例如，现在美国的公共机构对于收养父母已经没有了收入限制，且还为有特殊需要的孩子提供经济和医疗补贴，这就鼓励了低收入夫妇收养孩子，否则有些孩子可能永远不会拥有一个家。”现在，许多机构也允许单身人士、老年人和同性恋者收养孩子（Rampage & others，2003）。

近几十年来，美国的收养现象有哪些变化？

研究者已经发现，被收养的儿童和青少年通常比那些非收养儿童表现出更多的心理问题和在校问题（Brodzinsky & others，1984；Brodzinsky，Lang，& Smith 1995；Brodzinsky & Pinderhughes，2002）。举例来说，被收养青少年接受心理治疗的人数是非收养青少年的2~5倍（Grotevant & McRoy，1990）。

一项针对4682名被收养青少年和相同数量的非收养青少年的研究发现，被收养的孩子的适应水平更低（Sharma，McGue，& Benson，1996）。另一项研究发现，被收养的青少年在学校中存在更多适应性问题，更容易使用违禁药物，也更容易卷入犯罪行为中（Sharma，McGue，& Benson，1998）。但研究也发现，与非收养的兄弟姐妹相比，收养的兄弟姐妹之间有更少的退缩行为，更多的亲社会行为（如利他、关心和支持他人）。而另一项对1567名被收养青少年和87165名非收养青少年的研究发现，被收养青少年在接受测量的所有领域内都更危险，包括学业成绩和在校问题、物质滥用、心理健康和身体健康（Miller & others，2000）。研究中，收养人的受教育程度低会使得收养对孩子的影响更消极。另外，研究还发现，当将拥有较多不良品质的青少年作为一个考察样本时，你会发现被收养青少年和非收养青少年之间的差异更大，被收养青少年更可能出现最多的问题。

有研究指出，在孩子年幼时收养他们比年龄大时的收养效果更好。一项研究发现，越晚收养的孩子，他们出现的问题越多。婴儿期就被收养的孩子在适应方面的问题最少，而10岁以上的被收养孩子则问题最多（Sharma，McGue，& Benson，1996）。

虽然收养会导致学业和心理问题的增多，但是我们前面曾提到，在过去几十年里收养现象发生了改变，这使得我们很难对被收养孩子或收养家庭的总体特征进行描述。此外，尽管被收养儿童和非收养儿童之间存在群体差异，但绝大多数被收养儿童（包括那些在年龄较大时被收养、跨种族和跨国被收养的儿童）能够适应得很好，他们的父母也报告说比较满意当初的收养决定（Brodzinsky & Pinderhughes，2002）。

另外，研究者还发现，那些亲生父母不能或不愿给予适当照料的孩子能够从收养中获益。比如，研究一致发现，被收养的孩子比那些长期生活在托管中心或机构环境中的孩子生活得更好（Brodzinsky & Pinderhughes，2002）。

抚养好被收养孩子的关键与亲生父母的有效抚养并无差别：要能够支持和关心他们，卷入到孩子生活中，监督他们的行为和踪迹，做一个好的沟通者，然后帮助孩子发展自控能力。不过，收养孩子的父母也面临一些特殊情况。例如，认识到收养家庭会存在一些原生家庭中没有的问题，在抚养过程中鼓励就这些差异进行开诚布公的沟通，对孩子的原生家庭表示尊重，支持孩子探索自我和同一性。

青少年的抽象和逻辑思维逐渐增强，这使得被收养孩子能够开始从更复杂的角度去思考被收养的生活。当青春期萌动使得青少年开始关注自己的身体时，许多被收养的青少年逐渐注意到自己和家中其他人并不相似。他们开始寻求自我同一性，进行广泛的探索，也可能会发现自己被收养的事实，然后他们需要把这一事实纳入自我同一性中。养父母们“应当注意到这些事件中的复杂性，并通过给予他们所需要的支持来帮助他们应对与收养有关的发展任务”（Brodzinsky & Pinderhughes，2002，p. 292）。

同性恋父母

在社会变迁中，家庭变化的另一个方面是在同性恋家庭中成长的青少年（Patterson，2002；Savin-Williams，2001；Wainright & Patterson，2005）。越来越多的同性恋开始组建家庭和抚养孩子。很多异性恋者对此持有争议，他们认为同性恋夫妇不能作为孩子的角色榜样。目前，大约有 20% 的女同性恋和 10% 的男同性恋成为养父母，他们收养的孩子大多来自于破裂的异性恋婚姻（Patterson，2002）。美国现在大约有超过一百万的同性恋父母。

同性恋家庭中一个很重要的问题是孩子出生或被收养时父母的性别身份认同（Patterson，2002）。这些青少年大多数出生在异性恋婚姻中，而后父母中的一方或双方发现自己是同性恋。这些同性恋父母可能单身，也可能会有同性伴侣。除此之外，同性恋者也越来越多地选择通过受精和收养而成为父母。监护权的安排也同样会发生变化。

另一个问题是青少年的监护权安排。许多女同性恋和男同性恋在离婚后都失去了对青少年的监护权，孩子被判给了父母中异性恋的一方。所以，许多同性恋父母是没有监护权的父母。

研究者至今未发现同性恋家庭中成长起来的儿童和青少年与异性恋家庭的孩子有什么不同（Patterson，2002；Wainright & Patterson，2005）。例如，同性恋家庭中的青少年在同伴中同样受欢迎，他们在适应或心理健康方面也与异性恋家庭的青少年没有差异（Hyde & DeLamater，2005）。而且，大多数同性恋家庭中成长起来的青少年是异性恋取向（Tasker & Golombok，1997）。

文化和种族

不同文化下的家庭有哪些区别？不同种族下的家庭又有哪些差异？

跨文化比较

不同文化下的家庭有很多差异，比如父亲在家庭中的作用、家庭都有哪些支持系统及支持系统的可利用程度、对孩子的管教等等（Conner & White，2006；Harkness & Super，2002；Kagitcibasi，2006；Ingoldsby & Smith，2005）。虽然教养方式存在许多跨文化差异，但一项对186个国家的父母抚养行为的研究发现，最常见的教养方式是温暖-控制型，既不过分纵容，也不过分限制（Rohner & Rohner，1981）。研究者评论道，通过长期的探索，许多不同文化都早已发现了西方国家最近才发现的“真理”，即爱和至少中等程度的父母控制最有利于儿童和青少年社会性的健康发展。

然而，某些国家的父母们普遍采用的仍然是专制型教养。在阿拉伯国家，现在的家庭仍然是专制式的，以父亲制定的规则为重（Booth，2002），这些国家的青少年学到的是严格的行为规范和对家庭的忠诚。

在许多国家，家庭的流动性越来越大，例如举家搬入城市、家庭成员在遥远的城市或国度工作、小型/核心家庭在增加、扩展家庭在减少、母亲工作的机率增加等（Brown & Larson，2000），这些趋势都会影响到青少年可利用的资源。例如，许多家庭的亲戚越来越少，这导致青少年可寻求的支持或指导也在减少。另外，由于核心家庭中的成员更少，父母和青少年之间的沟通可能会更开放，交流也更多。我们会在第13章“文化”中讨论更多关于文化和教养方式的内容。

种族与教养方式

少数种族家庭与非拉丁裔美国家庭在家庭大小、结构与组成、对亲属的依赖程度以及收入和受教育水平方面都有所不同（Coll & Pachter，2002）。扩展家庭在少数种族当中更普遍。举例来说，超过30%的拉丁裔家庭有五个以上的家庭成员。与白人儿童相比，非裔和拉丁裔美国儿童与祖父母、姑姨、叔伯、堂兄弟以及远房亲戚的交流要更多（Leyendecker & others，2002；McAdoo，2002）。

相比白人青少年，少数种族青少年也更多地来自于低收入家庭（Magnuson & Duncan，2002；McLoyd，2000；Parke，2004）。非裔及拉丁裔美国人中的单亲家庭也比非拉丁裔更多。和双亲家庭相比，单亲家庭通常在时间、金钱和精力上都更有限，这

得克萨斯州奥斯汀市利蒙家族的家庭聚会，墨西哥裔青少年通常都是在这样亲戚众多的家庭中长大的。

可能导致父母过早地鼓励青少年发展独立性。一般说来，与白人父母相比，少数种族父母的受教育程度偏低，他们共同决策的水平也不高。虽然贫困家庭经常会培养出杰出的青年，但贫困的父母缺乏能力支持孩子和投入抚养（McLoyd，1990）。

家庭生活的某些方面也能帮助少数种族青少年远离社会不公带来的伤害。社区和家庭可以为孩子过滤掉消极的种族歧视信息，父母可以为他们提供不同于主流社会的参照体系，父母也可以作为孩子的优秀榜样，为他们提供支持。许多少数种族中的大家庭系统可以起到缓解青少年压力的重要作用（Gonzales & others，2004）。

不同种族群体的家庭责任感也不同（Fuligni，2001；Fuligni & Yoshikawa，2004），亚裔和拉丁裔美国家庭比非拉丁裔白人家庭更看重家庭责任和义务（Fuligni & Pedersen 2002；Harwood & Feng，2006）。最近一项对 18~25 岁人群的研究发现，与非拉丁裔白人相比，亚裔美国人认为家庭成员之间的相互依赖对他们来说更重要（Tseng，2004）。研究者还发现，与欧裔群体相比，亚裔和拉丁裔美国青少年认为他们应该花更多时间照顾兄弟姐妹、帮父母做家务、支持父母的工作以及与家人在一起（Fuligni，Tseng，& Lamb，1999）。

图中是一个 14 岁的青少年和他 6 岁的妹妹以及他们的祖母，非裔美国人传统式的大家庭能够帮助父母应对不利的社会环境。

社会政策、青少年与家庭

在本章我们已经了解到，父母在青少年发展过程中发挥着非常重要的作用。虽然青少年开始走向独立，但他们仍然与家人之间有着情感联结。对青少年来说，这种联结比以往普遍认为的要重要得多。我们认为，当父母拥有以下特质时，最有可能促进青少年的良好发展：

- 给予孩子温暖和尊重；
- 始终关注孩子的生活；
- 认识并适应孩子在认知和社会情感方面的发展变化；
- 与孩子谈论自己对其行为和成就的高期望；
- 使用民主的、建设性的方式处理问题和冲突（Small，1990）。

然而与幼儿家庭相比，社区计划与公共政策往往会忽视青少年家庭。卡内基青少年发展委员会（1995）提出，针对青少年家庭的社会政策应做出几个关键的改进，他们的建议包括：

- 学校、文化艺术团体、宗教和青年组织以及卫生保健组织应当审视一下，在他们的活动中有多少活动是允许父母和青少年一起参加的，并且应该多准备一些家长和青少年都喜欢参加的活动。
- 教师、心理学家、护士、医生、青年专家及其他与青少年接触的人士，应当不仅仅针对青少年本人开展工作，还应该多花些时间与青少年的家庭接触。
- 雇主应当把以往只针对有年幼孩子的父母的工作政策同时开放给青少年的父母。这些政策包括弹性工作制、工作分担、电话通讯以及兼职工作福利。这些工作政策的变化能够让父母们有更多的时间和青少年在一起。
- 一些社区组织，如商业团体、学校、青年组织等应当更多地为青少年提供放学后的活动计划。如今为小学生提供的课后活动计划越来越多，但面向青少年的却很少。青少年在放学后、周末以及假期中也需要更高质量的、以社区为中心的活动项目。

第10章 同　伴

通过不同时期的同伴群体，你能了解一个人的成长历程。

——Ralph Waldo Emerson，1841

美国 19 世纪散文家、诗人

青少年发展的镜像

少女的朋友和关系世界

布朗和吉利根（Lynn Brown & Caro Gilligan，1992）对 100 名 10~13 岁即将步入青少年期的女孩进行了深度访谈，听取了她们关于朋友重要性的谈论。这些女孩对人生非常好奇并且很留意发生在她朋友和同伴身上的事。女孩们谈到了亲密感带来的快乐、人类交往的乐趣以及关系中可能的伤害，她们尤其强调了小集团的形成对其生活的重要性。

一个叫诺拉的女孩说她曾体会过作为一个大家都不喜欢的人的感受，那是件非常痛苦的事。许多女孩也提到说有些女孩人前说的很好，很有礼貌，人后的表现却完全不同。她们深知被人当作一个完美的、快乐的女孩是受益无穷的，至少在表面上是这样。由于认为人们更喜欢“完美的女孩”，她们便不断地尝试变换不同的形象，这些可能给她们带来快乐。小集团能为那些努力使自己“完美”、但却深知自己不完美的女孩提供情感支持。维多利亚说，几个和她一样不太受大家欢迎的女孩至少会被其他三个女孩组成的“小集团”接受。她现在觉得当她难过或者沮丧时，她会得到“小集团”的支持，尽管她们是“ 被遗忘的一类”，没有加入最受欢迎的圈子，但她们知道有人喜欢自己。

13 岁的朱蒂提到她对浪漫关系很感兴趣。她说，尽管她和她的同性朋友只有 13 岁，但她们都想有浪漫关系，并且她们经常长时间地谈论男生。

预览

本章的主题是同伴。显然，正如以上关于青少年女孩的描述那样，同伴在她们的生活中非常重要。回首青少年时期,你或许会想起与同伴一起度过的快乐时光,"煲电话粥"、参加学校活动、参与社区活动、约会、跳舞或者只是闲逛。青少年一向比儿童认识的人多。从青少年早期开始，他们相比儿童更倾向于有一个更紧密、更亲密的朋友圈子。随着青少年们待在一起的时间变长，小集团和群体显得越发重要，约会和浪漫关系也变成大多数青少年生活的一部分。

同伴关系探讨

同伴在青少年生活中扮演着重要的角色，下面我们将探讨这些角色是什么。

同伴群体的功能

青少年都强烈希望能被好朋友或者更大的同伴群体喜欢和接纳，当他们被接纳时，会产生愉悦感；而当被同伴排斥或轻视时，则会产生很强的压力感和焦虑。对很多青少年来说，同伴的评价是他们生活的重要内容。鲍伯没有亲密朋友，而斯蒂文有三个经常在一起的好朋友。莎莉刚被学校社团拒绝，而她为了进入这个社团努力了六个月；与此相反，桑德拉是社团中的一员，并且同伴经常夸她性格非常好。

我一个朋友的女儿 13 岁了，就在去年，她还有很多好朋友，她们常在电话上海阔天空地畅谈，经常频繁地串门。后来，我的朋友搬家了，这意味着她女儿将转学到另一所学校，与原来的同伴相比，这所学校同学的经济地位较低。新学校的女孩认为我朋友的女儿太"优秀"而无法接近，所以，她今年很难在学校交到朋友。她女儿经常抱怨："我一个朋友都没有……甚至没有同学给我打电话。也从没有人邀请我去她们家玩，我该怎么办？"

同伴（peer）就是一群年龄相仿或成熟度相同的儿童或青少年。同龄同伴交往在美国文化中发挥着独特的作用。即使学校不以年龄分级，青少年也能自主决定他们自己的社交圈，年龄分级仍会发生。毕竟，只有在同龄群体中，青少年才可以成为一个好的斗士，大孩子太厉害了，小孩子又没有挑战性。同伴群体最重要的一个功能是提供家庭无法提供的关于世界的信息。青少年能从同伴群体中获得关于自身能力的反馈，他们能知道自己做得是比其他孩子好还是不如其他孩子。从家庭中很难获得这些信息，因为兄弟姐妹要么比自己年长，要么比自己年幼。

在阅读“同伴”这章内容时，你需要时刻记着，尽管同伴经验对儿童发展有重要的影响，但这些影响又会因测量方法、对结果的解释说明以及发展轨迹的不同而不同（Hartup，1999）。同伴和同伴群体是全球概念，只有将这些概念当作“背景条件”并考虑儿童参与其中的某一特定情境时，如“熟人”、“小集团，“邻里伙伴”，“朋友圈”和“活动小组”，它们才有助于理解同伴影响。例如，一个关于同伴群体的分析描述了青年文化的如下方面：会员群体、社区群体、参照群体、宗教团体、运动队、好朋友群体和朋友（Brown，1999）。

同伴交往时间的发展变化

从儿童中期、晚期到青少年期，孩子花在同伴交往上的时间越来越多。一项调查显示，两岁儿童与同伴交往的时间占其日常时间的10%；4岁儿童占到了20%；在7~11岁期间，孩子们与同伴交往的时间超过了40%（Barker & Wright，1951）。在一个普通的教学日，同伴之间会有299次互动。在青少年期，同伴关系占据了个体生活的一大部分。一项调查发现，在一个完整的周末，男孩和女孩与同伴在一起的时间是与父母在一起时间的两倍多（Condry，Simon，& Bronfenbrenner，1968）。

那么，与同伴在一起的时候，青少年做些什么呢？有项研究就此对六年级儿童进行了调查（Medrich & others，1982）。研究发现体育运动占了男生活动的45%，但只占女生活动的26%。男女生经常参与的活动有普通游戏、旅游和交际。同伴交往多发生在家庭之外（尽管离家不远），多发生在比较隐密的地方而不是公共场合，多发生在同性儿童之间而不是异性之间。

同伴对于发展来说是必要的吗

当把一起养大的猴子分开后，它们就开始表现出沮丧且不愿意与其他猴子交往（Suomi，Harlow，& Domek，1970）。关于人类发展的文献中也包含了社会性发展中同伴重要性的经典例子。安娜·弗洛伊德（Freud & Dann，1951）研究了来自不同家庭的6个孩子，自从他们的父母在二战中去世后，这些孩子就生活在一起。他们之间有非常强烈的同伴依恋，这些孩子们组成了一个紧密联系的群体，相互依赖，但与外人却格格不入。即使没有父母的照料，他们也没变成罪犯或精神病患者。

良好的同伴关系对青少年正常的社会发展是必不可少的。社会隔离或无法融入社交圈与各种类别的问题和障碍都有关系，例如犯罪、饮酒问题和抑郁（Gukowski & Adams，2005；Dodge & pettit，2003；Kupersmidt & Coie，1990；La Greca & Harrison；Masten，2005）。一项有关青少年的研究显示，积极的同伴关系与积极的社会适应有关，儿童期和青少年期的同伴关系与其以后的发展相联系。一项研究表明，儿童期不良的同伴关系与青少年后期的辍学、犯罪行为有关（Roff，Sells，& Goldern，1972）。另一项研究表明，青少年期和谐融洽的同伴关系与中年时积极的心理健康有关（Hightower，1990）。

另一项研究比较了五年级时有固定好朋友的儿童和那些没有朋友的儿童，并追踪了12 年，直到这些孩子长大成人（Bagwell，Newcomb，& Bukowski，1998）。研究结果表明，与那些童年时没有固定朋友的同龄人相比，在五年级时有固定朋友的儿童长大成人后有更积极的自我价值感。

积极和消极的同伴关系

到目前为止，你不难从我们有关同伴关系的讨论中发现，同伴关系既有积极的影响也有消极的影响（Bergeron & Schneider，2005；Brown，2004；Bubin，Bukowski & Parker，1998）。皮亚杰和沙利文（Jean Piaget，1932；Harry Stack Sullivan，1953）是两位具有影响力的理论家，他们都曾强调过，正是通过同伴交往，儿童和青少年才学会了以一种对称互惠模式来处理相互关系（第 5 章中有讨论）。儿童通过处理与同伴的分歧来探索公正、公平的原则。同时，他们也细心观察同伴的兴趣和观点以便能顺利地融入到同伴正在进行的活动中。此外，沙利文认为，青少年通过与所选同伴建立亲密友谊而在亲密关系中学着变成一个熟练的、敏感的伙伴。在沙利文看来，这种亲密的技巧会迁移，为以后的约会和形成婚姻关系奠定基础。

与此相反，有些理论家一直强调同伴对儿童和青少年发展的负面影响。被同伴拒绝或忽视会导致一些青少年产生孤独感或敌意。此外，被同伴拒绝和忽视与个体以后的心理健康和犯罪问题相关（Kupersmidt & DeRosier，2004）。有些理论家也曾把青少年的同伴文化描述为一种不利的影响，认为同伴影响将会逐渐削弱父母的价值和控制。此外，同伴还能诱使青少年参与饮酒、吸毒、犯罪以及成人所谓的其他的适应不良行为。

父母与同伴之间的联系

一些研究者发现，父母和青少年都认为，在某些领域父母对青少年的选择几乎没有支配权，但在另外一些领域则有更多的支配权。例如：朱迪思·斯梅塔娜（Judith Smetana）的研究表明，父母和青少年都把同伴关系看做一个竞技场，在那里父母对青少年的选择的支配权力比较小，相反，在道德、宗教和教育领域中，父母的权威却比较大（Smetana，2002；Smetana & Turiel，2003）。

青少年强烈希望与同伴在一起并且变得独立。然而，就此认为这两种举动与亲子关系无关却是不正确的。新近的研究提供了具有说服力的证据，指出青少年生活在一个与父母和同伴紧密联系的世界里，而并非任何一个单一世界（Ladd & Le Sieur，1995；Ladd & pettit，2002；Scharf & Schulman，2000；Tilton-Weaver & Leighter，2002）。

父母与同伴世界以哪些方式建立联系呢？父母对社区、教堂、学校及其自己朋友的选择影响了其子女选择其朋友的行为（Cooper & Ayers-Lopez，1985）。例如，父母可以选择在有操场、公园和青年组织的社区居住，也可以选择居住在邻居们离得很远、人烟稀少且青年俱乐部还没怎么发展起来的社区。

父母能示范或者指导青少年如何与同伴交往。在一项研究中，父母承认他们曾向孩子推荐过具体的策略，以帮助孩子发展更积极的同伴关系（Rubin & Solman，1984）。例如，父母与孩子讨论如何调解争端以及如何克服害羞。同时，父母也鼓励孩子学会宽容，抵制同伴压力。有项研究表明，青少年与母亲讨论同伴关系问题的次数要多于与父亲讨论的次数（Gauze，1994）。

最近一项纵向研究证明了父母在青少年生活中发挥着重要的作用（Goldstein & others，2005）。七年级时青少年如何理解亲子关系中的自主性和温暖与其在八年级是

父母－青少年的关系与青少年－同伴之间的关系有什么联系呢？

否与同伴一起参与冒险行为有关（如与同伴一起干坏事），而后者与其在十一年级的问题行为（如犯罪或吸毒）有关。就自主性而言，那些认为自己在日常活动（例如可以在外面待到多晚以及他们是否可以约会）中有较高自由度的青少年会进行大量没有监督的同伴交往，这些反过来又与其在十一年级的问题行为相关。同样，青少年如果认为父母过于干涉他们的行为，就越倾向于频繁地与那些有问题行为的同伴交往，进而会影响其在十一年级时的问题行为。因此，对父母来说，把握一个微妙的平衡是很重要的，既不要给孩子太大的自由，又不要太干涉他们的生活。同样，在该项研究中，那些认为与父母关系不太好的青少年倾向于具有极端的同伴取向，这也与其在十一年级时的问题行为有关。

此外，正如我们在第 9 章讨论的那样，越来越多的研究者发现，亲子关系中的安全型依恋与青少年积极的同伴关系有关（Allen & others，2003；Carlson，Sroufe，& Egeland，2004）。一项研究表明，与父母有安全型依恋的青少年同样也与同伴有安全型依恋，非安全型依恋的青少年很难与同伴建立安全型依恋（Armsder & Greenberg，1984）。另外一项研究表明，对较年长的青少年来说，如果他们过去与父母之间的依恋是矛盾型依恋，那他们对朋友关系（最好的朋友）的满意度就不如那些有安全型依恋的人高（Fisher，1990）。

然而，虽然青少年与父母之间的依恋与青少年的行为有关，但这种相关是中等的，这表明，亲子依恋的成功与否未必能决定同伴关系一定成功或一定失败。显然，亲子间的安全型依恋对青少年来说是有很多好处的，它有助于青少年在与他人的亲密关系中形成信任，为亲密关系打下基础。但也有一小部分能获得家庭强烈支持的青少年，由于种种原因而在同伴关系中苦苦挣扎，例如，因为自己长得不好看、成熟比较晚以及文化和社会经济地位的差异而痛苦。另一方面，一些来自问题家庭的孩子如果在同伴关系中有积极的、全新的开始。则能够弥补其问题家庭背景所带来的不足。

同伴从众

从众以各种不同形式出现，它会影响青少年生活的许多方面。青少年会因为其他人慢跑，自己也开始慢跑吗？青少年会为了赶潮流而一年留长发，一年留短发吗？青少年会因为同伴压力而吸毒吗？他们能抵制住同伴压力吗？**从众**（conformity）出现在青少年迫于真实的或想象的压力而采取其他人的态度和行为之时。在青少年期，同伴从众的压力是非常大的。下面是一个八年级孩子凯文的评论：

> 在吸烟、偷窃等类似事件上，朋友给了我很大压力。父母不允许我吸烟，但我的好朋友极力促使我吸。如果我不那样做的话，他们就骂我“娘娘腔”和“妈妈的乖孩子”。我真的不喜欢吸烟，但我的好朋友斯蒂文常在别的朋友面前说我：“凯文，你是个白痴，一个包裹在瘦小躯体下的胆小鬼。”我受不了他那么说，于是就和他们一起吸烟。我不停地咳嗽，很不高兴，但还得说：“这太有意思了，是的，我真的喜欢吸烟。”这样可以使我感觉自己是这个群体中的一员。

同样，14 岁的安德里亚这样说道：

> 同伴压力对我的生活有很大影响。我一直没有太多朋友，大部分时间都独处。我的朋友都比我大，我最亲密的朋友和我挺像的，我们都容易忧伤和沮丧。和她在一起的时候，我比以前更抑郁。每次我给她打电话之后，就会表现得比我之前要抑郁得多，因为我觉得她喜欢我那样。在这段关系中，我觉得我要像她一样感到很有压力。

青少年迫于同伴压力而从众可能是积极的、也可能是消极的。青少年参与各种各样的消极从众行为，如说脏话、偷盗、肆意破坏、取笑父母和老师等。然而，绝大多数同伴从众并不那么消极，只是因为青少年想加入同伴世界，如像朋友那样穿着打扮，想长时间与小集团的朋友待在一起。如果某些俱乐部组织为做善事捐款，这样的场合也很容易促进亲社会行为的产生。

在一项关注同伴从众所带来的消极、中性、积极影响的研究中，托马斯·伯恩特（Thomas Berndt，1979）对 273 名三至十二年级的学生进行了研究。他给学生提供了一些假设的两难情境，询问学生是否会依据朋友的亲社会行为和反社会行为行事，以及是否会依据父母的中性行为和亲社会行为行事。例如，其中一道关于亲社会的题目是这样的：学生们在这样的情境下是否会听从父母的建议——决定去图书馆帮忙或者指导别的小孩游泳？一个关于反社会的问题是问男孩们，当伙伴要他帮忙偷些糖果时他会怎么做？一个中性问题是问女孩是否会听取同伴的意见参加一项她不喜欢的活动，例如去看一部她不喜欢的电影。

这项调查发现了一些有趣的发展模式（见图 10.1）。在三年级，父母与同伴的影响是直接冲突的。对三年级的孩子来说，顺从父母是主要方面，所以这个年龄的孩子可能与父母的联系更紧密，对父母的依赖程度也更大。然而，到了六年级，父母和同伴的影响就不再直接冲突了。同伴

> 青少年强烈地希望通过同样的穿着来表现他们这个群体的与众不同。
>
> ——匿名者

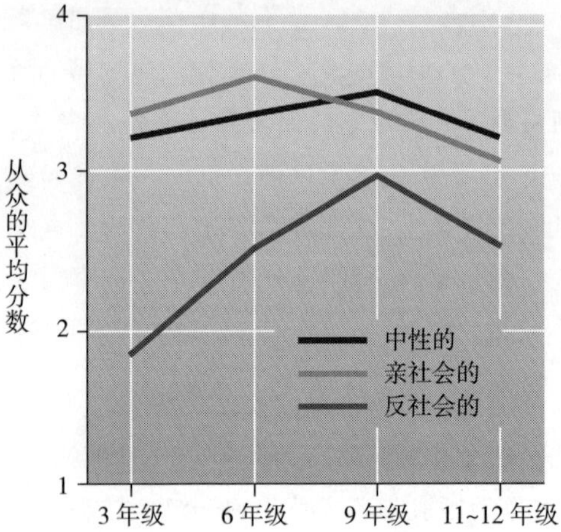

图 10.1
同伴从众标准的发展变化 从众量表等级从 1 至 7，分数越高表明越从众。

从众逐渐增长，父母和同伴的影响在不同情境下起作用——父母在某些情境下作用较大，而同伴在另一些情境中更有影响力。

到了九年级，父母和同伴的影响再次遭遇强烈冲突，这可能是因为在该年龄段，青少年对同伴社会行为的从众比其他阶段都强。此时，青少年遵从同伴群体赞成的反社会标准，这势必会导致父母和青少年之间发生冲突。研究者也发现，九年级左右试图独立的青少年，比其他年龄阶段的孩子都遇到了父母更多的反对（Douvan & Adelson，1966）。

一种关于亲子关系的传统观点认为，父母和同伴的冲突从高中一直持续到大学阶段。但是伯恩特（1979）发现，在高中阶段后期，青少年对反社会行为、同伴赞成的行为不再那样依从，父母和同伴在很多方面已达成一致。此外，到十一年级和十二年级，学生已开始发展出一种独立于同伴和父母影响的决策风格。

总之，同伴压力是青少年生活中的一个主旋律。几乎在青少年行为的每一个维度都能看到它的影响力——如他们对服饰、音乐、语言、休闲活动、价值观等的选择。父母、老师以及其他成人可以帮助青少年应对同伴压力（Clasen & Brown，1087）。青少年需要与同伴和成人谈论他们的社交圈及其中的压力。青少年的发展变化通常会带来一种不安全感，这种不安全感和他们生活中发生的许多变故使得年少的青少年尤其容易受到伤害。为了应对这种压力，年少的青少年需要体验成功，无论是在校内还是在校外，这会增加他们的掌控感。青少年可能明白他们的社交圈是相互牵制的，别人可能试图控制他们，但反过来他们也通过控制个人行为影响他人。接下来，在对同伴欢迎、同伴忽视和同伴拒绝的讨论中，我们将进一步探讨同伴关系在青少年发展中的强大作用。

同伴地位

社会测量地位常用来描述儿童受其同伴群体喜欢或不喜欢的程度（Cillessen & Mayeux，2004；Jiang & Cillessen，2005）。社会测量地位通常是通过孩子评定喜欢或不喜欢其同班同学的程度来测量的，或者通过孩子提名他最喜欢或最不喜欢的同学来评定。

发展学家把同伴地位分成 5 类（Wentzel & Asher，1995）：

- **受欢迎的儿童**（popular children）常被提名为好朋友，并且很少有同伴不喜欢他 / 她。
- **普通的儿童**（average children）同伴的积极提名和消极提名均为中等水平。
- **被忽视的儿童**（neglected children）一般不会被提名为好朋友，但也不会被同伴讨厌。
- **被拒绝的儿童**（rejected children）一般不会被提名为好朋友，同伴明显不喜欢这类儿童。
- **有争议的儿童**（controversial children）被频繁提名为某人的好朋友，但有些同伴不喜欢他 / 她。

受欢迎的儿童有很多社交技巧，这使得他们深受同伴喜欢。研究者发现，受欢迎的儿童能够投他人所好、注意倾听、与同伴沟通顺畅、是快乐的、能控制负面情绪、举止得体、对人热情并关心他人、自信但不自负（Hartup，1983；Rubin，Bukowski，& Parker，1998）。

最近一项纵向研究发现，受同伴欢迎的青少年有以下几种特征：自我的发展水平高，有安全型的依恋。与那些不太受同伴欢迎的人相比，他们与母亲和好朋友的交往更积极（Allen & others，2005）。有趣的是，青少年如果能够增加同伴群体称赞的行为（如轻微触犯规则或饮酒行为），同时减少同伴不太接受的行为（如对同伴不友好），则会不断提高他们在同伴中的受欢迎度。

被忽视儿童与同伴的交往水平较低，并且通常被同伴描述为害羞的人。被拒绝的儿童相比那些被忽视的儿童表现出更严重的适应问题（Coie，2004；Hay，Payne，& Chadwick，2004；Parker & Asher，1987；Sandstorm & Zakriski，2004）。例如，新近一项研究发现，在幼儿园，被拒绝的孩子可能更少参加班级活动，更不愿意去学校，更有可能报告说自己孤独（Buhs & Ladd，2001）。另外一项研究对 112 名男孩进行了评估，从五年级起一直追踪了七年，直到他们高中毕业（Kupersmidt & Coie，1990）。研究结果发现，可以预测被拒绝的儿童在青少年期是否参与犯罪或者辍学的最好的因素是小学期间对同伴的攻击行为。最近另外一项研究发现，男生如果在三年级时有较高的攻击性且被同伴拒绝的话，那他到了青少年期和成年早期通常会表现出较为明显的犯罪行为（Miller-Johnson，Coie，& Malone，2003）。

约翰·科尔（John Coie，2004，pp. 252-253）最近的一项分析给出了那些攻击性强的、被同伴拒绝的男生在社会关系中出现问题的三个原因：

- 首先，被拒绝的、攻击性强的男生做事更冲动，很难保持注意力集中。因此，他们更可能扰乱课堂活动和集体游戏。

- 其次，被拒绝的、攻击性强的男生更可能有情绪问题。他们更容易被激怒，并且一旦被激怒就不太容易冷静下来。正因如此，他们更倾向于对同伴发脾气并进行言语和身体攻击……
- 最后，被拒绝儿童在交友和维护积极同伴关系上缺乏社交技巧。

并不是所有被拒绝的儿童都具有攻击性（Haselager & others，2002；Hymel，McDougall，& REnshaw，2004）。尽管攻击和与之相关的冲动和破坏性在多数情况下都会导致儿童被拒绝，但约有 10%~20% 的被拒绝儿童是因害羞而被拒绝的。在随后的“提高社交技巧的策略”中，我们将会讨论提高被拒绝儿童和被忽视儿童的社交技能的方法。

关于青少年的同伴地位，我们最后要讨论的问题是大多数研究中的评价对象在青少年中属于哪个阶段（Wentsel，2004）。许多关于同伴地位的研究以儿童中期和晚期的孩子为参与者，有些涉及青少年早期的孩子，但很少涉及青少年晚期的孩子。原因之一是因为评估同伴地位需要一个稳定的班级群体，该群体中的成员都相互了解且定期交往。与小学和中学（在一天中的大部分时间里，这些学生与群体同伴在一起，小学生与群体在一起的时间比初中生还长）相比，在高中情境下很难对同伴地位进行评估，因为高中生与更多的同伴交往，不太可能了解所有的同学。

社会认知和情绪

青少年的社会认知技巧和社会知识对于建立成功的同伴关系来说很重要，同时，管理和调节自己情绪的能力也很重要。

社会认知

在认知方面，知识和过程是两个截然不同的概念。在研究同伴关系的认知时，这种差别很明显。了解青少年在同伴关系中所具有的社交知识是很重要的，就如同研究青少年在同伴交往中如何加工信息一样重要。

随着儿童进入青少年期，他们获取了更多的社交知识，并且在交友需要什么技巧、如何让同伴喜欢自己等方面表现出显著的个体差异。例如，青少年是否知道投对方所好能使他们更受欢迎？也就是说，玛丽是否知道只要告诉芭芭拉“我真的喜欢你今天穿的这件毛衣”和“天哪，你在男生中肯定很受欢迎”之类的话，能使自己更可能成为芭芭拉的朋友？青少年是否明白当同伴觉得他们之间很像时，就越被他人喜欢？青少年是否知道友谊需要亲密交谈，与朋友分享隐私更有可能增进友谊？青少年在多大程度上理解安慰和倾听技巧能够改善友谊关系？他们在多大程度上了解要成为一个领导所需要的能力？回想你的青少年时代，关于这些复杂的社会知识，你知道多少呢？你是否意识到赞美和所谓的相似性能决定是否受欢迎和建立友谊？尽管你可能没有意识到这些因素，但如果你受欢迎并且有亲密友谊的话，你就很可能特别擅长使用这些策略。

从社会认知的观点来看，儿童和青少年可能会因为缺少合适的社会认知技能而在同伴关系中遇到困难（Coie & Dodge，1998；Crick & Dodge，1994；Gifford-Smith & Rabiner，2004；Lewis & Carpendale，2004）。一项调查探讨了同伴关系困难的儿童是不是更可能缺乏社会认知技能（Asarnow & Callan，1985）。研究对有同伴适应困难和无同伴适应困难的男生进行了区分，随后对他们的许多社会认知过程或技能进行了评估。这其中包括男生对一些假设问题提出解决办法、从有效性方面对这些解决方案进行评估、然后进行自我陈述的能力。结果发现，在同伴适应方面没有问题的男生提出了更多可能的解决方案，且这些方案都比较确定、成熟，很少给出攻击性的方案，他们提出了更多的适应性计划，并且对身体攻击反应的评价更消极。例如，如图 10.2 所示，具有消极同伴地位的六年级男生不能提出更多可选择的解决方案，也不太可能像拥有积极同伴地位的同学一样提前制定出适应性的计划。

现在，让我们考察一下同伴关系可能涉及的社会信息加工过程。例如，假设这样一

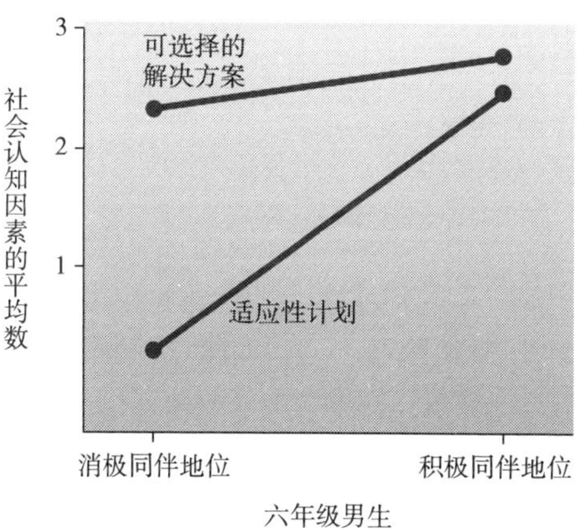

图 10.2

拥有消极和积极同伴地位的男生提出的多种解决方案和适应性计划。注意消极同伴地位的男生与积极同伴地位的男生相比更少提出可选择的解决方案，更少提前制定计划。

个情境：一个男孩不小心打翻了同伴手中的饮料。如果同伴将此事件误解为敌意的，那他就可能采取攻击的方式报复。如果类似事件反复出现，大家就会逐渐认识到该男孩有不恰当的行为习惯。道奇（Kenneth Dodge，1993）认为，儿童对他们的社会环境进行信息加工时要经过五个步骤：对社会线索的解码、解释、反应搜索、选择最优反应、执行。道奇发现，攻击性的男孩在同伴意图不明确时更有可能将其理解为敌意的，并且在搜索线索来判断同伴的意图时，他们也较非攻击性儿童反应更快、更低效、更不假思索。这些便是儿童和青少年冲突中涉及的社会认知因素。

情　绪

不仅认知在同伴关系中起着重要作用，情绪也是如此。例如，调节情绪的能力与成功的同伴关系有关（Rubin，2000；Underwood，2003；Underwood & Hurley，2000）。情绪多变和拥有更多消极情绪的个体更多被同伴拒绝，然而，有积极情绪的个体更受欢迎（Saarni，1999）。拥有有效自我调节技能的青少年在激起激烈情绪的情境中（如同伴说了些难听的话）能更有效地调节自己的情绪表达。一项研究发现，在被激怒的情况下，被拒绝儿童比受欢迎儿童更可能采取消极的姿态（Underwood & Hurley，1997）。

最近有一项关于攻击性儿童的情绪在社会信息加工中所起作用的研究（Orobio de Castro & others，2005）。高攻击性儿童和控制组的低攻击性儿童都听一段涉及同伴挑拨的小片段录音，结果高攻击性男生比控制组男生表现出了较少的内疚感，做出了较多的敌意归因，而且他们的适应性情绪调节策略也较少。

提高社交技能的策略

研究者已经发现，很多社会技能可以改善同伴关系（Ladd，2006；Ladd，Buhs & Troop，2004；Rubin，Bukowski，& Parker，2006）。**集结策略**（conglomerate strategies），是一种辅导方法，可以综合使用多种技术（而不是一种单一的方式）来改善青少年的社会技能。一个集结策略可能包括的内容有：示范和模仿恰当的社会技能、讨论、对社会技能的推理以及在真实社会情境中实施这些策略。

在一项使用集结策略的研究中，研究者就中学生的自我控制、压力管理和社会问题解决能力等方面进行了指导（Weissberg & Caplan，1989）。例如，当问题情境出现时，由老师示范，学生跟着老师完成以下六个步：（1）停下来，冷静，三思而后行；（2）回忆一下问题，然后说出你的感受;（3）确立一个积极的目标;（4）想出多种解决方案；（5）预先做计划；（6）立马行动，尝试最好的计划。240名参与该项目的青少年提高了他们就问题情境制定合作方案的能力，老师也报告说项目结束后，这些青少年在课堂上的社会关系有所改善。在另一项研究中，研究者指导了新泽西州低收入地区的男生和女生的社会决策、自我控制和群体意识(Clabby & Elias，1988)。与没有参加培训的学生相比，参加过该项目的青少年对他人的情绪更敏感了，更注意自己的行为结果，并能更好地分析问题情境，做出恰当的行为。

更具体地说，如何通过培训使被忽视的儿童和青少年有效地与他们的同伴进行交往呢？对被忽视的儿童和青少年进行培训的目标通常是使他们学会以积极的方式引起同伴的注意，并通过提问、友好且热心地倾听、说一些让同伴对他们感兴趣的事情来维持同伴对他们的关注，同时也指导他们如何以一种更加有效的方式加入群体。

对被拒绝的儿童和青少年进行培训的目标通常是帮助他们学会倾听同伴，“弄明白他们在说什么”，而不是试图主宰与同伴的交往。被拒绝儿童和青少年根据指导，在不改变群体目前状况的前提下加入群体。

就如何改善被拒绝儿童和青少年同伴关系有一个争议，究竟应该提高他们的亲社会技能（高移情、认真倾听、提高沟通技巧等），还是减少其攻击和破坏行为，提高他们的自控能力（Coie & Koeppl，1990）。一项研究试图使社交上被拒绝的青少年明白，多表现出能够博得他人喜欢的行为是很重要的，该项干预成功地改善了被拒绝青少年的友谊。

最近的一项社交技能干预项目成功地提高了被同伴拒绝的儿童的社会接纳和自尊，降低了其抑郁和焦虑水平（DeRosier，& Marcus，2005）。学生们每周参加一次干预项目（50~60分钟），一共进行八周。该项目包括：如何管理情绪、如何提高亲社会技巧、如何成为一个成功的沟通者、如何妥协和协商。

在一些尝试提高青少年社会技巧的项目取得积极效果的同时，研究者也发现，改善那些总是引起同伴不喜欢或拒绝的青少年的社交技能是比较困难的。绝大多数这类青少年被拒绝的原因是他们具有攻击性或者比较冲动，缺少自我控制能力，难以控制自己的行为。然而，一些干预项目也成功地减少了这类青少年的攻击和冲动行为（Ladd，Buhs，& Troop，2004）。

社交技巧训练计划对10岁或更小年龄的儿童来说效果更好（Malik & Furman，1993）。在青少年期，随着小集团和同伴群体变得越来越重要，个体在同伴中的名声也逐渐稳定。一旦被同伴认为是一个“小气的”、“奇怪的”或者“孤僻的”人，那同伴群体对他们的态度就很难改变了，甚至当他们的问题行为得以矫正后也如此。因此，研究者发现，除了技巧干预，还需将改变同伴的态度作为补充手段。有一项此类干预策略就涉及团体合作训练（Slavin，Hurley，& Chamberlin，2003）。在这种方法中，儿童或者青少年为一个共同的目标而努力，即希望改变自己在同伴中的名声。很多团体合作的项目都是在学业背景下进行的，但在其他情景中也可以使用。例如，参加合作游戏和运动能增加分享和愉悦感，某些电子游戏也要求参与者的共同努力。

友　谊

在前面我们曾提到过，同伴是一群年龄相仿或成熟水平相近的个体。**朋友**（friends）是同伴中的一部分，他们相互为伴，相互支持，亲密无间。因此，朋友关系要比同伴群体中的关系亲密得多，相互卷入也较多。有些青少年会有几个亲密朋友，有些只有一个，而有些一个都没有。友谊在青少年发展中的重要作用可从下面这个 13 岁女孩对其最好的朋友所做的描述中看出来：

> 我最好的朋友非常好，很诚实，值得信赖。我可以告诉她我内心深处的秘密，我相信她不会告诉别人。我也有其他朋友，但她是我最好的朋友。我们相互关心对方，从不想伤害彼此。有困难时我们相互帮助。我们给别人起各种滑稽的外号，然后嘲笑自己好傻。我们给男生列名单，选出哪些最性感，哪些最丑，哪些是大坏蛋等等。有些事情我们也和其他朋友分享，但有些却不让他们知道。

友谊的重要性

青少年友谊的功能分为以下六种（Gottman & Parker，1987）（见图 10.3）：

1. 陪伴友谊为青少年提供了一个熟悉的同伴，一个愿意与他们共度时光，参与合作活动的伙伴。
2. 刺激友谊为青少年提供了有趣的信息、快乐和娱乐。
3. 物质支持友谊可提供资源和帮助。
4. 自我支持友谊提供支持、鼓励和反馈，有助于青少年对自己保持一种有能力的、有吸引力的和有价值的印象。
5. 社会比较友谊提供了一些与其他人对比的信息，例如自己处于何种地位，自己的所作所为是否恰当。

6. 亲密 / 情感友谊在青少年与另一个个体之间确立了温暖的、亲密的、信任的关系，这种关系中包括自我表露。

图 10.3
友谊的功能

在最近的一项为期两年的纵向研究中（Wentzel, Barry & Caldwell，2004），友谊的重要性进一步得到了进一步的强调。与那些有一个或更多朋友的同伴相比，没有朋友的 6 年级学生较少做出亲社会行为（合作、分享、帮助他人），其学习成绩较差，情绪较低落（抑郁、幸福感水平较低）。两年后，当这些孩子升入 8 年级时，其情绪仍然比较低落。另一项对 9 年级的欧裔、墨西哥裔和华裔儿童的研究表明，与朋友一起度过的时间长短与他们的积极情绪成正相关（Witkow & others，2005）。

然而，友谊的质量是千差万别的（Cillessen & others，2005）。有些友谊是亲密而长久的，有些却是肤浅而短暂的。有些进展顺利，有些却伴有冲突。最近有项研究重点考察了青少年与父母及朋友间的冲突（Adams & Laursen，2001）。研究发现，亲子冲突更可能以日常争论的话题和日常琐事为特征，随后伴有生气或中等的情绪色彩，结果要么是父母胜出，要么是孩子胜出。而朋友间的冲突更可能是由关系话题引起的，随后伴有友好的感动，关系的决裂，旗鼓相当或者毫无结果。另一项研究表明，女孩和那些低自尊的青少年报告了更多的嫉妒，也就是说，嫉妒他们的亲密朋友与其他同伴间的友谊（Parker & others，2004）。

不仅友谊的质量对青少年有重要影响，而且朋友的性格、兴趣和态度也很重要（Brown，2004）。例如，研究者发现，少年犯的朋友通常也是罪犯，并且他们强化了彼此的犯罪行为（Dishion，Andrews，& Crosby，1995）。其他研究也显示，不吸烟的青少年与吸烟的青少年成为朋友后很有可能也开始吸烟（Urberg，1992）。同理，拥有一起上学、一起参加运动和宗教活动的朋友可能对青少年产生积极的影响。

沙利文的观点

沙利文（Harry Stack Sullivan，1953）在研究青少年友谊重要性方面是最具影响力的理论家。他认为，在青少年早期，亲密关系的心理重要性和亲密度有大幅增加。与其他心理分析理论学家狭隘地强调亲子关系的重要性不同，沙利文认为，朋友在促进儿童和青少年的幸福感和发展方面发挥着同样重要的作用。在幸福感方面，他认为所有的人都有许多基本的社会需求，包括对亲切感的需求（安全型依恋）、玩伴、社会接纳、亲密以及性关系的需求。这些需求是否能得到满足，在很大程度上决定了我们体验到的幸福感。例如，如果我们对玩伴的需求没有得到满足，那我们就会很烦，很沮丧；如果我们没有被社会接纳，我们就会体验到较低的自我价值感。从发展的角度来看，为了满足这些需求，个体在青少年期越来越需要朋友，在与朋友交往的得意和失意中，青少年的幸福感逐渐得以形成。沙利文尤为相信，在青少年早期，青少年对亲密关系的需求逐渐增强，这就促使他们去寻找亲密朋友。他觉得，如果青少年未能成功地形成这样的亲密友谊，他们就会体验到痛苦的孤独感，接着自我价值感降低。

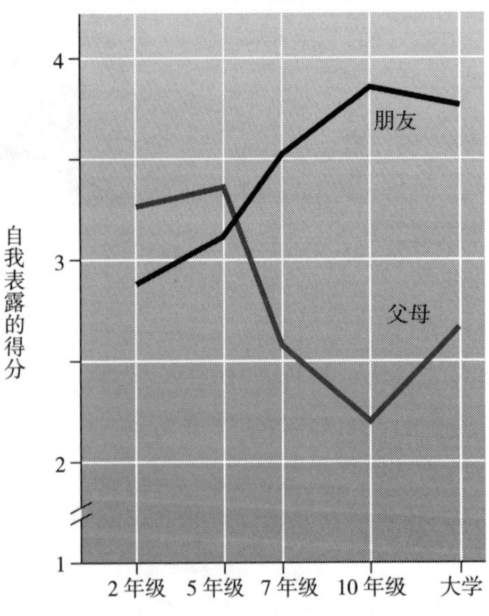

图 10.4
自我表露性交谈的发展变化。朋友之间的自我表露性交谈在青少年期急剧增多，而他们与父母的交谈却以同样惊人的速度下降。然而在大学期间，与家长的自我表露性交谈有点开始回升。自我表露测量为 5 点量表，由儿童和青年完成。其中高分代表自我表露程度高，图中显示的数据为每个年龄组的平均数。

尽管沙利文在半个多世纪之前就清晰地表达了他的观点，但最近的一些研究发现才开始支持他的很多观点（Buhrmester，2005）。例如，与年幼的儿童相比，青少年报告说他们经常向朋友倾诉较多隐私和个人信息（Buhrmester & Furman，1987）（见图 10.4）。青少年同时也报告说他们更多地通过朋友而不是家长来满足自己对陪伴、价值感和亲密感的需要（Furman & Buhrmester，1992）。在一项研究中，研究者对 13~16 岁的青少年进行了为期五天的访谈，以此考察他们与朋友和父母进行有意义交往的时间（Buhrmester & Carbery，1992）。结果发现青少年每天花大约 103 分钟与同伴交往，而与父母的交往时间每天只有 28 分钟。此外，与儿童期相比，青少年期友谊的质量与幸福感之间的联系要强。与拥有亲密友谊的青少年相比，那些拥有肤浅友谊或没有亲密友谊的青少年报告了更多的孤独感和沮丧情绪，并具有较低的自尊（Buhrmester，1990；Yin，Buhrmester，& Hibbard，1996）。另一项研究发现，青少年早期的友谊能显著预测成年初期的自我价值感（Bagwell，Newcomb，& Bukowski，1998）。

友谊的亲密性和重要性逐渐增加，这就为青少年掌握更为复杂的社交能力提出了挑战（Buhrmester，2005）。从第 9 章描述的建构主义发展观来看，青少年的友谊代表着一种与他人联系的新方式，被贴切地称为“对称亲密模式”。在儿童期，一个好朋友同时意味着是一个好玩伴：儿童必须知道如何在玩耍时相互合作，如何顺利地参与到操场上正在进行的比赛中。与此相反，青少年友谊的亲密性逐渐增强，这要求他们习得大量有关亲密关系的能力，包括懂得如何适当地自我表露，如何为朋友提供情感支持以及如何以不破坏友谊亲密性的方式处理分歧。这些能力需要更为复杂的观点采择、移情、社会问题解决的技能，这远比童年玩伴交往所需的能力要复杂得多。

除了在社交能力的社会化过程中发挥作用之外，友谊往往是重要的支持来源（Berndt，1999；Burhmester，2005；Collins & Steinberg，2006；Hartup & Collins，2000）。沙利文描述了青少年朋友之间是如何相互支持彼此的个人价值感的。当亲密的朋友相互表露他们的不安全感和对自己的恐惧时，他们发现自己并非“异常”，没有什么可羞愧的。朋友也是知己，通过提供情感支持和建议帮助青少年解决令人苦恼的问题（如与父母间的争执或与恋人分手）。朋友还可以保护“处境危险的”青少年免受同伴的伤害。此外，在建立自我同一性方面，朋友也可以积极参与其中。在无数次的谈话中，朋友成为青少年探讨包括未来计划、宗教和道德问题立场等问题的宣传者。

威拉德·哈吐普（Willard Hartup，1996）对同伴关系进行了长达 40 年的研究，他的结论是，儿童和青少年经常将朋友作为认知资源和社会资源。哈吐普主张，对于类似从小学升至初中这样的规范性转变，那些有朋友的儿童要比那些没有朋友的儿童更容易适应。友谊的质量也是一个重要的因素。对于善于社交的个体来说，支持性的友谊对于个人的发展相当有利，而强制性和充满冲突的友谊则不利于个人发展。对于不同的青少年，友谊及其对发展的意义也有差异。青少年的特点，如气质（如“平易近人”与“难以接近”）可能会影响友谊的本质。

亲密度和相似性

友谊的两个重要特点是：亲密度和相似性。

亲密度

友谊中谈及的亲密度有不同的含义。例如，广义上，它包括一切可使友谊变得更加亲密的因素。然而，在大多数研究中，**友谊的亲密度**（intimacy in friendship）被狭义地界定为自我表露或隐私分享。个人对朋友的了解也被用作亲密度的一个指标（Selman，1980；Sullivan，1953）。

在过去二十年中，关于青少年友谊的研究得出的最一致的研究结果是，亲密度是友谊的一个重要特征（Berndt & Perry，1990；Bukowski，Newcomb，& Hoza，1987）。当要求青少年回答他们想要从朋友那里得到什么，或如何判断谁是他最好的朋友时，他们常说，最好的朋友是能与他们共同解决问题、理解他们、并愿意倾听他们谈论自己的想法或感受的人。当年幼儿童谈到友谊时，他们很少涉及或谈论自我表露或相互理解的问题。一项调查表明，友谊的亲密度在 13~16 岁的青少年中比在 10~13 岁的青少年中表现得更突出（Buhrmester，1990）。

相似性

友谊的另一个主要特征是相似性，在整个儿童期和青少年期，朋友在年龄、性别、种族，以及其他许多因素上都大体相似。朋友通常都有相似的学业态度、教育抱负和高度一致的成就取向。朋友大都喜欢同一风格的音乐、穿同一款式的服装、喜欢相同的休闲活动（Berndt，1982）。假如朋友对学业持有不同的态度，其中一人可能想打篮球或去购物，而不想做功课。当一个朋友坚持要先完成功课而另一个却坚持要先打篮球时，这种冲突可能会破坏他们的友谊，双方也可能会因此分道扬镳。

不同年龄青少年间的友谊

虽然大部分青少年是与自己年龄相仿的个体建立友谊，但也有一些青少年与年幼或年长的个体成为好朋友。普遍令人担忧（尤其令父母担忧）的是，那些与年长者交友的青少年会受朋友的鼓励去参与犯罪行为或者早期性行为。研究人员发现，与年长青年交友的青少年确实较频繁地参与不良行为，但至于是年长青年引诱他们做出越轨行为，还是他们在发展与年长青年的友谊之前就已经有做出越轨行为的倾向，这一点就不得而知了（Billy，Rodgers，& Udry，1984）。

在一项对 8 年级女生的纵向研究中发现，早熟女生一般与那些年长而生理上与她们接近的女生建立友谊（Magnusson，1988）。正因为与年长朋友交往，早熟女孩可能比同龄人参与更多不良行为，如逃学、饮酒、盗窃。同样，在其成人后（26 岁），早熟女孩更可能已经有了孩子，并不会像那些晚熟的同伴那样在职业和教育方面有所建树。因此，当青少年与那些比他们年长的个体成为亲密朋友时，家长完全有理由担心。

青少年群体

在青少年期，你可能既是正式群体中的一员，也是非正式群体中的一员。正式群体包括篮球队或训练队、女童子军或男童子军、学生会等等。非正式群体可能是同伴群体，如某些小集团。我们对青少年群体的研究集中于群体功能以及群体是如何形成的；儿童期的群体和青少年期的群体之间的差异，文化差异，小集团以及青年组织。

群体的功能及其形成

为什么青少年要参加学习小组？教堂？运动队？小集团？因为群体能满足青少年的个人需要，奖励他们，为他们提供信息，提高他们的自尊并为他们提供认同感。青少年参加群体可能是因其认为作为群体的一员是令人愉快的和兴奋的，同时群体也能满足他们对归属和陪伴的需要。他们加入一个群体也可能因为他们将有机会获得奖励，无论是物质上的奖励还是精神上的奖励。例如，作为学生会的成员，青少年可能会获得声望和认可。群体同时也是一个重要的信息来源。当青少年参加一个学习小组时，他们就能从中学到有效的学习策略和关于如何考试的有价值的信息。青少年所在群体——他们的家庭、学校、俱乐部、一个团队——往往使他们感觉良好，能提高他们的自尊，并为他们提供一种认同。

青少年所属的群体与其他群体有两个共同点：规范和角色。**规范**（norms）是指所有群体成员必须遵守的规则。例如，荣誉协会可能要求所有成员的平均成绩为 3.5 分；一所学校可能要求男生的头发要剪到碰不到衬衫的程度；足球队可能要求其成员在淡季练习举重。**角色**（roles）是指在群体中由规则和期望决定的某一身份。角色规定青少年的行为举止。在一个家庭中，父母充当着一定的角色，兄弟姐妹担当其他角色，祖父母还有其他的不同角色。在篮球队也有许多不同角色：中锋、前锋、后卫、篮板、防守等。

儿童期的群体和青少年期的群体

儿童期的群体与青少年期的群体在以下几个重要方面有所不同。儿童期的群体成员往往由朋友或邻居小伙伴组成，它通常不如青少年期的群体那样正式。在青少年期，群体成员往往更广泛，换言之，群体成员并非是青少年的朋友和邻居，而通常是面向所有青少年。试想你在初中时的学生会、荣誉协会或足球队，如果你曾是这些组织中的一员，你可能还记得这些群体是由许多你不曾认识的个体组成的，且它们比儿童期的同伴群体更为多样化。这些群体有明确的规则和制度，队长或领导者均是由青少年通过正式选举或正式任命而产生的。

一项由德克斯特·邓菲（Dexter Dunphy，1963）进行的著名的观察研究表明，在青少年期，男女混合的社会群体的数量逐渐增加。在儿童晚期，男孩和女孩往往形成较小的同性群体。当他们进入青少年早期，同性群体开始与另一性别群体互相交流。渐渐地，群体领袖和高级成员进一步形成男女混合的群体。最后，新成立的男女混合群体取代同性群体。男女混合群体也开始在较大的群体活动中互相交流，比如在舞会和运动赛事上。在青少年晚期，随着情侣关系的发展以及订婚和结婚这类长远计划的制定，群体开始慢慢解散。图 10.5 呈现的是邓菲观点的概要。

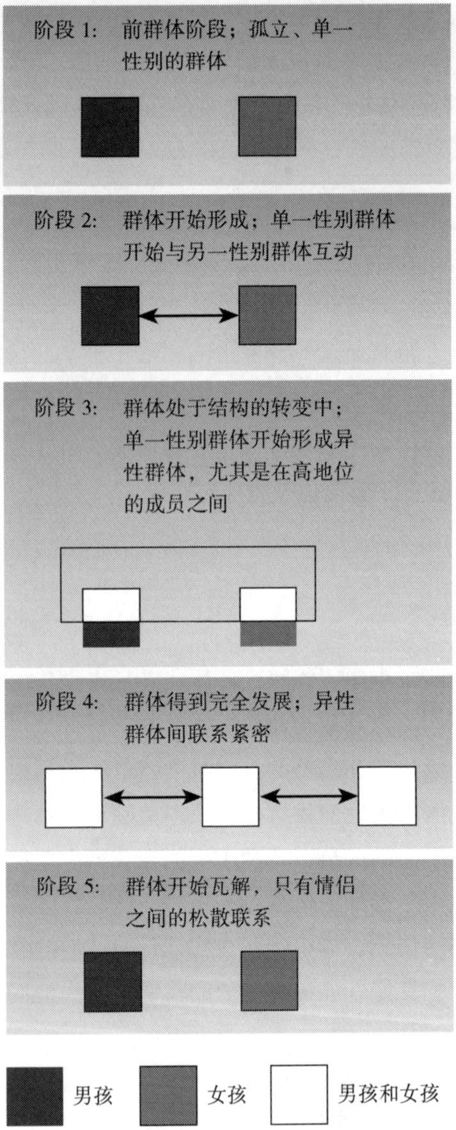

图 10.5
邓菲提出的青少年期同伴群体关系的发展进程

小集团和团体

在讨论邓菲的工作时，异性关系在青少年群体发展中的重要性受到了关注。下面让我们更详细地考察一下青少年的小集团和团伙。

小集团

小集团（cliques）是一些小团体，人数从两个人到十二人不等，平均约五至六人，这些小集团成员通常都是同性别且年龄相仿的。

小集团的形成可能是由于青少年参加相似的活动，如一起参加俱乐部或运动队。有些小集团的形成则纯粹是出于友谊。某些青少年在一起待过并喜欢彼此的陪伴从而形成了一个小集团。在小集团形成之前，其成员不一定是朋友，他们通常是在加入这个小集团之后才发展出友谊。

青少年在小集团中做些什么呢？他们分享理念、一起出去玩，且常常会形成群体内认同，认为自己的小集团比其他的小集团更好。

团 体

团体（crowds）是一个比小集团更大的群体结构。青少年通常是为了名声而成为团体的一员，他们不一定花多少时间与其他团体成员在一起（Brown，2003，2004）。与小集团相比，团体可能不那么个人化。许多团体是根据青少年参与的活动来划分的（如擅长运动的人组成的“运动员团体”，吸毒者组成的“吸毒团体”），但也有一些团体是根据成员交往的性质而定义的。例如，在本章前面部分描述的邓菲的发展序列中，团体是根据交往而划分的，并非根据名声。根据名声划分的团体往往在青少年早期首次出现，通常到青少年后期就变得不太显著了（Collins & Steinberg，2006）。

在一项研究中，布莱福特·布朗和简·洛尔（Bradford Brown & Jane Lohr，1987）测量了221名七年级到十二年级学生的自尊，他们发现这些青少年要么与学校里五个主要的团体中的一个有联系，要么在同学中相对不知名且与学校的任何团体都没有联系。五个团体包括：运动员团体（运动取向），受欢迎的团体（领导社会性活动的一些出名的学生），普通团体（代表大众的中等学生），吸毒/恶棍团体（非法吸毒或参与其他违法活动者），以及不出众者团体（社会技能或智力低下者）。其中运动员团体和受欢迎的团体的自尊最高，不出众者团体的自尊最低。但是，有一类青少年，他们虽不是这些团体中的一员，但他们的自尊与运动员团体和受大众欢迎的团体相当。这些人是独立派，他们认为成为团体的一员对他们来说并不重要。需要记住一点，这些数据是相关性的，自尊可以增加青少年成为团体成员的可能性，正如小集团成员的身份会提升青少年的自尊一样。

区分团体的一个主要因素是各团体的规范对于学业所形成的不同认识（Brown，2003，2004；Brown & Theobald，1998）。一项针对中西部和西海岸的九年级青少年的研究发现，高学业成就者（“精英”）与低学业成就者（“吸毒者”）之间的成绩差异几乎是两个等级（Brown & others，1993）。特殊团体的规范会导致青少年在学业上失败，离经叛道者组成的团体，其成员更有可能过早辍学（Cairns & Cairns，1994）。

青年组织

青年组织对青少年的发展能够产生重要影响（Brown，2004；Mahoney，Larson，& Eccles，2004；Roth & Brooks-Gunn，2003）。美国目前有 400 多个全国性青年组织（Erickson，1996）。这些组织包括生涯团体，如青年成就组织；旨在塑造性格的团体，如女童子军和男童子军；政治团体，如青年共和党和青年民主党；以及种族团体，如美国印度青年团（Price & others，1990）。它们每年为大约 3 千万青年提供服务。最大的青年组织是 4-H，有近 500 万会员。其中最小的组织是 ASPIRA 和 WAVE，ASPIPA 是一个拉丁青年组织，为约 13，000（每年）名青少年提供丰富的教育项目，WAVE 是一个预防辍学的项目，每年为约 8000 名青少年提供服务。

与那些不加入青年组织的同龄人相比，加入这类组织的青少年在成年后更有可能参与社区活动，有较高的自尊，接受了更高的教育且均来自收入较高的家庭（Erickson，1982）。加入青年组织有助于青少年实践人际交往技能和组织技能，这对成功扮演成人角色至关重要。

搜索协会（The Search Institute，1995）进行了一项研究，该研究阐明了参加青年计划的可能性和障碍。这项研究是在明尼阿波利斯进行的，和美国的其他主要城市一样，这个城市也面临着许多与青少年有关的挑战。课余时间和暑假是重要的时间空档，在这期间青少年可以与成人及同龄人形成积极的人际关系。然而，这项研究发现，超过 50% 的青年报告他们一周内不参加任何形式的课外青年计划，超过 40 % 的青少年报告说他们在暑假期间不参与青年计划。

明尼阿波利斯市大约有 350 项青年计划，平均每项计划有 87 名青少年。然而，大约有一半的青年及其父母一致认为，青年计划还远远不够。低收入父母对计划的可利用性持有较低的满意度。

有些中学生对不参加青年计划做了解释：对活动不感兴趣，交通不便，不清楚有什么活动可选。以下是一些青少年就他们不参加活动给出的解释：

“有些东西我不喜欢，例如体育运动，因为我不擅长。”

“没有人愿意仅为参与一项计划而坐公共汽车穿过闹市区。”

“我有足够的时间，但我的父母没有时间。我需要他们带我去那里。”

这些青少年都参加了男孩俱乐部和女孩俱乐部活动，青年组织会对这些青少年产生怎样的影响呢?

父母面临类似的困难，特别是交通和相关费用。青少年对能培养他们与同伴关系的活动感兴趣，他们希望有更多的非正式的计划或场所，在那里对时间没严格的要求——可根据自己的时间随时光顾，一起玩耍，并即兴地选择他们想要做的事。然而，有些青少年则报告说，他们对结构化的活动比较感兴趣，如上课、参加体育活动、跳舞、青年引导计划和青年服务计划。

根据兰迪·拉桑的研究（2000；Larson，Hansen，& Walker，2004），结构化的青年志愿者活动特别有利于主动性的发展。在一项针对可提高主动性的结构化活动的研究中，研究者招募了一些来自低收入地区的青少年，让他们开始参加文艺和戏曲小组、体育队、男孩俱乐部和女孩俱乐部、YMCA 帮派干预计划和其他团体组织（Heath，1999；Heath & Mclaughlin，1993）。当青少年第一次加入这些组织时，他们似乎觉得很无聊。然而，在三四周内，他们对自己影响环境的能力和调整自己行为以实现目标的能力报告了更多的自信。

总之，青年活动和组织为青少年提供了良好的发展环境，这种环境为青少年形成许多优良品质提供了机会（Flanagan，2004）。多参加这种活动和组织有助于提高青少年的成就，减少其违法行为（Dworkin & others，2001；Larson，2000）。

性别与文化

青少年同伴群体和友谊所发生的社会环境与性别和文化有关。在第 6 章中我们曾指出，在小学期间，儿童的大部分闲暇时间是与同性别儿童一起度过的。青少年期前的儿童一周会花约一个小时与异性交往（Furman & Shaeffer，2003）。到了青少年期，他们花更多时间与异性同伴群体在一起，这在我们刚才所描述的邓菲的发展观中有所反映。到十二年级时，男孩每周平均花 5 个小时与异性在一起，女孩每周有 10 小时和异性在一起（Furman，2002）。然而，由男生构成的同伴群体与由女生构成的同伴群体之间存在一些显著差异。

性 别

越来越多的证据表明，性别在同伴群体和友谊中起着重要作用（Leman，Ahmad，& Ozarow，2005；Underwood，2004），相关证据主要集中在群体规模和同性别群体内的互动方面（Maccoby，2002）：

- *群体规模* 大概从 5 岁开始，男孩与女孩相比更可能加入较大规模的群体，也更可能参与有组织的游戏和体育运动。
- *同性别群体中的互动* 男孩往往比女孩更多地参与竞争、冲突、自我展示、冒险和寻求控制权等活动。相比之下，女孩更多地进行“协作性会谈”，以更加互惠的方式对话和行事。

是不是青少年期女孩的友谊比男孩的友谊更亲密呢？当要求描述他们最好的朋友时，女孩比男孩更多提及亲密交谈和忠诚（Collins & Steinberg，2006；Ruble，Martin，& Berenbaum，2006）。例如，女孩更可能把她们最好的朋友描述为“和我一样善解人意”或“如我一般值得信赖。”（Duck，1975）。当发生冲突时，女孩把改善关系当成首要目标，如表现出极大的耐心，直到重归于好；而男孩则更可能寻求对朋友的控制（Rose & Asher，1999；Ruble，Martin，Berenbaum，2006）。在青春期，女孩的友谊更可能关注亲密感，而男孩的友谊则倾向于强调权力和刺激（Rose，2002；Ruble，Martin，& Berenbaum，2006）。男孩不太鼓励相互吐露心声，因为他们认为自我表露不够男性化（Maccoby，1996）。并且，如果男孩不能处理自己的问题和不安全感，他就很容易被别人称作“懦弱的人”。这些性别差异通常被归结为女孩相比男孩更强调人际关系定向。

社会经济地位和种族

在很多学校，同伴群体是按社会经济地位和种族来严格分类的。在一个中产和低产阶级学生占大多数的学校，中等社会经济地位的学生往往是正式组织的领导，如学生会、荣誉协会、互助会等。体育队是唯一一类能使非裔青少年和低收入家庭的青少年的成就等同于甚至超过中等及以上社会经济地位的青少年的团体。

对于许多少数种族青年，尤其是移民来说，来自同一种族的同伴能为他们带来一种至关重要的手足情深的感觉，更好地帮助他们适应主流文化。这种同伴群体可能是为了抵抗那些多数群体而形成，它为成员提供能够减少孤独感的适应性支持。

文 化

到目前为止，我们已经从性别、社会经济地位和种族方面探讨了青少年的同伴关系。与美国文化相比，在其他国家的文化中，同伴群体是否扮演着不同的角色？

在一些国家，成人严格限制青少年的同伴交往。例如，在印度农村的许多地区和许多阿拉伯国家中，青少年与同伴交往的机会受到严格限制，尤其是女孩（Brown & Larson，2002）。这些地区的女孩如果要上学，通常就读于女子学校。在这些国家，异性交往或建立浪漫关系是受到限制的（Booth，2002）。

在第9章中，我们曾简要地指出日本青少年的自主性发展相对较晚，并且他们与父母的冲突要少于美国青少年与父母的冲突。最近的一项跨文化分析发现，相对于日本青少年，同伴群体对美国青少年来说更重要（Rothbaum & others，2000）。日本青少年花在家庭以外的活动上的时间更少，娱乐休闲时间也更少，与同伴一起参与的课外活动也比美国青少年要少（White，1993）。此外，美国青少年比日本青少年更有可能给同伴施加压力，以抵制其父母的影响（Rothbaum & others，2000）。

但是也有另一种趋势，在那些青少年的同伴交往受限制的社会中，青少年在学校活动和共享的课外活动中却会有更多的同伴交往，尤其是在中等社会经济地位的环境中（Brown & Larson，2002）。例如，在东南亚和一些阿拉伯地区，青少年开始更多地听取同伴的意见并与他们分享兴趣爱好（Booth，2002；Santa Maria，2002）。

然而在另外一些国家和地区，同伴在青少年的生活中发挥着更为重要的作用（Brown & Larson，2002）。例如，在撒哈拉以南的非洲地区，同伴群体渗透进青少年生活的每个角落（Nsamenang，2002），在欧洲和北美地区也不例外（Arnett，2002）。

与美国儿童相比，某些文化中的儿童在很小的时候便被安置在同伴群体中，并在那里度过更长的时间。例如，在印度东部穆里安沼泽文化中，男性儿童和女性儿童从6岁开始便一直住在集体宿舍里，直到结婚（Barnouw，1975）。这个宿舍是一片宗教乐土，其中的成员都致力于工作和精神和谐。儿童帮父母干活，父母包办子女的婚姻。孩子们一直住在宿舍里，在那里度过青少年期，直到他们结婚为止。

在某些文化背景下，同伴甚至肩负起本应由父母承担的责任。例如，南美洲的街头青年通过同伴网络进行谈判，以帮助他们在城市环境下生存（Welti，2002）。

约会和浪漫关系

尽管许多少男少女们通过正式或非正式的同伴群体有过一些社会交往，但是约会才是男女之间真正接触的开始（Bouchey & Furman，2003；Carver，Joyner，& Udry，2003；Collins，2003；Florsheim，2003；Furman，2002；Furman & Shaeffer，2003）。青少年早期的男生很多时候会苦苦思索是否应该打电话邀请某个女生出来："她会拒绝我吗？"、"如果她说可以，接下来我该说什么？"、"我该如何邀她跳舞呢？"、"我不想我妈妈带我们去"、"我想吻她，但如果她推开我怎么办？"、"我该如何与她单独相处呢？"而另外一方面，女孩子也会想："要是没人邀请我跳舞怎么办？"、"要是他要吻我怎么办？"或者"我真的不愿意和他一起出去。或许我应该等一两天再答复他，看比尔是否会给我打电话？"

约会的功能

约会是一种相对较新的现象，据我们所知，直到20世纪20年代，约会才开始盛行，在那时，它的主要作用在于选择和获得配偶。在此之前，约会的唯一目的是选择配偶，并且"约会"也是由父母严格监控的，他们完全控制了子女异性伙伴关系的方方面面。通常情况下，父母会相互讨论可能与其子女结婚的对象需要具备哪些优点，甚至为子女选择配偶。当然，近年以来，青少年对约会进程和约会对象的选择有了更多的控制权。此外，约会也不仅仅只为了结婚，约会逐渐发展出了其他的功能。

如今的约会至少有8个功能（Paul& White，1990）：

1. 约会可以是一种娱乐活动。约会中的青少年似乎更开心，他们把约会当做一种娱乐和享受。
2. 约会是获得地位和成就的来源。青少年的社会比较过程包含对其约会对象身份的评估：他们是否最好看，是否最受欢迎等？
3. 约会是青少年社会化进程的一部分，它有助于青少年学习如何与他人相处，并帮助他们习得礼仪和社交行为。
4. 约会还包括学习获得亲密感，它提供了与一位异性建立独特的、有意义的关系的机会。

5. 约会为性体验和探索提供了情境。
6. 约会通过两性关系中的互动和共同参加活动而为青少年提供异性伙伴。
7. 约会经验有助于同一性的形成和发展，有助于青少年澄清自己的身份，使他们从原先的家庭中独立出来。
8. 约会是一种寻找和挑选配偶的方式，因而保留了原有的求爱功能。

在 20 世纪上半期，约会的主要功能是为求爱。

约会的类型及其发展变化

不同种类的约会和约会中的发展变化构成了约会和浪漫关系的特点。我们先研究异性恋者的浪漫关系，然后再探讨同性恋者的浪漫关系（青少年男同性恋和女同性恋）。

如今，约会除了求爱之外，还包括许多其他功能。约会的其他功能有哪些呢？

异性间的浪漫关系

最近一项对 14~19 岁青少年的研究发现，那些没谈过恋爱的青少年比那些恋爱或约会中的青少年表现出更多的社交焦虑（La Greca & Harrison，2005）。在另一项研究中，在所选的六年级学生中有40%的人声称："我喜欢某个人"（见图 10.6）。然而，直到 10 年级才有 50% 的青少年有持续 2 个月或更长时间的真正的浪漫关系。直到高年级，还有 25% 的青少年仍然没有这种持久的浪漫关系。此外，该研究还发现，女孩早恋与其低学业成绩、较少主动参与班级讨论以及学校相关问题有关。绝大多数处于稳定约会关系中的青少年说，他们的关系持续了大约 11 个月以上：20% 为 14 岁及以下青少年，35% 为 15~16 岁之间的青少年，几乎 60% 为 17~18 岁之间的青少年（Carver，Joyner，& Udry，2003）。

在早期浪漫关系中，许多青少年约会的动机并非源于满足依恋或者性的需求。相反，

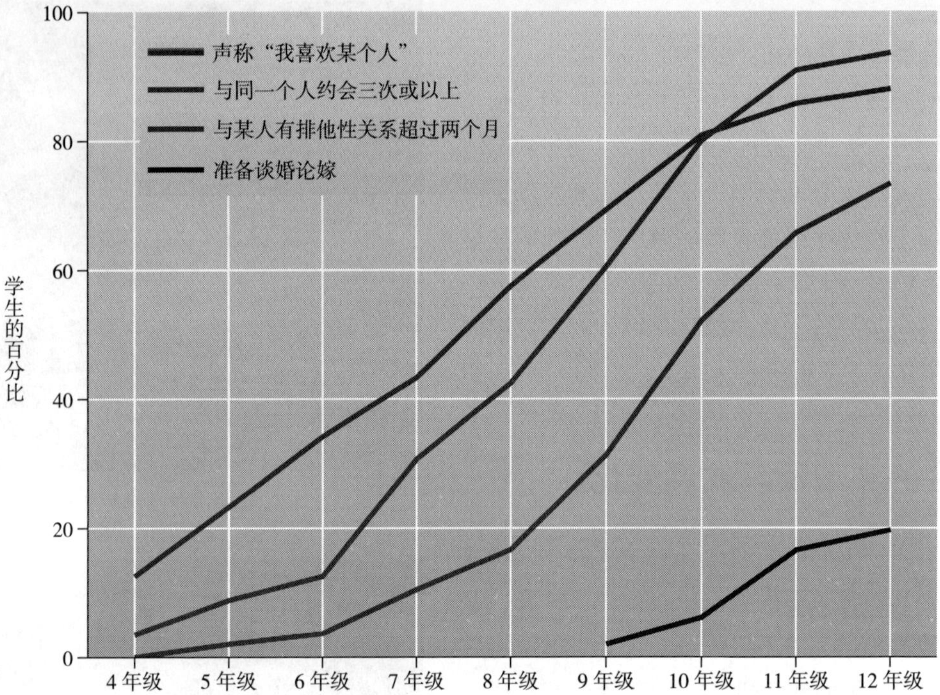

图 10.6

浪漫活动的起始年龄。在这项研究中，声称“我喜欢某人”出现得较早，其次是与同一个人约会 3 次或以上，然后是有排他性关系超过两个月，最后是准备谈婚论嫁（到 12 年级为止，只有极少数个体准备谈婚论嫁）（Buhrmester，2001）。

早期的浪漫关系只是为青少年提供了一个环境，供他们探索自己的魅力、学会如何谈恋爱以及搞清楚同伴群体会如何看待这一切。只有在青少年掌握了一些与恋爱对象交往的基本能力之后，满足依恋和性的需要才成为这些关系的核心功能（Furman & Werner，1998）。

如今的青少年在浪漫关系初期常常在数量上寻求安慰，开始与异性群体一起出去玩。有时候，他们只是聚集在某人家里或组织起来让大人开车送他们到一家商场或电影院。其中需要特别关注的是早恋和“与某人约会”，这些因素与青少年怀孕、学校问题和家庭问题有关。

一项研究让五至八年级的青少年携带电子传呼机，在为期一周的时间内随机呼叫他们，让他们来完成自我报告问卷（Tichards & others，1998）。四年后，参与者参加相同程序的实验。结果发现，与五、六年级的时候相比，高中时的他们与异性在一起和想异性的时间（每周）要更多。五、六年级女生一周花约 1 小时和男孩相处，而男生则花较少的时间与女生相处。虽然想异性的时间更多了，但对女孩来说，每周加起来的时间也不到两小时，男孩每周不到一小时。到了十一、十二年级，女孩每周大约花 10 小时与男孩相处，而男生只花大概一半的时间与女生相处。同时，想的频率也逐渐增多。在高中，女生花大约 8 小时想男生，而男生只花约 5 或 6 小时左右的时间想女生。

总之，在青少年早期，个体花更多的时间来思念异性，而并不是实际与他们待在一起。在七八年级时，他们花 4~6 小时左右想对方，而实际只有约 1 小时真正在一起。到十一、十二年级时，他们实际待在一起的时间比想念的时间要多。

性少数青少年的浪漫关系

大多数关于青少年浪漫关系的研究都侧重于异性关系。最近，研究人员开始研究男同性恋、女同性恋及双性恋青年的浪漫关系（Diamond & Savin-Willianm & Diamond，2004）。

女同性恋开始同性性行为的平均年龄在 14~18 岁之间，男同性恋大概在 13~15 岁之间（Savin-Willianm & Diamond，2004）。最初的同性伴侣一般都是亲密朋友。许多女同性恋青少年在与同性交往之前曾与男性有过性行为，而男性在这一点上，其顺序则更可能是相反的（Savin-Willianm & Diamond，2004）。

大多数性少数青年曾有过同性性经验，但较少有同性浪漫关系，因为这样的机会有限，并且社会不赞成这种关系，如家庭成员和异性同伴可能都不支持他们（Diamond，2003；Diamond，Savin-Williams，& Dube，1999）。一项研究性少数青年浪漫关系重要性的研究发现，性少数青年认为现有浪漫关系的破裂是他们所面临的第二大压力，仅次于向父母表露他们性取向的压力（D' Augelli，1991）。

性少数青年的浪漫关系有点复杂（Diamond，2003；Savin-Williams & Diamond，2004）。为了充分弄清性少数青年的关系兴趣，我们不能仅从异性恋青少年那里归纳结论，便草率给他们贴上标签。相反，性少数青年对同性和异性的性欲以及其浪漫关系中包含的所有变异都需要考虑在内。

情绪、适应与浪漫关系

青少年的整个生活都笼罩着浪漫情感（Barber & Eccles，2003；Harper，Welsh，& Woody，2002；Larson，Clore，& Wood，1999）。一名正在恋爱中的 14 岁青少年无法思

考其他任何事情；一名 15 岁的女孩会感到惴惴不安，因为“每个人都有男朋友，而我没有。”正如我们刚刚看到的，青少年花费大量时间思考浪漫关系。尽管有些想法包含激情和喜悦等积极情感，但同时也包含担心、失望和嫉妒等消极情感。

浪漫关系通常都涉及青少年的情绪体验。在一项对九年级和十二年级青少年的研究中，女生报告说她们有超过三分之一的强烈情感是由于真实的和想象的异性关系引起的，而男生报告同样原因引起的强烈情绪只占 25%（Wilson-Shockley，1995）。由学校（13%）、家庭（9%）、同性同伴（8%）等引起的强烈情绪则相对要少。大多数情绪被报告为积极的，只有少部分情绪（42%）被报告为消极的，包括焦虑、愤怒、嫉妒和抑郁。

那些有男朋友或女朋友的青少年报告的日常情绪波动比那些没有男朋友或女朋友的青少年要更多（Richards & Larson，1990）。在三天之内，一个十一岁女孩经历了由高兴，“因为我和丹在一起，”到烦恼，因为他们“大吵一架”和“他不听我解释，并且不断挂我电话”，然后到想要“自杀，由于吵架”，再到“幸福，因为我和丹相处融洽。”

一项涉及 8000 多名青少年的研究发现，恋爱中的青少年比没有恋爱的青少年出现抑郁的风险更高（Joyner & Udry，2000），特别是那些恋爱中的少女。其他研究人员还发现，抑郁更可能出现在失恋后，尤其是女孩（Welsh，Grello，& Harper，2003）。

最近的一项研究考察了十年级青少年的适应和约会之间的关系，发现了一些矛盾的结果（Furman，Ho，& Low，2005）。那些约会的青少年有更多的外显行为问题（如违法行为），并且与那些没有约会的青少年相比，他们更多地从事吸毒和接触生殖器的性行为。然而约会的青少年也更可能被同伴接受，并被认为更具有吸引力。

浪漫的爱及其建构

浪漫的爱（romantic love）也被称为激情的爱或性爱：它具有很强的性和迷恋的成分，在恋爱关系早期占支配地位。大多数青少年的爱都有浪漫的爱的特征，而且，浪漫的爱对于大学生来说是极其重要的。有一项调查要求未婚大学生确定他们最亲密的关系（Berscheid，Snyder，& Omoto，1989），结果半数以上的人认为其最亲密的关系是恋爱对象，而不是父母、姐妹或朋友。

另一种类型的爱是**深情的爱**（affectionate love），也称为伴侣之爱，一般发生在个体希望有人陪伴，并对这个人产生一种深情的关爱之时。人们深信，与青少年的爱情相比，成人的爱情更具有伴侣之爱的特征，而恋爱初期比后期包含更多的浪漫因素（Berscheid & Reis，1998）。

同样，身体吸引和性能力也是约会关系中的重要因素（Metts，2004）。亲密度也很重要，

青少年在浪漫关系中会有怎样的情绪经历?

这个我们已经在第 9 章中详细讨论过了。但为了充分理解青少年的约会关系，我们需要知道与家庭成员和同伴交往的经验如何促进青少年确立自己的约会关系，正如第 9 章中首次讨论过的关系的发展建构观一样（Day & others，2001）。

依据发展建构观的连续性观点，亲子关系会进一步影响到其他关系的建构，如约会关系（Fang & Bryant，2000）。因此，青少年与父母的关系（不管是父亲还是母亲）都会影响他们的约会关系。例如，那些母亲对之关爱但又不严厉的男性青少年可能会觉得与女性建立关系是有益的。相比之下，那些母亲对之冷淡、漠不关心的男性青少年可能会觉得与女性建立关系是不值得的。

我们在第 9 章“家庭”中了解到，以往依恋模式和儿童早期的养育对于青少年期形成积极的情侣关系有很强的预测作用（Sroufe，Egeland，& Carlson，1999）。例如，与安全型依恋的孩子相比，那些在婴儿期与抚养者形成焦虑型依恋的孩子，在青少年期则不太可能发展积极的情侣关系。安全型依恋的青少年能更好地控制自己的情绪，在恋爱关系中也更愿意自我表露。

弗曼和维纳（Wyndol Furman & Elizabeth Werner，1998）就各种具体的不安全依恋类型与青少年恋爱关系的联系进行了探讨。安全型依恋的青少年更有可能建立一种亲密的、温暖的、亲昵的恋爱关系。因而，发展一种亲密无间的浪漫恋爱关系会让他们感觉更自在、舒适。而回避型依恋的青少年则预期恋爱对象会做出回应、不可接近。因而，他们可能倾向于故意使自己远离恋爱关系。矛盾型依恋的青少年则可能对恋爱关系中的亲密感和亲昵感到失望和沮丧。

青少年对父母婚姻的观察也会影响他们建立的恋爱关系。试想一个来自离异家庭的女孩，她在成长过程中，整天看到父母因为诸多事情而不断争吵，那么她的恋爱关系可能就会出现两种极端：她可能沉浸于恋爱中，以远离自己曾经历的压力；或者对男性变得冷漠和不信任，不愿意约会。由于她亲眼看见父母之间的承诺是如此不堪，所以很难与男性发展一种信任关系。

海瑟林顿（Mavis Hetherington，1972，1977）发现，与来自于父母早亡或完整家庭的女孩相比，离异家庭中的青少年女孩的异性恋倾向更强。此外，离异家庭中的女孩对男性的看法比来自其他家庭结构的女孩更消极，父母离异和父母早亡的单亲家庭的女孩比那些来自完整家庭的孩子更有可能嫁给与其父亲形象类似的人。海瑟林顿认为，来自完整家庭的女孩有很多机会与父亲相处，因此，她们在约会时有更多的心理自由，并且有可能嫁给与父亲不同的人。父母可能更多地参与或关心女儿的约会模式和恋爱关系，对儿子的关心则相对少些。例如，一项调查发现，与男大学生相比，女大学生更可能回答说，在青少年期，父母试图较多地影响她们青少年期的约会对象（Knox & Wilson，1981）。她们还表示，父母也常常试图干预他们的约会和恋爱关系。

到目前为止，我们一直在讨论发展建构主义的连续性观点。与此相反，在非连续性发展观看来，同伴关系和友谊为青少年提供了一个学习关系模式的机会，这种关系模式随后也会迁移到恋爱关系中（Furnan & Werner，1998；Sullivan，1953）。还记得我们在第 9 章“家庭”中曾描述过一项纵向研究，该研究指出儿童中期的友谊与他们在 16 岁约会时的安全感和亲密感相关（Collins，Henninghausen，& Sroufe，1998）。其他研究人员也发现了青少年的友谊和恋爱关系之间的联系（Furman，2002）。

沙利文（Harry Stack Sullivan，1953）认为，正是通过这种亲密的友谊，青少年习得了一种成熟的爱，他称之为“协作”。沙利文认为，正是这种合作导向以及对朋友需求的敏感性构成了令人满意的约会和婚姻关系的基础。他同时还指出，约会和浪漫关系使得年轻人面临一种全新的人际关系问题，这完全不同于以往与父母和朋友的交往。年轻人不仅学到了如何约对方（以及优雅地拒绝请求），而且还必须学会将性欲和心理亲近的欲望结合起来。这些策略及整合并非易事，通常会使他们产生强烈的挫折感、内疚感和不安全感。

除了以往与父母和朋友的关系会影响青少年的约会关系之外，家庭成员和同伴也会直接影响约会经历（Niederjohn，Welsh，& Scheussler，2000）。例如，兄弟姐妹可以充当约会的重要资源。在一项研究中，青少年说他们从兄弟姐妹那里得到的约会支持远比从母亲那里得到的多（O’Brien，1990）。在青少年后期，当为约会感到担心时，他们把兄弟姐妹看做比母亲更为重要的顾问和知己。有时他们充分利用了兄弟姐妹来应对父母。

同伴关系如何促进青少年的浪漫关系?

在一项研究中，弟弟妹妹常会拿哥哥姐姐的约会特权说事，认为自己的权利不应该被剥夺，自己应该拥有和哥哥姐姐一样的权利（Place，1975）。在这项调查中，当兄弟姐妹与父母发生争论时，青少年有时会转而支持兄弟姐妹，希望以后如果父母不同意他们约会时，他们能得到兄弟姐妹的支持。

詹妮弗·康纳利及其同事（Jennifer Connolly，Connolly，Furman，& Konarksi，1995，2000；Connolly & Goldberg，1999；Connolly & others，2004；Connolly & Stevens，1999）的研究记载了同伴在青少年浪漫关系的出现中所发挥的作用。一项研究表明，那些参与男女混合同伴群体的青少年比那些未参加的同龄人更容易建立浪漫关系（Connolly，Furman，& Konarksi，2000）。最近的一项研究表明，越来越多的青少年加入到男女混合群体中（Connolly & others，2004）。这种参与“并非明确地为了约会，但当男孩和女孩处于同一情境中时异性间的社交行为就有可能发生，但并非必然……我们推测男女混合群体很重要，因为青少年很容易按其自身的水平来参加这种群体。”（p.201）

性别与文化

约会和浪漫关系会随性别和文化的不同而有所差异。回想一下你的中学（初中和高中）生活，想想性别是如何影响你的恋爱关系的。

性　别

青少年期的男生和女生是带着不同的动机去体验约会的吗？堪第斯·费林（Candice Feiring，1996）的发现证实了这一点。15 岁的女孩更有可能从人际关系质量的角度描述浪漫关系，而男孩则从身体吸引方面来描述。对年幼的青少年来说，伙伴的亲和性、亲密性和支持是浪漫关系中常被提及的积极方面，而爱与安全却未被提到。此外，青少年更多地从可爱、漂亮或英俊方面来描述身体吸引，而较少从性兴趣方面来描述（如接吻高手）。但是，不谈论性兴趣的原因也有可能是，与陌生成人谈论此类个人感受会让他们觉得不自在。

约会脚本（dating scripts）是青少年和成人用来指导和评估他们约会的认知模型。新近一项研究发现，第一次约会一般是照本宣科的，只是依据性别不同而有所差异（Rose & Frieze，1993）。男性遵从一种积极主动的约会脚本，女性则是；回应性的。男性的脚本包括：发起约会邀请（请求和计划约会）、掌控公共领域（开车和开门）、发起性方面的交往（身体接触、亲热、亲吻）。女性脚本主要集中于个人领域（关注外表、享受约会），参与到男性计划的约会中（被接送、打开门）回应他的性暗示。在关系初始阶段，这些性别差异赋予了男性更多的控制权。

种族与文化

社会文化背景对青少年的约会模式和配偶的选择也有着强大的影响力（Booth，2002；Stevenson & Zusho，2002）。在各种文化中，人们的价值观和宗教信仰往往决定开始约会的年龄，约会中的自由度，约会在多大程度上需要父母或其他成年人陪伴，以及在约会过程中男女双方各自的角色。在阿拉伯、亚洲及南美洲等国家，成人通常对女孩恋爱关系的限制比较多。

移民将这些限制标准一并带到了美国。例如，与英美文化相比，拉美裔和亚裔家庭对青少年的约会有更为保守的标准，尤其当这些移民家庭的青少年希望与其种族群体以外的人约会时，约会就成为家庭文化冲突的根源。因为在他们自己的原有文化中，约会开始的年龄较晚，约会中的自由度也较小，约会时要有人陪伴，对女孩约会的限制尤为严格。

> 爱是一幅大自然提供画布、想象力作笔的风影画。
>
> ——Voltaire
>
> 18 世纪法国哲学家

新近的一项研究探讨了生活在美国中西部地区的拉美裔年轻人的约会和性行为的社会化过程（Raffaelli & Ontai，

2001）。由于大多数父母认为美国式的约会有悖于传统的求爱方式，因而对青少年的浪漫关系设定了严格的界限。因此，许多拉丁裔青少年描述他们的约会经历充满了紧张和冲突。女孩开始约会的平均年龄为15.7岁，其中早期的约会通常是在父母不知道或不允许的情况下发生的，半数以上的女孩会选择“偷偷约会”。

第11章 学 校

教学的全部艺术不过是唤起年轻心灵的天然好奇心。

——ANATOLE FRANCE

法国小说家，20 世纪

青少年发展的镜像

从不再问“如果……那么……？”的问题，到“作家周”活动

就像下面这些摘录所反映的那样，有些学校对青少年来说是无效的，而有些学校对青少年来说是相当有效的（Lipsitz，1984）：

> 一位教师在社会研究课上的做法压制了一些富有想象力的问题。例如，他咆哮道：“你一直在问‘如果……那么……？’的问题！别再问这种蠢问题了！”。当一个学生问如果总统当选人在选举团会议之前去世了，那么谁将会成为总统时，这个教师爆发了：“你和他们一样糟糕！这是又一个‘如果……那么……？’的问题！（p.170）
>
> 有位老师让学生用大量的时间来学习素数，可是在学完这部分课程之后，却没有一个学生能说出为什么学习素数很重要。（p.169）
>
> 有个参观者问一位老师，她的班级是不是八年级。这个老师厉声回答道“它虽然叫八年级，但是我们知道它实际上是幼儿园，对吧，同学们？”（p.170）
>
> 一所西班牙后裔为主的学校里却只有一位能讲西班牙语的双语教师。（p.170）

从上面描述的情境来看，学生们的中学生活艰辛而不幸。下面，我们来看一些有效的中学环境（Lipsitz，1984）：

> 一切都很平静。这里没有小偷，开着门的小壁橱代替了上锁的存物柜。学生们安静地走在走廊上。如果问他们“为什么？”，他们会说为了不打扰到媒体中心，这对他们来说很自然，而并非做给参观者看……当问他们“你喜欢这个学校吗？”，他们会回答“不，我们不是喜欢它，我们爱它！”（p.27）
>
> 当问他们对学校有何感觉时，有个学生回答道，“它很棒，我们都很聪明，你看看我们的测试成绩”（p.74）。一位学生家长说：“我的孩子本来是会辍学的。他上小学时，老师曾对我说，‘这孩子只会让你感到头痛。’但他现在在这里表现很好，他每天按时到校，一天也不想耽误。暑假对他来说太长太无聊了，他在这里感到很多人关心他。”（p.84）
>
> 能激励教师成长的和谐环境……，教师就可以把它转换成能鼓励学生成长的和谐环境……。当你第一次走进去时，或许感觉这个学校好冷清，所有挂着铁锁的大楼和公共大厅都给人以一种制度感。当有人推开小组活动室的门时，你立刻会看到里面充满了活力、动感、创造力和行动。学生之间和师生之间有各式各样的联系。从一个有利的位置看过去，学生们有的在写作，有的马上设计完海报了，有的在看电影，有的在独立地阅读……大多数学生都知道自己在做什么，能说出为什么做这些很重要，并且被打扰后也能马上再回到工作中。（p.109）
>
> 作家周也是学校课程体系中的一个特殊活动，可以使学生将自己和生活中丰富多彩的创造和活动联系起来。根据学生的兴趣、实用性和差异性，学校会邀请作家来和学生们探讨其作品。学生可以有选择地预约与某个作家见面。他们必须读过这个作家的一本书。学生要为他们和作家见面这个环节准备好问题……。有时候，一个作家会和一组学生一起待好几天，讨论他的手稿。（p.141）

预 览

在青少年时代，我们需要学习，而学习的一个重要环境就是学校。学校不仅增加了青少年的学术知识，它同时也提供了一个社会舞台。在那里，同伴、朋友以及其他人都会对青少年的发展产生很大的影响。在本章中，我们对学校的探索将聚焦于教育方法、不同学校教育之间的过渡、学校的社会环境以及特殊青少年的教育。

教育学生的方法

关于孩子在学校哪种学习方法最好以及如何评估他们的学习，一直都存在争议。近来，研究者的兴趣在于让学校为学生的教育负更多责任。

直接指导和建构主义的方法

很多年来，学校教育学生的主要方法是**直接指导法**（direct instruction approach），它是一种以教师为中心的方法，其特点是教师主导和控制、训练学生的学术技能、对学生寄予高期望以及将大量时间花在学习任务上。现在很多学校仍然强调这种方法。

20 世纪 90 年代，学校改革的兴趣开始集中在建构主义的方法上（Santrock，2006）。**认知建构主义的方法**（cognitive constructivist approaches）强调孩子的主动性、对知识的认知建构和理解。教师的角色是在学生探索世界和加深对世界的理解时提供支持。我们在第 4 章中探讨过的皮亚杰理论是和认知建构主义方法相联系的一种发展理论。**社会建构主义的方法**（social constructivist approaches）强调在获得知识和理解时与他人合作的重要性（John-Steiner & Mahn，2003）。这就是说，在学生建构理解时，教师应该创造一些使他们和教师及同伴一起学习的机会。我们在第 4 章也探讨过维果斯基的理论，它是为社会建构主义的方法提供基础的一种主要发展理论。

> 没有人能被给予一种教育。你所能给的不过是学习的机会。
>
> ——CAROLYN WARNER
>
> 20 世纪的美国作家

简而言之，建构主义方法将学习者作为教育过程的核心，而不是教师，他们采用*以学习者为中心的原则*（McCombs，2003）。图 11.1 总结了 14 条以学习者为中心的原则。这些原则是由一群声望很高的科学家和教育家根据大量的原理编制而成的，并被美国心理学会（American Psychological Association，APA）公布在《以学习者为中心的原则：重构

认知和元认知因素

1. 学习过程的本质
   只有有目的地建构意义和经验时，才能更加有效地学习复杂的学科问题。
2. 学习过程的目标
   经过时间积累，再加上支持和教学指导，成功的学习者能构建出有意义且连贯的知识表征。
3. 知识的建构
   成功的学习者能通过有意义的方式将新信息和已有的知识联系起来。
4. 策略性思考
   成功的学习者能创造一套思考和推理的策略以达成复杂的目标。
5. 思考自己的思考过程
   选择和监控自己的心理过程，这是能促进创造性和批判性思维的高阶策略。
6. 学习情境
   环境因素也会影响学习，它包括文化、技术和教学实践。

动机和教学因素

7. 动机和情绪对学习的影响
   学习什么和学了多少会受到学习者动机的影响，而学习动机又会受学习者的情绪状态、信念、兴趣、目标和思维习惯的影响。
8. 学习的内在动机
   学习者的创造性、高阶思维和天然的好奇心都有助于学习的动机。当任务新颖且有难度、与学习者的个人兴趣相关且当学习者能自己选择和控制时，就可以激发其内在（内在的、自发产生的）动机。
9. 动机对努力的影响
   获得复杂的知识和技能需要学习者长期的努力和指导性的实践。如果学习者缺乏学习动机，唯有强迫才可能激发这种努力。

发展和社会因素

10. 发展对学习的影响
    随着个体的发展，他们在学习上有了不同的机遇和限制。只有同时重视生理、认知和社会情绪的发展，学习才是最有效的。
11. 社会对学习的影响
    学习会受到社会交往、人际关系以及与他人交流的影响。

个体差异因素

12. 学习上的个体差异
    由于先前的经验和遗传的作用，学习者会有不同的学习策略、方法和能力。
13. 学习和差异
    当考虑了学习者在语言、文化和社会背景上的差异时，学习才是最有效的。
14. 标准和评价
    设定适宜的具有挑战性的高标准，在评价学习者的同时也评价学习的过程，这些都是构成学习的不可缺少的层面。

图 11.1
以学习者为中心的心理学原则

和改革学校的架构》中（学习者中心原则工作组，1997）。

认知建构主义、社会建构主义和以学习者为中心的提倡者认为，直接指导法将孩子们变成了被动的学习者，不能充分地挑战他们，使他们以一种批判性和创造性的思维去思考（Duffy & Kirkley，2004）。而直接指导法的狂热支持者则认为，建构主义的方法没有充分关注学科内容，如历史或科学。他们也认为建构主义的方法太相对化，没有绝对标准，并且很含糊。

责　任

由于公众和政府对学校有效教育孩子的责任提出了更高的要求，国家指定的测验就承担起了更有力的角色（Hambleton，2002）。很多州已经或者正在确认期望每个孩子达到的目标，并大力支持教师将这些目标融入他们的课堂计划和教学中。

一些政策制定者声称，国家指定的测验将会有许多积极的效果，包括提高学生的成绩；花费更多时间来教授所要测验的科目；寄予所有学生更高的期望；鉴别出教学质量差的学校、教师和管理者；提高测验成绩，提升学生的在校自信。

美国国家指定测验最引人注目的内容是"不让一个孩子掉队"（No Child Left Behind，NCLB）的法案，联邦立法在 2002 年将其写入法律。NCLB 是美国政府支持学校和学区对学生的成功或失败负责所做的努力（Kubick & McLaughlin，2005）。立法将责任转给了各州，因此各州就需要各自制定学生在数学、英语 / 语言艺术和科学上应该达到的标准。到 2005~2006 年间为止，各州需要对所有三年级到八年级的学生进行年度测试。

很多人对 NCLB 提出了批评（Sunderman，Kim，& Orfield，2005）。批评者认为 NCLB 立法带来的危害将多于好处（Ambrosio，2004；Fair Test，2004；Goldberg，2005；Lewis，2005；Neill，2003）。有一种批评强调，用单一测验的单一分数作为学生进步和能力的指标只反映了学生技能的一个很狭窄的方面。这种批评和我们在第 9 章批评智商测验的单一水平相似。为了更精确地评价学生的进步和成就，许多心理学家和教育家强调要使用多种方法，包括考试、小测验、做课题、审查个人资料、课堂观察等，而不是只用单一测验的单一分数。作为 NCLB 的一部分，学校用于评价学生成就和进步的测试不能测量创造性、动机、持久性、变通思维和社会技能等重要技能（Droege，2004）。批评家还指出，教师只是训练学生并让他们记忆一些孤立的事实，将过多的课堂时间花在了"为测验而教"上面，这损害了以学生为中心的建构主义教学观，而后者倡导关注更高水平的思维技能，它们是学生在生活上获得成功所需要的。

尽管存在这些批评，美国的教育部门仍然坚持贯彻 NCLB，学校也在做出调整以满足该法律的需求。事实上，大多数教育家认为对学生设置高期望和高标准是很重要的（Revelle，2004），然而，NCLB 提出的测验和程序是否是达到这些高标准的最好方式仍然备受争论（Houston，2005）。

不同学校教育之间的过渡

随着儿童成长为青少年，青少年成长为成人，他们要经历几次学校教育的过渡：从小学过渡到中学或者初中，未上大学的青少年要从学校过渡到工作，而另一些青少年则从高中到大学，然后从大学过渡到工作。

向中学或初中过渡

初中出现于 20 世纪 20 年代和 30 年代。无论是从早期青少年的生理发展、认知和社会性变化来看，还是从应对日益增长的学生数量要求有更多学校来看，设立初中都是正确的。旧的高中变成了初中，之后又建立了新的地方高中。在大多数体制中，九年级仍属于高中，但在 6-3-3 体制（这种体制下学生的分组情况如下：一年级到六年级、七年级到九年级、十年级到十二年级）中，它已完全被分离出去了。随着一些学校将初中发展为七年级和八年级，或者六年级、七年级和八年级，九年级又逐渐恢复到高中。近几十年来青春期开始得更早了，受这一现象的影响初中得以创立。图 11.2 揭示了六年级到八年级这类初中学校的急剧增长，以及七年级到九年级这类初中学校的相应减少。

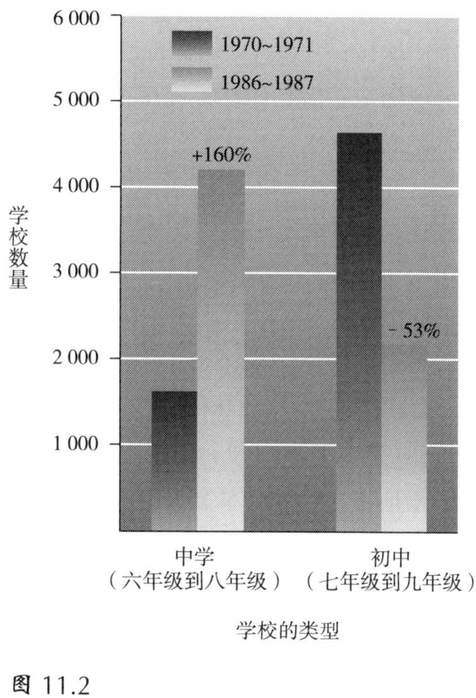

图 11.2
初中教育的变化

初中模仿了高中的课程和课外安排，这使得教育者和心理学家担心它们会变成高中的简单复制。批评家认为，初中学校应该加入一些能够反映早期青少年生理和心理发展特性的独特课程和课外活动。他们也强调，太多的高中培养了被动性而非自主性，学校应该提供各种途径使学生获得同一性。

对所有孩子来说，从小学向初学的过渡都是一种正常体验，但这一过渡也是有压力的，因为它同时伴随着许多其他的改变——个体自身、家庭和学校（Eccles，2004；Eccles & Wigfield，2000；Hawkins & Berndt，1985；Wigfield & others，2006）。这些变化包括青春期的到来以及相关的对身体意象的关注；某些形式运算思维的出现，包括伴随的社会认知的变化；青少年与父母相处时责任感和独立性更强；从一个小教室搬到一个更大的、非个人的学校结构中；从一个老师到多个老师的变化以及从一小群同质同伴到一大群异质同伴的变化；还有更加关注成就、表现和他人的评定。上面这些变化包括一些消极的、有压力的内容，但过渡也有积极的方面。学生更可能感受到成长，有了更多可以选择的科目；有了更多的机会和同伴待在一起，找到合适的朋友；脱离父母的直接控制而获得了更多的独立，遇到更多的学业挑战。

当学生从小学向初中过渡时，他们会经历**“跌落现象”**（top-dog phenomenon），即从最高位置（在小学，学校里那些年龄最大、体格最强、最有权力的学生）掉到最低位置（在中学或初中，学校里那些年龄最小、体格最弱、最没权力的学生）的情况。研究者发现，对许多学生来说，在从小学过渡到中学或初中时，初中或中学的第一年是最艰难的。例如，一项对从小学六年级到初中一年级过渡的调查发现，青少年对学校生活质量的感知在七年级时下降（Hirsch & Rapkin，1987）。在七年级时，学生对学校更不满意，更不愿意去学校，更不喜欢他们的老师。无论学生在学术上是否成功，他们对学校的满意度在此时都会下降。

从六年级到八年级的过渡会比从七年级到九年级的过渡容易一些吗？这个很难说。初中的过渡将使更多女孩子在初中这个大的、非个人的情境中经历青春期的变化，但初中并不能减少青少年作为“底层犬”（bottom dogs）的次数。在另外一种学制安排中，初中包括五年级、六年级和七年级，这种学制下的男孩们会比过去承受更多的压力，因为在经历学校变化的同时，他们也经历着青春期的变化。

在从小学向中学或初中过渡的时候，如果学校能提供更多的支持，减少一些不确定性，增加稳定性和降低复杂性，则可以促进学生的适应（Fenzel，Blyth，& Simmons，1991）。一项调查在三个时间点上选取了 101 名学生：六年级的春季（过渡的预备期），七年级的秋季（过渡的初期）和七年级的春季（过渡的后期）（Hawking & Berndt，1985）。样本来自两所不同的学校：一所是传统初中，另一所初中将学生分成小组（100 名学生，4 名老师）。通过自我报告、同伴评定和教师评定来评价学生的适应情况。结果

从小学到中学或初中的过渡和其他许多发展性的变化同时发生，这些其他的发展性变化都是什么呢?

发现，学生的适应在其过渡的后期会有所下降，例如，七年级学生的自尊比六年级低，被划分为小组的初中学生报告了更多的老师支持。此外，友谊模式也会影响学生的适应情况，相对于那些友谊质量较差的学生，那些报告和朋友接触较多或者有较高水平友谊的学生对自己和学校都有更积极的感知。

一所成功的中学具备什么特点

1989 年，卡内基青少年发展理事会对美国初中作出了非常消极的评价。《转折点：为二十一世纪储备美国青年人才》这篇报告指出，大多数青少年所就读的学校都是大规模的、非人性化的；学生学习一些不相干的课程，不相信学校中的成人；学校缺乏卫生保健和咨询机构。卡内基报告建议：

- 发展较小的“团体”或“机构”来减轻大型中学的这种非人性化的特点
- 将学生和辅导员之比从几百比 1 降到 10 比 1
- 将父母和社区领导纳入学校
- 为那些有阅读能力的学生开设课程，促使他们了解科学，获得健康、伦理和公民意识
- 让教师整合不同学科，设计更加灵活的课程模块来进行小组教学，而不是用 50 分钟时间给学生呈现支离破碎的知识片段

- 通过更多在校活动推进学生的健康和体质，帮助有需要的学生获得公共卫生保健

《转折点 2000》（Jackson & Davis，2000）仍然赞同《转折点 1989》中提出的建议。在 2000 年的报告中有一个新建议，它认为开设一门有严格的学术标准、学生应该并且能够了解的课程是很重要的。第二个新建议是教育学生达到更高的标准并成为终生学习者。这些新建议反映出教育日益重视促使学生达到更高标准。

美国的高中

很多高中毕业生不但没有为读大学做好准备，也不能适应现代化工作的要求。通过回顾一些大公司的招聘情况，我们不难发现，现在的很多公司都要求应聘者具备一些基本技能，包括相对高水平的阅读能力、至少会初等代数、能用电脑完成文字处理之类的简单任务、提出和检验假设来解决半结构化的问题、能有效地进行交流（口头的或书面的）、能在小组中和背景不同的人一起有效地工作（Murnane & Levy，1996）。

越来越多的教育家认为，在 21 世纪，美国国立高中需要一个新的使命，应该致力于解决以下问题（全美高中最后一年委员会，2001）：

- 提供更好的教育使得所有学生能从高中毕业并能在后继的教育和职业中取得成功。许多父母和学生，尤其是在低收入和少数种族社区的那些人，无法意识到知识和技能水平在后继的教育和职业成功中的作用。最近的一项调查发现，2001 年美国的高中毕业生中只有 32% 的学生满足了三项标准，它们被认为是成功进入大学的重要指标（Greene & Forster，2003）。这三项标准包括在高中阶段完成了基础课程、通过了十二年级的阅读测验和按时毕业。高中生中的非裔美国人、拉丁美洲人和本土美国人在满足这三项标准方面比非拉丁美洲白人和亚裔美国人差：非裔美国人（20%），拉丁美洲人（16%），本土美国人（14%），非拉丁美洲白人（37%），亚裔美国人（38%）。
- 高中需要对学生有更高的期望。学校需要特别关注高中的高年级学生，他们将过多的时间用于聚会玩乐，而不是为了人生最重要的一个过渡做准备。那些已经被大学录取的学生则忽视了高三的学业要求。最近一项对 26 个州 90000 个高中生的调查发现，准备上大学的高三学生中有 20% 的人在高中最后一年没有上数学课（Indiana University High School Survey of Student Engagement，2004）。在这项调查中，55% 的学生一周的学习时间少于三小时，其中近三分之二的学生报告自己得到的评定主要是 A 和 B，也就是说许多学生不怎么学习也可以得到高分数。低学业期望伤害了

各种背景的学生。

- 美国高中生花了太多时间来从事低水平的服务性工作。研究者发现，当十年级的学生一周工作超过 14 小时，十一年级的学生一周工作 20 小时或更多时，他们的成绩会下滑（Greenberger & Steinberg，1986）。同时，时间短的、高质量的工作经历，包括社区服务和实习，对高中生是有益的。我们将在第 12 章“成就、工作和职业”中更深入地探讨工作对青少年发展的影响。
- 不同层次的基础教育学校（K−12 schools[1]）之间以及基础教育学校和高等教育机构之间的相互合作和交流太少。在初中和高中阶段，每个学生都需要与成人建立一种紧密的联系，因为他们中的大多数正在为择校、中学以后的教育和工作做准备（Hemmings，2004）。

高中辍学和未上大学的青少年

数十年以来，高中辍学都被看做是一个严重的教育和社会问题。高中未毕业的青少年离开学校步入成人生活后，因自身教育的缺失，他们的经济收入和社会幸福感受到严重损害。在这一部分，我们将研究该问题的现状，讨论辍学的原因以及降低辍学率的方法。

高中的辍学率

从 20 世纪后半期到 21 世纪的前几年，高中辍学率从总体上是下降的（National Center for Education Statistics，2002）。例如，在 20 世纪 40 年代，有超过一半的 15~24 岁的学生辍学，但是在 2001 年，这个数字则降到了 10.7%。图 11.3 显示了从 1972 年到 2001 年高中辍学率的趋势。值得注意的是，拉丁美洲青少年的辍学率仍然处于危险水平（2001 年拉丁美洲 16~24 岁的青少年中有 27% 辍学）。尽管如此，美国本土青少年的辍学率仍是最高的，其中只有 10% 的学生完成了高中教育。

美国辍学率存在明显的性别差异，男性比女性更可能辍学（12.2% vs. 9.3%）。拉丁美洲青少年（31.6% vs. 22.1%）和非裔美国青少年（13.0% vs. 9.0%）的辍学率存在显著的性别差异（2001）。

1 “K-12”中的“K”代表 Kindergarten（幼儿园），“12”代表 12 年级（相当于我国的高三）。“K-12”是指从幼儿园到 12 年级的教育，因此也被国际上用作对基础教育阶段的通称。——译者注

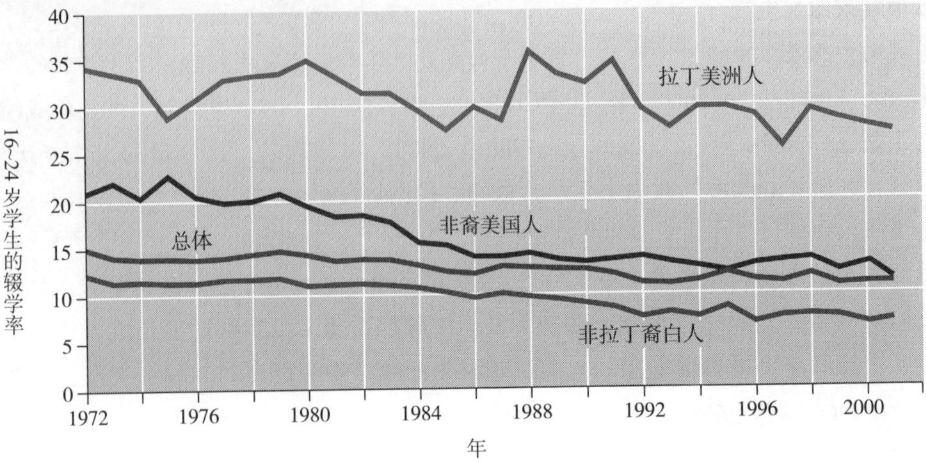

图 11.3

高中辍学率的发展趋势。从 1972 年到 2001 年，拉丁美洲人的辍学率仍然很高（2001 年 16~24 岁学生的辍学率的为 27%）。2001 年本土美国人的辍学率（10.9%）仍然高于非拉丁裔白人（7.3%）。从 20 世纪 40 年代到 60 年代总辍学率是下降的，但 1972 年后下降速度变慢。

辍学的原因

学生辍学和学校、经济、家庭、同伴及个人因素有关，学校里存在的问题与辍学率之间一直有紧密的联系（Christenson & Thurlow，2004；Ianni & Orr，1996；Sewell，2000）。在一项调查中，几乎 50% 的辍学者离开学校是因为某些与学校有关的问题，例如不喜欢学校，被暂停学业或者被开除（Rumberger，1983）。20% 的辍学者（拉丁美洲学生中为 40%）是因为经济问题，其中许多人离开学校后就开始工作以补贴家用。来自低收入家庭的学生比来自中产家庭的学生更可能辍学。许多辍学的孩子有一些同样辍学的朋友。近三分之一的女孩是由于个人原因而辍学，如怀孕或结婚。

降低辍学率和改善未上大学的青少年的生活

最近一项关于学校辍学问题的研究发现，降低辍学率最有效的项目是提供早期阅读计划、导师、咨询和辅导的项目（Lehr & others，2003）。研究也强调了创造一个充满关怀的环境和人际关系、采用分段排课方式和提供社区服务机会的重要性。

很明显，对降低辍学率来说，尽早发现孩子在学校里的困难并帮助他们以积极的方式参与到学校中去是个非常重要的策略。“我有一个梦想”（IHAD）是一个创新、全面和长期的辍学干预项目，它由位于纽约的“我有一个梦想”国家基金会负责。“我有一个梦想”国家基金会自1986年创立以来，已在27个州的64个城市开展了180多个项目，服务了12000多个孩子（“我有一个梦想”基金会，2005）。当地的IHAD项目接收来自公立小学或来自公共家庭发展机构（*public housing developments*）的所有年级的孩子（通常是三年级或四年级），并为这些孩子（“梦想家们”）随后的小学、初中和高中教育提供学术的、社会的、文化的和娱乐的项目。该项目很重要的一个方面是其私人化的而非机构的性质：IHAD的赞助者和工作人员与孩子们发展了长期而密切的关系。当参与者高中毕业后，IHAD会为他们提供必要的学费援助，让他们上州立大学、地方大学或职业学校。

这些青少年参与了“我有一个梦想”这个全面、长期且非常成功的辍学干预项目，降低高中辍学率的其他策略有哪些呢？

IHAD项目创立于1981年，当时慈善家尤金梁（Eugene Lang）为东部黑人住宅区的P.S.121学校的一个六年级毕业班提供了大学学费。据统计，其中75%的学生本来会辍学，但后来的结果是90%的学生毕业了，60%的学生上了大学。对IHAD项目的其他评估也发现，那些“梦想家”在成绩、测试分数、学校出勤率以及问题行为的减少方面取得了戏剧性的进步。例如，在俄勒冈州波特兰市，数学达标的“梦想家”是控制组学生的两倍，他们也更少触犯到少年司法制度（juvenile justice system）（Davis，Hyatt，& Arrasmith，1998）。

从高中到大学的过渡

从小学到中学或初中的过渡会带来一些变化和可能的压力，从高中到大学的过渡也是如此（Johnson，2002；Rog，Hunsberger，& Alisat，2002）。从很多方面来看，这两种过渡包含了类似的变化。从高中毕业生变成大学新生重演了“跌落”现象，他们从年龄最大、最有权力的学生变成年龄最小、权力也最小的学生。对你们之中的很多人来说，从高中到大学的过渡是不久前的事。你也许还真切地记得在学校的最初几天、几周和几个月的感觉。你被称为新生，词典中这样定义新生：他们不仅处于高中或大学的第一年，

（a）从高中到大学的过渡和从小学到中学或初中的过渡有很多相似之处，包括“跌落”现象。

（b）向大学过渡时一个特别重要的方面是学生和父母之间互动的减少。

也被称为新手或初学者。而毕业生不仅处于高中或大学的第四年，同时也意味着在决策权上高于其他人。从高中步入大学意味着进入一个更大、更加开放的学校结构，与来自各个地区的具有不同种族背景的同伴交往，同时也越来越关注成就和表现，以及对他们的评定。

尽管如此，与从小学到中学或初中的过渡一样，从高中到大学的过渡也有积极的方面。学生更可能感到自己长大了，他们有更多的学科可以选择，有更多的时间和同伴在一起，有更多的机会探索不同的生活方式和价值，脱离了父母的控制而享受了更多的独立，接受了更多学业挑战

对很多个体来说，从高中到大学最主要的改变是和父母的接触减少了。有一项调查显示，离开家去上大学不仅可以促进个体的独立，也改进了个体和父母的关系（Sullivan & Sullivan，1980）。研究中选取了两组父母和他们的儿子。其中一组个体离开家在外地上大学；另一组孩子住在家里，每天去大学上课。这些学生在高中毕业前和大学开始后分别接受了评价。相对于那些每天住在家的大学生，那些在外地上大学的学生更爱他们

的父母，与父母的交流更顺畅，同时也更加独立。

根据加州大学洛杉矶分校（UCLA）对 500 多个学院和大学的 300000 名学生的调查结果，现在的大学新生似乎比过去的大学生体验了更多的压力和沮丧（Sax & others，2004）。1985 年，有 18% 的大学新生说他们经常感到紧张不安，2004 年这一数字上升到了 27.4%。在这个成功定向的世界里，对失败的恐惧导致了大学生的压力和沮丧。对很多学生来说，他们普遍感受到三种压力：在大学里获得成功、找一份好工作和赚很多钱。

最近的一项研究调查了 650 名亚裔美国、拉丁美洲和非拉丁美洲的白人青少年在中学毕业后的受教育情况（Fuligni & Witkow，2004）。"从多项指标来看，移民家庭的青少年和来自美国家庭的同伴中学毕业后接受了同等水平的教育……此外，来自移民家庭的青少年更可能在经济上支持家庭……来自移民家庭的青少年具有多样性，那些来自高收入家庭、父母受教育水平高的东亚青少年比其同伴更有可能在中学毕业后继续接受教育"（p.159）。

从大学到工作的过渡

具有大学学位是一种优势资本。相对于那些没有上大学的人，大学毕业生可以获得赚钱相对更多的职业，并且大学毕业生和高中毕业生之间的收入差距仍在加大（Occupational Outlook Handbook，2004~2005）。在美国，有学士学位的人比那些仅有高中文凭的人平均每月多赚 1000 多美元。从整个一生来看，一个大学毕业生将比一个高中毕业生平均多赚将近 600000 美元。

尽管如此，在北美国家，从大学到工作的过渡往往非常困难（Kerckhoff，2002；Mortimer & Larson，2002）。美国的大学以培养学生的综合技能主，而不是特定的职业技能，结果导致大多数大学毕业生没有为特定的工作或职业做好准备。大学毕业后，很多个体难以得到他们想要的工作，甚至得不到任何工作。毕业后从一个工作岗位跳到另一个岗位也很常见。

由于未来技术和职业的快速变化，为大学生提供培训以使他们跟上时刻变化的工作市场变得更加困难。因此，为了培养学生适应工作变化，大学和雇主之间多建立联系是非常重要的。

学校的社会环境

学校和班级在很多维度上存在差异，包括其规模和氛围。在青少年的学校生活中，他们和教师之间的互动高达数千个小时。我们需要特别关注的是父母在青少年学校教育中的参与程度。同样，就像我们接下来要看到的一样，学校的社会环境随学生发展水平的变化而变化。

变化着的社会发展环境

幼儿园、小学和中学的社会环境是不同的。幼儿园是一个受保护的环境，它的边界是教室。在这个有限的社会环境中,幼儿园的孩子与一两个教师互动,教师通常都是女性，她们在小孩子的生活中像伟大的母亲一样。幼儿园的孩子和同伴进行两两互动或小组互动，他们对课堂这种有组织的社会体系缺乏认识，尽管他们也会学习如何建立和维持社会交往以及传达他们的需要。幼儿园可以帮助孩子改进在家庭生活中已发展出来的一些行为模式。与更早的发展阶段相比，幼儿园阶段的个体发展需要较多的自我控制。

对小学生来说，教室仍然是主要的环境。但与幼儿园时相比，它更可能被当成是一个社会单元，此时的社会表达网络更加复杂。教师和同伴对小学阶段的孩子有显著的影响。教师象征着权威，确定了课堂的氛围、社会互动的情形和群体功能的性质。随着儿童对友谊、归属和地位越来越感兴趣，同伴群体变得更突出。同伴群体也变成了一个学习团体，在其中形成了与工作和成就有关的社会角色和标准。

当孩子们进入了中学或初中，学校环境变得更大，也更复杂。这时社会活动场所变成了整个学校而不仅仅是课堂。青少年和许多来自不同社会和不同种族的教师和同伴交往，他们接触到更多男老师和女教师。社交行为更多地转向了同伴、课外活动、俱乐部以及社团。中学生意识到了学校是一个社会系统，并有动力去遵守和适应这个系统或者挑战它（Minuchin & Shapiro，1983）。

学校的规模和氛围

作为一个青少年，你所在的学校有多大规模？你认为它太大了还是太小了？下面让我们来探讨一下学校规模和教室规模对青少年发展的影响。

学校规模和教室规模

很多原因导致了美国中学加大了规模：不断增加的城市入学人数、教育预算的减少、教育理论指出在合并教育机构中可以提高学术激励。但是，学校真的是越大越好吗？研究者们还没发现学校规模和学术成就之间的系统关联，但是在小学校中存在更多的亲社会行为，更少的反社会行为（Rutter & others，1979）。大学校，尤其是那些有 500~600 多个学生的学校，并不能提供一种个性化的氛围，从而形成有效的社会控制制度。学生之间会有疏离感，且不会对自己的行为负责任。那些失败的学生更是如此，他们不认同自己的学校，还会成为对抗性的群体。

人们普遍认为较小的学校可以为青少年提供更好的教育，小班级比大班级更好。传统的美国学校中每个班级有 30~35 个学生。同样，有证据表明班级规模的减小还能提高学生的学业成就（Blatchford & Mortimore，1994；Finn，2002），这一效应对小学低年级的学生、领悟能力差的学生和社会经济地位较差的学生来说尤为明显。当班级人数为 20 或更少时，学生取得的进步最大。

课堂氛围

有一个好的课堂学习环境是很重要的，营造好的课堂环境有两个策略，其一是使用权威型策略，其二是有效地管理小组活动。

权威型的课堂管理策略理念来自鲍姆琳德（Diana Baumrind）的父母教养方式理论，这个我们在第 9 章“家庭”中已经讨论过。就像权威型父母一样，权威型教师能让那些独断独行、延迟满足的学生与同伴很好地相处，并表现出高自尊。**课堂管理的权威策略**（authoritative strategy of classroom management）鼓励学生在有效的控制下成为独立的思考者和行动者。权威型的教师与学生进行大量言语交谈，并表现出对他们的关怀。尽管如此，必要的时候他们也会声明一些限制，教师会阐明规章制度，根据学生的情况来制定标准。

权威型策略与两种无效的策略相对，即专制型和放纵型。**课堂管理的专制型策略**（the authoritarian strategy of classroom management）具有限制性和惩罚性。它的焦点主要是维持课堂秩序，而不是教学和学习。专制型的教师严格限制和控制学生，很少与学生进行言语交流。专制型课堂中的学生往往是被动的学习者，他们不会主动发起活动，表现出社会比较方面的焦虑，交流能力也较差。

课堂管理的放纵型策略（the permissive strategy of classroom management）赋予了学

我妈妈让我告诉你，我就是你之前在大学里听说过的教育挑战。

Reprinted with permission of Heiser Zedonek.

生相当大的自主性，但是在学生发展学习能力或管理自己的行为上却很少提供支持。不出所料，放纵型课堂中的学生往往缺乏学术能力，自我控制力也较低。

近来，研究者不断发现一些证据，这些证据表明在青少年发展中权威型教育方式很重要（Paulson，Marchant，& Rothlisberg，1998；Wentzel，2002）。因此，总体来说，权威型策略比专制型和放纵型策略对学生更有益。权威型策略将有助于学生成为主动的、自我管理的学习者（Evertson，Emmer，& Worsham，2003）。

雅各布·康尼（Jacob Kounin，1970）关于课堂管理的经典研究发现，有效教师和无效教师在回应学生不良行为的方式上没有差异，他们的差别在于如何适当地管理小组活动。有效教师会定期地密切监督学生，这使得学生的问题行为在变得不可收拾之前就能被发现。有效教师通常会保证顺利地上课，维持学生的兴趣并不给他们分心的机会。有效教师会让学生参与一些有挑战但又能实现的课堂活动。

为了顺利上课，教师需要制定一些明确的规则和规范（Emmer，Evertson，& Worsham，2006；Evertson，Emmer，& Worsham，2003，2006），学生需要知道教师期望他们怎样做。没有明确的课堂规则和规范，混乱就不可避免。规则应该是合理且有必要的，清晰且容易理解的，并且要与教学和学习目标相一致（Kauffman & others，2006；Weinstein，2003）。如果教师能和学生发展良好的关系，则可以提高与学生合作的可能性，使学生分享和承担责任，并奖励他们的适当行为。

个人－环境之间的匹配

与青少年发展相关的一些消极心理变化可能源于发展中的青少年的需求与学校提供的机会不匹配。青少年专家伊克勒丝（Jacque-lynne Eccles）及其同事（Eccles，2004；Eccles & Wigfield，2000；Eccles & others，1993；Wigfield & others，2006）已经描述了创建发展性的适宜的学校环境，以使之与青少年的需求更为匹配。他们根据对密歇根州中等收入社区的1500个青少年所做的大样本研究提出了一些建议，这些研究考察了青少年从小学六年级到初中七年级发生的变化。

青少年和他们的老师都报告，七年级青少年比六年级青少年参与课堂决策的机会更少。相比之下，七年级学生要比六年级学生更想参与课堂决策。根据伊克勒丝（2004）的研究，这些发现表明了一种个人 – 环境之间的不匹配现象，它对青少年的发展是有害的。

教师和父母

无疑，青少年的发展会受到教师的影响。此外，一个日益重要的问题是父母在学校教育中的参与。

与教师的互动

心理学家和教育家尝试编制出一张优秀教师的人格特征表，但是，人格、教育、学习和个体的复杂性使得这成为一个艰难的任务（Morrison，2006）。尽管如此，相对于其他特质而言，某些教师特质——例如热心、计划能力、镇定、适应性、热情，灵活性以及对个体差异的了解等，与学生的积极表现有更为密切的相关。一项研究发现，教师的积极期望和学生较高的成就有关（Jussim & Eccles，1993）。

父母和学校

父母对青少年在学校的成功有很重要的影响，他们通过有效的家庭管理和参与青少年的学校教育对青少年在校取得的成功产生积极影响。

家庭管理 研究者发现，家庭管理与学生的成绩和自我责任心正相关，与他们在校的问题行为负相关（Taylor, 1996）。这里提到的家庭管理中很重要的一点是维持一个有结构、有组织的家庭环境，例如为家庭作业、家务杂事和就寝时间等制定一个日常规程，同时营造一个高成就期望的家庭环境也很重要（Jeynes，2003）。

最近的一项研究聚焦于非裔美国家庭，它考察了母亲报告的包括日常安排和成就期望等家庭管理方法与青少年在校问题之间的联系（Taylor & Lopez，2005）。结

我接触未来，只因我是教师。

——CHRISTA MCAULIFFE

20世纪美国教育家和宇航员

果表明，家庭日常规程（管理良好的、有组织的）与青少年的学校成就、课堂注意力以及出勤正相关，与在校问题负相关。对孩子有高成就期望的母亲，其孩子的成绩更好，学校出勤率也更高。

父母的参与 父母参与孩子的小学活动已经够少了，但他们参与的中学活动更少（Eccles & Harold，1993）。在一项研究中，教师将父母的参与列为提高教育成效的首选项（Chira，1993）。对16000个学生的分析发现，父母双方都高度参与学校教育，他们的孩子更多得到A，更少留级或被开除（教育统计国际中心，1997）。

乔伊斯·爱泼斯坦（Joyce Epstein，1990，1996；Epstein & Sanders，2002）为促进青少年学校教育中的父母参与度提出了如下建议：

- *家庭担负着为青少年提供安全和健康的基本义务。*许多家长都不了解青少年在各个年龄的相应正常变化。学校－家庭项目有助于指导父母认识青少年的正常发展过程。学校也能提供关于青少年健康问题的项目，包括性传播疾病、抑郁、吸毒、犯罪以及进食障碍。学校还能帮助父母为他们的孩子找到家庭之外的安全场所。学校也可用作青少年组织或社会服务机构项目的场所。
- *学校有义务与家庭交流学校的计划和青少年个体的进步。*在中学阶段，父母和教师往往不认识彼此，我们应该设置一些项目来促进父母和教师进行更直接和更个人的交流。父母也需要了解课程选择如何引导将来的职业选择。这对学习科学和数学课程的女生以及少数种族学生尤为重要。
- *需要增加父母对学校事务的参与。*父母和家庭其他成员可以通过很多方式协助上课的教师，例如辅导、教授特别的技能，以及提供事务上的协助或监督。这样的一些参与对市区学校尤为重要。
- *鼓励父母参与青少年在家中的学习活动。*中学往往更关注父母是否具备辅导青少年的家庭作业的专业知识和技能。一些中学发展了“家庭数学”和“家庭计算机”这样的项目，以提高父母对青少年学习的参与度。

同　伴

在第10章“同伴”中，我们考察了青少年同伴关系的很多方面。现在，我们来探讨一下学校情境中的同伴关系。

中学的结构

中学的结构鼓励学生每天与更多的同伴互动（Wentzel，2003）。多样的教室环境的不确定性和模糊性，以及更复杂的课程安排使得中学生不得不互相求助、寻求社会支持和应对策略。

同伴地位

我们已研究过同伴地位与学校成就的关系。在同伴中受欢迎或被接纳往往和学业成功有关，反之，被同伴拒绝则和更多的消极学业表现相关联（Wentzel，2003）。

欺负行为

很多学生都是欺负行为的受害者（Espelage & Swearer，2004；Evertson & Weinstein，2006；Snell & Hirschstein，2005；Roberts，2006）。一项对 15000 多名六年级到十年级的学生所进行的全国性调查发现，几乎每 3 个学生中就有 1 个说他们曾偶然或常常成为欺负行为的受害者或作恶者（Nansel & others，2001）。在该研究中，欺负行为被定义为在言语上或身体上有意伤害弱小者的行为。男孩子和较小的中学生最可能受影响。如图 11.4 所示，在长相或语言上被轻视是最常见的一种欺负行为。那些认为自己受欺负的孩子报告了更多的孤独感和交朋友的困难，而那些做出欺负行为的孩子则更可能成绩差、吸烟和喝酒。最近，在另外一项对马里兰 4000 多名中学生所做的研究中，31% 的学生报告在过去一年中有过三次或更多次的受伤害经历（Haynie & others，2001）。同样，那些有残疾的孩子比其他孩子受欺负的风险更大（Rigby，2002，2004）。

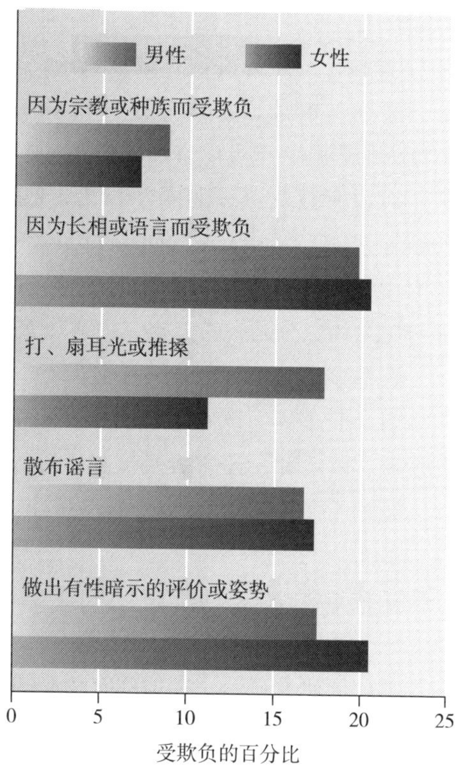

图 11.4

美国青少年中的欺负行为。这幅图显示了美国青少年经常遭受的欺负类型。百分比反映了受欺负的学生所报告的遭受特定类型欺负的程度。在性别方面值得注意的是，当被欺负时，男孩比女孩更可能被打、扇耳光或推搡。

研究者发现那些被欺负者具有一些特定的特征（Dill，Vernberg，& Fonagy，2004；Hanish & Guerra，2004；Hyman & others，2006）。最近一项研究发现，被欺负者的父母通常对他们的孩子过度干涉、苛求并反应冷淡（Ladd & Kochenderfer-Ladd，2002）。该研究还发现，在男孩子中，过于亲密的亲子关系与较高水平的同伴伤害有关，因为过于亲密的亲子关系会促使孩子自我怀疑和担忧，而这在男孩的同伴群体中会被认为是软弱的表现。另外一项研究发现，无论是对欺负者还是受害者，他们所受到的父母教养方式都和其同伴互动有关（Olweus，1980）。通常情况下，欺负者的父母对其孩子的攻击行为采取否认、放纵的态度，而受害者的父母则表现出担忧和过分保护。

欺负对被欺负者产生的影响既有短期的又有长期的（Baldry & Farrignton，2004；Hay，Payne，& Chadwick，2004；Lopez，2005；Prinstein，2005；Roberts，2006）。从短期来看，他们会变得沮丧，对学业失去兴趣，甚至逃避去学校。最近荷兰的一项对9~12岁孩子的研究发现，被欺负者比未卷入欺负行为的孩子更容易出现头痛、睡眠问题、腹痛，也常感觉疲劳和沮丧（Fekkes，Pijpers，& Verloove-Vanhorick，2004）。欺负行为的影响甚至可以持续到成年。一项对童年时受过欺负的男性的纵向研究发现，与童年时没有被欺负过的同伴相比，他们在二十多岁时更消沉，自尊也更低（Olweus，1994）。欺负行为同样也预示了欺负者的一个严重问题（Olweus，1999），在刚刚提到的研究中，大约有60%的中学时被鉴定为欺负者的男孩，在二十多岁时至少有一项刑事罪行（大约三分之一的人有三项或更多罪行），这一比率远远高于非欺负者。

有些孩子既是欺负者又是受害者。一项对美国六年级学生的研究考察了三组样本：欺负者、受害者、既是欺负者又是受害者（Juvonen，Graham，& Schuster，2003）。研究发现，欺负者－受害者是最麻烦的一组，这组孩子显示出了最高水平的行为问题、学业问题和同伴关系问题。然而，尽管欺负者的行为问题最多，但他们在三组样本中的地位却最高。

学校氛围也许对欺负行为有影响，但还没有什么研究关注这个主题（Espelage & Swearer，2003）。那种成人和同伴都能接受欺负行为的学校，其氛围会更容易培养欺负行为。一项研究显示，在那些有较高的学业标准、较高的父母参与度和有效纪律规范的学校中，欺负行为会减少（Ma，2002）。

人们已经发展了越来越多用以减少欺负行为的预防/干预项目。以下是三个最有希望的项目，在这里你可以获得关于这些项目的信息：

- 奥维尤斯欺负行为预防。由丹·奥维尤斯（Dan Olweus）创立，针对6~15岁的孩子，目标是减少欺负行为发生的机会。它教给学校全体职员一些改进同伴关系和使学校变得更安全的方法。一项大型研究考察了挪威42所学校的2500名学生，结果发现，奥维尤斯项目在减少欺负行为方面是有效的（Olweus，1994）。

- 欺负－证明你的学校。该项目适合幼儿园到八年级的学生，为减少欺负行为，它向全校范围提供了适当的方法和教师培训。它强调如何识别欺负行为并迅速做出回应，以及如何发展学生在冲突情境下的沟通技能。该项目提供干预方法、张贴和欺负有关的海报、提供指导帮助父母参与学校活动以有效减少孩子的欺负行为（Beran & Tutty，2002；Plog，Epstein，& Porter，2004）。
- 学会尊重。这一欺负干预项目包含三项：（1）在全校范围制定一个方法，例如制定反欺负行为的政策并确定欺负行为的后果；（2）培训教职工和父母应对欺负行为；（3）教会学生识别、不容忍并应对欺负行为。在这三项措施中，教师为三到六年级的学生提供一些技能训练，例如如何断定欺负行为，了解欺负行为的信息。这种技能训练要持续12~14周。最近的一项研究发现，在三到六年级的学生中，学会尊重能成功减少欺负行为和吵架行为（Frey & others，2005）。

为了减少欺负行为，学校可以采取如下措施（Cohn & Canter，2003；Limber，1997，2004）：

- 让年龄大的同伴监控欺负行为，当看到欺负行为发生时进行干涉。
- 全校统一制定反对欺负行为的规则和制裁措施，并张贴在学校各处。
- 让那些经常被欺负的青少年组成友谊小组。
- 将反欺负项目的信息融入到青少年常常出现的地方，例如做礼拜的地方、学校和其他的一些社区活动中。
- 鼓励父母强化孩子的积极行为，并为孩子树立恰当的人际互动的榜样。
- 尽早鉴别出欺负者和受害者，并通过社会技能训练改善他们的行为。
- 鼓励父母与学校的心理学工作者、顾问或社会工作者取得联系，就孩子的欺负行为或受欺负寻求帮助。
- 参与防止欺负行为的学校项目。
- 强化孩子的积极行为，并树立一个没有欺负和攻击行为的互动榜样。

友 谊

同伴关系的另一个方面——友谊——也与学业成功有关（Hamm，Brown，& Heck，2005）。青少年拥有朋友与获得更高的成绩和测验分数相联系（Berndt & Keefe，1996）。一项纵向研究发现，至少有一个朋友与青少年两年内的学业成功有关（Wentzel &

同伴关系和青少年的学业成就有怎样的联系？

Caldwell，1997）。

团 体

回想一下，我们曾在第 10 章“同伴”中指出，青少年成为一个特定群体的一员与其学业成功有关（Brown，2003，2004）。一项分析发现，一群“精英”会取得最高的学业成功，而一群“瘾君子”的学业成就则最差（Brown，Mory，& Kinney，1994）。

文 化

正如我们在第 10 章“同伴”中所了解到的，在某些文化中（如阿拉伯国家或印度农村），成年人常常限制孩子接近同伴，尤其是女孩子。这种限制涉及学校的社会环境，如分开教育女孩子和男孩子。现在让我们来探讨一下学校和文化的关联：社会经济地位、种族划分以及跨文化比较。

社会经济地位

与中产阶级的白人同伴相比，低收入家庭、少数种族背景的青少年在学校中会遇到更多的困难（Banks，2006；Books，2004；Spring，2006）。为什么呢？评论家认为，学校没有教会那些来自低收入家庭、少数种族家庭的学生克服阻碍他们的障碍（Scott-

Jones，1995）。下面，我们将考察**社会经济地位**（socioeconomic status，SES）和种族在学校中的作用。

来自贫困家庭的青少年无论是在家里还是在学校都会面临一些妨碍学习的问题（Blumenfeld & others，2005；McLoyd，2000，2005）。在家里，他们的父母不会为他们设定高的教育标准，没有能力帮助他们阅读，没有能力辅导他们的家庭作业，没有足够的钱购买教育材料和负担参加一些体验活动，如书本、音乐课或者去参观动物园和博物馆。他们可能会营养不良，并生活在充满犯罪和暴力的社区。

在贫穷社区的学校中，很多孩子的测试成绩低且毕业率低，而上大学的人则更少。与那些高社会经济地位社区的学校相比，贫困社区的学校往往拥有较少的资源（Blumenfeld & others，2005；Shade，Kelly，& Oberg，1997），学校的教师也更年轻和缺乏经验。贫穷社区的学校更可能鼓励学生机械式地学习，而高社会经济地位的学校则更可能与青少年一起努力以提高他们的思维能力（Spring，2002）。总之，太多贫穷社区的学校无法为学生提供有效的学习环境，这些学校的建筑和教室往往也很破旧，岌岌可危。

乔纳桑·考泽尔（Jonathan Kozol，1991）在《野蛮的不平等》中生动地描述了处于贫穷中的青少年在社区和学校面临的一些问题。下面是他在伊利诺斯州东圣路易斯的一些发现，市中心有98%的非裔美国人，没有产科服务，没有正规的垃圾收集，没有什么就业机会。几乎三分之一的家庭年生活费不足7500美元，75%的人靠福利救济生活。街区的一栋栋住宅都是快要坍塌的骨架式建筑。居民们呼吸着附近孟山都化学工厂排出的化学污染物，未处理的污水反复地倒流回家里，附近冶炼厂里的铅污染了土壤。人们营养不良是很平常的事，他们对暴力的恐惧也是真实的。

街道的这些问题也蔓延到了东圣路易斯的学校中，污水有时也会流到学校。教室和走廊陈旧不堪，体育设备也很匮乏。教师没有粉笔和纸可用，科学实验室已废弃了30~50年，学校的供热系统从来没有正常工作过。一位历史老师要教110个学生，但却只有26本书。

考泽尔说，任何人参观了像东圣路易斯这样的地方，哪怕是只在那儿待很短的时间，离开时也会被深深地震惊。考泽尔的兴趣是描述该地区市中心的社区和学校是什么样子，在那里生活的主要是非裔美国人和拉丁美洲人。然而，有一些非拉丁美洲的白人青少年也生活在贫穷中，主要在郊区和农村地区。考泽尔声称很多市中心的学校实行种族隔离，它们非常缺乏资金，不管在哪一方面都没有为学生提供有效学习的机会。

种 族

尽管种族歧视已经废止了几十年，但学校中的种族隔离仍然是美国有色儿童和青少年教育生活中的一个方面（Simons，Finlay，& Yang，1991）。几乎三分之一的非裔美国学生和拉丁美洲学生就读于少数族群学生占主体的学校，这些学生占到了 90%，甚至更多。

不同种族学生的学校经历各异（Blumenfeld & others，2005；Cooper & others，2005；Cushner，2006；Fuligni & others，2005；Spencer，2006）。非裔美国学生和拉丁美洲学生比非拉丁美洲的白人学生和亚裔美国学生参加大学预备学业项目的可能性小很多，他们更可能参加一些矫正项目或特殊教育项目。在高中，亚裔美国学生比其他少数种族的学生更有可能学习高等数学和科学课程。非裔美国学生被勒令停学的可能性是拉丁美洲人、本土美国人或白人的两倍。在美国最大的 25 个学区中，少数种族有色人种在其中的 23 个中占了大多数，并且这一趋势还在上升（Banks，2002）。然而，美国学校里 90% 的教师是非拉丁美洲白人，并且接下来几年，少数种族教师所占的比例还将进一步减少。

亨利·加斯金斯博士于 1983 年在华盛顿为少数种族学生开设了课后辅导项目，每周利用一个晚上（四个小时），加上周六全天。有 80 个学生接受了加斯金斯和他的妻子、两个成人志愿者以及学术上有天分的同伴的一对一的帮助。那些能承担得起的人只需花五美元即可。除了辅导具体的课程，加斯金斯的以家庭为基础的这一机构还帮助学生设置个人目标，并鼓励他们追求成功。其中很多学生的父母在高中就辍学，他们没有能力或不愿意帮助这些青少年在学校取得成就。此外，这个机构还帮助学生为奖学金和大学入学考试做准备。加斯金斯最近在白宫被授予总统志愿行动奖。

最近的一项研究发现，非裔美国青少年的父母更可能是出生在美国并接受了大学教育，而拉丁美洲青少年的父母则更可能是移民且只受过高中或以下的教育（Cooper & others，2001）。这项研究还发现，社会生活中的资源（父母和教师的帮助）和挑战（来自兄弟姐妹的挑战）与青少年较高的等级得分、胜任力、被著名大学录取正相关。

最近的另一项研究总结道，美国学校在满足美国快速增长的少数人群（拉丁裔女性）的需求方面做得很差（Ginorio & Huston，2001）。该研究的焦点是家庭、文化、同伴、教师和媒体如何影响拉丁裔女孩的未来（或

“可能的自我”)。报告指出，很多高中顾问将成功看做“上大学”，然而一些拉丁裔女孩由于家庭责任的缘故却认为待在家里更重要。这些拉丁裔女孩的高中毕业率比其他任何少数种族的女孩都低，相比于其他非拉丁裔白人女孩或其他少数种族的女孩，她们更少参加 SAT 考试。因此，我们需要更努力地鼓励拉丁裔女孩的学业成就，并让她们的家庭更充分地参与到为大学做准备的过程中。

美国人类学家约翰·奥格布（John Ogbu，1989；Ogbu & Stern，2001）认为，有色人种的学生，尤其是非裔美国学生和拉丁美洲学生接受教育的环境差，教师和学校的管理者对他们的学术期望低，他们还常常会遭遇人们对少数种族的消极刻板印象。在迈阿密一所以拉丁美洲人为主的中学所做的研究发现，同样是评定非裔美国学生，与非裔美国教师相比,拉丁美洲和非拉丁美洲的白人教师评定他们有更多的行为问题（Zimmerman & others，1995）。

像奥格布一样，斯宾塞（Spencer & Dornbusch，1990）认为，制度上的种族歧视已经渗透到了很多美国学校中。也就是说，教师本无恶意，但被自由主义所误导，无法激发有色人种的学生去达到某种目标。这些教师过早地接受了这些学生低水平的表现，用温暖和友爱替代了学术成就的高标准。

改善不同种族学生之间关系的策略如下（Santrock，2004）：

- 将班级变成一幅拼图。社会心理学家艾略特·阿伦森（Elliot Aronson）在德克萨斯大学奥斯汀分校任教授时，奥斯汀的学校当局请教他怎样可以减少课堂上日益紧张的种族关系。阿伦森（1986）提出了**拼图课堂**（jigsaw classroom）的概念，即来自不同文化的学生组成一个合作小组，他们分别负责一个项目的不同部分从而实现共同的总目标。阿伦森用拼图这个术语是因为他预想这一技术就像是一组学生通过合作来完成拼图一样。

  如何操作呢？试想在一个班级中，有白人学生、非裔美国学生、拉丁美洲学生和亚裔美国学生，他们要学习“约瑟夫·普利策的一生”这一课。教师将整个班级分成一些小组，每个小组有六个学生，这些小组在种族构成和成绩水平上要尽量均衡。将“普利策的一生”分成六个部分，每一部分分给小组中的一个人。六个部分可能是普利策传记中的某个段落，如普利策一家怎样来到美国，普利策的童年，他的早期工作等等。每个小组的所有学生都在指定的时间内学习指派给他们的那一部分，然后小组成员向整个小组讲述自己负责的部分。采用这种学习方式的话，为了达到共同的目标，整个小组就要依靠相互依赖和合作。

- 鼓励学生与不同于自己的学生进行积极的个人接触。仅仅接触并不能改善不同种族个体之间的关系。例如，用公车把少数种族的学生送到白人为主的学校，并不能减少偏见或改善不同种族间的关系，反之亦然。真正有影响的是儿童和青少年到学校之后发生了什么。对改善不同种族间的关系尤其有益的是，不同种族的人互相分享他们的烦恼、成功、失败、应对策略、兴趣和其他个人信息。这可以帮助他们把他人看做是一个个体，而不是一个刻板的文化群体中的一员。

- 鼓励学生进行观点采择。帮助学生意识到他人观点的练习和活动可以改善不同种族间的关系。这帮助学生站在来自不同文化的学生的立场上看问题，体验被公平对待或不公平对待时的感受（Cushner, McClelland, & Safford, 2003）。
- 当涉及文化问题时要帮助学生批判性地思考并保持冷静。学生们要学着批判地、深入地思考不同种族关系，这样才可能减少他们的偏见（Bennett, 2003；Diaz, 2003）。那些以狭隘的方式思考问题的学生更可能带有偏见。保持冷静包括理解某种感受的原因、管理愤怒、倾听他人说什么以及愿意分享和合作。
- 将学校和社区看成一个团队，共同支持教学。詹姆士·柯默

与青少年发展有关的职业

詹姆士·柯默

精神病医师

詹姆士·柯默生长于印第安纳州东芝加哥的一个低收入社区，他毫不怀疑父母在教育中的重要性。他取得了印第安纳大学的农学学位，然后又继续取得了哈佛大学医学院的医学学位，密歇根大学公共健康学院公共健康硕士学位，并在耶鲁大学医学院的儿童学习中心接受了精神病医师的培训。他目前是耶鲁大学医学院儿童精神病学的 Maurice Falk 教授。在耶鲁大学期间，柯默主要致力于促进儿童发展，以此作为改善学校教育的一种方式，他在支持年轻人健康发展方面的努力世界闻名。

柯默博士最为人知的也许是他 1968 年创立的学校发展项目，该项目促进了家长、教育者与社区之间的协作，从而改善孩子的社会性、情感和学术表现。他的小组学习的概念目前改善了全美 600 多所学校的教育环境。

詹姆士·柯默（左）与市中心贫民区的非裔小孩在一起，在柯默的干预下，这些小孩所在学校的学习环境变得更好了。柯默坚信，一种良好的、如家一般的氛围是改善市中心贫民区学校质量的关键。

（James Comer，1988；Comer，Joyner，& Ben-Avie，2004；Comer & others，1996）相信，组织社区、团队的方法是教育学生的最好方式。在柯默的改变计划项目中，有三个重要的方面：（1）组建一个统筹和管理的团队，它能形成全面的学校计划、评估策略和员工发展计划；（2）组建一个心理健康或学校支持的团队；（3）组建一个家长项目。柯默认为，整个学校应该有一种合作的态度而不是对抗的态度。柯默计划如今已在 26 个州的 600 多所学校实施。对柯默学校发展计划效果的评估有好有坏。尽管如此，最近一项研究对芝加哥市中心学校五到八年级学生进行了长达四年多的评估，结果发现柯默学校的学生有更高的阅读和数学水平，参与了较少的违规行为，并能更好地控制自己的愤怒（Cook，Hunt，& Murphy，2001）。

- 做一个有能力的文化调节者。教师可以作为文化调节者起到很大的作用（Banks，2002，2006；Diaz，Pelletier，& Provenzo，2006）。这包括对材料和课堂互动中的种族主义内容保持敏感，学习更多不同种族的东西，对学生的种族态度保持敏感，积极地看待有色人种学生，以积极的方式思考并让有色人种的父母作为搭档参与进来和教师一起教育学生。

跨文化比较

许多国家都认识到，儿童和青年教育的质量是一个国家成功的关键。但是，各个国家完成该使命的能力却各不相同。

中学 不同国家的中学都有一些相似之处，也有一些不同（Gameron & others，1983）。让我们探讨以下六个国家的中学之间的相似性和差异：澳大利亚、巴西、德国、日本、俄罗斯和美国。

其中的大多数国家都要求孩子在 6~7 岁时入学，并一直在学校待到 14~17 岁。巴西要求学生必须在学校待到 14 岁，俄罗斯要求学生在学校待到 17 岁。德国、日本、澳大利亚和美国要求学生在学校待到 15~16 岁。

与世界上其他地方一样，这些国家的绝大多数中学分成两个或更多的水平，如初中和高中。但是德国的学校是按照三种教育能力来划分的：（1）主要的学校提供基本水平的教育，（2）中学为学生提供更高级的教育，（3）学术学校则为学生进入大学做准备。像大多数欧洲学校一样，德国的学校提供了一种经典的教育，包括一些拉丁文和希腊语的课程。

这些国家的中学入学考试情况怎样？日本的中学有入学考试，其他五个国家的中学都没有考试。只有澳大利亚和德国有综合性的毕业考试。最近，为了将更多责任转向

学习塾，或者“填鸭式学校”是日本青少年在暑期可以参加的项目。通过提供训练，它帮助学生提高成绩以及高中和大学入学考试的分数，日本高中的这种入学考试方法在世界上其他国家中是少有的。

学校，美国的许多州引入了资格考试，规定学生们在进入一个年级时必须通过考试。很多州最近也在制定高中毕业考试，并在调查是否需要将通过考试作为毕业的前提。

世界上有多少国家将体育小组作为学校的一部分呢？美国是世界上唯一把体育小组作为公共学校系统的一个必需部分的国家。其他国家中只有少数的私立学校有他们自己的体育小组、体育设施并组织高水平的体育活动。一些评论家认为，社团、俱乐部和商家应该为青少年的体育项目提供经费，管理这些事宜，以使学校能专注于学术（Kralovec，2003）。

不同国家的课程有怎样的不同呢？在巴西，学生需要学习葡萄牙语（本国语言）和四门外语（拉丁语、法语、英语和西班牙语）。巴西要求人们学习这些语言是因为这个国家的国际化特征，以及它对贸易和商业的重视。澳大利亚的七年级学生要上畜牧管理和纺织课，它们是澳大利亚经济和文化利益的两个领域。在日本，学生除了学习基本的日语课程外，还要学习大量的西方课程，包括西方文学和语言（除日本文学和语言之外）西方体育教育（除日本武术课程之外）以及西方雕塑和手工艺（除日本书法之外）。日本的学制也比其他国家更长。

尤其值得关注的是一些发展中国家的低质量的教育和低比例的受教育人数（Brown & Larson，2002）。在非洲、南亚和拉丁美洲的许多国家，即使是普及基础教育也还有很长的路要走。

大学 世界范围内的大学入学率如何？加拿大18~21岁的青少年上大学的比例最高（41%），接下来是比利时（40%）、法国（36%）、美国（35%）、爱尔兰（31%）和新西兰（25%）（美国教育部，1996）。非洲的大学入学率上升最快——从 1980 年到 1996 年上升了 128%。在许多发展中国家，很少有高中毕业生能承担得起高等教育的费用（Welti，2002）。

到现在为止，我们已经在本章中学习了教育学生的方法，不同学校教育之间的过渡，学校的社会环境。对青少年来说，学校教育的另一个重要主题是对特殊青少年的教育。

特殊的青少年

许多年来，公立学校在有障碍青少年的教育上做得很少。尽管如此，在刚刚过去的几十年里，联邦立法规定所有有障碍的儿童和青少年都可以接受免费的、适宜的教育。慢慢地，这些学生逐渐进入普通班接受教育（Hardman，Drew，& Egan，2005）。下面，我们要探究与特殊青少年的教育相关的一些问题：谁是有障碍的青少年、学习障碍、多动症以及天才青少年。

谁是有障碍的青少年

在美国有近 10% 的学生接受特殊教育或相关服务。图 11.5 显示了因不同障碍而接受特殊教育服务的学生的近似百分比（美国教育部，2000）。在这个群体里，超过一半的人有学习障碍，相当大比例的学生有语音或语言损伤（其中 19.4% 有残疾）、智力低下（11%）和严重的情绪障碍（8.4%）。

教育家们现在更愿意说“有障碍的青少年”而不是“残疾青少年”，以此来强调人，而不是残疾（Hallahan & Kauffman，2003；Hardman，Drew，& Egan，2005）。“障碍条件”这个术语仍然被用来描述社会所谓的障碍个体的学习和活动障碍。例如，当坐轮椅的青少年找不到合适的路径到达盥洗室、运输工具和其他一些地方时，我们就说是存在障碍条件。

学习障碍

有**学习障碍**（learning disability）的儿童和青少年是指那些智力正常或偏高，但至少在一个学术领域，通常是好几个领域内有障碍的人，他们的这种障碍并不是由已诊断出的问题或失调导致的，例如智力低下。总体上说，学习障碍的概念包括在听、集中注意力、

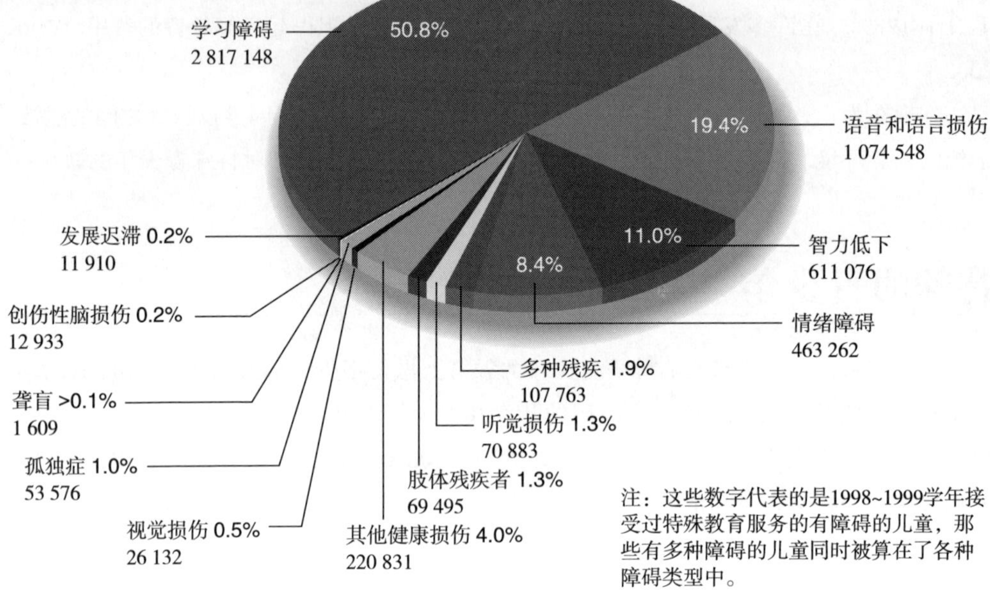

图 11.5
有障碍的儿童和青少年的障碍类型

说和思考方面的问题（Raymond，2004）。

有学习障碍的男孩是女孩的三倍还多（美国教育部，1996），这种性别差异可能主要来自于男孩的较高的生理易感性和提名偏差（男孩因其破坏性和多动行为而更易被教师提名）（Liederman，Kantrowitz，& Flannery，2005）。

根据上述定义，青少年至少要有一方面的学业问题，才能算是有学习障碍（Francis & others，2005）。有学习障碍的青少年通常在阅读、书面语言和数学等方面存在问题（Hallahan & Kauffman，2003；Hallahan & others，2005；Mercer & Pullen，2005）。大约有 5% 的学龄期儿童因为学习障碍而接受特殊教育或相关服务。在联邦政府对接受特殊教育和服务的儿童的分类中，多动症（attention deficit hyperactivity disorder，ADHD）也被归入学习障碍。鉴于当今多动症问题的大量增加，我们会在下一部分单独讨论它。

青少年最常见的学习障碍是阅读问题（Berninger，2006；Ho & others，2004；Spafford，Grosser，& Daurich，2005）。他们在语音能力方面的问题尤为突出，包括理解语音和字母如何组合以构成单词。他们常常在书写、拼写或作文方面有困难。

很多干预方法强调改善孩子的阅读能力（Bender，2004；Kavale，Holdnack，&

Mostert，2005；Siegel，2003）。大多数孩子的阅读障碍直到三年级或更晚些时候才被诊断出来，而采用常规的教育又不能使之得到有效的改善（Lyon，1996）。但是，一个有能力的教师在一段时间内进行精读教学则可以补救许多儿童和青少年在阅读方面的问题。就算是设计得最好的阅读干预项目，其成功也依赖于教师的训练和能力。

改善学习障碍青少年的成绩是一项具有挑战性的任务，即使只是很小的改善也需要密集的干预。至今为止还没有发现对所有学习障碍青少年都有效的干预项目（Terman & others，1996）。

多动症

多动症（attention deficit hyperactivity disorder，ADHD）的儿童或青少年在一段时间内会表现出如下一个或多个特点：注意力涣散、活动过度和冲动。注意力涣散的青少年很难将精力集中于一件事情上，他们过几分钟就可能对任务感到厌烦。活动过度的青少年表现出高水平的身体活动，似乎一直在动。冲动的青少年难以控制自己的反应，在行动前往往缺乏思考。

在图 11.5 中，美国教育部的统计数据将儿童和青少年的多动症归在学习障碍这一类，整个大类中有一半多的儿童和青少年接受特殊教育或相关服务。多动症孩子的数量在大大增加，有人估计现在的数量已是 20 世纪 90 年代的两倍。多动症男孩的数量是女孩子的 4~9 倍。关于 ADHD 诊断的增加存在争论（Guyer，2000；Tsal，Shalev，& Mevorach，2005）。有些专家将增加主要归因于对该失调认识的加深，其他一些人则认为许多儿童和青少年都被错误地诊断了，没有从多方面进行专业评估（Timimi & Taylor，2004）。实际上，一些批评家认为，好多行为只是一些男孩的典型行为——注意力涣散和活动水平高——却被认为是病态的并被贴上 ADHD 的标签（Pollock，1998）。

过去，人们一般认为到了青少年期多动症就会减少，但现在却不这样认为了。有估计显示，只有三分之一的多动症个体其多动状况到青少年期会减少，人们越来越认识到这些问题可能会持续到成年期（Faraone & others，2004）。

到现在还没有发现导致多动症的确切原因。例如，科学家还不能确定引起多动症的脑区。然而，研究者已经提出有很多因素与多动症有关，例如某些神经递质（脑中的化学递质）的水平较低，个体在出生前后有异常表现，以及诸如铅之类的环境毒素。遗传也有一定的影响，30%~50% 的多动症儿童和青少年的兄弟姐妹或父母也有多动症（Woodrich，1994）。

大约 85%~90% 的多动症儿童需要服用诸如利他林或混合苯丙胺盐（副作用比利他

许多儿童和青少年会表现出冲动行为，就像这个男孩子从位子上跳起来向同学扔纸飞机一样。老师怎样处理这种状况才是最好的呢？

林小）之类的刺激性药物来控制其行为（Fone & Nutt，2005；Zentall，2006）。利他林和混合苯丙胺盐都是兴奋剂，对于很多个体而言，这些药物可以加速神经系统和刺激行为（Raphaelson，2004；Reed，2005；Rowe，2005）。但是，对于很多患多动症的孩子来说，这些药物可以刺激前额叶不够活跃的区域以控制注意力、冲动性和计划性。这使他们能够集中注意力，从而使这些孩子的行为似乎"慢下来了"（Reeves & Schweitzer，2004）。研究者发现，在改善多动症儿童的行为方面，将药物和行为管理结合起来要比单独使用药物或单独使用行为管理的方法更好（Chronis & others，2004；Steer，2005；Zentall，2006）。一些批评家认为，很多医生过于仓促地给那些中度多动症儿童开了处方药（Marcovitch，2004；Zakriski & others，2005）。

与有障碍的青少年有关的教育问题

最近，美国法律才规定学校要服务于所有有障碍的儿童和青少年。从 20 世纪 60 年代中期到 70 年代中期，立法机构、联邦法庭和美国议会赋予了有障碍的儿童和青少年接受特殊教育的权利。在那之前，大多数有障碍的儿童和青少年不是被学校拒收，就是在学校里不能接受充分的教育。1975 年，议会制定了第 94~142 条公共法律，即面向所有有障碍学生的教育法案，它规定所有有障碍的学生都应该接受免费的、适宜的公共教育，同时也提供了有助于实施这种教育的基金。

1990年，**公共法律第94~142条**（Public Law 94~142）改名为**残疾人教育法**（Individuals with Disabilities Education Act，IDEA）。该法案清楚地说明了为所有障碍儿童和青少年服务的各方面要求，包括评估及资格鉴定、适宜的教育、个别化教育项目，以及限制最少的环境。

18岁的艾伦生来就没有双臂。尽管身有残疾，她还是学习用脚写字、吃饭、打字、画画。她甚至能自己戴耳环。她因其艺术能力而闻名，她的艺术品在不同的展览上获过三项大奖。她正在准备读大学，并计划从事艺术和理疗方面的工作。艾伦的成就反映了其非凡的适应能力和应对能力，她是青少年战胜残疾并追求有意义的目标的出色榜样。

该法案有很多具体的规定，例如要求学校向家长发送一些活动通知，家长要参与关于安置青少年的会议，以及要求学校的决策要做到程序公平。该法案及其1997年的修正案要求，当需要某种技术设备和服务来确保免费而适宜的教育时，学校就必须提供这些服务（Friend，2006；Male，2003；Smith，2006）。

按照该法案，有障碍的儿童或青少年都必须在**限制最少的环境**（restrictive environment）下接受教育，这个环境要和正常儿童或青少年的受教育环境尽量类似。这就为尝试在普通班里教育有障碍的儿童和青少年提供了法律基础（Smith & others，2006）。在普通班里教育有障碍的儿童和青少年有一个相应的术语，即*回归主流*。但是，该术语已被**融合教育**（inclusion）所取代，融合教育的意思是指在所有的时间里，都用普通学校的教学计划来教育那些有特殊教育需求的儿童和青少年（Choate，2004；Haager & Klingner，2005；Lewis & Doorlag，2006；Wood，2006）。

“限制最少的环境”这一原则迫使学校在把有障碍的儿童或青少年安置到普通学校之前，先要检查环境中是否有较多的限制，并进行调整（Hallahan & Kauffman，2003，2006；Heward，2006；Smith & others，2006）。同样，为了帮助一些有障碍的儿童和青少年，普通班的教师需要接受专门的培训，各州的教育机构需要提供这种培训。对于许多儿童和青少年来说，在这些调整过或设置了附加服务的普通班中学习是合适的（Coleman & Webber，2002；Hardman，Drew，& Egan，2006）。但是，一些专家认为，对另一些有障碍的儿童和青少年来说，单独的项目可能更有效或更合适（Martin，Martin，&

Terman，1996）。

詹姆士·考夫曼和他的同事（Kauffman & Hallahan，2005；Kauffman，McGee，& Brigham，2004）认为，对有障碍的学生的过度包含和迁就有时会导致“走向一个或两个极端：否认障碍的存在或迁就学生以至于对其进步不抱任何期望”（p.613）。其结果可能会导致对有障碍的学生的期望较低，从而不能挖掘他们的潜能。

天才青少年

我们所讨论的最后一种特殊青少年与此前一直描述的有障碍的青少年非常不同。**天才青少年**（adolescents who are gifted）是那些智商超过平均水平（通常的定义是智商为130或更高）以及/或在某些领域，诸如艺术、音乐或数学方面才华出众的人。学校里通常有针对天才青少年的智商和学术能力方面的项目，专家越来越提倡放宽标准，把创造性和承担义务等因素也纳入其中（Davidson，2000；Davis & Rimm，2004；Olszewski-Kubilius，2003；Tassell-Baska & Stambaugh，2006）。

一些批评家认为，很多参与超常项目的青少年并非是在某个特定的领域内享有天赋，只不过是有点聪明而已（智商130的青少年和那些智商在150以上的青少年有实质性的差别），他们通常比较合作，大多数是白人。研究者认为很多青少年并不比“聪明的一般人”优秀，但却被赋予了卓越的才华。很多州将青少年选拔到天才项目中时仍然以总体智商分数定义的一般智商作为关键标准。但是随着诸如加德纳的多元智力等概念的提出，智力的概念也有所改变，因此具体的智商分数可能将不再是天才的唯一标准（Gastellano & Diaz，2002）。

研究天才问题的专家温纳（Ellen Winner，1996）描述了天才青少年的三个特征：

1. *大器早成*。当给那些天才青少年提供展示其天赋或才能的机会时，他们的才华往往会较早显现出来。他们会比同伴更早开始精通某个领域，在该领域内学习时，他们比那些没有天赋的青少年更轻松。大多数天才青少年生来就在某个或某些领域有更高的能力，但这种天生的早慧需要被发现和培养。
2. *按自己的节奏学习*。那些天才青少年和非天才青少年的学习方式完全不同，其中一个不同之处是前者需要的成人支持较少。事实上，他们拒绝外在的指导。在他们资质优异的领域，他们常常自己去发现并找到解决问题的独特方法。
3. *充满学习激情*。天才青少年有动力去了解其擅长的领域，他们表现出热切、强烈的兴趣和专注能力。父母不用逼他们去做，他们往往有很高的内在动机。

亚历山德拉·尼基塔（Alexandra Nechita）10岁时就在儿童天才展上一鸣惊人。她在一副5×9英尺的大帆布上快速地、充满激情地作画。对她来说，一周内完成几幅这么大的油画是很平常的事。她的一幅现代主义油画可以卖到80000多美金。当她还只有2岁的时候，她就可以连续几个小时给图画书着色。她对玩具和朋友完全没有兴趣。即使她去上学，她也总是迫不及待地想回家画画。她会坚持不懈并充满热情地一直画，她说，那是她所热爱的。

除了我们上面提到的三个天才特征以外（大器早成、按自己的节奏学习以及充满学习激情），天才青少年表现突出的第四个方面是信息加工能力。研究者发现，天才青少年比一般青少年的学习节奏更快，加工信息更迅速，推理水平更好，能采用更好的策略，能更好地掌控自己的理解（Jackson & Butterfield，1996）。

当缺乏挑战时，天才青少年就会表现出破坏性、逃课、失去对成就的兴趣（Olszewski-Kubilius，2003）。有时候这些青少年会躲在角落里，变得被动并对学校失去兴趣。

温纳（Ellen Winner，1996，2006）说，天才青少年在课堂上往往会感到被孤立和缺乏挑战。他们经常被排斥或被贴上“讨厌”的标签。如果一个班上只有一个天才学生，

与青少年发展有关的职业

斯特林·琼斯

超常和天才教育的管理者

斯特林·琼斯（Sterling Jones）是底特律公共教育系统天才儿童项目的管理者，斯特林已和天才儿童在一起工作了三十多年。他相信，学生掌握技能主要依赖于指导时间和学习时间的长短。因此，他认为许多用来刺激天才儿童发展技能的基本策略也适用于更大范围内的学生。他已经写了好几本供教师和家长使用的小册子，包括《如何帮助你的孩子成功》和《面向每个人的天才教育》。

斯特林取得了韦恩州立大学的学士和硕士学位，在从事天才儿童项目之前他已教了几年的英语。他还写了一些关于非裔美国人的材料，例如《来自黑人的声音》，该书已被用于底特律的学校。

斯特林和参加天才项目的学生在底特律公共学校。

他就没有机会与能力相当的人一起学习。许多杰出的成年人报告说，对他们来说，学校生活很糟糕，他们感到厌烦，有时候他们比老师知道的还多（Bloom，1985）。她建议允许那些觉得缺乏挑战的青少年参加与自己的特殊能力相匹配的高级班。例如，允许一些特别早慧的中学生修读其所擅长领域的大学课程。

对于教师来说很重要的一点是，不仅要理解有天赋的学生比没有天赋的同伴需要更少的教师支持，也要密切地监督和引导他们的学习（Olszewski-Kubilius，2003）。但是大多数教师认为，即使没有他们的关注和引导，那些有天赋的学生也可以做得很好。事实上，有天赋的学生和其他学生一样，他们也需要来自教师的指导和学习上的挑战。

第 12 章 成就、工作和职业

他们能行，因为他们相信自己能行。

——VIRGN

罗马诗人，公元前 1 世纪

青少年发展的镜像

金枝和 Thuy

越南女孩郑金枝 9 岁时，她父亲用积蓄为她买了一张船票，把她送上了一艘小渔船，船上都是陌生人，这个家为此付出了昂贵的代价。父亲希望她最终能够抵达美国，在那里接受良好的教育，过上更好的生活。

到美国后，金枝先后在三个收养家庭里生活过。1988 年，她从圣地亚哥的一所高中毕业，各门功课的得分都是 A，并且申请到多所大学的奖学金。当被问起为什么会取得如此优异的成绩时，金枝说，她必须好好学习，这样才报答远在越南的父母。

在美国有很多天资聪慧、具有高成就动机的亚洲移民，金枝只是其中一员。亚裔移民是数量增长最快的群体，占全美移民的五分之二。尽管亚裔美国人的数量只占美国总人口的 2.4%，但在哈佛大学，17% 的学生来自亚洲，麻省理工学院亚裔学生的比例是 18%，加州大学伯克利分校亚裔学生占 27%，而在加州大学欧文分校，这一比例更是惊人，达到了 35%。

但是，并非所有的亚裔美籍青少年都如此优秀，来自教育水平低下的越南、柬埔寨和苗族的青少年难民都面临着学业问题。很多难民儿童在成长中都经历过挫败和心理创伤。12 岁的越南女孩 Thuy 已经在美国度过了两年的时光，她和父亲及亲戚一家五口人一起住在一所拥挤的公寓里，地处美国西海岸都会区的贫民窟（Huang，1989）。当初离开西贡的时候，“全家人走散了，妻子带着两个幼子留在了越南……Thuy 与父亲非常艰难地适应着美国的生活。父亲的英语学得很吃力，这使他甚至无法保住一份侍者的工作”（Huang，1989，p. 307）。在母亲的来信中，Thuy 得知自己 5 岁的弟弟夭折了。在这之后，她的学习成绩开始下滑，并表现出了明显的抑郁症状——无精打采、食欲不振、在同伴交往中退缩，并产生了普遍的无助感。在学校的一再坚持下，她和父亲去了一家社区心理健康中心的青少年部。治疗师花费了很长时间与父女俩建立信任关系，最终，他们开始信任治疗师，因为治疗师是名忠实的听众，并能针对他们在新环境下遇到的困难给出建议。治疗师在和 Thuy 的老师交流时得知，Thuy 在学校曾参与过不同种族学生间的小规模冲突。在心理健康中心的帮助下，学校成立了跨种族学生讨论小组，借此讨论文化差异和种族间敌对的原因。Thuy 也参加了讨论小组，而她的父亲则加入了社区互助联盟，同时 Thuy 的学习成绩也开始提高。（p.378）

预 览

本章主要关注青少年的成就、工作和职业。对青少年期和成年早期的人而言，成就在其发展过程中发挥着核心的作用，工作成为生活的主要内容，而职业也在其中扮演越来越重要的角色。本章首先分析为什么青少年期是个人成就发展的关键期，然后讨论工作和青少年期、成年早期生活的关系；最后评价职业发展的主要理论，以及影响青少年职业选择的环境因素。

成 就

一些发展学家担心，美国正在迅速变成一个人人行色匆匆、焦虑不安的国度，而年轻一代在这种生活方式之下也变得如此——过度看重成功和失败，热衷于和他人攀比个人成就（Elkind，1981）。但是，同时也有越来越多的专家反驳说，人们对青少年的成就期望太低，青少年缺乏获取成功的动力。

成就在青少年期的重要性

青少年阶段是成就发展的关键时期（Eccles & Wigfield，2000；Henderson & Dweck，1990；Wigfield & others，2006）。新的学业和社交压力迫使青少年承担不同的角色，这些角色通常包含了更多的责任。“取得成就”成为青少年很在意的事情，他们开始意识到：生活的游戏正在真实地演绎着。他们甚至开始认识到，当前的成功和失败可以预测成年期的成就。随着不同需求的日益强烈，青少年生活的不同领域会产生冲突。比如，他们的社交兴趣会减少学习时间，在某一个领域内的抱负会影响在其他领域实现其目标，就像学业成就会导致社交排斥一样。

青少年如何有效地适应这些全新的学业和社交压力呢？这将部分地取决于心理、动机、环境等因素的影响（Pintrich，2003；Stipek，2002；Theobold，2005；Wigfield & Eccles，2001；Wigfield & others，2006）。事实上，青少年的成就并不只是由其智商水平决定的。一些不太聪明的学生可能会表现出适应性的动机模式，比如说，能够坚持完成任务并且相信自己可以解决问题，这使他们最终成为一个高成就者。相反，一些很聪明的学生却表现出了适应不良的成就模式，他们很容易放弃，对自己的学业能力缺乏信心，这使他们最终成为一个低成就者。

获得成就的过程

获得成就涉及多个动机过程，接下来我们将分析这些过程，首先讨论内部动机和外部动机之间的区别。

内部动机和外部动机

内部动机（intrinsic motivation）主要基于内部因素，比如自我决定、好奇心、挑战性以及个人努力等。**外部动机**（extrinsic motivation）主要指外部的激励，比如奖励和惩罚。人本主义和认知主义的研究取向强调内部动机的重要性（Oka，2005）。一些青少年之所以会努力学习，是因为内部动力驱使他们在学业上达到高标准（内部动机）。另一些青少年努力学习，是因为他们想要拿高分，或者避免父母的指责（外部动机）。

当前的研究证据强烈支持，营造一个能够激发学生内部学习动机的班级气氛非常重要（Hennesey & Amabile，1998；Wigfield & Eccles，2001；Wigfield & others，2006）。例如，近期一项以三年级到八年级学生为参与者的研究发现，内部动机与年级、标准化测验得分存在正相关，而外部动机和所获得的成就存在负相关（Lepper，Corpus，& Iyengar，2005）。

如果向学生提供不同的选择，使其沉浸在与自身能力相匹配的挑战中，同时得到有知识价值的奖励，而不是控制性的奖励。将更容易激发他们的学习动机。外部赞扬同样可以提升学生的内部动机。为了澄清上述事实，我们首先讨论内部动机的四个类型：（1）自我决定和个人抉择，（2）高峰体验和流畅经验，（3）兴趣，（4）认知参与和自我责任心。然后，我们将讨论外部奖励如何提升或降低内部动机。最后，我们将提供一些有关内部动机和外部动机的研究结论。

自我决定和个人抉择　内部动机的一个观点特别强调自我决定（Deci，Koestner，& Ryan，2001；Deci & Ryan，1994）。在该观点看来，青少年期望他们可以出于自身的意愿去做某件事情，而不是为了外在的成功或奖励。

研究者发现，如果为青少年提供不同的选择和承担个人责任的机会，将会提升他们在学业任务中的内部动机和内部兴趣（Alderman，2004；Covington & Mueller，2001；Stipek，2002）。例如，一项研究发现，那些自己组织实验的高中理科生比那些接受详细指导的同伴对实验更感兴趣，也更认真（Rainey，1965）。在另外一项研究中，研究者选取非裔美国学生作为参与者，他们都来自社会经济地位较低的家庭。研究者鼓励教师让学生在学习活动中承担更多责任（deChrams，1984），给学会机会让他们自己制定学

卡尔文和霍布斯　　比尔·沃特森

习目标和规划、自己决定如何实现目标以及如何自我监控等。当学生想要实施某项任务并开始做这件事的时候，教师便为他们提供不同的选择。同时鼓励学生对自己的行为负责，其中包括实现自己制定的目标。结果发现，相比于控制组，上述“内部动机 / 自我决定”组的学生获得了较高的学业成就，并且更可能顺利地从学校毕业。

高峰体验和流畅经验　在第 4 章中，我们曾讨论过米哈里·契克森米哈（Mihaly Csikszentmihalyi，1990，1993；Nakamaura & Csikszentmihalyi，2002；Rathunde & Csikszentmihalyi，2006）关于创造性的研究，他也提出了一些观点有助于我们理解动机。他研究“人类的高峰体验”已有 20 多年的历史。当人们报告感到非常愉悦和快乐的时候，就产生了高峰体验。契克森米哈使用**流畅经验**（flow）这个术语来描述生活中的高峰体验。在大多数情况下，当人们体验到掌控感，全神贯注于某一活动时就会出现流畅经验。契克森米哈认为，当个体发现自己所应对的挑战难度适中，既不太难也不太容易时，才会产生流畅经验。

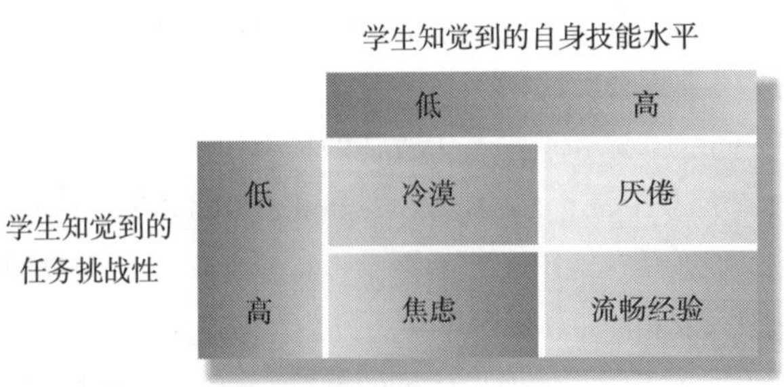

图 12.1
知觉到的挑战性水平和技能水平及其行为后果

个体对任务难度水平和自身技能水平的觉知会导致不同的结果（Brophy，2004，详见图 12.1）。当青少年知觉到挑战较难，同时认为自身技能较高的时候，流畅经验最容易出现。当青少年的技能水平较高，但当前任务的挑战性较低时，他们就会产生厌倦。当知觉到的任务挑战性和自身能力水平都较低的时候，则会表现得较为冷漠。而当青少年知觉到自己的能力不足以驾驭当前所面临的挑战性任务时，他们就会出现焦虑反应。

兴趣　教育心理学家们还研究了兴趣这一概念，兴趣的含义比内部动机更为具体（Hidi，2001；Wigfield & others，2006）。兴趣主要包括个人兴趣和情境兴趣，两者的区别在于，前者相对稳定，而后者则是出于对特定任务的某一具体方面感兴趣。关于兴趣的研究主要聚焦于兴趣和学习之间的关系。兴趣与深度学习（比如对主要思想的回忆，对难以理解的问题的反应）之间的联系比它与表层学习（比如对简单问题的反应，对文本进行逐字逐句的回忆）之间的联系要密切（Schiefele，1996；Wigfield & others，2006）。

认知参与和自我责任心　关于内部动机，布鲁门菲尔德（Phyllis Blumenfeld）及其同事（2006）提出了一个不同的变量，它强调创造性学习环境的重要性，创造性的环境应该能够鼓励学生积极参与，并对自己的学习负责。创造性环境的目的是使学生在学习中更努力、更坚持不懈，掌握学习的要义，而不是简单地完成足够的学习任务或及格就行。此外，更重要的是，要想鼓励学生的认知参与意识和对学习负责的态度，就需要将课程相关内容和技能融入到有意义的情景中去，特别是与学生兴趣相吻合的真实场景（National Research Council，NRC，2004）。

外部奖励和内部动机　弄清楚外部奖励可以为能力的提升或知识的掌握带来什么是很关键的（Reeve，2006）。如果奖励和能力相关，那么这些奖励可能强化动机和兴趣。如果二者没有关系，那么这些奖励可能不会强化动机，或者在奖励撤消以后可能会降低动机强度。我们来看下面这个例子（Schunk，2004）：某教师设定了一套奖励体系，在这个体系中，学生完成的作业越多，他们得到的分数将会越多。这将激励学生努力学习以赢得分数，因为他们知道分数可以转换为某种特权。不仅如此，分数还可以传递与个人能力有关的信息。也就是说，学生的分数越高，说明他们完成的作业越多，而在积累分数的过程中，学生往往会觉得自己是有能力的，即体验到了胜任感。相反，如果分数的高低仅仅反映人们在某项任务上所花费时间的多少，那么完成任务往往会被看做是达到目的的手段。在这种情况下，分数并未传递任何与能力有关的信息，学生很可能会将奖励看做一种控制其行为的手段。

关于内部动机和外部动机的终极思考　关于内部动机和外部动机的一个公认结论是：对于教师而言，重要的是激发学生的内部动力，并为他们创造学习环境促进其认知参与和对自己负责的意识（Blumenfeld，Krajcik，& Kempler，2006）。话虽如此，但现实世界

并非只有内部动机驱动，在更多的时候，内部动机和外部动机作为对立的两极而互相竞争，二者都会对学生生活的诸多方面产生影响（Wigfield & others，2006）。尽管如此，我们需要谨记的是，一些心理学家依然认为外部动机本身并不是一种好策略。

在“如何促进学生学习”这个议题上，我们关于外部动机和内部动机的讨论为介绍其他的认知过程奠定了基础。接下来我们将讨论的四个认知过程依然可以反映出内部动机和外部动机的重要性，这四个过程是：（1）掌控动机；（2）自我效能感；（3）期望；以及（4）目标设定、计划和自我监控。

掌控动机

掌控动机和内部动机的联系很紧密。研究者将成就取向分成三种，掌控取向、无助取向和结果取向。

卡罗尔·德韦克和她的同事们（Dweck，2002；Dweck & Leggett，1988；Henderson & Dweck，1990）发现，青少年在面临挑战或者复杂任务时，一般会出现两种截然不同的反应：**掌控取向**（mastery orientation）或无助取向。掌控取向的青少年关注任务本身，而不是自身能力，这对任务有积极作用（表明他们喜欢接受挑战），并形成问题解决取向的策略，从而提高学习成绩。掌控取向的学生常常指导自己集中注意力、认真思考，并且会牢记曾经采用过的有效策略（Anderman，Maehr，& Midgley，1996）。相反，**无助取向**（helpless orientation）的青少年关注个人的不足，经常将学习中遇到的困难归因为自身能力的欠缺，并表现出消极情感（包括厌倦和焦虑）。这种取向损害了他们的学习成绩。图12.2描述了一些可能反映了无助取向的行为（Stipek，2002）。

这些学生一般会：

- 说“我不行”
- 不注意教师的指导
- 即便是有需要，也不会去求助别人
- 无所事事（例如，盯着窗外看）
- 未经思考地猜测或随意回答问题
- 不会因成功感到自豪
- 表现得不耐烦，兴趣索然
- 不愿努力，对于教师的劝导反应迟钝
- 很容易气馁
- 不会主动回答教师提出的问题
- 想方设法地逃避学习（例如，告诉老师说，自己不得不去看医生了）

图 12.2
反映无助取向的行为表现

掌控取向和无助取向的青少年的一般能力没有差异，但是，他们对自身能力有着不同的看法。掌控取向的青少年相信，他们的能力是可以改变和提升的。他们会认可诸如下面的观点，即“如果你愿意，你可以变得越来越聪明”。无助取向的青少年却认为，能力是固定的，不可改变的。他们会认可诸如下面的观点，即“你可以学会新东西，但是你的能力几乎是不会改变的”。

近期开展的两项研究探讨了不同类型的动机对青少年数学成绩的影响（Blackwell，Trzesniewski，& Dweck，2003）。第一项研究的结果表明，在七年级学生中，那些数学成绩较高的参与者一般认为智力是可以改变的，他们设定学习目标，认为努力很重要，并且表现出掌控取向的归因特点。在第二项研究中，教师引导数学成绩较低的七年级学生去认可“智力是可以改变的”这样的观点，结果，这些学生的数学成绩得到了提高。

也可以对比掌控取向和**结果取向**（performance orientation），后者更关注结果，而不是过程。对于结果取向的青少年而言，最重要的是获取成功，而快乐正是源于成功。对于掌控取向的青少年而言，最重要的是感到自己正在很好地和环境进行互动。掌控取向的青少年也向往成功，但成功对他们而言并不像对结果取向的青少年那般重要，因为他们认为发展自身能力更重要的。

掌控取向和契克森米哈所提出的流畅经验的概念有很多相似之处，当青少年沉浸在某项活动中时会出现。掌控取向的青少年总是沉浸在当前的任务中，关注自身能力的提高，而不是关心自己的成绩能否超过别人。在流畅经验状态下，青少年是如此专注于正在从事的活动，以至于对外界的干扰一无所知。

结果取向的青少年面临一个特殊问题，缺乏成功的自信心（Stipek，2002）。如果他们努力之后失败了，他们便将失败看做自己低能的证据。这促使一些学生去从事特定的活动，这些活动在短期内能够保护自己，以免对自己形成无能的印象，但是从长远来看却阻碍了学习的进步和成绩的提高（Covington，2002）。为了避免出现低能归因，一些青少年索性不去努力学习，或者去欺骗别人，或者诉诸于一些更为精妙的策略来避免出现自认为“无能”的窘境，比如拖延时间，寻找借口推诿，敷衍了事，甚至制定一些不现实的目标。借助无所作为的策略，他们总能够对自己的失败做出更具选择性的、个人更容易接受的解释。

自我效能感

自我效能感（self-efficacy）是指个体相信自己可以控制情境并能够产生积极的结果。班杜拉（我们曾在第 2 章“青少年发展的科学”中讨论过他的社会认知理论）认为，自我效能感是影响青少年能否取得成就的关键因素（Albert Bandura 1997，2000，2004）。自我效能感和前面提到过的掌控动机以及内部动机有很多相似之处。高自我效能者强调“我能”的信念，无助者的信念则是

生命是一件礼物……接受它
生命是一次探险……挑战它
生命是一个秘密……揭开它
生命是一次战斗……面对它
生命是一道难题……解开它
生命是一次机会……把握它
生命是一项任务……完成它
生命是一个目标……实现它
——佚名

"我不行"（Stipek，2002）。具有较高自我效能感的青少年坚信"我知道我能够掌握这一堂课所学的内容"，并且"我认为自己能够在活动中做得很好"。

戴尔·申克（Dale Schunk，1991，2001，2004；Schunk & Zimmerman，2003；Zimmerman & Schunk，2004）已将"自我效能感"这个概念应用到学业成就的许多方面。在他看来是，自我效能感影响学生的活动选择。学习自我效能感较低的学生会回避某些特定的学习任务，特别是那些具有挑战性的任务。相反，学习自我效能感较高的学生则会踊跃地完成各种学习任务。相比于前者，他们更有可能在学习上花费精力和时间。另外，自我效能感高的学生在未来会更自信地去选择具有挑战性的职业（Betz，2004；Paulsen & Betz，2004；Quimby & O'Brien，2004）。

期　望

父母、教师以及其他成人对青少年的成就期望会影响他们的动机，可能也会影响到他们的行为表现。如果父母和教师对他们寄予较高的期望，并且在他们实现这些期望的过程中给予足够的支持，那么青少年将会从中受益。

研究者发现，儿童和青少年的学业成就与父母的期望有关（Burchinal & others，2002；Fan & Chen，2001）。一项纵向研究发现，母亲对一年级儿童未来受教育程度的期望和他们 23 岁时最终的受教育水平有关（Englund，Luckner，& Whaley，2003）。有的孩子在一年级的时候，母亲就对他们未来的学业成就寄予了较高的期望，与那些从小不被母亲寄予厚望的孩子相比，他们成年之后更有可能获得较高水平的教育。

父母和教师往往会为了保护青少年的自尊心而为其设定较低的学习标准（Stipek，2002）。事实上，更好的做法是为他们设定具有挑战性的标准，并且对其能力所及范围内的表现寄予最高的期望。如果缺乏挑战性，青少年可能会为自己设定较低的标准。而当他们一旦遇到具有挑战性和高标准的任务时，之前基于低标准而建立起来的脆弱的自信心就很容易被击碎。

相比能力较低的学生而言，教师往往对能力较高的学生寄予了更高的期望。例如，研究者发现，与那些能力较低的学生相比，教师更倾向于要求"好学生"加倍努力学习，在课堂提问中留给他们更多思考时间，在答疑过程中向他们提供更多更详细的信息，并且很少批评他们，大多数时候都很友好，在评分有争议的时候更倾向于做出有利于他们拿高分的评判（Brophy，2004）。

学生的努力程度取决于他们的期望。如果他们期望获得成功，有可能促进自己去通过努力学习来达到目标。埃克尔斯（Jacquelynne Eccles，1987，1993）将学生对成功的预期定义为"关于自己很好地完成近期或远期任务"的信念（Wigfield，2006）。在埃克

与青少年发展有关的职业

杰米・艾斯卡兰德

中学数学教师

杰米・艾斯卡兰德（Jaime Escalante）是一个来自玻利维亚的移民，在 20 世纪 70 年代，他在洛杉矶东部的加菲尔德中学担任数学教师。在他刚开始任教的时候，加菲尔德中学的学生对自己的数学能力并不抱太大的希望，大多数教师对学生的期望也很低。艾斯卡兰德将这一现状看成一个特殊的挑战：他试图提高学生的数学能力，甚至希望他们将来能够参加教育考试服务中心开设的大学预修课程（Advance Placement，AP）[1]，并在其中的微积分考试中拿到高分。

第一年非常艰难。艾斯卡兰德的微积分课时间是早上 8 点，但他告诉学生，早上 7 点就可以开教室的门，7 点半开始上课。放学后和周末，他也会和学生待在一起。他整理了很多习题册，让学生记大量的笔记，并要求他们把这些笔记整理到一起。他每天早晨都会让学生做一份 5 分钟的小测验，每周五的时候举行一次考试。开始的时候，班上有四十个学生，但两周之后只剩下了一半，最后只有五名学生坚持到了春季学期结束。有一个选择退出的学生说："我不想每天早晨 7 点就去上课，凭什么呢？"

但最终，在艾斯卡兰德坚持不懈的努力和鼓舞人心的教导下，一向受资金不足、校园暴力以及糟糕的工作条件所困扰的加菲尔德中学竟然在全美微积分考试中排名第七！艾斯卡兰德专注的献身精神和强大的动机感染了他的学生们，那些在艾斯卡兰德来之前被认为是不可救药的学生取得了很大的进步。艾斯卡兰德的事迹还被拍成了电影《为人师表》（"Stand and Deliver"）。在美国公共电视台（Public Broadcasting Service，PBS）的系列节目"和艾斯卡兰德一起走向未来"中，艾斯卡兰德和他的学生以及知名嘉宾一起向六到十二年级学生介绍数学的基本概念。从教师岗位上退休以后，艾斯卡兰德继续从事教学辅导工作，致力于提高学生的学习动机，提升其数学能力。艾斯卡兰德的故事证明了一个道理，一位教师可以使学生的动机和成就发生很大的变化。

艾斯卡兰德正在教室里讲授数学。

1　AP 是 Advanced Placement 的缩写，即大学预修课程。美国高中 AP 课程是由美国大学理事会主持，在高中阶段开设的具有大学水平的课程，有 22 个门类、37 个学科，已在美国 15000 多所高中普遍开设。它可以使高中学生提前接触大学课程，避免了高中和大学初级阶段课程的重复。目前，已有 40 多个国家的近 3600 所大学承认 AP 学分为其入学参考标准，其中包括哈佛、耶鲁、牛津、剑桥等世界名牌大学。AP 考试每年 5 月举行，目前已经在全球 80 个国家开设。——译者注尔斯看来，这种信念涉及三方面的能力，首先，很好地完成某项特定的活动。其次，在与别人的比较中表现得很好。第三，在其他相关的活动中表现得很好。

学生的努力程度还取决于他们为当前学习目标所设定的价值。实际上，近六十年以来，期望和价值作为一个整体已经成为众多研究关注的焦点，并借助此类研究更好地理解学生的成就动机（Atkinson，1957；Eccles，1987，1993；Feather，1966；wigfield & Eccles，2002）。在埃克尔斯（1987，1993）的模型中，“研究者认为，期望和价值会影响个体对特定任务的信念，这些信念包括对自身能力的感知，对不同任务复杂性的感知，以及个体的目标和自我图式等。这些……反过来，又会受到个体特定感知的影响，包括关于他人对自己的态度和期望的感知，以及青少年自身对于之前所取得成就的解释”（Wigfield，2006）。在埃克尔斯的模型中，特定文化下的成就取向也会影响学生的期望。

目标设定、计划和自我监控

目标设定、计划和自我监控是影响青少年成就的重要方面（Boekaerts，2006；Maehr，2001；Lapierre，2005，Midgley，2002；Pintrich，2003）。研究者发现，如果青少年所设定的目标是明确的、近期可以实现的并且具有挑战性的，那么他们的自我效能感和个人成就将会得到提升（Bandura，1997）。所谓不明确的、模糊的目标是指“我想要成功”之类，而相比之下更加具体和明确的目标是“我要在本学期末进入优等生行列”。

青少年既可以设定长期（长远的）目标，也可以设定短期（近期可实现的）目标。鼓励青少年设定一些长期目标是有必要的，比如“我要从高中毕业”或者“我要上大学”，但是他们同样需要设定短期目标，并借此逐步实现长期目标。例如，“在下一次的数学测试中得 A”就是一个短期目标，“在星期天下午 4 点钟之前完成所有的家庭作业”也是短期目标。

此外，对于青少年来说，设定具有挑战性的目标也是一种很好的策略（Elliot & Thrash，2001；Kaplan & others，2002）。挑战性的目标是自我提升的保证。此类目标可以激发青少年对所从事的活动产生强烈兴趣，并融入到活动中去。那些容易实现的目标则很少能够激发学生产生兴趣并为之付出努力。但是，青少年所设定的目标应该与自身的能力水平达成最优匹配。如果目标太高，不切实际，就会导致不断的失败，并最终降低青少年的自我效能感。

仅仅设定目标还远远不够。青少年还需要学会通过制订计划来实现他们的目标（Pintrich，2003）。优秀的规划者善于有效地管理时间，善于设定优先事项，并对其进行合理的管理。

研究者发现，高成就的青少年往往都是善于自我管理的学习者（Boekaerts，2006；

Schunk & Zimmerman，2003；Zimmerman & Schunk，2004）。例如，相对于低成就的学生来说，高成就者对学习的自我监控更多，并且依据目标对所取得的进步进行更多系统性的评价。当父母和教师鼓励这些青少年对其学习进行自我监控时，他们传递出来的信息是：他们会为自己的行为负责；他们需要积极地、专注地投入学习（Zimmerman，Bonner，& Kovach，1996）。

时间管理

要实现生命中的重要目标势必需要花费大量的时间——甚至是数年或数十年，而自我管理的一个重要方面是如何有效地管理时间。如果你在重大考试之前浪费了太多时间，你会发现自己的考前准备很糟糕。如果你对自己的时间实施了有效的管理，那么你将会在考试和其他事项的最后期限内赢得放松的时间。时间管理会使你变得更多产，会帮你减少压力，并且使你可以劳逸结合。

制订计划和设立优先目标

将你的时间分解到每年（学期）、每月、每周和每天。当你在这些时间框架内制定计划时，首先要设立优先目标。如图 12.3 所示，管理专家史蒂文·柯维（Steven Covey，1989）设计了一组包含四个象限的时间矩阵，该矩阵以计划事项的紧急程度为基础。重要的活动指的是那些与你的价值观和目标相联系的事项，紧急的活动指的是那些需要立即关注的事项。柯维（1989）针对如何使用这个时间矩阵给出了如下提示：

- 在重要但不紧急的事情（第二象限）成为紧急事项之前，花时间完成它们。

	紧急的	不紧急的
重要的	明天要交的英语文章 今天要完成的数学作业 今天去银行存钱	两周以后的生物考试 本周末的团体学习 给家里打电话
不重要的	打电话 临时的打扰 琐碎的问题	观看电视节目 阅读报纸 玩电脑游戏

图 12.3
柯维的四象限时间管理矩阵。此处所列的是一个学生基于柯维的四象限系统所制定的时间管理计划。

- 不要让你的生活受紧急事项的支配。不要因为某些紧急任务而回避其他重要事项。
- 尽早完成重要的事情。如果你一直等到它们成为紧急事项才开始动手，这只会增加你的压力。
- 为你的任务设定优先目标，并按照优先顺序完成所有工作。

时间表的制定和监控

优秀的时间管理者能够判断哪些是当天最重要的事情，并且为这些事情分配充足的时间。我们可以制定一个*活动清单*（to-do-list），以便提醒自己持续关注当天的重要事项，所谓活动清单包括罗列每天的任务和活动，以及设定优先项。我们可以在前一天晚上或当天早晨为这一天的所有工作制定一个活动清单。图 12.4 所呈现的是一个大学生的活动清单。

另外，针对时间表的完成情况进行监控，也是一项很重要的工作。监控对象包括年度的（或每学期的）、每月的、每周的以及每天的时间表。很多人发现，定期监控计划的实施情况对自己很有帮助：首先，为每周的任务和活动制定一个计划，然后在每天和每周结束的时候对该计划中的时间利用情况做出评价。这样可以使我们对于不同任务的时间分配情况做到心中有数。比如，自己在哪些任务上花费了太多的时间，而在哪些任务上花费的时间太少。

活动清单

最重要的事情：

1. 备考数学测试

次要的事情：

2. 去上心理健康课和数学课
3. 去银行存钱

任务	时间	完成情况
备考数学测试	清晨，晚上	
上心理健康课	上午	
去上数学课	上午	
锻炼身体	上午	
存钱	下午	
购买测试手册	下午	
打电话和艾瑞莎约会	傍晚	

图 12.4

活动清单实例。此处所列的是某大学生的活动列表。最好在上午完成尽可能多的重要任务，这些任务一旦完成，你可以在"完成情况"一栏对其进行核对。

指　导

指导者（导师）一般是指年长而富有经验的人，他们致力于提高年轻人的能力和品格（Dubois & Karcher，2005；Karcher，2005；Rhodes，2005）。"在相当长一段时间内，导师通过定期或不定期的示范、讲解、提问、鼓励来指导年轻人。在这个过程中，导师和年轻人建立起了一种特殊的、契约式的联结。另外，年轻人对导师表现出尊敬、忠诚和认同”（Hamilton & Hamilton，2004，p.396，源于和生态学家布朗芬布伦纳的一次私人交流）。

指导通常是自然发生的，或者是通过“导师计划”来实现的（Hamilton & Hamilton，2004；Larose & Tarabulsy，2005）。自然状态下的指导并不包括任何正式的计划，而是基于个体已有的关系而产生的。自然状态下的导师可能是“家人、邻居、体育教练、音乐或舞蹈老师、牧师、青少年团体的领导者、老板或者教师”（p. 399）。和自然状态下的导师相比，“导师计划”包括更多正式的安排，涉及成人导师和年轻人之间的匹配。在许多导师计划中，导师往往扮演着类似于父母的角色。

达拉斯的圣路克斯卫理公会教堂制定了一项有效的导师计划，这项计划特别关注了少数种族学生缺乏行为榜样的问题。超过 200 名成年男子和 100 名男孩（年龄从 4 岁到 18 岁）参与了此项计划。计划内容既包括学业辅导，也包括针对体育和文化赛事的短途旅行。近期，指导者还曾带着这些儿童和青少年去参观了位于休斯顿市的约翰逊宇航中心。照片中的主人公是伦纳德·贝利（Leonard Berry）博士，他是此项计划的导师之一，坐在他前面的是布兰登·斯卡伯勒（13 岁），另外还有贝利博士的儿子伦纳德（12 岁）。伦纳德不仅从贝利博士的指导中受益，而且他们还成了朋友。

对于身处学业危机中的中学生和大学生而言，导师计划作为一种进步策略正日益受到亲睐（Black，Suarez，& Medina，2004；Darling，2005；Dopp & Block，2004；Karcher & others，2005；McClusky & others，2004）。一项研究以 959 名曾经申请过“大哥哥 / 大姐姐”计划（Rhodes，Grossman，& Resch，2000）的青少年为参与者，其中一半的青少年接受了指导，这种指导是通过广泛的讨论（讨论的内容包括学业、职业、生活）和与其他青少年一起参与休闲活动来实现的。而另一半参与者则没有接受这样的指导。研究结果发现，指导减少了学生的无故缺勤情况，提高了学生的课堂表现水平，改善了伙伴之间的关系。另外一项研究指出，在大多数情况下，当导师计划的持续时间为一年或者更长时，该项计划的效果达到最佳（Grossman & Rhodes，2002）。当然，指导关系的效果不同，有的好，有的不好。因此，青少年和导师之间的匹配是需要认真选择和监控的（Karcher，Nakkula，& Harris，2005；Langhout，& Osborne，2004；Rhodes，2005）。

对于处在危机中的儿童和青少年而言，大学生可以扮演重要的导师角色。近期的一项研究表明，针对处在危机中的四年级学生所实施的指导可以加深大学生对儿童的理解，同时可以提高他们对指导和社区工作价值的认识（Schmidt，Marks，& Derrico，2004）。

阻碍成就的因素

如果你不去设定目标，不去计划如何实现目标，并且忽视了对目标实现情况的监控，那成就方面的问题就会逐渐显现出来。另外，如果你经常拖延时间，经常受到焦虑的困扰，或者试图通过回避失败来保护自我价值感，那也终将导致学业成就方面的问题。上述很多阻碍成就的因素会在中学阶段出现，在大学阶段表现得日趋明显。接下来，我们将要讨论一些供教师、咨询师、导师以及父母使用的策略，以便帮助青少年克服上述障碍，进而取得成就。同时，大学生自己也可以运用这些策略来解决问题。

拖　延

人们为什么要拖延时间？主要原因有：时间管理不佳，难以集中注意力，恐惧和焦虑（例如，受到任务的困扰，担心表现不佳），消极的信念（例如，“我一事无成”），个人问题（例如，个人财务问题，和男朋友 / 女朋友之间的问题等等），厌倦，不切实际的期望和完美主义（例如，在写论文之前必须阅读所有的与该主题相关的材料），以及惧怕失败（例如，认为只要在考试中拿不到“A”就算是失败）（水牛城大学心理服务中心，2003）。

“拖延”心理有很多表现形式，具体如下（伊利诺伊大学心理健康中心，1984）：

- 忽视任务本身，只是希望它自行消失。
- 对任务中所包含的各项工作估计不足，或者高估了自身的能力和资源。
- 在电脑游戏和上网方面花费了太多的时间。
- 欺骗自己，认为平庸或糟糕的成绩是可以接受的。
- 做一些虽有价值但无关紧要的事情而不去做重要的事情。例如，你可能会选择打扫房间，而不去复习功课。
- 认为经常性的小拖延是无关紧要的。
- 夸大对任务的承诺而不去落实。例如，你可能会在周末旅行时随身带上课本，但从来不打开看它们。

- 只专注于任务的一部分。例如，你可能会反复修改一篇文章的第一段，而不去理会其它部分。
- 当面临二选一的抉择时不知所措。例如，你会为先完成生物作业还是英语作业而犹豫不决，最终两样都没有完成。

以下是一些好的策略，它们可以帮助你减缓或者消除拖延心理：

- 要认识到“拖延”的危害性。拖延者往往并不会正视自己的问题。而如果一个人敢于承认自己存在拖延的毛病，这或许可以促使他们开始思考如何解决这一问题。
- 认同你的价值观和目标。考虑一下拖延是如何影响你的价值观和目标的。
- 做好时间管理。制定年度（或每学期的）的、月度的以及每周的和每天的计划。然后监控自己的时间利用情况，寻找方法更加明智地利用时间。
- 分解任务。很多时候，人们之所以拖延时间是因为他们认为任务很庞大，以至于根本无法完成。如果这样的话，不妨将任务分解为几个小的部分，然后每次针对其中的一部分设定分解目标，并逐一完成。这个策略往往可以使那些看起来非常棘手的任务变得简单起来。
- 使用行为策略。首先要认识到，一些分散注意力的事物可能会使你无法专注于当前最重要的任务和活动。然后留意自己在何时何地最容易受到上述事物的干扰，并制定计划来减缓或控制这些干扰。另一种行为策略是与自己或者某个定期见面且有助于你解决拖延问题的人达成约定，以此来控制拖延的出现。还有一种策略是为自己建立奖励机制，以此来激励自己尽快完成全部或部分任务。比如说，如果你做完了所有的数学题，你可以奖励自己去看一场电影。
- 使用认知策略。要注意心理层面上的自我诱惑效应，它会导致行为的偏差，比如“我明天再去做这件事，”“现在开始，看大约一个小时的电视，这没什么大不了的吧”以及“我无法完成这件事。”此外，还要防止分心。比如，你应该告诉自己，“我确实没有太多的时间了，随后肯定还有其他事情要做，”“如果我完成了这项工作，就可以更好地玩了，”或者“也许只要我继续前进，坚持做下去，事情不会太糟糕的。”

焦　虑

焦虑（anxiety）是指一种模糊的、非常不愉快的恐惧感和忧虑感。学生在面临学业上的挑战时（比如说，要在考试中表现出色）所表现出的担心和忧虑都是正常的。实际上，研究者已经发现，很多取得成功的学生都具有中等水平的焦虑（Bandura,

1997)。但是，有的学生表现出高水平的焦虑和持续的担心，这会对他们的成就产生显著的影响。

一些青少年的高焦虑水平是由其父母不切实际的成就期望和压力所导致的。对于许多人来说，在学生时代会“面临日益增多的评价和社会比较，有的人还要经历失败的考验”，这些都会使他们的焦虑水平逐年递增（Eccles，Wigfield，& Schiefele，1998，p. 1043）。因此，如果学校营造出这样的氛围，很可能会导致学生的高焦虑。

用于减缓高焦虑的干预计划有很多（Wigfield & Eccles，1989），其中一些强调放松技术。这些计划往往可以有效地减缓焦虑，但未必能够提高成就水平。另外一些干预计划主要强调培养更加积极的、以任务为中心的思维方式，以此来纠正消极的、自甘堕落的想法（Meichenbaum & Butler，1980）。在提升学生的成就水平方面，这些干预策略比放松技术更为有效。

通过回避失败来保护自我价值感

一些个体总是喜欢保护自我价值感和回避失败，他们不努力追求目标，而是采用一些无效的策略来解决问题。

这些策略包括（Covington，2002；Covington & Teel，1996）：

- 不作为。最明显的避免失败的策略是不去努力。在课堂上，不作为策略主要包括：在回答教师的提问时虽然表现得很积极，但实际上希望教师提问别的学生；滑到座位下面去，以此来避免被教师发现，同时避免和教师的眼神交流。这些策略看起来是小伎俩，但是它们可能预示着以后长期的不作为，比如辍学和经常性逃课。
- 拖延。有的学生直到考试前最后一刻依然在拖延时间，他们往往会将失败归咎于糟糕的时间管理，从而转移人们对自己“能力不足”的注意。与这种做法类似的另一种做法是尽可能多地承担责任，这样你就可以冠冕堂皇地解释你无法做好这件事，因为你有太多其他事情要做。
- 设定不切实际的目标。设定太高的目标而使得成功几乎成为不可能的事情，个体可以由此而避免遭遇“无能”的归因，因为几乎所有人都难以达到这种目标。

回避失败的行为中往往包含**自我阻碍**（self-handicapping）的策略（Urdan & Midgley，2001）。也就是说，一些人会刻意地为自己设置障碍，比如放弃努力，或者故意将工作推迟到最后一刻，或者在考试前夜四处游荡等等。如果在接下来的活动中表现得很差，他们会把失败归结为上述原因，而不会归结为自身能力的欠缺。

下面所列的一些策略可以减缓由于保护自我价值感和避免失败而导致的延误（Covington，2002）：

- 设立具有挑战性但切实可行的目标。
- 加强自身努力和自我价值感之间的联系，以努力学习为荣，减少社会比较。
- 对自身能力持积极的信念。

种族和文化

在不同的种族群体看来，青少年成就的本质是什么？文化如何影响儿童的成就？

种　族

在少数种族青少年群体中，个人成就的差异很明显。例如，很多亚裔学生具有很强的学业成就倾向，而另一些亚裔学生则不具备这样的倾向。

除了意识到每一个文化群体的成员在成就方面所存在的差异外，我们还要在差异和不足之间做出区分。按照中等社会经济地位的白人所设立的标准，少数种族（特别是非裔美国人、拉丁美洲人以及本土的印第安人）学生的成就往往被认为是不足的，而实际上他们只是在文化上存在差异性和独特性（Jones，1994）。

同时，一些研究忽视了少数种族学生的社会经济地位（Graham & Taylor，2001）。在很多情况下，如果一项研究同时考察了种族和社会经济地位这两个因素，那么，社会经济地位对成就的预测作用要大于种族的预测作用。对于家庭社会经济地位处于中等或更高水平的学生而言，他们对成功的预期、对成就的渴求程度以及对努力重要性的认可程度都强于家庭社会经济地位较低的学生（Gibbs，1989）。

桑德拉·格雷厄姆（Sandra Graham，1968，1990）所开展的一系列研究也表明，社会经济地位对成就的影响大于种族的影响。不仅如此，她的研究还强调了在一般动机理论的指导下研究少数种族学生动机的重要性。格雷厄姆在归因理论的框架内展开调查，主要关注非裔美国学生对自己的成就取向的解释，诸如：他们为什么会成功（或失败）。她的研究发现，中等社会经济地位的非裔美国学生并非缺乏动机，他们和身处同样社会经济地位的白人学生一样，也具有较高的成就期望，并且认为失败往往是由于自身缺乏努力，而并非运气不好所致。

对于很多少数种族（特别是住在贫民区的）学生而言，他们所面临的一个很大挑战是如何应对种族偏见，以及如何处理自身群体和主流群体之间的价值观冲突。另外，在

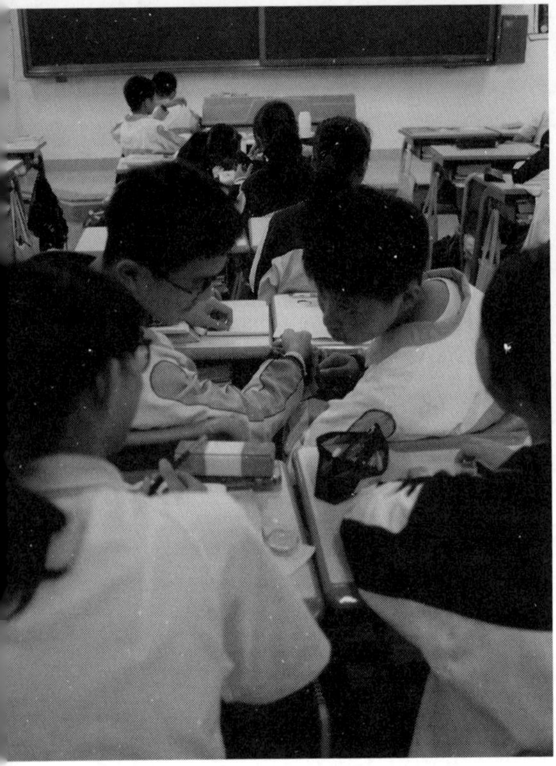

哈罗德·史蒂文森和他的同事们发现，亚洲学校拥有和美国学校一样的教学理念，但它们会采用比较有趣的和创造性的方式来实现这些理念，从而使儿童和青少年的学习更快乐，它们在这一点上比美国学校做得更加成功。

他们所处的群体文化中缺少功成名就的楷模为其树立积极的榜样（McLotd，1998，2000，2005；Spencer，2006；Spencer & Dornbusch，1990）。

研究者还应考虑少数种族学生所处学校的性质（Eccles，Wigfield，& Schiefele，1998）。在美国，超过三分之一的非裔学生和将近三分之一的拉丁裔学生就读于47所最大的市内贫民学区，而与此相比，白人学生和亚裔学生的比例只有5%和22%。少数种族学生中的大多数来自社会经济地位较低的家庭（其中超过半数的学生享受免费的或降价的午餐）。这些学校的条件比较差，它们无法像别的学校那样为学生提供高水准的教学后勤服务和高级训练课程，也无法提供能够激发主动思考的课程。即便有的学生想要好好学习并取得成就，但在这种环境中也很难有优异的表现。

文　化

自20世纪90年代初以来，美国儿童在数学和自然科学上的糟糕表现已受到了广泛报道（Peak，1996）。例如，在近期的一项跨文化研究中，研究者比较了全世界24个最发达国家的14岁和15岁儿童的数学和科学成绩，美国排名十八，几乎垫底，而排在第一名的是韩国，紧随其后的是日本和芬兰（详见图12.5）。

哈罗德·史蒂文森的研究（Stevenson，1992，1995；Stevenson，Hofer，& Randell，2000）探讨了美国学生成绩差的原因。史蒂文森和他的同事们已经完成了5项跨文化比较，所涉及的国家和地区包括美国、中国、中国的台湾地区和日本。结果发现，亚洲学生的成绩总是高于美国学生，而且两者之间的差异随年级的增加而逐渐增大——在一年级的时候只存在很小的差异，而到了十一年级（最高年级）时，差异已经很大了。

为了进一步考察这些巨大的跨文化差异，史蒂文森及其同事花费了数千小时的时间进行课堂观察，此外还对教师、学生和父母开展访谈和问卷调查。他们发现，亚洲教师

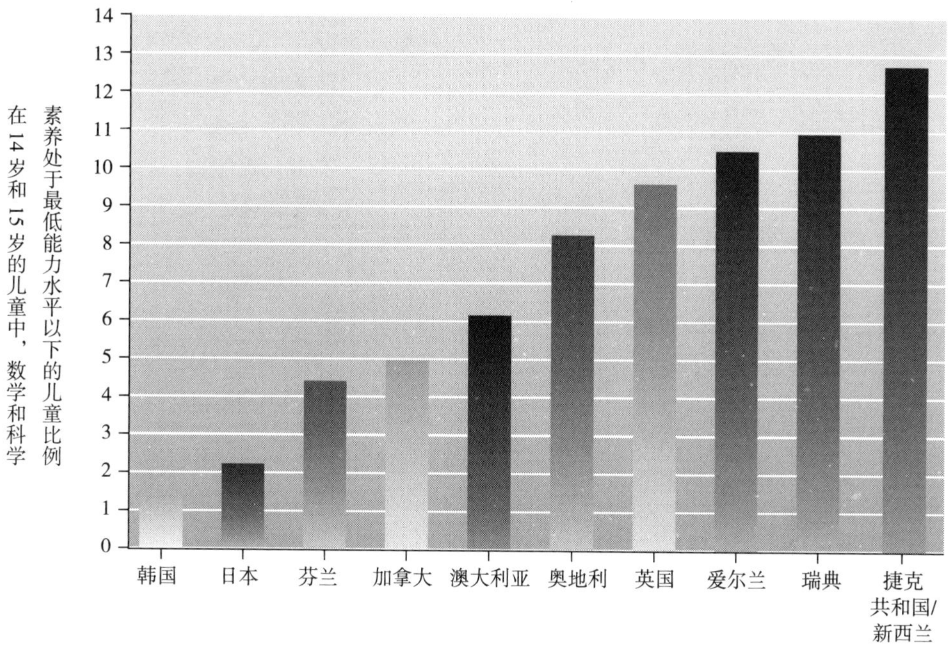

图 12.5

世界发达国家间 14~15 岁儿童数学和科学素养的比较。图中的排序所指的是，在 14 岁和 15 岁的儿童中，数学和科学成绩处于最低能力水平以下的儿童比例。在这项分析中，美国在世界发达国家中的排名很靠后，排在第 18 位。本研究中的对比分析基于 5 个不同的测试，出自国际学生评估计划（Program for International Student Assessment，PISA）、国际数学和科学倾向测试（Trends in International Math and Science Study，TIMMS）（UNICEF，2002）。

比美国教师花费更多的时间讲授数学课程。例如，在日本，一年级教师会利用四分之一的课堂时间去介绍数学知识，而在美国，这一时间只占课堂总时间的十分之一。同样，亚洲学生平均每年的在校时间为 240 天，而美国学生平均每年的在校时间仅为 178 天。

除了在校期间教师讲授数学的时间存在相当大的差异外，亚洲和美国的学生家长之间也存在差异。和亚洲家长相比，美国家长对孩子的教育和学业成就抱有较低的期望。同样，美国家长倾向于将其子女的数学成就归因为天生的才能，而亚洲家长则更有可能认为，孩子所取得的数学成是他们刻苦努力和训练的结果（见图 12.6）。亚洲学生比美国学生更有可能完成数学家庭作业，且亚洲家长比美国家长更有可能去帮助其子女完成数学作业（Chen & Stevenson，1989）。

跨文化比较研究的批评者认为，很多比较研究（尤其是在中学阶段的比较）实际上

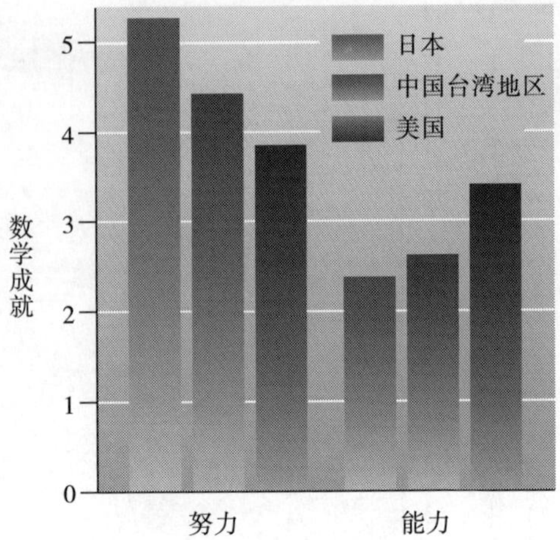

图 12.6

三个国家和地区的母亲对儿童数学成就的归因。在一项研究中，来自日本和中国台湾地区的母亲倾向于认为：儿童的数学成就源于其个人努力，而不是天生才能。而美国的母亲则更有可能认为：儿童的数学成就源于天生才能（Stevenson，Lee，& Stigler，1986）。如果父母相信数学成就源于天赋，那么其子女就不会在数学方面取得好成绩，因为这些父母认为，孩子们通过努力也不能提高他们的成绩。

是将所有的美国学生和经过"选择"的外国学生群体进行对比。因此，这些批评者认为，美国学生在这样的比较中表现不佳也就不足为奇了。上述批评引发了一些新的跨国比较。但是，在近期的一项研究中，尽管研究者将不同国家前 25% 的学生作为比较对象，美国学生的表现依然不尽人意（Mullis & others，1998）。

工　作

成就和动机不仅与学业有关，而且也与工作有关。近年来，青少年生活中的一个最大变化是：在求学期间从事兼职工作的情况越来越普遍。本章关于工作的讨论主要包括青少年参加工作的社会历史背景、从事兼职工作的利与弊、在工作中学习以及从学校向工作岗位的转变等。

青少年从业的社会历史背景

在 20 世纪，美国从事全职工作而不去上学的年轻人的数量急剧减少。在 19 世纪末期，每 20 个高中适龄青少年中只有一位在校读书，而今天，10 个青少年中就有 9 人拿到了高中毕业证。在 19 世纪，大多数男性青少年从父亲或其他成年人那里学习从业知识，而不会通过学校教育来谋求职业。

在今天的美国，尽管受教育时间延长使得很多年轻人无法过早从事全职工作，但这并没有妨碍他们在读书期间从事各种兼职工作。在 1940 年，25 名十年级男生中只有 1 人在读书期间从事兼职工作。到了 20 世纪 70 年代，兼职学生的比例增加到了四分之一。而今天，约有四分之三的在校学生从事兼职工作。高中生每周的兼职时间一般为 16~20 个小时，有少数人（10%）达到了 30 多个小时。在年幼的青少年群体中兼职者的比例也存在相似的增长趋势。

今天的美国青少年一般从事哪些工作呢？大约 17% 的青少年在快餐店当侍者或清洁工，有的在零售商店做收银员或导购员（约占 20%），还有的在写字楼做秘书助理（约占 10%）或者从事非技术性工种（约占 10%）。一项研究表明，当男生认为自己能够从兼职中获取对未来发展有利的技能时，他们报告了较高的自尊和幸福感（Mortimer & others，1992）。

男性青少年和女性青少年是否会从事同样类型的工作？他们所得的报酬是否相同？事实上，有些工作（比如餐馆勤杂工、花匠、体力工作者、报童等）几乎成为男生的专利，而另一些工作（比如保姆、女佣等）则是女生的专利。男生的工作时间比女生长，每小时的薪酬也比女生高（Helson，Elliot，& Leigh，1989）。

青少年兼职的利与弊

日渐升温的兼职热对青少年是否有利？在某些情况下是有利的，而在另一些情况下则是有害的。Ellen Greenberger 和 Laurence Steinberg（1981，1986）在加利福尼亚州的四所高中考察了学生的从业经历。他们的研究结果驳斥了很多错误的观念。例如，人们一般认为，青少年被雇用以后会受到全方位的职业训练，而实际上他们所接受的训练微乎其微。同样，还有人认为，年轻人通过工作能够学会如何更好地和成年人相处。但是，在 Greenberger 和 Steinberg 的研究中，青少年报告他们在和成年人共事的时候很少体验到亲密感。青少年的工作经验可以帮助他们理解商业活动的运作方式，可以帮助他们学会如何获取并保持一份工作以及如何理财；工作还可以帮助青少年学会规划自己的时间，并以获取成就感为荣，同时学会对自己的目标进行评估。但是，从事兼职工作的青少年往往不得不放弃参加体育运动、同伴社交等活动，有时候甚至要牺牲睡眠。而且他们还必须设法平衡工作、学业、家庭以及同伴交往等诸多需求之间的关系。

Greenberger 和 Steinberg 调查了学生的学习成绩、出勤情况、对学校的满意度，以及自从参加兼职工作以来花在学习和课外活动上的时间。他们发现，兼职学生的平均成绩低于不兼职的学生。超过四分之一的学生报告，在从事兼职以后，他们的学习成绩开始下滑，只有九分之一的兼职者反映成绩有所提高。但实际上影响学习成绩的不仅仅是兼职工作本身——更重要的是他们工作时间的长短。如果十年级学生每周做兼职的时间超过 14 个小时，十一年级学生的兼职时间超过 20 个小时，那么他们的成绩都会开始下降。对于青少年而言，每周超过 20 个小时的兼职会使他们复习备考和完成家庭作业的时间所剩无几。

兼职工作不仅会影响青少年的学习成绩，而且会损害他们对学校的归属感，导致缺勤率升高，青少年感觉自己不再像过去那样喜欢学校生活了。另外，从事兼职工作的青少年和家人在一起的时间减少了。但与不兼职的同学相比，他们与同伴在一起的时间并没有变少。长时间从事兼职工作也增加了青少年酗酒和吸食大麻的可能性。

近期的研究证实了在青少年阶段，从事兼职和问题行为之间确实存在联系。在一项对 70000 多名高中生为研究对象的大规模的调查中，研究者考察了兼职工作对青少年心理健康的影响（Bachman & Schulenberg，1993）。和其他研究一样，该项研究发现：高中阶段的兼职和许多问题行为之间存在相关，其中包括睡眠不足、不吃早餐、缺乏体育锻炼、没有足够的空闲时间以及吸毒等。在大多数情况下，即使每周仅有 1 到 5 个小时的兼职也会导致上述问题，而如果每周花费 20 个小时做兼职的话，这些问题会显得更加突出。另一项研究表明，每周超过 20 个小时的兼职会增加逃学、犯罪行为和吸毒行为，此外还会使青少年更独立于父母，变得过于自恃（Steinberg，Fegley，& Dornbusch，1993）。总而言之，大量的证据表明，高中阶段的大量问题行为和每周超过 20 个小时的兼职工作有密切的关系。

青少年阶段从事兼职工作有何利弊？

鉴于上述研究结果，美国的一些州对青少年在中学阶段从事兼职工作的时间做出了限制。在 1986 年，佛罗里达州的派内拉斯郡出台了一项新的法令，该法令对青少年在读书期间从事兼职工作的时间做出了规定（之前对此并没有任何规定），法令所允许的上限是每周 30 个小时，但从上面的研究结果来看，这个时间限制标准太宽松了。

尽管长时间的兼职可能会对青少年的发展带来消极影响，但它同样可能会给来自城市低收入家庭的青少年带来好处，因为兼职可以为这些青少年带来经济收益和成人监护，由此提高学校出勤率并减少犯罪的发生。近期有一项以城市低收入家庭的青少年为参与者的研究发现，与做过兼职的青少年相比，那些从未做过兼职的青少年遇到了更多的与学业相关的困难（Leventhal，Graber，& Brook-Gunn，2001）。此外，稳定的工作使城市低收入家庭中的男性青少年与女性青少年相比更可能上大学。

很多研究关注的一个重要问题是，青少年阶段从事兼职工作的成本和收益与工作性质之间有何关系（Larson & Verma，1999）。一项纵向研究表明，如果青少年所从事的兼职工作能够使他们有机会提高自身能力，那么他们的掌控动机就会增强，工作价值感就会提升，抑郁症状就会减缓（Mortimer & others，1996）。那些只提供外部奖励而非自我提升的工作更有可能降低他们的学业表现（Mortimer，Harley，& Johnson，1998）。另一项研究也揭示了兼职工作的积极作用（Marsh，1991）。青少年指出，兼职经历能促使他们养成良好的工作习惯，他们也可以拿兼职赚来的钱去贴补高中和大学的花费。但如果青少年认为兼职工作比学业还重要，而且将兼职赚来的钱花在和学习无关的事情上，则兼职工作就会对他们产生消极作用。还有一项纵向研究表明，如果个体在青少年阶段体验过工作压力，那么当他进入成年初期时，这种经验可以减缓工作压力带来的消极影响（Mortimer & Staff，2004）。而青少年阶段没有体验过工作压力的个体在进入成年后，更容易因工作压力而出现抑郁情绪和低自尊。

全世界青少年的从业概况

到目前为止，我们关于青少年从业情况的探讨只限于美国范围内，那么，在全世界范围内，不同国家青少年的从业情况有何不同呢？

在很多发展中国家和地区，适龄青少年不去上学的情况很普遍，男孩子花费在有报酬的工作上的时间比女孩子多，而女孩子则会花费更多的时间去从事没有报酬的工作（Larson & Verma，1999）。在很多非工业化社会和未开化的人群中，青少年在很小的时候就开始从事每天超过 8 小时的全职工作。在文明社会，“儿童和青少年每天的平均劳动时间少于一小时，但美国青少年除外”（p. 708）。例如，相比欧洲和东亚的学生，美国学生更愿意从事有报酬的工作。正如我们前面所介绍，许多美国高中生每周的工作时间长达 10 个小时，有的甚至超过了 20 个小时。一项研究发现，美国高中生平均每天的工作时间是 50 分钟，而北欧青少年的平均日工作时间只有 15 分钟（Alsaker & Flammer，1999）。这项研究同时发现，在法国和俄罗斯几乎不存在雇用青少年的现象。另外一项研究表明，在美国明尼苏达州明尼阿波利斯市的十一年级学生中，80% 的青少年从事兼职工作，而在日本和中国台湾地区的十一年级学生中，从事兼职工作的人数比例仅有 27% 和 26%（Fuligni & Stevenson，1995）。

总体来说，目前已有充分的证据表明，在有偿兼职工作上花费太多的时间对青少年的发展并无太多好处，有些甚至还有可能引发危险行为并影响身体健康（Larson & Verma，1999）。尽管有一些青少年所从事的工作具有一定的挑战性，可以得到成人的建设性指导，并且可以享受愉悦的工作环境。但一般来说，从全世界青少年所从事的重复性质的工作来看，很难说每周在这类工作上花费 15 到 25 个小时会给他们的发展带来好处（Larson & Verma，1999）。

大学阶段的兼职工作

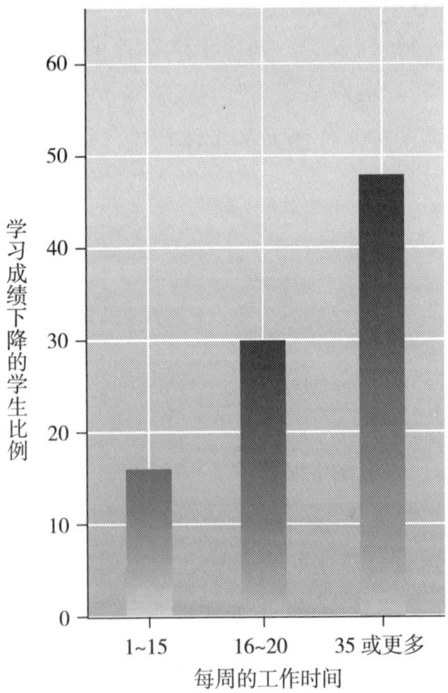

图 12.7

大学生每周的工作时间和学习成绩之间的关系。在那些通过做兼职来赚取学费的学生中，每周工作 1~15 个小时的人数比例是 16%，每周工作 16~29 个小时的人数比例是 32%，每周工作 35 个小时以上的人数比例是 48%。他们都指出，兼职工作对其学习成绩带来了消极影响。

在 1999~2000 学年，美国 80% 的在校大学生从事过兼职工作（美国国家教育统计中心，NCES，2002）。其中 48% 的学生是为了贴补学校花费而打工，这些学生每周的平均工作时间是 26 个小时；另外 32% 的是那些工作之后重回大学上学的人，他们每周的平均工作时间是 40 个小时。

工作固然可以支付或补贴一部分上学费用，但同时也会减少学习的机会，对学习产生负面影响。近期一项全美范围内的研究表明，对那些打工的学生而言，每周兼职打工的时间越长，成绩就会受到越大的影响，而且他们上课、选课和去图书馆的时间减少了（美国国家教育统计中心，2002）（详见图 12.7）。

另一项研究发现，随着兼职时间的增加，大学生中途退学的可能性会增大（美国国家教育统计中心，1998）。因此，大学生需要认真计算兼职工作所花费的时间，并搞清楚兼职对大学生活的消极影响有多大。尽管通过借钱来筹集学费会使大学生背负沉重的债务，但长期的兼职会减少他们的学习时间，甚至有可能使他们拿不到学位。

基于工作或职业的学习

我们曾经在第 11 章的讨论中指出，许多专家建议在学校和工作岗位之间建立更为密切的联系，而通过“以工作 / 职业为基础的学习”可以很好地加强这种联系。

高　中

以工作 / 职业为基础的学习不断致力于帮助年轻人从学校走向工作岗位（Moore, 1998）。每年将近有 50 万高中生参与合作教育计划或其他教育项目，通过从事办公室职员、零售员以及其他领域的兼职工作来完成学习目标。职业课程还将大量的青少年吸纳到校办企业中来，在这里，他们可以建造房屋、开设餐馆、修理汽车、经营便利店、在托儿中心当保育员，或者提供其他类型的服务。

进入 21 世纪以来，职业教育领域发生了很多重要的变化（Stern & Rahn, 1998）。今天，只靠高中文凭已很难找到稳定的高薪工作。因此，在两年制大专和高职院校中出现了很多专门针对特定职业的培训课程。

在高中，全新的职业教育形式可以为许多学生提供选择机会，其中既包括有学习障碍的学生，也包括天才学生。这些新的模式包括职业专科学校、青年学徒项目以及技术准备课程和职业教育合同项目等。这些模式依托于与工作相关的主题来设置课程，为学生接受高等教育（包括四年制的学院教育和大学教育）奠定基础。这种新的教育方式得到了《Perkins 职业和实施技术教育法案》（帕金斯法案，1990）和《学校到工作机会法案》（School-to-Work-Opportunities Act，1994）的支持。

高中教育的三种新类型体现了“大学和职业教育并行”的教育模式，这三种类型分别是：专科学校，校中校，专业、专业群或职业路径（Stern & Hallinan，1997，pp. 3-6）。

大多数情况下，人口密集的大城市需要更多的专业化人才，专科学校的课程设置主要围绕单一的特定主题而展开，比如农业、航空、服装或金融等专业。有一些专科学校具有浓厚的大学预科色彩，其中的典型代表有芝加哥农业学校和纽约财经学校等。

专科学校“通过以工作为基础的学习、社区服务和研究项目，把课堂学习和实践背景联系起来。例如，在农业学校，课程设置可以基于学生在芝加哥期货交易所或者桂格燕麦公司的实习计划而展开。而地处纽约市金融区的财经学校则需要学生到华尔街的公司带薪实习一段时间，或者参与无偿的社区服务。”

第二种通向大学和职业生涯的教育模式将完整的高中“划分成一个又一个的校中校。这些分校又被称作‘学院（Academies）’或‘课室（Houses）’，每个分校的规模从 80 人到 300 人不等（一般配备 4 到 10 名教师）……学校主要围绕某种特定的职业来设置课程。学院的核心课程是固定不变的，但可以应用于不同的专业领域，包括医学、商业和财经、自然资源、制造业、媒体通讯、法律和行政、绘画艺术以及环境科学等……一些学院涵盖了四年学制，其他学院的学制则只有两到三年。”

第三种通向大学和职业生涯的教育模式将高中划分为“专业、专业群或者职业路径”。在这些学校中，技术和职业课程是根据广泛的专业类型来设置的，这一点和学院的课程设置类似，但这些学校不会把相同专业领域内的学生分配到同一个班级……从 9 年级到 12 年级，相同职业路径、专业或专业群的学生可以和不同专业的学生一起上课，甚至还包括选修本专业课程的学生。

“这些不同形式的高中学校组织可以合并，例如，在专科学校中，我们可以在单一领域内根据学生的职业兴趣将其引向不同的职业或专业发展路径。圣路易斯市的大拱门理工学院很好地阐释了上述观点。该校主要为高技术科学和工程领域的职业提供预科准备，但这里的学生可以选修农业、生物和医学等专业课程，也可以选修工程技术、应用物理学或者数学和计算机科学。”

大　学

大学生可以参与合作教育计划（一种工作与学习高度结合的项目），或者从事与其所学专业领域相关的日常兼职或暑期兼职工作。这些工作经验可以帮助大学生在毕业之后找到自己想要的工作，很多企业雇主都希望应聘者有过类似的工作经历。一项调查显示，将近 60% 的雇主指出，他们要求新近招录的员工具有合作教育或专业实习的经验（Collins，1996）。

超过 1000 所大学开展了合作教育计划。该计划主要关注大学生感兴趣的职业，是一种带薪的学徒制教育。大学生需要达到一定的年龄才有参加合作教育计划的资格。

职业发展

哪些理论可以帮助我们更好地理解青少年的职业选择？探索、决策和规划在职业发展过程中发挥什么作用？社会文化因素如何影响职业发展？

职业发展理论

三个主要的理论描述了青少年在职业发展过程中的选择方式，它们分别是：金兹伯格的发展理论、休珀的自我概念理论以及霍兰德的人格类型理论。

金兹伯格的发展理论

伊莱·金兹伯格（Eli Ginzberg）提出的**职业选择的发展理论**（developmental career choice theory）认为，儿童和青少年一般会经历三个职业选择阶段：空想期、尝试期、现实期（Ginzberg，1972；Ginzberg & others，1951）。如果我们问一个年幼的儿童“你长大以后要做什么”，他们可能会说“当医生”、“做超级英雄”、“当老师”、“做电影明星”、“当体育明星”或者说出其他更多类型的职业。在儿童看来，未来有无限可能。

金兹伯格认为，儿童在 11 岁之前处于职业选择的空想阶段。11~17 岁是职业选择的尝试阶段，通过这个阶段，个体的职业选择从儿童时期的“空想”过渡到了成年早期的“现实”期。金兹伯格指出，在尝试阶段，青少年选择未来职业时首先评估自己的兴趣（11~12 岁），之后发展到评估自身能力（13~14 岁），后来又发展到评估自己的价值观（15~16 岁）。到了 17、18 岁的时候，他们从原先较为主观的职业选择理念变得更为客观、现实。金兹伯格将 17、18 岁一直到 20 岁出头的这段时期命名为职业选择的现实阶段。在这一时期，青少年广泛地尝试各种职业，然后选择一种特定的职业，最后在该职业内选择一份具体的工作（比如家庭医生或外科医师，它们都是“医生”这个职业之下的具体工作）。

批评者曾经从不同的角度对金兹伯格的理论提出过质疑。首先，金兹伯格收集的原始数据来源于中等社会经济地位的青少年，这些孩子可能比社会经济地位较低的青少年拥有更多的职业选择机会。其次，就像其他的发展理论一样（比如皮亚杰的理论），金兹伯格对年龄框架的界定过于严格。第三，金兹伯格的理论没有考虑到个体之间的差异——有些青少年在很小的时候就能够做出成熟的职业选择（并且会坚持下去），比金兹伯格所界定的年龄要小很多，而有些人到了 30 岁的时候依然没有达到职业选择的现实阶段。另外，并不是所有儿童都会经历职业选择的空想阶段。

金兹伯格（1972）在对自己的理论进行修订时承认，与中等社会经济地位的个体相比，社会经济较低的个体确实拥有较少的职业选择机会。尽管如此，金兹伯格的一般性结论依然是正确的，即个体在青少年后期或成年早期的某个时段会做出更为现实的职业选择。

休珀的自我概念理论

唐纳德林·休珀（Donald Super）提出了**职业自我概念理论**（career self-concept

theory），该理论认为，个体的自我概念在职业选择中发挥核心的作用。休珀指出，个体在青少年时期开始建构职业自我概念（Super，1967，1976）。他强调，职业发展包括 5 个不同的阶段。首先，在 14~18 岁之间，青少年逐渐形成了各种关于工作的观点，这些观点和业已形成的整体自我概念交织在一起，休珀将这个时期命名为*形成阶段*。其次，在 18~22 岁之间，个体缩小了职业选择范围，并付诸实际行动去从事特定类型的职业，这个时期被称作*具体化阶段*。第三，在 21~24 岁之间，刚刚步入成年的个体完成了自己的学业或专业训练，进入了职业领域，这个时期被称作*执行阶段*。第四，在 25~35 岁之间，个体的职业选择决策更为具体、合理，这个时期被称作*稳定阶段*。最后，35 岁之后，个体继续推进自身的职业发展，并获得了较高的职位，这个时期被称作*巩固阶段*。此处所界定的年龄范围是有弹性的，而非固定不变的。休珀认为，青少年期的职业探索是其职业自我概念中的重要元素，他还编制出职业发展问卷来帮助咨询者提升青少年的职业探索能力。

霍兰德的人格类型理论

约翰·霍兰德（John Holland）所提出的**人格类型理论**（personality type theory）认为，个体的职业选择应该与他的人格特点相匹配（Holland，1973，1987）。在霍兰德看来，个体一旦发现某种职业适合自己的人格特点，他们会更加喜欢这个职业，并且会在很长一段时间内从事相应的工作，而那些认为自己的工作和自身人格特点不匹配的个体则不会这样做。霍兰德认为，我们在将个体的心理结构和特定职业匹配的过程中，应考虑 6 种基本的人格类型（详见图 12.8）：

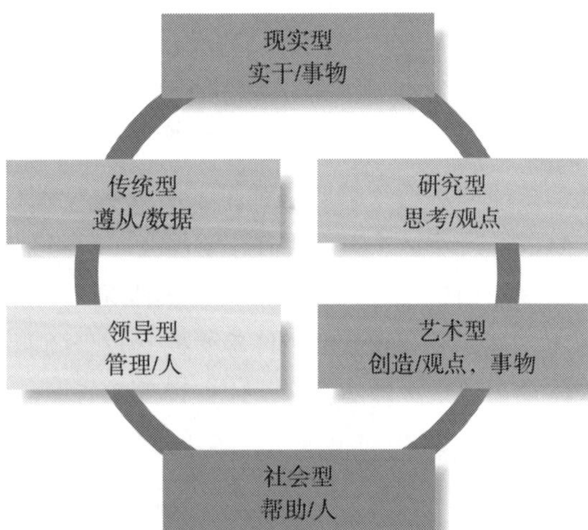

图 12.8
霍兰德的人格类型与职业选择模型

1. *现实型*。这类人体格健壮，善于采用务实的方法解决问题，但社交能力较差。他们最适合从事实践性职业，比如工人、农民、卡车司机以及建筑师等。
2. *研究型*。这是一种概念和理论取向的人格类型，这类人喜欢思考，但很少付诸行动。他们经常回避人际交往的场合，最适合从事数学或自然科学研究。

3. 社会型。这类人具有较好的语言能力和人际交往能力。他们最适合在与人打交道的岗位上工作，比如教师、社会工作者、咨询师以及其他类似的职业。
4. 传统型。这类人厌恶没有组织的活动。他们最适合作为下属而工作，比如银行出纳、秘书以及档案管理员等。
5. 领导型。这类人善于发挥自己的语言能力去领导和支配他人，善于向别人推销自己的观点或产品。他们最适合从事销售员、政治家以及经理等职业。
6. 艺术型。这类人喜欢用艺术表现形式来和外部世界交流，在很多场合下他们都会回避常规的人际交往情境。这些人倾向于从事艺术家或作家的职业。

如果所有人都能归入霍兰德提出的人格类型，那么职业咨询师的工作将会变得很轻松。但实际情况比霍兰德理论所描述的模型多变得多，复杂得多。甚至霍兰德（1987）后来也承认，大多数人并不属于单一的类型。尽管如此，霍兰德的基本理论（将个体的能力和态度与特定职业相匹配）为职业研究领域做出了重要的贡献（Lent & others，2003；Vondracek，1991）。此外，Strong Campbell 职业兴趣测验也将霍兰德的人格类型理论纳入其中，这份测验在职业指导领域已经得到了广泛的应用。

对职业选择理论的批评

职业选择理论受到了很多批评。一些批评者认为这些理论过于简单，还有的批评者指出，这些理论缺乏数据支持。很多理论和霍兰德所提出的假设一样，认为兴趣和能力在青少年期和成年早期已经固定，但批评者强调，随着年龄的增长，个体心理会发生持续的变化和发展（Mortimer & Lorence，1979）。最后，除了人格以外，职业选择还会受到很多其他因素的影响，比如个人偏好、父母、同伴和教师以及社会文化因素等。

认知因素

探索、决策和规划在青少年职业选择中发挥重要作用（Feldman & Whitcomb，2005；Germeijs & DeBoeck，2002；Millar & Shevlin，2003；Quimby & O' Brien，2004；Spokane，2000）。在很多就业机会均等的国家中（比如美国、加拿大、英国和法国），各种职业生涯的探索在青少年职业发展中发挥着重要的作用。青少年往往会在职业探索和职业决策过程中面临很多困惑、不确定性和压力。年轻人所做出的很多职业决策都充满了挣扎和意外的变化。很多青少年本身并没有充分探索所选择的职业，也几乎没有接受过来自学校就业辅导员的指导。一般来说，高中生平均每年接受就业咨询的时间不到 3 个小时，有的学校甚至更少（全美教育进步评估组织，NAEP，1976）。在许多学校，学生不但不知道哪些信息有助于职业选择，而且也不知道如何获取这些信息。

在职业发展中，职业规划的一个重要方面是澄清特定职业对教育的要求。一项以德克萨斯州 57 所学校的 6029 名高中生为样本的调查表明，学生在就业方面缺乏两类准确的信息：（1）他们想要从事的职业要求什么样的教育，（2）和自己的职业选择紧密联系的职业兴趣（Grotenvant & Durrett，1980）。

在一项大型的纵向研究中，米哈里·契克森米哈和芭芭拉·施耐德（Mihaly Csikszentmihalyi & Barbara Schneider，2000）考察了美国青少年是如何培养态度、获取技能，从而实现自己的职业目标和期望的。他们对美国 13 个学区的 1000 多名学生所取得的进步进行了评估。他们要求这些学生随机记录了关于自己行为的想法和感受，并让他们填写了关于学校、家庭、同伴以及未来渴望从事的职业的问卷。研究者同时还对青少年以及他们的朋友、父母和老师进行了访谈，研究结果如下：

- 男生和女生就学历和收入方面的预期无明显差异。
- 与高收入家庭的学生相比，低收入、少数种族家庭的学生对学校持有更为积极的态度。
- 那些从学校获益最大的学生（同时也是对未来期望最高的学生）认为学校是一个游戏场所，而不是工作的地方。
- 清晰的职业目标和丰富的工作经验并不能保证青少年顺利过渡到成年期的工作中。完全不理会内容而积极地投入到活动中对于树立乐观心态和良好的韧性极为关键，而这些品质对获得工作满意度非常重要。这一结果和我们在前面所提到的契克森米哈的概念“流畅经验”相一致。

另一项研究表明，20 世纪 90 年代的青少年比其他研究中报告的 70 年代和 80 年代的青少年表现得更为雄心勃勃（Schneider & Stevenson，1999）。志向日趋远大的青少年不仅限于中等收入家庭的白人孩子，而且也包括低收入家庭和少数种族家庭的孩子。

如今，超过 90% 的高中生希望将来能上大学，超过 70% 的学生希望自己将来能够成为专业人员。这和 40 年前的情形大相径庭，当时只有 55% 的高中生想上大学，只有 42% 的高中生打算从事专业工作。20 世纪 90 年代的一项关于青少年理想的研究发现，父母参与了青少年理想的树立（Schneider & Stevenson，1999）。但是，父母和青少年往往都难以在受教育经历和未来工作之间建立有意义的联系。事实上，父母可以借助以下手段来改善这个局面，首先，父母应清晰地了解青少年在学校所学的课程；其次，父母应深入了解大学的入学程序；第三，父母应该向青少年提供不同职业的信息，并且针对这些职业对其能力和兴趣做出客观的评价。

与青少年发展有关的职业

格雷斯·利夫

大学职业咨询师

格雷斯·利夫（Grace Leaf）是华盛顿州斯波坎市社区大学的一名职业咨询师。她拥有教育领导学的硕士学位，目前正在华盛顿州的贡撒格大学攻读博士学位。她主要从事授课、留学生辅导、个体和团体咨询以及个人和团体职业生涯规划等方面的工作。格雷斯试图把学生与其目标和价值联系起来，并帮助他们制定符合需要和愿景的学习计划。

格雷斯·利夫（中间站立者）正在帮助大学生做职业规划。

同一性的发展

在青少年阶段，职业发展和同一性发展有关。职业决策和职业规划与同一性的发展状况存在正相关，而与同一性延缓和同一性扩散之间存在负相关（Wallace-Broscious，Serafica，& Osipow，1994）。顺利形成同一性的青少年能够很好地将他们的职业选择和未来要实现的短期目标、长期目标连接起来（Raskin，1985）。相反，同一性延缓或同一性扩散（混乱）的青少年则很难做出合理的职业规划和决策。

一项研究曾考察过职业同一性（职业认同）发展和其他领域的同一性发展之间的关系（Skorikov &Vondracek，1998）。另外一项以 7 年级到 12 年级的 1099 名高中生为参与者的横断研究，通过考察同一性扩散和停滞的青少年所占的不同比例，揭示了青少年职业同一性的发展进程。结果发现，一般意识形态、宗教、生活方式和政治等方面的同一性状态的发展落后于职业同一性的发展（详见图 12.9）。因此，职业同一性的发展和埃里克森（1968）理论所概括的发展任务相一致，并且在同一性发展中发挥重要的作用。

图 12.9
不同领域的同一性发展。
注：表中的数字为百分数。

领域/同一性发展状态	年级 8	年级 10	年级 12
职业			
延迟完成	33.5	38.0	42.1
顺利完成	13.5	13.5	19.6
一般意识形态			
延迟完成	25.5	27.8	36.4
顺利完成	5.1	11.2	5.6
宗教			
延迟完成	14.6	15.6	20.0
顺利完成	5.6	7.8	5.4
生活方式			
延迟完成	14.0	18.9	15.6
顺利完成	3.6	6.5	4.6
政治			
延迟完成	11.3	13.8	11.2
顺利完成	3.1	4.8	6.5

社会背景

并不是所有人都能成为核物理学家或医生，先天遗传使某些青少年不具备从事这类职业所必需的高智商。同样，先天遗传也使得一些青少年难以成为专业足球运动员或专业的舞蹈演员。但对于我们大多数人来说，可选择的职业还是很多的，而且很多职业都能和我们的能力达到良好的匹配。面对各种各样的职业类型，社会文化经验会对我们的选择产生很大的影响，影响职业发展的重要社会因素包括社会经济地位、父母和同伴、学校和性别等。

社会经济地位

一般来讲，社会经济地位较低的青少年可以通过不断的学习来打开成功之门。从小学到高中，再从大学本科到研究生，这些不同阶段的教育指引着人们奔向各种类型的职业领域。近 100 年前，人们普遍认为，只要有 8 年的教育经历就足以具备必需的职业能力，只要超过 8 年就可获得更高的职位。到了 20 世纪中叶，高中学历已不再是通向职业成功的敲门砖，而在今天的职场，大学学历早已成为进入高层次职业领域的必备条件。

职业发展理论中的很多观点都是基于中等收入和良好教育背景而提出来的，这些背景中的人拥有广泛的职业选择余地，可以从中选择并追求特定的职业类型。但是，很多低收入家庭的青少年面临更多的职业选择限制，诸如学校办学水平低下、暴力泛滥、缺乏就业机会等障碍会限制他们进入理想中的职业领域。

父母和同伴

父母和同伴也会显著地影响青少年的职业选择（Vondracek & Porfeli，2003；Ter Bogt，Raaijmakers，& van Wel，2005；Wolfe & Betz，2005）。一些专家认为，美国家长对其子女的成就期望太低，而另一些专家则指出，有的父母给青少年施加了太多的成就压力，超出了他们的能力范围。我们不妨来看一个例子，一位 25 岁的女性生动形象地描绘了她的经历。父母要求她在青少年阶段放弃学业并早点结婚，这最终使她找不到可以胜任的工作。在青少年早期，父母鼓励她完成高中学业，但同时又强调她需要找一份工作来帮助父母偿还债务。父母并没有明确要求她放弃上大学的机会，但他们都鼓励女儿找一个人结婚，从而可以在经济上给她提供支持。这个聪明的女孩现在已经离婚了，她认为父母欺骗了自己，因为是他们让自己过早进入社会，过早结婚，从而失去了上大学的机会。

儿童在很小的时候就对父母所从事的工作耳濡目染。在很多时候，父母甚至会把孩子带到自己的工作岗位上去。前一段时间，我家盖房子的时候，我们请来的砖瓦匠经常带着自己的两个儿子一起工作，这两个孩子只有 14 岁，但他们已经成为父亲手下的学徒了。

很多因素会影响父母在青少年职业发展中的作用（Young，1994）。比如，如果母亲外出工作，并以努力工作为豪，那么这可能会对青少年的职业选择产生强烈的影响。一个合理的结论是，如果父母双方都喜欢自己的工作，那么青少年就会从他们身上领悟到工作的价值。

一些研究者认为，工作价值观更容易在同性的亲子之间传递。他们同时指出，父子之间比母女之间更容易传递工作价值观（Ryu & Mortimer，1996）。

安娜·罗伊（Anna Roe，1956）认为，亲子关系在职业发展中发挥重要作用。如果父母是温情的、善解人意的，其子女更倾向于选择与人打交道的职业，比如销售和公关。相反，如果经常受到父母的拒绝和冷漠对待，青少年则更有可能去选择那些不怎么需要良好“人格”或高超社交技能的工作，比如会计或工程师。罗伊的批评者认为其观点只是一种推测，可能不太适合于当今世界，而且其说法太过简单（Grotevant，1996）。

父母对职业和价值观的理解以及他们提供给子女的体验都会潜在地影响青少年的职

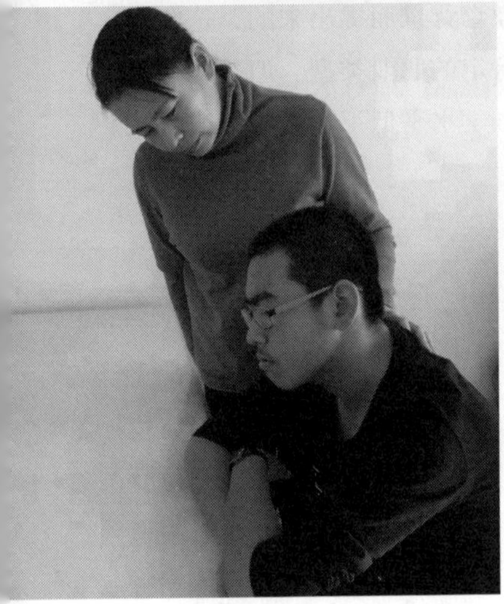

父母在青少年取得成就的过程中发挥着重要的作用，父母给青少年施加的压力既不应该太大，也不应该太小，这一点非常重要。

业选择（Hargrove，Creagh，& Burgess，2003）。例如，有的父母会告诉孩子：上大学很重要，考取专业学位对未来从事医生、律师或商人等职业也很重要。还有一些父母则会告诉孩子：上大学并不重要，重要的是去当体育明星或电影明星。

父母提供给孩子的体验也不同，有些父母经常陪孩子阅读，定期带他们去图书馆，带他们参观当地的博物馆，这些父母传达了更为积极的知识价值观。有些父母则一有空就带孩子参加少年体育联队，通过这种方式，父母的行为影响了青少年的活动偏好，并最终影响了他们对学业和职业的选择。当然，有的父母试图同时培养孩子的学业倾向和体育特长，但大多数父母只会在其中的一个方面花费更多的时间。

近期的一项研究考察了父母在塑造青少年职业志向方面所起的作用，主要涉及两个领域：学术（比如医生、律师、建筑设计师）和体育（比如职业足球和职业篮球运动员）（Jodl & others，2001）。如果青少年感兴趣的是需要深厚学术背景的职业，那么父母的价值观（包括父母对孩子的积极行为后果的信念、对孩子受教育程度的期望以及对孩子学业能力的判断）和青少年的价值观（包括学业能力的自我概念、未来接受教育的重要性以及自身的教育抱负）之间会存在密切的关系。但如果青少年感兴趣的是体育领域的职业，那么父亲的行为（包括参与体育活动、支持孩子的体育天赋并充当教练等）将会发挥更为重要的作用。

同伴也会影响青少年的职业发展。在学校，青少年会选择成就水平和自己接近的人作为同伴（Vondracek & Porfeli，2003）。一项研究发现，即便是来自低收入家庭的青少年，如果其朋友和父母具有较高的职业标准，他们同样会努力追求高地位的职业（Simpson，1962）。

学校的影响

学校、教师和辅导员都会对青少年的职业发展产生重要的影响（Gore & Metz，2005）。学校是青少年最早接触职业的地方。学校所创设的环境使他们在学业成绩和工作方面实现了持续的自我发展。在众多社会机构中，目前只有学校能够提供一条龙的职业教育体系，包括教学、指导、安置以及与社区联系等。

一项全美调查揭示了青少年获取职业信息的情况（Chapman & Katz，1983）。最常见的信息资源是《职业展望手册》（OOH），92% 的学校拥有该手册。第二个主要的信息资源是《职业名称词典》（DOT），82% 的学校为学生提供了这本词典。不到 30% 的学校没有成立可供查询职业信息的机构，在学生和辅导员的交流中，他们更多地提及高中课程而较少涉及职业指导。

学校的咨询工作受到了来自教育机构内部和外部的双重批评（Heppner & Heppner，2003）。内部人士认为，每个咨询师面对的学生数量太大，而且和咨询工作无关的行政性事务太多。来自外部的批评则指出，学校的咨询工作效率低下、有偏差，并且浪费金钱。在目前暂时没有新职业的情况下，可以采取以下一些措施（William T. Grant，基金委员会，致力于工作、家庭和公民教育，1998）：首先，将咨询师（辅导员）的数量增加一倍，使其能够满足所有学生的需求。第二，应该对教师的职责进行重新定位，并限制和减少教学负担，从而使教师在应对学生的咨询时发挥更大的作用。在这个计划中，专业

与青少年发展有关的职业

阿曼多·罗奎罗

中学辅导员 / 大学指导教师

阿曼多·罗奎罗（Armando Ronquillo）是普韦布洛中学的辅导员，同时也为学生提供有关大学报考方面的咨询。普韦布洛中学地处亚利桑那州吐桑市的低收入人群聚集区，这里超过 85% 的学生具有拉丁裔背景。在 2000 年，阿曼多被誉为亚利桑那州的首席中学辅导员，他最大的贡献是提高了普韦布洛中学的升学率。

阿曼多具有初等教育和特殊教育的本科学位，同时还获得了心理咨询的硕士学位。他给学生讲述读书的好处以及大学教育会给人带来受益终生的机会。阿曼多指导学生完成必须的学业准备以便进入大学学习，包括如何申请助学金和奖学金。他还积极和学生家长沟通，使家长们认识到，孩子上大学的愿望不仅可以实现，而且是可以负担得起的。

阿曼多帮助学生设定目标和规划。他让学生制定 1 年（短期）、5 年（中期）以及 10 年以上（长期）的发展规划。阿曼多认为，他这样做是“为了帮助学生清楚地认识到，今天制定的学习计划将如何影响自己的未来。”他每年还会多次组织普韦布洛中学的学生到大学参观访问。

阿曼多·罗奎罗正在向一位拉丁裔高中生介绍大学的情况。

咨询师的角色是训练和帮助教师开展咨询工作，并且在教师无法处理的复杂问题上提供直接的咨询。第三，抛开关于学校咨询的全部理念，咨询师应该待在学校以外的其他地方——比如社区的社会服务中心或就业服务办公室（例如，德国禁止教师提供职业咨询，而这项工作转由遍布全国的就业服务办公室的专业人士来完成）。

大学预科指导和咨询委员会（1986）则建议采取另外一些措施。该委员会认为，本地学区应在较大范围内制定规划，从而使家庭、学校和社区都积极参与。该委员会鼓励咨询师接受进一步的培训，并支持家庭和学校之间建立稳固的伙伴关系，从而可以促进双向交流以了解学生的进步，同时也可以促使学校、社区机构、大学、商业机构以及其他社区资源之间更好地合作。

性别因素

在社会化过程中，很多女性逐渐接受了生儿育女的角色，而不是从事一定职业。从传统意义上来讲，她们不会为自己做真正的职业规划，也没有广泛地进行职业探索，而只是将未来的职业局限在具有典型性别特征的岗位上（Betz，2002，2004；Gates，2001；Paulesn & Betz，2004）。男性和女性的工作动机是没有区别的，但是，他们所选择的职业有差异，因为他们的社会化经验不同，而社会为他们构建的发展平台也不同（Tracey，Robbins，& Hofsess，2005）。

随着越来越多的女性进入职场，她们要面临来自工作和家庭的双重问题（Burke & Vinnicombe，2005；Metz，2005）：是应该将工作放在首位，推迟结婚和生孩子呢？还是应该在 20 多岁的时候同时兼顾职业、婚姻、和生育问题呢？在最近的 10 年中，一些女性回归到了传统的家庭模式中，她们结婚生子，并且甘于做全职太太。这些“传统的”女性只是间断性地出外工作，即使工作期间，她们也总是将工作角色让位于家庭角色。

尽管如此，另外一些女性则改变了长久以来的传统模式，她们全身心地投身到工作中，而过去只有男性才这么做。这些女性必须等到事业有成的时候才准备要孩子，不会为了生孩子而轻易离开工作岗位，她们还会努力将职业角色和母亲的角色结合起来。尽管有些“职业女性”追求工作而不是婚姻，但当今女性更多地是试图做到“两者兼顾”。

对于那些想要事业有成的女性来说，她们需要学会熟练使用现代化的技术设备，比如电脑和无线电通讯设备。但在很多贫困社区的学校中，少数种族女孩要掌握这些能力还有很长的路要走，因为她们不像男孩子那样对技术感兴趣。

少数种族青少年

> 是的，我很聪明，但这是用痛苦换来的智慧。
>
> 是的，我已付出很多，但收获也很多。
>
> 如果有必要，我可以做任何事情。
>
> 我是强大的，我是战无不胜的，
>
> 我是女人……
>
> ——HELEN REDDY
>
> 美国歌手，20 世纪。

美国社会有四个独立的亚文化群体：非裔美国人、亚裔美国人、拉丁裔美国人和美国土著居民（印第安人），他们都受到过美国主流社会的排斥。这种“排斥”体现在不同方面，包括历史教科书、教育系统、社会经济体系以及劳动力市场等（Osipow & Littlejohn，1995）。

针对数学和自然科学的干预也是很有必要的（Spokane，Fouad，& Swanson，2003）。一项类似的职业相关干预项目已经在市内贫民区的中学生中取得了成效（Fouad，1995）。这项干预将职业信息、榜样示范、实地考察活动和整合后的职业认知融入到了课程中去。它提高了学生对职业的认识，并使得他们的数学和自然科学成绩超过了没有接受相关干预的控制组的学生。在干预结束两年之后，相比控制组的学生，干预组的学生依然会选修更为复杂的数学课程。

为了对少数种族青少年进行有效的职业发展干预，学校辅导员需要掌握更多的沟通方式、认识到家庭的重要性、认识到语言流畅性的影响，并进一步了解不同少数种族群体的成就期望（Arthur & McMahon，2005；Fouad & Byars-Winston，2005；Mau，2005）。辅导员不仅需要意识到并要尊重少数种族青少年特有的文化价值观，还应该在现实的教育和工作环境中讨论这些价值观（Leong，1995，2000）。例如，在亚裔青少年受文化传统影响而优柔寡断时，辅导员就应该对这些青少年进行自信训练，强调他们应该在合适的时间和地点表现出更为自信和决断的处世风格。

在本章，我们探讨了青少年阶段的学业成就、工作和职业发展的方方面面。其中有一个话题是关于文化和种族对学业成就的影响，我们将在下一章的讨论中详细地论述文化和青少年发展的问题。

第13章 文 化

设想一下，花园里有各色各样的花，尽管它们的种类、颜色、组成、形状都不同，但经过雨水的滋养，朵朵都显得生机勃勃，经过清风的吹拂，个个都显得精神抖擞，经过阳光的照耀，棵棵都显得神采奕奕。花朵的多样性增加了花园的魅力，也使得每一朵花变得更加美丽……如果所有的鲜花和植物的叶子、花蕾、果实、枝干都一样，花园里所有的树木都是同样的形状和颜色，那该会是多么枯燥和乏味啊！色调、种类以及形状的多样性，丰富和装饰着花园，也凸显了其自身的影响力。

——‘ABDU’L BAHA，

19~20 世纪波斯巴哈伊教的精神领袖

青少年发展的镜像

关于桑娅和迈克尔的文化冲突的故事

一个 16 岁的日裔美籍姑娘（我们把她称为“桑娅”）因家人对其美国白人男朋友的反应而苦恼不已。“父母拒绝与她的男朋友见面，并且多次威胁不认她这个女儿了”（Sue & Morishima，1982，p.142）。哥哥们也对她和一个美国白人约会感到很愤怒，警告桑娅说，他们要狠狠地揍她男朋友一顿。父母也很担心，因为桑娅的成绩原来是中等偏上，现在开始下滑了。

代沟是桑娅和家人冲突的一个影响因素（Nagata，1989）。她的父母在年轻时曾被强烈禁止与白人约会，法律只允许他们与日裔移民结婚。在哥哥们的成长过程中，他们更珍视自己民族的荣耀和团结，他们把她与白人的约会看做是“出卖”自己的民族。桑娅和其家庭成员的文化价值观显然是不同的。

迈克尔是一个 17 岁的华裔美国高中生，学校的辅导员为他介绍了心理咨询师，因为他患了抑郁症，有自杀意向（Huang & Ying，1989）。迈克尔在几门课中考试不及格，也常常逃学。迈克尔的父母都是事业有成的专家和学者，他们期望迈克尔能在学校里表现优异，以后成为一名博士。对于迈克尔的学业失败，他们很失望，也很生气，尤其因为迈克尔是他们的第一个孩子，在中国家庭里，父母对长子的期望是最高的。

咨询师劝说迈克尔的父母不要给他那么大的学业压力，对迈克尔的期望应该更现实一些（他并不想成为博士）。后来，迈克尔在学校的出勤率明显增加，父母也注意到他对学校的态度更积极了。迈克尔的例子说明对亚裔美国青少年的“优等生”期望可能是毁灭性的。

预 览

桑娅和迈克尔的故事说明了文化在理解青少年发展中的重要性。尽管地球上所有的人都有一些共性，但种族和文化背景也使得我们彼此千差万别。青少年的社会文化世界是本书一再出现的主题，因为文化渗透了青少年生活的方方面面，本章将对其进行进一步探讨。我们将描述关于青少年的跨文化比较，研究作为文化主要层面的种族和社会经济地位，考察快速发展的大众传媒和技术对青少年生活方式的影响。

文化和青少年

什么是文化，为什么它与青少年研究有关？跨文化比较有何重要性？文化内和文化间的变化是如何发生的？什么是成人仪式？

什么是文化

文化（culture）是指在某个特定群体中，代代传承的行为、方式、观念或者其他成果。所有成果都是在群体成员与其生存环境长年累月的互动过程中累积形成的（Kottack，2002；Tiandis，2000）。例如，本章开始曾提到，桑娅家人的文化价值观与她的约会利益发生冲突。我们也看到，迈克尔父母的文化传统导致他在学校出了问题。

文化是一个宽泛的概念——包括很多不同的成分，可以用很多方式进行分析（Cole，2006；Greenfield，Suzui，& Rothstein-Fisch，2006；Shwede &others，2006）。我们已经分析了四种重要的文化环境在青少年发展中的作用——家庭、同伴、学校和工作。在本章的后面，我们还将比较青少年在不同环境中度过的时间。

跨文化专家理查德·布理斯林（Richard Brislin，1993）描述了文化的一系列特点，包括：

- 文化是由理念、价值观和有关生活的假设组成的，它可以指导人们的行为。
- 文化是由人创造的。
- 文化是代代相传的，而父母、老师和社区领导者肩负着传递的责任。
- 在不同文化背景者之间发生善意冲突时文化的影响通常变得尤为明显。
- 尽管存在妥协，文化价值观却是持久的。

- 当人们的文化价值观被亵渎时，或者他们的文化期望被忽略时，人们会做出情绪性的反应。
- 对人们来说，在某个时刻接受某种文化价值观，在另一个时刻却又反对它是很常见的。例如，即使是叛逆的个体也可能在有了自己的孩子之后接受某一种文化价值观和期望。

在青少年的生活中，另外两个重要的文化维度是社会经济地位和种族：

- **社会经济地位**（socioeconomic status，简称 SES）指的是一类人具有相似的职业、教育和经济特点。不同社会经济地位的个体具有不同的权力、影响和威望。例如，在本章中，我们将会评价在贫困中长大的青少年。
- **种族**（ethnicity）是基于文化传承、种族特征、人种、宗教和语言来划分的。如今，美国的一个突出特征是美国青少年呈现种族多样性。在本章中，我们将对非裔美国青少年、拉丁裔美国青少年、亚裔美国青少年、本土美国青少年以及他们发展过程中的社会文化问题进行研究。在本章的最后，我们将会对文化的一个重要维度——电视和其他媒体——如何影响青少年发展进行概述。

青少年研究中的文化相关性

如果青少年研究要想在 21 世纪成为一个学科的话，人们就应该把更多的注意放到文化和种族上（Mastumoto，2004；McDade & Worthman，2004）。来自不同文化和种族的人之间的交往越来越广泛。学校和社区也不再将与自己肤色和习惯不一样的人排除在外。移民、难民和少数种族个体越来越不愿意成为同质性“熔炉”的一部分，而是要求学校、雇主和政府对他们的文化习俗予以尊重。成人难民和移民可能会有更多的机会找到好工作，但他们担心自己的孩子在学校习得的态度是否会挑战家庭中的传统权威模式（Brislin，2000）。

在 20 世纪，关于青少年的研究主要是以种族优越感为主，强调美国的价值观，特别是中产阶级、白人、男性的价值观（Spencer，2000）。跨文化心理学家指出，目前，诸如青少年研究等许多领域内的观念假设都是在西方文化中发展起来的（Triandis，1994）。**种族中心主义**（ethnocentrism）（认为自己的群体优于其他群体的倾向）的一个例子是美国人强调个体或者自我。许多东方国家，比如日本、中国和印度，则是群体取向的。墨西哥文化也是群体取向。许多西方文化过于强调个人主义，钟摆偏向个人主义的方向已经太多了。

所有文化中的人都倾向于（Brewer & Campbell，1976）：

- 相信在他们的文化中发生的事情是“自然的”和“正确的”，而在其他文化中发生的事情是“不自然的”和“不正确的”。
- 认为他们的文化习俗是普遍合理的，即对自己有好处的自然也对其他人有好处。
- 以有利于自己群体的方式行事。
- 为他们的文化群体感到骄傲。
- 对其他文化群体充满敌意。

在过去的几个世纪，尤其是在最近几十年里，交通、通信和商业技术突飞猛进，使得以往那些思维方式都过时了。全球化已经不只是一种观念或选择，而是一个不可避免的现实（Miller & Schaberg，2003；Saraswathi & Mistry，2003）。青少年不仅仅是美国或加拿大的公民，而是世界的公民，世界变得越来越密不可分（Mortimer & Larson，2002a，b）。通过理解各种文化中的行为和观念，我们彼此之间可以更有效地互动，让这个星球变成一个更适合居住的、和平的世界（Brislin，2000；Brown，Larson，& Saraswathi，2002；Matsumoto，2004；Sternberg & Grigorenko，2004）。

跨文化比较

在 20 世纪早期，受到斯坦利·霍尔（G. Stanley Hall，1904）观点的影响，人们普遍认为任何地方的青少年都会经历一个以自我怀疑和冲突为特征的“暴风骤雨”的时期。然而，就像我们在第 1 章中看到的那样，当玛格利特·米德参观了萨摩亚岛之后，她发现萨摩亚文化下的青少年并没有经历太多的压力。

跨文化研究（cross-culture studies）是指将某种文化与一种或多种文化进行比较的研究，它能告诉我们青少年发展在多大程度上是相似或普遍的，或在多大程度上是有文化差异的（Saraswathi，2003）。对青少年的研究始于西方工业化的社会背景，应实践的需要并被主流文化思想中关于青少年的认识所主导。结果却是，不论经济和文化背景怎样，西方文化下的青少年发展被认为是人类青少年发展的普遍模式。这种狭隘的观点有可能导致人们得出关于青少年本性的错误结论（Berry，2000；Miller & Schaberg，2003）。为了形成一种全球性的、世界性的观点，我们接下来要考虑世界各地的青少年如何度过他们的时间，以及在不同文化中，他们的成就行为和性行为有何不同。

世界各地的青少年如何度过他们的时间

世界各地的青少年度过时间的方式与美国青少年是否一样？在第 12 章中，我们了解到，不同国家青少年的兼职时间存在相当大差异。

兰迪·拉森和苏曼·维尔玛（Larson，2001；Larson & Verma，1999）考察了青少年在工作、游戏和发展性的活动（比如学业）中是如何度过他们的时间的。正如我们在第 12 章中了解的那样，相比其他大多数发展中国家的青少年，美国青少年花更多的时间打零工。我们也看到发展中国家的男性青少年通常比女性青少年用更多的时间来打零工，而女性青少年则把更多的时间用在家务劳动上。

图 13.1 总结了世界各地的青少年每天的时间分配（Larson & Verma，1999）。美国青少年花在学业上的时间只是亚洲青少年的 60%，这主要是因为美国青少年的家庭作业更少。

美国青少年比其他工业化国家的青少年有更多可以自由支配的时间。美国青少年花费大约 40%~50% 的醒着的时间（不包括暑假在内）在自由活动上，而东亚青少年在这上面花的时间只有 25%~35%，欧洲是 35%~45%。当然，额外的时间对美国青少年来说是好事还是坏事，这要取决于他们如何安排。

活动	非工业化国家，未入学者	美国	工业化国家，入学者欧洲	东亚
家务劳动	5~9 小时	20~40 分钟	20~40 分钟	10~20 分钟
有偿劳动	0.5~8 小时	40~60 分钟	10~20 分钟	0~10 分钟
学校作业	—	3.0~4.5 小时	4.0~5.5 小时	5.5~7.5 小时
总工作时间	6~9 小时	4~6 小时	4.5~6.5 小时	6~8 小时
看电视	数据不足	1.5~2.5 小时	1.5~2.5 小时	1.5~2.5 小时
聊天	数据不足	2~3 小时	数据不足	45~60 分钟
体育运动	数据不足	30~60 分钟	20~80 分钟	0~20 分钟
有组织的志愿活动	数据不足	10~20 分钟	1~20 分钟	0~10 分钟
总的自由时间	4~7 小时	6.5~8 小时	5.5~7.5 小时	4.0~5.5 小时

注：表中的估计值是 7 天的平均值，包括平日和周末。花费在像吃饭、个人生活自理、睡觉这样的维持性活动上的时间除外。表中关于非工业化国家的数据主要取自发展中国家的农村人口。

图 13.1
世界各地青少年的日常时间分配

美国青少年的大部分自由时间都花在媒体和与朋友一起参加一些随意的休闲活动上，我们将在后面的章节中进一步探讨他们使用各种媒体的情况。与东亚青少年相比，美国青少年在有组织的志愿性活动中花费更多的时间——比如体育运动、兴趣小组和团体。

根据兰迪·拉森（2001）的观点，美国青少年拥有过多的闲散时间，这可能不利于他们获得最佳发展。当允许青少年选择自己想做的事情时，他们通常都会选择那些没有挑战性的活动，如随处乱逛、看电视。尽管放松和社会交往对青少年来说很重要，但是，每周把大量的时间花费在没有挑战性的活动上对成长也是不利的。与松散的活动相比，有组织的志愿活动可为青少年发展提供更多希望。特别是当成人把责任交给青少年，挑战他们的能力，并在这些活动中给予他们指导时，这些活动更有意义（Larson，2001；Larson & Seepersad，2003）。

成　就

美国文化是一种成就导向的文化，与世界上许多其他国家的青少年相比，美国青少年具有更强的成就导向，但却比东亚青少年的成就导向要弱，这可以从他们用在学校和工作上的时间看出。许多美国父母把他们的孩子塑造成成就导向的、独立的人。在一项涉及 104 个国家的调查中，工业化国家（比如美国）的父母认为成就和独立对孩子来说更重要，而非工业化国家（比如肯尼亚）的父母认为服从和责任更重要（Bacon，Child，& Barry，1963）。

英裔美国青少年比墨西哥青少年或者墨西哥裔美国青少年具有更强的成就导向。比如，在一项研究中，相比墨西哥青少年和墨西哥裔美国青少年，英裔美国青少年具有更强的竞争性和更少的合作性（Kagan & Madsen，1972）。在该研究中，英裔美国青少年更容易在不能实现自己目标的时候贬低别人的成就。在其他的调查中，英裔美国青少年倾向于以个人为中心，而墨西哥青少年则更倾向于以家庭为中心（Holtzman，1982）。一些发展心理学家认为，美国文化过于强调成就导向，这不利于青少年的心理健康（Elkind，1981）。

尽管非拉丁裔的白人青少年比许多其他文化中的青少年更倾向于成就导向，但正如我们在第 12 章中看到的那样，他们的成就导向并没有中国和日本的青少年强。移民美国之后，许多亚洲家庭也带来了他们对学业成就的强调。比如，作为一个整体，亚洲青少年表现出杰出的成就典范（Stevenson，1995；Stevenson & Zusko，2002）。亚裔美国青少年的高中和大学成就都要高于全美平均分。86% 的亚裔青少年在高中毕业两年后会进一步接受教育，相比之下，只有 64% 的白人青少年在高中毕业两年后接受更高的教育。显然，教育和成就被很多亚裔美国青少年所看重。

性

文化也在青少年的性行为方面扮演着非常突出的角色。某些文化认为青少年性行为是正常的，其他文化则禁止青少年的性行为。想一想两个极端的例子：Ines Beag 和 Mangaian 文化，Ines Beag 是一个远离爱尔兰海岸的小岛，岛上的居民对性行为的约束是全世界最严厉的。他们不知道法式热吻或者手淫是什么，在那里性教育是不存在的。他们相信结婚后自然就会生育。男人认为性交不利于他们的身体健康。生活在这种文化下的人厌恶裸体。只有婴儿才被允许裸体洗澡，成人只洗他们身上没有衣服覆盖的部位。婚前性行为更是不可能的。结婚之后，即使在性交的过程中，伴侣也要穿着衣服。这样就不难理解，为什么在 Ines Beag 文化中，女性很少达到性高潮（Messinger，1971）。

相反，在南太平洋的 Mangaian 文化下，男孩们在 6~7 岁的时候就知道手淫。在 13 岁的时候，人们会为男孩们举行一种成人仪式，在他们的阴茎上留下一条长长的切口。为男孩子做仪式的人会教他们做爱技巧，如怎样帮助他的性伙伴在他之前达到性高潮。割礼仪式结束两个星期之后，13 岁的男孩将与一个有经验的女人交媾。她会帮助他保持不射精，以便两个人能一起达到性高潮。在这之后，男孩寻找女孩来丰富自己的性经历，或者女孩们在知道他已经是“男人”之后，也会主动来找他。到青春期结束时，Mangaian 人几乎每晚都做爱。

美国文化下的青少年的性行为比 Ines Beag 文化下的青少年要自由得多，但是远不及 Mangain 文化下的青少年。青少年性行为的文化多样性是环境经历决定性行为的一个例证。当我们走进动物世界的时候，经验似乎在决定性行为方面扮演了更为重要的角色。尽管人类无法像蜜蜂一样在半空中做爱或者像孔雀一样展示他们亮丽的羽毛，但青少年的确可以——而且也是这样做的——相互谈论性，在杂志上阅读关于性的知识，或者在影视作品中欣赏性。

文化适应的模型

用以理解文化内和文化间适应过程的模型包括：（1）同化；（2）适应；（3）选择；

（4）多元文化主义。

同化（assimilation）是在个体放弃其文化认同而融入一个更大的社会时发生的。非主流群体可能会融入到已确立的主流群体中，或者多个群体可能融合形成一个新的社会（通常称为“熔炉”）。个体起初通常会体会到一种疏远感或者隔离感，直到他们被接纳且意识到自己被新的文化接纳了。然而，一些非拉丁裔的白种美国人，其祖辈均已是美国人，他们不知道自己最早的祖先来自什么国家或者什么文化。

适应（acculturation）是指两个不同文化群体之间通过持续和广泛的直接接触而形成一种文化变迁。与同化相反（同化强调人们最终会变成主流文化的一员，抛弃了先前的文化认同），适应模型强调的是人们适应了主流文化，但同时依然认同原来的少数群体文化（Hurtado，1997；Martin & Gamba，2003）。比如，纽约城里许多哈希德派的犹太人保留着意第绪语、传统服饰和宗教仪式，同时又与许多其他文化的人有着生意上的往来。

选择模型（alternation model）认为个体可以知晓和理解两种不同的文化。同时，它也假设个体可以改变其行为去适应特定的社会文化。选择模型与同化模型和适应模型的不同之处在于：在选择模型中，个体可以同时保持与任何一种文化的积极关系（LaFromboise，Coleman，& Gerton，1993）。比如，一名非裔美国教师可能在课堂上使用标准的英语，而在家里或者教堂则使用黑人英语。

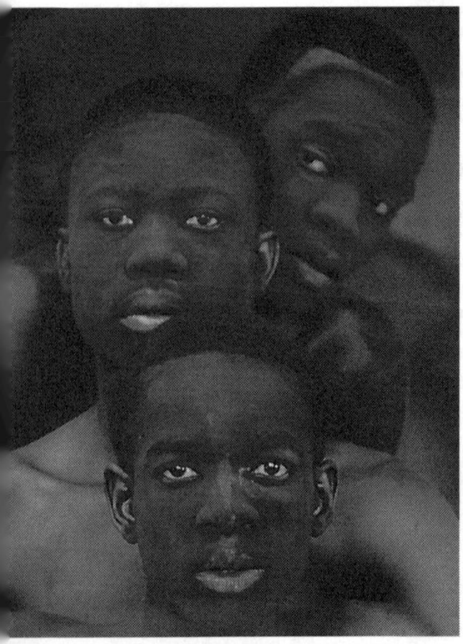

这些刚果可塔男孩将面部涂上颜色，以此作为成人礼仪式的一部分。美国青少年的成人礼是什么样的呢？

多元文化模型（multicultural model）提出了一种理解两种或多种文化的多元论取向。这种模型为人们提供了一种方式，使他们在保持自己独特性认同的同时，又能因共同的国家或者经济需要而与其他文化的人一起共事。跨文化心理学家约翰·贝里（John Berry，1990，2003）认为，一个多元文化群体的出现鼓励所有的群体：（a）保持或发展他们的群体认同；（b）发展出对其他群体的接纳与容忍；（c）参与群体间的接触和分享；（d）学习彼此的语言。在多元文化模型中，人们可以对自己是原来文化的一员保持积极认同，同时又发展出对其他文化的积极认同（Berry，2003）。

根据情境和人的不同，所有这些模型都可能解释人们在新文化中获得胜任力时的经历。比如，设想一个非裔美国家庭从南部农村搬到了城里生活。其中一个家庭成员可能被同化而融入到主流的盎格鲁文化中，另外一个成员可能遵循适应路径，第三个成员可能选择在两种不同文化之间主动的变换，而第四个成员可能会选择生活在像多元文化模型所描述的多种文化并存的环境中。特里萨（Teresa LaFromboise）和她的同事（1993）认为，人越是能够同时与各种文化保持积极而有效的关系，那么在获得和保持不同文化下的胜任力时遇到的困难就会越少。

到现在为止，我们已经探讨了文化的本质、跨文化比较和文化适应的模型。接下来，我们把注意力转向青少年生活的一个方面，它在某些文化中比在其他文化中受到了更多的关注。

成人仪式

成人仪式（rites of passage）是一种典礼或仪式，标志着个体从一种状态向另一种状态转变，比如从青少年到成年。某些社会有比较详尽的成人仪式，用来标示青少年已经进入成年，但有些社会没有。在很多原始文化中，成人仪式是青少年通往神圣的成人实践、责任、知识和性的通道（Sommer，1978）。这些仪式通常有引人注目的典礼，目的在于帮助青少年脱离家离，尤其是男孩子与母亲的分离。这种转变带有某种宗教式死亡与重生的特征，或者通过与灵魂世界相接触的方式。青少年和成人导师之间的联系通过共享仪式、危险和秘密而形成，从而允许青少年进入成人世界。当青少年被认为已经为改变做好了准备时，这种仪式就为他们进入成人世界提供了一种强大而又突如其来的准入。

非洲，尤其是撒哈拉非洲，是许多青少年成人仪式的大本营。在西方文化的影响下，许多仪式已经消失了，尽管其中的一些依然存在。在正式的学校教育还未普及的地方，成人仪式依然很普遍。

西方工业化社会显然缺乏标志着青少年向成年转变的成人仪式，然而一些宗教和社会团体已经开始设立标志成年到来的仪式——比如，犹太教的受戒仪式、天主教和基督教的坚信礼以及社会新人亮相仪式（social debuts）。在美国，学校毕业典礼是最接近成人仪式的文化仪式。对于中产阶级的青少年来说，高中毕业典礼非常普遍，而且越来越多的低收入家庭的青少年也参加高

在美国西南部，阿帕奇印第安人举行为期四天的仪式庆祝女孩进入青春期，包括特别的装束、一整天的活动和庄严的精神仪式。

中毕业典礼（Fasick，1994）。然而，高中毕业并没有引起普遍的变化——许多高中毕业生依然继续跟父母住在一起，在经济上依赖父母，在职业和生活方式上没有决定权。另外一种在美国青少年中日益普遍的成人仪式是性交（Halonen & Santrock，1999），在青少年期结束时，超过 70% 的美国青少年都有过性交经历。

缺乏清晰的成人仪式使得青少年获得成人地位的进程变得模棱两可，很多人都不确定自己是否已经成年。比如，在德克萨斯，雇工的起始年龄是 15 岁，但许多年龄更小的青少年甚至儿童都被雇佣过，特别是墨西哥移民。允许驾车的年龄是 16 岁，但如果有紧急需要的话，15 岁就可以获得驾照，而一些孩子即使到了 16 岁，其父母还是不允许他们去考驾照，因为他们觉得孩子们太小，不能承担责任。选举的年龄是 18 岁，而可以饮酒的年龄最近已经提高到了 21 岁。总之，在美国，青少年什么时候进入成年期并没有十分清晰地界定，而在许多原始文化中成人仪式是非常普遍的。

社会经济地位与贫穷

一个国家通常有若干种亚文化。例如，生活在城市中少数种族聚居区或者阿巴拉契亚农村的青少年，其价值观和态度与在富裕的市郊长大的青少年不同。这些亚文化之间的一个主要差异是社会经济地位。

什么是社会经济地位

在本章的前面，我们把*社会经济地位*（SES）界定为由于相似的职业、教育和经济特征而形成的群体，社会经济地位本身就带有一定的不平等性。一般来说，社会成员具有：（1）不同声望的职业，其中一些人比其他人更容易获得较高地位的职业；（2）不同的教育水平，其中一些人比其他人更容易接受良好的教育；（3）不同的经济资源；（4）不同的影响社区机构的权力。这些在资源控制和获得社会奖赏的能力上的不同，造成了青少年机会的不平等（Bornstein & Bradley，2003）。

社会经济地位类型的划分依赖于社区的规模和复杂性。虽然人们区分出多达五种社会经济地位，但大多数研究者通常使用的是两种类型：低社会经济地位和中等社会经济地位。有时候，前者被描述为低收入群体、工人阶级或者蓝领，而后者被描述为中等收入群体、管理人员或者白领。低社会经济地位的典型职业包括工厂工人、体力劳动者、接受福利救济的人、维修工人。中等社会经济地位的典型职业包括推销员、经理人、专业人员（医生、律师、老师、会计等等）。在这些行业中，行业精英、公司高层执行官、政治领导人和富人又属于上层社会的成员。

家庭、社区和学校的社会经济差异

青少年的家庭、学校和社区具有社会经济地位所带来的特征（Bornstein & Bradley，2003；Leventhal & Brooks-Gunn，2000，2003）。一些青少年的父母有很多钱，工作也很有威望，这些孩子住在豪华的房子和社区里、去国外度假、生活在高质量的校园，所在学校的学生也主要是来自中产阶层和富裕阶层。而其他一些青少年的父母可能没有多少钱，工作也没有威望。这些青少年没有住在奢侈的大房子和高级社区里，他们很少去度假，所在学校的学生大多是来自低社会经济地位家庭。这种社区环境的不同会影响青少年的适应和学业（Fuligni & Yoshikawa，2003）。一项最近的研究发现，当低收入的父母具有较高的教育期望时，青少年的学习成绩会比较好（Schoon，Parsons，& Sacker，2004）。

在美国和大多数的西方国家中，来自不同社会经济地位家庭的青少年在很多方面存在差异（Hoff，Laursen，& Tardif，2002，p.246）：

- 低社会经济地位的父母：（1）更关心孩子是否遵从社会期望；（2）创造了一种家长对孩子拥有权威的家庭氛围；（3）更多使用体罚来管教孩子；（4）更多给孩子下达指令，很少与孩子沟通。
- 高社会经济地位的父母：（1）更关心发展孩子的“自主性”和“延迟满足”；（2）创造出一种让孩子平等参与的家庭氛围，经由讨论制定规则而不是以权威的方式颁布；（3）较少使用体罚；（4）对孩子“更少指示，进行更多沟通”。

正如他们的父母一样，来自低社会经济地位家庭的青少年出现身心健康问题的风险更高（Magnuson & Duncan，2002；McLoyd，1998，2000）。与经济较好的青少年相比，社会适应不良和心理问题，比如抑郁、自卑、同伴冲突和青少年犯罪在穷困青少年中出现得更多（Gibbs & Huang，1989）。尽管心理问题在来自低社会经济地位家庭的青少年中更普遍，但是这些青少年本身在智力和心理机能上却千差万别。例如：相当一部分来自底层社会经济地位家庭的青少年在校成绩优异，一些学生的成绩还要好于很多来自中等社会经济地位家庭的孩子。如果那些来自底层社会经济地位家庭的青少年在学校里取得优异成绩，那么通常是他们的父母做出了特别大的牺牲，提供了必要的生活条件和支持，为他们的学业成功做出了很大贡献。

一项研究表明，尽管在贫困中长大的不同种族的青少年也有快乐时光，但是他们的许多消极经历要比那些来自中等社会经济地位家庭的青少年更糟糕（Richards& others，1994）。这些不幸涉及：（1）体罚和家庭残缺；（2）社区暴力；（3）家庭暴力。

我们在第 11 章“学校”中了解到，低社会经济地位社区的学校资源要少于高社会经济地位社区的学校资源。在低社会经济地位社区的学校里，可能有更多测验成绩低的学生，并且学生的毕业率和上大学的比例也更低（Garbarino &Asp，1981）。然而，在某些情况下，联邦政府对低收入地区学校的资助已经提供了一个有利于学习的环境。

贫　穷

对很多美国青少年来说，这个世界是危险的、不友好的，特别是那些家庭、社区和学校位于低收入地区的青少年（Edelman，1997）。一些青少年的复原力比较强，能够应对贫困的挑战而免受大挫折，但是很多青少年却不能成功应对。贫困的孩子长大成人后，身心不健康，没有一技之长或者个性孤僻，这使得美国不能达到本该有的富强（Children’s Defense Fund，1992）。

什么是贫穷

贫穷被定义为经济上的艰难，它最常用的标准是联邦政府的贫困线（Huston，McLoyd，& Coll，1994），贫困线以食物的花费（基本饮食）为基数乘以 3 而得出。每年，联邦政府的贫困线会根据家庭规模的大小和通货膨胀的程度而进行适当调整。

2002 年，16.7% 的儿童生活在处于贫困线以下的家庭中（U.S. Bureau of the Census，2003）。这一数字比 2001 年（16.2%）略有增加，但是比 1993 年的最高点 22.7% 有所下降。

美国的一项数据显示，有 16.7% 的儿童处于贫困中，这一数据远远高于其他工业化国家。例如，加拿大贫困儿童的比例是 9%，瑞典贫困儿童的比例是 2%。美国是以种族作为贫困分界线，几乎 50% 的非裔儿童和 40% 的拉丁美洲裔儿童生活在贫困中。与白人儿童相比，少数种族儿童更容易常年处于贫困中，生活在孤立贫穷的社区中。在那里，社会支持比较少，而对积极发展的威胁却很多（Jarrett，1995）（见图 13.2）。

让我们进一步分析贫困带来的一些心理影响。首先，穷人无权力可言。在工作中，他们很难成为决策者，规章制度是以一种强制性的方式传达给他们的。第二，穷人在灾难面前不堪一击。在被解雇前他们不会收到任何通知，被解雇后他们也通常没有积蓄维持生活。第三，他们的可选择范围很少，只有为数不多的工作岗位向他们敞开。即使有了可选择的工作，由于缺少足够的教育和良好的阅读能力，穷人可能也意识不到工作的存在或者措手不及而无法做出明智的决定。第四，贫困意味着毫无声誉。儿童在很小的时候就感受到了声誉的缺乏，穷人家的孩子只能看着别的孩子穿好看的衣服，住漂亮的房子。

最新的一篇综述指出：与经济条件更优越的儿童相比较，贫困儿童普遍生活在不公平的环境中，包括如下一些情形（Evans，2004，p.77）：

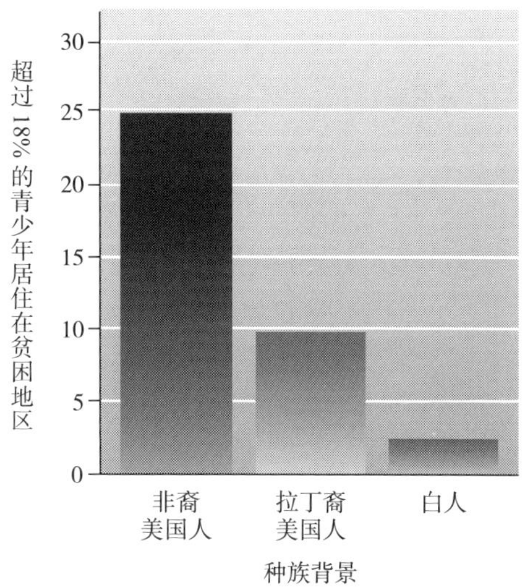

注：定义一个贫困地区的指标有很多（至少高于平均数一个标准差）：（1）贫困；（2）以女性为户主的家庭；（3）中学辍学者；（4）失业；（5）靠福利过活。

图 13.2
生活在贫苦社区

- 他们常处在“家庭暴力、父母离异、不稳定和混乱的环境”之中（Emery & Laumann-Billings，1998）。
- 他们得到的社会支持比较少，父母一般比较冷漠，也更加专制（Bo，1994；Cochran & others，1990）。
- 他们很少阅读，更多的时候是看电视，也很少有读书和上网的机会（Bradley & others，2001；Hart & Risley，1995）。
- 学校和儿童保健设施很差，父母很少参加孩子的学校活动（Benveniste，Carnoy，& Rothstein，2003；U. S. Department of Health & Human Services，1999）。
- 生活环境中的空气和水更易受污染，房屋更拥挤、更嘈杂，居住质量更恶劣（Myers，Baer，& Choi，1996）。
- 他们居住的区域一般比较危险，物质贫乏，市政设施不健全（Brody & others，2001；Sampson，Raudenbush，& Earls，1997）。

当贫困持续存在时，就会对儿童产生巨大的伤害。一项研究发现，儿童所在家庭的收入低于贫困线的时间越长，其家庭生活环境质量就越低（Garrett，Ng’andu，& Ferron，1994）。研究也表明，家庭收入的提高会对长期处于贫困中的儿童的家庭环境产生很大的影响。在另一项研究中发现，与从来没有经历过贫困的孩子相比，家庭条件一直贫困或偶尔贫困的孩子的智商偏低，并有更多的行为问题，而且一直贫困比偶尔贫困所产生的负面影响要大得多（Duncan，Brooks-Gunn，& Klebanov，1994）。

有 1/3 多的单身母亲处于贫困中，而单身父亲贫困的比例只有 10%，高比率的贫困

> 许多少数种族女性都会面临贫困和压力，她们大都是单身母亲，常常会把生活压力转嫁给她们的孩子。
>
> ——Uonnie Mcloyd
> 密歇根大学心理学家

单身母亲特别让人担忧。冯尼·麦克罗伊德（1998，2000）总结道，因为贫困，单身母亲要比中产阶级父母更加痛苦，她们对孩子的支持和培养较少，并且很少和孩子在一起。造成单身母亲高贫困率的主要原因有：女性的收入低，几乎没有赡养费，让父亲赡养的强制力不够（Graham & Beller，2002）。**贫穷女性化**（feminization of poverty）是指生活在贫困中的女性的人数远远超过生活在贫困中的男性。女性的低收入、离异以及由法院判决的离婚案导致女性没有足够的钱来维持自己和孩子的生活，这些也很可能是造成贫困女性化的原因。

反贫困项目

在反贫困项目中，最近的一个趋势是对两代人进行干预（McLoyd，1998），同时为儿童（比如说日托或者学前教育）和父母提供服务（比如说成人教育、读写能力训练和求职培训）。近来对“两代人”项目的评估发现，该项目对父母比对儿子的影响更积极（St. Pierre，Layzer，& Barnes，1996）。让人感到失望的是：当“两代人”项目显出成效时，儿童在健康上的受益远比在认知上的受益大。

对于生活在贫困中的青少年来说，那种越来越糟的状况不是不可避免的（Carnegie Council on Adolescent Development，1995）。一个可能的有效方法是为他们配备一名富有爱心的顾问。由福特基金会提供资助的定量机会项目（The Quantum Opportunities Program）是一项为期四年的、全年开放的咨询项目。该项目面向刚进入九年级的高中生，他们家境贫穷、接受公共救济，而且是少数种族。在四年中，咨询师每天都要为这些学生提供支持、指导和具体的帮助。

定量项目（The Quantum Program）要求学生参加：（1）与学业有关的课外活动，包括阅读、书法、数学、社会调查、同伴辅导和电脑技能的培训；（2）社区服务项目，包括辅导小学生，打扫社区卫生，到医院、疗养院和图书馆做志愿者；（3）提高文化修养和促进个人发展的活动，包括人生技能培训、大学和职业规划。通过向学生提供物质奖励以鼓励他们参加并完成这个长期规划，换取他们对项目的承诺。参加这些活动的学生每小时可获得 1.33 美金的报酬，每参加 100 个小时的教育、服务或者发展活动，他们就会得到 100 美元的奖金。这四年里，为每个参加者付出的平均花费是 10 600 美金，相当于监狱里每个人一年中花销的一半。

通过比较受过指导的学生和没有受过指导的学生来评估定量项目。有 63% 的受过指导的学生中学毕业，而仅有 42% 的没受过指导的学生中学毕业；有 42% 的受过指导的学生上了大学，而仅有16%的没受过指导的学生上了大学。此外，在接受政府救济的人数上，没有受过指导的学生是受过指导的学生的两倍，并且他们中被捕的人数也更多。很明显，该项目可以解决贫穷的代际传递及其消极结果。

El Puente是另一项致力于改善贫困青少年生活状况的项目，它主要是针对生活在低社会经济地位社区的拉丁裔青少年。由于公众对健康、教育和年轻人所得到的社会服务不满意，1983年El Puente（“桥”）开始在纽约运作（Simons Finlay，& Yang，1991）。El Puente强调青少年发展中的五个重要方面：健康、教育、成就、个人发展和社会发展。

这些青少年参加了El Puente项目，El Puente位于纽约的布鲁克林，布鲁克林是一个以低收入的拉丁美洲人为主的社区。El Puente项目强调青年发展的五个方面：健康、教育、成就、个人成长和社会发展。

El Puente位于布鲁克林威廉姆城南边的前天主教会教堂，这里主要是低收入拉丁裔家庭的居住区，其中很多家庭都生活在贫困线以下，65%的居民需要某些形式的政府资助。这个区域的拉丁美洲人的辍学率是全纽约最高的，青少年的犯罪率是布鲁克林最高的。

最开始加入El Puente时，12~21岁的青少年要会见顾问并制定一项4个月的计划，其中包含他们有兴趣参加的项目。在第四个月月底时，青少年和工作人员会继续制定一个项目计划。El Puente会提供26个双语班，课程有音乐、歌剧、摄影和舞蹈课。此外，医疗和形体中心、GED夜校和心理健康、社会服务中心也是El Puente的一部分。

种 族

由于交通、通信的迅猛发展，青少年生活的世界变得越来越小，交流也越来越频繁。现在，美国青少年生活的世界的种族结构比过去几十年更加多样化：仅仅在洛杉矶就有93种语言。

如本章前面所述，种族涉及文化遗产、种族特征、种族、宗教和语言。当今全世界的种族仇恨浪潮表明，我们迫切需要加强不同种族间的相互理解。

移 民

较高的移民率导致美国少数种族人口的比例在逐年增加（Chun & Akutsu，2003；Cushner，2006；McLoyd，1998，2000，2005；Phinney，2003）。外来移民与长期居住于此的本地人生活在一起的时候，通常要经历或多或少的压力，如语言障碍、远离社会支持网络，为保持自我认同与文化适应、以及为了改变自己的社会经济地位而不断地进行斗争。因此，涉及青少年及其移民家庭的干预项目需要做一些调整，以帮助他们形成最佳的文化敏感性（Suarez-Orozco，1999，2002）。

尽管美国拥有众多移民人口，心理学家对这些家庭的研究却很少。最近一项研究开始关注移民（越南人、美国人和墨西哥人）与非移民（非裔美国人和欧裔美国人）家庭的文化价值观以及两代人价值观之间的差异（Phinney，Madden，& Ong，2000）。在所有群体中，父母比青少年承担的家庭义务都多，但在美国，两代间的价值观差异通常是随着时间的推移而增加的。

最近，越来越多的研究显示出文化适应与青少年的问题相联系（Gonzales & others，2002）。例如，文化适应好的美国拉丁裔青少年相比文化适应差的同龄人，有更高比率的行为问题、吸毒和危险性行为（Brook& others，1998；Epstein，Botvin，& Diaz，1998）。

近几十年来，很多移民到美国的家庭，来自于集体主义文化，比如墨西哥裔美国人和亚裔美国人，这种文化中有强烈的家庭责任和义务（Fuligni & Hardway，2004）。这些责任和义务的表现形式有，帮助父母完成其职业上的任务和为家庭的福利做贡献（Parke& Buriel，2006），这类工作通常出现在服务和体力劳动行业，比如建筑、园艺、保洁和餐馆类工作。

青少年期：少数种族个体的一个特殊时期

正如我们在第五章“自我、同一性、情感和人格”中表述的那样，对少数种族个体来说，青少年期通常是他们发展过程中的关键时期（Ontai-Grzebik & Raffaelli，2004；Phinney，2003；Rodriquez & Quinlan，2002；Spencer & Dornbusch，1990）。尽管儿童也会意识到一些种族和文化差异，但大多数少数种族个体是在青春期第一次意识到种族的划分。与儿童相比，青少年具备了解读种族和文化信息的能力，可以回首过去并展望未来。在其认知发展成熟后，少数种族青少年会很清楚地意识到主流白人文化是如何评价其种族的（Comer，1993）。一位研究者评论说，年幼的非裔美国儿童可能认为黑人是美丽的，但是青少年会认为白人是强大的（Semaj，1985）。

少数种族青少年在意识到负面评价、冲突的价值观和有限就业机会之后，其生活选择和对未来的计划会受到影响（Spencer & Dornbusch，1990）。正如一位少数种族青少年说的：“通向未来的门好像已经关上了，为什么要有梦想？你是无法实现你的梦想的。为什么要树立目标？如果你没有目标，至少你不会有失败”。

对于大部分少数种族青少年来说，特别令人担心的是缺乏成功的少数种族榜样（Blash & Unger，1992），这个问题对居住在市中心的青少年来说尤为尖锐。因为缺少成年的少数种族榜样，一些少数种族青少年可能会遵从白人中产阶级的价值观，认同成功的白人典范。然而，种族划分和肤色使得他们难以被白人文化所接受。因此，他们面临协调两种价值观体系（自己种族和白人社会）的艰巨任务。一些青少年拒绝主流，放弃由白人提供的奖励；而另一些青少年则接受白

与青少年发展有关的职业

卡罗拉·苏瑞兹－欧罗科

讲师，研究员，移民项目负责人

卡罗拉·苏瑞兹－欧罗科（Carola Suárez-Orozco）是哈佛大学人类发展和心理学领域的讲师和研究员。她也是哈佛移民项目组的联合负责人，她获得了伯克利加利福尼亚大学的学士学位（发展研究）和硕士学位（临床心理学）。

卡罗拉在加利福尼亚和马塞诸塞州的诊所和公立学校工作。最近她正进行一项为期5年的关于移民青少年适应学校和社会的研究（这些青少年来自美国中部、中国和多美尼加共和国）。她在哈佛所教的课程之一就是移民青少年心理学。她特别强调，需要对影响移民和少数种族青少年适应的文化和心理因素进行更多的研究（Suárez-Orozco，2002；suarez-Orozco & Suarez-Orozco，2002）。

图为卡罗拉·苏瑞兹－欧罗科及其丈夫马塞洛，他也在研究移民的适应问题。

人的价值观和准则；还有一些人选择游离于两种文化之间。

种族问题

在青少年发展过程中涉及一些种族问题，在分析种族在青少年发展中所起的作用时，我们首先应该探究社会经济地位的重要性。

种族和社会经济地位

对少数种族青少年的研究中，有很多研究都很难辨别种族和社会经济地位对青少年发展的影响有何不同。种族和社会经济地位相互交织在一起，使种族影响的作用更加放大，因为在美国，少数种族在社会经济水平较低的人群中占绝大部分（Spencer & Dornbusch，1990）。因此，很多研究人员对青少年发展所做的种族性解释，实际上更多地是基于社会经济地位而不是种族。比如，在过去几十年的关于群体自尊差异的研究中并没有考虑到非裔美国人、白人儿童和青少年的社会经济地位（Hare & Castenell，1985）。在对来自低收入家庭的非裔美国青少年与来自中产阶级的白人青少年的自尊进行比较时，这种差异通常很大，但无法获得有价值的信息和结论，因为种族和社会阶层混淆在一起了（Scott-Jones，1995）。

Margaret Beale Spener 正在与青少年谈话，她认为少数种族青少年的自我认同发展过程中，青少年期是一个很关键的时期。大部分少数种族青少年在青少年期首次意识到他们的种族。

一些少数种族青少年虽然出身于中产阶级家庭，但是优越的经济条件并没有完全使他们脱离少数种族的身份（Diaz，Pelletier，& Provenzo，2006；Spencer，2006）。来自中产阶级的青少年仍会因为其少数种族群体成员的身份而受到不公平待遇、歧视和偏见。日裔美国人具有强烈的成就倾向和家庭凝聚力，这使得他们经常被当作“少数种族的典范”。尽管如此，他们仍会经历由少数种族身份带来的压力（Sue，1990）。尽管来自中产阶级的少数种族青少年有更多的资源来应对不公和歧视所带来的毁坏性影响，但是，他们依旧无法完全摆脱到处都充斥着的少数种族群体消极刻板印象所带来的影响。

正如前面所说，实际上很多少数种族家庭是贫困的，而贫困导致很多少数种族青少年经历生活的压力（Fuligni & Yoshikawa，2003）。冯尼·麦克罗伊德（Vonnie Mcloyd，1990）提出，在如今的美国，少数种族青少年经历着由贫困和失业带来的不同程度的不利影响。因此，很多少数种族青少年经历着双重不利：（1）由少数种族身份导致的不公、歧视和偏见；（2）由贫困造成的压力。

差异和多样化

历史、经济和社会经验使不同种族之间、少数种族和多数白人之间的差别变得理所当然（Halonen & Santrock，1999；Spring，2006）。某一种族或文化群体中的个体必须遵从该文化中的价值观、态度和文化压力。尽管他们的行为与我们不同，但那些行为对他们来说是有适应意义的。生活在一个多样化和多文化的世界里，识别和尊重这些差异是与他人相处的重要方面（Leong，2000）。每一个青少年和成人需要从不同于自身种族和文化群体的角度来看事情、想问题，“如果我处于他们的位置，我又会有怎么样的经历呢？”、“如果我是他们种族或者文化群体中的一员，我将会有怎样的感受呢？”、“如果我成长在他们的世界里，我将会怎样思考，会有怎么样的行为呢？”这类换位思考可作为我们理解其他种族和文化群体的一种有效方式。

不幸的是，社会对少数种族和白人之间差异的强调已经损害了少数种族个体（Banks，2006）。种族身份决定了由谁、在多大程度和以何种方式来享受公民特权（Jones，1994），个体的种族背景已经决定了个体是否被疏离、受压迫或者处于不利地位。

当前对种族群体之间差异的强调突出了各少数种族的优势，早就应该如此了（Banks，2006；Cushner，2006；Cushner，McClelland，& Safford，2003）。例如，许多少数种族群体所特有的大家庭支持体系成为处理问题的一个重要因素。研究人员发现，与英裔美国人相比，非裔美国男性在非语言暗示、多语言 / 多文化表达、临时问题的解决、交流时肢体语言的使用等方面表现得更好些（Evans & Whitfield，1988）。

在20世纪的大部分时间里，少数种族群体与白种人的区别被概括为少数种族群体不足或低等。的确，对少数种族的研究通常聚焦在其消极和充满压力的一面。例如，关于非裔美国少女的研究主题一直是贫困、未婚妈妈、辍学，这些主题一直是青少年研究领域的重要方面，然而在多元社会中，对非裔美国少女积极方面的研究也是非常必要的，是不容忽视的。来自不同种族群体的青少年的自尊心、成就感、动机和自控能力也值得进行大量的研究。

青少年的视角

为非裔美国青少年寻找积极的形象

"我想让美国知道，我们大多数的黑人青少年并不是来自破碎家庭的麻烦人物，也不会走向监狱……在与父母的关系中，我们相互尊重，在家里我们有自己的价值观。我们一起庆祝传统节日，包括圣诞节和宽礼。"

——詹森·伦纳德，15 岁

詹森·伦纳德

另一个很重要的方面是少数种族青少年的多样化（Spring，2000；Wilson，2000）。少数种族青少年并不是同质的，同一种族中不同的人有不同的社会、经济和历史背景（Stevenson，1998）。例如，墨西哥、古巴和波多黎各移民属于拉丁美洲人，但是他们却有着不同的移民原因，具有不同的社会经济背景，在美国从事不同层次和类型的工作（Ramirez，1989）。美国联邦政府目前认可美国本地有 511 个部落，每个部落都有涉及独特价值观和特征的古老背景。亚裔美国人包括中国人、日本人、菲律宾人、韩国人和东南亚人，每个群体都有其独特的祖先和语言。亚裔美国人的多元化反映在他们所受的教育中：一些人接受了高水平的教育，然而许多人却没有。例如，90% 的韩裔美国男性是高中毕业，但是只有 71% 的越南裔美国男性得以高中毕业。

善意的人们常常很难意识到种族群体内的多样化（Sue，1990）。例如，一位六年级老师去参加一个人类关系的研讨会，她清晰意识到在其教学计划中有必要更多地考虑种族问题。在她的班上有两位墨西哥裔美国青少年，她要求他们下周一在课堂上表演他们在家里是如何跳舞的。这位老师期望他们表演墨西哥的传统舞蹈，以展示他们的民族传统。第一个男孩走到教室前面跳起了典型的美国流行舞。老师说："不，我想让你跳你和家人在家里跳的舞蹈，那种有庆祝活动时跳的墨西哥式的舞蹈。"这个男孩告诉老师，他们家现在已经不跳那种舞蹈了。第二个男孩表演了墨西哥的传统舞蹈。第一个男孩已经高度融入了美国文化中，不知道如何跳传统的墨西哥舞蹈了。第二个男孩受到的同化较少，他所在的家庭一直保留着较多的墨西哥传统。

这个例子表明，多样化和个体的差异存在于任何一个少数种族群体内部，如果认识不到多样化和个体差异，就会导致对少数种族群体产生刻板认识。

偏见会限制我们的理解，因为它基于我们的不公正判断，并且预先决定了我们会从所探索的环境中发现什么。

——James Jones

特拉华大学，当代心理学家

偏见和歧视

偏见（prejudice）是一种基于个体身份而对其产生的不公正及消极态度。偏见所指向的群体可能是特殊种族群体、性别群体、年龄群体、宗教群体或者具有其他可见差异的群体。我们这里所关注的是针对少数种族群体的偏见。

在盖洛普民意测验中，绝大多数的美国人表示他们相信美国对各种族是宽容的，公然的种族歧视基本上是不被接受的（“Poll Finds Racial Tension Decreasing,” 1990）。然而，很多少数种族个体仍然遭受着持续的不公、歧视和偏见（Banks，2006；Dion，2003；Monteith，2000；Spencer，2006；Sue，1990）。少数种族青少年接受教育的学校常常存在中产阶级和白人的偏见。教室氛围并不适合少数种族青少年的学习。他们接受的测验也常常带有文化偏见，关于少数种族的负面见解会影响老师对其能力的评价（Spencer & Dornbusch，1990）。歧视和偏见仍不断出现在媒体、人际交往和日常的谈话中。犯罪、怪异、贫困、过失和堕落常被错误地归于少数种族个体或者外国人身上（van Dijk，1987）。最近一项研究发现，非裔美国人和拉丁美洲青少年会在学校和商场遭受歧视（Fajardo & others，2003）。在另一项研究中发现，非裔美国青少年与其种族群体的联系充当了他们对抗歧视威胁的缓冲器（Wong，Eccles，& Sameroff，2001）。

斯坦利·休（Stanley Sue，1990）指出，人们经常会反对歧视和偏见。一方面，有些人表扬了近年来在公民权利方面所取得的巨大进步，并认为“平权行动项目”就是公民权利取得进步的证据。另一方面，有些人批评美国制度，比如教育制度，因为他们认为这些制度依旧带有不同形式的歧视和偏见。

由于种种原因，关于美国“褐色化”的警告成为种族 / 民族偏见和冲突日益加剧的先兆，或者至少使种族分裂更加尖锐（Jenkins & others，2003；McLoyd，2000）。首先，它反对长期存在的白人特权和非拉丁美洲白人的那种根深蒂固的权利和优越感。第二，与 20 世纪初的移民相比，如今移民中的年轻人不再那么相信在美国社会取得成功必须要摒弃父母的生活方式和价值观。许多人支持在经济上的同化而非文化上的同化。第三，如今的移民常居住在城市中心地区，在那里同化意味着加入一个对抗美国主流社会的世界，因为主流社会中充满种族歧视和经济障碍。

种族关系已经取得了进步，但是歧视和偏见依旧存在，还没有真正的平等，还有很多需要去完成（Nesdale & others，2005；Pederson，2004；Scott，2003）

美国和加拿大：多文化的国家

美国已经并将一直成为接受各类种族群体最多的国家（Glazer，1997），它接受了来自很多不同文化的新元素，这些文化常常发生碰撞和交融，融合了意识形态和各自的特性。一些文化仍有保留，而一些文化却已经失传，还有一些已与美国文化相融合（Chun，Organista，& Marín，2003）。移民们相继地来到美国感受新鲜事物，反过来，他们也让美国人感受到新鲜事物。非裔美国人、拉丁美洲人、亚裔美国人、本土美国人以及其他的文化遗产与主流文化相融合，在这个过程中接收新事物并产生新事物。

其他国家也经历过不同种族群体的移民。通过研究这些经历，我们可能会了解更多潜在的益处、问题和不同反应，加拿大就是一个很典型的例子。

不仅美国有丰富多样的种族，美国北部的邻国加拿大也同样是一个拥有众多不同种族群体的国家。尽管加拿大与美国有很多相似之处，但还是有一些重要的差别（Majhanovich，1998；Siegel & Wiener，1993）。加拿大拥有混合文化，这些文化被经济力量松散地组织在一起。加拿大文化包括以下几个方面：

- 本地居民，或者第一国民，他们是加拿大的原始居住者；
- 在 17 世纪和 18 世纪期间移民到加拿大的法国人的后代；
- 在 17 世纪和 18 世纪期间移民来到加拿大的英国人的后代，或者 18 世纪晚期，美国革命后来自美国的移民的后代；
  19 世纪晚期的三次移民潮
- 在 19 世纪晚期和 20 世纪初，来自亚洲的移民，主要是中国人，居住在加拿大的西海岸；
- 来自欧洲各国的移民，移居到加拿大的中心地带和辽阔的草原省份；
- 来自经济和政治动荡国家（拉丁美洲、加勒比、亚洲、非洲、印度、前苏联和中东）的移民分布在加拿大的不同地区。

加拿大有两种官方语言——英语和法语，说法语的居民主要居住在魁北克省，说英语的居民主要居住在加拿大的其他地区。除了说英语和法语的人口，加拿大有一个很大的多元文化社区。在加拿大的三个大城市——多伦多、蒙特利尔和温哥华——有超过 50% 的儿童和青少年，其家庭的母语既不是英语也不是法语（Siegle & Wiener，1993）。

到目前为止，我们在本章研究了文化的作用，社会经济地位和种族。在接下来的章节里，你会看到不同国家、社会经济群体和种族群体在媒体和技术运用上的显著差异。

媒体和技术

在过去的 40 年里，电视对青少年的影响几乎是任何其他社会发展都不能与之相抗衡的（Calvert，1999；Comstock & Scharrer，2006；Roberts，Henriksen，& Foehr，2004；Strasburger & Wilson，2002）。电视的说服力是很惊人的。对于如今的很多青少年，从婴儿期起，他们坐在电视机前看电视的时间就比和父母在一起或者在教室里的时间长。除了电视之外，收音机、CD 和音乐录像带也是对许多青少年的生活产生重要影响的媒体。

媒体的使用

如果花费的时间可以表明活动很重要的话，那么毋庸置疑，大众传媒在青少年的生活中起到了很重要的作用。一项全美范围内的研究对儿童和青少年的媒体使用习惯作了深入探讨（Roberts & others,1999）。该研究对 3000 多名 2~18 岁儿童和青少年进行了调查，结果证实如今的青少年确实被媒体包围着。在美国，平均每个青少年家里都有三部电视、三个录音机、三个收音机、两个 VCR、两个 CD 播放机、一个游戏机和一台电脑。在美国 8~18 岁的青少年中，三分之二的人卧室里有电视，大概五分之一的人卧室里有电脑。

根据此项调查结果，美国 8~18 岁的孩子平均一天有 7 个多小时在使用媒体，即一周超过 49 个小时（Roberts & Foehr，2003）。然而，尽管目前有很多新技术可供选择，

	年龄组		
	8~10 岁	11~14 岁	15~18 岁
电视	3:19	3:30	2:23
录像（租用&自录）	:46	:43	:37
影院	:26	:19	:09
音响（收音机、CD和磁带）	:55	1:43	2:38
印刷媒体	:54	:42	:37
电脑游戏	:31	:26	:21
计算机	:23	:31	:26
合计	7:13	7:55	7:11

图 13.3
不同年龄组青少年每天使用媒体的平均时间。
注：图中的数字是日常使用时间的平均数。

但他们还是用大部分的时间来看电视，15~18 岁的少年除外，他们大多使用声音媒体（收音机、磁带和 CD）（Roberts & Foehr，2003）（见图 13.3）。在我们稍后的讨论里，你会发现青少年耗费网络上的时间会急剧增加。

正如全美调查中所描述的，2~18 岁的青少年平均每天看电视的时间是 2 个小时 46 分钟。其他研究也发现，青少年每天看电视的时间是 1.5~3 个小时（Kaiser Family Foundation，2002a；Larson & Verma，1999）。欧洲和东南亚地区的青少年看电视的时间几乎与此相同（Larson，2001）。

看电视的时间通常会在青少年早期达到高峰，然后由于其他媒体的竞相出现以及学校和社交活动要求的提高，在青少年期后期开始下降到某个点（Huston & Alvarez，1990；Roberts，Henriksen，& Foehr，2004）。随着看电视的时间减少，青少年使用音乐媒体（收音机、CD、磁带和录像机）的时间急剧增加。最近的一项全美调查表明，8~10 岁的青少年每天听音乐的时间不到一个小时！到了青少年期后期这一时间增加到每天两个半小时（Roberts & Foehr，2003）（图 13.3）。随着青少年的成长，他们对电影的兴趣开始逐渐增加——在 12~17 岁的青少年中，50% 以上的人至少每个月都要去看一次电影。

在美国，青少年比儿童更多地使用印刷媒体（Anderson & others，2001）。孩子们通常是从 11~12 岁开始读报，并且人数会逐渐增加，到青少年期后期有 60%~80% 的青少年报告说他们至少会阅读某些报纸。同样，在青少年期，阅读杂志和书籍的人逐渐增加。大约有 1/3 的高中生报告说他们每天都读报纸，20% 的人说他们每天会读课外书，面向青少年的书籍和杂志的销量可以证实这一点。然而，在 10~18 岁期间，阅读连环画的人数却直线下降。

众多的个体差异影响了青少年所使用的媒体。除了刚刚描述的年龄差异外，性别、种族、社会经济地位和智力都与使用何种媒体、使用到何种程度、使用目的相关。例如，一项全美调查发现，8~18 岁男孩要比女孩花更多的时间来看电视，而女孩则花更多的时间来听音乐（Roberts & foehr，2003）。男孩比女孩更多的使用计算机和游戏机（Roberts & others，1999）。

非裔美国青少年和拉丁美洲裔青少年花在媒体上的时间——特别是电视——要比非拉丁美洲白人儿童多（Roberts，Henriksen，& Foehr，2004；Roberts & others，1999）。8~18 岁的非裔青少年每天使用媒体的平均时间为 9 个小时，拉丁美洲裔青少年超过了 8 小时，而非拉丁美洲白人青少年大概是 7 个小时（Roberts，Henriksen，& Foehr，2004）。与来自低收入家庭的青少年相比，来自中产阶级家庭的青少年更愿意读报纸、看杂志，也更愿意看电视新闻（Chafee & Yang，1990）。

总之，随着年龄的增加，青少年“看电视的时间减少了，而听音乐和使用电脑的时间增加了，媒体逐渐进入了他们的卧室”（Roberts，Henriksen，& Foehr，2004，p.492）。随着年龄的增长，青少年更喜欢自己一个人或者与朋友和兄弟姐妹一起使用媒体，这表明他们逐渐独立于父母，同伴的重要性也逐渐显现。

电 视

电视所传递的信息是强大的，那么它都传递了些什么信息呢？电视的作用是什么呢？电视是如何广泛地影响青少年的呢？ MTV 在青少年的生活中扮演什么角色呢？

电视的作用

电视被称为万花筒，但是并不是所有的东西都是好的。曾经有人指出，电视是“世界之窗”、“一只眼的怪物”“笨机器”或者“广阔的荒原”。最近，一项全美范围内的成就测验显示，阅读和数学成绩虽略微有些进步，但仍比过去几十年低——电视已经被认为是罪魁祸首。电视导致青少年离印刷媒体和书本越来越远。一项研究发现，读书和使用印刷媒体的孩子看电视的时间要少于那些不看书报的孩子（Huston，Siegle，& Bremer，1983）。有人指出，电视把人训练成被动的学习者。电视很少需要观看者的主动反馈，沉迷于电视不仅会使青少年成为一个被动的学习者，而且会使其养成一种被动的生活方式。在对 406 名男子进行的一项调查中发现，看电视少的人要比看电视多的人身体更健康，心理更积极（Tucker，1987）。最近的一项研究表明，过度看电视与少女的肥胖问题有关（Anderson & others，2001）。

电视带有欺骗性，它告诉青少年：问题很容易解决，最后事情都会变得很顺利。例如，侦探仅花 30~60 分钟就理顺了复杂的线索并发现凶手——他们总是能找到凶手。很多影片将暴力描绘成一种生活方式，警察会使用暴力与坏人进行搏斗，完全不顾道德规范。对观看者来说，暴力产生的后果不会持续太久，在电视节目中受伤的人只痛苦几秒钟，而在现实生活当中，受害者却需要几个月或者几年才能恢复，或者可能变成永久性残疾。

尤其令人担心的是电视对少数种族群体的刻画，电视节目中历来都在贬低和丑化少数种族群体的形象（Schiff & Truglio，1995；Williams & Cox，1995）。与非拉丁美洲白人相比，少数种族的特征——非裔美国人、亚裔美国人、拉丁美洲裔或本土美国人——常被描述得更刻板、更卑微、更消极。

然而电视对青少年还是有积极影响的（Clifford，Gunter，& McAleer，1995；Fisch，

2004）。例如，电视展示给青少年一个不同于他们现在生活的世界，即电视能使他们开阔视野，增长知识，这些远远超过了他们从父母、老师和同伴那里所获知的。在电视出现之前，青少年认可的榜样可能是父母、亲属、兄长和邻居家的同伴以及从谈话中或收音机中听到的、从报纸或杂志中读到的、在电影里看到的那些远离生活的榜样。由于他们认同的这些榜样多是家人或者同伴，青少年习得的态度、穿衣风格和职业目标就会比较类似。电视给儿童和青少年展示了上百种不同的社区、文化、流行服饰、职业机会和亲密关系模式。

电视和暴力

暴力电视节目对行为的影响有多大？一项纵向研究发现，儿童 8 岁时观看暴力电视节目的数量与其成年后犯罪行为的严重程度有很强的相关（Huesmann，1986）。另一项纵向研究发现，儿童童年时观看暴力电视节目与其成年后的攻击性行为相关（Huesmann & others，2003）。还有一项对 1565 名男孩进行了追踪研究，从 12 岁开始，直至 17 岁，结果发现长期观看暴力电视节目与男孩的攻击倾向有很强的相关（Belson，1978）。观看攻击性电视节目最多的男孩，最有可能实施暴力犯罪、咒骂、在运动中挑衅、对别的男孩施以暴力威胁、在墙上胡乱涂鸦或者打破窗户。

这些调查都是相关性的研究，因此，我们不能由此得出观看暴力电视节目会增加个体攻击性的结论，观看暴力电视节目只是与攻击性行为相关。然而，有实验研究确实证实了观看电视暴力节目会增加攻击性。在一项实验中，儿童被随机分成两组，第一组儿童观看从星期六早上的暴力卡通大放送中直接选取的节目，持续观看 11 天，第二组儿童观看剔除了暴力内容的卡通节目（Steur，Applefield，& Smith，1971）。然后，观察孩子们在游戏中的表现，观看暴力卡通节目的孩子要比观看非暴力卡通节目的孩子更多的踢打、掐和推他们的同伴。因为孩子们被随机分配在两种条件下（带有暴力内容的卡通节目和没有暴力内容的卡通节目），所以在此项研究中我们可以得出结论，观看暴力电视节目会增加攻击行为。

童年时观看的电视节目会影响到个体青少年时期的行为。如果是这样的话，就支持在第 1 章中讨论过的青少年发展的连续性观点。一项纵向研究发现，经常观看暴力节目的学龄前女孩的成绩要比不经常观看暴力节目的女孩低（Anderson & others，2001）。同理，学龄前观看教育类电视节目的青少年，特别是男生，其成绩就比较高，会阅读更多的书籍且攻击性更低（图 13.4）。

最近的一项研究是一个长达一年的干预，试图减少暴力电视节目对儿童行为的影响（Rosenkoetter & others，2004）。该干预项目以班级为单位，参与者为一至三年级的儿童，包括31门简单课程，针对电视歪曲暴力的各个方面。这项干预减少了儿童看暴力电视节目的次数与对暴力电视节目中人物的认同感。

除了暴力电视节目，玩暴力电子游戏的儿童和青少年也受到越来越多的关注，特别是那些具有高度仿真性的游戏。电视和暴力电子游戏的不同之处在于，游戏能够使儿童和青少年的卷入度更高，以至于改变了他们的知觉状态，在这种状态下，“他们的理性思维暂时搁置，攻击脚本高度唤醒，变得很容易习得。”（Roberts，Henriksen，& Foehr，2004，p.498）。另外一个区别是玩游戏者的游戏行为能直接得到奖励（“赚分”）。相关研究表明，过度玩暴力电子游戏的儿童和青少年要比少玩或者一点也不玩的孩子更具攻击性，更容易违法犯罪（Anderson & Bushman，2001；Anderson & Dill，2000；Cohen，1995）。

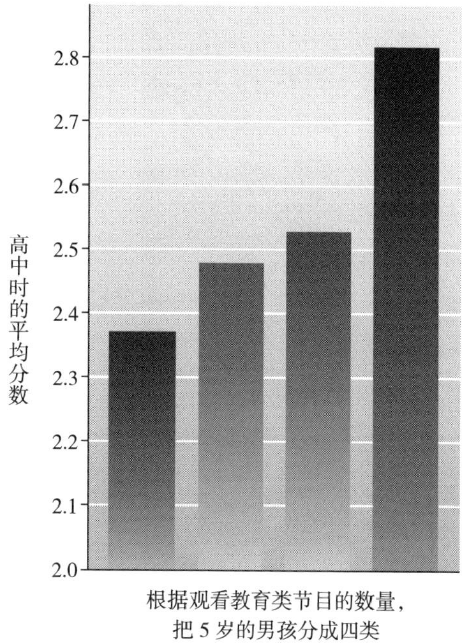

图 13.4

男孩在儿童早期观看教育类电视节目与其高中时的平均分数之间的关系。如果学龄前男孩观看更多的教育类电视节目（特别是芝麻街），他们在高中的平均成绩就比较高。上图显示的是，儿童早期看电视的各四分之一男孩数量与其高中时平均分数之间的关系。左边的竖条表示观看教育类电视节目最少的25%男孩，依次第二根竖条表示接下来25%的男孩，第三根是再接下来的25%的男孩，最右边的竖条代表在学龄前观看教育类电视节目最多的25%的男孩。

电视和性

像成年人一样，青少年也喜欢看带有性色彩的电视节目。一项研究表明，最受青少年欢迎的4个电视节目都包含高比例的性内容（Ward，1995）。观看有性色彩的电视节目会影响青少年的性态度和性行为。一项针对13~14岁男孩和女孩的实验发现，那些观看15小时黄金时段节目的孩子，如果他们观看的内容涉及未婚夫妇的性关系，那么与观看已婚伴侣性关系节目和无性关系节目的孩子相比，他们更可能认为轻率的性行为并不是很讨厌（Bryant & Rockwell，1994）。研究人员也发现，经常接触性内容的人对婚前性行为和娱乐性的性行为持有更为随意的态度（Ward，2002）。

最近一项研究关注的焦点是，在青少年被大众传媒中的性内容吸引的过程中，成熟起着什么样的作用（Brown，Halpern，& L'Engle，2005）。与晚熟女生相比，早熟女生对包含性内容的电影、电视和杂志表现出更强烈的兴趣。早熟女孩看R级电影（被限制

玩电子游戏与青少年的挑衅有何联系？

的电影——译者注）的可能性更大。笔者得出结论“大众传媒在性方面充当了一种过来人及大同伴的角色，特别是对那些早熟的女孩来说”（p.420）。

综合这些研究与其他研究，我们可以得出如下结论：电视教给了儿童和青少年关于性的知识（Bence，1991；Brown，Halpern，& L’Engle，2005；Caruthers & Ward，2002；Collins，2005；Ward，Gorvine，& Cytron，2002）。最近的一项全美研究表明，15~17岁的美国青少年，每4个人中有3个人相信电视节目中的性内容已经影响到他们，认为“有点影响”的占40%，“很多影响”的占32%（Kaiser Family Foundatin，2002b）。这项调查发现的一个积极方面是，许多青少年说他们从有关性的电视节目中学到一些积极的东西，比如，如何拒绝让他们感觉不舒服的性情景（60%）、与同伴谈论更安全的性行为（43 %）。虽然如此，关于青少年接触大众媒体中的性内容，人们认为它是非常消极的（Collins，2005）。最近的一篇综述的指出，总体来看，经常接触与性相关的媒体内容，比如肥皂剧、MTV，会使青少年更接纳刻板和随意的性态度，同时认为性行为更普遍，并更想去尝试（Ward，2003）。

近几年，电视节目中的性内容在不断增加而且变得露骨。青少年从电视节目中不断获得有关未婚人士之间发生性行为的信息，但却很少谈及避孕，且对性行为产生的不良后果（比如意外怀孕和疾病的传播）更是只字不提（Greenberg & others，1986）。

有关青少年和电视中的性内容尤为令人担忧的是：虽然父母和老师常常理所当然地与青少年讨论职业和教育选择、独立、消费行为等，但当要与他们谈论性时却常常感到难以启齿（Roberts，1993）。因为缺少对比信息（同伴之间虽然会谈论性，但是常常误传信息），电视在传达性信息中的作用便被无形地强化了。然而，随着电视的普及，电视里的性内容是否会影响青少年的行为还取决于其他几个因素，包括青少年的需要、兴趣、关注点和成熟（Strasburger & Donnerstein，1999）。

电视与成就

青少年观看的电视节目越多，其学业成绩就越低（Comstock & Scharrer，2006；

Shin，2004）。为什么看电视与青少年的成绩呈负相关呢？有三种可能：干扰、替代和自我挫败倾向（Comstock & Scharrer，2006）。从干扰方面来讲，边做功课边看电视会占用时间、分散注意力，使青少年无法把精力集中到与成就相关的任务（如做作业、阅读、写作和数学）中去。研究人员已经发现,阅读成绩的好坏与看电视的时间有关（Comstock & Scharrer，2006）。从自我挫败倾向来讲，电视将青少年吸引到娱乐、体育运动、商业和其他比学业成就更具吸引力的活动去。沉迷于电视的青少年不喜欢读书，认为书是枯燥而乏味的（Comstock & Scharrer，2006）。

然而，有些类型的电视节目——比如面向青少年的教育节目——可能会提高其成绩。回想一下前面的一项纵向研究，其中提到学前儿童观看教育类节目（如《芝麻街》和《罗格先生的邻居》）与其高中时的许多积极结果有关，如学业成绩好、读很多书、极具创造性等（Anderson & others，2001）。

媒体和音乐

青少年身边的任何一个人都知道他们中的很多人会花大量的时间去听广播音乐、听他们喜欢的音乐 CD、在电视上看 MTV。大约 2/3 的 CD 都被 10~24 岁的人买走了。在全美的 8200 个电台中，三分之一都在播放针对青少年的摇滚音乐。

直到今天，关于音乐或录像与青少年吸毒之间是否存在因果关系还未有相应研究（Str-asburger & Wilson，2002）。对于一小部分青少年来说，某种音乐可能会成为其心理问题的标志，但是具体“哪种音乐”和“哪种青少年行为”有联系目前还无从知晓。

技术、计算机和网络

文化不断发生着变化，然而任何变化都无法与当今的技术革新相比，如今的青少年正越来越多地使用计算机和网络（Mortimer & Larson，2002a，b；Saettler，2005）。由 CNN 和美国国家科学基金会联合发起的民意调查显示，82% 的 7~12 年级的学生认为除非他们掌握计算机技术和了解其他科技，否则他们无法过上好生活，这同时也表明了一种健康的意识，即技术革命是我们现在所处的信息社会的一部分。

如今的青少年用计算机进行交流，而他们的父辈用的却是笔、信件和电话。但新的信息社会仍旧需要依赖一些基本的、科技以外的能力，这也是青少年需要发展的，例如良好的沟通技能、解决问题的能力、深入思考的能力、创新思维能力以及积极的态度。但是青少年如何获得这些能力却是个极具挑战的问题，他们面临着父辈们从未面临的

发邮件	94%
研究性的学校作业	94%
看电影、听音乐或者看电视	85%
玩游戏	81%
下载音乐	80%
看新闻	78%
网络聊天	71%
观看体育运动	50%
购物	36%

图 13.5
美国 15~17 岁的青少年参与网络活动的比例。
注：数据来自 2001 年秋进行的电话调查，在全美范围内随机选取 398 名 15~17 岁的青少年。

众多选择和发展速度（Bitter & Legacy，2006；Thorsen，2006；Wood & Smith，2005）。

网　络

互联网（internet）是计算机通信的核心。互联网系统连接了世界各地成千上万的计算机网络，为青少年提供了惊人的大量信息。在很多方面，网络信息比课本信息更及时。2003 年，在美国，几乎 100% 的公立学校进行了联网，93% 的教室配有联网的计算机（美国国家教育统计中心，2005）。

尽管在不同国家和社会经济团体中，网络的使用方式大有不同，但世界上使用网络的年青人越来越多（Anderson，2002）。在美国，1998~2001 年间，14~17 岁网民的比例从 51% 上升到了 75%，10~13 岁网民的比例从 39% 上升到 65%（Kaiser Family Foundation，2002a）。很多美国青少年说他们是自学如何使用网络的（40%），也有从父母（30%）、朋友（23%）、兄弟姐妹（10%）那里学习的（Kaiser Family Foundation，2002a），仅有 5% 的青少年说他们是在学校里学会如何上网的。研究还发现大约 50% 的青少年每天都会上网（Kaiser Family Foundation，2001）。在 15~17 岁的青少年中，1/3 的人每周花在网络上的时间为 6 个小时或者更多，24% 的人每周花在网络上的时间是 3~5 个小时，20% 的人每周花在网络上的时间是一个小时或者更少（Woodard，2000）。

青少年在网上做什么呢？图 13.5 显示，收发**邮件**（e-mail）（电子邮件，收发信息的有效途径）是他们最常进行的网络活动，超过 70% 的青少年上网聊天（Kaiser Family Foundation，2001）。收发电邮的对象可以是一个人，也可以是很多人。关于儿童和青

少年从网上获取的信息引起了人们的特别关注，这些信息并未受到管理。青少年能接触到成人性方面的内容、制作炸弹的指导，以及其他不合适青少年的信息。网络上的信息纷繁复杂、杂乱无章或者未经筛选，所以很有必要培养青少年筛选复杂信息的能力（Anderson，2002）。

一项研究表明，50% 左右的家长认为，对于青少年来说，上网要比看电视好一些（Tarpley，2001）。然而，内容分析显示，父母应该更担心青少年使用网络的情况（Donnerstein，2002，p. 307）：

- 1000 个常被访问的网站中，有 10% 是关于成人色情的。
- 44% 的青少年浏览过成人网站。
- 25% 的青少年登陆过恐怖组织的网站。
- 12% 的青少年发现能在网站上找到如何买卖枪支的信息。

总之，网络在增加青少年受教育机会方面具有巨大的潜能。然而，网络也存在局限性和风险。青少年需要在家长的监督和指导下使用网络。

技术和社会文化的多样性

技术会带来了某些社会问题（Bitter & Pierson，2005；Comstock & Scharrer，2006；Gorski，2005）。例如，学校加大对技术的使用力度（特别是计算机）会使得贫富学生和男女生之间的学习差距扩大吗？ 2003 年，贫困率最低地区中有 96% 的学校使用了校园网，而贫困率最高的地区中使用校园网的学校占 72%（美国国家教育统计中心，2005）。中产家庭和更高收入家庭的计算机拥有率大幅提高，这也加重了计算机的使用问题。计算机在不同种族群体中的普及也有很大的差异（Gorski，2005）。最近的一项研究表明，80% 的非拉丁美洲的白人儿童和青少年的家中有电脑，而只有 67% 的拉丁美洲儿童和 61% 的非裔美国儿童和青少年家中有电脑。另一项新近的研究发现，使用家庭电脑、教室中配有电脑、学校中人均电脑占有率高、常使用识字软件和数学软件等与非裔美国幼儿园学生和一年级学生的更好成绩有关。

“我知道你的计算器出什么毛病了——它是电视遥控器。”

John Shanks/Phi Delta Kappan，June 1997. Reprinted with permission.

技术与教育

学校的计算机数量急剧增加。然而，尽管计算机有提高学生学习的潜能，学校在计算机技术使用方面还是远远落后于诸如商业这样的社会领域。计算机常常被用于操作与练习活动中，而不是建设性的学习中（Bitter & Legacy，2006；Spector & others，2005）。

许多教师并没有充分地接受计算机使用培训，针对教师的计算机操作培训也远远不够。同时，由于技术的不断更新，许多学校购置的计算机很快就被淘汰了，还有些计算机也已经坏了，正需修理。

如此严峻的现实表明，在大多数学校中，与学习有关的技术革命还没有发生（Cunningham & Billingsley，2006；Provenzo，2005）。只有当学校拥有了接受技术培训的教师、拥有了新近而可行的技术时，课堂才能真正地被技术革新所改变（Newby & others，2000）。国际教育技术协会已经制定了国家教育技术标准（NETS）（2000，2001）。

我们必须牢记，技术本身不能提高青少年的学习能力（Male，2003）。创造学习环境来支持学生学习需要具备几个重要的条件，这些条件包括：教育领导者的眼界和支持，教育者熟练运用学习技术的能力，当代技术的可获得性，青少年作为一个主动的建设性学习者（Hiltz & Goldman，2005；Wiske，Franz，& Breit，2005）。

社会政策与媒体

青少年接触了大量媒体，它们传达的信息塑造了青少年的判断力和行为（Nichols & Good，2004）。下面所罗列的积极社会政策由卡内基青少年发展基金会提供（1995）：

- 鼓励有社会责任感的项目。研究发现，媒体暴力与青少年的攻击行为之间有显著的相关。媒体也影响着青少年发展的其他方面——性别、种族和职业角色，以及美的标准、家庭生活、性特征等。作家、制片人和媒体专员需意识到他们传达的信息对青少年有多大影响力，他们需要与青少年发展专家合作，为青少年提供更多积极的形象。
- 支持公众的努力，使媒体对青少年更有利。实质上，美国已经对媒体对青少年的影响做了一些控制。为了促进制作适当的教育节目，其他西方国家比美国的控制严格得多。
- 鼓励媒体的教育节目成为学校课程、青年社区组织和家庭生活的一部分。许多青少年缺乏知识和技能去批判性地分析媒体信息。媒体的教育节目应该不仅出现在电视上，还应该在网络上、在报纸、杂志、收音机、录影带、音乐和游戏中开展。

- 增加改善健康的媒体节目。通过媒体的公共服务宣传发起的全民运动已经非常成功地减少了青少年吸烟，并促进了其健身活动。使用媒体来提高青少年的健康和幸福感水平的节目应该有所增加。
- 增加青少年观点在媒体中的出现率。媒体应该在节目中增加青少年的观点，呈现由青少年编辑的观点、新闻故事和录像节目。一些学校表示，让青少年参与媒体是有效教育的一个方面。

第 14 章 青少年的问题

星空之间的距离吓不到我，遥远、无人居住才更荒芜。离家越近，我却越感孤独，内心的荒野才更令人畏惧。

——Robert Frost

20 世纪美国著名诗人

青少年发展的镜像

安妮与阿尼的问题

十五岁的安妮身材高挑、金发碧眼，她是学校拉拉队的队长，极具魅力。卖酒给这个年轻女孩的人从来没有询问过她的年龄。安妮替人照看小孩赚了些钱，并将妈妈给自己买午饭的钱也攒了起来，用来买酒。由于经常不参加拉拉队的训练，安妮被赶出了拉拉队。然而，这样也未能使她戒酒。不久，安妮和其他几个伙伴酗酒成瘾，几乎每天都要喝酒。有时候，他们逃课，跑到小树林里去喝酒。安妮的全部生活都围着喝酒打转。没过多久，安妮的父母发现了这个问题。但是，他们却试图采用责罚的方式让安妮戒酒，结果并未成功。就这样过了两年。去年夏天，安妮每次出现在人们面前的时候必定是酩酊大醉。不久前，安妮开始与一个她心仪的男孩约会。然而，这个男孩无法容忍安妮终日酗酒。之后，安妮同意前往嗜酒者互诫协会（AA），并成功地接受了治疗。现在，安妮已经连续四个月滴酒未沾，她的目标是继续戒酒，直到彻底把酒戒掉。

阿尼是个十三岁的男孩，但却已有盗窃和人身攻击的犯罪史。阿尼第一次盗窃是在他八岁的时候，他在一家电器商行偷了一台卡式录音机。阿尼的第一次人身攻击发生在一年以后，他把自己七岁的弟弟推到墙角，打得他满脸是血，并威胁说要用刀杀了他。最近，阿尼的盗窃和人身攻击行为增加了。就在上一个星期，阿尼还偷了一台电视，不停殴打自己的母亲，并扬言要杀了她。此外，阿尼还砸烂自己家附近的路灯，拿着扳手与锤子恐吓比自己小的孩子。阿尼三岁的时候，父亲便离家出走，一去不回。父亲离家之前，阿尼的父母每天都争吵不休，父亲还经常动手打母亲。阿尼的母亲说，在阿尼还很小的时候，自己还能够完全掌控他。可是，在过去的几年里，她根本管不了阿尼了。因为反复无常的性格与危险的行为，阿尼被送进了青少年劳教所接受改造。

预 览

我们已在本书中的多处地方详细描述了青少年问题。例如，我们在第7章“性”中讨论了青少年的性问题；在第11章“学校”中探讨了与学习有关的种种问题；在第12章“成绩、工作与职业”中分析了与成就相关的问题。在本章中，我们专门讨论青少年的问题，以不同的理论取向来理解青少年问题、并关注一些此前未讨论过的青少年问题，讨论预防或干预青少年问题的方法。

对青少年问题的探讨

是什么原因导致像安妮与阿尼这样的青少年出现了问题呢？青少年发展中的问题有哪些特点？

生物社会心理取向

生物社会心理取向（biopsychosocial approach）强调，生物、心理与社会因素相互作用的结果导致了青少年或其他年龄人群所出现的问题。因此，如果一个青少年长期吸毒，这可能是其生物因素（遗传或脑加工）、心理因素（情绪波动或者人际关系障碍）与社会因素（贫穷）相互作用的结果。下面让我们对这些因素进行更详细的探讨。

生物因素

生物学取向认为青少年问题是由其身体功能出现障碍而导致的。采用生物学方法的科学家通常把重点放在人的大脑与基因上，认为这些因素诱发了青少年问题（Lemery & Doelger，2005；Pihl & Amélie，2005）。在生物学取向中，经常采用药物疗法来处理青少年问题。例如，如果一个青少年情绪低落，感到抑郁，医生就会为他开抗抑郁的药物。

心理因素

在众多心理因素中，人们认为认知歪曲、情绪波动、学习不当和有问题的人际关系等因素可能会引起青少年问题。我们在第2章“青少年发展的科学”中已讨论过的两个理论说明了青少年可能会因为什么出现问题。回想一下，精神分析理论家将青少年问题归因于极具压力的早期亲子经验，行为与社会认知理论家则将青少年问题看成与他人进行社会交往的结果。

来自家庭与同伴的影响被认为是引起青少年问题的重要原因（Dodge Cile & Lynam，2006；Parke & Buriel，2006；Rubin，Bukowski & Parke，2006）。举个例子，当我们讨论青少年的吸毒与犯罪时，你会发现他们与父母及同伴的关系都与这些问题有一定的联系。

“发展的路径”这个术语对于精神病理学发展的讨论来说是很重要的，精神病理学发展解释早期经验与后期适应之间的关系。

——BYRON EGELAND
当代心理学家，
明尼苏达大学

社会因素

在大多数文化下，青少年都会出现心理问题。然而，由于不同文化中的社会、经济、技术与宗教信仰情况各不相同，因此每种文化下的青少年出现问题的频率与强度也不尽相同（Draguns，1990；Hammond，2005；Tanaka-Matsumi，2001）。

影响青少年问题发展的社会因素包括社会经济地位（SES）与居住环境的质量（Brown & Adler，1998）。例如，贫穷是导致青少年犯罪的因素之一。最近的一项调查发现，较低的社会经济地位与 9~12 岁男孩身上出现的破坏行为有直接联系（Barry & others，2005）。

发展的精神病理学取向

发展的精神病理学（developmental psychopathology）注重对问题发展途径的描述与探讨。这一领域内的很多研究力求在问题的早期征兆（比如危险因素和早期经验）与结果（比如青少年犯罪或抑郁）之间建立某种联系（Ciccheni & Toth，2006；Egeland & Carlson，2004；Egeland，Warren & Aguilar，2001；Sroufe & others，2005）。发展途径通常详细描述了可能会影响到最终结果的各因素之间的连续性与相互转换（Chang & Gjerde，2000）。

青少年问题可以被分为内化问题与外化问题：

- 当个体将问题转向内部时，便出现**内化问题**（internalizing problems）。焦虑与抑郁是内化心理障碍的典型例子。
- 当个人将问题转向外部时，便出现**外化问题**（externalizing problems）。青少年犯罪是外化问题的典型例子。

很多研究发现，童年期的问题类型与成年时的发展结果之间具有联系。例如一项研究发现，在上小学时出现内化问题（比如焦虑与抑郁）的男孩，在 21 岁的时候可能也会出现类似问题。然而，他们发生外化问题的风险并不会增大（Quiolon，Rutter & Gulliver，1990）。同样，童年时出现外化问题（比如攻击行为或反社会行为）的男孩，在 21 岁的时候出现反社会问题的风险性却很大。同一项研究还发现，女性早期出现的内化问题与外化问题均能预测其在 21 岁时的内化问题。

艾伦·索洛夫及其同事（Carlson，Sroufe & Egeland，2004；Sroufe，2002；Sroufe，Egeland & Carlson，1999；Sroufe & others，2005）发现，青少年的焦虑问题与其婴儿期的焦虑 / 抗拒型的依恋有关，而青少年期的行为问题则与其婴儿期的回避型依恋有关。索洛夫认为，早期的支持性关爱（安全型依恋）与早期的同伴交往胜任力结合起来，有助于减少青少年问题的发生。在另一项最新的发展的精神病理学研究中，安·马斯腾（2001；Ann Masten & Reed，2002）对 205 名儿童进行了 10 年的追踪研究（从儿童期至青少年期）。她发现良好的智力与教养方式对防止青少年参与反社会行为起到了保护性作用。在本章的后面，我们会在讨论青少年从问题中恢复时进一步探讨这些因素。

青少年问题的特点

青少年会出现各种各样的问题。在不同性别群体和社会经济群体中，青少年问题的严重程度和出现的频繁程度也不同。有些青少年问题只是暂时性的，而有些青少年问题则可以持续多年。某个 13 岁的男孩可能表现出扰乱课堂的冲动行为，但到 14 岁的时候，他可能变得固执、独断且好斗，但不会再扰乱课堂秩序。而另一个 13 岁的女孩可能也表现出类似的冲动行为，但到 16 岁的时候，她可能依旧影响课堂秩序，并会因青少年违法而多次被扣留。

有些青少年问题很可能只出现在一个发展阶段中，而不会出现在其他发展阶段中。举例来说，恐惧在儿童早期最常见；许多学校相关问题首次出现在儿童中后期；而与毒品有关的问题则在青少年期变得更加常见（Achenbach & Edelbrock，1981）。一项研究发现，抑郁、逃学与吸毒问题在大龄青少年中极为普遍，而吵架、斗殴与打闹问题则在低龄青少年中更为普遍（Edelbrock，1989）。

一项由托马斯·阿肯巴克等（Thomas Achenbach & Craig Edelbrock，1981）发起的大规模调查发现，相对于较高社会经济地位的青少年来说，那些社会经济地位较低的青少年更容易出现问题。较低社会经济地位的青少年所报告出现最多的问题是控制不足和外化问题行为，比如毁坏他人财物、打架等。而且，相对于女孩，这些外化问题行为在男孩身上表现得更为突出。中等社会经济地位的男孩与女孩更可能出现过度控制和内化问题，比如焦虑或抑郁。最近的一项研究表明，相对于母子关系紧张的同伴来说，母子关系亲密的拉丁美洲青少年男孩很少出现外化问题（Loukas & Prelow, 2004）。

青少年最可能因不高兴、悲伤或抑郁的情绪，以及学习成绩差（图 14.1）等行为问题而去心理诊所就诊及接受心理健康治疗。无论是作为次要问题存在还是主要问题存在，学习成绩差是很多青少年接受咨询的原因。

在另外一项调查中，阿肯尼克及其同事（1991）将 2600 名接受心理健康服务的 4~16 岁儿童和青少年身上出现的问题与在能力与人口学变量上相当的 2600 名未接受临床诊治的儿童和青少年进行对比。结果发现，相对于较高社会经济地位的儿童和青少年，那些社会经济地位较低的儿童和青少年出现的问题更多，能力也更低。那些家中成年人很少、有未婚父母、父母分居或离异、家庭接受公共援助或有家庭成员接受心理健康服务的儿童和青少年身上有更多问题。很多有外化问题的儿童和青少年来自父母未婚、分居、离异或者接受公共援助的家庭。

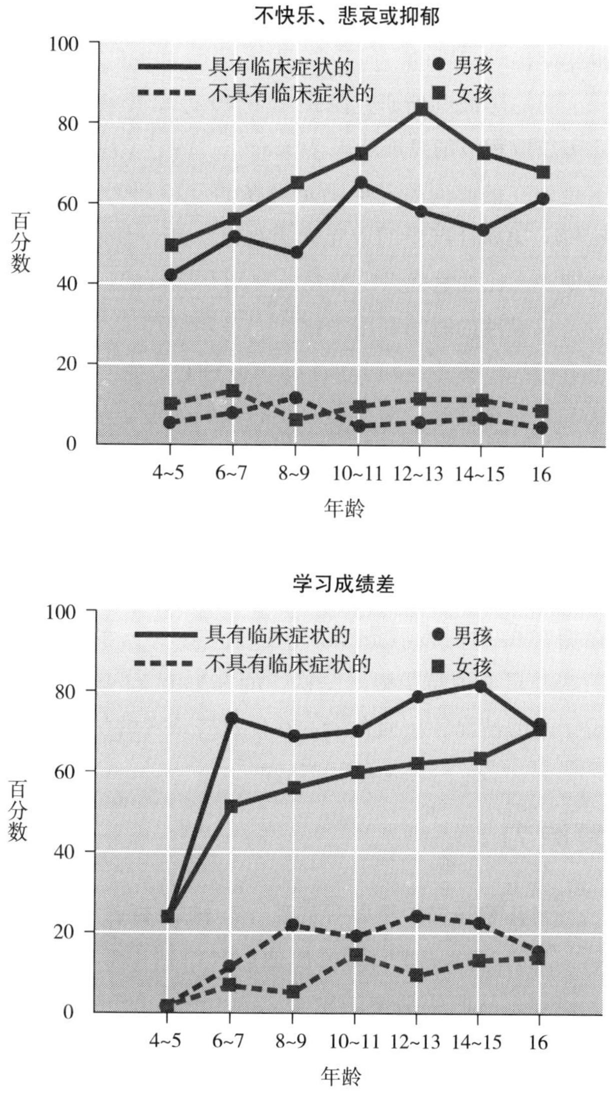

图 14.1
最能够区分具有临床症状的儿童和青少年的两项指标

许多调查研究表明，诸如贫穷、无效教养方式与父母精神失常等因素均能预测青少年的问题（Pianta, 2005）。预测青少年问题的变量被称作*危险因素*。危险因素的意思是，具有此类因素的人群更有可能出现问题。存在多个危险因素的孩子被认为在儿童期和青少年期出现问题的“风险很高”，然而，并非每一个这样的孩子都会出现问题。

明尼阿波利斯研究院提出了 40 种发展条件，他们认为生活中具备这些条件青少年才可获取积极的发展后果（Benson，1997；Benson & others，2006）。这些发展条件有一半是外在的，而另一半则是内在的。20 种外在条件包括支持（比如家庭与邻里环境）、赋权（比如社区中的成年人重视青少年，使青少年在社区中发挥重要作用）、行为限定与期望（比如家庭设定清楚的规则和违规的后果，监督青少年的去向和积极的同伴影响）以及建设性的时间利用（比如一星期参加三次以上创造性活动，一星期参加三个小时以上有组织的青少年培养项目）。20 种内在条件包括学习意愿（比如在学校取得成功的动机和在每个教学日至少做一小时家庭作业）、积极的价值观（比如乐于助人、正直）、社交能力（比如知道如何制定计划、做决定，具有移情技巧和交朋友的能力）以及积极的自我认同（比如认为能够主宰自己的命运和高自尊）。在明尼阿波利斯研究院开展的研究发现，具备的发展条件越多，青少年出现诸如吸烟、酗酒、性行为和暴力等冒险行为的几率就越低。举个例子来说，一项对 12 000 名九年级至十二年级学生进行的调查表明，在拥有 0~10 种发展条件的学生中，有 53% 的人上个月喝酒的次数超过三次，或在过去的两个星期内至少喝醉一次，而在拥有 21~30 种发展条件的学生中，仅有 16% 的人出现了类似情况，在拥有 31~40 种发展条件的学生中，仅有 4% 的人出现了这种情况。

复原力

当儿童和青少年面对贫穷等不利条件时，是否存在一些因素可帮助他们缓冲不利影响？是否存在一些因素可使他们复原到正常发展结果？有些儿童和青少年的确能够适应逆境，战胜生活中的困难（Compas，2004；Olsson & others，2003；Taylor & Wang，2000）。安·马斯腾（2001；Masten & Coatsworth，1998；Masten & Reed，2002）分析了有关青少年复原力的文献资料，并总结出具备复原力的儿童和青少年所拥有的一些个人因素（比如良好的智力）、家庭因素（与家长的亲密关系）、家庭之外的因素（结交家庭以外的亲社会成人）（图 14.2）。

诺曼·加梅起（Norman Garmezy，1993）通过描述纽约市哈莱姆区的环境来解释复原力。在一幢没有电梯的公寓的门厅内，入口处的墙壁上挂着一个大镜框，上面张贴着住在这幢大厦里的孩子们的照片。照片下面还附有一段请求：如果有人在街上看到上面任何一个儿童有危险，请将他们带回至该公寓大厦。加梅起对此做出评论：这是一个成人关注儿童人身安全与幸福、保护儿童的绝好实例。

来 源	特 点
个 体	良好的认知能力 有吸引力、友善的、好相处的 自信、高自尊 有才华 值得信任
家 庭	与关爱的父母关系亲密 权威式教养方式：温暖、结构化和高期望 社会经济优势 建立支持性的家庭网络关系
家庭之外的环境	与家庭之外的亲人或看护者建立联系 与一些公益或积极型组织建立联系 就读于好学校

图 14.2
具备复原力的儿童和青少年

心理问题与障碍

青少年有哪些重大心理问题与障碍呢？青少年的心理问题与障碍包括吸毒、酗酒、青少年犯罪、学校相关的问题、高危的性行为、心理抑郁与自杀以及饮食障碍。我们在之前的章节中已经讨论过与学校相关的和与性有关的问题，本章我们将对其他问题进行深入分析，首先从吸毒和酗酒着手。我们将在第 15 章“健康、压力及应对方式”中着重描述饮食障碍。

吸 毒

青少年为什么会吸毒？青少年吸毒现象在美国有多普遍？青少年所吸食各类毒品有何特点与效应？什么因素导致青少年吸毒？这些是我们现在要评估的问题。

青少年为什么会吸毒

有史以来，人类便寻找可以提神、补充能量和保护自身、同时又能令自己的神经系统产生快感的物质。有些人之所以会对毒品上瘾，是因为毒品可以帮助他们适应千变万化的环境。吸烟、酗酒与吸毒可以减轻人们的紧张与焦虑情绪，缓解厌烦与疲劳，有时候还有助于青少年逃离残酷的现实世界。人们吸食毒品之后，往往会感到内心平静、快乐、放松，会产生多种感官知觉，会兴奋或长时间感到心旷神怡、快乐不已。吸毒可以让有些青少年在自己的世界里更好地生活。例如，在准备考试时，安非他命可使青少年抵抗睡意、保持清醒。此外，毒品还能够满足青少年的好奇心。有些青少年吸毒是因为媒体报道中吸毒人士的美好说辞激起了其好奇心；而有些青少年则是因为听了一些流行歌曲，想知道是否歌里所说的毒品可以带给自己一些与众不同的、丰富的人生经历。有些青少年吸毒是出于社会原因，吸毒可以让他们感到更加舒服，可以享受与他人为伴的乐趣（Ksir，Hart，& Ray，2006）。

然而，为获取个人满足感和暂时的适应性而吸毒却有着非常高昂的代价：对毒品产生依赖性、出现个人和社会问题、患上重病或不治之症（Hales，2006；Kinney，2006；Ksir，2000）。因此，从长远来看，这种旨在获得更好适应性的行为实则是适应不良的。比如说吸烟，香烟中起作用的物质是尼古丁，长期吸烟是一种非常严重但可以预防的健康问题。有些专家将吸烟比喻成“慢性自杀”。

青少年长期使用一种毒品，身体就会产生**抗体**（tolerance），这意味着只有使用更大剂量的毒品才能达到与之前相同的效果。举个例子，第一次服用 5 毫克安定后，人们感觉非常放松。然而，在每天服用安定连续六个月后，同一个人可能需要 10 毫克的安定才能达到与之前相同的镇定效果。

身体依赖性（physical dependence）是指停止吸毒以后身体对毒品的需求，会伴随出现一些令人不舒服的戒断症状。**心理依赖性**（psychological dependence）是指由于各种情感方面的原因，比如为了感觉舒适或者减少压力，人的心理对继续吸食毒品产生的强烈渴望。身体依赖性与心理依赖性都说明吸毒在青少年的生活中扮演了极其重要的角色。

吸毒的整体趋势

20 世纪 60、70 年代是非法使用毒品明显增加的一个时期。在那个年代，社会不安、政治动荡，许多年轻人求助于大麻、兴奋剂与致幻剂来获取身体的快感。在这一时期，青少年饮酒的人数也大大增加（Robinson & Greene，1988）。近年来研究者已经收集到许多有关青少年吸毒的精确数据。自 1975 年以来，劳埃德·约翰斯顿（Lloyd Johnston）与密歇根大学社会研究所的同事每年都会对美国多个公立中学和私立中学高年级学生的吸毒情况进行仔细的调查与监测。自 1991 年开始，他们还对八年级和十年级学生的吸毒情况进行了调查。密歇根大学的研究被称为“监测未来研究”，2004 年，该机构对近 50 000 名学生进行了调查研究。

20 世纪 80 年代，美国中学生吸毒的人数有所下降，但是，到了 90 年代早期，吸毒

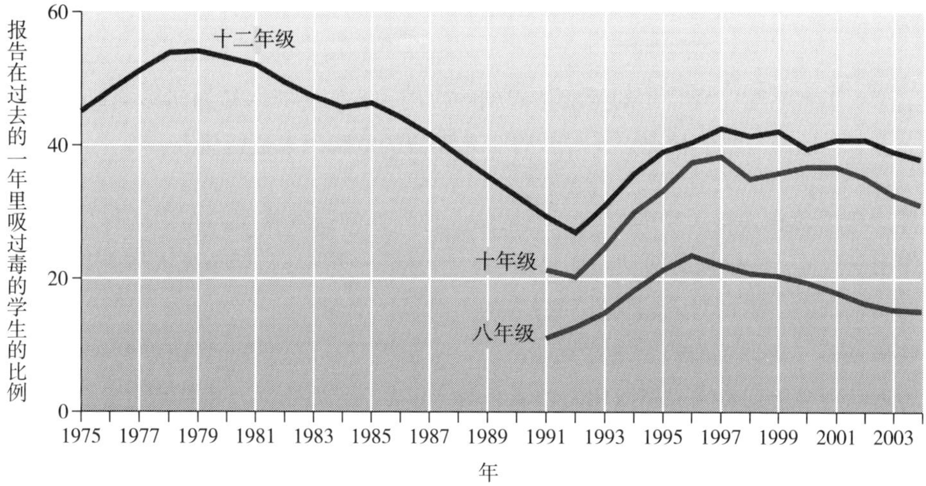

图 14.3

美国八年级、十年级和十二年级学生吸毒的整体趋势。图中所描述的是美国八年级、十年级和十二年级学生所报告过去一年里的吸毒情况。八年级和十年级学生的报告是从 1991 年至 2004 年。十二年级学生的报告是 1975 年至 2003 年。

的人数又开始增加（Johnston，O'Malley，& Bachman，2001）。在 20 世纪 90 年代末期与 21 世纪头四年里，十年级和十二年级的学生中吸毒者的比例保持稳定或缓慢下降的趋势（Johnston & others，2005）。据 2004 年调查，在过去 30 天内吸过毒的八年级、十年级和十二年级学生的比例都有所下降。图 14.3 所示为美国中学高年级学生 1975 年以来以及八年级和十年级学生 1991 年以来吸毒的整体趋势。进入 21 世纪，美国青少年吸食大麻、致幻剂与兴奋剂、服用类固醇和吸烟的人数大大下降。

尽管近年来使用毒品的人数有所减少，然而，在所有工业化国家中美国青少年使用毒品的比率仍然是最高的。此外，由于密歇根大学的调查不包括辍学的学生，而他们使用毒品的比率要高于在校学生，因此该调查可能低估了青少年使用毒品的百分比。约翰斯顿及其同事（2005）认为“代际遗忘”是导致 20 世纪 90 年代青少年使用毒品风险增加的主要因素，此时青少年对毒品危害性的认识被大大消蚀。近年来，青少年毒品使用呈下降趋势主要是由于他们对毒品使用危害性的认识有所增加，另外，2001 年发生的 9 · 11 恐怖袭击事件令美国年轻一代头脑清醒（Johnston & others，2005）。现在，我们将分别对青少年使用的多种物质进行分析。

酒　精

为了深入了解酒精在青少年的生活中起到的作用，我们将对酒精如何影响行为和大脑活动、青少年饮酒与酗酒情况以及导致青少年酗酒的危险因素进行研究。

酒精对青少年行为和大脑活动的影响 酒精是一种烈性的强效物质。作为一种镇静剂，酒精可作用于人体，减缓大脑活动。如果过量饮用酒精，将损坏甚至杀死人体生物组织，包括肌肉与脑细胞。酒精对人的精神和行为的影响包括削弱自我控制能力、导致判断失误等。饮酒之后，青少年最初会感觉更加健谈，甚至更有自信。然而，诸如驾驶这类需要技能的活动则会受到影响。当饮用更多酒精时，智力、行为控制力和判断力都会下降。最后，饮酒者会感觉昏昏沉沉，然后陷入睡眠状态。如果酒精中毒，饮酒者可能会陷入昏迷。根据青少年的身体对酒精的分解代谢、个人体重、饮酒量以及自身酒力的不同，酒精对个体上述行为的影响也不尽相同。

酒精是美国青少年使用最广泛的物质，它在带给人们许多快感的同时，也带给人痛苦和悲伤。在美国，酗酒为第三大杀手。因司机酒后驾车，每年有近 25 000 人丧生，150 万人受伤。在男性对女性的侵犯事件中，有 65% 的行为是在酒精的作用下进行的（Goodman & others，1986）。在酒后驾驶和对女性进行性侵犯的案件中，很多罪犯是青少年。有 1 300 多万人被归作酒鬼，其中很多人在青少年期便养成了酗酒的习惯。

青少年期与成人初显期的饮酒 在美国中学中，在过去 30 天内饮过酒的学生的比例已大大降低（Coodman & others，2005）。八年级学生报告 30 天内饮过酒的比例由 1996 年的 26% 下降至 2004 年的 19%。2001~2004 年间，十年级学生报告 30 天内饮过酒的比例由 39% 下降至 35%。1980 年，高年级中学生每月均会饮酒的比例为 72%，至 2004 年时，此比例已降至 48%。美国高年级中学生中酗酒人数比例（在密歇根大学的调查中，酗酒被定义为是过去两周内连续饮 5 瓶以上的酒）由 1980 年的 41% 下降至 2002 年的 30%，然而到 2004 年时又增长至 33%。近些年来，八年级和十年级学生中的酗酒人数有所减少。在酗酒问题上一直存在性别差异，男性酗酒者多于女性酗酒者。1997 年，中学高年级男生中有 39% 的人表示在过去两周内喝醉过，然而仅有 29% 的女生出现过相同情况。

从高中到大学的过渡可能是酒精滥用的关键转变期（Schulenburg & others，2001）。大多数饮酒的大龄青少年与青年认识到饮酒在同龄人中是普遍的，是被同伴们接纳甚至期待的，他们还能从饮酒甚至偶尔酗酒中感受到一定的社交收益。

几乎有一半的美国大学生表示自己喝很多酒（Johnston，O'Malley & Bachman，

2004），大量饮酒他们来说极为不利。对 140 所高校大学生饮酒行为进行的一项调查显示，近一半的酗酒者出现了下列问题（Wechasler & others，1994）：

- 旷课
- 身体受伤
- 惹事生非，被警察抓起
- 发生不安全的性行为

大学生酗酒可产生哪些问题?

此外，该调查研究还发现，酗酒的大学生酒后驾驶的可能性比平时高出 11 倍，而酒后发生不安全性行为的可能性也比平时高出 2 倍。另一项调查发现，相对于那些未达到酒精依赖标准的大一学生来说，酒精依赖的学生更容易不及格（Aertgeerts & Buntinx，2002）。

在 1993 年、1997 年、1999 年和 2001 年，有研究者曾分别调查了 40 000 余名美国全日制大学生的饮酒习惯（Wechsler & others，2002）。酗酒者的比率（填写问卷调查表前的两个星期内，男生至少一次连续喝五瓶以上的酒，而女生则一次喝四瓶以上的酒）在八年内基本保持一致，大约为 44%。此外，约 75% 的居住在兄弟会或女生联谊会内的未成年学生是酗酒者；近 70% 远离家庭的成年大学生也是酗酒者。那些与父母住在一起的学生酗酒的比率最低，为 25%。另外一项近期调查表明“居住在兄弟会或女生联谊会内的美国大学生中，有较高比例的人物质使用的时间早于入校时间。而且，兄弟会或女生联谊会学生成员在大学里酗酒和吸食大麻的比例高出平均比例许多”（McCabe & others，2005，p.512）。

特别需要关注的是，在成人初显期，女性的酗酒人数显著增加（Young & others，2005）。一项调查研究发现，1993~2001 年期间，女子大学中酗酒者的比例增加了 125%（Wechsler & others，2002）。

青少年酒精滥用的风险因素 青少年酒精滥用的风险因素包括遗传、家庭影响、同伴关系和特定的人格特征。有证据表明酗酒有一定的遗传性，但我们需要牢记，遗传因素与环境因素均在其中起作用（Jang，2005）。

青少年饮酒与其亲子关系和同伴关系有关。酗酒的青少年通常来自不幸的家庭，家中充满压力，父母很少抚养子女，孩子与父母的依恋关系是不安全的，父母的管教方式不当（比如对子女的监督不够、期望不明确、对子女的积极行为未给予奖励），或者父母允许他们喝酒（Barnes，Farrell，& Banerjee，1995；Peterson & others，1994）。

同伴群体在青少年饮酒问题中所起的作用尤为重要（Dielman & others，1992）。一项调查研究发现，同伴经常饮酒或酗酒以及对同伴压力的敏感性都是青少年饮酒的强预测变量（Dielman，Shope，& Butchart，1990）。青少年的同伴比自己年长、与自己同龄或是比自己小，这一点与青少年期的酗酒和物质滥用行为有关。一项调查研究发现，相比于不使用物质的青少年，那些使用物质的青少年更有可能结交比自己年龄大的朋友（Blyth，Durant & Moosbrugger，1985）。

另一项研究发现，"同伴友好劝说计划"成功地使已经开始饮酒的女生不再继续饮酒，并使那些从未饮过酒的女生开始饮酒的时间推迟（Girls，Inc，1991）。此计划还提高了女生的抵制能力，相对于未参与此计划的女生来说，参与者表示她们更不可能留在需要饮酒的环境中。"同伴友好劝说计划"包括 14 次活动，每次活动长达一个小时，这些活动生动有趣，其目的是为了避免物质滥用。此计划还教给青少年一些管理健康压力的方法，使其更易觉察来自媒体与同伴的压力，培养他们做出与物质使用有关的负责任的决定。之后，这些女生作为同伴中的领导，负责策划并实施针对 6~10 岁儿童的物质滥用预防活动。

近期对 3 000 余名十一年级学生进行的调查研究发现，来自同伴的压力与青少年饮酒有着极其密切的联系（Borden，Donnermeyer，& Scheer，2001）。此外，这项调查研究还显示，过去的一年中，参加学校活动和校外活动也与青少年物质使用的低发生率和更少的饮酒有直接联系。

近期另外一项研究在十年级中发现了三类青少年酗酒者：（1）常常出现问题行为的青少年；（2）极端焦虑的青少年，他们报告担心自己的表现；（3）受欢迎、适应良好的青少年（包括"运动员"与"高智商"群体）（Barber，Eccles，& Stone，2001）。当这些青少年进入成年期时，"运动员"和"罪犯"在物质滥用恢复计划中所占的比例最高。因此，青少年和某些群体的联系与其饮酒行为以及向成年人过渡时的酗酒问题存在关联。

显然，一个强大的家庭支持体系是减少青少年酒精滥用的一种重要预防策略（Waldron，Brody，& Slesnick，2001）。那么，还有其他预防策略吗？提高法定饮酒年龄是否有效呢？一项调查显示，提高法定饮酒年龄确实可以减少青少年车祸的发生频率，然而，仅仅提高法定饮酒年龄却无法减少青少年的酒精滥用（Wagennar，1983）。另一项用于减少青少年酒精滥用的举措是在学校开展的某项计划。在该计划中，青少年可以与同伴一起探讨与饮酒有关的问题（Wodarski & Holfman，1984）。在一年之后的后续研究中，接受该计划干预的学生与未接受干预的学生相比，酗酒人数更少，且他们之间经常劝导对方不要喝酒。对存在酗酒问题的青少年的帮助方法有多种。这些方法可能包括与其他家庭成员合作，与同龄人群体进行讨论，或者采用一些特定的行为矫正技术。然而，遗憾的是，目前并未对青少年酗酒者进行合理分类，因而，所提出的治疗计划并未真正关心其是否与青少年酗酒者的具体问题相匹配。许多方法只是简单地假定存在酗酒问题的青少年是同一类型，并未考虑到每个青少年具有不同的发展模式与社会背景。一些青少年酗酒者可能在家庭疗法中受益更多；一些则通过同伴咨询的方获益较多；而对于另外一些青少年酗酒者，可以通过强化行为策略来对其进行治疗。选用什么方法取决于酗酒问题的类型以及哪些人对青少年有更大的影响（Maguin，Zucker，& Fitzgerald. 1995）。

最近的一项调查对酗酒者从青少年早期至成人初显期的酗酒发展曲线进行了研究（Chassin，Pitts & Prost，2001）。18~23 岁的酗酒者往往较早便开始大量饮酒，通常其父母也有同样的酗酒问题，并且与酗酒、物质使用、有反社会行为的同伴相联系。在个体 13 岁时就可以测量这些导致成人初显期酗酒的危险因素。

美国青少年出现的主要问题不仅仅只有酗酒这一项，同时还包括对其他物质的使用。接下来，我们将探究青少年所使用的其他物质，首先来看致幻剂。

致幻剂

致幻剂（hallucinogens）也被称作迷幻药，此类药品可以改变个体的知觉和感受，使人产生幻觉。首先，我们来讨论 LSD（麦角酸二乙基酰胺），它是一种具有极强迷幻性的药物。接下来我们还会讨论大麻，它是一种药性较轻的迷幻药。

LSD　*LSD*（麦角酸二乙基酰胺）是一种致幻剂，即使服用极少的量，也会导致惊人的感知变化。吸食少量 LSD 后，人们会看到物体发光发亮，形状改变，颜色千变万化。当吸食者闭上眼睛后，容易出现各种惊人的幻觉。有时候，这些幻觉令吸食者兴奋不已，有时候则让吸食者感到难受或害怕。服用 LSD 后，吸食者便会开始了一场迷幻之旅：有的吸食者可能会看到各种艳丽的色彩和美妙的场景；而有的吸食者则可能看到可怕的、怪异的景象。LSD 对身体产生的影响可能包括眩晕、恶心、呕吐与痉挛，对情绪与认知的影响可能包括情绪起伏跌宕、注意力不集中、记忆力下降。

LSD 在 20 世纪 60、70 年代颇为流行。20 世纪 70 年代中期开始，在它对人体可产生无法预料的作用被公开后，人们对 LSD 迷幻剂的使用量有所减少。然而，从 20 世纪 90 年代开始，青少年服用 LSD 的人数又开始增加（Johnston & others，2005）。1985 年，1.8% 的美国高年级的中学生表示曾在过去 30 天内吸食过 LSD，1994 年，此比例加至 4.0%。然而，2001 年服用 LSD 的人数比例又减少至 2.4%，此后直至 2004 年，此比例一直有所下降（至 0.7%）（Johnston & others，2005）。

大麻 与 LSD 相比，大麻是一种药性较轻的致幻剂，源于一种原产于中亚的大麻属的大麻植物。然而，现在该植物已遍及全球各地。大麻是由大麻植物的干叶部分制造而成的。晾干的大麻树脂又被称为“印度大麻”。大麻的主要活性成分为 THC，它是化学物质四氢大麻酚的缩写。由于人体对大麻的代谢缓慢，因此其药效可能持续数天。

大麻对身体产生的影响包括脉搏加速、血压上升、眼睛发红、咳嗽与口干。大麻对心理产生的效应包括兴奋、抑郁与出现幻觉特征，这使得我们很难将它归类。服用药物后，吸食者可能产生一些自发的、散乱的思想，对时间和地点的感知混乱，对声音和颜色更加敏感。一个很兴奋的大麻吸食者可能会变得喋喋不休，也可能会不说话。由于吸食大麻还会使记忆力和注意力减退，因此吸食大麻不利于青少年取得好的学习成绩。如果每天服用大量的大麻，则会损害人体的生殖系统，可能会导致后代患有先天缺陷。

20 世纪 80 年代，青少年使用大麻的人数有所减少。例如，1979 年，37% 的高年级中学生表示在过去一个月内曾吸食大麻。然而 1992 年的时候，此比例下降至 14%。图 14.4 所示为 20 世纪 90 年代初期，美国八年级、十年级和十二年级学生使用大麻人数的情况，之后此比例趋于平稳，近年来有所下降（Johnston & others，2005）。一项分析指出，20 世纪 90 年代初期大麻使用的增加与宗教承诺无关，也与青少年的年级无关，其原因可能是人们更接受物质使用以及人们对于“物质对健康有害”的认识有所下降（Johnston，O'Malley，& Bachman，1999）。

兴奋剂

兴奋剂（stimulants）是一种能增强中枢神经系统活性的制剂。使用最广的兴奋剂包括咖啡因、尼古丁、安非他命和可卡因。吸食兴奋剂可以使人心动过快、呼吸急速、体温升高、食欲减退。吸食者体能增加、疲劳感减少、情绪高涨并且充满自信。兴奋剂的药效消失之后，吸食者通常会感觉疲倦、易怒、沮丧、情绪失常，还可能伴随出现头痛等现象。兴奋剂可以使人体对其产生依赖性，使人上瘾。

吸烟 吸烟（烟草中的活性成分为尼古丁）是最严重的也是可预防的健康问题之一。尽管相当一部分年轻人在高中和大学期间才养成吸烟的习惯，但是青少年很可能在七年级至九年级期间便开始吸烟。自 1975 年约翰斯顿与其同事在全美的调研始，香烟已经成为美国高年级中学生日常使用频率最高的物质。

同伴群体在青少年吸烟活动中起着尤为重要的作用（McRee & Gebelt，2001）。最近

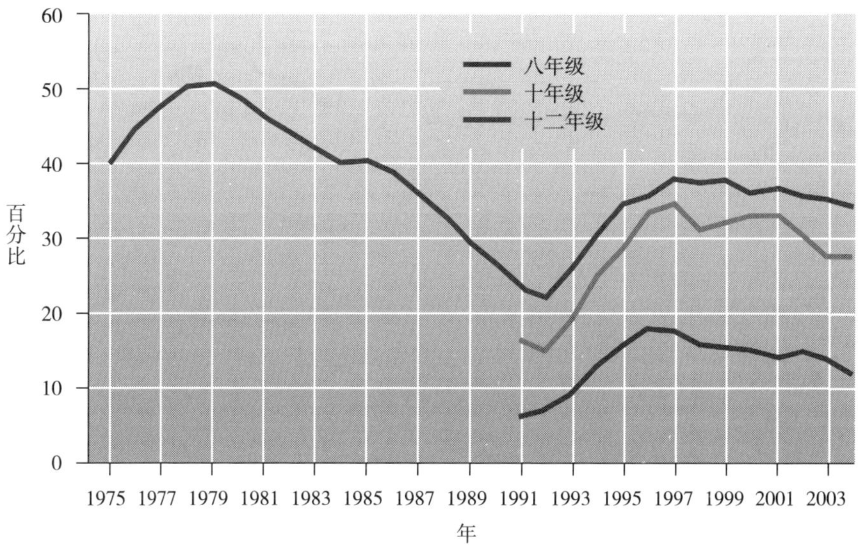

图 14.4

美国八年级、十年级、十二年级学生在过去几十年间使用大麻的趋势。注意：大麻的使用在 20 世纪 70 年代后期增长，80 年代呈下降趋势，90 年代又增长，随后平稳，最近几年又有所下降（Johnston，O'Malley，& Bachman，2005）

的一项研究发现，吸烟的风险性与下列因素直接相关：同伴中有一半以上的人吸烟；有一个或两个好朋友吸烟；或吸烟现象在学校内非常普遍（Alexander & others，2001）。

青少年中的吸烟人数正在逐渐减少（图 14.5）。1996 年和 1997 年两年时间内，青少年中的吸烟人数达到最高点，后来开始逐渐下降。由社会研究所进行的一项全美调查发现，21 世纪早期，美国青少年中的吸烟人数在持续减少（Johnston & others，2005）。1996 年青少年吸烟人数达到最高点之后，美国八年级学生吸烟者的比例下降了 50%。2004 年，表示在过去 30 天内吸过烟的美国青少年的比例为 25%（十二年级学生）、16%（十年级学生）和 9%（八年级学生）。

对于美国青少年吸烟人数的减少有众多解释，包括香烟价格的提高、青少年接触的香烟广告较少、更多反对吸烟的宣传以及对

"告诉你一件事，一到 13 岁我就停止吸烟！"

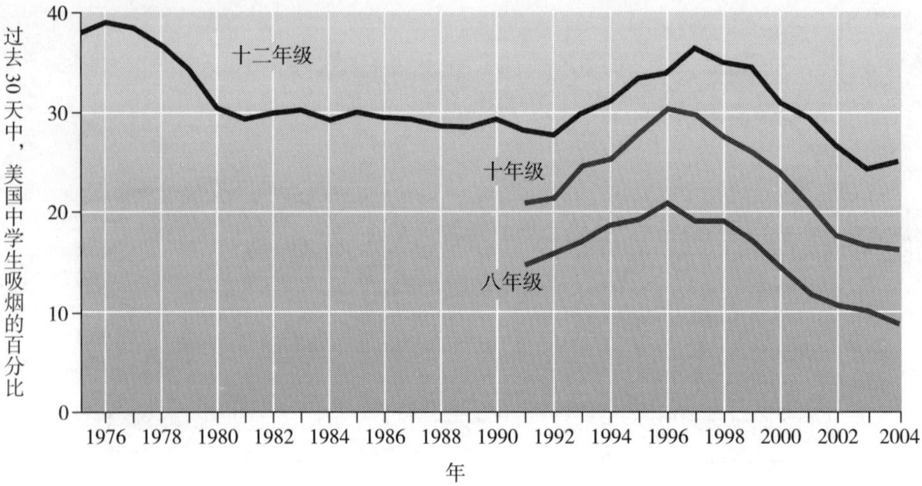

图 14.5
美国中学生的吸烟趋势

烟草业负面宣传的增加等（Myers & MacPherson，2004）。自 20 世纪 90 年代中期以来，越来越多的青少年表示他们知道吸烟有碍身体健康，他们反对吸烟以及不太接受自己身边的人吸烟。此外，他们更愿意与不抽烟的人约会（Johnston & others，2005）。

一项调查研究发现，较早吸烟会带来毁灭性的后果。从青少年期开始吸烟将导致肺部出现永久性基因变化，这会增加患肺癌的风险，即使吸烟者后来戒掉烟瘾（Weineke & others，1999）。在这项调查中，二十几岁时开始吸烟的人遭受上述伤害的可能性要低得多。该项调查的一个显著结论是，低龄时开始吸烟比吸烟量大更能预测日后的基因病变。

两项近期研究发现，青少年吸烟与情绪问题有关。第一项研究对 15 000 余名青少进行了为期一年的追踪，探讨了吸烟与抑郁症之间可能存在的联系（Coodman & Capitman，2000）。研究发现，那些在研究期间开始吸烟的青少年在同年年底出现情绪低落、精神沮丧的可能性比未吸烟的青少年高出 4 倍。第二项研究对 600 余名青少年（平均年龄为 16 岁）进行了追踪研究，直到他们进入成人初显期（平均年龄为 22 岁），结果发现青少年期吸烟与成人初显期的精神障碍可能存在联系（Johnston & others，2000）。那些青少年时大量吸烟的人，在成年后非常容易患有焦虑性障碍。

尽管政府已经通过各种活动鼓励商店在出售香烟时确认购买者身份，然而这些未成年人仍然可以随时购买到香烟。四分之三的美国八年级学生（大多在 13~14 岁）表示购买香烟对他们来说相当容易。同时，超过 90% 的十年级学生也承认他们能够轻易地买到香烟。

另一项研究发现，青少年在 10 岁以后开始吸烟的比率迅速增加，13~14 岁时达到高峰（Escobedo & others，1993）。相对于 12 岁之后开始吸烟的学生，那些 12 岁或 12 岁之前便开始吸烟的学生更容易吸烟成瘾。相对于那些未参加过课外体育运动的学生，经常参加课外体育运动的学生更不可能吸烟成瘾。还有一项研究发现，相对于那些父母不吸烟的青少年，父母吸烟的青少年更容易吸烟（Kandel & Wu，1995）。相对于父亲吸烟，母亲吸烟与青少年吸烟之间的相关更强。

目前存在一种争论：学校的干预项目对减少青少年吸烟是否有效？近期一篇关于学校预防吸烟项目的综述显示，这些项目对 18 岁或 12 年级的学生没有或只有很少的效应（Wiehe & others，2005）。然而，还有一些综述得出结论：有记录表明，一些学校吸烟预防项目对减少青少年吸烟有效（Skara & Sussman，2003；Sussman & others，2005；Tobler & others，2000）。对有效干预的需求，促使研究人员将研究重点转向那些可能导致青少年在今后开始吸烟的高风险因素，特别是来自同伴、家庭成员和媒体等方面的社会压力（Copeland，Heim，& Rome，2001；Kulig & others，2001）。

一些研究人员开发出各种策略来矫正可能导致吸烟的行为（Bruess & Richardson，1992；Perry，Kelder & Komro，1993）。比如，一项调查招募高中生去帮助七年级学生抵制同伴唆使其吸烟的压力(McAlister & others,1980)。高中生通过告诉低龄青少年，“如果吸烟上瘾就不会有真的自由”来鼓励他们抵制那些强有力的广告带来的影响，此类广告暗示，女性吸烟意味着自由。此外，中学生还参加名为“胆小鬼”的角色扮演活动。在活动中，中学生称那些不愿意尝试吸烟的低龄青少年为“胆小鬼”。七年级学生则要学会说“如果我为了讨好你而去吸烟，我才是真正的胆小鬼！”，这样反复练习抵制来自同伴的压力。在经过几次干预之后，相比于附近另一所中学的一组七年级学生，吸烟干预组的学生开始吸烟的可能性要低 50%，即使这两个组的学生的父母吸烟的比例相同。

1988 年，临床心理学家谢丽尔·佩里（Cheryl Perry）与其同事共同发展出了一项全面的保健方法，其中包括遏制青少年吸烟。根据同龄群体规范、健康角色榜样与社会技能训练，他们制定出三个方案。在同伴群体中选出领导者，对其进行教导员培训。在七年级组中,青少年参加“保持干净（Keep It Clean）”的项目,该项目分为六次小组课程，强调吸烟的负面影响;在八年级组中,让学生参加“健康奥运会（Health Olympic）”活动，这种方法包括与国外的同龄人交换有关吸烟与健康的贺卡;在九年级组中，学生参加“变速齿轮”活动，包括针对社交技能的六次小组活动。在社交技能活动中，学生对媒体发表的信息进行评论，同时自己制作包含积极健康信息的录像带。在学校干预青少年吸烟的同时，社区还发起了一场戒烟运动，以及一场培养饮食与健康意识的运动。五年之后，相对于那些未参加此活动的学生，曾参加此活动的学生更不可能吸烟、吸食大麻或酗酒。

可卡因 可卡因是从一种古柯植物中提炼而成的兴奋剂，原产自玻利维亚和秘鲁。多年来，玻利维亚人和秘鲁人通过咀嚼古柯树叶来增加力量。现在，人们常用鼻吸法或静脉注射的方式吸食晶体状或粉末状可卡因。吸食可卡因之后，个体会产生欣快的感觉，感到飘飘欲仙，舒适无比。可卡因的兴奋作用逐渐消退后，吸食者会沮丧沉闷、昏睡无力、失眠、暴躁易怒。可卡因会对人体造成多种损伤，包括心率加快、中风与脑损伤。

现在有多少青少年在吸食可卡因？在过去 30 天内吸食过可卡因的美国高年级中学生的人数在 1985 年达到顶点，约占为 6.7%，随后逐渐下降至 2004 年的 2.3%（Johnston & others，2005）。从 2000~2004 年间，美国学生吸食可卡因的人数比例保持平稳。

越来越多的美国高中生得出这样的结论：吸食可卡因存在许多不可预知的风险。然而，青少年吸食可卡因的比例仍然很高。每 13 名高中生中就有一名学生曾至少吸食过一次可卡因。

20 世纪 80 年代，可卡因发展过程中出现了棘手的一幕：强效纯可卡因的出现。强效纯可卡因是一种经过提炼纯化的烟雾状毒品，价格低廉。通过鼻吸法，强效纯可卡因可以直接进入人体肺部，给人带来一种比普通可卡因更为强烈的快感。在那些成长在城市中、未进入大学学习的青少年中，强效纯可卡因的使用非常普遍。

安非他命 安非他命俗称“冰毒”或“速心”，是医生最常开的一种处方类兴奋剂，有时候以减肥药的形式出现。近年来，使用安非他命的美国高中生大大减少。1982 年，在过去 30 天内服用安非他命的高中生的比例为 10.7%，到 2004 年则下降至 4.6%（Johnston & others，2005）。然而，以咖啡因作为活性成分的非处方类清醒药的使用则大幅增加。近年来，处方类减肥药的使用有所减少，然而 40% 的女性在高中毕业前都尝试使用过减肥药。

摇头丸 摇头丸是一种合成毒品 MDMA 迷幻药的俗称，具有兴奋剂与迷幻剂的药效。它与苯丙胺类药物具有相似的化学结构，通常为丸剂。由于合成迷幻药可以令人很快上瘾，因此吸食者一次吃三丸或四丸。合成迷幻药可以令人产生欣快感，提升感觉体验（特别是触觉和视觉）。摇头丸在年轻人经常参加的聚会或通宵派对上非常流行。年轻人服用过摇头丸后，会跟随强烈的视觉与听觉震撼力舞动身体，服用者会极其兴奋活跃、毫无睡意。服用摇头丸可以导致血压急速上升、中风或心脏病突发（Johnston & others，2005）。多次服用摇头丸可能会损伤与学习和记忆有关的脑区，降低情绪控制力，还会

降低性功能、降低身体对疼痛的灵敏度，令人失眠。

20 世纪 80 年代，美国青少年开始使用摇头丸；2000~2001 年达到顶峰；随后自 2002 年开始，使用摇头丸的美国青少年慢慢减少（Johnston & others，2005）。2004 年，在过去 30 天内服用过摇头丸的八年级、十年级和十二年级学生的比例分别为 0.8%、0.8% 和 1.2%（低于 2001 年时的 1.8%、2.6% 和 2.8%）。2002 年青少年使用摇头丸的人数大大减少，该趋势与青少年对“摇头丸有害健康”的认识增强有关（Johnston & others，2005）。

镇静剂 镇静剂（depressants）是一种可以使中枢神经系统、身体机能与行为变得迟钝的药品。在医学上，镇静剂被用于缓解焦虑与抑郁，利于安神睡眠。目前使用最为广泛的镇静剂包括我们之前讨论过的酒精、巴比妥类和安定类药物。尽管麻醉剂的使用频率比其他镇静剂低，然而它是极为危险的。

戊巴比妥钠、西可巴比妥（速可眠）等*巴比妥类药物*是安神睡眠、缓解焦虑、解除烦躁和令人放松的镇静剂类药物。而像安定、赞安诺这样的*镇定剂*，则能够减轻焦虑和促进放松。停止服用此类药物时会产生戒断症状。自 1975 年发起的一项对美国高年级中学生物质使用情况的调查发现，使用镇静剂药物的学生人数有所减少。举例来说，1975 年，每 30 天内使用巴比妥类药物的学生比例为 4.7%，2004 年时降至 2.9%（Johnston & others，2005）。同时，每 30 天内使用西可巴比妥类药物的学生比例由 1975 年的 4.1% 降至 2004 年的 2.8%。

*鸦片制剂*由鸦片及其衍生物组成的，会抑制中枢神经系统，它们一般被认为是麻醉毒品。许多毒品都是从罂粟中提炼出来的，其中包括吗啡与海洛因（进入大脑后转化成吗啡）。服用鸦片制剂数小时之后，吸食者会产生欣快感、疼痛减轻、食欲与性欲大增。然而，镇静类麻醉药极易成瘾。身体很快会渴望获得更多海洛因，而且戒断时会产生很痛苦的戒断症状，只有通过吸食更多的海洛因才能缓解。

美国中学生使用海洛因的人数比例非常低。然而从 20 世纪 80 年代开始，八年级、十年级和十二年级学生使用海洛因的人数大幅增加（Johnston & others，2005）。2004 年，0.5% 的高年级中学生表示在过去 30 天内服用过海洛因。密歇根大学最近的一项调查得出了令人振奋的结果：相对于 20 世纪 90 年代初期到中期的调查结果来看，此项调查发现，更多的学生认识到海洛因对健康有害。通常，青少年对毒品危险性的认识预示着使用毒品的人数将有所下降。

最近青少年开始使用处方类止痛药，这一点甚是令人担忧。2004 年的一项调查显示：18% 的美国青少年曾经使用过维柯丁（二氢可待因酮），而 10% 的美国青少年曾使用过氧可酮类药物（美国无毒品伙伴组织，2005），后者可被归为镇静催眠类药，服用者极容易上瘾。这项全美调查发现，9% 的青少年表示曾故意服用大量治疗咳嗽的药物，寻求快感。2002 年，密歇根大学将氧可酮类药物纳入自己的调查范围内，对十二年级学生进行了研究。结果显示，从 2002~2004 年，报告在过去一年中曾服用过氧可酮类药物的学生从 4% 增加至 5%（Johnston & others，2005）。

美国无毒伙伴组织（2005）发起的一项调查发现，几乎一半青少年表示，使用处方类药物获取快感比吸食街头毒品更安全。大约三分之一的青少年错误地认为处方类止痛药不会让人上瘾。这些青少年将父母或朋友父母的药箱作为获取处方类止痛药的主要来源。

近期对全美药物使用和健康普查数据的分析显示，美国青少年使用处方类止痛药的情况可能愈演愈烈（Sung & others，2005）。在这项调查中，那些已经在使用违禁药品、来自较低社会经济地位、与父母关系疏离、已经有朋友在吸毒的青少年，尤其有滥用处方类止痛药的风险。

到目前为止，我们已经讨论了多种镇静剂类、兴奋剂类和致幻剂类药物。图 14.6 总结了这三类药物的医疗用途、药效持续时间、过量服用后出现的症状、健康风险、出现身体依赖性和心理依赖性的风险。

合成代谢类固醇 **合成代谢类固醇**（anabolic steroids）是人体雄性激素睾丸甾酮的衍生物，它们可以使人在增加肌肉块头和力量的同时保持好身材。合成代谢类固醇具有很多医疗用途，现在却多被一些运动员和其他人滥用，他们希望提高自己的运动成绩并保持迷人的身材。不以医疗为目的的话，此类药物的使用往往会带有许多身体和心理健康的风险（国家酒精和毒品讯息中心，1999）。

无论是男性还是女性，服用大剂量合成代谢类固醇，通常都会有较为明显的性征变化。对于男性来说，会导致睾丸缩小、精子数量减少、性无能、过早秃顶、前列腺增大、乳房增大、尿痛等。而对于女性来说，服用大剂量合成代谢类固醇会引发脸部和身体产生严重的粉刺、弱化肌腱（可能导致肌腱断裂或撕裂）、HDL 减少（HDL 是一种“较好”的胆固醇）、出现高血压症状。合成代谢类固醇对男性和女性的心理也能产生一定影响，可以令他们暴躁易怒、情绪波动较大（停止服用合成代谢类固醇后，可导致吸食者患上抑郁症）、反复无常，并因偏执和妄想嫉妒而判断力下降。

在密歇根大学进行的调查研究发现，2004 年，0.5% 的八年级学生、0.7% 的十年级学生和 1.6% 的十二年级学生均表示，在过去 30 天内曾使用过合成代谢类固醇（Johnston & others，2005）。近些年来，使用合成代谢类固醇的青少年有所增加（不到 1% 的十二年级学生表示，曾在 2000 年使用过合成代谢类固醇）。在瑞典进行的一项调查研究表明，中学生使用合成代谢类固醇与力量训练、吸烟、酗酒和逃学有很大联系（Kindlundh & others，1999）。

药品类型	医疗用途	短期药效	过量服用后的表现	健康危险	身体 / 心理依赖性风险
镇静剂					
酒精	止痛	令人感觉放松，抑制大脑活动，使行为缓慢去抑制性	丧失方向感，失去意识；甚至由于血液中酒精浓度过高而残废	出现事故、脑损伤、肝脏损伤、心脏损伤、溃疡、出生缺陷	身体依赖性：中等；心理依赖性：中等
巴比妥酸类药物	安眠药	令人感觉放松	呼吸困难、昏迷、甚至死亡	出现事故、昏迷，可能致死	身体与心理依赖性：中等偏高
镇定剂	降低焦虑	放松，使行动缓慢	呼吸困难、昏迷、可能致死	出现事故、昏迷、致死	身体依赖性：中等偏下；心理依赖性：中等偏上
鸦片制剂（麻醉毒品）	止痛	欣快感、困顿、恶心	痉挛、昏迷、可能致死	出现事故，患上 AIDS 之类的传染病（当药品是注入式的）	身体依赖性：高；心理依赖性：中等偏高
兴奋剂					
安非他命	控制体重	增加警觉心、兴奋、降低疲劳、易怒	暴躁易怒、出现被迫妄想症、痉挛	失眠、高血压、营养不良、可能致死	身体依赖性：有可能；心理依赖性：中等偏上
可卡因	局部麻醉剂	增加警觉心、兴奋、欣快感、减轻疲劳感、易怒	暴躁易怒、出现被迫妄想症、痉挛、心脏停搏、可能致死	失眠、高血压、营养不良、可能致死	身体依赖性：有可能；心理依赖性：中等（口服）或高（注射或者吸食）
致幻剂					
LSD	无	强烈幻觉，时间感知错乱	严重的心神不安，失去与现实的联系	发生事故	身体依赖性：无；心理依赖性：低

图 14.6
精神类药物、镇静剂、兴奋剂和致幻剂

吸入性麻醉剂 吸入性麻醉剂是家庭中很常见的一种物质，儿童和青少年用鼻子吸入此类麻醉剂以获取快感。吸入性麻醉剂物质包括航空模型用胶、指甲油清洗剂和洗涤剂。短期内吸食吸入性麻醉剂可能令人产生兴奋感，这种感觉会持续几分钟。如果反复吸入此类物质，兴奋感甚至可以持续几个小时。起初，吸食者会感到轻微的刺激。然而，连续多次吸入此类麻醉剂后，吸食者会感到更难自控，最终可能导致失去意识，长期使用此类吸入性麻醉剂，将会导致吸食者心力衰竭，甚至死亡。

密歇根大学的全美调查研究发现，近些年，美国青少年使用吸入性麻醉剂的人数有所增加，特别是八年级学生（Johnston & others，2005）。每年使用吸入性麻醉剂的青少年人数均有所增加，2003 年时该类人的比例由原来的 7.7% 增加至 8.7%，到 2004 年时已增至 9.6%。在 2004 年的全美调查中，吸入性麻醉剂与氧可酮类药物被列为使用量增长最快的两种药物。

致使青少年吸毒的因素

我们之前已讨论过致使青少年酗酒的因素。此外，研究人员还分析了与青少年吸毒有关的各种因素，特别是个体发展、父母、同伴和学校的作用等（Hops，2002；Petraitis，Flay，& Miller，1995）。

大多数青少年都会在其成长过程中的某一时刻变成物质使用者，无论他使用的物质是酒精、咖啡因、香烟还是大麻、可卡因或者致瘾性麻醉品。研究者特别关注那些在青少年早期，甚至是儿童期就开始使用物质的青少年。一项从 8 岁至 42 岁的追踪研究发现，较早开始饮酒与中年时期酗酒的风险性有直接联系（Pitkanen，Lyra，& Pulkkinen，2005）。同时，此项调查研究也很关注那些通过物质使用来应对压力的青少年。研究者发现，物质使用会妨碍青少年应对突发状况的能力和做出负责任决定的能力。相对于那些青少年晚期开始使用物质的青少年，儿童期或青少年早期便使用物质的青少年，其决策能力与行为能力受到了长期的不良影响（Newcomb & Bender，1989）。当通过使用物质来应对压力时，低龄青少年往往会过早结婚和参加工作，提早进入成年人角色。但他们的社会情感并未得到充分发展，在扮演成人角色的过程中经历更多失败。

幸运地是，当个体到 25 岁的时候，很多人减少了饮酒量和物质使用量。这是杰拉尔德・巴赫曼及其同事（Jerald Bachman & others，2002）对 38 000 余人进行追踪调查（图 14.7）而得出的结论。杰拉尔德・巴赫曼与其同事从中学高年级开始对这些人进行追踪调查，直至他们二十几岁。该项调查研究得出的一些结论如下所示：

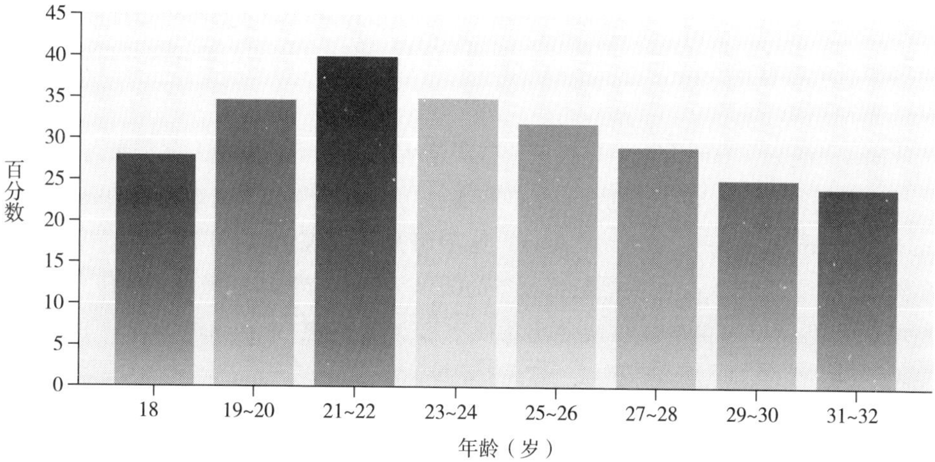

图 14.7

从青少年期向成年期过渡过程中的饮酒情况。图中显示的是个体从 18~32 岁期间自我报告的在过去两周中的饮酒情况（在任何一个场合饮酒五杯或更多）。注意：25 岁以后饮酒量开始下降。

- 相对于那些高中毕业后未进入大学学习的年轻人来说，大学生酗酒的情况更为严重。
- 那些未进入大学的年轻人的吸烟情况更为严重。
- 相对于已婚人士，单身者吸食大麻的情况更多。
- 单身人士与离异人士的饮酒现象最严重。订婚、结婚，甚至再婚都会减少饮酒。因此，生活安排与婚姻状况是决定一个人 20 几岁时饮酒和物质使用的重要因素。
- 相对于那些没有宗教信仰的人，那些认为宗教信仰在其生命中极为重要的人和经常参加宗教活动的人更不可能使用药物。

父母和同伴在防止青少年物质滥用上起着极其重要的作用（Callas，Plynn，& Worden，2004；Eitle，2005；Engels & others，2005；Nash，MeQueen，& Bray，2005；Windle & Windle，2003）。最近一项研究表明，父母的管束与监控和青少年较少使用物质有关（Fletcher，Steinberg，& Williams-Wheeler，2004）。另外一项研究发现，父母管教少、同伴压力、与有问题行为的同龄人交朋友均与青少年较多使用物质相联系（Simons-Morton & others，2001）。同时，最近的一项全美调查发现，父母对青少年的限制（比如青少年放学后的去向，他们通过电视与互联网接触的信息）越多，青少年越可能不吸毒（美国国家毒瘾和药物滥用中心，2001）。此外，一项纵向研究（Kaplow，Curran，& Dodge，2002）把物质滥用早发与儿童发展早期的一些因素联系起来。幼儿园期间儿童的一些风险因素能预测青少年在 10~12 岁使用物质，这些风险因素是：男性、其父母中有一位滥用物质的人、父母较低的语言推理能力以及较低的社会问题解决能力。

近期一项针对 4 000 余名六年级至八年级学生的调查研究发现，父母参与、父母对不滥用物质的期望以及青少年对父母的积极关注等与青少年较少吸烟和酗酒有直接联系（Simons-Morton & others，2001）。而且，这项研究还发现，来自同伴的直接压力、和存在问题行为的同龄人交朋友等与青少年的吸烟、酗酒有关。在另外一项研究中发现，有物质滥用的同伴对青少年首次使用物质有极大的影响（Simons，Walker-Barnes，& Mason，2001）。

包括父母、同伴、榜样、媒体、警察、法院、企业、青少年服务机构和学校在内的全社区预防工作，对减少青少年的物质使用具有明显的效果（Jenson，Anthony，Howard，2005；Schensul，Nastasi，& de Moura Castro，2005）。全社区预防工作方案的基本理念是将所有的工作落到实处。由彭茨（Mary Ann Pentz，1994）发起的“中西部预防计划”开展了一项全社区的健康促进运动，将学校开办的物质滥用课程与当地媒体、社区教育和父母计划联合起来。18 个月后的评估结果与四年后的评估结果均显示，参与此方案的青少年，其饮酒和吸食大麻的比例远远低于那些未实施此方案地区的青少年。

青少年犯罪

本章开头讨论到的 13 岁男孩阿尼是一个已有盗窃与人身攻击犯罪史的青少年犯。那么，什么是青少年犯罪呢？什么是导致犯罪的危险因素？有哪些干预措施可用来防止或减少青少年犯罪？

什么是青少年犯罪

青少年犯罪（juvenile delinquency）这个术语涉及多种行为，包括不为社会所接受的行为（比如扰乱学校秩序）、状态犯罪（比如离家出走）和犯罪行为（比如盗窃）。出于法律目的，对法定犯罪与状态犯罪进行了区分。

- **法定犯罪**（index offenses）是指一系列犯罪行为，无论这些行为是由成年人还是青少年做出，包括抢劫、强奸和杀人行为。

- **状态犯罪**（status offenses）指的是由低于法定年龄的青少年做出的诸如离家出走、逃学、未成年饮酒、性乱交和难以管教等不太严重的行为，归类在青少年犯罪中。最近一项研究发现，近年来这种状态犯罪在青少年期有所增加（Boogers & others，2004）。

美国各州对青少年和成年人的年龄界定有所不同，近四分之三的州或地区将 18 岁作为青少年年龄的上限；两个州将 19 岁定为青少年与成年人的分界线；七个州将 17 岁视为青少年年龄的上限；而四个州则将 16 岁定为青少年与成年人的分界线。因此，青少年 17 岁时离家出走，在有的州便构成状态犯罪，而在其他州则不然。

青少年司法制度中存在的一个问题是，对待青少年犯是否应像对待成年罪犯一样（Cassell & Bernstein，2001；Redding，2005）。一项调查发现，将青少年罪犯视为成年人并对其进行审判，只会增加而不是减少青少年的犯罪率（Myers，1999）。这项调查对宾夕法尼亚州 500 余名暴力青少年进行了研究，而宾州对青少年罪犯采取了强硬政策。与留在少年法庭中的对照组相比，尽管对这 500 余名青少年罪犯给予更严厉的惩罚，然而一旦让他们回到社会，他们却更有可能再度被捕，而且会更快被捕。这一现象表明，为维持短期内的公共安全而将青少年视为成年人并对其起诉，所带来的代价是长期犯罪率的增加。

一些心理学家建议，不应该按照成年人刑法对 12 岁及 12 岁以下的少年进行判决，而成年人刑法适用于 17 岁及 17 岁以上的青少年罪犯（Steinberg & Cauffinan，1999，2001）。他们还建议，应当对 13~16 岁青少年进行一些个别化、具体化的评估，以决定是在少年法庭还是成年人刑事法院对其进行判决。这一观点强烈反对法庭仅仅将犯罪性质作为法庭判决的基础，还应当考虑罪犯的成熟度。近期，青少年医学学会也表示，不应当对青少年使用死刑（Morreale，2004）。

除了对法定犯罪和状态犯罪进行法律区分之外，许多违法行为还被划分为异常行为（Capaldi & Shorh，2003）。**品行障碍**（conduct disorder）指的是持续超过六个月的多种精神障碍类行为，这些行为包括逃课、离家出走、纵火、虐待动物、强行进入他人住宅、过分好斗等。15 岁之前同时出现三种或三种以上的这些行为，而且难以管制或控制的儿童或青少年即被临床诊断为品行障碍。

总之，大多数儿童或青少年时不时会做一些有破坏性的、或给自己和他人带来麻烦的行为。如果青少年在儿童期或青少年早期经常出现这些行为，那么精神病医生就会将他们诊断为品行障碍。如果青少年的这些行为导致出现违法行为的话，社会便将其定性为青少年犯。

每年有多少青少年因犯罪行为而被拘捕？1997 年，执法机构估计美国大约有 280 万 18 岁以下的青少年被拘捕（青少年司法与预防青少年犯罪办公室，1998）。这个数字是美国 10~18 岁青少年人数的 10%。需要注意的是，这个数字仅代表已经被拘捕的青少年，不包括那些已经犯罪却未被拘捕的青少年。

美国政府的统计数据显示，十桩青少年犯罪案件中有八桩案件是男性所为（Snyder & Sickmund，1999）。尽管男性更容易卷入青少年犯罪，然而在过去二十年的时间里，女性的犯罪增长率远远高出男性（Hoyt & Scherer，1998；Quinsey & others，2004）。无论是男性罪犯还是女性罪犯，财产类犯罪的发生率都高于其他类犯罪（比如人身攻击、贩毒和扰乱公共治安）。

青少年犯罪的预测因素

青少年犯罪的预测变量包括：与权威发生冲突、一些掩饰行为之后伴随损坏财物以及其他更严重的行为、轻微攻击行为之后的打架和斗殴、自我认同（消极的认同）、自我控制（较低）、认知扭曲（自我中心偏差）、年龄（开始得较早）、性别（男性）、对教育的期望（较低，低承诺）、学习成绩（在低年级时成绩就不好）、同龄人的影响（影响力大，盲目跟从）、社会经济地位（较低）、父母角色（欠缺监督，较少支持，以及无效的管教）、兄弟（有一个犯罪的兄长）、邻里质量（城市，高犯罪率，人口流动量大）图 14.8 对这些导致青少年犯罪的因素进行了总结。

匹兹堡青年研究（the Pittsburg Youth Study）追踪了 1 500 多个生活在市中心的男孩，共确认了三条青少年犯罪的发展路径（Loeber & Farrington，2001；Loeber & others，1998；Stouthamer-Loeber & others，2002）：

- 权威冲突。这类年轻人在 12 岁之前表现得比较倔强，然后会变得藐视和逃避权威。
- 隐瞒。这条路径指的是先轻微地隐瞒事实真相，如撒谎，随之而来的是损害财产和中等程度的犯罪，然后是严重的犯罪。
- 公开。这条路径先是轻微的攻击行为，然后是打斗和暴力问题。

另一项最新的研究分析了儿童期的破坏行为和青少年违法犯罪的发展轨迹（Broidy & others，2003）。对于男孩来说，早期的问题行为，包括攻击性，都与青少年期的犯罪行为息息相关。然而我们却没有在女孩身上发现两者之间的联系。

让我们来仔细看看其他几个与犯罪有关的因素。埃里克森（Erik Erikson，1968）认为，当一些青少年的发展水平限制了他们获得可接受的社会角色，或者使他们感到自

前　因	与青少年犯罪的相关	描　述
与权威冲突	高度相关	青少年在 12 岁之前表现得比较倔强，然后会变得藐视权威。
掩盖事实的行为	经常性	轻微的掩盖事实的行为，之后导致财产损失以及更严重的行为及后果。
公开的攻击行为	经常性	在轻微的攻击行为之后会有打斗和暴力行为。
自我认同	消极的自我认同	埃里克森认为犯罪行为的发生是由于青少年没有建立自我认同。
认知扭曲	高相关	少年犯的思维包含大量的认知扭曲（例如自我中心偏见，不加思考地指责和误解），这些会导致不良行为发生和缺乏自我控制。
自我控制	低相关	随着年龄的增长，一些儿童和青少年没有获得同龄人所获得的自我控制能力。
年龄	早期开始	早期出现的反社会行为与青少年晚期的严重犯罪有关。但是并不是每个青少年都会犯罪。
性别	男性	男孩的反社会行为多于女孩，女孩更可能逃避，男孩更可能做出暴力行为。
对教育和学业的期望	较低的期望和受教育程度很低	出现不良行为的青少年经常对受教育的期待很低，或者受教育程度很低。他们的口头表达能力通常很弱。
父母的影响	监督力度（低）支持（少）纪律（无效）	少年犯通常来自于父母监督能力不强、支持度不够、纪律松散的家庭。
兄弟姐妹的关系	年长的出现犯罪的兄长	个体与年长的有犯罪行为的兄长在一起更可能出现犯罪。
同伴的影响	影响力大，抵抗力小	其同伴有过犯罪行为的青少年更容易犯罪。
社会经济地位	社会经济地位低	处于较低社会经济地位的男孩更可能实施严重的犯罪。
邻里质量	城市，高犯罪率，高流动性	社区中经常发生犯罪事件，生活在高犯罪地区以及贫穷和人口密集都会使青少年成为罪犯。这些社区经常会有一些管理不善的学校。

图 14.8

青少年犯罪的预测因素

己无法达到自己面对的要求时，他们可能会选择一个消极的自我认同。持有消极自我认同的青少年有可能寻求同伴对其犯罪形象的支持，从而强化这种消极认同。在埃里克森看来，青少年犯罪是在寻求一种认同，尽管这是一种消极认同。

家庭支持系统同样与青少年犯罪有关（Capaldi & Shortt，2003；Dodge，Coie，& Lynam，2006；Quincey & others，2004）。比起没有犯罪的青少年的父母，犯罪青少年的父母在教导孩子方面显得缺乏技巧。他们不擅于鼓励孩子养成好的行为，也不擅于消除其反社会行为。家长监管在决定一个青少年是否会变成罪犯这件事上具有特别重要的作用（Patterson，DeBaryshe，& Ramsey，1989）。最近的一项纵向研究指出，父母对孩子的去向、参加的活动、交往的朋友越不关心，其孩子就越容易犯罪（Laird & others，2003）。家庭不和睦和管教不当也同样与青少年犯罪有关（Capaldi & Shortt，2003）。一项最新的研究发现，如果在 14~17 岁时父亲不在身边，那么青少年男性在 15~30 岁时入狱的风险会很高（Harper & Mdanahan，2004）。越来越多的研究发现，兄弟姐妹可以对少年犯罪有很大的影响（Bank，Burraston，& Snyder，2004；Conger & Renter，1996）。我们在最近的一项研究中发现，兄弟或姐妹关系敌对、兄长或姐姐犯罪与弟弟或妹妹的犯罪有关（Slomkowski & others，2001）。

同伴关系在青少年犯罪中也起到重要作用（Dodge，Coie，& Lynam，2006，Lauber，Marshall，& Meyers，2005）。同伴犯罪增加了青少年犯罪的可能性（Henry，Tolan，& Gorman-Smith，2001）。两项最新研究表明，无论是男孩还是女孩，同伴犯罪都与其自身参与犯罪有关（Heinze，Toro，& Urberg，2004；Laird & others，2005）。

与过去相比，虽然犯罪已不再是一种低社会经济地位的现象，但是一些低社会经济地位的某些特征却可以促使犯罪。许多低收入同伴群体和团伙的规则是反社会的，或者是与社会目标和规则相抵触的。陷入并摆脱麻烦是许多低收入社区青少年生活的显著特征，这些低收入青少年可能会认为，他们可以通过反社会行为来获得关注和地位。“坚韧”、“有男子气概”是对低收入青少年的最高评价，但这种评价却通常是依据成功实施犯罪行为并逃脱处罚来衡量的。

社区的性质对犯罪也有影响（Farrington，2004；Kroneman，Loeber，& Hipwell，2004；Sabol，Coulton，& Korbin，2004）。一个犯罪率高的社区必然会让青少年有许多机会接触到很多犯罪形象，这些人还可能因为自己的犯罪行为获得奖赏（Richards & others，2004）。这种社区的特点通常是贫穷、高失业率和居住者的疏离感。学校的质量、教育基金以及有组织的社区活动等也与犯罪有关。如果学校和社区中有一些有爱心的成人，他们能够使具有犯罪倾向的青少年信服，是否可以认为教育就是通向成功的最好途径呢？的确，当家人的支持不够的时候，这种来自社区的支持对于预防青少年犯罪就变得尤为重要。

暴力和青少年

青少年暴力的高发生率越来越受重视（Barton，2005；Flannery & others，2003；Jackson，Bass，& Sharpe，2005；Mcgee & others，2005；Rappaport & Thomas，2004；Taylor & others，2005），人们尤其关注青少年暴力中的团伙暴力和学校暴力。

团　伙 据初步估计，美国大约有 24 000 个青少年犯罪团伙，超过 750 000 个成员（Egley，2002），大多数成员都在 12~26 岁，他们的平均年龄只有 17 或 18 岁。团伙里的男性成员比女性成员多，女性成员约占了整个组织的 10%~40%。这些团伙一般是由一些低收入社区或者是少数种族的青少年组成（Decker & Curry，2000）。然而，据估计，大约有四分之一的团伙成员都是由非拉丁裔白人组成。

团伙通常都会从事暴力和犯罪活动，并以此作为其身份和忠诚的证明（Lauber，Marshall，& Meyers，2005）。促使青少年成为团伙成员的高危险因素有：经济条件差的混乱社区环境、家庭成员是团伙成员、物质使用、缺少家庭支持或者来自团伙成员的压力（Lauber，Marshall，& Meyers，2005；Thomas，2005；Walker-Barners & Mason，2004）。另外，一项最新研究发现，同伴拒绝、学校表现差和反社会行为都与中学生是否会成为团伙成员有关（Dishion，Nelson，& Yasui，2005）。

学校暴力和枪击 学校暴力是一个在美国引起广泛关注的问题（Chenrpeakobit & Barisch，2005；Molina，Dulimus，& Sowers，2005；Roblinson & Clay，2005）。一次全美性的调查发现，2003 年有 13% 的高中生说他们曾经在学校打过架，并且有 6% 的人说他们曾将武器带到学校（Brener & others，2005）。值得庆幸的是，学校暴力行为有下降的趋势。上述全美调查中提到，从 1991~2003 年，打架事件从以前的 16% 下降到了 13%，携带武器到学校的人数从 12% 下降到了 6%。然而，在打斗中受伤的情况却持续不变。出于对安全的考虑，不去学校的人数由 1993 年的 4.4% 上升到了 2003 年的 5.5%。一些青少年亚群体的暴力行为有所提高。例如，九年级学生和非裔美国学生在学校受到武器威胁或受伤的人

目前，低收入地区特别关注团伙暴力升级的现象。

查尔斯·安迪射杀2人，射伤13人后被警察带走。什么因素可能导致青少年成为杀手呢?

数都有所升高。

在20世纪90年代末期，一系列的学校枪杀案件引起了全美的关注。1999年4月，两个哥伦比亚高中生（位于Littleton，Colorado）哈里斯（18岁）和克里鲍德（17岁）杀死了12个学生和一位教师，并伤了23人，最后自杀。1998年5月，清瘦的基博·金克尔大步跨进了俄勒冈州春田高中的咖啡馆，开枪射杀了他的同学，造成两人死亡，多人受伤。当天晚些时候，当警察来到基博的家中时，发现其父母也死于家中的地板上，同样是遭遇基博的毒手。2001年，15岁的查尔斯·安迪在位于加里福利亚桑蒂区的Santana高中开枪射杀了他的同学，造成2人死亡，13人受伤。根据该校学生的回忆，安迪在学校经常受到欺侮，出事前一周他曾说出了自己的暴力计划，但是之后他马上改口说是在开玩笑，所以并没有人把他的话当真。

心理学家能否预测一个青少年是否会变得暴力呢？这虽然是一项复杂的工作，但仍然是有迹可循的（Cowley，1998）。绝大多数暴力青少年都是男性，很多人都是被一种无能感所驱动，对他们来说，暴力似乎是能力的体现（Fritzon & Brun，2005）。

在郊区和小镇的疯狂射杀引起了关注，但市内贫穷地区的青少年暴力问题远比我们看到的还要严重。贫穷引发了无能感，随之而来的是愤怒。贫穷的生活让人沮丧，并且许多市内社区几乎每天都发生暴力行为，青少年可以耳濡目染。许多生活在贫困中的市区青少年还缺乏父母的关爱和监督。

加巴·里诺（Jannes Garbarino，1999，2001）认为，在这些情况下我们忽视了太多因素。父母通常不愿意承认那些让人担心的事实。哈里斯和克里鲍德都是哥伦比亚高中所排斥的Trenchcoat Mifia团伙的成员。一年前的秋天，他们两个甚至在学校的视频课上制作了一段视频，描述他们走进学校大厅射杀同学的场景。一年之前，谢思里所在的系所收到信息，哈里斯曾在网络上公开吹嘘他和克里鲍德制作出了四枚炸弹。金克尔迷恋于枪支和炸弹，有过虐待动物的不良记录，当他被激怒时脾气很差。警察搜查他的房间的时候，找到了两个管制炸弹、三个大型炸弹，还有他从网上下载的炸药配方。很显然，这些学生身上其实早已显现了威胁行为的信号，但我们却很难预知这类学生是否会真的付诸实践，用谋杀来表达他们的愤怒，消除其自认为的无能感。

加巴・里诺（Garbarino，1999，2001）曾采访过一些少年杀人犯。他总结道，没人会确切地知道为什么一个少数种族的青少年会杀人，但是有可能是因为他缺少精神上的支撑。在加巴・里诺所采访的少年犯身上，他往往能发现一种精神或情感性的匮乏，他们可能会在生活的阴暗面中寻找意义。

有犯罪倾向的青少年往往会表现出以下这些因素，这些因素似乎会促使他们走向犯罪（Walker，1998）：

- 过早的吸毒和喝酒
- 容易接触武器，尤其是手枪
- 与反社会的、非正常的同伴群体接触
- 过多接触媒体中的暴力

很多有犯罪倾向的青少年很容易被激怒，对真实的或想象的蔑视反应过度，有时会造成悲剧性的结果（Knox & Roberts，2005）。由于自身的敌意和不安，他们有可能会误解人们的动机和意图（Coie & Dodge，1998；Dodge，Coie，& Lynam，2006）。从而导致他们不断与同伴和老师进行敌意对峙。所以，易怒的青少年发出威胁他人的警告并不奇怪。

一项基于全美青少年健康的纵向研究表明，安全型依恋、生活在一个完整的家庭且与家人一起做礼拜的 17~20 年级的青少年，更不可能有暴力行为（Franke，2000）。

以下是来自俄勒冈州社会学习中心的关于减少青少年暴力的一些建议（Walker，1998）：

- 重新承诺安全而有效地抚养子女。包括采用一些经证明能够教育出健康的、适应良好的孩子的教养行为。这些行为一致、公平但并不苛刻，且没有严厉惩罚的规则，这些行为还包括仔细的监管和监督，积极的家庭管理技巧，参与孩子的日常生活，听取孩子的每日活动汇报，以及教给孩子解决问题的策略。
- 使预防成为现实。口头的预防战略说得太多，而没有在必要的时候让他们有效地体现出来。
- 给予学校更多支持。学校的教育对象是一个群体，其中包括了很多问题学生。
- 在家庭、学校、社会服务体系、教堂以及其他机构中建立有效的成员关系，以便为所有的青少年创造社会经验，使他们有机会获得积极发展。

与青少年发展有关的职业

罗德尼·哈蒙德

健康心理学家

罗德尼·哈蒙德（Rodney Hammond）叙述了他的大学经历。“我在伊利诺伊大学开始大学生活的时候，并没有决定自己要主修哪个专业。为了筹措学习经费，我在业余时间参加了心理学资助的一个儿童发展研究项目。那里为市区的孩子们提供了很多有利于他们学习的环境。我直接看到了心理学的作用，并且立志要做一名心理学家”（美国心理学会，2002）。

罗德尼·哈蒙德在学校和社区学院继续完成了他的博士学位，并继续关注儿童的发展。之后的数年里，他在俄亥俄州立大学培养临床心理学家，并指导了一个项目，旨在减少少数种族地区青少年的暴力行为。他和同事们教导那些高危青少年如何利用社交技巧有效处理冲突和识别可能导致冲突的情境。今天，罗德尼已经是亚特兰大疾病控制和预防中心暴力预防部门的主任了。罗德尼说，如果你喜欢与人打交道，喜欢解决冲突，心理学是把这二者结合在一起的最佳方式。

罗德尼·哈蒙德正在与一个青少年交谈，讨论如何应对压力和避免冒险行为。

大卫和罗杰·约翰逊（1995，2003）坚信学校不应该只有暴力干预项目，还应该增加冲突解决训练。确实很有必要对学校的暴力进行干预，但是大多数暴力干预措施却由于针对性不强（太笼统，没有关注最需要它们的一小群学生）而没有奏效，有的只提供了材料却没有去实施执行（干预者通常认为只需要几小时就可以“解决”有暴力倾向的学生），并且没有认清社会因素对对暴力行为的影响（学校并不能解决我们所有的社会问题，比如说堕落的邻里社区，缺少父母的支持等等）。

绝望和自杀

正如本章前面提到的那样，接受心理治疗的青少年最常表现出的特点是悲观和抑郁，尤其是女孩。在本节中，我们会讨论青少年抑郁和自杀的本质。

抑　郁

一个自称“我很郁闷”或者“我感到情绪低落”的孩子有可能是在描述一种仅会持续几个小时的心境，也有可能是更持久的心理障碍。在**重度抑郁障碍**（major depressive disorder）中，个体通常会出现重度抑郁发作和抑郁特征，比如嗜睡和绝望。这些特征一般会持续两周或更久，会损害其日常功能。根据 DSM Ⅵ（美国心理学会，1994）对心理障碍的分类，患者有 9 个抑郁症状就可以被定义为重度抑郁症发作，在两周的时间内至少要出现以下特征中的 5 个，就要被归为重度抑郁障碍：

抑郁更容易发生在青少年期，而不是儿童期；抑郁更容易发生在青少年女孩身上，而不是男孩身上。为什么青少年女孩比男孩更容易抑郁呢？

1. 几乎一整天都处于抑郁的心境中
2. 对大多数活动失去兴趣或没有兴趣
3. 体重暴增或暴减，暴饮暴食或胃口下降
4. 有睡眠问题或嗜睡
5. 精神性焦虑或反映迟钝
6. 疲劳或无精打采
7. 自我贬低，过度内疚或行为举止不当
8. 在思考、注意力和做决策方面有困难
9. 经常想到死亡和自杀

在青少年期，常见的抑郁症状可以表现为喜欢穿黑色的衣服，写一些病态的诗歌，或专听一些压抑的歌曲。睡眠问题可能体现在整晚看电视，不愿按时起床上学，或是白天睡觉。对一些通常会令人愉悦的休闲活动丧失兴趣，表现出不愿与朋友交往或大多数时间独自待在卧室。动机和精力的丧失可以表现在缺课、逃课方面。抑郁的结果就是无聊至极。青少年的抑郁症同样可以和品行障碍、物质滥用以及进食障碍一起发生。

青少年抑郁究竟是多么严重的一个问题？调查发现，约有三分之一的学生受到抑郁的困扰而求助于心理健康诊所（Fleming，Boyle，& Offord，1993）。抑郁症在青少年中比在小学生中更常见（Compas & Grant，1993）。在 15 岁的时候，女孩患有抑郁症的比例是男孩的两倍，导致这种性别差异的原因可能是：

- 女性更容易陷入抑郁情绪并将之放大
- 女性的自我意象，尤其是身体意象比男性更消极
- 女性比男性要面对更多的歧视
- 青少年期激素的变化降低了青少年对抑郁的抵抗力，尤其是女孩

心理健康专家认为，青少年期的抑郁通常没有被诊断出来。为什么会这样呢？传统观点认为，正常的青少年通常也会有情绪波动，容易沉浸在对自身的反省中，表达厌烦的情绪并表现出无助感。因此，家长、老师和其他的观察者们可能会把这些行为看做是暂时性的问题，并不是心理障碍，认为它们只是正常青少年的行为和想法。

对抑郁青少年的后续研究表明，个体在青少年期所体验到的抑郁可以预测成年后的相似问题（Garber & others，1988；Lewinsohn & others，2006）。这表明青少年的抑郁症不会自动消失，应该认真对待和处理。而且，与没有被诊断为抑郁症的青少年相比，被诊断为抑郁症的青少年在成年后更容易继续体验到相同的问题。最新的一项纵向调查发现，青少年期暂时的问题与具体的情境因素有关（如消极同伴事件），而持续长久的问题则受个体人格特征的影响，如内化行为（Brooks-Gunn & Graber，1995）。

其他一些家庭因素也与青少年的抑郁相关（Graber，2004；Seroczynski，Jaequcz，& Cole，2003；Sheeher，Hops，& Davis，2001）。如果父母患有抑郁症，那么孩子在儿童期和青少年期也容易患抑郁症（Windle & Dumenci，1998）。如果父母不与孩子进行情感交流，陷于婚姻冲突之中，或者有经济问题，也很可能导致他们的孩子出现抑郁（Marmorstein & Shiner，1996；Sheeber，Hops，& Davis，2001）。

同伴关系差也与青少年的抑郁有关（Kistner，2006）。没有亲密朋友，缺乏与朋友的交流和受到同龄人的拒绝，都会加重青少年的抑郁倾向（Vernberg，1990）。青少年期的浪漫关系问题同样也可能引发抑郁（Davila & Steinberg，2006）。

经历一些艰难的生活变动和挑战也与青少年的抑郁症状相联系（Compas，2004）。父母离异会加剧青少年的抑郁；在从小学向初高中过渡的过程中经历发育期的青少年要比过渡结束后经历发育期的孩子更容易抑郁（Petersen，Sarigiani，& Kennedy，1991）。

一般采用药物和心理治疗的方式治疗抑郁症（Beckham，2000；Blatt，2004；Sanders & Wills，2005）。在 60%~70% 的病例中，抗抑郁药物能够减轻抑郁症状，它通常需要两到四周的时间来改善情绪。认知疗法在治疗抑郁症方面也有一定的效果（Beck，1993；Hollon，2006）。

自　杀

抑郁会增加青少年的自杀意念和自杀企图（Wenth，2004）。一项最新的研究表明，过度的自我批评和无助感与自杀意念和行为相关（Cox，Enns，& Clata，2004）。

自杀行为在儿童时期并不常见，但到了青少年期就有所增加（Judge & Billick，2004）。在当今美国，自杀已成为导致 10~19 岁个体死亡的第三大原因（全美健康调查数据报告中心，2002）。青少年的自杀率在 20 世纪 90 年代达到顶峰之后，最近几年有所下降（Gould & others，2003）。在 2000 年，有 1921 个 10~19 岁之间的美国青少年自杀（全美健康调查数据报告中心，2002）。

尽管这些自杀事件值得我们认真对待，但更多的青少年却是自杀未遂（Borowsky，Ireland，& Resnick，2001；Mazza，2005；Seroczynski，Jacquez，& Cole，2003）。在一项全美调查中，有 19% 的美国中学生说，他们在过去的一年中曾认真地考虑过自杀或是试图自杀（全美健康调查数据报告中心，2002）；有不到 3% 的学生报告了曾试图自杀，结果最终导致受伤、中毒或服药过量接受医生治疗。女性比男性更容易尝试自杀，但男性却更容易自杀成功。男性一般采取更致命的方式来自杀，如枪支。而女性则更喜欢割手腕和服用大量的安眠药，但这些手段往往并不能致死。一项关于青少年的最新的调查表明，自杀意念在 15 岁时达到高峰（Rueter & Kwon，2005）。这项研究发现，那些有自杀意念的孩子，通常其父母也有自杀的倾向。最近的另一项调查也表明，家庭成员的自杀行为会使得青少年产生自杀意念和尝试自杀的高风险（Cerel & Roberts，2005）。还有一项研究表明，无论是男性还是女性青少年，服用违法药品与自杀意念和自杀行为有关（Hallfors & others，2004）。

一些学者争论，性取向不同于主流的青少年可能会更容易自杀。例如，在一份关于 12000 名青少年的研究中，有大约 15% 的男同性恋者和女同性恋者表示他们曾尝试过自杀，而异性恋者中有自杀倾向的人数比率是 7%（Russell & Joyner，2001）。然而，另一份研究显示，男同性恋青少年和女同性恋青少年的自杀倾向只比异性恋青少年稍微高一点（Savin-Williams）。研究同性恋青少年的领军人物里奇・萨文・威廉姆斯（Rich Savin Willians，2001）认为，先前的那些研究似乎夸大了同性恋青少年的自杀率，因为他们仅调查了那些参加支持团体或在同性恋场所出没的青少年，而这些被调查者通常是最受困扰的。

早年的经历也与自杀有关（Gould，2003）。青少年成长在长期不稳定或不幸的家庭环境中，童年时缺少来自家庭的关爱和情感支持，受到高度控制，或者是父母对成绩的要求过高等，都与青少年抑郁有关。诸如此类的家庭经历可能是导致日后自杀的因素。这些青少年也可能缺少支持性的友谊。

遗传因素与抑郁有关，同样它们也与自杀倾向有关。如果一个人与另一个已经自杀的人有紧密的基因关系，那么这个人也更可能有自杀倾向。另外一个因素是先前的自杀尝试，真正自杀的风险会随着每次尝试而增加。

自杀的青少年都有怎样的心理状况呢？自杀的青少年通常有抑郁症状（American Academy of Pediatrics，2000；Holmes & Holmes，2005；Mean & others，2004）。尽管不

该做什么：

1. 以一种冷静的方式直接坦率地问“你打算伤害你自己吗？”
2. 通过询问对方的感受、重要关系、是否还对他人谈起过自杀，以及他对自杀方法的思考来评估个体自杀意图的严重性。如果他已经准备了枪支、药物、绳子或其他的东西，制定了周密的计划，则毫无疑问情况非常严重，那么就要与这个人在一起直到救援来到。
3. 当一个好的听众，给予支持性的回应，而不要给出错误的安慰。
4. 尽力劝说这个人去寻求专业帮助，并帮助其获得这种帮助。

不该做什么：

1. 不要忽视危险信号。
2. 当别人向你提起自杀的时候不要回避谈论这个问题。
3. 不要以幽默、否定或者排斥的态度做出反应。
4. 不要给出错误的安慰，说“一切都很好”等，同样也不要给出简单或者陈词滥调式的回应，比如“你已经得到一切，应该知足了。”
5. 在这个人已经度过危机后，或者已得到专业帮助后，不要离开他。

图 14.9
当你怀疑某人有可能自杀时，你该做什么以及不该做什么

是所有抑郁的青少年都会自杀，但抑郁是最常提到的与青少年自杀相关的因素。绝望、低自尊、高度自我苛责等都与青少年的自杀有关（Harter & Marold，1992，Seroczynski，Jacquez，& Cole，2003）。

有时候，青少年自杀会扎堆发生。也就是说，当有一个青少年自杀后，其他知道这件事的孩子也会仿效自杀。这种“模仿”自杀引起了一个问题，即媒体是否应该对自杀进行报道，这样的一条新闻有可能在某些青少年的脑子里植下自杀的想法。

最近，与青少年自杀有关的一个研究焦点是抗抑郁药物与自杀意念的关系（Lack & others，2005）。2004 年 10 月，联邦药物管理委员会发表了一份基于多项研究的综述。这份报告指出，2%~3% 的正服用抗抑郁药物的青少年的自杀意念会增加。据估计，在美国，医生给近 100 万的儿童和青少年开过抗抑郁药。

图 14.9 为你提供了非常有用的信息，它告诉你，当你怀疑某人有自杀倾向的时候，你应该做什么，不应该做什么。

青少年问题和预防 / 干预之间的关系

危机中的青少年有什么特点？预防和干预青少年问题的最佳策略是什么？

有多重问题的青少年

影响大多数青少年的四个问题是：（1）物质滥用；（2）青少年犯罪；（3）性问题；（4）与学校相关的问题（Dryfoos，1990，1997）。最危险的青少年通常有不止一个问题。研究人员不断发现，青少年的众多问题行为之间是相关的（Santelli & others，2001；Tubman，Windle，& Windle，1996）。例如，严重的物质滥用通常跟过早的性行为、成绩差、辍学、犯罪等相关。过早开始性行为与吸烟、饮酒、吸食大麻及其他非法药物的使用、成绩差、辍学、犯罪等相关。犯罪与过早的性行为、早孕、物质滥用和辍学等相关。在美国，高达 10% 的青少年有多重问题行为（退学或者在同年级中成绩很差的青少年，通常会滥用药物、吸烟和吸食大麻，性行为活跃但并不采取避孕措施）。许多（但不是所有）处在高危中的青少年会出现上述所有问题。另外 15% 的青少年虽然有许多上述问题行为，但是行为频率相对较低，并且后果不那么严重。这些高危青少年通常至少有 2~3 种问题行为（Dryfoos，1990）。

预防和干预

除了了解许多青少年有多重问题行为以外，建立一些减少青少年问题的干预项目同样重要（Weissberg，Kumpfer，& Seligman，2003）。在本章前面我们已经介绍了很多针对特定青少年问题的预防和干预措施，比如针对药物滥用和青少年犯罪的预防和干预。现在，我们集中介绍一些预防和干预青少年问题的一般性策略。青少年问题研究者德赖弗斯（Joy Dryfoos，1990，1997）综述了一些可非常成功地预防和减少青少年问题的项目，他介绍了这些成功项目的共同特点，包括：

1. *加强个体化关注*。在成功的项目中，每个高危青少年与一个负责的成年人相配对，该成年人给予青少年足够的关注，并且处理他的具体需要（Glidden-Tracey，2005；Nation & others，2003）。这个主题出现在很多不同的项目里面。在一个成功的应对物质滥用的项目中，学生助理咨询师要全程提供个体咨询和相关治疗。
2. *在社区范围内采取多机构协助的方法*。全社区项目的基本理念是许多不同项目和服务必须各司其职并相互配合。在一个成功应对物质滥用的项目中，社区范围的健康促进运动借助了当地的媒体和社区教育，并与学校中的物质滥用课程结合起来。如果包含政策变动、媒体活动的社区项目与家庭、同伴和学校元素结合起来，就会更加有效（Wandersmann & Florin，2003）。

3. 及早发现问题并干预。在问题发展之前或者在问题刚开始的时候联系孩子及其家庭会是一种很成功的策略（Botvin，1999；Guterman，2004；Pianta，2005；Ripple & Zigler，2003）。

下面是三个值得注意的干预 / 研究项目：

- 高起点项目　这是一个学前项目，是一个预防犯罪、早孕、物质滥用和辍学的非常出色的干预模式，它由密歇根伊普西兰蒂的高起点基金会所开创。佩里学前教育对其学生有长期而积极的影响，这个由戴维·韦肯特领导的改进项目为美国的贫困非裔儿童服务。该项目中的孩子要参加为期两年的高质量的学前项目，并且每周都接受项目组成员的家访。根据官方的数据，与控制组的孩子相比，在 19 岁之前，这些参加了佩里学前班的孩子通常较少被拘捕和攻击成年人。参加过佩里学前班的孩子辍学的可能性也更小，老师评价他们的社会能力比那些没有参加学前班的控制组的孩子更高。
- 快速追踪项目　这是另一个致力于预防青少年问题的项目（Conduct Problems Prevention Research Group，2002；Dodge，2001）。该项目要识别出在家里或幼儿园中表现出行为问题的高危儿童。然后，在小学阶段，该项目在家庭教养方式、问题解决技能和应对技能、同伴关系、课堂气氛和课程、学习成绩，以及家庭 - 学校关系等方面,为这些孩子及其家庭提供帮助和培训。有 10 位项目干预者将与这些孩子、他们的家庭和学校一起工作，从而提高这一地区的保护性因素，降低危机因素。结果显示，在小学期间，与没有接受干预的控制组高危儿童相比，干预非常有效地改进了父母的教养方式，也提高了干预组儿童的问题解决能力和应对能力，改善了他们的同伴关系、阅读成绩，减少了他们在家里和在学校的问题行为。
- 全美青少年健康的纵向研究　这项研究基于对 12118 位青少年的访谈，对于预防青少年问题有一定的启示（Resnick & others，1997）。感知到的青少年与父母和老师的联系是预防情绪压力、自杀念头和行为、暴力行为、抽烟、饮酒及吸食大麻等青少年问题的主要因素。这项研究还支持了上面提到的成功预防 / 干预项目的最重要的因素——加强个体化关注，特别重要的是，这种关注要来自于青少年生活中最重要的人，例如父母或教师（Greenberg & others，2003；Kumpfer & Alvarado，2003）。

第 15 章 健康、压力和应对

关注你的健康，如果你拥有它，请真心珍视；因为健康是我们力所能及的祝福。

——Izaak Walton[1]

《高明的垂钓者》，1653

青少年发展的镜像

莎拉的肥胖症、布赖恩的体育锻炼以及艾伦的压力问题

食物成了我生活中的大问题。直截了当地说吧，我不喜欢自己。我也知道，由于我的体重问题，其他人也不喜欢我。我只有 5 英尺 2 英寸高，却有 166 磅重。我讨厌自己这么胖，但似乎又减不了肥。去年我一点也没长高，却又重了 20 多磅。有的女孩儿觉得自己胖，但她们其实真的不胖。昨天我听一个女生说她有多么胖，怎么可能啊，她还不到 100 磅，让她变成我这样试试看。我了解所有的节食减肥法，但在我看来，没有一个可以经得起时间的考验。我曾想过 100 遍要坚持一种节食方法，尤其当我大吃特吃之后。但是，第二天起床后，我又开始大吃特吃，这真令我绝望。

——莎拉，15 岁

在我们班，许多同学的身体状况真可以说是令人怜悯。除了在体育课上，他们从不锻炼身体。但即便是在体育课上也很少出汗。午饭时间，我看到一些这样的人三五成群地去抽烟。难道他们不清楚这种行为对他们的身体会造成什么影响吗？我所能说的是，很庆幸我不像他们。我是篮球队的一员，在赛季，教练经常让我们打比赛，直到我们筋疲力尽。暑假里我仍然去打篮球并且经常游泳。我不知道除了锻炼还有什么好玩儿的事情可做，我可不能忍受身体不成样子。

——布赖恩，14 岁

我从未想到成长的历程会如此艰难，我总是感到压力的存在。我的父母让我承受了巨大的压力，尽管他们说不会给我施压，但事实却相反。我很担心会拿一个 B 的成绩回家，他们想要我做到完美。每天我都倍感焦虑，担心做得还不够。我想进入一所名校深造，但又觉得我做不到。有时我的心跳真的很快，我似乎也无法平静下来，真希望有人可以帮我更好地应对这些压力。

——艾伦，17 岁

---

1 Izaak Walton（1593~1683），17 世纪英国作家。以《高明的垂钓者》，又名《沉思者的娱乐》，《垂钓大全》一书享誉文坛。——译者注

预 览

以上三个孩子提到的肥胖、锻炼和压力是青少年健康的重要方面。在本章中，我们将从这些主题出发，讨论为什么说青少年期是个体健康的一个关键时期、营养和进食障碍、锻炼和体育运动、睡眠以及压力和应对问题。

探索青少年的健康

为什么说青少年期是个体健康的一个关键时期？青少年会在多大程度上卷入冒险行为？青少年使用公共卫生服务的情况如何？导致青少年死亡的主要原因有哪些？

青少年期：个体健康的一个关键时期

青少年期是形成健康行为的一个关键时期（Maggs，Schulenberg，& Hurrelmann，1997；Roth & Brooks-Gunn，2003）。许多与成年期不良健康习惯以及早亡相关的行为都开始于青少年阶段。与此相反，早期形成的健康行为模式，例如规律的锻炼、喜好低脂和低胆固醇的食物等，不仅能产生立竿见影的健康收益，也有助于延缓或防止成年期由心脏病、中风、糖尿病、癌症等引发的残障和死亡（Barakat，Kunin-Batson，& Kaszak，2003；Phillips，2003；Ramey，Ramey，& Lanzi，2006）。

不幸的是，即便美国已成为一个注重健康的国家，许多成年人和青少年仍然吸烟，有不良的饮食习惯，将太多的时间用来窝在沙发上看电视（Insel & Roth，2006）。为什么会这样呢？

在青少年阶段，人们会在健康、力量、体能等方面达到顶峰，也会产生一种优越感和韧性，认为自己不会受疾病的影响，即便生病，也会迅速康复。基于体能上的优越和认知上的假象，许多青少年形成不良的生活习惯也就不足为奇了。

许多健康专家认为，促进青少年的健康状况仅靠生病时将他们带到诊所是远远不够的。专家们逐渐意识到，青少年是否产生健康问题主要取决于他们的行为（Foraker & others，2005；Phillips，2003；Spijkerman，van den Eijnden，& Engels，2005）。健康专家的主要目标在于：（1）减少青少年有损健康的行为，诸如吸毒、暴力、无保护的性行为以及危险的驾驶行为；（2）增加青少年促进健康的行为，例如锻炼、有营养的饮食习惯、乘车系安全带以及睡眠充足。

青少年的冒险行为有何特点？

冒险行为

青少年的冒险行为不断增加，它是一种有损健康的行为。例如，从青少年初期开始，个体总是“寻求产生强烈感受的体验……青少年喜欢刺激、兴奋和唤起。他们沉迷于震撼、犹如炮轰的音乐，成群结队地去看恐怖和惊悚电影，他们占据了游乐园里玩高空过山车的队列。性、毒品、非常吵闹的音乐以及其他高刺激体验对青少年极具吸引力，在这一人生发展阶段，人们偏爱奇遇，嗜好冒险，渴望新鲜事物和达到近乎天然的兴奋水平的悸动。尽管提到的上述模式在绝大多数青少年身上都很明显，但仍要注意到青少年阶段的孩子存在很大的个体差异”（Dahl，2004，p.6）。

我们在第 3 章“青春期及其生理基础”中已经讨论过，抑制冒险行为的自我调节技能通常在青少年晚期或成年初显期才得以发展。这里我们也需要指出，冒险行为的增加与自我管理延迟之间的差距与大脑边缘系统（掌管快乐寻求和情绪）的发育有关，而边缘系统的发育要早于额叶（掌管自我管理）的发展（Steinberg，2004，2005；Spear，2004）。

那么我们可以做些什么来满足青少年寻求冒险的动机而又不危及他们的健康呢？劳伦斯·斯腾伯格（Laurence Steinberg，2004，p.58）指出，其一是限制“会引发不良后果的不成熟决断的机会……这些策略包括提高烟草价格，严格监管酒的销售，提供更多的心理健康和避孕服务，提高驾照发放年龄等。这些方法在限制青少年吸烟、物质滥用、自杀、怀孕、机动车造成伤亡等方面的效果，要好于仅仅教育青少年要理智、减少冲动、别只顾眼前等方法。”对父母、教师、管理员及其他监护人来讲，有效监督青少年的行为也非常重要（Dahl, 2004）。但是，在很多情况下，成年人却过早放开对青少年的监管，让他们独自或与朋友、同伴共同面对充满诱惑的情境（Masten，2004），当青少年身处诱惑而危险的境地却缺乏成人监督时，由于对冒险行为的偏好和缺乏自我规范技能，他们很容易遭受一系列消极后果。

公共卫生服务

与成年人相比，尽管青少年更容易遭受急性健康问题的影响，但他们却比其他年龄群体的人更少去看私人医生（Edelman，1996），也更少利用其他卫生保健系统（Drotar，2000；Klein& others，2001；Marcell & Halpern-Felsher，2005；Seiffge-Krenke，1998）。尤其是对于年龄较小的青少年、少数种族青少年和生活贫困的青少年，公共卫生服务往往无法满足他们的需求。

在一项针对青少年健康的全美追踪研究中，研究者访谈了 12000 多名青少年，考察他们需要却没能获得保健服务的情况（Ford，Bearman，& Moody，1999）。近 19% 的受访者报告，在上一年放弃了卫生保健服务。那些非常需要保健服务却没有寻求帮助的是每天都吸烟、经常饮酒、参与性行为的青少年。

需要特别关注的是，年龄较大的男性青少年更少寻求公共卫生服务（Wilson，Pritchard & Revalee，2005）。美国一项新近调查发现，与 11~15 岁男性相比，16~20 岁的男性青少年更少使用卫生保健服务（Marcell& others，2002）。与此相反，与年幼的女性相比，16~20 岁的女性青少年则更多地寻求卫生保健服务。

影响青少年寻求保健服务的主要障碍包括保健服务的费用高、运作不良、不便利、缺乏保密性以及青少年不愿与保健服务人员谈论敏感的健康问题。在保健服务人员中，很少有人接受过接待青少年的专门训练。许多卫生工作人员表示，在为青少年提供诸如避孕咨询、评估青少年反常行为等服务时，他们感到缺乏相应的准备（Irwin，1993）。保健服务人员可能向来访者传递了讨论性、毒品等话题的不适感，从而引发青少年避而不提这些敏感话题（Marcell & Millstein，2001）。最近的一项调查发现，居住于城镇的青少年家长希望保健服务人员与青少年讨论诸如性传播疾病、避孕、吸毒、抑郁、营养以及压力等较为敏感的健康问题（Cohall& others，2004）。然而事实上，保健服务人员很少与青少年谈论这些话题。

导致死亡的主要原因

与 20 世纪早期相比，医疗卫生的进步提高了当今青少年的预期寿命，但威胁生命的因素仍然存在于青少年的生活中。

在青少年期，导致死亡的三大主要原因是意外事故、凶杀和自杀（美国国家卫生统计中心，2000）（见图 15.1）。在 15~24 岁的死亡事件中，一半以上由意外事故造成，其中近四分之三涉及机动车。冒险的驾驶习惯（例如超速、追尾、酒后或吸毒后驾驶）是导致这些事故的重要原因，缺乏驾驶经验并非主要原因。在 50% 左右涉及青少年死亡的车祸案例中，驾驶人员血液中的酒精含量在 0.10%——在美国的某些州，这一数值被判定为正常水平的两倍。而作为行人或使用其他交通工具却死于车祸的青少年，有很多人也处于酒精和毒品的影响之下。

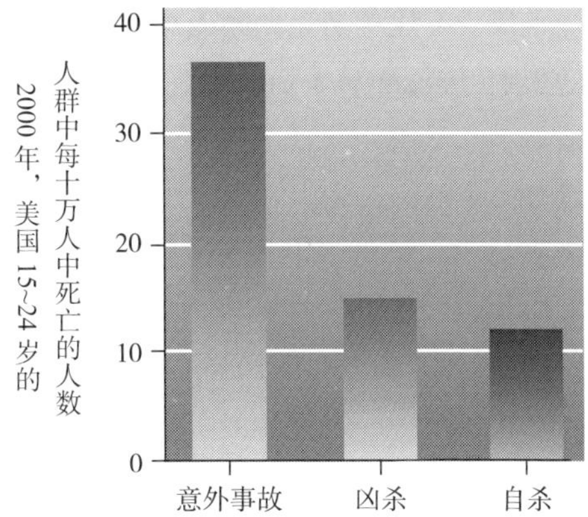

图 15.1
导致青少年期与成年初期个体死亡的主要原因

凶杀是导致青少年死亡的另一个主要原因，尤其是男性非裔美国青少年，他们被枪杀的可能性是自然死亡的三倍。自杀是导致青少年死亡的第三个主要原因。正如我们在第 14 章提到的，自 20 世纪 50 年代以来，美国的自杀率是以往的三倍，近年来自杀率则有所下降（Gould& others，2003；Rueter & Kwon，2005）。

成年初显期的健康

处于成年初显期的个体，其慢性健康问题较少，与儿童期相比，他们患感冒和呼吸系统疾病的可能性更少（Rimsza & Kirk，2005）。绝大多数大学生清楚如何预防疾病并促进健康。一项研究显示，大学生列举的保持健康的行为分别为营养、睡眠、锻炼、关注体重等，这一排序与专业护士的排序几乎吻合（Turk，Rudy，& Salovey，1984）。

尽管大多数大学生了解如何预防疾病和促进健康，但将知识应用到实际中的情况却并不尽如人意（Lenz，2004）。一项调查表明，大学生认为他们自己根本不会受心脏病或饮酒问题的困扰，但却认为其他大学生存在患病风险（Weinstein，1984）。尽管大学生认为家族史等因素会影响患心脏病的风险，但他们仍认为患病的可能性与锻炼、吸烟、吃肉或其他高胆固醇含量的食物无关。许多大学生对自身未来的健康状况具有不切实际的、过于乐观的估计。

很少有成年初显期的人会停下来想一想他们的生活方式对其今后的健康会造成怎样的影响(Sakamaki & others,2005)。在成年初显期,我们中的许多人会形成一些生活方式,诸如不吃早饭，饮食不规律，将零食、快餐作为主食，饮食过量导致超重，抽烟、饮酒过量，不锻炼，晚上睡眠过少等（Cousineau，Goldstein，& Franco，2005）。这些生活方式都与不良的健康状况相关（Belloc & Breslow，1972；Krahn & others，2005；Rimsza & Moses，2005）。在伯克利，一项对个体健康追踪了 40 年的研究发现，30 岁时的身体健康状况可以预测 70 岁时的生活满意度，对男性来说这种预测关系更强（Mussen，Honzik，& Eichorn，1982）。

成年初显期是人们的体能和健康的巅峰阶段，但该阶段仍存在一定的潜在风险。年轻人通常挥霍健康资本以尽情享乐，在承受压力与放纵之间徘徊。这些行为都会导致他们的身体被推向极限，但这一负面后果往往不会在成年初显期立竿见影，而是在成年早期或中期才浮出水面（Csikszentmihalyi & Rathunde，1998；Rathunde & Csikszentmihalyi，2006）。

营养与进食障碍

营养是关乎健康或促进健康行为的一个重要方面，许多青少年的饮食习惯是有损健康的，患有进食障碍的青少年人数也在逐渐增加。

营　养

为青少年推荐的能量摄入量考虑到了不同青少年的需要，包括他们的成长速率、运动量以及年龄和性别（Sizer & Whitney，2006）。男性比女性需要更多能量，一些青少年消耗能量的速度比其他人更快。**基本代谢比率**（basal metabolism rate，BMR）是指个体在休息状态下消耗的最低能量数值。如图 15.2 所示，BMR 从青少年期开始逐渐下降，直到青少年末期。

青少年通常在两餐之间吃东西，这引发了人们的关注。事实上，他们对食物的选择更重要，而不是吃东西的时间或地点。新鲜的水果蔬菜以及全麦产品含有大量的蛋白质和能量，是青少年日常饮食所必需的。

美国文化格外注重饮食中的脂肪含量（Brom，2006；Sizer & Whitney，2006）。当今社会中，许多青少年几乎以快餐为主食，这使他们的饮食中包含了较高的脂肪含量

（Ebbeling & others，2004）。一项研究发现，从 20 世纪 70 年代末到 90 年代末，美国儿童、青少年以及成人越来越多地在外面吃饭，并且更倾向于选择含盐较多的快餐、软饮料和比萨（Nielssen，Seiga-Riz，& Popkin，2002）。

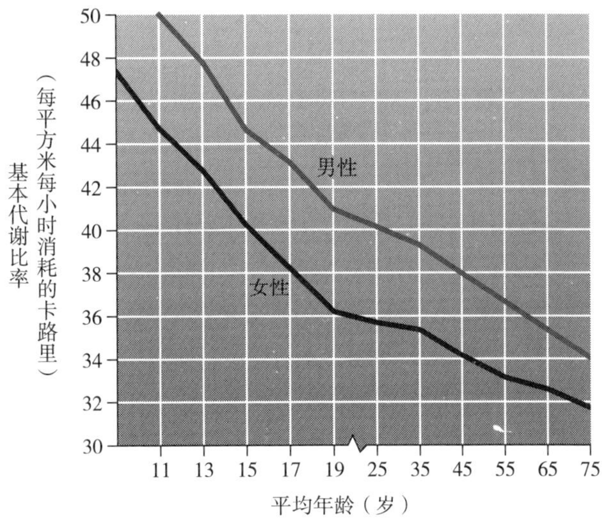

图 15.2
11~25 岁男性与女性的基本代谢比例

进食障碍

在青少年中，进食障碍这一问题逐渐增多（Dietz & Robinson，2005；Lowry & others，2005），以下是有关青少年进食障碍的一些研究结果：

- 在青少年早期对自己体形不满意的女孩子更有可能在两年以后形成进食障碍（Attie & Brooks-Gunn，1989）。
- 认为父母有更健康的饮食习惯并进行锻炼的青少年，其饮食的确更健康，并能进行更多的自我锻炼（Pakpraw & others，2004）。与父母关系良好的女孩子比与父母关系差的女孩子有更健康的饮食习惯（Swarr & Richards，1996）。在女性青少年中，与父母关系差可能会导致持续一年以上的节食行为（Archibald，Graber，& Brooks-Gunn，1999）。
- 处于青春期转折点并与男友发生亲密性关系的女孩，最可能节食或陷入紊乱的饮食模式（Cauffman，1994）。
- 非常努力地想模仿大众传媒中的女性形象的女孩，比她们的同伴更关注体重（Field & others，2001）。
- 许多女性青少年有减轻体重的强烈愿望（Graber & Brooks-Gunn，2001）。

下面我们从肥胖开始介绍青少年进食障碍的类型。

近几十年来青少年的饮食习惯发生了哪些改变？

肥　胖

在一项全美范围的调查中发现，12~19 岁的青少年中超重者占了 14%（美国国家健康统计中心，2000）。评定超重依据体质指数（BMI），这一指数的计算纳入了身高和体重，体质指数在第 95 个百分点以上的青少年被划入超重行列，这表明肥胖在过去几年有显著增加（见图 15.3）。其他研究结果显示，在欧洲一些国家，青少年超重现象也在逐年增多（Irwin，2004；Lissau & others，2004）。

美国青少年超重现象是否存在种族差异呢？美国国家健康统计中心的一项调查（2002）发现，非裔美国女孩与拉丁裔男孩在青少年期有更高的超重风险（见图 15.4）。一项对 2379 名 9~19 岁女孩进行的研究表明，非裔美国女孩超重的比例要高于非拉丁裔的白人女孩（Kimm & others，2002a）。另一项研究发现，非裔美国女性较高的肥胖比例与高热量和高脂肪的饮食以及久坐不动的行为习惯有关（Sanchez-Johnsen & others，2004）。

与其他国家的同龄人相比，美国儿童和青少年更有可能超重或肥胖。一项对 34 个国家的比较研究发现，美国儿童的肥胖比例高居第二（Janssen & others，2005）。另一项研究发现，美国青少年（6~18 岁）被判定为肥胖的可能性是中国青少年的四倍，是俄罗

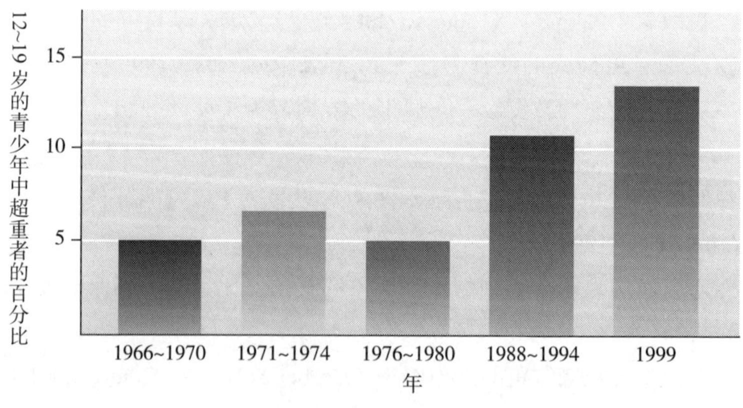

图 15.3

1968~1999 年间美国青少年中超重的人数不断增加。在该项研究中，评定超重的依据是体质指数（BMI），这一指数的计算纳入了身高和体重（美国国家健康统计中心，2000）。体质指数在第 95 个百分点以上的青少年被划入超重行列。从 1966 年到 1999 年，青少年中超重者的百分比有实质性的增加。

斯青少年的三倍（Wang，2000）。

一项近期研究考察了过去二、三十年中，美国、中国、巴西和俄罗斯青少年超重的程度（Wang，Monteiro，& Popkin，2002）。结果发现，中国、巴西、美国青少年超重的比例分别增长了 7.7%，13.9% 和 25.6%。

儿童期和青少年期形成的饮食模式与成年期的肥胖现象高度相关。例如，肥胖青少年中有 80% 的人在成年期仍然肥胖。

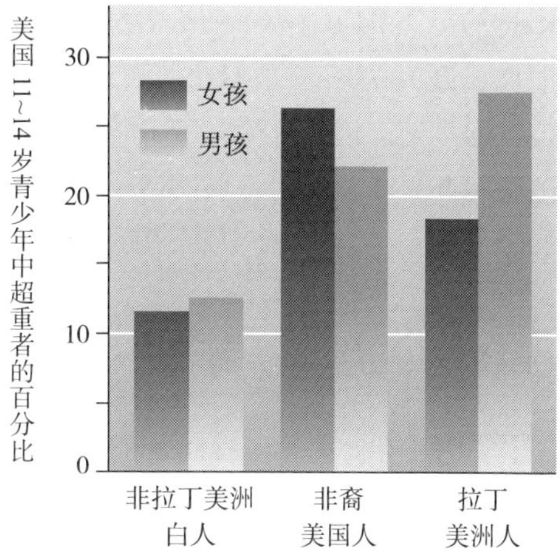

图 15.4

美国不同种族的男性和女性青少年中超重者的百分比

美国的一项近期研究显示，与父母均不超重的同龄人相比，母亲或父亲超重的青少年更可能超重（Dowda & others，2001）。每天看四小时以上电视的女性青少年更有可能超重。与不参加体育队和健身项目的男性青少年相比，参加这些活动的同龄人更不可能超重。另一项研究发现，不论是男性还是女性，每天看电视的时间超过两小时与超重相联系（Fleming-Morgan & Thiagarajah，2005）。

遗传与环境因素也会影响肥胖（Stunkard，2000）。有些人天生就倾向于超重。在肥胖儿童中，只有 10% 的儿童的父母不是肥胖者，40% 的儿童的父母中有一位是肥胖者，70% 的儿童的双亲都是肥胖者。即便是分开抚养的同卵双生子也有相似的体重。

有很多证据支持环境的作用，如美国人的肥胖比例自 1900 年以来成倍增长，20 世纪 60 年代以来青少年肥胖比例显著增加。肥胖的激增归根于更充足的食物供给（尤其是高脂肪食物）、节省能量的设施以及体力活动的减少。与欧洲和许多其他地方的青少年相比，美国青少年中有更多的肥胖现象。

超重或肥胖对青少年的健康有许多负面影响，体现在生理发展与社会情绪发展两方面（Dietz，2004；Ruxton，2004）。在生理发展上，超重与高血压、臀部问题、肺部疾病以及 II 型糖尿病（开始于成年期）有关（Botero & Wolfdorf，2005；Treasco & others，2004）。研究人员发现，21 世纪以来美国青少年的血压有所上升，这与青少年超重趋势的上升有关（Daniels，2005；Muntner & others，2004）。在社会情绪发展方面，与体重正常的同伴相比，超重的青少年更有可能形成较低的自尊和情绪沮丧，与同伴的关系也存在问题（Irwin，2004；Schwimmer，Burwinkle，& Varni，2003）。

哪些干预措施可以有效减轻青少年的超重问题？新近的一项综述发现，针对青少年个体的临床取向干预对帮助超重青少年减轻体重来说是有成效的（Fowler-Brown &

Kahwati，2004）。这类干预需结合热量控制、锻炼（步行或骑车去学校，参加有规律的锻炼项目）、减少静坐不动的活动（看电视，玩电子游戏）以及行为疗法（例如写减轻体重的日记，达到目标时给予奖励）。总体而言，学校中进行的干预项目（例如在全校范围内开展改善饮食习惯的活动）的效果要比针对个体的临床干预差（Lytle & others，2004）。

神经性厌食症和神经性贪食症

在青少年阶段会出现两类进食障碍：神经性厌食症和神经性贪食症。

神经性厌食症 **神经性厌食症**（anorexia nervosa）是一种通过忍受饥饿来疯狂追求变瘦的进食障碍。这种严重的障碍会导致死亡，它的三个主要特征如下：

在青少年女性和年轻的成年女性中，神经性贪食症已经成为一个日益普遍的问题。神经性贪食症有哪些可能的诱因呢？

- 体重低于基于年龄和身高的正常标准的 85%。
- 对体重增加极度恐慌，这种恐慌并不因体重下降而减少。
- 对体形有歪曲的认识（Polivy & others，2003；Stice，2002；Wiseman，Sunday，& Becker，2005）。即便他们已经非常瘦了，仍然认为自己太胖。他们从不认为自己已经足够瘦了，尤其是在腹部、臀部、大腿等部位。他们经常称体重，对体形进行测量，对着镜子仔细检视自己（Seidenfeld，Sosin，& Rickert，2004）。

神经性厌食症通常始于青少年早期至中期期间，往往伴随节食和某些生活压力事件（Lee & others，2005）。女性出现神经性厌食症的比例是男性的十倍。尽管大多数美国女性青少年曾节食，但只有不到 1% 的人发展为神经性厌食症（Walters & Kendler，1994）。当男性出现神经性厌食症时，其症状和其他表现（例如歪曲的身体形象和家庭冲突）通常与患有此问题的女性类似（Araceli & others，2005；Olivardia & others，1995）。

大多数神经性厌食症患者是白人青少年或年轻的成年女性，她们往往出生在受过良好教育、中等或上等收入、具有竞争性和高成就的家庭中（Schmidt，2003）。她们设定很高的标准，若未能达到目标则会承受很大压力，她们非常在意别人如何看待她们（Striegel-Moore，Silberstein，& Rodin，1993）。在无法达到这些高期望时，她们转向自己可以控制的事情：体重。

美国文化强调“瘦才是美”的时尚形象也推动了神经性厌食症的出现（Polivy & others，2003）。这种形象反映在一些俗语中，例如“你永远不会过富或过瘦”。媒体将瘦描绘成美的标准并据此选择时装模特，这使许多女性青少年竞相模仿（Wiseman，Sunday，& Becker，2005）。

神经性贪食症 神经性厌食症的患者会严格控制自己的饮食，但大多数贪食症患者却做不到这样（Mitchell & Mazzeo，2004）。**神经性贪食症**（bulimia nervosa）个体持续地遵循暴食—导泻的饮食模式。患者通常吃很多东西，然后通过自我催吐或使用导泻剂来清除食物。尽管许多人偶尔会暴食并导泻，有些人尝试这样做，但只有这种行为每周至少发生两次并持续三个月时，才被认为有严重的贪食障碍。

与厌食者类似，贪食者专注于食物，对发胖有强烈的恐惧，并有抑郁或焦虑的情绪（Garcia-Alba，2004；Quadflieg & Fichter，2003；Ramacciotti & others，2005；Speranza & others，2005）。与厌食者不同的是，暴食而后导泻的人的体重通常在正常范围内，因此让人很难察觉（Orbanic，2001）。

贪食症通常始发于青少年晚期或成年早期。90% 左右的患者是女性，大约 1%~2% 的女性被认为患有贪食症（Gotesdam & Agras，1995）。许多发展为贪食症的女性比最初开始暴食时要胖，而暴食通常始于节食初期。近期一项对女性青少年的研究发现，节食、变瘦的压力、夸大外表的重要性、对体形不满意、抑郁症状、低自尊、低社会支持会预测两年后的暴食行为（Stice，Presnell，& Spangler，2002）。与厌食症类似，70% 左右的暴食症患者最终会从障碍中恢复（Agras & others，2004；Keel & others，1999）。

锻炼与体育运动

美国青少年是否进行了足够的体育锻炼？体育运动在他们的生活中有着怎样的作用？这些问题的答案对青少年的健康具有影响。

锻 炼

研究者发现，当个体步入青少年期时，他们变得更少运动了（Merrick & others，

青少年的锻炼模式有哪些特点？

2005）。近期，全美范围内进行的三项研究表明，青少年没有进行足够的锻炼。第一项研究比较了 1987 年和 2001 年的青少年的锻炼模式（美国体育数据，2001）。结果显示：在 1987 年，31% 的 12~17 岁的青少年认为他们经常进行体育锻炼，而在 2001 年，这一比例仅为 18%。第二项研究发现，从青少年早期到晚期，个体的体育活动有所下降（美国国家健康统计中心，2000）。与十至十二年级的学生相比，九年级青少年更愿意参加适度或充满活力的体育活动。男生远比女生更经常运动。第三项研究发现，只有少数青少年会参加体育课（Gordon-Larsen，McMurray，& Popkin，2000）。大约 20% 的学生每周参加一天或更多的体育课，非裔和拉丁裔美国青少年参加体育课的比例更低。

参加体育课的学生的种族差异是值得注意的（Frenn & others，2003；Saxena，Borzekowski，& Rickert，2002）。近期一项研究考察了各 1000 名非裔女孩和非拉丁裔白人女孩，从她们 9~10 岁追踪到 18~19 岁，每年调查一次（Kimm & others，2002b）。（研究是为了考察：与非拉丁裔白人女性相比，为何有更多非裔女性发胖，所以未纳入男性。）研究发现，在 9~10 岁，大多数女生报告她们在校外参加某些体育运动。而到了 16~17 岁，56% 的非裔美国女生和 31% 的非拉丁裔白人女生在课余时间不参加规律的体育运动。到了 18~19 岁，这一数字变为 70% 和 29%。总之，随年龄增长，女性青少年参加的体育活动有所下降，这一下降趋势在非裔美国女生中比在非拉丁裔白人女生中更为明显（Kimm & Obarzanek，2002）。

美国青少年是否比其他国家的青少年更少进行体育锻炼？一项对 28 个国家青少年进行的比较研究发现，与其他大多数国家相比，美国青少年更少运动并且吃更多的垃圾食品（世界卫生组织，2000）。三分之二的美国青少年每周至少运动两次，相比之下，在爱尔兰、奥地利、德国和斯洛伐克，有 80% 或更多的青少年会这么做。与大多数国家相比，美国青少年吃更多的油炸食品，而较少吃水果和蔬菜，这一饮食习惯与英国青少年类似。

一些健康专家将美国青少年不良的身体状况归咎于电视。一项调查发现，较少看电视的青少年比那些经常看电视的孩子更健康（Tucker，1987）。看电视看得越多，青少年越有可能超重。人们并不确定这种超重现象是由于在电视机前的悠闲时间过长，还是由于受电视广告的影响而吃了太多垃圾食品，也有可能是身体不太健康的青少年认为体育运动不如看电视诱人。

还有一些人将美国青少年不良的健康状况归因于学校，因为大多数学校不能每天都提供体育课程（Buck & others，2007）。一项在四所学校开展的关于体育课的调查发现，学生们在这些课上并不活跃（Parcel & others，1987）。在体育课上，男生和女生仅有 50% 的时间在活动，持续运动的时间平均仅为 2.2 分钟。总之，不仅青少年所在学校未能提供足够的体育课，而且大多数青少年在体育课上也未得到充分锻炼。同时，尽管针对成年人的锻炼已有了很大改观，但大多数青少年报告，在体育运动方面父母是很糟糕的榜样（Feist & Brannon，1989）。

学校在改进青少年的锻炼习惯方面扮演着怎样的角色？

促使青少年在学校参加更具活力的体育运动是否有助于改变现状呢？在最近的一项研究中，缺乏运动的女性青少年被分为两组：（1）每周参加五次体育课，其中四次课程是每天进行四十分钟的运动（有氧舞蹈、篮球、游泳或搏击操），第五天讨论体育运动的重要性以及变得更乐于运动的途径；（2）控制组不参加体育课（Jamner & others，2004）。四个月后，参加体育课的参与者在心血管健康和生活方式上有所改进（例如步行而不坐电梯，或是短途时步行而不开车）。其他研究也发现了旨在促进学生身体健康的项目所产生的积极效果（Timperio，Salmon，& Ball，2004；Veugelers & Fitzgerald，2005）。

令人兴奋的是，体育锻炼很可能起到缓冲青少年压力体验的作用，还有助于提高青少年的心理健康和生活满意度。以下研究结果支持了这种可能性：

- 一项研究调查了 364 名七至十一年级的女生，发现压力事件对其健康造成的负面影响随着运动水平的提高而减少（Brown & Siegel，1988）。
- 另一项研究发现，与很少运动的青少年相比，经常锻炼的青少年能够更有效地应对压力并有更积极的认同（Grimes & Mattimore，1989）。

- 有研究发现，与很少运动的高中毕业班学生相比，经常运动的高中毕业班学生的学业成绩更好，更少使用药物，更少有抑郁情绪且与家长相处得更好（Field，Diego，& Sander，2001）。
- 最近一项对近 5000 名青少年的研究发现，锻炼水平较低和不参加体育小组与较低的生活满意度有关（Valois & others，2004）。

公元前四世纪，亚里士多德就提出“生命在于运动”。如今，我们可以断定，运动是提高生活质量的基本途径之一，无论对青少年还是成年人而言都是如此（Cleland & others，2005；Malina，2001；Patrick & others，2004）。

体育运动

体育运动在许多青少年的生活中起着重要作用（Beets & Pitetti，2005；Danish，2003；Stubbe，Boomsma，& De Geus，2005）。一些评估指出，有 40%~70% 的美国年轻人参加各类体育运动（Ferguson，1999）。

体育运动对青少年的发展会产生积极和消极影响（Endresen & Olweus，2005）。许多体育运动可以促进青少年的身体健康和良好的状态、自信心、试图超越的动机，以及与他人合作的能力（Cornock，Bowder，& Gadbois，2001）。有研究发现表明，花一定时间运动的青少年更不可能卷入毒品或犯罪活动。

最近一项研究考察了 14000 多名美国高中生参与体育运动的情况和他们健康相关的行为，大约 70% 的男生和 53% 的女生报告说他们参与校内或校外的一项或多项体育小组（Pate & others，2000）。与不参加体育运动的男生相比，参加体育运动的男生更可能在前一天吃水果、蔬菜，更不可能抽烟、使用可卡因及其他非法药物和试图减肥。与不参加运动的女生相比，参加运动的女生更多地报告在前一天吃过蔬菜，更少报告在过去三个月发生过性行为。

造成美国青少年体育运动呈下降趋势的原因包括家长和教练要求运动就必须获胜。研究者发现，青少年参加竞技体育与竞赛焦虑和自我中心相关（Smith & Smoll，1997）。此外，一些青少年花太多时间参加体育训练从而导致学业成绩受到影响。越来越多的青少年的训练超出了其体能极限，训练时间过长，训练强度过大，训练过于频率，进而因过度训练造成损伤（Dane & others，2004；Demorest & Landry，2004；Willer & others，2004）。近年来出现的另一问题是，青少年运动员使用类固醇等提高成绩的药物（Ostojic，2004）。

青少年在体育运动中经历的一些问题与他们的教练也有关。许多年轻教练营造了成绩导向的动机氛围，过度关注赢得比赛、获得公众认可以及超过他人。而另一些教练则更强调掌握动机，关注青少年技能的发展和自我决定的成功标准。研究者发现，以掌握为核心的运动员更可能看到体育运动的好处，在困难面前能坚持应对，赛季之后技能有显著的发展（Roberts，Treasure，& Kavussanu，1997）。

关于体育运动的话题，最后需要关注的是**女性运动员三症候群**（female athlete triad），包括女性运动员饮食紊乱（体重减轻）、月经不调（闭经或月经周期紊乱）和骨质疏松（骨头的稀疏化和弱化）这三个症状的组合（Adams & Deitch，2005；Stafford，2005）。对青少年女性而言，规律的月经周期一旦形成，如果三至四个月没有月经则会降低骨骼强度，并可能发展为疲劳和骨折。以前，女性运动员三症候群往往不受关注，而如今被视为女性运动员中的严重问题（Birch，2005；Gittes，2004）。

睡　眠

改变青少年的睡眠模式会有助于他们的健康行为吗？近年来涌现出对青少年睡眠模式的兴趣（Carskadon，2002，2004，2005；Carskadon，Acebo，& Jenni，2004；Gau & Merikangas，2004；Giannotti & others，2002；Hansen & others，2005；Lamberg，2005；O'Brien & Mindell，2005；Park & others，2002；Pollak & Bright，2003；Yang & others，2005）。这一兴趣源于这样的信念：青少年没有获得充足的睡眠，他们喜欢晚上熬夜而早上睡懒觉的现象是有其生理基础的（Yang & others，2005）。这些发现对于了解青少年的哪个在校学习时间段最有效率具有启示作用（Dahl & Lewin，2002；Fukuda & Ishihara，2001；Hansen & others，2005）。

近期一项研究考察了二、四、六年级儿童的睡眠模式（Sadeh，Raviv，& Gruber，2000）。研究者监控儿童的活动水平，并请儿童及其家长完成睡眠问卷和日常报告。结果发现六年级儿童晚间睡觉时间（10:30 以后）比二年级儿童（9:30 以后）晚一个小时，并报告有更多的日间嗑睡现象。女生比男生的睡眠时间更长。家庭压力与儿童夜间惊醒等低质量睡眠相关。

玛丽·卡斯克顿及其同事（Mary Carskadon & others，2002，2004，2005；Acebo & Carskadon，2002；Carskadon，Acebo，& Jenni，2004；Carskadon，Acebo，& Seifer，2001；Carskadon & others，1998；Carskadon & others，1999）进行了大量关于青少年睡眠模式的研究。其研究发现，如果有机会的话，青少年每晚的平均睡眠时间应达到 9 小

青少年变化的睡眠模式会如何影响他们的学业表现?

时25分钟。大多数青少年的睡眠时间少于9小时，尤其是在工作周内。这造成了青少年的睡眠不足，而青少年经常试图在周末补充睡眠。研究者还发现，与年幼青少年相比，年长的青少年在白天更容易困乏。研究者认为，这种困乏并非由学业功课或社会压力引发，而是青少年的生物钟随年龄增长而发生了变化，他们醒来的时间推迟了一小时。松果体在夜间释放褪黑激素的延迟似乎是这一变化的生理基础。在年幼青少年中，褪黑激素大概在晚上九点半分泌，而在年长青少年中则会推迟大概一小时。

卡斯尔顿认为，上课时间过早会引起青少年困乏，使他们课上注意力分散，在测试中表现较差。基于她的研究成果，位于明尼苏达州埃迪纳的学校已将上课时间由原来的7点25分（早晨）调整至8点30分。自上课时间调整以来，学生的纪律问题有所减少，学生报告生病或抑郁的数量也明显下降。学校方面发现，高中生的成绩有所提高，这一改善在初中生中并未出现。这一结果支持了卡斯尔顿关于上课时间早对年长青少年造成更大压力的假设。

压力及应对

压　力

尽管斯坦利·霍尔（G. Stanley Hall，1904）等心理学家过分夸大了青少年期的暴风骤雨和压力，但当今许多青少年确实会经历压力环境，从而影响了他们从儿童期成功过渡到成人期的能力。那么什么是压力？**压力**（stress）是个体应对压力源的反应，压力源指的是威胁到他们并消耗其应对能力的环境和事件。一场车祸、测验成绩很低、钱包丢失、与朋友发生冲突——这些都可能是个体生活中的压力源。一些压力源是紧急性的，可以说是突发事件或刺激，例如被落下的玻璃砸到。另一些压力源是长期的或持久的，例如营养不良或HIV阳性。这些是生理方面的压力源，此外还有情绪和社会心理上的压力源，例如亲人的亡故或被歧视。

身体对压力的反应

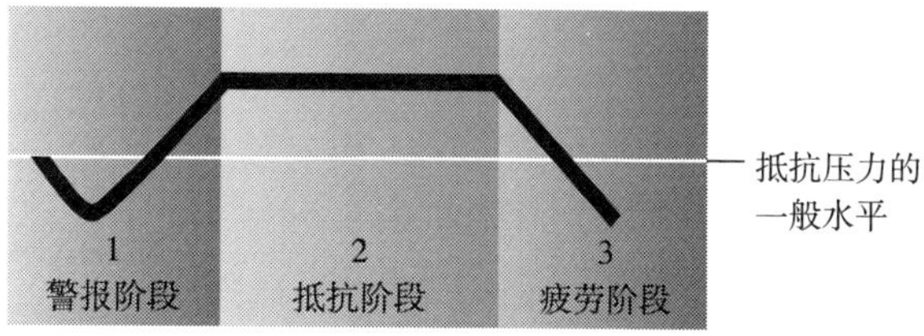

图 15.5

塞利的一般适应综合症。一般适应综合症描述了个体应对压力的三个阶段：（1）警报阶段，身体调动它的资源；（2）抵抗阶段，抵抗水平下降；（3）疲劳阶段，抵抗变得衰竭。

压力如何影响身体？汉斯·塞利（Hans Selye，1974，1983）提出，任何数量的压力源都会造成同样的生理反应并最终产生类似的症状：食欲不振、四肢无力、生活兴趣减退等。塞利提出一般适应综合征（General adaptation syndrome，GAS）用来表示持续性的压力对身体产生的影响。GAS 包括三个阶段：警报、抵抗和疲劳（见图 15.5）。在警报阶段，身体迅速调动资源来应对威胁。这一阶段的关键是内分泌系统，它将荷尔蒙导入血液。在抵抗阶段，身体已经适应了压力源的持续存在，内分泌系统持续提升，但水平不像警报阶段那么高。在疲劳阶段，短期内产生有效作用的反应可能变得具有危害性，因为这些反应的持续会造成身体的损耗。

与压力源相联系的生理因素是免疫系统和高血压。紧急性和长期压力源与免疫系统功能下降有关（Kiecolt-Glaser & others，2002）。压力源也与高血压有关（Kiecolt-Glaser & others，2003）。压力被认为是影响心理健康的关键因素，高水平的压力与抑郁和自杀倾向有关（Nolen-Hoeksema，2004）。一些健康专家认为，压力、睡眠不足、物质滥用一起出现会引发大学生的抑郁现象（Voelker，2004）。

压力的来源

对青少年和成年初显期的个体来说，压力可能来自于生活事件、日常困扰、社会文化因素等多个方面。

生活事件与日常困扰　想想你的生活中，哪些事件给你带来了最大的压力？这些压力源是重大事件，如长期关系的破裂，所爱的人亡故，父母离异或是自身受伤？还是日常生活中的困扰，如没有足够的时间学习，与女友或男友争执，或是工作中没有得到足够的信任？

一些健康心理学家研究了重要生活事件对个体的影响。研究表明，经历重大生活变故（丧偶或至亲亡故、失业）的个体更可能患心血管疾病和早亡（Taylor，2003）。另外有心理学家评估了生活事件组（cluster）的效应及其对心理、身体健康的影响（Wilburn

青少年的视角

所有人都处在压力中

“我的一些朋友处于困境中。例如，艾比一直很抑郁，她偷偷告诉我她想过自杀。我想告诉别人，但她让我保密，我也不知道该怎么办。我非常确定我的另一个朋友亚历山德拉有进食障碍，她经常谈论某种东西有多少卡路里，并且她只吃生菜类的东西！我想帮助她们，但我自己也有很多事情要处理。我也经常感到焦虑和抑郁，我真的不知道怎么办。”

——劳伦

（来源：Zager & Rubenstein，2002，p.141）

& Smith，2005）。一项最近的研究发现，有自杀意念的青少年更有可能在过去一年经历了消极生活事件（Liu & Tein，2005）。

霍尔姆斯和拉赫（Thomas Holmes & Richard Rahe，1967）编制了量表用来测定生活事件组的累积效应及其对个体健康可能造成的影响。他们采用的社会再适应评定量表包括各类压力事件，从配偶亡故（100 点压力）到轻微违反法律（11 点压力）。

研究者发现，几个压力事件相继发生，其造成的影响会叠加（Rutter & Garmezy，1983）。例如，一项研究发现，被两种生活压力源夹攻的个体与只应对一种长期压力源的个体相比，最终需要心理援助的可能性是其四倍（Rutter，1979）。当人们同时经历几种压力事件时，他们很可能会病倒（Maddi，1996）。

然而，生活事件本身对个体健康状况的预测只有中等作用。诸如“社会再适应评定量表”等生活事件量表，对未来健康问题的预测往往是无效的。一张生活事件的清单无法告诉我们个体的生理结构、实质上的长处与弱势、应对压力环境的能力、支持系统或相关社会关系的本质。举例来说，与每天都处于紧张的婚姻关系中相比，离婚事件引发的压力可能更少。在“社会再适应量表”中，积极事件相关的变化（如与伴侣关系的调解、获得一位新的家庭成员等）并不如消极事件引发的变化那样难以应对。

鉴于这些局限，一些健康心理学家认为，与生活事件相比，关于日常困扰和鼓舞的信息为压力源的效应提供了更好的线索（Crowther & others，2001；D’Angelo & Wierzbicki，2003）。无聊且紧张的工作和长期生活在困境中并没有出现在主要生活事件量表上，而在这些生活条件下的日常紧张导致了高压力的生活，并且有时会引发心理障碍或疾病。一项研究发现，感受到最多日常困扰的人具有最消极的自我形象（Tolan，Miller，& Thomas，1988）。

对于大学生而言，什么是最大的困扰？一项研究显示，大学生最常遭遇的日常困扰包括浪费时间、孤独、为达到高成就标准而担心（Kanner & others，1981）。事实上，在我们目前这个成功导向的世界中，对失败的惧怕常常对大学生的抑郁有着很大的影响。大学生们也认为，日常生活中的许多小事——那些有趣的事、大笑、看电影、与朋友相处愉快以及完成了某项任务等都是令人开心、振奋的事件。

对日常困扰研究取向的批评在于，它也存在和生活事件量表相同的缺陷（Dohrenwend & Shrout，1985）。例如，了解一个人的日常烦恼和问题并不可能了解其对压力源的感知、对压力的生理复原力或应对压力的能力或策略。而且，日常困扰和日常鼓舞量表与健康和疾病的客观测量之间的相关也并未呈现一致的结果。

社会文化因素　社会文化因素可以帮我们确定个体可能遇到哪些压力源，个体是否可能将事件知觉为压力，以及人们如何自信地去面对压力源（Kawachi & Kennedy，2001）。关于与压力相关的社会文化因素，我们将考察性别、文化冲突和贫困对压力的影响。

性别　男性和女性以同样的方式应对压力吗？近来，谢利·泰勒（Shelley Taylor）及其同事（2000；Taylor，2002，2004）提出，女性比男性更少使用“战斗或逃跑”的方式来应对充满压力和威胁的情境。研究者认为女性更可能采用“照料与扶助”的策略。也就是说在面临压力情境时，女性经常以养育行为（模型中的照料成分）来保护自身及子女，并与更大的社会群体形成联合，尤其是与由其他女性组成的群体形成联合（模型中的扶助成分）。

是否有证据支持这个模型呢？泰勒（2002）引用了以下证据。在面临紧急性压力时，尽管女性表现出与男性相同的荷尔蒙与交感神经系统的反应，但其他一些因素的影响使女性更少使用“战斗或逃跑”的策略。在战斗应对方面，男性的攻击行为由男性荷尔蒙尤其是睾丸酮调节，并与相应的交感神经系统的反应和敌意相联系。相反，女性的攻击行为在本质上表现得更为理智，并更多地受到社会环境、学习、文化与情境的调节。

文化适应压力　即便在最好的情况下，换到一个新环境也总会令人感到压力。当个体由一种文化转到另一种不同的文化中生活时，会体验到更强的压力（Yu & others，2004）。**文化适应压力**（acculturative stress）指由两种截然不同的文化群体接触而引发的消极后果。许多移民美国的个体便体验到了文化适应压力（Farley & others，2005；Hovey，2000；Uppaluri，Schumm，& Lauderdale，2001；Ye，2005）。

南佛罗里达中学的教师丹尼尔·阿尔努（Daniel Arnoux，1998）了解到了有关文化适应压力的第一手资料。当时他在课堂上点名并问一位女生是不是海地人，这个女生被他的问题弄得十分尴尬，便钻到座位下面消失在他的视线中。后来这个女生告诉他，“你不该在这里说你是个海地人！”这时阿尔努才意识到，对移民学生来说，学校环境会造成很大的压力。一些学生被殴打或骚扰只因他们是海地人。于是，阿尔努开始设计课程，以帮助学生形成对来自不同种族和文化背景的个体的移情和包容。

贫困 和其他美国人相比，面临文化适应压力的群体更可能受到贫穷的困扰。有很高比例的少数种族家庭和女性主导的家庭处于贫困状态。例如，由女性主导的波多黎各家庭、非裔美国人家庭处于贫困的可能性分别是白人男性主导家庭的 15 倍和 10 倍（美国国家经济机会顾问委员会，1980）。许多人的贫困只持续一两年，然而非裔美国人和以女性主导的家庭持续贫困的风险却很大。

贫困会对个体和家庭造成一定的压力（Compas，2004；Evans，2004；Fairbrother & others，2005；Landrine & Klonoff，2001；McLoyd，2000）。青年问题应对专家布鲁斯·康派斯（Bruce Compass，2004，p.279）认为，贫困是“美国青年面临的最严重的社会问题”。在穷人的生活中，诸如住房紧张、邻里危险、繁重的责任以及经济不确定性是潜在的压力源。与生活在经济稳定状态下的青少年相比，来自低收入家庭的青少年更可能感受到威胁与不可控的生活事件（Russo，1990）。

应 对

并非每个青少年和青年人都以同样的方式应对压力。一些年轻人将生活中的某些问题和困扰抛之脑后，另一些人则努力寻求解决自身问题的途径，有的人可以成功应对极端繁重、困难的环境。如果你知道如何应对压力，充满压力的环境就会变得没那么艰难（Blonna，2005；Corbin & others，2006；Greenberg，2006）。

什么是应对？

应对（coping）包括应付繁重、困难的环境，努力解决自身问题，力争掌控或减轻压力。哪些因素造成了有效应对与无效应对之间的差别呢？

个体的特点提供了部分答案。成功应对与某些个体特点有关，包括个体控制感、积极情绪和个体资源（Folkman & Moskowitz，2004）。同时，成功应对也取决于使用的策略和情境。人们有很多应对方式——其中某些比其他的更有效。

以问题为中心的应对与以情绪为中心的应对

在心理学界，一种颇具影响力的划分应对策略的方式是由理查德·拉扎勒斯

（Richard Lazarus，1993，2000）提出的，即以问题为中心的应对与以情绪为中心的应对。

以问题为中心的应对（Problem-focused coping）是直面困难并试图解决问题的策略。例如，当你在某门课上遇到困难时，你会去学校的学习技巧中心参加培训项目来学习如何更有效地学习。通过这样做，你已经正视了你的问题并试图做些什么。一篇关于 39 项研究的综述发现，以问题为中心的应对与创伤和灾难后的积极改变有关（Linley & Joseph，2004）。

如何区分以问题为中心的应对与以情绪为中心的应对？

以情绪为中心的应对（Emotion-focused coping）是指用情绪化的方式来应对压力，尤其是采用防御机制。这类应对方式包括逃避问题、将发生的事情合理化、否认事情的发生、一笑而过、通过宗教信仰寻求支持等。当采用以情绪为中心的应对方式时，你可能不去上你觉得困难的课。你可能会说，这门课不重要。你会否认你有问题，还会向你的朋友讲关于这门课的笑话或是祈祷自己可以做得更好。这并不是面对问题的好方法。一项研究发现，与不抑郁的个体相比，抑郁的个体更可能逃避问题（Ebata & Moos，1989）。最近一项关于市区青年的研究表明，以情绪为中心的应对方式与出现问题的风险因素有关（Tolan & others，2004）。

以情绪为中心的应对方式有时也具有适应性。例如，当死亡带来的感受过于强烈时，否认是一种具有保护性的机制。否认通过推迟个体应对压力的时间来防止震惊带来的毁灭性影响。然而在其他情况下，以情绪为中心的应对则不具有适应性。当你曾交往的人移情别恋时，否认对方不再爱你的事实会影响你开始新的生活。

许多人同时运用以问题为中心的应对和以情绪为中心的应对来处理压力环境（Pincus & Friedman，2004）。一项研究发现，人们认为他们同时运用两种应对策略来应对 98% 的压力环境（Folkman & Lazarus，1980）。从长远来看，以问题为中心的应对比以情绪为中心的应对更为有效（Heppner & Lee，2001）。

乐观思考

在任何情况下，乐观思考和避免消极的想法是应对压力的良好策略（Aronowitz，2005）。为什么呢？乐观的心态能够提高我们有效加工信息的能力并提升自尊。在大多数情况下，乐观的态度要好于悲观的想法。乐观会让我们感到能控制所处的环境，这类似于班杜拉（Albert Bandura，1997，2001，2004）对自我效能在应对中的重要性的描述。

与青少年发展有关的职业

路易斯·瓦格斯

儿童临床心理学家

路易斯·瓦格斯（Luis Vargas）是美国新墨西哥州立大学健康中心儿童临床心理医师实习项目主管、精神病系教授以及该大学儿童精神病医院的心理科主任。

瓦格斯博士获得了德克萨斯州圣爱德华大学的心理学学士学位、三一大学的心理学硕士学位及内布拉斯加州林肯大学的临床心理学博士学位。

他的主要研究兴趣是文化问题与儿童、青少年及其家庭的评估和治疗。他致力于寻找更好的途径，为人们提供具有文化针对性的心理健康服务。他对拉丁美洲年轻人的行为不良和物质滥用特别感兴趣。

路易斯·瓦格斯（左）在和一个女青少年讨论儿童治疗。

支 持

来自他人的支持是有效应对压力的重要方面（Wang & Yeh，2005）。与家人、朋友或师长之间的亲密而积极的依恋是青少年在生活中应对压力的缓冲器（Seiffge-Krenke，1995）。有研究表明，当青少年与母亲有亲密的情感关系时，他们可以更有效地应对压力（Wagner，Cohen，& Brook，1991）。另一项研究发现，同伴是青少年最有可能寻求支持的对象，之后才是母亲（O’Brien，1990）。该研究中，同伴对青少年在各方面提供的支持都要多于兄弟姐妹。除了经济支持、未来 / 职业规划、个体价值等方面，同伴在其他方面提供的支持也多于父母。在青少年约会问题上兄弟姐妹提供的支持多于母亲。

对青少年提供支持的个体，通常通过建议一些具体行动和计划来帮助青少年更有效地应对压力。例如，老师或咨询师可能会注意到青少年因学校功课负担过重而产生一定的压力，他们可能会给出一些使青少年可以更好地管理时间或更有效地完成任务的建议。朋友和家人的帮助可以使处于压力下的青少年确认自己是个受他人关爱的有价值的人，感受到他人的关怀可以使青少年更有信心地应对压力。

情境与多种应对策略

应对并非是独立的过程，它会受到环境要求和相关资源的影响，我们需要在具体情境中评估应对策略（Folkman & Moskowitz，2004；Lazarus & Folkman，1984；Meyers& Miller，2004）。例如，在一种情境中有效的特定策略可能在另一情境中就无效，这取决于情境可以被掌控的程度。在考试前和要从等待结果的烦恼中解脱出来，采用以问题为中心的应对会是有效的策略。关于应对的情境取向指出了*应对灵活性*的重要意义，应对灵活性是指为适应情境要求而修正应对策略的能力（Lester，Smart，& Baum，1994）。

当面临压力情境时，个体会有许多可以选择的策略（Cheng & Cheung，2005）。通常来说，选择一种以上的策略是明智的，这可以防止单一策略可能无法满足特定情境要求的情况（Huang & others，2005）。例如，经历一件或一组压力生活事件（例如亲人去世或恋爱关系终结）的个体可以去做心理咨询、寻求社会支持、规律地运动、少喝酒以及做放松练习等。当只采用一种策略时，没有哪一种单一策略足够有效，而这些策略组合起来则可以使个体成功应对压力。

专业术语表

A

顺 应

accommodation An adjustment to new information. 97

适 应

acculturation Cultural change that results from continuous, firsthand contact between two distinctive cultural groups.

文化适应压力

acculturative stress The negative consequences that result from contact between two distinctive cultural groups.

主动的（寻找契合点）基因型 – 环境相关

active (niche-picking) genotype-environment correlations Correlations that occur when children seek out environments that they find compatible and stimulating.

青少年期

adolescence The developmental period of transition from childhood to early adulthood; it involves biological, cognitive, and socioemotional changes.

青少年的自我中心主义

adolescent egocentrism The heightened self-consciousness of adolescents, which is reflected in their belief that others are as interested in them as they themselves are, and in their sense of personal uniqueness.

青少年概化缺陷

adolescent generalization gap Adelson's concept of generalizations about adolescents based on information about a limited, highly visible group of adolescents.

天才青少年

adolescents who are gifted Adolescents who have above-average intelligence (usually defined as an IQ of 130 or higher) and/or superior talent in some domain, such as art, music, or mathematics.

收养研究

adoption study A study in which investigators seek to discover whether the behavior and psychological characteristics of adopted children are more like their adoptive parents, who have provided a home environment, or more like those of their biological parents, who have contributed their heredity. Another form of adoption study involves comparing adoptive and biological siblings.

深情的爱

affectionate love Also called companionate love, this love occurs when an individual desires to have another person near and has a deep, caring affection for that person.

艾滋病

AIDS Acquired immune deficiency syndrome, a primarily sexually transmitted infection caused by the HIV virus, which destroys the body's immune system.

选择模型

alternation model This model assumes that it is possible for an individual to know and understand two different cultures. It also assumes that individuals can alter their behavior to fit a particular social context.

利他性

altruism Unselfish interest in helping another person.

合成代谢类固醇

anabolic steroids Drugs derived from the male sex hormone, testosterone. They promote muscle growth and lean body mass.

雄性激素

androgens The main class of male sex hormones.

双性化

androgyny The presence of a high degree of desirable feminine and masculine characteristics in the same individual.

神经性厌食症

anorexia nervosa An eating disorder that involves the relentless pursuit of thinness through starvation.

焦 虑

anxiety A vague, highly unpleasant feeling of fear and apprehension.

同 化

assimilation The absorption of ethnic minority groups into the dominant group, which often means the loss of some or virtually all of the behavior and values of the ethnic minority group.

同 化

assimilation The incorporation of new information into existing knowledge.

多动症

attention deficit hyperactivity disorder (ADHD) Children and adolescents with ADHD show one or more of the following characteristics over a period of time: inattention, hyperactivity, and impulsivity.

专制型教养

authoritarian parenting This is a restrictive, punitive style in which the parent exhorts the adolescent to follow the parent's directions and to respect work and effort. Firm limits and controls are placed on the adolescent, and little verbal exchange is allowed. This style is associated with adolescents' socially incompetent behavior.

课堂管理的专制型策略

authoritarian strategy of classroom management This teaching strategy is restrictive and punitive. The focus is mainly on keeping order in the classroom rather than on instruction and learning.

权威型教养

authoritative parenting This style encourages adolescents to be independent but still places limits and controls on their actions. Extensive verbal give-and-take is allowed, and parents are warm and nurturant toward the adolescent. This style is associated with adolescents' socially competent behavior.

课堂管理的权威策略

authoritative strategy of classroom management This teaching strategy encourages students to be independent thinkers and doers, but still involves effective monitoring. Authoritative teachers engage students in considerable verbal give-and-take and show a caring attitude toward them. However, they still declare limits when necessary.

自律道德

autonomous morality The second stage of moral development in Piaget's theory, displayed by older children (about 10 years of age and older). The child becomes aware that rules and laws are created by people and that, in judging an action, one should consider the actor's intentions as well as the consequences.

普通的儿童

average children Children who receive an average number of both positive and negative nominations from their peers.

B

基本代谢率

basal metabolism rate (BMR) The minimum amount of energy an individual uses in a resting state.

行为遗传学

behavior genetics The field that seeks to discover the influence of heredity and environment on individual differences in human traits and development.

大五人格因素

big five factors of personality Five core traits of personality: openness to experience, conscientiousness, extraversion, agreeableness, and neuroticism (emotional stability).

生理过程

biological processes Physical changes in an individual's body.

生物社会心理取向

biopsychosocial approach Emphasizes that problems develop through an interaction of biological, psychological, and social factors.

双性恋

bisexual A person who is attracted to people of both sexes.

界限不清

boundary ambiguity The uncertainty in stepfamilies about who is in or out of the family and who is performing or responsible for certain tasks in the family system.

神经性贪食症

bulimia nervosa An eating disorder in which the individual consistently follows a bingeand-purge eating pattern. 485

C

关怀视角

care perspective The moral perspective of Carol Gilligan, which views people in terms of their connectedness with others and emphasizes interpersonal communication, relationships with others, and concern for others.

职业自我概念理论

career self-concept theory Super's theory that an individual's self-concepts play a central role in his or her career choices and that in adolescence individuals first construct their career self-concept.

个案研究

case study An in-depth look at a single individual.

品格教育

character education A direct moral education approach that involves teaching students a basic moral literacy to prevent them from engaging in immoral behavior or doing harm to themselves or others.

衣原体感染

chlamydia One of the most common sexually transmitted infections, named for Chlamydia trachomatis, an organism that spreads by sexual contact and infects the genital organs of both sexes.

染色体

chromosomes Threadlike structures that contain deoxyribonucleic acid or DNA.

小集团

cliques Small groups that range from two to about twelve individuals and average about five to six individuals.

认知建构主义的方法

cognitive constructivist approaches Approaches that emphasize the adolescent's active, cognitive construction of knowledge and understanding; an example is Piaget's theory.

性别的认知发展理论

cognitive developmental theory of gender In this view, children's gender-typing occurs after they have developed a concept of gender. Once they begin to consistently conceive of themselves as male or female, children often organize their world on the basis of gender.

认知失衡理论

cognitive disequilibrium theory Hoffman's theory that adolescence is an important period in moral development, in which, because of broader experiences associated with the move to high school or college, individuals recognize that their set of beliefs is but one of many and that there is considerable debate about what is right and wrong.

认知性道德教育

cognitive moral education An approach based on the belief that students should learn to value things like democracy and justice as their moral reasoning develops; Kohlberg's theory has been the basis for many of the cognitive moral education approaches.

认知过程

cognitive processes Changes in an individual's thinking and intelligence.

承　诺

commitment The part of identity development in which adolescents show a personal investment in what they are going to do.

具体运算阶段

concrete operational stage Piaget's third stage, which lasts approximately from 7 to 11 years of age. In this stage, children can perform operations. Logical reasoning replaces intuitive thought as long as the reasoning can be applied to specific or concrete examples.

品行障碍

conduct disorder The psychiatric diagnostic category for the occurrence of multiple delinquent activities over a six-month period. These behaviors include truancy, running away, fire setting, cruelty to animals, breaking and entering, and excessive fighting.

从　众

conformity This occurs when individuals adopt the attitudes or behaviors of others because of real or imagined pressure from them.

集结策略

conglomerate strategies The use of a combination of techniques, rather than a single approach, to improve adolescents' social skills; also called coaching.

连通性

connectedness An important element in adolescent identity development. It consists of two dimensions: mutuality, sensitivity to and respect for others' views; and permeability, openness to others' views.

良　心

conscience The component of the superego that involves behaviors disapproved of by parents.

背　景

contexts The settings in which development occurs. These settings are influenced by historical, economic, social, and cultural factors.

连续发展观

continuity view A developmental view that emphasizes the role of early parent-child relationships in constructing a basic way of relating to people throughout the life span.

连续性和阶段性之争

continuity-discontinuity issue The issue regarding whether development involves gradual, cumulative change (continuity) or distinct stages (discontinuity).

有争议的儿童

controversial children Children who are frequently nominated both as a best friend and as being disliked.

习俗推理

conventional reasoning The second, or intermediate, level in Kohlberg's theory of moral development. Internalization is intermediate. Individuals abide by certain standards (internal), but they are the standards of others (external), such as parents or the laws of society.

聚合思维

convergent thinking A pattern of thinking in which individuals produce one correct answer; characteristic of the items on conventional intelligence tests; coined by Guilford.

应 对

coping Involves managing taxing circumstances, expending effort to solve life's problems, and seeking to master or reduce stress.

相关研究

correlational research The goal is to describe the strength of the relationship between two or more events or characteristics.

创造力

creativity The ability to think in novel and unusual ways and discover unique solutions to problems.

危 机

crisis A period of identity development during which the adolescent is choosing among meaningful alternatives.

批评性思维

critical thinking Thinking reflectively and productively and evaluating the evidence.

跨文化研究

cross-cultural studies Studies that compare a culture with one or more other cultures. Such studies provide information about the degree to which adolescent development is similar, or universal, across cultures or about the degree to which it is culture-specific.

横断研究

cross-sectional research A research strategy in which individuals of different ages are compared at one time.

团 体

crowds A larger group structure than cliques. Adolescents are usually members of a crowd based on reputation and may or may not spend much time together.

文 化

culture The behavior, patterns, beliefs, and all other products of a particular group of people that are passed on from generation to generation.

文化公平测验

culture-fair tests Tests of intelligence that are intended to be free of cultural bias.

D

约会强奸或熟人强奸

date, or acquaintance, rape Coercive sexual activity directed at someone whom the perpetrator knows.

约会脚本

dating scripts The cognitive models that adolescents and adults use to guide and evaluate dating interactions.

演绎推理

deductive reasoning Reasoning from the general to the specific.

因变量

dependent variable The factor that is measured in experimental research.

镇静剂

depressants Drugs that slow down the central nervous system, bodily functions, and behavior.

描述性研究

descriptive research Has the purpose of observing and

recording behavior.

发 展

development The pattern of change that begins at conception and continues through the life span. Most development involves growth, although it also includes decay (as in death and dying).

职业选择的发展理论

developmental career choice theory Ginzberg's theory that children and adolescents go through three career choice stages: fantasy, tentative, and realistic.

发展性建构观

developmental construction views Views sharing the belief that as individuals grow up, they acquire modes of relating to others. There are two main variations of this view. One emphasizes continuity and stability in relationships throughout the life span; the other emphasizes discontinuity and changes in relationships throughout the life span.

发展的精神病理学

developmental psychopathology The area of psychology that focuses on describing and exploring the developmental pathways of problems.

困难型儿童

difficult child This child reacts negatively to many situations and is slow to accept new experiences.

直接指导法

direct instruction approach A teachercentered approach characterized by teacher direction and control, mastery of academic skills, high expectations for students' progress, and maximum time spent on learning tasks.

非连续发展观

discontinuity view A developmental view that emphasizes change and growth in relationships over time.

冷漠 / 回避型依恋

dismissing/avoidant attachment An insecure attachment category in which individuals de-emphasize the importance of attachment. This category is associated with consistent experiences of rejection of attachment needs by caregivers.

发散思维

divergent thinking A pattern of thinking in which individuals produce many answers to the same question; more characteristic of creativity than convergent thinking; coined by Guilford.

DNA

DNA A complex molecule that contains genetic information.

E

青少年早期

early adolescence The developmental period that corresponds roughly to the middle school or junior high school years and includes most pubertal change.

成人早期

early adulthood The developmental period beginning in the late teens or early twenties and lasting into the thirties.

儿童早期

early childhood The developmental period extending from the end of infancy to about 5 or 6 years of age; sometimes called the preschool years.

早期经验 – 晚期经验之争

early-later experience issue This issue focuses on the degree to which early experiences (especially early in childhood) or later experiences are the key determinants of development.

容易型儿童

easy child This child is generally in a positive mood, quickly establishes regular routines, and adapts easily to new experiences.

折中主义理论取向

eclectic theoretical orientation An orientation that does not follow any one theoretical approach, but rather, selects from each theory whatever is considered the best in it.

生态系统理念

ecological, contextual theory Bronfenbrenner's environmental systems theory that focuses on five environmental systems: microsystem, mesosystem, exosystem, macrosystem, and chronosystem.

自我理想

ego ideal The component of the superego that involves ideal standards approved by parents.

e–mail

e-mail Electronic mail, a valuable way the Internet can be used. Messages can be sent to and received by individuals as well as large numbers of people.

成人初显期

emerging adulthood Occurring from approximately 18 to 25 years of age, this transitional period between adolescence and adulthood is characterized by experimentation and exploration.

情　绪

emotion Feeling or affect that occurs when a person is in a state or an interaction that is important to him or her, especially his or her well-being.

情感自主性

emotional autonomy The capacity to relinquish childlike dependence on parents.

情绪智力

emotional intelligence The ability to perceive and express emotion accurately and adaptively, to understand emotion and emotional knowledge, to use feelings to facilitate thought, and to manage emotions in oneself and others.

以情绪为中心的应对

emotion-focused coping Lazarus' term for responding to stress in an emotional manner, especially by using defense mechanisms.

同理心

empathy Reacting to another's feelings with an emotional response that is similar to the other's response.

渐成说

epigenetic view Emphasizes that development is the result of an ongoing bidirectional interchange between heredity and environment.

平　衡

equilibration A mechanism in Piaget's theory that explains how children or adolescents shift from one state of thought to the next. The shift occurs as they experience cognitive conflict or a disequilibrium in trying to understand the world. Eventually, the child or adolescent resolves the conflict and reaches a balance, or equilibrium.

埃里克森的理论

Erikson's theory Includes eight stages of human development. Each stage consists of a unique developmental task that confronts individuals with a crisis that must be faced.

雌性激素

estrogens The main class of female sex hormones.

种族表象

ethnic gloss Using an ethnic label such as African American or Latino in a superficial way that portrays an ethnic group as being more homogeneous than it really is.

种族同一性

ethnic identity An enduring, basic aspect of the self that includes a sense of membership in an ethnic group and the attitudes and feelings related to that membership.

种　族

ethnicity A dimension of culture based on cultural heritage, nationality, race, religion, and language.

种族中心主义

ethnocentrism A tendency to favor one's own group over other groups.

被动的基因型—环境相关

evocative genotype-environment correlations Correlations that occur because an adolescent's genetically shaped characteristics elicit certain types of physical and social environments.

进化心理学

evolutionary psychology An approach that emphasizes the importance of adaptation, reproduction, and "survival of the fittest" in explaining behavior.

经验抽样法

experience sampling method (ESM) Involves providing participants with electronic pagers and then beeping them at random times, at which time they are asked to report on various aspects of their lives.

实验研究

experimental research Research that involves an experiment, a carefully regulated procedure in which one or more of the factors believed to influence the behavior being studied are manipulated while all other factors are held constant.

外化问题

externalizing problems Occur when individuals turn problems outward. An example is juvenile delinquency.

外部动机

extrinsic motivation External motivational factors such as rewards and punishments.

F

女性运动员三症侯群

female athlete triad A combination of disordered eating, amenorrhea, and osteoporosis that may develop in female athletes during adolescence.

贫穷女性化

feminization of poverty The fact that far more women than men live in poverty. Women's low income, divorce, and the resolution of divorce cases by the judicial system, which leaves women with less money than they and their children need to adequately function, are the likely causes.

流畅经验

flow Csikszentmihalyi's concept of optimal life experiences, which he believes occur most often when people develop a sense of mastery and are absorbed in a state of concentration when they're engaged in an activity.

宽　恕

forgiveness This is an aspect of prosocial behavior that occurs when an injured person releases the injurer from possible behavioral retaliation.

形式运算阶段

formal operational stage Piaget's fourth and final stage of cognitive development, which he believed emerges at 11 to 15 years of age. It is characterized by abstract, idealistic, and logical thought.

朋　友

friends A subset of peers who engage in mutual companionship, support, and intimacy.

G

性　别

gender The sociocultural and psychological dimensions

of being male or female.

性别强化假设

gender intensification hypothesis This hypothesis states that psychological and behavioral differences between boys and girls become greater during early adolescence because of increased socialization pressure to conform to masculine and feminine gender roles.

性别角色

gender role A set of expectations that prescribes how females and males should think, act, and feel.

超越性别角色

gender-role transcendence The belief that, when an individual's competence is at issue, it should be conceptualized not on the basis of masculinity, femininity, or androgyny but, rather, on a person basis.

性别图式

gender schema A cognitive structure that organizes the world in terms of male and female.

性别图式理论

gender schema theory According to this theory, an individual's attention and behavior are guided by an internal motivation to conform to gender-based sociocultural standards and stereotypes.

性别刻板印象

gender stereotypes Broad categories that reflect our impressions and beliefs about females and males.

一般适应综合征

general adaptation syndrome (GAS) Selye's term for the common effects on the body when stressors persist that involve three stages: alarm, resistance, and exhaustion.

基　因

generational inequity The unfair treatment of younger members of an aging society in which older adults pile up advantages by receiving inequitably large allocations of resources, such as Social Security and Medicare.

基　因

genes The units of hereditary information, which are short segments composed of DNA.

生殖器疱疹

genital herpes A sexually transmitted infection caused by a large family of viruses of different strains. These strains produce other, non-sexually transmitted diseases such as chicken pox and mononucleosis.

尖锐湿疣

genital warts Caused by the human papillomavirus, genital warts are very contagious and are the most common STI in the United States.

基因型

genotype A person's genetic heritage; the actual genetic material.

淋　病

gonorrhea Reported to be one of the most common STIs in the United States, this sexually transmitted infection is caused by a bacterium called Neisseria gonorrhoeae, which thrives in the moist mucous membranes lining the mouth, throat, vagina, cervix, urethra, and anal tract. This disease is commonly called the "drip" or the "clap."

拾合度

goodness of fit The match between an individual's temperament style and the environmental demands the individual must cope with.

H

致幻剂

hallucinogens Also called psychedelic (mindaltering) drugs, these drugs alter an individual's perceptual experiences and produce hallucinations.

无助取向

helpless orientation An outlook in which individuals focus on their personal inadequacies, often attribute their difficulty to a lack of ability, and display negative affect (including boredom and anxiety). This orientation undermines performance.

遗传力

heritability The fraction of the variance in a population that is attributed to genetics.

他律道德

heteronomous morality The first stage of moral development in Piaget's theory, occurring at 4 to 7 years of age. Justice and rules are conceived of as unchangeable properties of the world, removed from the control of people.

隐性课程

hidden curriculum The pervasive moral atmosphere that characterizes schools.

荷尔蒙

hormones Powerful chemicals secreted by the endocrine glands and carried through the body by the bloodstream.

敌意的性骚扰

hostile environment sexual harassment Sexual harassment in which students are subjected to unwelcome sexual conduct that is so severe, persistent, or pervasive that it limits the students' ability to benefit from their education.

假　设

hypotheses Specific assumptions and predictions that can be tested to determine their accuracy.

假设－演绎推理

hypothetical-deductive reasoning Piaget's term for adolescents' ability, in the formal operational stage, to develop hypotheses, or best guesses, about ways to solve problems; they then systematically deduce, or conclude, the best path to follow in solving the problem.

I

同一性获得

identity achievement Marcia's term for an adolescent who has undergone a crisis and made a commitment.

同一性弥散

identity diffusion Marcia's term for the state adolescents are in when they have not yet experienced a crisis or made any commitments.

同一性早闭

identity foreclosure Marcia's term for the state adolescents are in when they have made a commitment but have not experienced a crisis.

同一性延缓

identity moratorium Marcia's term for the state of adolescents who are in the midst of a crisis, but who have not made a clear commitment to an identity.

同一性对同一性混乱

identity versus identity confusion Erikson's fifth developmental stage, which occurs during adolescence. At this time, individuals are faced with deciding on who they are, what they are all about, and where they are going in life.

内在公正

immanent justice Piaget's concept that if a rule is broken, punishment will be meted out immediately.

融合教育

inclusion Educating a child or adolescent with special education needs full-time in a general school program.

自变量

independent variable The factor that is manipulated in experimental research.

法定犯罪

index offenses Whether they are committed by juveniles or adults, these are criminal acts, such as robbery, rape, and homicide.

个 性

individuality An important element in adolescent identity development. It consists of two dimensions: self-assertion, the ability to have and communicate a point of view; and separateness, the use of communication patterns to express how one is different from others.

残疾人教育法

Individuals with Disabilities Education Act (IDEA) This spells out broad mandates for services to all children and adolescents with disabilities. These include evaluation and eligibility determination, appropriate education and the individualized education program (IEP), and a least restrictive environment.

诱 导

induction A discipline technique in which a parent uses reason and explanation of the consequences for others of a child's actions.

归纳推理

inductive reasoning Reasoning from the specific to the general, that is, drawing conclusions about all members of a category based on observing only some of its members.

放纵型教养

indulgent parenting A style in which parents are highly involved with their adolescents but place few demands or controls on them. This is associated with adolescents' social incompetence, especially a lack of self-control.

婴 儿

infancy The developmental period that extends from birth to 18 or 24 months.

信息加工理论

information-processing theory Emphasizes that individuals manipulate information, monitor it, and strategize about it. Central to this approach are the processes of memory and thinking.

不安全依恋

insecure attachment In this attachment pattern, infants either avoid the caregiver or show considerable resistance or ambivalence toward the caregiver. This pattern is theorized to be related to difficulties in relationships and problems in later development.

智 力

intelligence The ability to solve problems and to adapt to and learn from everyday experiences; not everyone agrees on what constitutes intelligence.

智 商

intelligent quotient (IQ) A person's tested mental age divided by chronological age, multiplied by 100.

内 化

internalization The developmental change from behavior that is externally controlled to behavior that is controlled by internal standards and principles.

内化问题

internalizing problems Occur when individuals turn problems inward. Examples include anxiety and depression.

网 络

Internet The core of computer-mediated communication. The Internet system is worldwide and connects thousands of computer networks, providing an incredible array of information adolescents can access.

友谊的亲密度

intimacy in friendship In most research, this is defined narrowly as self-disclosure or sharing of private thoughts.

亲密对孤独

intimacy versus isolation Erikson's sixth developmental stage, which individuals experience during the early adulthood years. At this time, individuals face the developmental task of forming intimate relationships with others.

内部动机

intrinsic motivation Internal motivational factors such as self-determination, curiosity, challenge, and effort.

创造者的观点

inventionist view The view that adolescence is a sociohistorical creation. Especially important in this view are the sociohistorical circumstances at the beginning of the twentieth century, a time when legislation was enacted that ensured the dependency of youth and made their move into the economic sphere more manageable.

J

拼图课堂

jigsaw classroom A strategy in which students from different cultural backgrounds are placed in a cooperative group in which, together, they have to construct different parts of a project to reach a common goal.

公正视角

justice perspective A moral perspective that focuses on the rights of the individual; individuals independently make moral decisions.

青少年犯罪

juvenile delinquency A broad range of child and adolescent behaviors, including socially unacceptable behavior, status offenses, and criminal acts.

L

实验室

laboratory A controlled setting in which many of the complex factors of the "real world" are removed.

青少年晚期

late adolescence Approximately the latter half of the second decade of life. Career interests, dating, and identity exploration are often more pronounced in late adolescence than in early adolescence.

成人晚期

late adulthood The developmental period that lasts from about 60 to 70 years of age until death.

学习障碍

learning disability Individuals with a learning disability are of normal intelligence or above, have difficulties in at least one academic area and usually several, and their difficulties cannot be attributed to any other diagnosed problem or disorder, such as mental retardation.

限制最少的环境

least restrictive environment A setting that is as similar as possible to the one in which the children or adolescents without a disability are educated; under the Individuals with Disabilities Education Act, the child or adolescent must be educated in this setting.

纵向研究

longitudinal research A research strategy in which the same individuals are studied over a period of time, usually several years or more.

爱的收回

love withdrawal A discipline technique in which a parent removes attention or love from a child.

M

重度抑郁障碍

major depressive disorder The diagnosis when an individual experiences a major depressive episode and depressed characteristics, such as lethargy and depression, for two weeks or longer and daily functioning becomes impaired.

掌控定向

mastery orientation An outlook in which individuals focus on the task rather than on their ability, have positive affect, and generate solution-oriented strategies that improve their performance.

月经初期

menarche A girl's first menstrual period.

心理年龄

mental age (MA) An individual's level of mental development relative to others; a concept developed by Binet.

元认知

metacognition Cognition about cognition, or "knowing about knowing."

成年中期

middle adulthood The developmental period that is entered at about 35 to 45 years and exited at about 55 to 65 years of age.

儿童中晚期

middle and late childhood The developmental period extending from about 6 to about 10 or 11 years of age; sometimes called the elementary school years.

道德发展

moral development Thoughts, feelings, and behaviors regarding standards of right and wrong.

道德榜样取向

moral exemplar approach Emphasizes the development of personality, character, and virtue in terms of moral excellence.

道德认同

moral identity An aspect of personality that is present when individuals have moral notions and commitments that are central to their lives.

多元文化模型

multicultural model This model promotes a pluralistic approach to understanding two or more cultures. It argues that people can maintain their distinctive identities while working with others from different cultures to meet common national or economic needs.

N

自然观察

naturalistic observation Observing behavior in real-world settings.

天性—教养问题

nature-nurture issue Involves the debate about whether development is primarily influenced by nature or nurture. Nature refers to an organism's biological inheritance, nurture to its environmental experiences.

被忽视的儿童

neglected children Children who are infrequently nominated as a best friend but are not disliked by their peers.

冷漠型教养

neglectful parenting A style in which the parent is very uninvolved in the adolescent's life. It is associated with adolescents' social incompetence, especially a lack of self-control.

新皮亚杰学派

neo-Piagetians Theorists who argue that Piaget got some things right but that his theory needs considerable revision. In their revision, they give more emphasis to information processing that involves attention, memory, and strategies; they also seek to provide more precise explanations of cognitive changes.

神经元

neurons Nerve cells, which are the nervous system's basic units.

非共享环境影响

nonshared environmental influences The adolescent's own unique experiences, both within a family and outside the family, that are not shared by another sibling.

正态分布

normal distribution A symmetrical distribution of values or scores, with a majority of scores falling in the middle of the possible range of scores and few scores appearing toward the extremes of the range; a distribution that yields what is called a "bell-shaped curve."

常　模

norms Rules that apply to all members of a group.

P

被动基因型－环境相关

passive genotype-environment correlations Correlations that occur because biological parents, who are genetically related to the child, provide a rearing environment for the child.

同　伴

peers Children or adolescents who are about the same age or maturity level.

表现定向

performance orientation An outlook in which individuals are concerned with performance outcome rather than performance process. For performance-oriented students, winning is what matters.

课堂管理的放纵型策略

permissive strategy of classroom management This strategy offers students considerable autonomy but provides them with little support for developing learning skills or managing their behavior.

人格类型理论

personality type theory Holland believes that an effort should be made to match an individual's career choice with his or her personality.

表现型

phenotype The way an individual's genotype is expressed in observed and measurable characteristics.

身体依赖性

physical dependence Physical need for a drug that is accompanied by unpleasant withdrawal symptoms when the drug is discontinued.

皮亚杰理论

Piaget's theory States that children actively construct their understanding of the world and go through four stages of cognitive development.

受欢迎儿童

popular children Children who are frequently nominated as a best friend and are rarely disliked by their peers.

可能自我

possible self What individuals might become, what they would like to become, and what they are afraid of becoming.

后习俗推理

postconventional reasoning The highest level in Kohlberg's theory of moral development. Morality is completely internalized.

后形式思维

postformal thought Thought that is reflective, relativistic, and provisional; realistic; and open to emotions and subjective.

权威主张

power assertion A discipline technique in which a parent attempts to gain control over a child or a child's resources.

前习俗推理

preconventional reasoning The lowest level in Kohlberg's theory of moral development. The individual shows no internalization of moral values—moral reasoning is controlled by external rewards and punishment.

偏　见

prejudice An unjustified negative attitude toward an individual because of her or his membership in a group.

胎儿期

prenatal period The time from conception to birth.

专注 / 矛盾型依恋

preoccupied/ambivalent attachment An insecure attachment category in which adolescents are hypertuned to attachment experiences. This is thought to mainly occur because parents are inconsistently available to the adolescents.

前运算阶段

preoperational stage Piaget's second stage, which lasts approximately from 2 to 7 years of age. In this stage, children begin to represent their world with words, images, and drawings.

以问题为中心的应对

problem-focused coping The strategy of squarely facing one's troubles and trying to solve them.

心理分析理论

psychoanalytic theories Describe development as primarily unconscious and heavily colored by emotion. Behavior is merely a surface characteristic and the symbolic workings of the mind have to be analyzed to understand behavior. Early experiences with parents are emphasized.

心理依赖性

psychological dependence Strong desire and craving to repeat the use of a drug for various emotional reasons, such as a feeling of wellbeing and reduction of distress.

心理测量 / 智力观

psychometric/intelligence view A view that emphasizes the importance of individual differences in intelligence; many advocates of this view also argue that intelligence should be assessed with intelligence tests.

心理社会延缓期

psychosocial moratorium Erikson's term for the gap between childhood security and adult autonomy that adolescents experience as part of their identity exploration.

青春期

puberty A period of rapid physical maturation involving hormonal and bodily changes that take place primarily in early adolescence.

公共法律第 94–142 条

Public Law 94-142 The Education for All Handicapped Children Act, which requires all students with disabilities to be given a free, appropriate education and provides the funding to help implement this education. 369

Q

变换式的性骚扰

quid pro quo sexual harassment Sexual harassment in which a school employee threatens to base an educational decision (such as a grade) on a student's submission to unwelcome conduct.

R

强　奸

rape Forcible sexual intercourse with a person who does not give consent.

协商式谈话

rapport talk The language of conversation, establishing connections, and negotiating relationships.

交互社会化

reciprocal socialization The process by which children and adolescents socialize parents, just as parents socialize them.

被拒绝儿童

rejected children Children who are infrequently nominated as a best friend and are actively disliked by their peers.

报告式谈话

report talk Talk that gives information; public speaking is an example.

成人仪式

rites of passage Ceremonies or rituals that mark an individual's transition from one status to another, such as the entry into adulthood.

角　色

roles Certain positions in a group that are governed by rules and expectations. Roles define how adolescents should behave in those positions.

浪漫的爱

romantic love Also called passionate love or eros, this love has strong sexual and infatuation components, and it often predominates in the early part of a love relationship.

S

图　式

schema A concept or framework that exists in the individual's mind to organize and interpret information.

图　式

schema A mental concept or framework that is useful in organizing and interpreting information.

安全依恋

secure attachment In this attachment pattern, infants use their primary caregiver, usually the mother, as a secure base from which to explore the environment. Secure attachment is theorized to be an important foundation for psychological development later in childhood, adolescence, and adulthood. 288 self-concept Domain-specific evaluations of the self.

自我效能

self-efficacy The belief that one can master a situation and produce positive outcomes.

自　尊

self-esteem The global evaluative dimension of the self; also referred to as self-worth or self-image.

自我阻碍

self-handicapping Involves efforts by individuals to avoid failure.

自我调节学习

self-regulatory learning The self-generation and self-monitoring of one's thoughts, feelings, and behaviors in order to reach a goal.

自我理解

self-understanding The adolescent's cognitive representation of the self; the substance and content of the adolescent's selfconceptions.

感知运动阶段

sensorimotor stage Piaget's first stage of development, lasting from birth to about 2 years of age. In this stage, infants construct an understanding of the world by coordinating sensory experiences with physical, motoric actions.

服务性学习

service learning A form of education that promotes social responsibility and service to the community.

性别主义

sexism Prejudice and discrimination against an individual because of her or his sex.

性脚本

sexual script A stereotyped pattern of role prescriptions for how individuals should sexually behave. Females and males have been socialized to follow different sexual scripts.

性传播疾病

sexually transmitted infections (STIs) Diseases that are contracted primarily through sexual contact. This contact is not limited to vaginal intercourse but includes oral-genital contact and anal-genital contact as well.

共享环境影响

shared environmental influences Siblings' common experiences such as their parents' personalities and intellectual orientation, the family's social class, and the neighborhood in which they live.

迟缓型儿童

slow-to-warm-up child This child has a low activity level, is somewhat negative, and displays a low intensity of mood.

社会认知理论

social cognitive theory The view of psychologists who emphasize behavior, environment, and cognition as the key factors in development.

性别的社会认知理论

social cognitive theory of gender This theory emphasizes that children's and adolescents' gender development occurs through observation and imitation of gender behavior, and through rewards and punishments they experience for gender-appropriate and-inappropriate behavior.

道德发展的社会认知理论

social cognitive theory of moral development The theory that distinguishes between moral competence (the ability to produce moral behaviors) and moral performance (performing those behaviors in specific situations).

社会建构主义取向

social constructivist approach Emphasizes the social contexts of learning and the construction of knowledge through social interaction.

社会建构主义取向

social constructivist approaches Approaches that focus on collaboration with others to produce knowledge and understanding; an example is Vygotsky's theory.

社会习俗推理

social conventional reasoning Thoughts about social consensus and convention, as opposed to moral reasoning that stresses ethical issues.

社会政策

social policy A national government's course of action designed to influence the welfare of its citizens.

社会角色理论

social role theory States that gender differences result from the contrasting roles of females and males with females having less power and status than males have and they control fewer resources.

社会经济地位

socioeconomic status (SES) A grouping of people with similar occupational, educational, and economic characteristics.

社会情绪过程

socioemotional processes Changes in an individual's relationships with other people, emotions, personality, and social contexts.

遗　精

spermarche A boy's first ejaculation of semen.

标准化测验

standardized test A test with uniform procedures for administration and scoring. Many standardized tests allow a person's performance to be compared with the performance of other individuals.

状态犯罪

status offenses Performed by youths under a specified age, these are juvenile offenses that are not as serious as index offenses. These offenses may include such acts as drinking under age, truancy, and sexual promiscuity.

刻板印象

stereotype A generalization that reflects our impressions and beliefs about a broad group of people. All stereotypes refer to an image of what the typical member of a particular group is like.

兴奋剂

stimulants Drugs that increase the activity of the central nervous system.

暴风骤雨期

storm-and-stress view G. Stanley Hall's concept that adolescence is a turbulent time charged with conflict and mood swings.

压 力

stress The response of individuals to stressors, which are circumstances and events that threaten and tax their coping abilities.

梅 毒

syphilis A sexually transmitted infection caused by the bacterium Treponema pallidum, a spirochete.

T

气 质

temperament An individual's behavioral style and characteristic way of responding.

理 论

theory An interrelated, coherent set of ideas that helps to explain observations and make predictions.

抗 体

tolerance The condition in which a greater amount of a drug is needed to produce the same effect as a smaller amount used to produce the effect.

跌落现象

top-dog phenomenon The circumstance of moving from the top position (in elementary school, the oldest, biggest, and most powerful students) to the lowest position (in middle or junior high school, the youngest, smallest, and least powerful).

三元智力理论

triarchic theory of intelligence Sternberg's view that intelligence comes in three main forms: analytical, creative, and practical.

双生子研究

twin study A study in which the behavioral similarity of identical twins is compared with the behavioral similarity of fraternal twins.

U

不确定的 / 混乱型依恋

unresolved/disorganized attachment An insecure category in which the adolescent has an unusually high level of fear and is disoriented. This can result from such traumatic experiences as a parent's death or abuse by parents.

V

价值观

values Beliefs and attitudes about the way things should be.

价值澄清

values clarification An educational approach that focuses on helping people clarify what is important to them, what is worth working for, and what purpose their lives are to serve. Students are encouraged to define their own values and understand others' values.

维果斯基的理论

Vygotsky's theory A sociocultural cognitive theory that emphasizes how culture and social interaction guide cognitive development.

Y

青年人

youth Kenniston's term for the transitional period between adolescence and adulthood, which is a time of economic and personal temporariness.

Z

最近发展区

zone of proximal development (ZPD) Vygotsky's concept that refers to the range of tasks that are too difficult for an individual to master alone, but that can be mastered with the guidance or assistance of adults or moreskilled peers.

参考文献

A

Abrahamson, A.C., Baker, L.A., & Caspi, A. (2002). Rebellious teens? Genetic and environmental influences on the social attitudes of adolescents. *Journal of Social Psychology, 83,* 1392–1408.

Acebo, C., & Carskadon, M.A. (2002). Influence of irregular sleep patterns on waking behavior. In M.A. Carskadon (Ed.), *Adolescent sleep patterns.* New York: Cambridge University Press.

Achenbach, T.M., & Edelbrock, C.S. (1981). Behavioral problems and competencies reported by parents of normal and disturbed children aged four through sixteen. *Monographs of the Society for Research in Child Development, 46* (1, Serial No. 188).

Achenbach, T.M., Howell, C.T., Quay, H.C., & Conners, C.K. (1991). National survey of problems and competencies among four- to sixteen-year-olds. *Monographs for the Society for Research in Child Development, 56* (3, Serial No. 225).

Adair, L.S. (2001). Size at birth predicts age at menarche. *Pediatrics, 107,* E59.

Adams, G.R., Gulotta, T.P., & Montemayor, R. (Eds.). (1992). *Adolescent identity formation.* Newbury Park, CA: Sage.

Adams, H. (2000). Behavior therapy. In A. Kazdin (Ed.), *Encyclopedia of psychology.* Washington, DC, and New York: American Psychological Association and Oxford University Press.

Adams, H.P.J., & Deitch, H.R. (2005). Menstrual disorders in the college age female. *Pediatric Clinics of North America, 52,* 179–197.

Adams, R., & Laursen, B. (2001). The organization and dynamics of adolescent conflict with parents and friends. *Journal of Marriage and the Family, 63,* 97–110.

Adelson, J. (1979, January). Adolescence and the generalization gap. *Psychology Today,* pp. 33–37.

Adler, N.E., Ozer, E.J., & Tschann, J. (2003). Abortion among adolescents. *American Psychologist, 58,* 211–217.

Aertgeerts, B., & Buntinx, F. (2002). The relation between alcohol abuse or dependence and academic performance in first-year college students. *Journal of Adolescent Health, 31,* 223–225.

Agras, W.S., & others. (2004). Report of the National Institutes of Health workshop on overcoming barriers to treatment research in anorexia nervosa. *International Journal of Eating Disorders, 35,* 509–521.

Ahn, N. (1994). Teenage childbearing and high school completion: Accounting for individual heterogeneity. *Family Planning Perspectives, 26,* 17–21.

Aiken, L.R. (2003). *Psychological testing and assessment* (11th ed.). Boston: Allyn & Bacon.

Ainsworth, M.D.S. (1979). Infant-mother attachment. *American Psychologist, 34,* 932–937.

Alan Guttmacher Institute. (1995). *National survey of the American male's sexual habits.* New York: Author.

Alan Guttmacher Institute. (1998). *Teen sex and pregnancy.* New York: Author.

Alan Guttmacher Institute. (2003a). *Sex education: Needs, programs, and policies.* New York: Author.

Alan Guttmacher Institute. (2003b). *U.S. teenage pregnancy statistics.* New York: Author.

Alan Guttmacher Institute. (2003c). *An overview of abortion in the United States.* New York: Author.

Alan Guttmacher Institute. (2005). Adolescents in Uganda: Sexual and reproductive health. *Research in Brief No. 2,* 1–4.

Alderman, M.K. (2004). *Motivation and achievement.* Mahwah, NJ: Erlbaum.

Alexander, C., Piazza, M., Mekos, D., & Valente, T. (2001). Peers, schools, and cigarette smoking. *Journal of Adolescent Health, 29,* 22–30.

Alexander, P.A. (2006). *Psychology in learning and instruction.* Upper Saddle River, NJ: Prentice Hall.

Allen, J.P., Hauser, S.T., & Borman-Spurrell, E. (1996). Attachment security and related sequelae of severe adolescent psychopathology: An eleven-year follow-up study. *Journal of Consulting and Clinical Psychology, 64,* 254–263.

Allen, J.P., Hauser, S.T., Eickholt, C., Bell, K., & O'Connor, T. (1994). Autonomy and relatedness in family interactions as predictors of expressions of negative adolescent affect. *Journal of Research on Adolescence, 4,* 535–552.

Allen, J.P., Kuperminc, G.P., & Moore, C. (2005, April). *Stability and predictors of change in attachment security across adolescence.* Paper presented at the Biennial Meetings of the Society for Research on Child Development, Atlanta.

Allen, J.P., McElhaney, K.B., Land, D.J., Kuperminc, G.P., Moore, C.W., O'Beirne-Kelly, H., & Kilmer, S.L. (2003). A secure base in adolescence: Markers of attachment security in the mother-adolescent relationship. *Child Development, 74,* 292–307.

Allen, J.P., Philliber, S., Herring, S., & Kuperminc, G.P. (1997). Preventing teen pregnancy and academic failure: Experimental evaluation of a developmentally-based approach. *Child Development, 68,* 729–742.

Allen, J.P., Porter, M.R., McFarland, F.C., Marsh, P., & McElhaney, K.B. (2005). The two faces of adolescents' success with peers: Adolescent popularity, social adaptation and deviant behavior.

Allison, B.N., & Schultz, J.B. (2004). Parent-adolescent conflict in early adolescence. *Adolescence, 39,* 101–119.

Almagor, M., Tellegen, A., & Waller, N.G. (1995). The big seven model: A cross-cultural replication and further exploration of the basic dimensions of natural language trait descriptors. *Journal of Personality and Social Psychology, 69,* 300–307.

Alsaker, F.D., & Flammer, A. (1999). *The Adolescent experience: European and American adolescents in the 1990s.* Mahwah, NJ: Erlbaum.

Amabile, T.M. (1993). (Commentary). In D. Goleman, P. Kafman, & M. Ray, (Eds.), *The creative spirit.* New York: Plume.

Amabile, T.M., & Hennesey, B.A. (1992). The motivation for creativity in children. In A.K. Boggiano & T.S. Pittman (Eds.), *Achievement and motivation.* New York: Cambridge University Press.

Amato, P.R. (2005). Historical trends in divorce and dissolution in the United States. In M.A. Fine & J.H. Harvey (Eds.), *Handbook of divorce and relationship dissolution.* Mahwah, NJ: Erlbaum.

Amato, P.R., & Booth, A. (1996). A prospective study of divorce and parent-child relationships. *Journal of Marriage and the Family, 58,* 356–365.

Ambrosio, J. (2004). No child left behind. *Phi Delta Kappan, 85,* 709–711.

Ambuel, B., & Rappaport, J. (1992). Developmental trends in adolescents' psychological and legal competence to consent to abortion. *Law and Human Behavior, 16,* 129–154.

American Academy of Pediatrics. (2000). Suicide and suicide attempts in adolescence. *Pediatrics, 105,* 871–874.

American Association of University Women. (1992). *How schools shortchange girls: A study of major findings on girls and education.* Washington, DC: Author.

American Association of University Women. (1993). *Hostile hallways.* Washington, DC: Author.

American Psychiatric Association. (1994). *Diagnostic and statistical manual of mental disorders* (4th ed.). Washington, DC: Author.

American Psychological Association. (2003). *Psychology: Scientific problem solvers.* Washington, DC: American Psychological Association.

American Sports Data. (2001). *Superstudy of sports participation.* Hartsdale, NY: Author.

Amuyunzu-Myamongo, Biddlecom, A.E., Ouedraogo, C., & Woog, V. (2005). *Qualitative evidence on adolescents' views of sexual and reproductive health in sub-Saharan Africa.* New York: Alan Guttmacher Institute.

Anastasi, A., & Urbina, S. (1996). *Psychological testing* (7th ed.). Upper Saddle River, NJ: Prentice Hall.

Anderman, E.M., Maehr, M.L., & Midgley, C. (1996). *Declining motivation after the transition to middle school: Schools can make a difference.* Unpublished manuscript, University of Kentucky, Lexington.

Anderson, C.A., & Bushman, B.J. (2001). Effects of violent video games on aggressive behavior, aggressive cognition, aggressive affect, physiological arousal, and prosocial behavior: A meta-analytic review of the scientific literature. *Psychological Science, 12,* 353–359.

Anderson, C.A., & Dill, K.E. (2000). Video games and aggressive thoughts, feelings, and behavior in the laboratory and in life. *Journal of Personality and Social Psychology, 78,* 772–790.

Anderson, D.R., Huston, A.C., Schmitt, K., Linebarger, D.L., & Wright, J.C. (2001). Early childhood viewing and adolescent behavior: The recontact study. *Monographs of the Society for Research in Child Development, 66* (1), Serial No. 264.

Anderson, E., Greene, S.M., Hetherington, E.M., & Clingempeel, W.G. (1999). The dynamics of parental remarriage. In E.M. Hetherington (Ed.), *Coping with divorce, single parenting, and remarriage.* Mahwah, NJ: Erlbaum.

Anderson, R.E. (2002). Youth and information technology. In J.T. Mortimer & R.W. Larson (Eds.), *The changing adolescent experience.* New York: Cambridge University Press.

Anderson, S.E., Dallal, G.E., & Must, A. (2003). Relative weight and race influence average age at menarche: Results from two nationally representative surveys of U.S. girls studied 25 years apart. *Pediatrics, 1112,* 844–850.

Anderton, B.H. (2002). Aging of the brain. *Mechanisms of Aging and Development, 123,* 811–817.

Andre, T., Frevert, R.L., & Schuchmann, D. (1989). From whom have college students learned what about sex? *Youth and Society, 20,* 241–268.

Angold, A., Costello, E.J., & Worthman, C.M. (1999). Puberty and depression: The roles of age, pubertal status and pubertal timing. *Psychological Medicine, 28,* 51–61.

Apter, D., & Hermanson, E. (2002). Update on female pubertal development. *Current Opinions in Obstetrics and Gynecology, 14,* 475–481.

Araceli, G., Castro, J., Cesena, J., & Toro, J. (2005). Anorexia nervosa in male adolescents: Body image, eating attitudes, and psychological traits. *Journal of Adolescent Health, 36,* 221–226.

Archer, S.L. (1989). The status of identity: Reflections on the need for intervention. *Journal of Adolescence, 12,* 345–359.

Archer, S.L., & Waterman, A.S. (1994). Adolescent identity development: Contextual perspectives. In C.B. Fisher & R.M. Lerner (Eds.), *Applied developmental psychology.* New York: McGraw-Hill.

Archibald, A.B., Graber, J.A., & Brooks-Gunn, J. (1999). Associations among parent-adolescent relationships, pubertal growth, dieting, and body image in young adolescent girls: A short-term longitudinal study. *Journal of Research on Adolescence, 9,* 395–415.

Archibald, A.B., Graber, J.A., & Brooks-Gunn, J. (2003). Pubertal processes and physical growth in adolescence. In G.R. Adams & M. Berzonsky (Eds.), *Handbook on adolescence.* Malden, MA: Blackwell.

Arehart, D.M., & Smith, P.H. (1990). Identity in adolescence: Influences on dysfunction and psychosocial task issues. *Journal of Youth and Adolescence, 19,* 63–72.

Armsden, G., & Greenberg, M.T. (1984). *The inventory of parent and peer attachment: Individual differences and their relationship to psychological well-being in adolescence.* Unpublished manuscript, University of Washington.

Arnett, J.J. (1990). Contraceptive use, sensation seeking, and adolescent egocentrism. *Journal of Youth and Adolescence, 19,* 171–180.

Arnett, J.J. (1995, March). *Are college students adults?* Paper presented at the meeting of the Society for Research in Child Development, Indianapolis.

Arnett, J.J. (2000). Emerging adulthood. *American Psychologist, 55,* 469–480.

Arnett, J.J. (2002). Adolescents in Western countries in the 21st century: Vast opportunities—for all? In B.B. Brown, R.W. Larson, & T.S. Saraswathi (Eds.), *The world's youth.* New York: Cambridge University Press.

Arnett, J.J. (2004). *Emerging adulthood.* New York: Oxford University Press.

Arnoux, D. (1998, September). Description of teaching experiences prepared for John Santrock's text. *Educational Psychology.* New York: McGraw-Hill.

Aronowitz, T. (2005). The role of "envisioning the future" in the development of resilience among at-risk youth. *Public Health Nursing, 22,* 200–208.

Aronson, E. (1986, August). *Teaching students things they think they know all about: The case of prejudice and desegregation.* Paper presented at the meeting of the American Psychological Association, Washington, DC.

Aronson, J.M. (2002). Stereotype threat: Contending and coping with unnerving expectations. *Improving academic achievement.* San Diego: Academic Press.

Aronson, J.M., Fried, C.B., & Good, C. (2002). Reducing the effects of stereotype threat on African American college students by shaping theories of intelligence. *Journal of Experimental Social Psychology, 38,* 113–115.

Aronson, J.M., Lustina, M.J., Good, C., Keough, K., Steele, C.M., & Brown, J. (1999). When white men can't do math: Necessary and sufficient factors in stereotype threat. *Journal of Experimental Social Psychology, 35,* 29–46.

Arthur, N., & McMahon, M. (2005). Multicultural career counseling: Theoretical applications of the systems theory framework. *Career Development Quarterly, 53,* 209–223.

Asarnow, J.R., & Callan, J.W. (1985). Boys with peer adjustment problems: Social cognitive processes. *Journal of Consulting and Clinical Psychology, 53,* 80–87.

Atkinson, D.R. (Ed.). (2004). *Counseling American minorities* (6th ed.). New York: McGraw-Hill.

Atkinson, J.W. (1957). Motivational determinants of risk-taking behavior. *Psychological Review, 64,* 359–372.

Attie, I., & Brooks-Gunn, J. (1989). Development of eating problems in adolescent girls: A longitudinal study, *Developmental Psychology, 25,* 70–79.

Auchus, R.J., & Rainey, W.E. (2004). Adrenarche—physiology, biochemistry, and human disease. *Clinical Endocrinology, 60,* 288–296.

B

Babbie, E.R. (2005). *The basics of social research* (3rd ed.). Belmont, CA: Wadsworth.

Bachman, J.G., O'Malley, P.M., Schulenberg, J., Johnston, L.D., Bryant, A.L., & Merline, A.C. (2002). *The decline of substance abuse in young adulthood.* Mahwah, NJ: Erlbaum.

Bachman, J.G., & Schulenberg, J. (1993). How part-time work intensity relates to drug use, problem behavior, time use, and satisfaction among high school seniors: Are these consequences or just correlates? *Developmental Psychology, 29,* 220–235.

Bacon, M.K., Child, I.L., & Barry, H. (1963). A cross-cultural study of correlates of crime. *Journal of Abnormal and Social Psychology, 66,* 291–300.

Baddeley, A. (1998). Working memory. *Science, 255,* 556–560.

Baddeley, A. (2000). Short-term and working memory. In E. Tulving & F.I.M. Craik (Eds.), *The Oxford handbook of memory.* New York: Oxford University Press.

Baer, R.A., Ballenger, J., Berry, D.T.R., & Wetter, M.W. (1997). Detection of random responding on the MMPI-A. *Journal of Personality Assessment, 68,* 139–151.

Bagwell, C.L., Newcomb, A.F., & Bukowski, W.M. (1998, February). *Early adolescent friendship as a predictor of adult adjustment: A twelve-year follow-up investigation.* Paper presented at the biennial meeting of the Society for Research on Adolescence, San Diego.

Baird, A.A., Gruber, S.A., Cohen, B.M., Renshaw, R.J., & Yureglun-Todd, D.A. (1999). FMRI of the amygdala in children and adolescents. *American Academy of Child and Adolescent Psychiatry, 38,* 195–199.

Baldry, A.C., & Farrington, D.P. (2004). Evaluation of an intervention program for the reduction of bullying and victimization in schools. *Aggressive Behavior, 30,* 1–15.

Baldwin, S., & Hoffman, J.P. (2002). The dynamics of self-esteem: A growth curve analysis. *Journal of Youth and Adolescence, 31,* 101–113.

Baltes, P.B. (1987). Theoretical propositions of life-span developmental psychology: On the dynamics between growth and decline. *Developmental Psychology, 23,* 611–626.

Baltes, P.B. (2000). Life-span developmental theory. In A. Kazdin (Ed.), *Encyclopedia of psychology.* Washington, DC, & New York: American Psychological Association and Oxford University Press.

Baltes, P.B., Lindenberger, U., & Staudinger, U. (2006). Life span theory in developmental psychology. In W. Damon & R. Lerner (Eds.), *Handbook of child psychology* (6th ed.). New York: Wiley.

Bandura, A. (1965). Influence of models' reinforcement contingencies on the acquisition of imitative responses. *Journal of Personality and Social Psychology, 1,* 589–596.

Bandura, A. (1986). *Social foundations of thought and action: A social cognitive theory.* Englewood Cliffs, NJ: Prentice Hall.

Bandura, A. (1991). Social cognitive theory of moral thought and action. In W.M. Kurtines & J. Gewirtz (Eds.), *Handbook of moral behavior and development* (Vol. 1). Hillsdale, NJ: Erlbaum.

Bandura, A. (1997). *Self-efficacy.* New York: W.H. Freeman.

Bandura, A. (1998, August). *Swimming against the mainstream: Accentuating the positive aspects of humanity.* Paper presented at the meeting of the American Psychological Association, San Francisco.

Bandura, A. (1999). Moral disengagement in the perpetuation of inhumanities. *Personality and Social Psychology Review, 3,* 193–209.

Bandura, A. (2000). Self-efficacy. In A. Kazdin (Ed.), *Encyclopedia of psychology.* Washington, DC, and New York: American Psychological Association and Oxford University Press.

Bandura, A. (2000). Social cognitive theory. In A. Kazdin (Ed.), *Encyclopedia of psychology.* Washington, DC, and New York: American Psychological Association and Oxford University Press.

Bandura, A. (2001). Social cognitive theory. *Annual Review of Psychology, 52.* Palo Alto, CA: Annual Reviews.

Bandura, A. (2002). Selective moral disengagement in the exercise of moral agency. *Journal of Moral Education, 31,* 101–119.

Bandura, A. (2004, May). *Toward a psychology of human agency.* Paper presented at the meeting of the American Psychological Society, Chicago.

Bank, L., Burraston, B., & Snyder, J. (2004). Sibling conflict and ineffective parenting as predictors of adolescent boys' antisocial behavior and peer difficulties: Additive and interactive effects. *Journal of Research on Adolescence, 14,* 99–125.

Bankole, A., Singh, S., Woog, V., & Wulf, D. (2004). *Risk and protection: Youth and HIV/AIDS in sub-Saharan Africa.* New York: Alan Guttmacher Institute.

Banks, J.A. (2002). *Introduction to multicultural education.* Boston: Allyn & Bacon.

Banks, J.A. (2006). *Cultural diversity and education* (5th ed.). Boston: Allyn & Bacon.

Barakat, L.P., Kunin-Batson, & Kazak, A.E. (2003). Child health psychology. In I.B. Weiner (Ed.), *Handbook of psychology* (Vol. 9). New York: Wiley.

Barber, B., & Eccles, J. (2003). The joy of romance: Healthy adolescent relationships as an educational agenda. In P. Florsheim (Ed.), *Adolescent romantic relations and sexual behavior.* Mahwah, NJ: Erlbaum.

Barber, B.L., & Demo, D. (2005). The kids are alright (at least most of them): Links to divorce and dissolution. In M.A. Fine & J.H. Harvey (Eds.), *Handbook of divorce and relationship dissolution.* Mahwah, NJ: Erlbaum.

Barber, B.L., Eccles, J.S., & Stone, M.R. (2001, April). *Whatever happened to the jock, the brain, and the princess? Young adult pathways linked to adolescent activity involvement and identity.* Paper presented at the meeting of the Society for Research in Child Development, Minneapolis.

Barker, R., & Wright, H.F. (1951). *One boy's day.* New York: Harper.

Barnard, K.E., & Solchany, J.E. (2002). Mothering. In M.H. Bornstein (Ed.), *Handbook of parenting* (2nd ed.). Mahwah, NJ: Erlbaum.

Barnes, G.M., Farrell, M.P., & Banerjee, S. (1995). Family influences on alcohol abuse and other problem behaviors among Black and White Americans. In G.M. Boyd, J. Howard, & R.A. Zucker (Eds.), *Alcohol problems among adolescents.* Hillsdale, NJ: Erlbaum.

Barnouw, V. (1975). *An introduction to anthropology: Vol. 2 Ethnology.* Homewood, IL: Dorsey Press.

Barry, T.D., Dunlap, S.T., Cotton, S.J., Lochman, J.E., & Wells, K.C. (2005). The influence of material stress and distress on disruptive behavior problems in boys. *Journal of the American Academy of Child and Adolescent Psychiatry, 44,* 265–273.

Barton, S.E. (2005). Reducing the transmission of genital herpes. *British Medical Journal, 330,* 157–158.

Barton, W.H. (2005). Juvenile justice policies and programs. In J.M. Jenson & M.W. Fraser (Eds.), *Social policy for children and families.* Thousand Oaks, CA: Sage.

Basen-Enquist, K., Coyle, K.K., Parcel, G.S., Kirby, D., Bnanspach, S.W., Carvajal, S.C., & Baumler, E. (2001). Schoolwide effects of a multicomponent HIV, STD, and pregnancy prevention program for high school students. *Health Education and Behavior, 28,* 166–185.

Bauer, R.M., Bowers, D., & Leritz, E.C. (2003). Neuropsychology. In I.B. Weiner (Ed.), *Handbook of psychology* (Vol. 2). New York: Wiley.

Baumeister, R.F. (1991). Identity crisis. In R.M. Lerner, A.C. Petersen, & J. Brooks-Gunn (Eds.), *Encyclopedia of adolescence* (Vol. 1). New York: Garland.

Baumeister, R.F., Campbell, J.D., Krueger, J.L., & Vohs, K.D. (2003). Does high self-esteem cause better performance, interpersonal success, happiness, or healthier lifestyles? *Psychological Science in the Public Interest, 4,* 1–44.

Baumrind, D. (1971). Current patterns of parental authority. *Developmental Psychology Monographs, 4* (1, Pt. 2).

Baumrind, D. (1991). Effective parenting during the early adolescent transition. In P.A. Cowan & E.M. Hetherington (Eds.), *Advances in family research* (Vol. 2). Hillsdale, NJ: Erlbaum.

Baumrind, D. (1999, November). Unpublished review of J.W. Santrock's *Child development* (9th ed.). New York: McGraw-Hill.

Bauserman, R. (2003). Child adjustment in joint-custody versus sole-custody arrangements: A meta-analytic review. *Journal of Family Psychology, 16,* 19–102.

Beal, C.R. (1994). *Boys and girls: The development of gender roles.* New York: McGraw-Hill.

Beck, A.T. (1993). Cognitive therapy: Past, present, and future. *Journal of Consulting and Clinical Psychology, 61,* 194–198.

Beckham, E.E. (2000). Depression. In A. Kazdin (Ed.), *Encyclopedia of psychology.* Washington, DC, and New York: American Psychological Association and Oxford University Press.

Bednar, R.L., Wells, M.G., & Peterson, S.R. (1995). *Self-esteem* (2nd ed.). Washington, DC: American Psychological Association.

Beets, M.W., & Pitetti, K.H. (2005). Contribution of physical education and sport to health-related fitness in high school students. *Journal of School Health, 75,* 25–30.

Beins, B. (2004). *Research methods.* Boston: Allyn & Bacon.

Bell, A.P., Weinberg, M.S., & Mammersmith, S.K. (1981). *Sexual preference: Its development in men and women.* New York: Simon & Schuster.

Belloc, N.B., & Breslow, L. (1972). Relationships of physical health status and health practices. *Preventive Medicine, 1,* 409–421.

Belsky, J. (1981). Early human experience: A family perspective. *Developmental Psychology, 17,* 3–23.

Belson, W. (1978). *Television violence and the adolescent boy.* London: Saxon House.

Bem, S.L. (1977). On the utility of alternative procedures for assessing psychological androgyny. *Journal of Consulting and Clinical Psychology, 45,* 196–205.

Bence, P. (1991). Television, adolescents and development. In R.M. Lerner, A.C. Petersen, & J. Brooks-Gunn (Eds.), *Encyclopedia of adolescence* (Vol. 2). New York: Garland.

Bender, W.N. (2004). *Learning disabilities* (5th ed.). Boston: Allyn & Bacon.

Benfey, P. (2005). *Essentials of genetics.* Upper Saddle River, NJ: Prentice Hall.

Benin, M. (1997, August). *A longitudinal study of marital satisfaction.* Paper presented at the meeting of the American Sociological Association, Toronto.

Bennett, C. (2003). *Comprehensive multicultural education* (5th ed.). Boston: Allyn & Bacon.

Bennett, S.E., & Assefi, N.P. (2005). School-based teenage pregnancy prevention programs: A systematic review of randomized controlled trials. *Journal of Adolescent Health, 36,* 72–81.

Bennett, W. (1993). *The book of virtues.* New York: Simon & Schuster.

Benson, E. (2003, February). Intelligence across cultures. *Monitor on Psychology, 34* (2), 56–58.

Benson, P.L. (1997). *All kids are our kids: What communities must do to raise caring and responsible children and adolescents.* Minneapolis: Search Institute.

Benson, P.L. (2004). Emerging themes in research on adolescent spiritual and religious development. *Applied Developmental Science, 8,* 47–50.

Benson, P.L., Mannes, M., Pittman, K., & Ferber, T. (2004). Youth development, developmental assets, and public policy. In R. Lerner & L. Steinberg (Eds.), *Handbook of adolescent psychology* (2nd ed.). New York: Wiley.

Benson, P.L., Scales, P.C., Hamilton, S.F., & Sesma, A. (2006). Positive youth development: Theory, research, and applications. In W. Damon & R. Lerner (Eds.), *Handbook of child psychology* (6th ed.). New York: Wiley.

Benveniste, L., Carnoy, M., & Rothstein, R. (2003). *All else equal.* New York: Routledge-Farmer.

Beran, T.N., & Tutty, L. (2002). *An evaluation of the Bully Proofing Your School, School Program,* Unpublished manuscript, Calgary: RESOLVE, Alberta, CAN.

Bergeron, N., & Schneider, B.H. (2005). Explaining cross-national differences in peer-directed aggression: A quantitative analysis. *Aggressive Behavior, 31,* 116–137.

Bergman, R. (2004). Identity as motivation: Toward a theory of the moral self. In D.K. Lapsley & D. Narvez (Eds.), *Moral development, self, and identity.* Mahwah, NJ: Erlbaum.

Berkowitz, M.W., & Gibbs, J.C. (1983). Measuring the developmental features of moral discussion. *Merrill-Palmer Quarterly, 29,* 399–410.

Berndt, T.J. (1979). Developmental changes in conformity to peers and parents. *Developmental Psychology, 15,* 608–616.

Berndt, T.J. (1982). The features and effects of friendship in early adolescence. *Child Development, 53,* 1447–1460.

Berndt, T.J. (1999). Friends' influence on children's adjustment. In W.A. Collins & B. Laursen (Eds.), *Relationships as developmental contexts.* Mahwah, NJ: Erlbaum.

Berndt, T.J., & Keefe, K. (1996). Friends' influence on school adjustment: A motivational analysis. In J. Juvonen & K. Wentzel (Eds.), Social motivation: Understanding children's school adjustment (pp. 248–278). New York: Cambridge.

Berndt, T.J., & Perry, T.B. (1990). Distinctive features and effects of early adolescent friendships. In R. Montemayor (Ed.), *Advances in adolescent research.* Greenwich, CT: JAI Press.

Berninger, V.W. (2006). Learning disabilities. In W. Damon & R. Lerner (Eds.), *Handbook of child psychology* (6th ed.). New York: Wiley.

Berry, J.W. (1990). Psychology of acculturation: Understanding individuals moving between cultures. In R.W. Brislin (Ed.), *Applied cross-culture psychology.* Thousand Oaks, CA: Sage.

Berry, J.W. (2000). Cultural foundations of human behavior. In A. Kazdin (Ed.), *Encyclopedia of psychology.* Washington, DC, and New York: American Psychological Association and Oxford University Press.

Berry, J.W. (2003). Conceptual approaches to acculturation. In K.M. Chun, P.B. Organista, & G. Marín (Eds.), *Acculturation.* Washington, DC: American Psychological Association.

Berscheid, E., & Reis, H.T. (1998). Attraction and close relationships. In D.T. Gilbert, S.T. Fiske, & G. Lindzey (Eds.), *The handbook of social psychology* (4th ed.). New York: McGraw-Hill.

Berscheid, E., Snyder, M., & Omoto, A.M. (1989). Issues in studying close relationships. In C. Hendrick (Ed.), *Close relationships.* Newbury Park, CA: Sage.

Berzonsky, M.D., & Adams, G.R. (1999). Reevaluating the identity status paradigm: Still useful after 35 years. *Developmental Review, 19,* 557–590.

Best, D. (2001). Cross-cultural gender roles. In J. Worrell (Ed.), *Encyclopedia of women and gender.* San Diego: Academic Press.

Best, J.W., & Kahn, J.V. (2006). *Research in education* (10th ed.). Boston: Allyn & Bacon.

Betz, N. (2002). Explicating an ecological approach to the career development of women. *Career Development Quarterly, 50,* 335–338.

Betz, N.E. (2004). Contributions of self-efficacy theory to career counseling: A personal perspective. *Career Development Quarterly, 52,* 340–353.

Bhutta, A.T., & Anand, K.J. (2002). Vulnerability of the developing brain: Neuronal mechanisms. *Clinical Perinatology, 29,* 357–372.

Biller, H.B. (1993). *Fathers and families: Paternal factors in child development.* Westport, CT: Auburn House.

Billy, J.O.G., Rodgers, J.L., & Udry, J.R. (1984). Adolescent sexual behavior and friendship choice. *Social Forces, 62,* 653–578.

Bingham, C.R., & Crockett, L.J. (1996). Longitudinal adjustment patterns of boys and girls experiencing early, middle, and late sexual intercourse. *Developmental Psychology, 32,* 647–658.

Birch, K. (2005). Female athlete triad. *British Medical Journal, 330,* 244–246.

Bitter, G.G., & Legacy, J.M. (2006). *Using technology in the classroom (Brief version).* Boston: Allyn & Bacon.

Bitter, G.G., & Pierson, M.E. (2005). *Using technology in the classroom* (6th ed.). Boston: Allyn & Bacon.

Bjorklund, D. (2005). *Children's thinking* (4th ed). Belmont, CA: Wadsworth.

Bjorklund, D.F., & Pellegrini, A.D. (2002). *The origins of human nature.* Washington, DC: American Psychological Association.

Black, L.L., Suarez, E.C., & Medina, S. (2004). Helping students help themselves: Strategies for successful mentoring relationships. *Counselor Education and Supervision, 44,* 44–55.

Black, S. (2004). Teaching students to think critically. *American School Board Journal, 191,* 52–54.

Blackwell, L.S., Trzesniewski, K.H., & Dweck, C.S. (2003, April). *Academic achievement over the junior high school transition: A longitudinal study and an intervention.* Paper presented at the meeting of the Society for Research in Child Development, Tampa.

Blake, S.M., Ledsky, R., Goodenow, C., Sawyer, R., Lohrmann, D., & Windsor, R. (2003). Condom availability programs in Massachusetts high schools: Relationships with condom use and sexual behavior. *American Journal of Public Health, 93*, 955–962.

Blakemore, J.E.O., Berenbaum, S.A., & Liben, L.S. (2005). *Gender development.* Mahwah, NJ: Erlbaum, in preparation.

Blash, R., & Unger, D.G. (1992, March). *Cultural factors and the self-esteem and aspirations of African-American adolescent males.* Paper presented at the meeting of the Society for Research on Adolescence. Washington, DC.

Blasi, A. (1988). Identity and the development of the self. In D. Lapsley & F.C. Power (Eds.), *Self, ego, and identity: Integrative approaches.* New York: Springer-Verlage.

Blasi, A. (1995). Moral understanding and the moral personality: The process of moral integration. In W. Kurtines & J.L. Gewirtz (Eds.), *Moral development: An introduction.* Boston: Allyn & Bacon.

Blasi, A. (2005). Moral character: A psychological approach. In D.K. Lapsley & F.C. Power (Eds.), *Character psychology and character education.* Notre Dame, IN: University of Notre Dame Press.

Blatchford, P., & Mortimore, P. (1994). The issue of class size for young children in school: What can we learn from research? *Oxford Review of Education, 20* (4), 411–428.

Blatt, S.J. (2004). *Experiences of depression.* Washington, DC: American Psychological Association.

Bleeker, M.M., Kohler, K., Verson, M.K., & Messersmith, E. (2002, April). *Adolescence into young adulthood: The perspectives of parents and as their children grow up.* Paper presented at the meeting of the Society for Research on Adolescence, New Orleans.

Block, J. (1993). Studying personality the long way. In D.D. Funder, R.D. Peake, C. Tomlinson-Keasey, & K. Widaman (Eds.), *Studying lives through time.* Washington, DC: American Psychological Association.

Block, J. (2002). *Personality as an affect processing system.* Mahwah, NJ: Erlbaum.

Block, J.H., & Block, J. (1980). The role of ego-control and ego-resiliency in the organization of behavior. In W.A. Collins (Ed.), *Minnesota symposium on child psychology* (Vol. 13). Minneapolis: University of Minnesota Press.

Blonna, R. (2005). *Coping with stress in a changing world* (3rd ed.). New York: McGraw-Hill.

Bloom, B. (Ed.). (1985). *Developing talent in young people.* New York: Ballantine Books.

Blos, P. (1989). The inner world of the adolescent. In A.H. Esman (Ed.), *International annals of adolescent psychiatry* (Vol. 1). Chicago: University of Chicago Press.

Blum, R., & Nelson-Mmari, K. (2004). Adolescent health from an international perspective. In R. Lerner & L. Steinberg (Eds.), *Handbook of adolescent psychology.* New York: Wiley.

Blumenfeld, P., Krajcik, J., & Kempler, T. (2006). Motivation in the classroom. In W. Damon & R. Lerner (Eds.), *Handbook of child psychology* (6th ed.). New York: Wiley.

Blumenfeld, P., Modell, J., Bartko, T., Secade, J., Fredricks, J., Friedel, J., & Paris, A. (2005). School engagement of inner city students during middle childhood. In C.R. Cooper, C.T.G. Coll, W.T. Bartko, H.M. Davis, & C. Chatman. (Eds.), *Developmental pathways through middle childhood.* Mahwah, NJ: Erlbaum.

Blyth, D.A., Durant, D., & Moosbrugger, L. (1985, April). *Perceived intimacy in the social relationships of drug- and nondrug-using adolescents.* Paper presented at the meeting of the Society for Research in Child Development, Toronto.

Bo, I. (1994). The sociocultural environment as a source of support. In F. Nestmann & K. Hurrelmann (Eds.), *Social networks and social support in childhood and adolescence.* New York: Walter de Gruyter.

Boekaerts, M. (2006). Self-regualtion and effort investment. In W. Damon & R. Lerner (Eds.), *Handbook of child psychology* (6th ed.). New York: Wiley.

Bongers, I.L., Koot, H.M., van der Ende, J., & Verhulst, F.C. (2004). Developmental trajectories of externalizing behaviors in childhood and adolescence. *Child Development, 75*, 1523–1537.

Books, S. (2004). *Poverty and schooling in the U.S.* Mahwah, NJ: Erlbaum.

Boonstra, H. (2002, February). Teen pregnancy: Trends and lessons learned. *The Guttmacher Report on Public Policy*, pp. 7–10.

Booth, A., Johnson, D.R., Granger, D.A., Crouter, A.C., & McHale, S. (2003). Testosterone and child and adolescent adjustment: The moderating role of parent-child relationships. *Developmental Psychology, 39*, 85–98.

Booth, M. (2002). Arab adolescents facing the future: Enduring ideals and pressures to change. In B.B. Brown, R.W. Larson, & T.S. Saraswathi (Eds.), *The world's youth.* New York: Cambridge University Press.

Borden, L.M., Donnermeyer, J.F., & Scheer, S.D. (2001). The influence of extra-curricular activities and peer influence on substance use. *Adolescent & Family Health, 2*, 12–19.

Bornstein, M.H., & Bradley, R.H. (Eds.). (2003). *Socioeconomic status, parenting, and child development.* Mahwah, NJ: Erlbaum.

Bornstein, R.F. (2003). Psychodynamic models of personality. In I.B. Weiner (Ed.), *Handbook of psychology* (Vol. 5). New York: Wiley.

Borowsky, I.W., Ireland, M., & Resnick, M.D. (2001). Adolescent suicide attempts: Risks and protectors. *Pediatrics, 107*, 485–493.

Bosma, H.A., & Kunnen, E.S. (Eds.). (2001). *Identity and emotion.* New York: Cambridge University Press.

Botero, D., & Wolfdorf, J.I. (2005). Diabetes mellitus in children and adolescents. *Archives of Medical Research, 36*, 281–290.

Botvin, G.J. (1999, June). *Impact of preventive interventions on protection for drug use, onset, and progression.* Paper presented at the meeting of the Society for Prevention Research, New Orleans.

Bouchey, H.A., & Furman, W. (2003). Dating and romantic relationships in adolescence. In G. Adams & M. Berzonsky (Eds.), *Blackwell handbook of adolescence.* Malden, MA: Blackwell.

Bowlby, J. (1989). *Secure attachment.* New York: Basic Books.

Boyatzis, C.J., Dollahite, D.C., & Marks, L.D. (2005). The family as a context for religious and spiritual development in children and youth. In E.C. Roehkepartain, P.E. King, L. Wagner, & P.L. Benson (Eds.), *Handbook of spiritual development in childhood and adolescence.* Thousand Oaks, CA: Sage.

Boyes, M.C., Giordano, R., & Galperyn, K. (1993, March). *Moral orientation and interpretive contexts of moral deliberation.* Paper presented at the biennial meeting of the Society for Research in Child Development, New Orleans.

Brabeck, M.M. (2000). Kohlberg, Lawrence. In A Kazdin (Ed.), *Encyclopedia of psychology.* Washington, DC, and New York: American Psychological Association and Oxford University Press.

Bracey, J.R., Bamaca, M.Y., & Umana-Taylor, A.J. (2004). Examining ethnic identity among biracial and monoracial adolescents. *Journal of Youth and Adolescence, 33*, 123–132.

Bradley, R., & Corwyn, R. (2004). "Family process" investments that matter for child well-being. In A. Kalil & T. DeLeire (Eds.), *Family investments in children's potential.* Mahwah, NJ: Erlbaum.

Bradley, R.H., Corwyn, R.F., McAdoo, H., & Coll, C. (2001). The home environments of children in the United States: Part I. Variations by age, ethnicity, and poverty status. *Child Development, 72*, 1844–1867.

Brainard, C.J. (2002). Jean Piaget, learning research, and American education. In B.J. Zimmerman & D.H. Schunk (Eds.), *Educational psychology.* Mahwah, NJ: Erlbaum.

Branje, S.J.T., van Lieshout, C.F.M., & van Aken, M.A.G. (2004). Relations between big five personality characteristics and perceived support in adolescents' families. *Journal of Personality and Social Psychology, 86*, 615–628.

Braver, S.L., Ellman, I.M., & Fabricus, W.V. (2003). Relocation of children after divorce and children's best interests: New evidence and legal considerations. *Journal of Family Psychology, 17*, 206–219.

Bray, J.H., Berger, S.H., & Boethel, C.L. (1999). Marriage to remarriage and beyond.

In E.M. Hetherington (Ed.), *Coping with divorce, single parenting, and remarriage.* Mahwah, NJ: Erlbaum.

Bray, J.H., & Kelly, J. (1998). *Stepfamilies.* New York: Broadway.

Brener, N., Lowry, R., Barrios, L., Simon, T., & Eaton, D. (2005). Violence-related behaviors among high school students—United States, 1991–2003. *Journal of School Health, 75,* 81–85.

Breur, J.T. (1999). In search of . . . brain-based education. *Phi Delta Kappan, 80,* 648–655.

Brewer, M.B., & Campbell, D.T. (1976). *Ethnocentrism and intergroup attitudes.* New York: Wiley.

Brim, O.G., & Kagan, J. (1980). Constancy and change: A view of the issues. In O.G. Brim & J. Kagan (Eds.), *Constancy and change in human development.* Cambridge, MA: Harvard University Press.

Brislin, R. (1993). *Understanding culture's influence on behavior.* Fort Worth, TX: Harcourt Brace.

Brislin, R.W. (2000). Cross-cultural training. In A. Kazdin (Ed.), *Encyclopedia of psychology.* Washington, DC, and New York: American Psychological Association and Oxford University Press.

Brock, L.J., & Jennings, G.H. (1993). What daughters in their 30s wish their mothers had told them. *Family Relations, 42,* 61–65.

Brockmeyer, S., Treboux, D., & Crowell, J.A. (2005, April). *Parental divorce and adult children's attachment status and marital relationships.* Paper presented at the meeting of the Society for Research in Child Development, Atlanta.

Brody, G.H., Ge, X., Conger, R.D., Gibbons, F., Murry, V., Gerrard, M., & Simons, R. (2001). The influence of neighborhood disadvantage, collective socialization, and parenting on African American children's affiliation with deviant peers. *Child Development, 72,* 1231–1246.

Brody, G.H., & Shaffer, D.R. (1982). Contributions of parents and peers to children's moral socialization. *Developmental Review, 2,* 31–75.

Brody, G.H., Stoneman, Z., & Burke, M. (1987). Child temperaments, maternal differential behavior and sibling relationships *Developmental Psychology, 23,* 354–362.

Brody, N. (2000). Intelligence. In A Kazdin (Ed.), *Encyclopedia of psychology.* Washington, DC, and New York: American Psychological Association and Oxford University Press.

Brodzinsky, D.M., Lang, R., & Smith, D.W. (1995). Parenting adopted children. In M.H. Bornstein (Ed.), *Handbook of parenting* (Vol. 3). Hillsdale, NJ: Erlbaum.

Brodzinsky, D.M., & Pinderhughes, E. (2002). Parenting and child development in adoptive families. In M.H. Bornstein (Ed.), *Handbook of parenting* (Vol. 1). Mahwah, NJ: Erlbaum.

Brodzinsky, D.M., Schechter, D.E., Braff, A.M., & Singer, L.M. (1984). Psychological and academic adjustment in adopted children. *Journal of Consulting and Clinical Psychology, 52,* 582–590.

Broidy, L.M., Nagin, D.S., Tremblay, R.E., Bates, J.E., Dodge, K.A., Fegusson, D., Horwood, J.L., Loeber, R., Laird, R., Lynam, D.R., Moffitt, T.E., Pettit, G.S., & Vitaro, F. (2003). Developmental trajectories of childhood disruptive behaviors and adolescent delinquency: A six-site, cross-national study. *Developmental Psychology, 39,* 222–245.

Brom, B. (2006). *NutritionNow* (4th ed.). Belmont CA: Wadsworth.

Bronfenbrenner, U. (1986). Ecology of the family as a context for human development: Research perspectives. *Developmental Psychology, 22,* 723–742.

Bronfenbrenner, U. (1995). Developmental ecology through space and time: A future perspective. In P. Moen, G.H. Elder, & K. Lüscher (Eds.), *Examining lives in context.* Washington, DC: American Psychological Association.

Bronfenbrenner, U. (2000). Ecological theory. In A Kazdin (Ed.), *Encyclopedia of psychology.* Washington, DC, and New York: American Psychological Association and Oxford University Press.

Bronfenbrenner, U. (2004). *Making human beings human.* Thousand Oaks, CA: Sage.

Bronfenbrenner, U., & Morris, P.A. (1998). The ecology of developmental processes. In W. Damon (Ed.), *Handbook of child psychology* (5th ed., Vol. 1). New York: Wiley.

Bronfenbrenner, U., & Morris, P.A. (2006). The ecology of developmental processes. In W. Damon & R. Lerner (Eds.), *Handbook of child psychology* (6th ed.). New York: Wiley.

Brook, J.S., Brook, D.W., Gordon, A.S., Whiteman, M., & Cohen, P. (1990). The psychological etiology of adolescent drug use: A family interactional approach. *Genetic Psychology Monographs, 116,* No. 2.

Brook, J.S., Whiteman, M., Balka, E.B., Win, P.T., & Gursen, M.D. (1998). Drug use among Puerto Ricans: Ethnic identity as a protective factor. *Hispanic Journal of Behavioral Sciences, 20,* 241–254.

Brooker, R.J. (2005). *Genetics* (2nd ed.). New York: McGraw-Hill.

Brooks, J.G., & Brooks, M.G. (2001). *The case for constructivist classrooms* (2nd ed.). Upper Saddle River, NJ: Erlbaum.

Brooks, T., & Bornstein, P. (1996, March). *Cross-cultural comparison of mothers' and fathers' behaviors toward girls and boys.* Paper presented at the Society for Research on Adolescence, Boston.

Brooks-Gunn, J. (1988). Antecedents and consequences of variations in girls' maturational timing. In M.D. Levine & E.R. McAnarney (Eds.), *Early adolescent transitions.* Lexington, MA: Lexington Books.

Brooks-Gunn, J. (1992, March). *Revisiting theories of "storm and stress": The role of biology.* Paper presented at the meeting of the Society for Research on Adolescence, Washington, DC.

Brooks-Gunn, J., & Chase-Landsdale, P.L. (1995). Adolescent parenthood. In M.H. Bornstein (Ed.), *Children and parenting* (Vol. 3). Hillsdale, NJ: Erlbaum.

Brooks-Gunn, J., & Graber, J.A. (1995, March). *Depressive affect versus positive adjustment: Patterns of resilience in adolescent girls.* Paper presented at the meeting of the Society for Research in Child Development, Indianapolis.

Brooks-Gunn, J., & Graber, J.A. (1999). *What's sex got to do with it? The development of health and sexual identities during adolescence.* Unpublished manuscript, Department of Psychology, Columbia University, New York City.

Brooks-Gunn, J., Graber, J.A, & Paikoff, R.L. (1994). Studying links between hormones and negative affect: Models and measures. *Journal of Research on Adolescence, 4,* 469–486.

Brooks-Gunn, J., & Paikoff, R.L. (1993). "Sex is a gamble, kissing is a game": Adolescent sexuality and health promotion In S.G. Millstein, A.C. Petersen, & E.O. Nightingale (Eds.), *Promoting the health of adolescents.* New York: Oxford University Press.

Brooks-Gunn, J., & Paikoff, R.L. (1997). Sexuality and developmental transitions during adolescence. In J. Schulenberg, J. Maggs, & K. Hurrelmann (Eds.), *Health risks and developmental transitions during adolescence.* New York: Cambridge University Press.

Brooks-Gunn, J., & Ruble, D.N. (1982). The development of menstrual-related beliefs and behaviors during early adolescence. *Child Development, 53,* 1567–1577.

Brooks-Gunn, J., & Warren, M.P. (1989). The psychological significance of secondary sexual characteristics in 9– to 11–year-old girls. *Child Development, 59,* 161–169.

Brophy, J. (2004). *Motivating students to learn* (2nd ed.). Mahwah, NJ: Erlbaum.

Broughton, J. (1983). The cognitive developmental theory of adolescent self and identity. In B. Lee & G. Noam (Eds.), *Developmental approaches to self.* New York: Plenum.

Brown, B.B. (1999). Measuring the peer environment of American adolescents. In S.L. Friedman & T.D. Wachs (Eds.), *Measuring environment across the life span.* Washington, DC: American Psychological Association.

Brown, B.B. (2003). Crowds, cliques, and friendships. In G. Adams & M. Berzonsky, (Eds.), *Blackwell handbook of adolescence.* Malden, MA: Blackwell.

Brown, B.B. (2004). Adolescent relationships with peers. In R. Lerner & L. Steinberg (Eds.), *Handbook of adolescent psychology* (2nd ed.). New York: Wiley.

Brown, B.B., Lambron, S.L., Mounts, N.S., & Steinberg, L. (1993). Parenting practices and peer group affiliation in adolescence. *Child Development, 64,* 457–482.

Brown, B.B., & Larson, R.W. (2002). The kaleidoscope of adolescence: Experiences of the world's youth at the beginning of the 21st century. In B.B. Brown, R.W. Larson, & T.S. Saraswathi (Eds.), *The world's youth.* New York: Cambridge University Press.

Brown, B.B., Larson, R.W., & Saraswathi, T.S. (Eds.). (2002). *The world's youth.* New York: Cambridge Press.

Brown, B.B., & Lohr, M.J. (1987). Peer-group affiliation and adolescent self-esteem: An integration of ego-identity and symbolic-interaction theories. *Journal of Personality and Social Psychology, 52,* 47–55.

Brown, B.B., Mory, M.S., & Kinney, D. (1994). Casting adolescent crowds in a relational perspective: Caricature, channel, and context. In R. Montemayor, G.R. Adams, & T.P. Gullotta (Eds.), *Personal relationships during adolescence.* Newbury Park, CA: Sage.

Brown, B.B., & Theobald, W. (1998). Learning contexts beyond the classroom: Extracurricular activities, community organizations, and peer groups. In K. Borman & B. Schneider (Eds.), *The adolescent years.* Chicago: University of Chicago Press.

Brown, H.D., & Adler, N.E. (1998). Socioeconomic status. In H.S. Friedman (Ed.), *Encyclopedia of mental health* (Vol. 3). San Diego: Academic Press.

Brown, J.D., Halpern, C.T., & L'Engle, K.L. (2005). Mass media as a sexual super peer for early maturing girls. *Journal of Adolescent Health, 36,* 420–427.

Brown, J.D., & Siegel, J.D. (1988). Exercise as a buffer of life stress: A prospective study of adolescent health. *Health Psychology, 7,* 341–353.

Brown, L.M., & Gilligan, C. (1992). *Meeting at the crossroads: Women's and girls' development.* Cambridge, MA: Harvard University Press.

Brown, L.M., Way, N., & Duff, J.L. (1999). The others in my I: Adolescent girls' friendships and peer relations. In N.G. Johnson, M.C. Roberts, & J. Worrell (Eds.), *Beyond appearance.* Washington, DC: American Psychological Association.

Bruer, J.T. (1999). *The myth of the first three years.* New York: Free Press.

Bruess, C.E., & Richardson, G.E. (1992). *Decisions for health* (3rd ed.). Dubuque, IA: Brown & Benchmark.

Bryant, A., & LaFromboise, T.D. (2005). The racial identity and cultural orientation of Lumbee American Indian high school students. *Cultural Diversity and Ethnic Minority Psychology, 11,* 82–89.

Bryant, J., & Rockwell, S.C. (1994). Effects of massive exposure to sexually oriented prime-time television programming on adolescents' moral judgment. In D. Zillman, J. Bryant, & A.C. Huston (Eds.), *Media, children, and the family: Social scientific, psychodynamic, and clinical perspectives.* Hillsdale, NJ: Erlbaum.

Buchanan, C.M., Maccoby, E.E., & Dornsbusch, S. (1992). Adolescents and their families after divorce: Three residential arrangements compared. *Journal of Research on Adolescence, 2,* 261–291.

Buck, M., Lund, J.L., Harrison, J.M., & Blakemore-Cook, C. (2007). *Instructional strategies for school physical education* (6th ed.). New York: McGraw-Hill.

Bugental, D.B., & Grusec, J.E. (2006). Socialization processes. In W. Damon & R. Lerner (Eds.), *Handbook of child psychology* (6th ed.). New York: Wiley.

Buhrmester, D. (1990). Friendship, interpersonal competence, and adjustment in preadolescence and adolescence. *Child Development, 61,* 1101–1111.

Buhrmester, D. (2001, April). *Does age at which romantic involvement start matter?* Paper presented at the meeting of the Society for Research in Child Development, Minneapolis.

Buhrmester, D. (2005, April). *The antecedents of adolescents' competence in close relationships: A six-year-study.* Paper presented at the meeting of the Society for Research in Child Development, Atlanta.

Buhrmester, D., Camparo, L., Christensen, A., Gonzalez, L.S., & Hinshaw, S.P. (1992). Mothers and fathers interacting in dyads and triads with normal and hyperactive sons. *Developmental Psychology, 28,* 500–509.

Buhrmester, D., & Carbery, J. (1992, March). *Daily patterns of self-disclosure and adolescent adjustment.* Paper presented at the biennial meeting of the Society for Research on Adolescence, Washington, DC.

Buhrmester, D., & Furman, W. (1987). The development of companionship and intimacy. *Child Development, 58,* 1101–1113.

Buhs, E.S., & Ladd, G.W. (2001). Peer rejection as an antecedent of young children's school adjustment: An examination of mediating processes. *Developmental Psychology, 37,* 550–560.

Bukowski, W.M., & Adams, R. (2005). Peer relationships and psychopathology. *Journal of Clinical Child and Adolescent Psychology, 34,* 3–10.

Bukowski, W.M., Newcomb, A.F., & Hoza, B. (1987). Friendship conceptions among early adolescents: A longitudinal study of stability and change. *Journal of Early Adolescence, 7,* 143–152.

Bumpas, M.F., Crouter, A.C., & McHale, S.M. (2001). Parental autonomy granting during adolescence: Gender differences in context. *Developmental Psychology, 37,* 163–173.

Burchinal, M.R., Peisner-Feinberg, E., Pianta, R., & Howes, C. (2002). Development of academic skills from preschool through second grade: Family and classroom predictors of developmental trajectories. *Journal of School Psychology, 40* (5), 415–436.

Burke, R., & Vinnicombe, S. (2005). Advancing women's careers. *Career Development International, 10,* 165–167.

Burton, L.M., & Synder, A.R. (1997). The invisible man revisited. In A. Booth & A.C. Crouter (Eds.), *Men in families.* Mahwah, NJ: Erlbaum.

Burton, R.V. (1984). A paradox in theories and research in moral development. In W.M. Kurtines & J.L. Gewirtz (Eds.), *Morality, moral behavior, and moral development.* New York: Wiley.

Buss, D.M. (1995). Psychological sex differences: Origins through sexual selection. *American Psychologist, 50,* 164–168.

Buss, D.M. (1999). *Evolutionary psychology: The new science of the mind.* Boston: Allyn & Bacon.

Buss, D.M. (2000). Evolutionary psychology. In A. Kazdin (Ed.), *Encyclopedia of psychology.* Washington, DC, and New York: American Psychological Association and Oxford University Press.

Buss, D.M. (2001). Human nature and culture: An evolutionary psychology perspective. *Journal of Personality, 69,* 955–978.

Buss, D.M. (2004). *Evolutionary psychology* (2nd ed.). Boston: Allyn & Bacon.

Buss, D.M., & Schmitt, D.P. (1993). Sexual strategies theory: An evolutionary perspective on human mating. *Psychological Review, 100,* 204–232.

Bussey, K., & Bandura A. (1999). Social cognitive theory of gender development and differentiation. *Psychological Review, 106,* 676–713.

Butcher, J. (2000). Computerized assessment. In A Kazdin (Ed.), *Encyclopedia of psychology.* Washington, DC, and New York: American Psychological Association and Oxford University Press.

Butcher, J.N., Williams, C.L., Graham, J.R., Archer, R.P., Tellegen, A., Ben-Porath, Y.S., & Kaemmer, B. (1992). *MMPI-A (Minnesota Multiphasic Personality Inventory-Adolescent): Manual for administration, scoring, and interpretation.* Minneapolis: University of Minnesota Press.

Buzwell, S., & Rosenthal, D. (1996). Constructing a sexual self: Adolescents' sexual self-perceptions and sexual risk-taking. *Journal of Research on Adolescence, 6,* 489–513.

Byrnes, J.P. (1998). *The nature and development of decision making.* Mahwah, NJ: Erlbaum.

Byrnes, J.P. (2003). Cognitive development during adolescence. In G. Adams & M. Berzonsky (Eds.), *Blackwell handbook of adolescence.* Malden, MA: Blackwell.

Byrnes, J.P. (2005). The development of regulated decision making. In J.E. Jacobs & P.A. Klaczynski (Eds.), *The development of judgment and decision making in children and adolescents.* Mahwah, NJ: Erlbaum.

C

Cabezon, C., Vigil, P., Rojas, I., Leiva, M.E., Riquelme, R., Aranda, W., & Garcia, C. (2005). Adolescent pregnancy prevention: An abstinence-centered randomized controlled intervention in a Chilean public high school. *Journal of Adolescent Health, 36,* 64–69.

Cairns, R.B., & Cairns, B.D. (1994). *Lifelines and risks: Pathways of youth in our time.* New York: Cambridge University Press.

Calabrese, R.L., & Schumer, H. (1986). The effects of service activities on adolescent alienation. *Adolescence, 21,* 675–687.

Call, K.A. Riedel, A., Hein, K., McLoyd, V., Kpke, M., & Petersen, P. (2002). Adolescent health and well-being in the 21st century: A global perspective. *Journal of Research on Adolescence, 12,* 69–98.

Callas, P.W., Flynn, B.S., & Worden, J.K. (2004). Potentially modifiable psychosocial factors associated with alcohol use during early adolescence. *Addictive Behavior, 29,* 1503–1515.

Calvert S. (1999). *Children's journeys through the information age.* New York: McGraw-Hill.

Cameron, J., Cowan, L., Holmes, B., Hurst, P., & McLean, M. (Eds.). (1983). *International handbook of educational systems.* New York: Wiley.

Cameron, J.L. (2004). Interrelationships between hormones, behavior, and affect during adolescence: Understanding hormonal, physical, and brain changes occurring in association with pubertal activation of the reproductive axis. Introduction to Part III. *Annals of the New York Academy of Sciences, 1021,* 110–123.

Campbell, C.Y. (1988, August 24). Group raps depiction of teenagers. *Boston Globe,* p. 44.

Campbell, L., Campbell, B., & Dickinson, D. (2004). *Teaching and learning through multiple intelligences* (3rd ed.). Boston: Allyn & Bacon.

Campos, J.J., Frankel, C., & Camras, L. (2004). On the nature of emotion regulation. *Child Development, 75,* 377–394.

Campos, J.J. (2004). Unpublished review of J.W. Santrock's *Life-span development* (10th ed.). New York: McGraw-Hill.

Capaldi, D.M., & Shortt, J.W. (2003). Understanding conduct problems in adolescence from a life-span perspective. In G. Adams & M. Berzonsky (Eds.), *Blackwell handbook of adolescence.* Malden, MA: Blackwell.

Caplan, P.J., & Caplan, J.B. (1999). *Thinking critically about research on sex and gender* (2nd ed.). New York: Longman.

Cardelle-Elawar, M. (1992). Effects of teaching metacognitive skills to students with low mathematics ability. *Teaching & Teacher Education, 8,* 109–121.

Carey, M.P., & Venable, P.A. (2003). AIDS/HIV. In I.B. Weiner (Ed.), *Handbook of psychology* (Vol. IX). New York: Wiley.

Carlson, C., Cooper, C., & Hsu, J. (1990, March). *Predicting school achievement in early adolescence: The role of family process.* Paper presented at the meeting of the Society for Research in Adolescence, Atlanta.

Carlson, E.A., Sroufe, L.A., & Egeland, B. (2004). The construction of experience: A longitudinal study of representation and behavior. *Child Development, 75,* 66–83.

Carlson, M.J., & McLanahan, S.S. (2002). Fragile families, father involvement, and public policy. In C.S. Tamis-LeMonda & N. Cabrera (Eds.), *The handbook of father involvement.* Mahwah, NJ: Erlbaum.

Carnegie Council on Adolescent Development. (1989). *Turning points: Preparing American youth for the twenty-first century.* New York: Carnegie Foundation.

Carnegie Council on Adolescent Development. (1995). *Great transitions.* New York: Carnegie Foundation.

Carroll, J. (1993). *Human cognitive abilities.* Cambridge: Cambridge University Press.

Carroll, P.V., Drake, W.M., Maher, K.T., Metcalfe, K., Shaw, N., Dunger, D., Cheetham, T., Camacho-Hubner, C., Savage, M., & Monson, J.P. (2004). Comparison of continuation of cessation of growth hormone (GH) therapy on body composition and metabolic rates of adolescents with severe GH deficiency at completion of linear growth. *Journal of Clinical Endocrinology and Metabolism, 89,* 3890–3895.

Carskadon, M.A. (Ed.). (2002). *Adolescent sleep patterns.* New York: Cambridge University Press.

Carskadon, M.A. (2004). Sleep difficulties in young people. *Archives of Pediatric and Adolescent Medicine, 158,* 597–598.

Carskadon, M.A. (2005). Sleep and circadian rhythms in children and adolescents: Relevance for athletic performance of young people. *Clinical Sports Medicine, 24,* 319–328.

Carskadon, M.A., Acebo, C., & Jenni, O.G. (2004). Regulation of adolescent sleep: Implications for behavior. *Annals of the New York Academy of Sciences, 102,* 276–291.

Carskadon, M.A., Acebo, C., & Seifer, R. (2001). Extended nights, sleep loss, and recovery sleep in adolescence. *Archives of Italian Biology, 139,* 301–312.

Carskadon, M.A., Labyak, S.E., Acebo, C., & Seifer, R. (1999). Intrinsic circadian period of adolescent humans measured in conditions of forced desynchrony. *Neuroscience Letters, 260,* 129–132.

Carskadon, M.A., Wolfson, A.R., Acebo, C., Tzichinsky, O., & Seifer, R. (1998). Adolescent sleep patterns, circadian timing, and sleepiness at a transition to early school days. *Sleep, 21,* 873–884.

Caruthers, A.S., & Ward, L.M. (2002, April). *Mixed messages: The divergent nature of sexual communication received from parents, peers, and the media.* Paper presented at the meeting of the Society for Research on Adolescence, New Orleans.

Carver, K., Joyner, K., & Udry, J.R. (2003). National estimates of romantic relationships. In P. Florsheim (Ed.), *Adolescent romantic relations and sexual behavior.* Mahwah, NJ: Erlbaum.

Case, R. (Ed.). (1992). *The mind's staircase: Exploring the conceptual underpinnings of children's thought and knowledge.* Hillsdale, NJ: Erlbaum.

Case, R. (1998). The development of conceptual structures. In W. Damon (Ed.), *Handbook of child psychology* (5th ed., Vol. 2). New York: Wiley.

Case, R. (2000). Conceptual development. In M. Bennett (Ed.), *Developmental psychology.* Philadelphia: Psychology Press.

Case, R. (2005). Bring critical thinking to the main stage. *Education Canada, 45,* 45–48.

Caspi, A. (1998). Personality development across the life course. In W. Damon (Series Ed.) & N. Eisenberg (Ed.), *Handbook of child psychology: Vol. 3. Social, emotional, and personality development* (5th ed.). New York: Wiley.

Caspi, A., & Bem, D.J. (1990). Personality continuity and change across the life course. In L. Pervin (Ed.), *Handbook of personality.* New York: Guilford.

Caspi, A., & Shiner, R. (2006). Personality development. In W. Damon & R. Lerner (Eds.), *Handbook of child psychology* (6th ed.). New York: Wiley.

Caspi, A. (2006). Personality development. In W. Damon & R. Lerner (Eds.), *Handbook of child psychology* (6th ed.). New York: Wiley.

Cassell, E., & Bernstein, D.A. (2001). *Criminal behavior.* Boston: Allyn & Bacon.

Castellano, J.A., & Diaz, E. (Eds.). (2002). *Reaching new horizons: Gifted and talented education for culturally and linguistically diverse students.* Boston: Allyn & Bacon.

Cauffman, B.E. (1994, February). The effects of puberty, dating, and sexual involvement on dieting and disordered eating in young adolescent girls. Paper presented at the meeting of the Society for Research on Adolescence, San Diego.

Cavanaugh, S.E. (2004). The sexual debut of girls in adolescence: The intersection of race, pubertal timing, and friendship group characteristics. *Journal of Research on Adolescence, 14,* 285–312.

Ceci, S.J. (2000). Bronfenbrenner, Urie. In A. Kazdin (Ed.), *Encyclopedia of psychology.* Washington, DC, and New York: American Psychological Association and Oxford University Press.

Centers for Disease Control and Prevention. (1997, August 8). Abortion surveillance—United States, 1993 and 1994. *Morbidity and Mortality Weekly Report, 46* (SS-4), 37–98.

Centers for Disease Control and Prevention. (2000). Youth risk behavior surveillance—United States, 1999. *Morbidity and Mortality Weekly Report, 49* (SS-5).

新曲线心理学中译本系列

心理学与生活（第 16 版），菲利普·津巴多、理查德·格里格 著，王垒 等译
教育心理学（第 7 版），罗伯特·斯莱文 著，姚梅林 等译
社会心理学（第 8 版），戴维·迈尔斯 著，侯玉波、乐国安、张智勇 等译
组织行为学（第 11 版），弗雷德·鲁森斯 著，王垒 等译
人力资源管理（第 7 版），劳埃德·拜厄斯、莱斯利·鲁 著，李业昆 等译
人力资源管理（第 10 版），韦恩·蒙迪 著，谢晓非 等译
异常与临床心理学，保罗·贝内特 著，陈传锋、严建雯、金一波 等译
理解孩子的成长（第 4 版），彼得·史密斯 等著，寇彧 等译
心理学（第 7 版），戴维·迈尔斯 著，黄希庭 等译
健康心理学（第 3 版），简·奥格登 著，严建雯、陈传锋、金一波 等译
自我，乔纳森·布朗 著，陈浩莺、薛贵、曾盼盼 译
决策与判断，斯科特·普劳斯 著，施俊琦、王星 译
亲密关系（第 3 版），莎伦·布雷姆 等著，郭辉、肖斌、刘煜 译
态度改变与社会影响，菲利普·津巴多、迈克尔·利佩 著，邓羽、肖莉、唐小艳 译
影响力心理学，菲利普·津巴多、迈克尔·利佩 著，邓羽、肖莉、唐小艳 译
管理决策中的判断（第 6 版），马克斯·巴泽曼 著，杜伟宇、李同吉 译
阅读障碍与阅读困难——给教师的解释，达斯 著，张厚粲、徐建平、孟祥芝 译
APA 出版手册（简明版），美国心理学会 编著，周晓林、叶铮、张旋、曹琳 译
心理学与我们（第 7 版），罗伯特·费尔德曼、黄希庭 著，黄希庭 等译
心理学实验的设计与报告（第 2 版），彼得·哈里斯 著，吴艳红 译
心理学研究方法（第 7 版），约翰·肖内西 著，张明、吴艳红、郭秀艳 等译
危机中的青少年（第 3 版），麦克沃特 等著，寇彧 等译
心理学精要（第 5 版），戴维·迈尔斯 著，黄希庭 等译
跨文化社会心理学，史密斯 等著，严文华 等译
心理统计导论（第 9 版），理查德·鲁尼恩 等著，林丰勋 译
改变心理学的 40 项研究（第 5 版），罗杰·霍克 著，白学军 译
像心理学家一样思考（第 2 版），唐纳德·麦克伯尼 著，王伟平 译
亲密关系（第 5 版），罗兰·米勒 等著，王伟平 译
心理学史（第 4 版），戴维·霍瑟萨尔 著，郭本禹、魏宏波、朱兴国、王申连 等译
人格心理学（第 2 版），兰迪·拉森、戴维·巴斯 著，郭永玉 等译
生物心理学（第 10 版），詹姆斯·卡拉特 著，苏彦捷 等译，彩印精装
孩子的世界：0~3 岁（第 11 版），黛安娜·帕帕拉 等著，陈福美 等译，彩印精装

心理科学之门，阿曼达·阿尔本 著，徐展 译

对“伪心理学”说不（第 8 版），基思·斯坦诺维奇 著，窦东徽、刘肖岑 译

50 位最伟大的心理学思想家，诺埃尔·希伊 著，郭本禹、方红 译

认知心理学及其启示（第 7 版），约翰·安德森 著，秦裕林、程瑶、周海燕、徐玥 译

我们都是自己的陌生人，戴维·迈尔斯 著，沈德灿 译

社会性与人格发展（第 5 版），戴维·谢弗 著，陈会昌 等译

潜意识与人格，兰迪·拉森、戴维·巴斯 著，郭永玉、孙灯勇译

自我与人格，兰迪·拉森、戴维·巴斯 著，郭永玉、杨子云译

人格障碍与调适，兰迪·拉森、戴维·巴斯 著，郭永玉、刘娅译

基因与人格，兰迪·拉森、戴维·巴斯 著，郭永玉、贺金波译

文化与人格，兰迪·拉森、戴维·巴斯 著，郭永玉、马一波译

人格特质，兰迪·拉森、戴维·巴斯 著，郭永玉、陈继文译

魅力何来：人际吸引的秘密，戴维·迈尔斯 著，寇彧译

看不见的影响力，戴维·迈尔斯 著，乐国安、侯玉波、郑全全 等译

他人即地狱？，戴维·迈尔斯 著，张智勇、金盛华、侯玉波 等译

梦、性与饥渴：生物心理学的解读，詹姆斯·卡拉特 著，苏彦捷等译

孩子的世界（第 11 版，教材版），黛安娜·帕帕拉 等著，郝嘉佳 等译

心理学质性研究导论（第 2 版），卡拉·威利格 著，郭本禹等译

人格解码，塞缪尔·巴伦德斯 著，陶红梅 译，许燕 校

社会认知——洞悉人心的科学，齐瓦·孔达 著，周治金、朱新秤 译

社会冲突——升级、僵局及解决（第 3 版），狄恩·普鲁特、金盛熙 著，王凡妹 译，马戎 校

自知力，史蒂曼·葛瑞汉 著，王伟平 译

青少年心理学（第 11 版），约翰·桑特洛克 著，寇彧 等译

新曲线心理学教材英文影印版系列

（教育部高等学校心理学教学指导委员会推荐用书）

Psychology and Life（18th），Richard J. Gerrig et al.

心理学与生活（第 18 版），理查德·格里格、菲利普·津巴多 著

Essentials of Understanding Psychology（6th），Robert S.Feldman

普通心理学（第 6 版），罗伯特·费尔德曼 著，黄希庭教授推荐

Designing and Reporting Experiments in Psychology（2th），Peter Harris

心理学实验的设计与报告，彼得·哈里斯 著，沈模卫教授推荐

Behavioral Statistics: The Core（9th），Runyon et al.

心理统计（第 9 版），理查德·鲁尼恩 等著，张厚粲教授推荐

Research Methods in Psychology（6th），John J.Shaughnessy et al.

心理学研究方法（第 6 版），约翰·肖内西 等著，周晓林教授推荐

Social psychology（9th）, David G.Myers

社会心理学（第 9 版），戴维·迈尔斯 著，彭凯平教授推荐

Human Development（9th），Diane E. Papalia et al.

发展心理学（第 9 版），黛安娜·帕帕拉 等著，林崇德教授推荐

Abnormal Psychology: Current perspectives（9th），Lauren B. Alloy et al.

变态心理学（第 9 版），劳伦·阿洛伊 等著，王登峰教授推荐

Psychological Testing and Assessment（6th），Ronald Jay Cohen

心理测验与评估（第 6 版），罗纳德·科恩 等著，彭凯平教授推荐

Fundamentals of Cognitive Psychology（7th），R. Reed Hunt et al.

认知心理学基础（双语版），里德·亨特 等著，傅小兰教授推荐

Exercises in Psychological Testing and Assessment，Ronald Jay Cohen

心理测验与评估学习指南，罗纳德·科恩 著

Study Guide and Solutions Manual，DAvid J. Pittenger

心理统计学习指南（双语版），戴维·皮滕杰 著，林丰勋教授译注

Abnormal and Clinical Psychology，Paul Bennett

异常与临床心理学，保罗·贝内特 著，陈传锋教授推荐

Personality Psychology（2th），Randy J. Larsen & David M. Buss

人格心理学（第 2 版），兰迪·拉森 等著，郭永玉教授推荐

Biological Psychology（9th），James W. Kalat

生物心理学（第 9 版），詹姆斯·卡拉特 著，苏彦捷教授推荐

Psychology Testing: History, Principles and Applications（5th），Robert J. Gregory

心理测验：历史、原理及应用，罗伯特·格雷戈里 著，闫巩固教授推荐

Social Research Methods（6th），W. Lawrence Neumann

社会研究方法（第 6 版），威廉·纽曼 著，辛涛教授推荐

Becoming Qualitative Researchers: An Introduction（3rd），Corrine Glesne

如何成为质性研究专家（第 3 版），科琳·格莱斯 著，刘力教授推荐

Forty Studies that Changed Psychology（5th），Roger R.Hock

改变心理学的 40 项研究（第 5 版），罗杰·霍克 著，白学军教授推荐

How to Think Straight about Psychology（8th），Keith E. Stanovich

这才是心理学（第 8 版），基思·斯坦诺维奇 著，杨中芳教授推荐

Organizational Behavior Today，Leigh L. Thompson

当代组织行为学，莉·汤普森 著，谢晓非教授推荐

Educational Psychology: Theory and Practice（7th），Robert E. Slavin

教育心理学（第 7 版，双语版），罗伯特·斯莱文 著，姚梅林 等译注

Essentials of Behavioral Research（3rd），Robert Rosenthal et al.

行为研究纲要：方法与数据分析（第 3 版，英文注释版），
罗伯特·罗森塔尔、拉尔夫·罗斯诺 著

新曲线豆瓣小站：http://site.douban.com/110283/

新曲线新浪微博：http://weibo.com/nccpub